全国高职高专教育电子电气类专业规划教材

电机与电气控制技术

Dianji yu Dianqi Kongzhi Jishu

（第2版）

李益民　刘小春　主编

高等教育出版社·北京
HIGHER EDUCATION PRESS BEIJING

内容提要

本书是根据编者多年从事高职高专教学的实践及教学改革的成果和课程基本要求，将“电机学”、“电力拖动技术”、“工厂电气控制技术”等三门课程有机地结合编写而成的。

全书共分九章，主要内容有直流电机、变压器、异步电动机、特种电机、常用低压电器、继电-接触器控制电路基本环节、常用机床的电气控制、桥式起重机的电气控制和交流电梯的电气控制等。

本书可作为高等职业院校、高等专科学校、成人教育、民办高校及本科院校举办的二级职业技术学院电气自动化技术、供用电技术、城市轨道交通车辆、机电一体化专业及相关专业的教学用书，也适用于五年制高职、中职相关专业，并可作为社会从业人士的业务参考书及培训用书。

图书在版编目(CIP)数据

电机与电气控制技术 / 李益民,刘小春主编. --2版. --北京：高等教育出版社,2012.3 (2017.12重印)
ISBN 978-7-04-034329-8

Ⅰ.①电… Ⅱ.①李…②刘… Ⅲ.①电机学-高等职业教育-教材②电气控制-高等职业教育-教材 Ⅳ.①TM3②TM921.5

中国版本图书馆 CIP 数据核字(2012)第 010253 号

策划编辑 孙　薇　　责任编辑 孙　薇　　封面设计 杨立新　　版式设计 马敬茹
插图绘制 尹　莉　　责任校对 杨凤玲　　责任印制 韩　刚

出版发行 高等教育出版社
社　　址 北京市西城区德外大街4号
邮政编码 100120
印　　刷 北京市文林印务有限公司
开　　本 787mm×1092mm 1/16
印　　张 22
字　　数 530千字
购书热线 010-58581118
咨询电话 400-810-0598
网　　址 http://www.hep.edu.cn
　　　　 http://www.hep.com.cn
网上订购 http://www.landraco.com
　　　　 http://www.landraco.com.cn
版　　次 2006年4月第1版
　　　　 2012年3月第2版
印　　次 2017年12月第5次印刷
定　　价 34.30元

物 料 号 34329-00

前　言

本书是根据电气自动化技术专业“电机与电气控制技术”课程教学大纲要求编写而成的，是高等职业教育电气类及以电为主的机电一体化专业的教材。本书第2版是我们多年从事高职高专教学的实践经验及教学改革的成果，同时根据高职高专课程基本要求，并结合我国高等职业教育的现状和发展趋势，依据高等职业教育“淡化理论，够用为度，培养技能，重在应用”的原则编写而成。

本书将“电机学”、“电力拖动技术”和“工厂电气控制技术”课程有机结合在一起。全书共分九章，主要内容有直流电机、变压器、异步电动机、特种电机、常用低压电器、继电-接触器控制电路基本环节、常用机床的电气控制、桥式起重机的电气控制和交流电梯的电气控制等。本书教学内容具有针对性和可选择性，便于不同专业选修。在本书编写过程中，按照专业教学的要求，在内容的选择和问题的阐述方面作了一些新的探索。在内容上兼顾了当前科学技术的发展和我国的实际情况，同时也考虑了后续课程要求，以更好地为专业培养目标服务，在问题的阐述方面则力求做到叙述简明、概念清晰、突出重点，侧重于基本原则和基本概念的阐述，并强调基本理论的实际应用。教材中还注重编入一些工程最新技术，力求取材新颖。

本书由李益民编写绪论和第一章、第三章第十节、第四章第三节(四)、第五章和第七章第一节，刘小春编写第六章、第七章第二至第五节和附录E，丁洪芬编写附录A、B、C部分，武军编写第三章第一至第九节，林辉编写第四章其他部分，华满香编写第二章、第八章，张爱民编写第九章第一节和附录D、F部分，张丽娜编写第九章第二至第四节，陈静编写第九章第五、六节。全书由李益民、刘小春担任主编，由李益民统稿，由北京工商大学郭兴朴教授审稿。

感谢主审在审阅过程中提出许多宝贵的修改意见和建议。本书第1版经过几轮使用，受到广大读者欢迎，但也发现了一些缺点和错误，受高等教育出版社委托进行修订，编者利用此次修订机会对之前应用过程中所发现的缺点和错误进行修改，对直流电机、变压器和异步电动机有关章节进行了适当简化，并增加了交流电梯的电气控制、交流电动机调速控制技术和常用低压电器的选用、拆卸、装配和调试等内容。在本书修订过程中，得到了各方面的大力支持和帮助，在此表示诚挚的感谢。本书在编写和修订过程中还参考了大量文献资料，虽未注明它们的出处，在此一并感谢。

由于编写水平有限，书中缺点在所难免，殷切希望广大读者批评指正。

编　者

2012年1月

主要符号表

a——直流电机电枢绕组并联支路对数;交流绕组并联支路数

a_e——有效信号系数

B——磁通密度

B_a——电枢磁通密度

B_{av}——平均磁通密度

B_0——空载磁通密度

B_δ——气隙磁通密度

C_e——电动势常数

C_T——转矩常数

D_a——直流电机电枢铁心外径

E——感应电动势

E_a——电枢电动势

E_{ad}——直轴电枢反应电动势

E_{aq}—— 交轴电枢反应电动势

E_0——空载电动势

E_1——变压器一次电动势;交流电机定子绕组感应电动势

E_2——变压器二次电动势;异步电动机转子不动时的感应电动势

E_{2s}——异步电动机转子旋转时的电动势

E_ν——ν 次谐波电动势

E_σ——定子漏磁通电动势

E_δ——气隙电动势

E_p——每相电动势

E_Q——虚构电动势

$E_{1\sigma}$——变压器一次漏电动势

e——电动势瞬时值

e_L——直流电机换向元件中的自感电动势

e_M——直流电机换向元件中的互感电动势

e_r——直流电机换向元件中的电抗电动势

e_a——直流电机换向元件中的电枢反应电动势

F——电机磁动势;力

F_a——直流电机电枢磁动势

F_{ad}——直轴电枢反应磁动势

F_{aq}——交轴电枢反应磁动势

F_f——励磁磁动势

F_δ——气隙磁动势

f——频率;磁动势瞬时值

f_N——额定频率

f_1——异步电机定子电路频率

f_2——异步电机转子电路频率

f_ν——ν 次谐波频率

GD^2——飞轮矩

H——磁场强度

I——电流

I_a——电枢电流

I_f——电机励磁电流

I_{fN}——额定励磁电流

I_s——短路电流

I_N——额定电流

I_0——空载电流

I_{oa}——铁损耗电流

I_{or}——励磁电流(变压器空载电流励磁分量)

I_1——变压器一次电流;交流电机定子电流

I_2——变压器二次电流;异步电机转子电流

I_{1L}——定子电流或一次电流的负载分量

I_{st}——起动电流

i_a——绕组支路电流

J——转动惯量

K——直流电机换向片数;系数

k——变压器的变比

k_a——自耦变压器的变比

k_e——异步电机电动势变比

k_i——异步电机电流变比

k_I——起动电流倍数

k_{q1}——交流绕组基波分布系数;$k_{q\nu}$——交流绕组谐波分布系数

k_{st}——异步电动机起动转矩倍数

k_{w1}——交流绕组基波绕组系数;$k_{w\nu}$——交流绕组谐波绕组系数

k_{y1}——交流绕组基波短距系数; $k_{y\nu}$——交流绕组谐波短距系数

k_μ——饱和系数

L——自感系数

L_r——换向元件等效合成漏电感

l——有效导体的长度

M——互感系数

m——相数;直流电动机起动级数

N——直流电机电枢绕组总导体数

N_1——变压器一次匝数;异步电机定子绕组每相串联匝数

N_2——变压器二次匝数;异步电机转子绕组每相串联匝数

n——转速

n_0——直流电动机理想空载转速

n_N——额定转速

n_1——同步转速

n_0——直流电动机理想空载转速

P_N——额定功率

P_{em}——电磁功率

P_{MEC}——总机械功率

P_1——输入功率

P_2——输出功率

p——极对数

P_{ad}——附加损耗,杂散损耗

P_{Cu}——铜损耗

P_{Fe}——铁损耗

P_{mec}——机械损耗,摩擦损耗

P_f——励磁损耗

P_s——短路损耗

P_0——空载损耗

Q——无功功率

q——每极每相槽数

R——电阻

R_a——直流电机电枢回路电阻

R_{cr}——直流发电机励磁回路的临界电阻

R_f——励磁回路电阻

R_L——负载电阻

R_m——磁阻

R_1——变压器一次绕组电阻;异步电机定子电阻

R_2——变压器二次绕组电阻;异步电机转子电阻

R_s——变压器、异步电机的短路电阻

R_m——变压器、异步电机的励磁电阻

S——直流电机元件数;变压器视在功率

s——异步电动机转差率

s_m——临界转差率
s_N——额定转差率
T——转矩；周期；时间常数
T_{em}——电磁转矩
T_L——负载转矩
T_m——最大电磁转矩
T_N——额定转矩
T_{st}——起动转矩
T_0——空载转矩，制动转矩
T_1——输入转矩，拖动转矩
T_2——输出转矩
U——电压
U_f——励磁电压
U_s——变压器短路电压
U_N——额定电压
U_1——变压器一次电压；交流电机定子电压
U_2——变压器二次电压；异步电机转子电压
U_{20}——变压器二次空载电压
u_s——短路电压百分值
u_{sa}——短路电压的有功分量
u_{sr}——短路电压的无功分量
v——线速度
X——电抗
X_a——电枢反应电抗
X_{ad}——直轴电枢反应电抗
X_{aq}——交轴电枢反应电抗
X_d——直轴同步电抗
X_q——交轴同步电抗
X_s——短路电抗
X_L——负载电抗
X_m——励磁电抗
X_t——同步电抗
X_σ——漏电抗
X_1——变压器一次漏电抗；交流电机定子漏电抗
X_2——变压器二次漏电抗；异步电机转子不动时的漏电抗
X_{2s}——异步电动机转子转动时的漏电抗
y——节距；直流电机电枢绕组的合成节距
y_k——直流电机换向器节距

y_1——直流电机第一节距

y_2——第二节距

Z——电机槽数;阻抗

Z_s——短路阻抗

Z_L——负载阻抗

Z_m——励磁阻抗

Z_r——步进电机转子齿数

Z_1——变压器一次漏阻抗;异步电动机定子漏阻抗

Z_2——变压器二次漏阻抗;异步电动机转子漏阻抗

α——角度;槽距角

β——角度;变压器负载系数

γ——角度

δ——气隙长度;功角(又称功率角)

η——效率

η_{max}——最大效率

θ——角度;温度

θ_{se}——步进电机的步距角

μ——磁导率

μ_{Fe}——铁磁性材料的磁导率

μ_r——相对磁导率

ν——谐波次数

τ——极距;温升

τ_{max}——绝缘材料允许的最高温升

Φ——主磁通;每极磁通

Φ_m——变压器主磁通最大值

$\Phi_{1\sigma}$——一次漏磁通

$\Phi_{2\sigma}$——二次漏磁通

Φ_1——基波磁通

Φ_ν——ν 次谐波磁通

Φ_0——空载磁通;异步电动机气隙主磁通

φ——相位角;功率因数角

φ_1——变压器一次功率因数角;异步电机定子功率因数角

φ_2——变压器二次功率因数角;异步电机转子电路功率因数角

Ψ——磁链;内功率因数角

Ω——机械角速度

Ω_1——同步机械角速度

ω——电角速度;角频率

λ 或 λ_T——过载能力

目　　录

绪论 …… 1

第一章　直流电机 …… 4

第一节　直流电机的工作原理 …… 4

第二节　直流电机的结构 …… 6

第三节　直流电机的铭牌 …… 14

第四节　直流电动机的电动势、电磁转矩和功率 …… 16

第五节　直流电动机的工作特性与机械特性 …… 24

第六节　直流电动机的起动、调速、反转与制动 …… 33

本章小结 …… 47

思考题与习题 …… 48

第二章　变压器 …… 50

第一节　概述 …… 52

第二节　变压器的铭牌和额定值 …… 53

第三节　单相变压器的基本结构及工作原理 …… 55

第四节　单相变压器的空载运行及负载运行 …… 58

第五节　变压器的运行特性 …… 65

第六节　三相变压器 …… 68

第七节　其他用途变压器 …… 78

本章小结 …… 83

思考题与习题 …… 84

第三章　异步电动机 …… 86

第一节　三相异步电动机的工作原理 …… 86

第二节　三相异步电动机的结构与铭牌 …… 90

第三节　三相异步电动机的运行原理 …… 95

第四节　异步电动机的机械特性 …… 103

第五节　三相异步电动机的起动 …… 107

第六节　异步电动机的调速 …… 114

第七节　三相异步电动机的制动 …… 118

第八节　三相异步电动机的参数测定 …… 121

第九节　单相异步电动机 …… 122

第十节　交流电动机的调速控制技术 …… 127

本章小结 …… 132

思考题与习题 …… 134

第四章　特种电机 …… 136

第一节　伺服电动机 …… 136

第二节　测速发电机 …… 141

第三节　步进电动机 …… 144

第四节　直线电动机 …… 150

第五节　微型同步电动机 …… 155

本章小结 …… 157

思考题与习题 …… 157

第五章　常用低压电器 …… 159

第一节　低压电器的基本知识 …… 159

第二节　开关 …… 160

第三节　熔断器 …… 168

第四节　主令电器 …… 173

第五节　接触器 …… 178

第六节　继电器 …… 187

本章小结 …… 205

思考题与习题 …… 206

第六章　继电–接触器控制电路基本环节 …… 208

第一节 电气图 …… 208
第二节 几种典型控制环节 …… 211
第三节 三相笼型异步电动机直接起动控制电路 …… 217
第四节 三相笼型异步电动机降压起动控制电路 …… 223
第五节 三相绕线转子异步电动机起动控制电路 …… 231
第六节 三相异步电动机调速控制电路 …… 234
第七节 三相异步电动机制动控制电路 …… 237
本章小结 …… 241
思考题与习题 …… 241

第七章 常用机床的电气控制 …… 243

第一节 CA6140 车床电气控制电路 …… 243
第二节 M7130 型平面磨床电气控制电路 …… 249
第三节 Z3050 摇臂钻床电气控制电路 …… 254
第四节 X62W 型万能铣床电气控制电路 …… 258
第五节 T68 型卧式镗床电气控制电路 …… 266
本章小结 …… 273
思考题与习题 …… 273

第八章 桥式起重机的电气控制 …… 275

第一节 桥式起重机概述 …… 275
第二节 凸轮控制器及其控制电路 …… 280
第三节 主令控制器的控制电路 …… 285
第四节 起重机的电气保护设备 …… 288
第五节 10 t 交流桥式起重机控制电路分析 …… 290
本章小结 …… 292
思考题与习题 …… 292

第九章 交流电梯的电气控制 …… 294

第一节 电梯的基本结构、分类和基本参数 …… 294
第二节 电梯的机械系统与安全保护系统 …… 296
第三节 电梯的主要电器部件 …… 300
第四节 电梯电气控制的基本环节 …… 303
第五节 电梯电气设备的安装、调整、维护和保养 …… 307
第六节 电梯电气控制系统的常见故障及分析 …… 311
本章小结 …… 312
思考题与习题 …… 313

附录 …… 314

附录 A 直流电动机的常见故障分析 …… 314
附录 B 三相异步电动机的常见故障分析 …… 315
附录 C 电力拖动系统中电动机的选择 …… 320
附录 D 低压电器产品型号编制方法 …… 327
附录 E 电气图形符号和基本文字符号 …… 330
附录 F 实验实训内容及课时安排 …… 336

参考文献 …… 337

绪　论

一、电机与电气控制系统概述

“电机与电气控制技术”是一门实践性较强的专业课。电机与电气控制技术在现代工农业生产、交通运输、科学技术、信息传输、国防建设以及日常生活等各个领域的应用十分广泛。

电机是利用电磁感应原理工作的机械，它应用广泛、种类繁多、性能各异，分类方法也很多。电机常用的分类方法主要有两种：一种分类方法是按功能用途分，可分为发电机、电动机、变压器和控制电机四大类；另一种分类方法是按照电机的结构或转速分类，可分为变压器和旋转电机。变压器为静止电机。根据电源电流的不同，旋转电机又分为直流电机和交流电机两大类。直流电机分为直流电动机和直流发电机。交流电机又分为同步电机和异步电机。

在工农业生产中，使用着大量的生产机械，如车床、钻床、铣床、磨床、镗床、水泵、空气压缩机、轧钢机等，这些设备的运转都需要原动力来拖动，可以采用气动、液压传动和电力拖动。由于电力在生产、传输、分配、使用和控制等方面的优越性，所以用电动机拖动已被广泛的应用。用电动机来拖动生产机械就称为电力拖动。为了让电动机能按生产需要进行工作状态的变换，需要对电动机进行控制，如：电动机的起动、制动、反转及调速等，完成这些功能的设备就称为控制设备。将控制设备如低压电器、主令电器等按一定规律连接起来的线路就称为电气控制线路。电气控制线路主要是完成对电动机的电气控制。

(一) 电力拖动系统的组成

电力拖动系统的组成如图 0-1 所示。

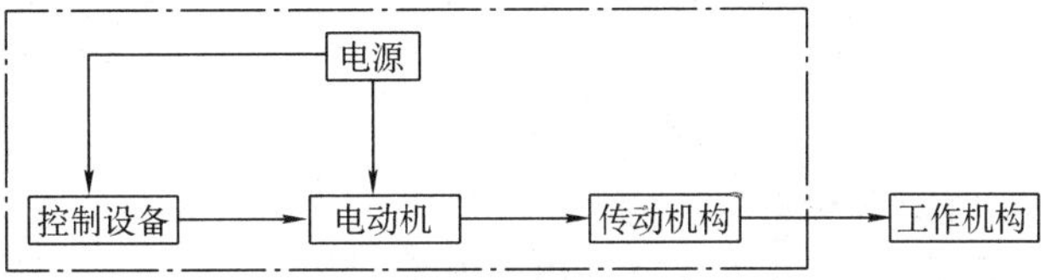

图 0-1　电力拖动系统的组成

1. 电源

电源是电动机和控制设备的能源，分为交流电源和直流电源。

2. 电动机

电动机是生产机械的原动机，其作用是将电能转换成机械能。电动机可分为直流电动机和交流电动机。

3. 控制设备

控制设备用来控制电动机的运转，由各种控制电动机、电器、自动化元件及工业控制计算机等组成。

4. 传动机构

传动机构是在电动机与生产机械的工作机构之间传递动力的装置，如减速箱、传动带、联轴器等。

（二）电机与电气控制系统的特点

电机与电气控制系统与传统的控制系统相比，具有以下特点：

① 方便经济　电能的生产、变换、传输都比较经济，分配、检测和使用比较方便。

② 效率高　电机与电气控制比传统的控制系统效率高，且容易实现。

③ 调节性能好　电机与电气控制系统的类型很多，具有各种运行特性，可适应不同生产机械的需要，且控制简便、迅速，能实现较理想的控制目的。

④ 易于实现生产过程的自动化。

二、电机与电气控制技术的发展

（一）电力拖动的发展概况

按电力拖动系统中电动机的组合数量，可将电力拖动的发展分为以下三个阶段。

1. 成组拖动

成组拖动是由一台电动机拖动传动轴，再由传动轴通过传动带分别拖动多台生产机械。这种拖动方式能量损耗大，效率低，且不能利用电动机的调速性能，不能实现自动控制，当电动机一旦出现故障，则大批生产机械都要停车。

2. 单电动机拖动

由一台电动机拖动一台生产机械，从而可简化中间传动机构，提高效率，提高转速，同时可充分利用电动机的调速性能，易于实现自动控制。

3. 多电动机拖动

随着现代工业生产的迅速发展，生产机械越来越复杂，一台生产机械上往往有许多运动部件，如果仍用一台电动机拖动，传动机构将十分复杂，因此出现了一台生产机械中由多台电动机分别拖动不同的运动部件的拖动方式，称为多电动机拖动。这种拖动简化了生产机械的传动机构，提高了传动效率，且容易实现自动控制，提高劳动生产率。目前常用的生产机械大多数采用这种拖动方式。

（二）电气控制技术的发展概况

随着科学技术的不断发展，对生产工艺不断提出新的要求，电气控制技术迅速发展。在控制方法上主要是从手动控制到自动控制；在控制功能上，是从简单到复杂；在操作上由笨重到轻巧；从控制原理上，由单一的有触点硬接线继电器控制系统转向以微处理器为中心的软件控制系统。随着新的控制理论和新型电器及电子器件的出现，不断地推动着电气控制技术的继续发展。

生产机械电力拖动的初期，常以一台电动机拖动多台设备，或是一台机床的多个动作由同一台电动机拖动，相应的电气控制线路比较简单。随着生产机械功能增多、自动化程度的提高，其机械传动系统也越来越复杂，为了简化传动机构而出现分散拖动形式，即各个运动机构分别由不同电动机拖动，这使电气控制线路进一步复杂化。此外，在生产过程中，对影响产品质量的各种参数都要求能自动调整，促使电气自动控制技术迅速向前发展，控制线路日趋完善。

初期，常用的控制电器有继电器、接触器等，用这种电器进行的控制称为继电-接触器控制，这是一种有触点的控制方式。长期以来，继电-接触器控制在控制设备中发挥了很大的作用，直到今天，在一般工厂的控制设备中，还占有很大的比重。继电-接触器控制虽然有价廉易学的特点，但是在对于经常需要变换控制线路的设备来说，存在着改接困难和周期长的缺点。为了生产需要和提高加工精度，人们开始研究容易改变顺序的可编程控制器。

在 20 世纪 60 年代出现了一种能够根据生产需要方便地改变控制程序，而又远比电子计算机结构简单、价格低廉的自动化装置——顺序控制器，它能满足程序经常改变的控制要求，使控制系统具有较大的灵活性和通用性。由于它兼备了计算机控制和继电器控制系统两方面的优点，故目前在世界各国已作为一种标准化通用设备普遍应用于工业控制中。

为了解决占机械加工总量 80% 左右的单件和小批生产的自动化，以提高劳动生产率，提高产品质量和降低劳动强度，在 20 世纪 50 年代就出现了数控机床，它是一种具有广泛通用性的高效率自动化机床，它综合应用了电子技术、检测技术、计算机技术、自动控制和机床结构设计等各个技术领域的最新技术成就。目前仍然广泛应用，并且在一般数控机床基础上，发展成为附带自动换刀、自适应等功能的复杂数控系列产品，称为加工中心。它能对多道工序的工件进行连续加工，节省了夹具，缩短了装夹定位、对刀等辅助时间，提高了工效和产品质量，成功取代了以往依靠模板、凸轮、专用夹具、刀具和定程挡块来实现顺序加工的自动机床、组合机床、专用机床。

上述各种先进控制设备的应用，促进了电气控制技术的发展。可以这样说，可编程控制器、机器人和数控机床已成为现代控制的三大支柱。

三、本课程的性质、内容、任务、要求及学习方法

本课程是供用电技术、电气自动化技术和机电一体化技术等专业的一门专业课，它是将“电机学”、“电力拖动技术”、“工厂电气控制”等课程有机结合而成的一门课。

本课程主要内容有直流电机、变压器、异步电动机、特种电机、常用低压电器、继电-接触器控制电路基本环节、常用机床的电气控制、桥式起重机的电气控制和交流电梯的电气控制共九个部分。

本课程的任务是使学生掌握电机的结构、工作原理、运行性能和试验方法，以及电气控制的基本环节、控制方法。为学习后续课程和今后的工作准备必要的基础知识，同时也有助于培养在电机及电气控制方面分析和解决问题的能力。

本课程的基本要求是：

① 掌握直流电动机和三相异步电动机的构成、工作原理、特性及其调试与维修。

② 掌握常用低压电器的结构、工作原理及其安装、调试与维修。

③ 熟悉常用电动机和低压电器的用途、型号、使用场合，达到能正确使用和选用的目的。

④ 熟练掌握电气控制线路的基本环节，具有对一般电气控制线路的独立分析能力。

⑤ 具有设计和改进一般生产设备的电气控制的基本能力。

本课程除课堂教学外，还辅以实验、课程设计、生产实习、顶岗实习和毕业设计，是一门实践性很强的专业课。学习本课程时，要善于理论联系实际，要善于分析，不要死记硬背。

第一章

直 流 电 机

学 习 目 标

- 掌握直流电机的工作原理、结构。
- 能分析直流电机转速、电磁转矩的变化与各参数的关系。
- 能分析电机的换向及改善换向方法。
- 会利用直流电动机的工作特性和机械特性分析实际问题。
- 熟悉直流电动机起动、调速、反转和制动方法。

直流电机是电能和机械能相互转换的旋转电机之一，它应用电磁感应原理进行能量转换。将机械能转变为直流电能的电机称为直流发电机；将直流电能转变为机械能的电机称为直流电动机。直流发电机可作为各种直流电源。直流电动机具有宽广的调速范围、平滑的调速特性、较高的过载能力、较大的起动和制动转矩等特点，广泛应用于对起动和调速要求较高的生产机械。

[案例] 国产电力机车上常采用直流电机作为牵引电机和辅助压缩机驱动电机。牵引电机是电力机车的重要部件之一，它安装在转向架上，通过齿轮与轮对相连；机车在牵引状态运行时，牵引电机将电能转换成机械能，通过轮对驱动机车运行，此时电机处于电动机状态；当机车在电气制动状态下运行时，牵引电机将机械能转化为电能，产生电制动力，此时电机处于发电机状态。辅助压缩机驱动电机与辅助压缩机组成辅助压缩机组，当机车长期停放后总风缸或控制风缸压缩空气压力不够时，辅助压缩机驱动电机驱动压缩机工作提供压缩空气，确保正常提升受电弓和闭合主断路器；辅助压缩机与其驱动电动机通过弹性联轴器直接连接。

第一节　直流电机的工作原理

一、直流电机的基本工作原理

直流电机可分为直流电动机和直流发电机两大类，其工作原理可通过模型加以说明。

(一) 直流发电机的工作原理

图 1-1 所示为直流发电机的物理模型。在图 1-1 中,N、S 为磁极,磁极固定不动,称为直流电机的定子。abcd 是固定在可旋转导磁圆柱体上的线圈,线圈连同导磁圆柱体是直流电机可转动部分,称为电机转子(又称电枢)。线圈的首末端 a、d 连接到两个相互绝缘并可以随线圈一同转动的导电片上,该导电片称为换向片。转子线圈与外电路的连接是通过放置在换向片上固定不动的电刷进行的。在定子与转子间有间隙存在,称为空气隙,简称气隙。

在直流发电机的模型中,当有原动机拖动转子以一定的转速逆时针旋转时,根据电磁感应定律可知,在线圈 abcd 中将产生感应电动势。

设每边导体中的感应电动势为 e,则线圈电动势为 $2e$,电动势 e 的瞬时值为

$$e=B_{X}lv \tag{1-1}$$

式中,e 为导体感应电动势,单位为 V;B_X 为导体所在处的磁通密度,单位为 Wb/m^2;l 为导体 ab 或 cd 的有效长度,单位为 m;v 为导体 ab 或 cd 与 B_X 间的相对线速度,单位为 m/s。

导体中感应电动势的方向可用右手定则确定。在逆时针旋转情况下,如图 1-1(a)所示,导体 ab 在 N 极下,感应电动势的极性为 a 点高电位,b 点低电位;导体 cd 在 S 极下,感应电动势的极性为 c 点高电位,d 点低电位,在此状态下电刷 A 的极性为正,电刷 B 的极性为负。当线圈旋转 180°后,如图 1-1(b)所示,导体 ab 在 S 极下,导体 cd 则在 N 极下,此时导体中的感应电动势方向已改变,但由于原来与电刷 A 接触的换向片已经与电刷 B 接触,而与电刷 B 接触的换向片同时换到与电刷 A 接触,因此电刷 A 的极性仍为正,电刷 B 的极性仍为负。

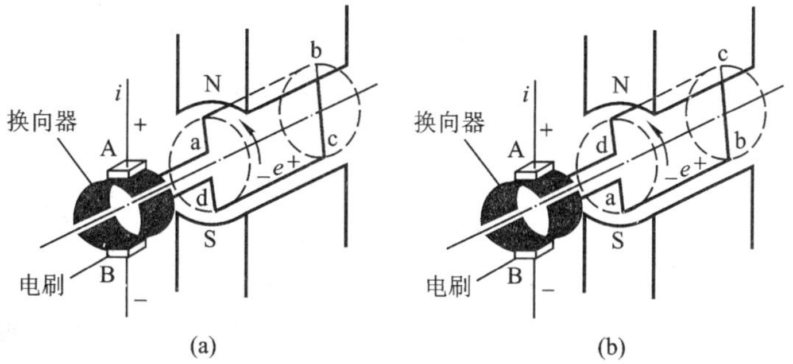

图 1-1　直流发电机的物理模型

从图 1-1 中可以看出,和电刷 A 接触的导体总是位于 N 极下,和电刷 B 接触的导体总是位于 S 极下,因此电刷 A 的极性总为正,而电刷 B 的极性总为负,在电刷两端可获得直流电动势。

实际直流发电机的电枢是根据实际应用情况需要有多个线圈。线圈分布于电枢铁心表面的不同位置上,并按照一定的规定连接起来,构成电机的电枢绕组。磁极也是根据需要 N、S 极交替放置多对。

(二) 直流电动机的工作原理

把电刷 A、B 接到一直流电源上,电刷 A 接电源的正极,电刷 B 接电源的负极,此时电枢线圈

中将有电流流过。

如图 1-2(a)所示,设线圈的 ab 边位于 N 极下,线圈的 cd 边位于 S 极下,载流导体在磁场中受到电磁力的作用,其大小为

$$f=B_X li \tag{1-2}$$

式中,f 为电磁力,单位为 N;B_X 为导体所在处的磁通密度,单位为 Wb/m^2;l 为导体 ab 或 cd 的有效长度,单位为 m;i 为导体中流过的电流,单位为 A。

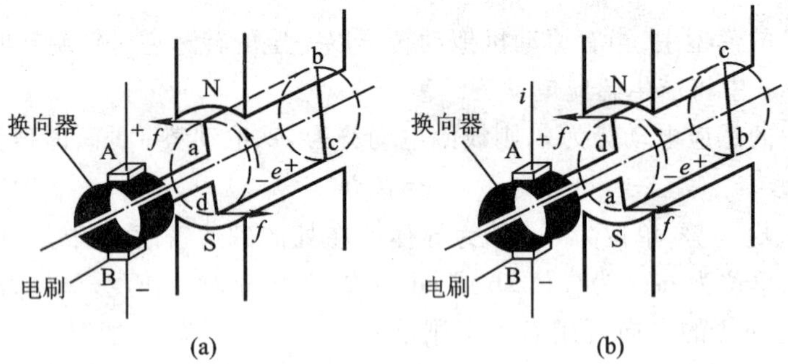

图 1-2　直流电动机的模型

导体受力方向由左手定则确定。在图 1-2(a)的情况下,位于 N 极下的导体 ab 受力方向为从右向左,而位于 S 极下的导体 cd 受力方向为从左到右。导体所受电磁力对轴产生一转矩,这种由于电磁作用产生的转矩称为电磁转矩,电磁转矩的方向为逆时针。当电磁转矩大于阻力矩时,线圈按逆时针方向旋转,当电枢旋转到图 1-2(b)所示位置时,原位于 S 极下的导体 cd 转到 N 极下,其受力方向变为从右向左;而原位于 N 极下的导体 ab 转到 S 极下,导体 ab 受力方向变为从左向右,该转矩的方向仍为逆时针方向,线圈在此转矩作用下继续按逆时针方向旋转。这样虽然导体中流通的电流为交变的,但 N 极下的导体受力方向和 S 极下导体受力的方向并未发生变化,电动机在此方向不变的转矩作用下转动。

同直流发电机相同,实际的直流电动机的电枢并非单一线圈,磁极也并非一对。

二、电机的可逆原理

任何一台电机既可作发电机运行,也可作电动机运行,这一性质称为电机的可逆原理。电机的可逆原理不仅适用于直流电机,也适用于交流电机。电机的实际运行方式由外施条件决定:如果电机转子输入机械能,而电枢绕组输出电能,电机作为发电机运行;如果在电枢绕组中输入电能,转子输出机械能,则电机作为电动机运行。

第二节　直流电机的结构

直流电动机和直流发电机的结构基本是相同的,即都有可旋转部分和静止部分。可旋转部分称为转子,静止部分称为定子,在定子和转子之间存在着空气隙。小型直流电动机的结构如图 1-3 所示,其剖面结构如图 1-4 所示。

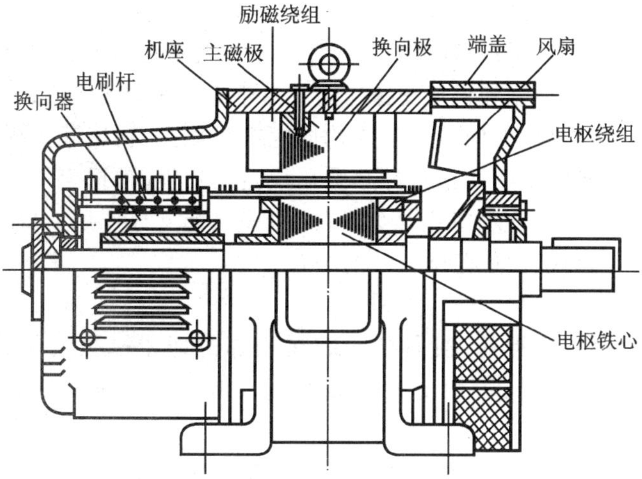

图 1-3　小型直流电动机的结构

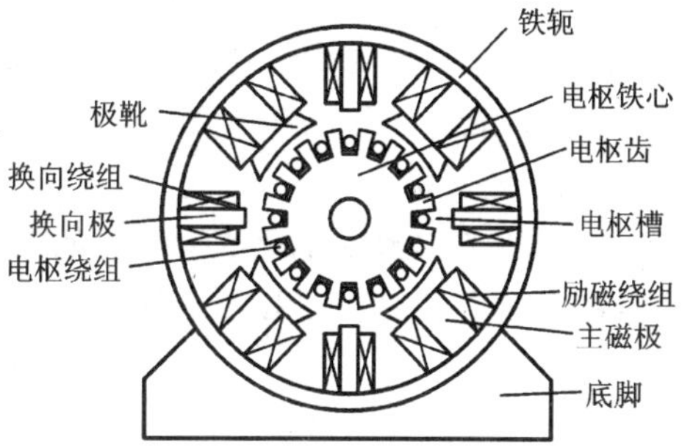

图 1-4　小型直流电动机的剖面结构

一、定子部分

定子的作用，在电磁方面是产生磁场和构成磁路，在机械方面是整个电机的支撑，定子由磁极、机座、换向极、电刷装置、端盖和轴承等组成。

（一）主磁极

主磁极的作用是产生恒定、有一定的空间分布形状的气隙磁通密度。主磁极由主磁极铁心和放置在铁心上的励磁绕组构成。主磁极铁心分成极身和极靴，极靴的作用是使气隙磁通密度的空间分布均匀并减小气隙磁阻，同时极靴对励磁绕组也起支撑作用。为减小涡流损耗，主磁极铁心是用 1.0～1.5 mm 厚的低碳钢板冲成一定形状，用铆钉把冲片铆紧，然后再固定在机座上。主磁极上的线圈是用来产生主磁通的，称为励磁绕组。主磁极的结构如图 1-5(a)所示。

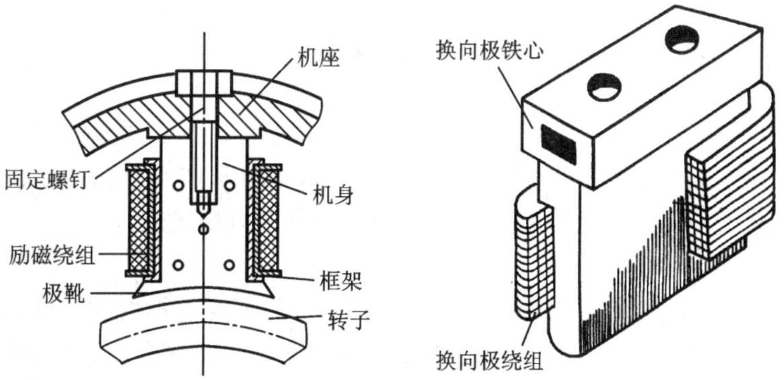

(a) 主磁极的结构　　(b) 换向极的结构

图 1-5　直流电机主磁极和换向极结构

当给励磁绕组通入直流电时，各主磁极均产生一定极性，相邻两主磁极的极性是 N、S 交替出现的。

（二）机座

直流电机的机座有两种形式，一种为整体机座，另一种为叠片机座。整体机座是用磁导率效果较好的铸钢材料制成的，该种机座能同时起到导磁和机械支撑作用。由于机座起导磁作用，因此机座是主磁路的一部分，称为定子铁轭。主磁极、换向极及端盖均固定在机座上，机座起支撑作用。一般直流电机均采用整体机座。叠片机座是用薄钢板冲片叠压成定子铁轭，再把定子铁轭固定在一个专起支撑作用的机座里，这样定子铁轭和机座是分开的，机座只起支撑作用，可用普通钢板制成。叠片机座主要用于主磁通变化快，调速范围较高的场合。

（三）换向极

换向极又称为附加极，其结构如图 1-5（b）所示，换向极安装在相邻的两主磁极之间，用螺钉固定在机座上，用来改善直流电机的换向，一般电机容量超过 1 kW 时均应安装换向极。

换向极是由换向极铁心和换向极线圈组成。换向极铁心可根据换向要求用整块钢制成，也可用厚 1 ~ 1.5 mm 厚钢板或硅钢片叠成，所有的换向极线圈串联后称换向绕组，换向绕组与电枢绕组串联。换向极数目一般与主磁极数目相同，但在功率很小的直流电机中，只装主磁极数一半的换向极或不装换向极。换向极极性根据换向要求确定。

（四）电刷

电刷装置的作用是通过电刷和旋转的换向器表面的滑动接触，把转动的电枢绕组与外电路连接起来。电刷装置一般由电刷、刷握、刷杆、刷杆座和汇流条组成，其结构如图 1-6 所示。电刷是用石墨制成的导电块，放在刷握内，用弹簧以一定的压力将它压在换向器的表面上。刷握用螺钉夹紧在刷杆上，刷杆装在一个可以转动的刷杆座上，成为一个整体部件。刷杆与刷杆座之间是绝缘的，以免正、负电刷短路。

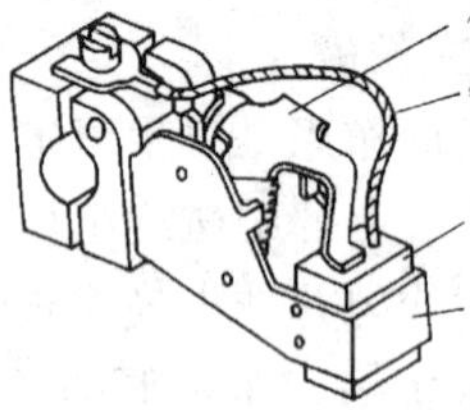

图 1-6　电刷的结构

（五）端盖

电机中的端盖主要起支撑作用。端盖固定在机座上，其上放置轴承支撑直流电机的转轴，使直流电机能够旋转。

二、转子部分

转子又称电枢，是电机的转动部分，其作用是感应电动势和产生电磁转矩，从而实现能量的转换，转子由电枢铁心、换向器、电机转轴、电枢绕组、轴承和风扇组成。

（一）电枢铁心

电枢铁心的作用是通过磁通（电机磁路的一部分）和嵌放电枢绕组。为减小当电机旋转时铁心中的磁通方向发生变化引起的磁滞损耗和涡流损耗，电枢铁心用 0.35 mm 或 0.5 mm 厚的硅钢片叠成，叠片两面涂有绝缘漆。铁心叠片沿轴向叠装，中小型电机的电枢铁心通常直接压装在轴上；在大型电机中，由于转子直径较大，电枢铁心压装在套于轴上的转子支架上。

电枢铁心冲片上冲有放置电枢绕组的电枢槽、轴孔和通风孔。小型直流电机的电枢冲片形状和电枢铁心装配图如图 1-7 所示。

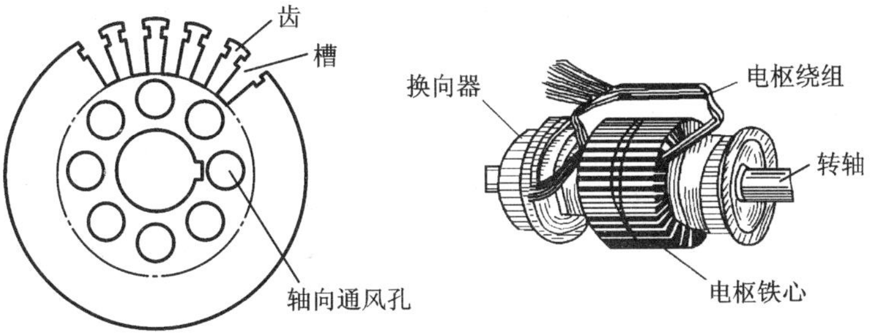

图 1-7　电枢冲片形状和电枢铁心装配图

（二）换向器

换向器又称为整流子，对于发电机，换向器的作用是把电枢绕组中的交变电动势转变为直流电动势向外部输出直流电压；对于电动机，它是把外界供给的直流电流转变为绕组中的交变电流以使电机旋转。换向器结构如图 1-8 所示。换向器是由换向片组合而成，是直流电机的关键部件，也是最薄弱的部分。

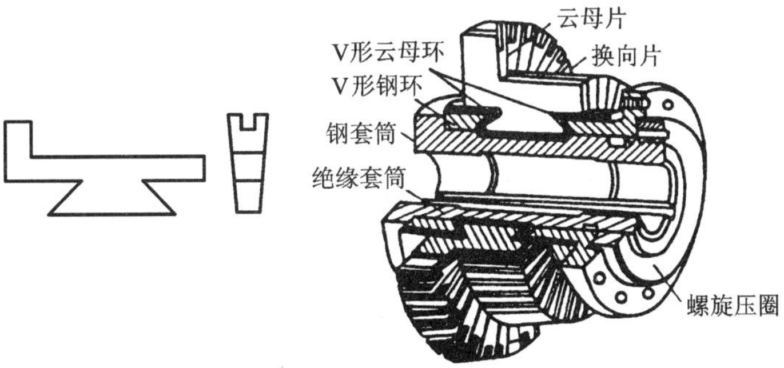

(a) 换向片　　(b) 换向器

图 1-8　换向器结构

换向器采用导电性能好、硬度大、耐磨性能好的紫铜或铜合金制成。换向片的底部做成燕尾形状，换向片的燕尾部分嵌在含有云母绝缘的 V 形钢环内，拼成圆筒形套在钢套筒上，相邻的两换向片间以 0.6～1.2 mm 的云母片作为绝缘，最后用螺旋压圈压紧。换向器固定在转轴的一端。换向片靠近电枢绕组一端的部分与绕组引出线相焊接。

（三）转轴

转轴起转子旋转的支撑作用，需有一定的机械强度和刚度，一般用圆钢加工而成。

（四）电枢绕组

电枢绕组安放在电枢铁心槽内，随着电枢旋转，在电枢绕组中产生感应电动势；当电枢绕组中通过电流时，能与磁场作用产生电磁转矩，使电枢向一定的方向旋转。在电机中每一个线圈称为一个元件，多个元件有规律地连接起来形成电枢绕组。绕制好的绕组放置在电枢铁心上的槽内，放置在铁心槽内的直线部分在电机运转时将产生感应电动势，称为元件的有效部分；在电枢槽两端把有效部分连接起来的部分称为端接部分，端接部分仅起连接作用，在电机运行过程中不产生感应电动势。

电枢绕组用圆铜线或矩形截面铜导线制成,铜线的截面积决定于线圈中通过电流的大小。在直流电机电枢槽的剖面图中,除导线本身包有绝缘外,上下层线圈间及线圈和铁心之间都必须妥善绝缘。为了防止线圈在离心力作用下甩出,在槽口处用槽楔将线圈边封在槽内,线圈伸出槽外的端接部分,用热固性无纬玻璃丝带或非磁性钢丝扎紧。槽楔可用竹片或酚醛玻璃布板制成。

1. 基本知识

根据连接规律的不同,电枢绕组可分为单叠绕组、单波绕组、复叠绕组、复波绕组及混合绕组等几种形式。下面介绍绕组的基本知识。

元件:线圈是构成绕组的基本单元,又称绕组元件(线圈单元),元件分为单匝和多匝两种。

元件的首末端:每一个元件不管是单匝还是多匝,均引出两根线与换向片相连,其中一根称为首端,另一根称为末端。

实槽和虚槽:直流电机的电枢绕组放置在电枢铁心上的槽内,通常采用双层绕组,沿槽深方向每槽有两个元件边,为了避免各线圈互相交叠,每一元件有一个有效边放在槽的上层,称为上层边;另一有效边放在另一槽的下层,称为下层边。与上层边相连的出线端称为始端,与下层边相连的出线端称为末端。元件在槽内的放置情况如图 1-9 所示。

为了改善电机性能,希望用较多的线圈来组成电枢绕组。由于工艺等原因,电枢铁心上不便开太多的槽,只能使每个线圈内包含若干个线圈单元,所以,每个槽内的上下层各放置若干个线圈单元边,这时,为了确切地说明这些单元边的具体位置,引入虚槽的概念。每一个虚槽由一个上层线圈单元边和一个下层线圈单元边组成。设电枢槽内每层有 μ 个线圈单元边,则把每一个实际的槽看作包含 μ 个虚槽。图 1-10 表示一个实槽内包含一个、两个和三个虚槽的情况。实际槽数 Z 与虚槽数 Z_μ 的关系为

$$Z_\mu = \mu Z \tag{1-3}$$

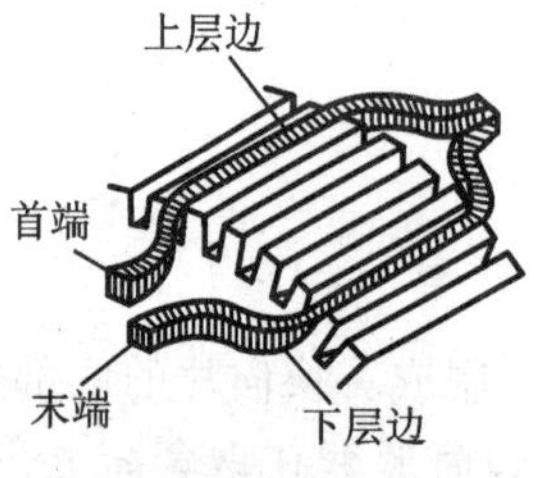

图 1-9 线圈元件边在槽内的放置情况

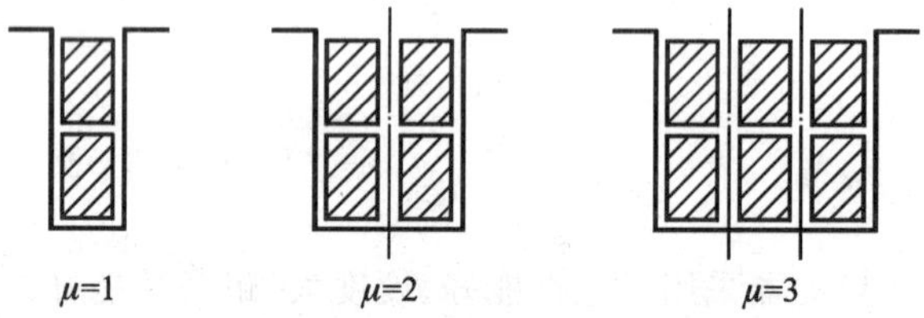

图 1-10 实槽与虚槽

元件数 S 和换向片数 K:每个元件有两个出线端,每个换向片又与两个不同元件的两个出线端相连接,因而元件数等于换向片数,即 $S=K$。

当一个线圈只有一个元件($\mu=1$)时,元件数等于槽数 Z,这时,每槽上下层各放一个线圈单元边,即 $S=Z=K$;当一个线圈中有 μ 个元件时,每槽上下层各放 μ 个元件边,此时,元件数和虚槽数相等,即 $S=K=Z_\mu=\mu Z$。

极距:相邻两个主磁极轴线沿电枢表面之间的距离称为极距,用 τ 表示。可用下式计算

$$\tau = \frac{\pi D}{2p} \tag{1-4}$$

式中,D 为电枢铁心外直径,p 为直流电机磁极对数。

叠绕组：指串联的两个元件总是后一个元件端接部分紧贴在前一个元件端接部分，整个绕组成折叠式进行。

波绕组：指把相隔约为一对极距的同极性磁场下的相应元件串联起来，像波浪似地前进。

直流电机的绕组如图 1–11 所示。

第一节距：一个元件的两个有效边在电枢表面跨过的元件边数称为第一节距，第一节距用 y_1 表示。

第二节距：连至同一换向片上的两个元件中的第一个元件的下层边与第二个元件的上层边间的距离称为第二节距。第二节距用 y_2 表示。

合成节距：连至同一换向片上两个元件对应边之间的距离，即第一个元件的上层边与第二个元件的上层边间的距离或第一个元件的下层边与第二个元件的下层边间的距离。合成节距用 y 表示，合成节距与第一节距、第二节距的关系为

单叠绕组 $\qquad y=y_1-y_2$

单波绕组 $\qquad y=y_1+y_2 \qquad (1-5)$

换向节距：同一元件首、末端连接的换向片之间的距离。换向节距用 y_k 表示。

单叠绕组和单波绕组的节距如图 1–12 所示。

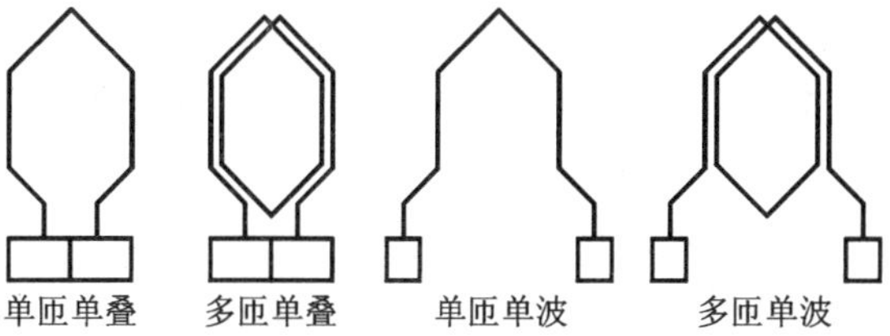

图 1–11 直流电机的绕组

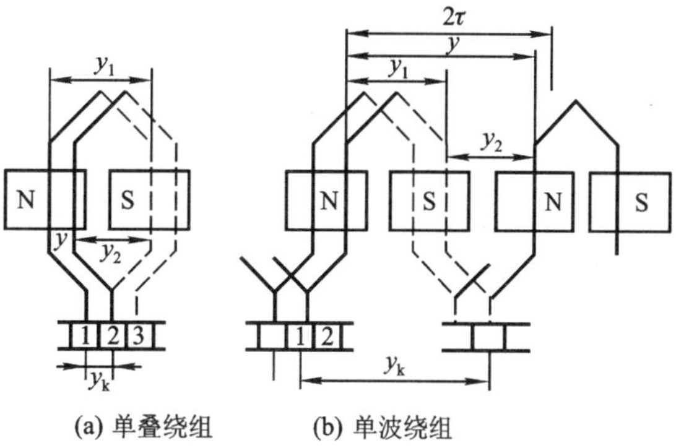

图 1–12 绕组节距示意图

2. 单叠绕组

单叠绕组的特点是相邻元件相互叠压，合成节距与换向节距均为 1，即 $y=y_k=1$。

（1）单叠绕组的节距计算

第一节距 y_1 计算公式为

$$y_1=\frac{Z}{2p}\pm\varepsilon \tag{1-6}$$

式中，Z 为电机槽数；ε 为使 y_1 为整数而加的一个小数。当 ε 前面为负号时，线圈为短距线圈；当 ε 前面为正号时，线圈为长距线圈。长、短距线圈的有效边是一样的，但由于长距线圈连接部分比短距线圈要长，使用铜导线较多，因此通常是用短距线圈。

单叠绕组的合成节距和换向节距相同，即 $y=y_k=\pm1$，一般取 $y=y_k=+1$，此时的单叠绕组称为右行绕组，元件的连接顺序为从左向右进行。

单叠绕组的第二节距 y_2 由第一节距和合成节距之差计算得到，第二节距 y_2 计算公式为

$$y_2 = y_1 - y \tag{1-7}$$

（2）单叠绕组的展开图

电机的绕组展开图是把放在铁心槽里、构成绕组的所有元件均取出来，画在同一展开图里，其作用是展示元件相互间的电气连接关系。除元件外，展开图中还包括主磁极、换向片及电刷以表示元件间、电刷与主磁极间的相对位置关系。在画展开图前应根据所给定的电机极对数 p、槽数 Z、元件数 S 和换向片数 K，算出各节距值，然后根据计算值画出单叠绕组的展开图。

下面通过一个具体的例子说明绕组展开图的画法。

[例 1-1] 已知一台直流电机的极对数 $p=2$，$Z=S=K=16$，试画出其右行单叠绕组展开图。

[解] 第一步：计算绕组的各节距

$$y_1 = \frac{Z}{2p} \pm \varepsilon = \frac{16}{4} = 4$$

$$y = y_k = \pm 1$$

$$y_2 = y_1 - y = 4 - 1 = 3$$

第二步：画元件，用实线代表上层元件，虚线代表下层元件，虚线靠近实线，实线根数等于元件数 S，从左向右为实线编号，分别为 1 至 16。

第三步：放置主磁极。为了确定电枢绕组中感应电动势的方向，需假定电枢的转向，同时画出主磁极的位置和极性。电机主磁极在圆周上是对称均匀、NS 极交替分布的，每个磁极的宽度为 $(0.6 \sim 0.7)\tau$。在展开图上对称均匀地划分极距并在每一极距内画上磁极并假设极性，N 极表示磁感线方向进入纸面，S 极表示磁感线方向离开纸面。根据右手定则，可以确定各导体中感应电动势的方向，用单元边上的箭头表示，在 N 极下的单元边中电动势方向均向下；在 S 极下单元边中的电动势方向均向上，由于几何中心线处的磁密度为零，故此处单元边中电动势为零，即 1、5、9、13 号线圈单元中电动势为零。因此，电枢电动势的分界线是磁场的分界线。

第四步：放置换向片，用带有编号的小方块代表各换向片，换向片的编号也是从左向右顺序编排并以第一元件上层边所连接的换向片为第一换向片号。

第五步：根据计算所得各节距值连接绕组，第一元件上层边连接第一换向片，根据第一节距找到第一元件的下层边，下层边的一端连接上层边未连换向片的那一端，另一端根据换向节距 $y_k=1$ 连接到第二换向片上。根据合成节距 $y=1$ 第二元件的上层边连接到第二换向片，其下层边连接第三换向片。其余元件与换向片的连接关系类推。

第六步：放置电刷。在展开图中，直流电机的电刷与换向片的大小相同，电刷数与主磁极数相同，放置电刷时应使正、负电刷间的感应电动势最大，或被电刷短路的元件感应电动势最小。当把电刷放置在主磁极的中心线处，被电刷短路元件的感应电动势为零，同时正、负电刷间的电动势也最大。电枢按图示方向转动，电刷间的电动势方向根据右手定则可判定为 A_1、A_2 为正，B_1、B_2 为负。单叠绕组的完整展开图如图 1-13 所示。

在实际生产过程中，直流电机电刷的实际位置是电机制造好后通过实验的方法确定的。

（3）单叠绕组的元件连接顺序及并联支路图

根据图 1-13 可以直接看出绕组中各元件之间的连接规律。在图 1-13 中，根据第一节距值 $y_1=4$ 可知第一槽元件 1 的上层边，连接到第 5 槽的元件 1 的下层边，构成了第 1 个元件；根据换

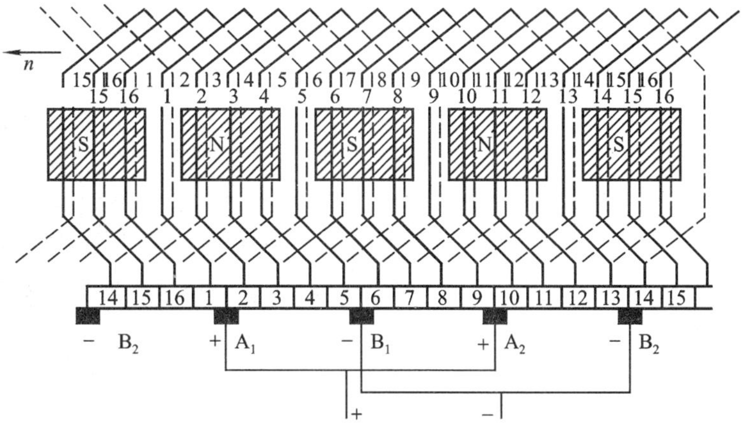

图 1-13　单叠绕组的完整展开图

向节距 $y_k=1$，第一元件的首、末端分别接到第 1、2 两个换向片上；根据合成节距求得 $y_2=3$，第 5 槽的元件 1 的下层边连接到第 2 槽元件 2 的上层边，这样就把第 1、2 两个元件连接起来。其余元件的连接依此类推，如图 1-14 所示。

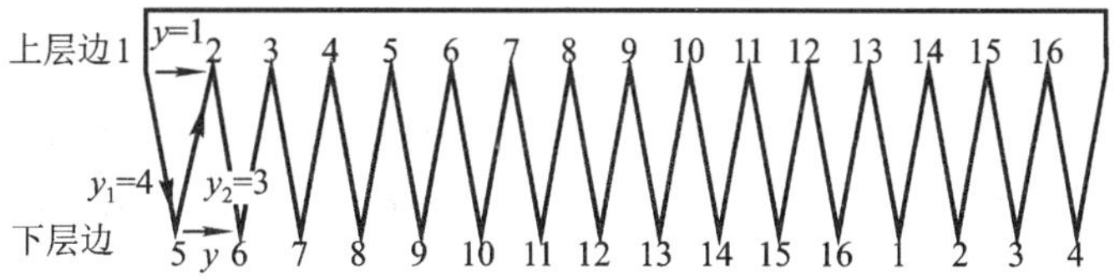

图 1-14　单叠绕组元件连接顺序

从图中可看出，从第一元件开始，绕电枢一周，把全部元件边都串联起来之后，又回到第一元件的起始点 1。可见，整个绕组是一个闭路绕组。

根据图 1-13 和图 1-14 可得到绕组的并联支路图，如图 1-15 所示。电刷短接元件为元件 1、5、9 和 13，并联支路对数 a 与主磁极对数相同，即 $a=p$。

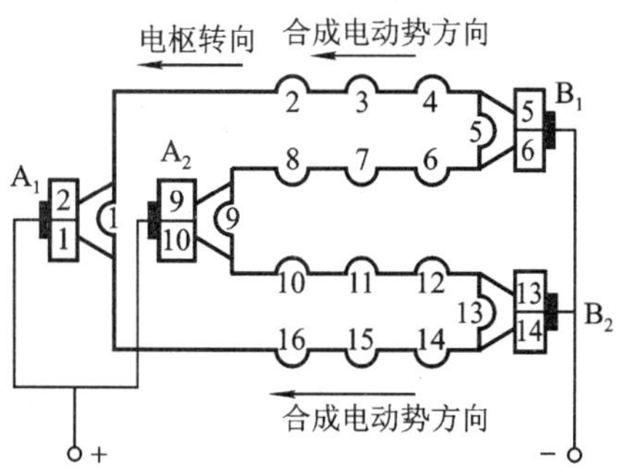

图 1-15　单叠绕组并联支路图

由此可见，单叠绕组具有以下特点：

① 同一磁极下的元件串联在一起组成一个支路，这样有几个主磁极就有几条支路。

② 电刷数等于主磁极数，电刷位置应使支路感应电动势最大，电刷间电动势等于并联支路电动势。

③ 电枢电流等于各并联支路电流之和。

应当指出，单叠绕组为保证两电刷间感应电动势为最大，被电刷所短路的元件里感应电动势最小，电刷应放置在换向器表面主磁极的中心线位置上，虽然对准主磁极的中心线，但被电刷所短路的元件边仍然位于几何中心线处（所谓几何中心线是指电机空载时磁感应强度为零的线，即两个主磁极之间的极间中心线）。为了简单，今后称电刷放在几何中心线上，就是指被电刷所短路的元件，它的元件边位于几何中心线处。

3. 单波绕组及节距计算

① 第一节距 y_1 计算：单波绕组的第一节距 y_1 的计算方法与单叠绕组的计算相同。

② 合成节距 y 和换向器节距 y_k 计算：选择 y_k 时，应使串联的元件感应电动势同方向。为此，首先需把两个串联的元件放在同极性磁极的下面，此时它们在空间位置上相距约为两个极距。其次，当沿周围向一个方向绕了一周，经过 p 个串联的元件后，其末尾所连的换向片必须落在与起始的换向片相邻的位置，这样才能使第二周元件继续往下连，此时换向总节距数为 py_k，即

$$py_k = K \mp 1 \tag{1-8}$$

式中，K 为换向片数。

由上式可得换向节距为

$$y_k = \frac{K \mp 1}{p} \tag{1-9}$$

在上式中，正、负号的选择首先应满足使 y_k 为整数，其次考虑选择符号。选择负号时的单波绕组称为左行绕组，左行绕组端部叠压少。单波绕组的合成节距与换向节距相同，即$y=y_k$。

③ 第二节距 y_2 计算：

$$y_2 = y - y_1 \tag{1-10}$$

以上简单介绍了直流电机的单叠绕组和单波绕组。从上面分析可知，单叠绕组和单波绕组是直流电机基本的绕组形式，两者的根本差别在于它们的换向器节距和合成节距不同，所以在相同的极数下，两种绕组的支路对数不同。绕组的适用范围，主要决定于绕组的并联支路数，原则上，电流较大、电压较低的电机，选用并联支路数较多，串联线圈数较少的单叠绕组；电流较小、电压较高的电机选用并联支路数较少，串联线圈数较多的单波绕组。实际应用中还有复叠、复波以及混合绕组等，这里不一一介绍。

三、空气隙

主极极靴和电枢间的间隙称为空气隙。气隙既保证了电机的安全运行，又是磁路的重要组成部分。由于空气磁阻远大于铁磁物质的磁阻，而电机的能量转换是依靠气隙磁通为媒介进行的，所以气隙的大小和形状对电机的性能有很大影响。

直流电机的气隙是不均匀的。极靴中部气隙较小，两侧气隙逐渐扩大，极尖处气隙最大。小型电机气隙为 1 ~ 3 mm；大型电机气隙可达 10 ~ 12 mm。

第三节　直流电机的铭牌

铭牌钉在电动机的机座上，其上标明电机主要额定数据及电机产品数据，供使用者使用时参考。铭牌数据主要包括：电机型号、电机额定功率、电机额定电压、额定电流、额定转速和额定励磁电流及励磁方式等，此外还有电机的出厂数据如出厂编号、出厂日期等。

电机的产品型号表示电机的结构和使用特点，国产电机型号一般采用大写的汉语拼音字母

和阿拉伯数字表示,其格式为:第一部分用大写的拼音表示产品代号,第二部分用阿拉伯数字表示设计序号,第三部分用阿拉伯数字表示机座代号,第四部分用阿拉伯数字表示电枢铁心长度代号。以 Z_2-92 为例说明如下:

Z_2-92 中 Z 表示一般用途直流电机;2 表示设计序号,第二次改型设计;9 表示机座代号;2 表示电枢铁心长度代号。

第一部分字符的含义如下:

Z 系列:一般用途直流电动机(如 Z_2,Z_3,Z_4 等系列);

ZJ 系列:精密机床用直流电动机;

ZT 系列:广调速直流电动机;

ZQ 系列:直流牵引电动机;

ZH 系列:船用直流电动机;

ZA 系列:防爆安全型直流电动机;

ZKJ 系列:挖掘机用直流电动机;

ZZJ 系列:冶金起重机用直流电动机。

电机铭牌上所标的数据称为额定数据,具体含义如下:

额定功率 P_N:指在额定条件下电机所能供给的功率。对于电动机额定功率是指电动机轴上输出的最大机械功率;对于发电机是指电刷间输出的最大电功率。额定功率的单位为 kW。

额定功率、额定电压和额定电流的关系为:发电机 $P_N = U_N I_N \times 10^{-3}$ kW

电动机 $P_N = U_N I_N \eta_N \times 10^{-3}$ kW

额定电压 U_N:是指额定工况条件下,电机出线端的平均电压。对于电动机是指输入额定电压,对于发电机指输出额定电压。额定电压的单位为 V。

额定电流 I_N:指电机在额定电压下,运行于额定功率时对应的电流值。额定电流的单位为 A。

额定转速 n_N:指对应于额定电流、额定电压、电机运行于额定功率时所对应的转速。额定转速的单位为 r/min。

额定励磁电流 I_{fN}:指对应于额定电压、额定电流、额定转速及额定功率时的励磁电流。额定励磁电流的单位为 A。

励磁方式:指直流电机的励磁线圈与其电枢线圈的连接方式。根据电枢线圈与励磁线圈的连接方式不同,直流电机励磁有并励、串励、他励、复励等方式。

此外,电机的铭牌上还标有其他数据,如励磁电压、出厂日期、出厂编号等。额定值是选用或使用电机的主要依据。电机在运行时的各种数据可能与额定值不同,由负载的大小决定。若电机的电流正好等于额定值,称为满载运行;若电机的电流超过额定值,称为过载运行;若比额定值小得多,称为轻载运行。长期过载运行将使电机过热,降低电机寿命甚至损坏;长期轻载运行使电机的容量不能充分利用。故在选择电机时,应根据负载的要求,尽可能使电机运行在额定值附近。

第四节 直流电动机的电动势、电磁转矩和功率

一、直流电机的励磁方式和磁场

(一) 励磁方式

直流电机中有两种基本绕组,即励磁绕组和电枢绕组。励磁绕组和电枢绕组之间的连接方式称为励磁方式,不同励磁方式的直流电机,其特性有很大的差异,故选择励磁方式是选择直流电机的重要依据。

直流电机的励磁方式可分为他励、并励、串励、复励四类,如图 1-16 所示,图中 M 为电枢绕组,F 为励磁绕组。

1. 他励电机

他励直流电动机的励磁绕组和电枢绕组分别由两个不同的电源供电,这两个电源的电压可以相同,也可以不同。如图 1-16(a)所示,励磁电流 I_f 的大小仅决定于励磁电源的电压和励磁回路的电阻,而与电机的电枢电压大小及负载基本无关。用永久磁铁作主磁极的电机可当做他励电机。

2. 并励电机

并励直流电动机的励磁绕组和电枢绕组并联,由同一电源供电,其接线图如图 1-16(b)所示。励磁电流一般为额定电流的 5%,要产生足够大的磁通,需要有较多的匝数,所以并励绕组匝数多,导线较细。并励直流电动机一般用于恒压系统。中小型直流电动机多为并励式。

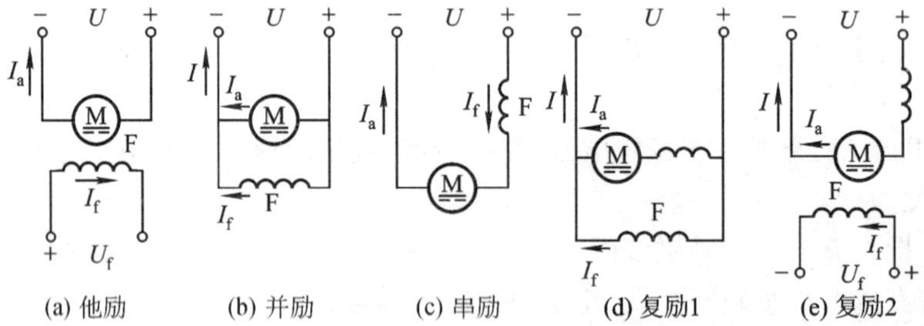

图 1-16 直流电机按励磁方式分类

3. 串励电机

串励电机的励磁绕组与电枢绕组串联,如图 1-16(c)所示。励磁电流与电枢电流相同,数值较大,因此,串励绕组匝数很少,导线较粗。串励直流电动机具有很大的起动转矩,但其机械特性很软,且空载时有极高的转速,串励直流电动机不准空载或轻载运行。串励直流电动机常用于要求很大起动转矩且转速允许有较大变化的负载等。

4. 复励电机

复励电机至少由两个绕组励磁，其中之一是串励绕组，其他为他励（或并励）绕组，如图 1-16（d）、（e）所示。通常他励（或并励）绕组起主要作用，串励绕组起辅助作用。若串励绕组和他励（或并励）绕组的磁动势方向相同，称为积复励；该型电机多用于要求起动转矩较大，转速变化不大的负载；由于积复励式直流电动机在两个不同旋转方向上的转速和运行特性不同，因此不能用于可逆驱动系统中。若串励绕组和并励（或他励）绕组的磁动势方向相反，称为差复励；差复励直流电动机一般用于起动转矩小，而要求转速平稳的小型恒压驱动系统中；这种励磁方式的直流电动机也不能用于可逆驱动系统中。

直流电机各类绕组接线后，其引出线的端头要加以标记，各绕组线端的符号见表 1-1。

表 1-1　直流电机各绕组线端的符号

绕组名称	电枢绕组	换向极绕组	补偿绕组	串励绕组	并励绕组	他励绕组
线端名称	A_1　A_2	B_1　B_2	C_1　C_2	D_1　D_2	E_1　E_2	F_1　F_2

说明：①注脚“1”是始端，为正极；“2”是末端，为负极。②我国现行采用的符号与 IEC 国际标准所规定相同。

（二）空载时直流电机中的磁场

直流电机空载时，电枢电流为零，只有励磁绕组中存在电流。因此，空载时电机的气隙磁场完全由励磁绕组的电流所产生。

（三）电枢磁场

直流电机带有负载时，电枢绕组中有电流通过，电枢绕组的电流也会产生磁场，称为电枢磁场。

电枢磁场沿电枢表面的分布情况，与电枢电流的分布情况有关。在直流电机中，电枢电流的分界线是电刷，在电刷轴线两侧对称分布，所以电枢磁场的分布情况与电刷的位置有关。

（四）电枢反应

电枢磁场的出现有可能对主磁极磁场产生影响，这种影响称为电枢反应。

二、直流电机的电枢电动势

电枢绕组中的感应电动势称为电枢电动势。电枢电动势是指直流电机正、负电刷之间的感应电动势，也就是每个支路里的感应电动势。

直流电机运行时，其电枢中产生电磁转矩和感应电动势。当直流电机作为电动机运行时，电磁转矩为拖动转矩，通过电机轴带动负载，电枢感应电动势为反向电动势与电枢所加外电压相平衡；当其作为发电机运行时，电磁转矩为阻转矩，电枢感应电动势为正向电动势向外输出电压，供给直流负载。

每条支路所含的元件数是相等的，而每个支路里的元件都是分布在同极性下的不同位置上。这样，先求出一根导体在一个极距范围内切割气隙磁通密度的平均感应电动势，再乘上一个支路里总的导体数，就是电枢电动势。

一根导体中的感应电动势可通过电磁感应定律求得，其表达式为

$$e_{av}=B_{av}lv \tag{1-11}$$

式中，B_{av}是一个主磁极下的平均气隙磁通密度。B_{av}与每极磁通 Φ 的关系为

$$\Phi = B_{av} l\tau \tag{1-12}$$

由此导出

$$B_{av} = \frac{\Phi}{l\tau} \tag{1-13}$$

线速度 v 可以表示为

$$v = 2p\tau \frac{n}{60} \tag{1-14}$$

式中，τ 为极距；p 为极对数；n 为电枢转速；l 为导体的有效长度。

将式(1-13)和式(1-14)代入式(1-11)中可得每根导体的电动势为

$$e_{av} = 2p\Phi \frac{n}{60} \tag{1-15}$$

每条支路中的感应电动势为

$$E_a = \frac{N}{2a} e_{av} = \frac{pN}{60a} \Phi n = C_e \Phi n \tag{1-16}$$

式中，$C_e = \frac{pN}{60a}$为电动势常数，当电机做好后仅与电机结构有关；N 为电枢导体总数。磁通 Φ 的单位为 Wb，转速的单位为 r/min，感应电动势的单位为 V。

式(1-16)表明直流电机的感应电动势与电机结构、气隙磁通和电机转速有关。当电机制造好以后，与电机结构有关的常数 C_e 不再变化，因此电枢电动势仅与气隙磁通和转速有关，改变转速和磁通均可改变电枢电动势的大小。

三、直流电机的电磁转矩

根据电磁力定律，当电枢绕组有电枢电流流过时，在磁场内将受到电磁力的作用，该力与电机电枢铁心半径之积称为电磁转矩。一根导体在磁场中所受电磁力的大小可用下式计算

$$f_{av} = B_{av} l i_a \tag{1-17}$$

式中，$i_a = \frac{I_a}{2a}$为导体中流过的电流；I_a 为电枢电流；a 为并联支路对数。

每根导体的电磁转矩为

$$T_c = f_{av} \frac{D}{2} \tag{1-18}$$

总的电磁转矩为

$$T_{em} = B_{av} l \frac{I_a}{2a} N \frac{D}{2} \tag{1-19}$$

故

$$T_{em} = \frac{pN}{2\pi a} \Phi I_a = C_T \Phi I_a \tag{1-20}$$

式中，$C_T = \frac{pN}{2\pi a}$为电磁转矩常数，仅与电机结构有关；电磁电流的单位为 A，磁通单位为 Wb 时，电磁转矩的单位为 N · m。

从式(1-20)可看出,制造好的直流电机,其电磁转矩仅与电枢电流和气隙磁通成正比。

四、直流电机的功率

电机是进行能量转换的装置,因而功率关系是电机运行中最基本的关系。电机在运行中,存在着输入功率、输出功率和各种损耗,它们之间应满足能量守恒定律。

在进行能量转换的过程中,电机内部产生各种损耗,其能量转换为热能使电机发热。

(一) 电机的损耗

1. 铜损耗 P_{Cu}

铜损耗包括电枢绕组、励磁绕组、换向极绕组、补偿绕组的铜损耗和电刷与换向器接触电阻产生的损耗。铜耗的大小与电流、绕组电阻及电刷的接触电阻有关。铜损耗将引起绕组及换向器发热。铜损耗与电流平方成正比,随着电机的负载变化,称为可变损耗。

2. 机械损耗 P_{mec}

机械损耗是指电机旋转时,转动部分与静止部分以及周围空气摩擦所引起的损耗,主要有轴承摩擦损耗、电刷摩擦损耗和电枢与周围空气的摩擦损耗等,其大小和电机转速有关。机械损耗将引起轴承和换向器发热。

3. 铁损耗 P_{Fe}

交变磁通在铁心中产生的磁滞和涡流损耗称为铁损耗。电枢铁心在静止的磁场中旋转,通过铁心中的磁通为交变磁通,产生铁损耗;电枢旋转时,电枢槽口引起主极表面磁通脉动,在极靴表面产生铁损耗。铁损耗大小与电机的转速、磁密度及铁心冲片的厚度、材料有关。铁损耗将引起铁心发热。

机械损耗和铁损耗与负载(电枢电流)的大小无关,因此这两项损耗之和称为不变损耗。

P_{Fe}和 P_{mec}在电机空载时就存在,称为空载损耗 P_0。

$$P_0=P_{Fe}+P_{mec} \tag{1-21}$$

空载损耗 P_0 与电机的负载无关,也称不变损耗。

4. 附加损耗 P_{ad}

除了上述各种损耗之外,电机还存在着附加损耗。附加损耗很难精确计算,一般估计为电机输出功率的(0.5~1)%,即 $P_{ad}=(0.5\sim1)\%P_2$。

严格地说,P_{ad}有一部分空载时就存在,另一部分随负载而变化,但为计算方便,常把附加损耗和空载损耗归为一类。

电机的总损耗$\sum P$ 为

$$\sum P=P_{Cu}+P_{Fe}+P_{ad}+P_{mec}=P_{Cu}+P_0 \tag{1-22}$$

(二) 电磁功率

在电机中,把通过电磁作用传递的功率称为电磁功率,用 P_{em}表示。对发电机,输入机械功率 $P_1=T\Omega$,此功率不能全部转换为电功率,必须克服电机的空载损耗 P_0 后才能进行电磁转换,即

$$P_{em}=P_1-P_0 \tag{1-23}$$

转换而来的电功率不能全部输出,必须扣除电机的铜损耗 P_{Cu}后才能供给负载,输出给负载的功率 $P_2=UI$,即

$$P_2=P_{em}-P_{Cu}=UI \tag{1-24}$$

对电动机，输入电功率为 $P_1=UI$，此功率不能全部转换为机械功率，必须扣除电机本身的铜损耗 P_{Cu}后才能进行电磁转换，即

$$P_{em}=P_1-P_{Cu} \tag{1-25}$$

转换而来的机械功率不能全部输出，必须扣除电机的空载损耗 P_0 后才能输出，其轴上的输出功率 $P_2=T_2\Omega$，即

$$P_2=P_{em}-P_0=T_2\Omega \tag{1-26}$$

电磁功率既可看成是机械功率，又可看成是电功率。从机械功率的角度看 P_{em}，它是电磁转矩 T 和旋转角速度 Ω 的积，即

$$P_{em}=T\Omega \tag{1-27}$$

从电功率角度看 P_{em}，它是电枢电动势 E_a 和电枢电流 I_a 的积，即

$$P_{em}=E_aI_a \tag{1-28}$$

根据能量守恒定律，两者相等，即

$$P_{em}=T\Omega=E_aI_a \tag{1-29}$$

因此无论是发电机还是电动机，电磁功率均指电机能够利用电磁感应原理进行能量转换的这部分功率，可以表示为机械功率的形式，也可以表示为电功率的形式。

（三）功率平衡方程式

电机的输入功率为 P_1，输出功率为 P_2，总损耗为 $\sum P$，根据能量守恒定律，可得功率平衡方程式

$$P_1=P_2+\sum P \tag{1-30}$$

五、直流电动机的基本方程

直流电动机的基本方程式包括：电枢电动势公式、电压平衡方程、电磁转矩公式、电磁转矩平衡方程、励磁特性公式和功率平衡方程。在列写直流电机的基本方程之前，各有关物理量如电压、感应电动势、电流转矩等，都应事先规定其参考方向。直流电机各参考量的方向是任意的，但是标定好后就不应当再改变，所有的方程均按参考方向的标定进行列写。

如图 1-17 所标定的参考方向称为电动机惯例。在图中 T_2 是电机转轴上的输出机械转矩，即负载转矩。

根据电动机惯例，电动机的基本方程如下：

$$E_a=C_e\Phi n \tag{1-31}$$

$$U=E_a+R_aI_a \tag{1-32}$$

$$T_{em}=C_T\Phi I_a \tag{1-33}$$

$$T_{em}=T_2+T_0 \tag{1-34}$$

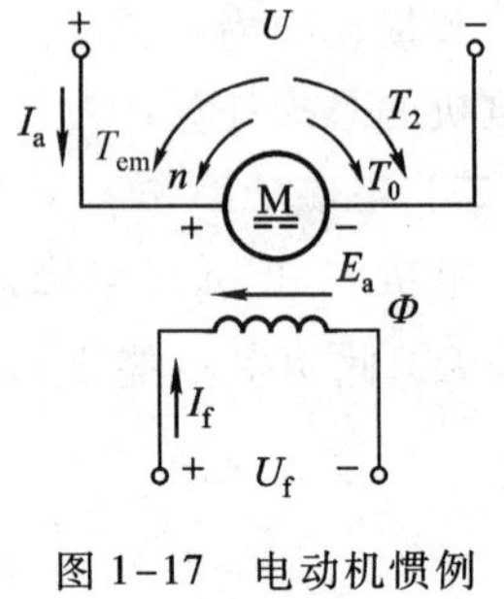

图 1-17　电动机惯例

式中，T_0 为空载转矩。

把式(1-32)两边同时乘以 I_a 可得功率平衡方程

$$P_1=P_{em}+P_{Cua} \tag{1-35}$$

式中，$P_1=UI_a$ 为直流电源输入给电机的电功率；$P_{em}=E_aI_a$ 为电磁功率，$P_{Cua}=R_aI_a^2$ 为电枢回路铜损耗。

把式(1-34)两端同时乘以机械角速度 Ω，可得

$$T_{em}\Omega=T_2\Omega+T_0\Omega \tag{1-36}$$

即

$$P_{em}=P_2+P_0$$

式中，$P_{em}=T_{em}\Omega$ 为电磁功率；$P_2=T_2\Omega$ 为电机输出的机械功率；$P_0=T_0\Omega$ 为空载损耗。

综合上述各式可得

$$P_1=P_{em}+P_{Cua}=P_2+P_{mec}+P_{Fe}+P_{ad}+P_{Cua}=P_2+\sum P \tag{1-37}$$

式中，$\sum P=P_{mec}+P_{Fe}+P_{ad}+P_{Cua}$，$\sum P$ 称总损耗。P_{ad}为附加损耗；P_{mec}为机械损耗；P_{Fe}为铁损耗；P_{Cua}为铜损耗。

直流电动机的效率可通过下式进行计算

$$\eta=\frac{P_2}{P_1}=1-\frac{\sum P}{P_2+\sum P} \tag{1-38}$$

六、直流电机的换向

直流电机电枢绕组中一个元件经过电刷从一个支路转换到另一个支路时，电流方向改变的过程称为换向。当电机带负载后，元件中的电流经过电刷时，电流方向会发生变化。换向不良会产生电火花或环火，严重时将烧毁电刷，导致电机不能正常运行，甚至引起事故。

（一）换向概述

直流电机每个支路里所含元件的总数是相等的，但是，就某一个元件来说它一会儿在这个支路里，一会儿又在另一个支路里。一个元件从一个支路换到另一个支路时要经过电刷。当电机带有负载后，电枢元件中有电流流过，同一支路里各元件的电流大小与方向都是一样的，相邻支路里电流大小虽然一样，但方向却是相反的。可见，某一元件经过电刷，从一个支路换到另一个支路时，元件里的电流必然改变方向。现以图 1-18 所示单叠绕组为例来看某个元件里电流换向的过程。

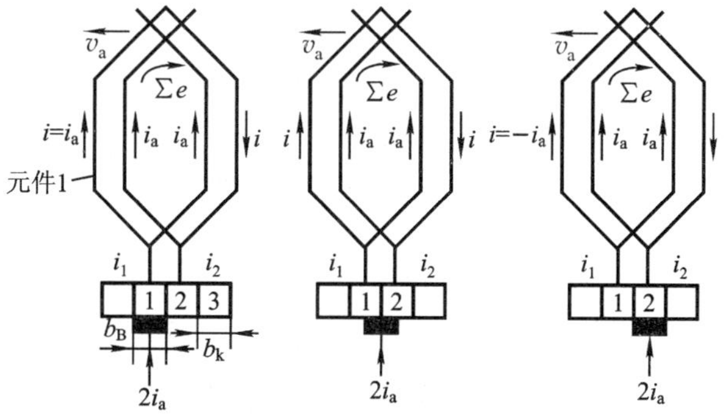

图 1-18 直流电机的换向过程

为了分析简单，忽略换向片之间的绝缘并假设电刷宽度等于换向片宽度。在图 1-18 中，电枢绕组以线速度 v_a 从右向左移动，电刷固定不动，观察图中元件 1 的换向过程。当电刷完全与

换向片 1 接触时，元件 1 里流过的电流为图中所标方向，电流大小为 $i=i_a$；当电枢转到使电刷与换向片 2 相接触时，元件 1 被电刷短路。由于换向片 2 接触了电刷，该元件里的电流被分流了一部分。当电刷仅与换向片 2 接触时，换向元件 1 已进入另一支路，其中电流也从换向前的方向变为换向后的反方向，完成了换向过程元件 1 中流过的电流为 $i=-i_a$。元件从开始换向到换向终了所经历的时间，称为换向周期（T_k），换向周期通常只有千分之几秒。直流电机在运行时，电枢绕组每个元件在经历过电刷时都要经历上述的换向过程。

换向问题很复杂，换向不良会在电刷和换向片之间产生火花，当火花到一定程度时有可能损坏电刷和换向器表面，从而使电机不能正常工作，但也不是说，直流电机运行时，一点火花也不许出现。

下面仅对电磁方面的原因做一简略地分析。

（二）换向的电磁理论

换向的电磁理论指的是换向元件在换向过程中电流变化的情况，从而判断什么情况下会产生火花，什么情况下不产生火花。

设两相邻的换向片与电刷间的接触电阻分别为 R_{b1} 和 R_{b2}，元件自身电阻为 R，流过的电流为 i，元件与换向片间的连线电阻为 R_k，与两个换向片连接的元件电流为 i_1 和 i_2，$\sum e$ 是换向元件的合成电动势，则根据基尔霍夫电压定律可列写换向元件在换向过程中的回路方程：

$$Ri+(R_k+R_{b1})i_1-(R_k+R_{b2})i_2=\sum e \tag{1-39}$$

根据合成电动势 $\sum e$ 的取值情况，换向可分为直线换向（$\sum e=0$）、延迟换向或超越换向（$\sum e \neq 0$）。

1. 直线换向（$\sum e=0$）

如果元件里的合成电动势 $\sum e$ 为零，换向元件里的电流随时间线性变化，这种换向称为直线换向。直线换向时不产生火花，故又称为理想换向，直线换向时元件电流 i 的变化曲线如图 1-19 所示，T_k 是换向周期。

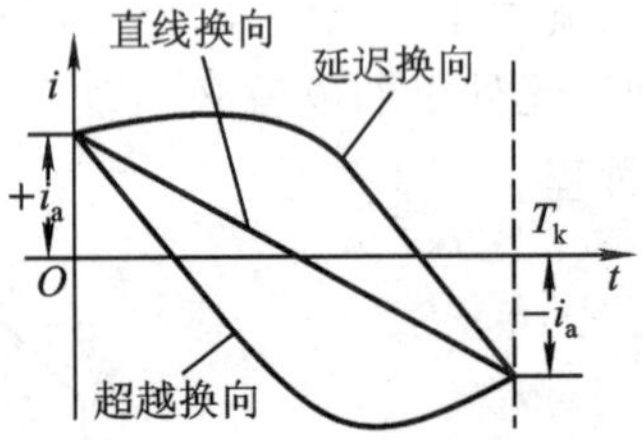

图 1-19　换向电流变化曲线

2. 延迟换向（$\sum e>0$）

由于换向元件为线圈，且换向过程中线圈中的电流是变化的，因此线圈中存在自感电动势 e_L；为了保证换向可靠，实际的电刷的宽度比换向片的宽度要大得多，在换向过程中有多个元件同时换向，因此线圈中存在互感电动势，用 e_M 表示。通常将自感电动势 e_L 和互感电动势 e_M 合起来，称为电抗电动势，用 e_r 表示。故有

$$e_r=e_L+e_M=-(L+M)\frac{\mathrm{d}i}{\mathrm{d}t}=-L_r\frac{\mathrm{d}i}{\mathrm{d}t} \tag{1-40}$$

式中，$L_r=L+M$ 为换向元件的电感系数；L 为换向元件的自感系数；M 为换向元件的互感系数。

根据楞次定律，电抗电动势 e_r 的作用总是阻碍电流变化的，因此，e_r 的方向与元件的换向前电流 i_a 的方向相同。

此外，虽然电刷安装在几何中心线处，主磁极磁密度为零，但由于电枢反应的存在，电枢反应磁密度却不为零，因此在换向元件中还有切割电动势 e_a 的存在。

$$e_a = 2N_c B_a l v_a \tag{1-41}$$

式中，N_c 为元件的匝数；B_a 为换向元件边所在处的气隙磁通密度；l 为元件边导体的有效长度；v_a 为电枢表面线速度。

切割电动势存在同样使换向电流变化延缓。因此线圈中合成电动势（电抗电动势和切割电动势之和）的存在使换向电流变化不再是线性的，出现了电流延迟现象的换向称为延迟换向。延迟换向时电刷下的各点电流密度不再为常数。e_r+e_a 在换向元件中产生的电流称为附加换向电流，用 i_k 表示

$$i_k = \frac{\sum e}{R_{b1}+R_{b2}} = \frac{e_r+e_a}{R_{b1}+R_{b2}} \tag{1-42}$$

如果换向元件里的电流按照图 1-19 中的延迟换向曲线变化，电机运行时不会产生火花，但是当合成电动势较大时，换向元件里的电流并不按图中所绘制的延迟换向曲线变化，在电刷与换向片离开的瞬间，换向元件中的附加电流可能不为零，当这个附加电流足够大时将在电刷下产生电火花。

直流电机因换向不良引起电刷下产生火花，除了上述的电磁原因外还有机械以及化学方面的因素。机械因素包括：换向器偏心；换向片之间的绝缘凸出；电刷与换向器表面接触不良；电刷上的压力大小不合适；电刷在刷盒里因装得太紧而卡住，或者太松而跳动；各电刷杆之间不等距；各个换向极下的气隙不均匀；换向器表面不清洁，等等。化学方面的因素包括：电刷压力过大，或者高空缺氧、缺水气以及某些电机所处环境为化工厂，这些都有可能破坏换向器表面的氧化亚铜薄膜，从而产生火花。

3. 超越换向（$\sum e<0$）

如果换向极的磁场较强，e_k 抵消 e_r 后有剩余，剩余电动势产生的 i_k 改变了方向（$i_k<0$）。当 $i=0$ 时，$t<T_k/2$，电流改变方向的时刻比直线换向时提前，故称为超越换向，又称过补偿换向。此时前刷边电流密度增大，后刷边电流密度减小，这种情况同样对换向是不利的。

（三）改善换向的方法

改善换向的目的在于消除或削弱电刷下的火花。由于电磁原因是产生火花的主要因素，所以下面主要分析如何消除或削弱由此引起的电磁性火花。

产生电磁火花的直接原因是附加换向电流 i_k。为改善换向，必须限制附加换向电流 i_k。由式（1-42）可知，减小 i_k 的方法有两种：一是增加接触电阻 R_{b1} 和 R_{b2}；二是减小换向元件中的合成电动势 $\sum e=e_r+e_a$。为此改善换向一般采用以下两种方法。

1. 选用合适的电刷，增加电刷与换向片之间的接触电阻

电机用电刷的型号规格很多，其中碳-石墨电刷的接触电阻最大，石墨电刷和电化石墨电刷次之，铜-石墨电刷的接触电阻最小。

直流电机如果选用接触电阻大的电刷，有利于换向，但接触压降较大，电能损耗大，发热大。同时由于这种电刷允许电流密度较小，电刷接触面积和换向器尺寸以及电刷的摩擦都将增大。设计制造电机时综合考虑两方面的因素，选择了恰当的电刷牌号。为此，在使用维修中，欲更换电刷时，必须选用与原来同一牌号的电刷，如果实在配不到相同牌号的电刷，那就尽量选择特性与原来相近的电刷，并全部更换。

2. 装设换向极

目前改善直流电机换向最有效的办法，是安装换向极，换向极装设在相邻两主磁极之间的几何中心线上，如图 1-20 所示。加装换向极的目的，主要是让它在换向元件处产生一个磁动势，首先把电枢反应磁动势抵消掉，使得切割电动势 $e_a=0$；其次还得产生一个气隙磁通密度，换向元件切割磁场产生感应电动势去抵消电抗电动势。为达到此目的，换向极绕组应与电枢绕组相串联，使换向极磁场也随电枢磁场的强弱而变化，换向极极性的确定原则是使换向极磁场方向与电枢磁场方向相反。当换向极安装正确可使合成电动势大为减小，甚至使 $\sum e=0$，换向为直线换向。1 kW 以上的直流电机，几乎都安装换向极。

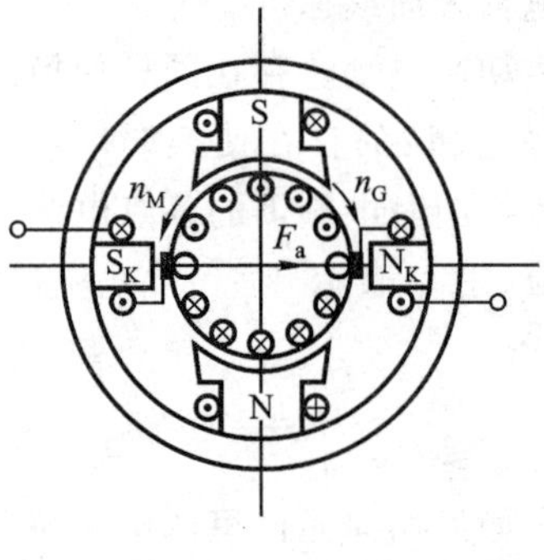

图 1-20　用换向极改善换向

由于电枢反应的影响使主磁极下气隙磁通密度曲线发生畸变，这样就增大了某几个换向片之间的电压。在负载变化剧烈的大型直流电机内，有可能出现环火现象，即正、负电刷间出现电弧。电机出现环火，可以在很短的时间内损坏电机。防止环火出现的办法是在主磁极上安装补偿绕组，从而抵消电枢反应的影响。补偿绕组与电枢绕组串联，它产生的磁动势恰恰能抵消电枢反应磁动势。这样，当电机带负载后，电枢反应磁动势被抵消，不会使气隙磁通密度曲线发生畸变，从而可以避免出现环火现象。

补偿绕组装在主磁极极靴里，有了补偿绕组，换向极的负担减轻了，有利于改善换向。

第五节　直流电动机的工作特性与机械特性

一、直流电动机的工作特性

直流电动机的工作特性是指供给电机额定电压 U_N 和额定励磁电流 I_{fN} 时，转速与负载电流之间的关系、转矩与负载电流之间的关系及效率与负载电流之间的关系，这三个关系分别称为电动机的转速特性、转矩特性和效率特性。

(一) 他励(并励)直流电动机的工作特性

他励直流电动机的工作特性与并励直流电动机的工作特性相同。

1. 转速特性

他励直流电动机的转速特性可表示为 $n=f(I_a)$，把上一节式(1-31)代入式(1-32)，整理可得

$$n=\frac{U_N}{C_e\Phi_N}-\frac{R_a}{C_e\Phi_N}I_a \qquad (1-43)$$

此式即为转速特性的表达式。如果忽略电枢反应的去磁效应，则转速与负载电流按线性关系变化，当负载电流增加时，转速有所下降。并励直流电动机的工作特性如图 1-21 所示。

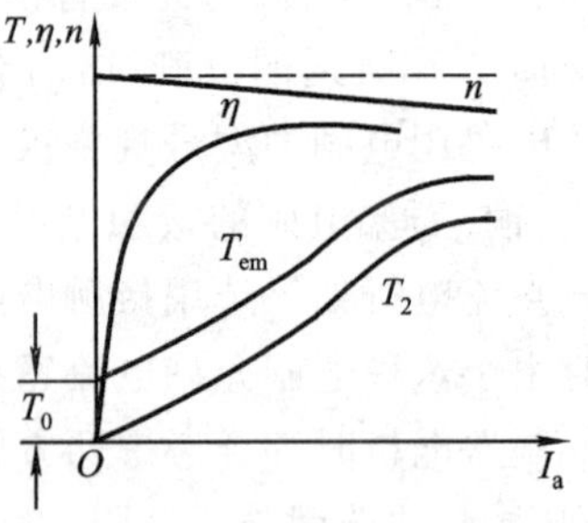

图 1-21　并励直流电动机的工作特性

2. 转矩特性

当 $U=U_N, I_f=I_{fN}$ 时，$T_{em}=f(I_a)$ 的关系称为转矩特性。根据直流电机电磁转矩公式可得电动机转矩特性表达如下：

$$T_{em}=C_T\Phi_N I_a \tag{1-44}$$

由此式可见，在忽略电枢反应的情况下电磁转矩与电枢电流成正比，若考虑电枢反应使主磁通略有下降，电磁转矩上升的速度比电流上升的速度要慢一些，曲线的斜率略有下降。

3. 效率特性

当 $U=U_N, I_f=I_{fN}$ 时，$\eta=f(I_a)$ 的关系称为效率特性。

$$\eta=\frac{P_1-\sum P}{P_1}=1-\frac{P_0+R_a I_a^2}{U_N I_a} \tag{1-45}$$

从前面叙述可知，空载损耗 P_0 是不随负载电流变化的，当负载电流较小时效率较低，输入的功率大部分消耗在空载损耗上；当负载电流增大时效率也增大，输入的功率大部分消耗在机械负载上；但当负载电流大到一定程度时铜损耗快速增大，此时效率又开始变小。

（二）串励直流电动机的工作特性

串励直流电动机的励磁绕组与电枢绕组相串联，电枢电流即为励磁电流。串励直流电动机的工作特性与并励直流电动机有很大的区别。当负载电流较小时，磁路不饱和，主磁通与励磁电流（负载电流）按线性关系变化，而当负载电流较大时，磁路趋于饱和，主磁通基本不随电枢电流变化。因此串励直流电动机的转速特性、转矩特性和机械特性必须分段讨论。

当负载电流较小时，电机的磁路没有饱和，每极气隙磁通 Φ 与励磁电流 $I_f=I_a$ 呈线性变化关系，即

$$\Phi=K_f I_f=K_f I_a \tag{1-46}$$

式中，K_f 是比例系数。根据式（1-43），串励直流电动机的转速特性可写为

$$n=\frac{U}{C_e\Phi}-\frac{RI_a}{C_e\Phi}=\frac{U}{k_f C_e I_a}-\frac{R}{k_f C_e} \tag{1-47}$$

式中，R 为串励直流电动机电枢回路总电阻，$R=R_a+R_f$。

串励直流电动机的转矩特性可写为

$$T_{em}=C_T\Phi I=k_f C_T I_a^2 \tag{1-48}$$

由上述可知，当负载电流较小时，转速较大，负载电流增加，转速快速下降，当负载电流趋于零时，电机转速趋于无穷大。因此串励直流电动机不可以空载或在轻载下运行，电磁转矩与负载电流的平方成正比。

当负载电流较大时，磁路已经饱和，磁通 Φ 基本不随负载电流变化，串励直流电动机的工作特性与并励直流电动机相同。

串励直流电动机的工作特性曲线如图 1-22 所示。

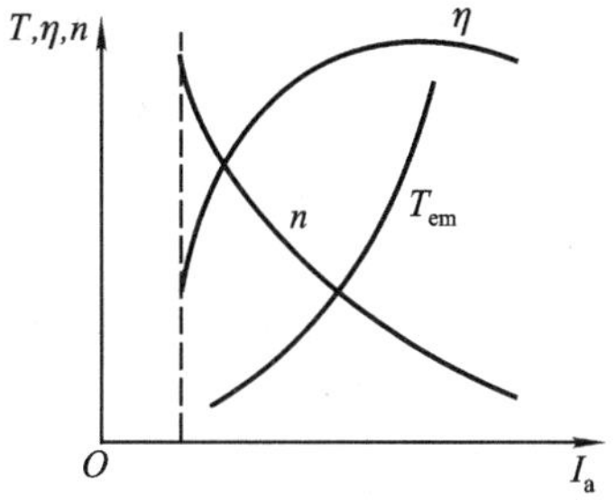

图 1-22　串励直流电动机的工作特性

（三）复励直流电动机的工作特性

如果是他励（并励）绕组磁动势起主要作用，复励电动机的转速特性就与他励（并励）电动机接近；如果是串励绕组磁动势起主要作用，复励电动机的转速

特性就与串励电动机接近。由于有串励和他励(并励)磁动势的存在,复励电动机既有较高的起动能力和过载能力,又可允许空载或轻载运行。

二、直流电动机的机械特性

(一) 他励直流电动机的机械特性

1. 机械特性的表达式

直流电动机的机械特性是指在电动机的电枢电压、励磁电流、电枢回路电阻为恒值的条件下,即电动机处于稳态运行时,电动机的转速 n 与电磁转矩之间的关系:$n=f(T_{em})$。由于转速和转矩都是机械量,所以把它称为机械特性。

他励直流电动机的电路原理图如图 1-23 所示。图中 U 为外施电源电压,E_a 是电枢电动势,I_a 是电枢电流,R_s 是电枢回路串联电阻,I_f 是励磁电流,Φ 是励磁磁通,R_f 是励磁绕组电阻,R_{sf}是励磁回路串联电阻。按图中标明的各个量的参考方向,可以列出电枢回路的电压平衡方程式

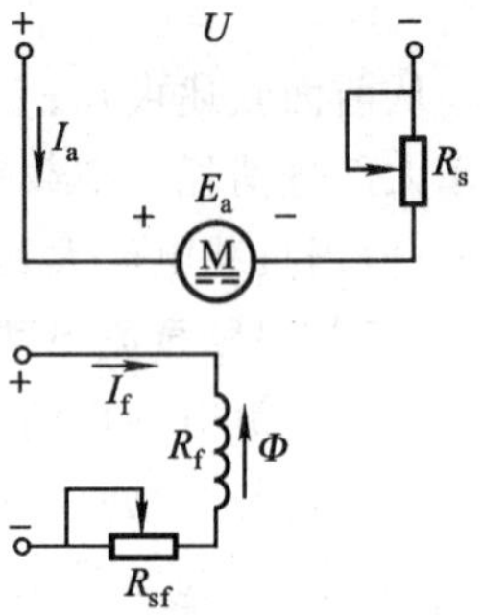

图 1-23 他励直流电动机的电路原理图

$$U=E_a+RI_a \tag{1-49}$$

式中,$R=R_a+R_s$,为电枢回路总电阻,R_a 为电枢电阻。将电枢电动势 $E_a=C_e\Phi n$ 和电磁转矩 $T_{em}=C_T\Phi I_a$ 代入式(1-49)中,可得他励直流电动机的机械特性方程式

$$n=\frac{U}{C_e\Phi}-\frac{R}{C_eC_T\Phi^2}T_{em}=n_0-\beta T_{em}=n_0-\Delta n \tag{1-50}$$

式中,C_e、C_T 分别为电动势常数和转矩常数($C_T=9.55C_e$);$n_0=\dfrac{U}{C_e\Phi}$为电磁转矩 $T_{em}=0$ 时的转速,称为理想空载转速;$\beta=\dfrac{R}{C_eC_T\Phi^2}$为机械特性的斜率;$\Delta n=\beta T_{em}$为转速降。

由公式 $T_{em}=C_T\Phi I_a$ 可知,电磁转矩 T_{em}与电枢电流 I_a 成正比,所以只要励磁磁通 Φ 保持不变,则机械特性方程式(1-50)也可用转速特性代替,即

$$n=\frac{U}{C_e\Phi}-\frac{R}{C_e\Phi}I_a \tag{1-51}$$

由式(1-51)可知,当 U、Φ、R 为常数时,他励直流电动机的机械特性是一条以 β 为斜率向下倾斜的直线,如图 1-24 所示。

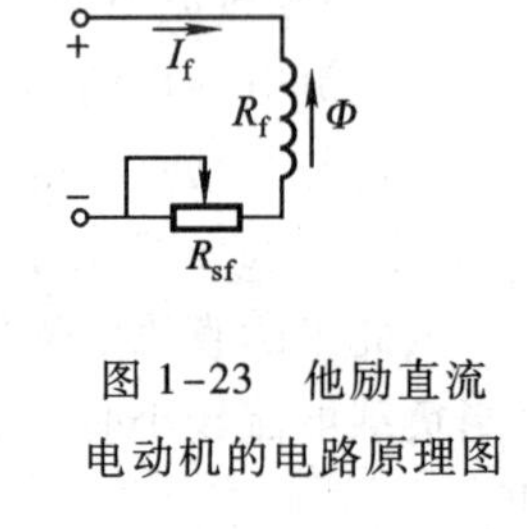

图 1-24 他励直流电动机的机械特性

必须指出,电动机的实际空载转速 n'_0 比理想空载转速略低。这是因为电动机有摩擦等原因存在一定的空载转矩 T_0,空载运行时,电磁转矩不可能为零,它必须克服空载转矩,即 $T_{em}=T_0$,故实际空载转速应为

$$n'_0=\frac{U}{C_e\Phi}-\frac{R}{C_eC_T\Phi^2}T_0 \tag{1-52}$$

转速降 Δn 是理想空载转速与实际转速之差,转矩一定时,它与机械特性的斜率 β 成正比。β 越大,特性越陡,Δn 越大;β 越小,特性越平,Δn 越小。通常称 β 大的机械特性为软特性,称 β 小的机械特性为硬特性。

2. 固有机械特性和人为机械特性

事实上,式(1-52)中的电枢回路电阻 R、端电压 U 和励磁磁通 Φ 都是可以根据实际需要进行调节的,每调节一个参数可以对应得到一条机械特性,所以可以得到许多条机械特性。其中,电动机自身所固有的,反映电动机本来“面目”的机械特性是在电枢电压、励磁磁通为额定值,且电枢回路不外串电阻时的机械特性,称为电动机的固有(自然)机械特性;调节 U、R、Φ 等参数后得到的机械特性称为人为机械特性。

(1) 固有机械特性

当 $U=U_N$, $\Phi=\Phi_N$, $R=R_a(R_s=0)$时的机械特性称为固有机械特性,其方程式为

$$n=\frac{U_N}{C_e\Phi_N}-\frac{R_a}{C_eC_T\Phi_N^2}T_{em} \tag{1-53}$$

因为电枢电阻 R_a 很小,特性斜率 β 很小,通常额定转速降 Δn_N 只有额定转速的百分之几到百分之十几,所以他励直流电动机的固有机械特性是硬特性,如图 1-25 中直线 R_an_0 所示。

(2) 人为机械特性

① 电枢串电阻时的人为特性:保持 $U=U_N$、$\Phi=\Phi_N$ 不变,只在电枢回路中串入电阻 R_s 时的人为特性为

$$n=\frac{U_N}{C_e\Phi_N}-\frac{R_a+R_s}{C_eC_T\Phi_N^2}T_{em} \tag{1-54}$$

与固有机械特性相比,电枢串电阻时的人为特性的理想空载转速 n_0 不变,但斜率 β 随串联电阻 R_s 的增大而增大,所以特性变软。改变 R_s 大小,可以得到一簇通过理想空载点 n_0 并具有不同斜率的人为特性,如图 1-25 所示。

② 降低电枢电压时的人为特性:保持 $R=R_a(R_s=0)$、$\Phi=\Phi_N$ 不变,只改变电枢电压 U 时的人为特性为

$$n=\frac{U_N}{C_e\Phi_N}-\frac{R_a}{C_eC_T\Phi_N^2}T_{em} \tag{1-55}$$

由于电动机的工作电压以额定电压为上限,因此改变电压时,只能在低于额定电压的范围内变化,与固有特性比较,降低电压时人为特性的斜率 β 不变,但理想空载转速 n_0 随电压的降低而正比减小。因此降低电压时的人为特性是位于固有特性下方,且与固有特性平行的一组直线,如图 1-26 所示。

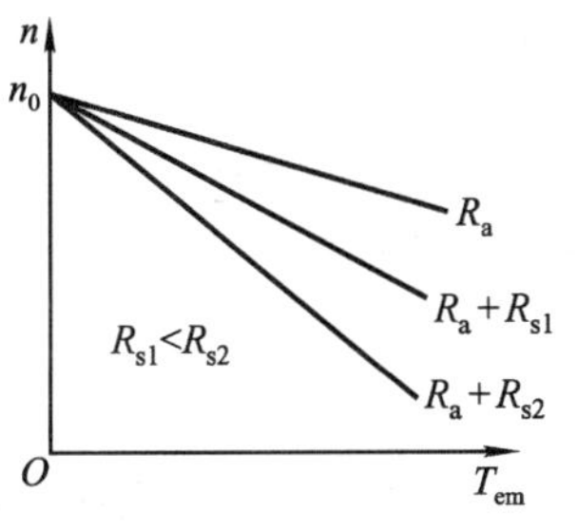

图 1-25 电动机的固有特性和电枢串联电阻的人为特性

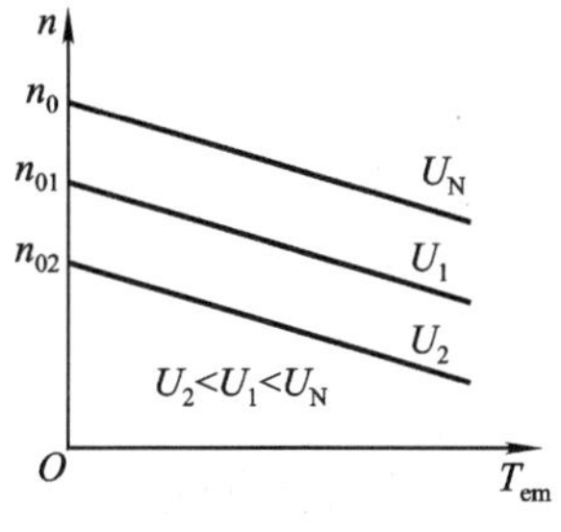

图 1-26 电动机的固有特性和降低电压的人为特性

③ 减弱励磁磁通时的人为特性：在图 1-23 中，改变励磁回路调节电阻 R_{sf}，就可以改变励磁电流，进而改变励磁磁通。由于电动机额定运行时，磁路已经开始饱和，即使再成倍增加励磁电流，磁通也不会有明显增加，何况由于励磁绕组发热条件的限制，励磁电流也不允许大幅度地增加，因此，只能在额定值以下调节励磁电流，即只能减弱励磁磁通。

保持 $R=R_a(R_s=0)$、$U=U_N$ 不变，只减弱磁通时的人为特性为

$$n=\frac{U_N}{C_e\Phi}-\frac{R_a}{C_eC_T\Phi^2}T_{em} \tag{1-56}$$

对应的转速特性为

$$n=\frac{U_N}{C_e\Phi}-\frac{R_a}{C_e\Phi}I_a \tag{1-57}$$

在电枢串电阻和降低电压的人为特性中，因为 $\Phi=\Phi_N$ 不变，$T_{em}\propto I_a$，所以它们的机械特性 $n=f(T_{em})$ 曲线也代表了转速特性 $n=f(I_a)$ 曲线。但是在讨论减弱磁通的人为特性时，因为磁通 Φ 是个变量，所以 $n=f(I_a)$ 与 $n=f(T_{em})$ 两条曲线是不同的，如图 1-27 所示。

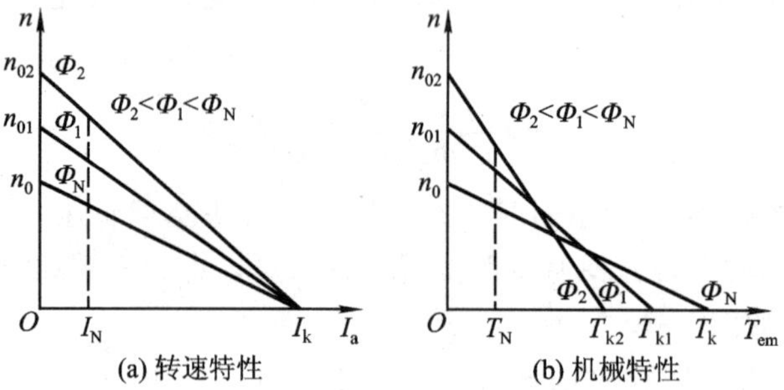

图 1-27　减弱磁通时的人为特性

当 $n=0$ 时，堵转电流 $I_k=\dfrac{U}{R}=$常数，而 n_0 随 Φ 的减小而增大。因此 $n=f(I_a)$ 的人为特性是一组通过横坐标 $I=I_k$ 点的直线，如图 1-27(a)所示。

改变磁通可以调节转速，从图 1-27(b)可看出，当负载转矩不太大时，磁通减小使转速升高；当负载转矩特别大时，减弱磁通才会使转速下降，然而，这时的电枢电流已经过大，电动机不允许在这样大的电流下工作。因此，实际运行条件下，可以认为磁通越小，稳定转速越高。

3. 机械特性的求取

在设计电力拖动系统时，首先应知道所选择电动机的机械特性，可是电动机的产品目录或铭牌中都未直接给出机械特性的数据，因此通常是根据铭牌数据：P_N、U_N、I_N、n_N 计算或通过实验来求取机械特性。

(1) 固有机械特性的求取

他励直流电动机的固有机械特性为一条直线，所以只要求出直线上任意两点的数据就可以画出这条直线。一般计算理想空载点($T_{em}=0$，$n=n_0$)和额定运行点($T_{em}=T_N$，$n=n_N$)数据，具体步骤如下：

① 估算 R_a：电枢电阻 R_a 可用实测方法求得，也可用下式进行估算：

$$R_a=\left(\frac{1}{2}\sim\frac{2}{3}\right)\frac{U_N I_N-P_N}{I_N^2}. \tag{1-58}$$

式(1-58)表明电动机额定运行时，电枢铜耗占总损耗的$\frac{1}{2}\sim\frac{2}{3}$。

② 计算 $C_e\Phi_N$、$C_T\Phi_N$：

$$C_e\Phi_N=\frac{U_N-I_N R_a}{n_N}$$

$$C_T\Phi_N=9.55C_e\Phi_N$$

③ 计算理想空载点数据：

$$T_{em}=0,n_0=\frac{U_N}{C_e\Phi_N}$$

④ 计算额定工作点数据：

$$T_N=C_T\Phi_N I_N,n=n_N$$

以上计算中用到的额定功率 P_N、额定电压 U_N、额定电流 I_N 和额定转速 n_N 均可从电动机的铭牌中查得。

根据计算所得$(0,n_0)$和(T_N,n_N)两点就可以在 $T_{em}-n$ 平面内画出电动机的固有机械特性。通过式 $\beta=R_a/(C_e\Phi_N\cdot C_T\Phi_N)$ 求出 β 后，便可求得他励电动机的固有机械特性方程式 $n=n_0-\beta T_{em}$。

(2) 人为特性的求取

在固有特性方程式 $n=n_0-\beta T_{em}$(n_0、β 为已知)基础上，根据人为特性对应的参数(U、R_s 或 Φ)变化，重新计算 n_0 和 β 值后，便可求得人为特性方程式。若要画出人为特性，还需算出某一负载点数据，如点(T_N,n)，然后连接$(0,n_0)$和(T_N,n)两点，便得到人为特性曲线。

[例 1-2] 他励直流电动机的铭牌数据为：$P_N=22$ kW，$U_N=220$ V，$I_N=116$ A，$n_N=1\ 500$ r/min，试分别求取下列机械特性方程式并绘制其特性曲线。

(1) 固有机械特性；

(2) 电枢串入电阻 $R_s=0.7\ \Omega$ 时的人为特性；

(3) 电源电压降至 110 V 时的人为特性；

(4) 磁通减弱至$\frac{2}{3}\Phi_N$时的人为特性；

(5) 当负载转矩为额定转矩时，要求电动机以 $n=1\ 000$ r/min的转速运转，试问有几种可能的方案，并分别求出它们的参数。

[解] (1) 固有机械特性

$$R_a=\left(\frac{1}{2}\sim\frac{2}{3}\right)\frac{U_N I_N-P_N}{I_N^2}=\frac{2}{3}\times\frac{220\times116-22\ 000}{116^2}\ \Omega=0.174\ \Omega$$

$$C_e\Phi_N=\frac{U_N-I_N R_a}{n_N}=\frac{220-116\times0.174}{1\ 500}=0.133$$

$$n_0=\frac{U_N}{C_e\Phi_N}=\frac{220}{0.133}\ \text{r/min}=1\ 654\ \text{r/min}$$

$$\beta=\frac{R_a}{9.55(C_e\Phi_N)^2}=\frac{0.174}{9.55\times0.133^2}=1.03$$

固有特性为

$$n=n_0-\beta T_{em}=(1\ 654-1.03T_{em})$$

理想空载点数据为

$$T_{em}=0,n=n_0=1\ 654\ \text{r/min}$$

额定工作点数据为

$$T_{em}=T_N=9.55C_e\Phi_N I_N=9.55\times0.133\times116\ \text{N}\cdot\text{m}=147.3\ \text{N}\cdot\text{m}$$

$$n=n_N=1\ 500\ \text{r/min}$$

连接这两点，得出固有特性曲线，如图 1-28 所示。

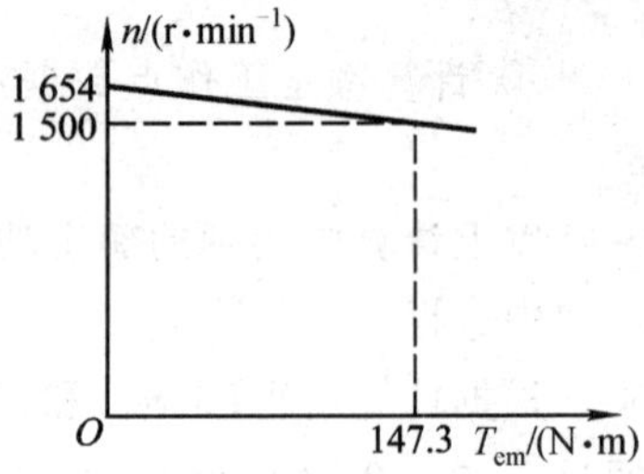

图 1-28 固有机械特性

(2) 电枢回路串入 $R_s=0.7\ \Omega$ 电阻时

$n_0=1\ 654$ r/min 不变，β 增大为

$$\beta'=\frac{R_a+R_s}{9.55(C_e\Phi_N)^2}=\frac{0.174+0.7}{9.55\times0.133^2}=5.17$$

人为特性为

$$n=1\ 654-5.17T_{em}$$

当 $T_{em}=T_N$ 时，有

$$n=(1\ 654-5.17\times147.3)\ \text{r/min}=892\ \text{r/min}$$

其特性曲线如图 1-29 曲线 1 所示。

(3) 电源电压降为 110 V 时

$\beta=1.04$ 不变，n_0 变为

$$n_0'=\frac{1}{2}\times1\ 654\ \text{r/min}=827\ \text{r/min}$$

人为特性为

$$n=827-1.03T_{em}$$

当 $T_{em}=T_N$ 时，有

$$n=(827-1.03\times147.3)\ \text{r/min}=675\ \text{r/min}$$

其人为特性曲线如图 1-29 中曲线 2 所示。

(4) 磁通减弱至 $\frac{2}{3}\Phi_N$ 时

n_0 和 β 均发生变化

$$n_0''=\frac{U_N}{\frac{2}{3}C_e\Phi_N}=\frac{220}{\frac{2}{3}\times0.133}\ \text{r/min}=2\ 481\ \text{r/min}$$

$$\beta''=\frac{R_a}{9.55\left(\frac{2}{3}C_e\Phi_N\right)^2}=\frac{0.174}{9.55\times\left(\frac{2}{3}\times0.133\right)^2}=2.32$$

人为特性为

$$n=2\ 481-2.\ 32T_{em}$$

当 $T_{em}=T_N$ 时

$$n=(2\ 481-2.\ 32\times147.\ 3)\ r/min=2\ 139\ r/min$$

其人为特性如图 1-29 曲线 3 所示。

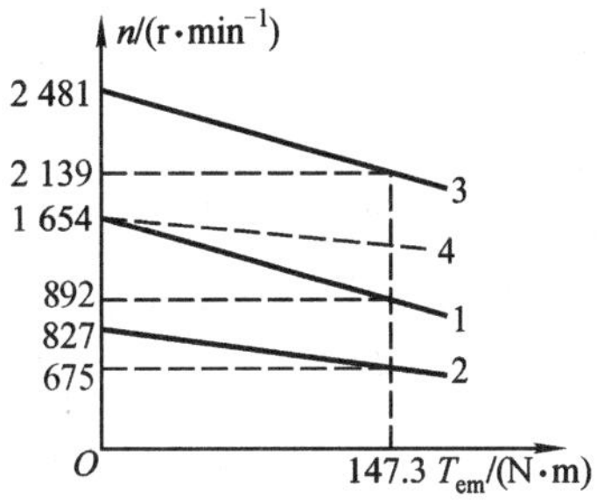

图 1-29 人为机械特性

(5) 当负载转矩为额定值,转速下降至 $n=1\ 000$ r/min 时,可以采用电枢串电阻或降低电源电压的方法来实现。

当电枢串入 R_s 时,β 变化。将 $n=1\ 000$ r/min、$T_N=147.3$ N·m代入机械特性:$1\ 000=1\ 654-\beta'''\times147.\ 3$

得

$$\beta'''=4.\ 44$$

应串入的电阻值为

$$\begin{aligned}R_s&=9.\ 55(C_e\Phi_N)^2\beta'''-R_a\\&=(9.\ 55\times0.\ 133^2\times4.\ 44-0.\ 174)\ \Omega=0.\ 576\ \Omega\end{aligned}$$

当电源电压下降时,由下式

$$1\ 000=\frac{U}{0.\ 133}-1.\ 03\times147.\ 3$$

解得电压应降至 $U=153.\ 2$ V。

(二) 串励电动机的机械特性

1. 固有特性

串励电动机的励磁绕组与电枢绕组串联,励磁电流 I_f 等于电枢电流 I_a,主磁通 Φ 是电枢电流 I_a 的函数。

当 I_a 较小、磁路未饱和时,Φ 与 I_a 成正比,即

$$\Phi=kI_a \tag{1-59}$$

式中,k 为比例常数。此时,电磁转矩 T_{em}与 I_a 的平方成正比,即

$$T_{em}=C_T\Phi I_a=C_TkI_a^2 \tag{1-60}$$

由式(1-60)可得

$$I_a=\sqrt{\frac{T_{em}}{C_Tk}} \tag{1-61}$$

直流电动机机械特性的一般表达式为

$$n=\frac{U}{C_e\Phi}-\frac{R}{C_eC_T\Phi^2}T_{em} \tag{1-62}$$

将式(1-59)和式(1-61)代入式(1-62)中,得出在磁路不饱和时串励电动机的机械特性为

$$n=\frac{\sqrt{C_Tk}}{C_ek}\frac{U}{\sqrt{T_{em}}}-\frac{R}{C_ek} \tag{1-63}$$

式中,$R=R_a+R_f+R_s$ 为电枢回路总电阻,R_s 为电枢回路串联电阻。

式(1-63)表明,当磁路不饱和时,串励电动机的转速 n 与 $\sqrt{T_{em}}$ 成反比,其机械特性为非线性软特性,如图 1-30 中曲线 AB 段。

当 I_a 较大,磁路饱和时,Φ 基本保持不变,这时串励电动机的机械特性与他励电动机的机械

特性相似，变为较硬的直线特性，如图 1-30 中曲线 BC 段。

串励电动机的固有特性是在 $U=U_N$，$R_s=0$ 时的特性（如图1-30所示），具有以下特点：

① 它是一条非线性的软特性，负载时的转速降落很大。

② 空载时，$T_{em}=0$，$I_a=0$，$\Phi=0$，$n_0=\dfrac{U}{C_e\Phi}\to\infty$，即理想空载转速为无穷大。但实际上，即使 $I_a=0$，由于存在剩磁通 Φ_0，故空载转速 n_0 为一有限值，但其值很高，一般可达 $(5\sim6)n_N$，这就是所谓的“飞车”现象，因此，串励电动机是不允许空载或轻载运行的。

③ 由于 $T_{em}\propto I_a^2$，起动和过载时 I_a 均较大，故串励电动机的起动转矩大，过载能力强。

2. 人为特性

串励电动机同样可以采用电枢串电阻、改变电源电压和改变磁通的方法来获得各种人为特性。

（1）电枢串电阻时的人为特性

由式(1-62)或式(1-63)可见，串入电阻后，转速降增大，所以电枢串电阻的人为特性位于固有特性的下方，且特性变得更软，如图 1-31 所示。

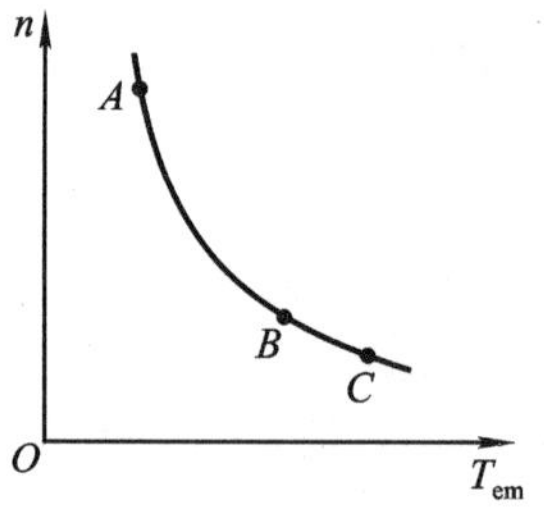

图 1-30　串励电动机的固有特性

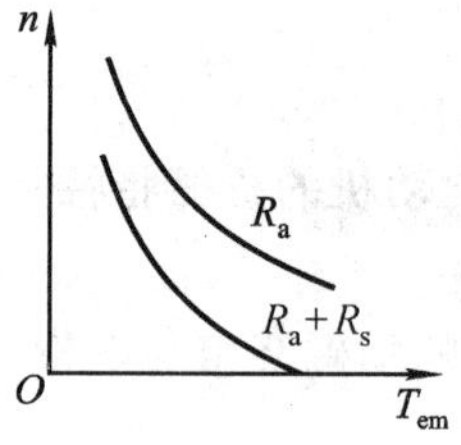

图 1-31　串电阻时的人为特性

（2）降低电源电压时的人为特性

由式(1-62)可知，降低电源电压时，理想空载转速降低，其人为特性向下平移，如图1-32所示。

（3）改变磁通时的人为特性

串励电动机改变磁通的方法之一是在励磁绕组上并联一个分流电阻 R_{Pf}，如图 1-33(a)所示。与固有特性相比，在 I_a 相同的情况下，因 $I_f<I_a$，故 Φ 减小，因此人为特性位于固有特性的上方，如图 1-33(b)所示。

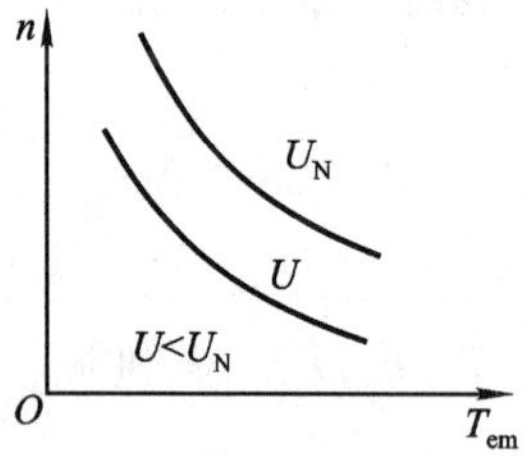

图 1-32　降低电源电压时的人为特性

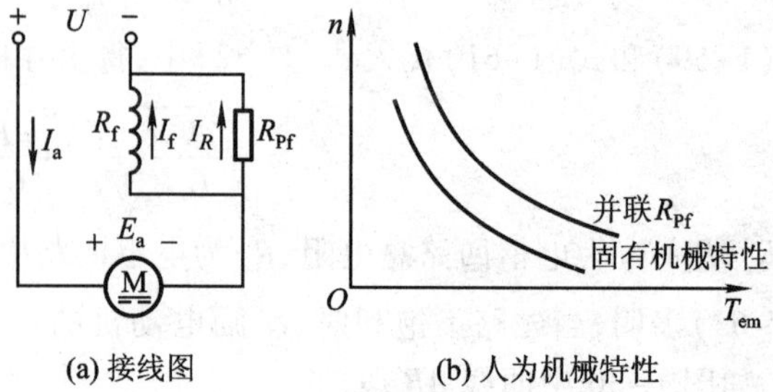

图 1-33　减弱磁通时的人为特性

第六节　直流电动机的起动、调速、反转与制动

一、他励直流电动机的起动、调速、反转与制动

（一）他励直流电动机的起动

电动机的起动是指电动机接通电源后，由静止状态加速到稳定运行状态的过程。电动机在起动瞬间（$n=0$）的电磁转矩称为起动转矩 T_{st}，起动瞬间的电枢电流称为起动电流 I_{st}。起动转矩为

$$T_{st}=C_T\Phi I_{st} \tag{1-64}$$

如果他励直流电动机在额定电压下直接起动，由于起动瞬间 $n=0$，$E_a=0$，故起动电流为

$$I_{st}=\frac{U_N}{R_a} \tag{1-65}$$

因为电枢电阻 R_a 很小，所以，直接起动电流将达到很大的数值，通常可达到 $(10\sim20)I_N$。过大的起动电流会引起电网电压下降，影响电网上其他用户；使电动机的换向严重恶化，甚至会烧坏电动机；同时过大的冲击转矩会损坏电枢绕组和传动机构。因此，除了个别容量很小的电动机外，一般直流电动机是不允许直接起动的。

对直流电动机的起动，一般有如下要求：

① 要有足够大的起动转矩。

② 起动电流要限制在一定的范围内。

③ 起动设备要简单、可靠。

为了限制起动电流，他励直流电动机通常采用电枢回路串电阻起动或降低电枢电压起动。无论采用哪种起动方法，起动时都应保证电动机的磁通达到最大值。这是因为在同样的电流下，Φ 大则 T_{st} 大；而在同样的转矩下，Φ 大则 I_{st} 可以小一些。

1. 电枢回路串电阻起动

电动机起动前，应使励磁回路调节电阻 $R_{st}=0$，这样励磁电流 I_f 最大，使磁通 Φ 最大。电枢回路串接起动电阻 R_{st}，在额定电压下的起动电流为

$$I_{st}=\frac{U_N}{R_a+R_{st}} \tag{1-66}$$

式中，R_{st} 值应使 I_{st} 不大于允许值。对于普通直流电动机，一般要求 $I_{st}\leqslant(1.5\sim2)I_N$。

在起动电流产生的起动转矩作用下，电动机开始转动并逐渐加速，随着转速的升高，电枢电动势（反电动势）E_a 逐渐增大，使电枢电流逐渐减小，这样转速的上升就逐渐缓慢下来。为了缩短起动时间，保持电动机在起动过程中的加速不变，就要求在起动过程中电枢电流维持不变，因此随着电动机转速的升高，应将起动电阻平滑地切除，最后使电动机转速达到运行值。

实际上，平滑地切除电阻是不可能的，一般是在电阻回路中串入多级（通常是 2～5 级）电阻，在起动过程中逐级加以切除。起动电阻的级数越多，起动过程就越快且越平稳，但所需要的

控制设备就越多,投资也越大。采用三级电阻起动时电动机的电路原理图及其机械特性如图 1-34 所示。

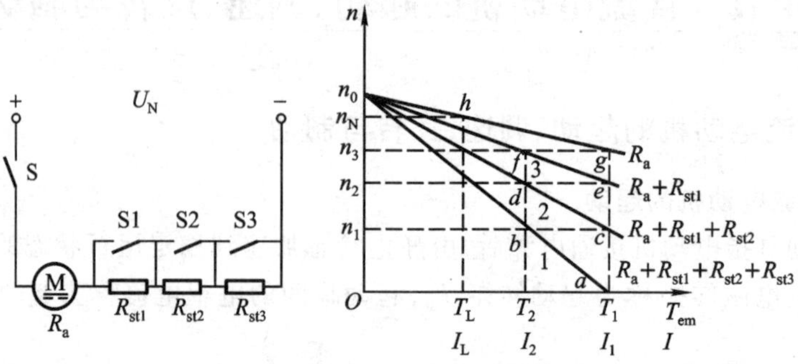

(a) 起动电路　　　　(b) 机械特性

图 1-34　他励直流电动机三级电阻起动

起动开始时,接触器的触点 S 闭合,而 S1、S2、S3 断开,如图 1-34(a)所示,额定电压加在电枢回路总电阻 R_3($R_3=R_a+R_{st1}+R_{st2}+R_{st3}$)上,起动电流为 $I_1=U_N/R_3$,此时起动电流 I_1 和起动转矩 T_1 均达到最大值(通常取额定值的二倍左右)。接入全部起动电阻时的人为特性如图 1-34(b)中的曲线 1 所示。起动瞬间对应的 a 点,因为起动转矩 T_1 大于负载转矩 T_L,所以电动机开始加速,电动势 E_a 逐渐增大,电枢电流和电磁转矩逐渐减小,工作点沿曲线 1 向左上方移动。当转速升高到 n_1、电流降至 I_2、转矩减至 T_2(图中 b 点)时,触点 S3 闭合,切除电阻 R_{st3}。I_2 称为切换电流,一般取 $I_2=(1.1\sim1.2)I_N$,$T_2=(1.1\sim1.2)T_N$。切除 R_{st3}后,电枢回路电阻减小为 $R_2=R_a+R_{st1}+R_{st2}$,与之对应的人为特性如图 1-34(b)中的曲线 2 所示。在切除电阻瞬间,由于机械惯性,转速不能突变,所以电动机的工作点由 b 点沿水平方向跃变到曲线 2 上的 c 点。选择适当的各级起动电阻,可使 c 点的电流仍为 I_1,这样电动机又处在最大转矩 T_1 下进行加速,工作点沿曲线 2 向左上方移动。当到达 d 点时,转速升至 n_2,电流又降至 I_2,转矩也降至 T_2,此时触点 S2 闭合,将 R_{st2} 切除,电枢回路电阻变为 $R_1=R_a+R_{st1}$,工作点由 d 点平移到人为特性曲线 3 上的 e 点。e 点的电流和转矩仍为最大值,电动机又处在最大转矩 T_1 下加速,工作点在曲线 3 上移动。当转速升至 n_3 时,即在 f 点切除最后一级电阻 R_{st1} 后,电动机将过渡到固有特性上,并加速到 h 点处于稳定运行状态,起动过程结束。

2. 降压起动

当直流电源电压可调时,可以采用降压方法起动。起动时,以较低的电源电压起动电动机,起动电流便随电压的降低而正比减小。随着电动机转速的上升,反电动势逐渐增大,再逐渐提高电源电压,使起动电流和起动转矩保持在一定的数值上,从而保证电动机按需要的加速度升速。

降压起动虽然需要专用电源,设备投资较大,但它起动平稳,起动过程中能量损耗小,因而得到了广泛的应用。

(二)他励直流电动机的调速

为了提高生产效率或满足生产工艺的要求,许多生产机械在工作过程中都需要调速。例如车床切削工件时,精加工用高转速,粗加工用低转速;轧钢机在轧制不同品种和不同厚度的钢材时，也必须有不同的工作速度。

电力拖动系统的调速可以采用机械调速、电气调速或二者配合起来调速。通过改变传动机构速比的方法称为机械调速；通过改变电动机参数的方法称为电气调速。本节只介绍他励直流电动机的电气调速。

改变电动机的参数就是人为地改变电动机的机械特性，从而使负载工作点发生变化，转速随之变化。可见，在调速前后，电动机必然运行在不同的机械特性上。如果机械特性不变，因负载变化而引起电动机转速的改变，则不能称为调速。

根据他励直流电动机的转速公式

$$n=\frac{U-I_a(R_s+R_a)}{C_e\Phi} \tag{1-67}$$

可知，当电枢电流 I_a 不变时（即在一定的负载下），只要改变电枢电压 U、电枢回路串联电阻 R_s 及励磁磁通 Φ 三者之中的任意一个量，就可改变转速 n。因此，他励直流电动机具有三种调速方法：调压调速、电枢串电阻调速和调磁调速。为了评价各种调速方法的优缺点，对调速方法提出了一定的技术经济指标，称为调速指标。下面先对调速指标做一介绍，然后讨论他励电动机的三种调速方法及其与负载类型的配合问题。

1. 评价调速的指标

评价调速性能好坏的指标有以下四个：

（1）调速范围

调速范围是指电动机在额定负载下可能运行的最高转速 n_{max} 与最低转速 n_{min} 之比，通常用 D 表示，即

$$D=\frac{n_{max}}{n_{min}} \tag{1-68}$$

不同的生产机械对电动机的调速范围有不同的要求。要扩大调速范围，必须尽可能地提高电动机的最高转速和降低电动机的最低转速。电动机的最高转速受电动机的机械强度、换向条件、电压等级等方面的限制，而最低转速则受到低速运行时转速的相对稳定性的限制。

（2）静差率（相对稳定性）

转速的相对稳定性是指负载变化时，转速变化的程度。转速变化小，其相对稳定性好。转速的相对稳定性用静差率 δ 表示。当电动机在某一机械特性上运行时，由理想空载增加到额定负载，电动机的转速降落 $\Delta n_N=n_0-n_N$ 与理想空载转速 n_0 之比，就称为静差率，用百分数表示为

$$\delta=\frac{n_0-n_N}{n_0}\times100\%=\frac{\Delta n_N}{n_0}\times100\% \tag{1-69}$$

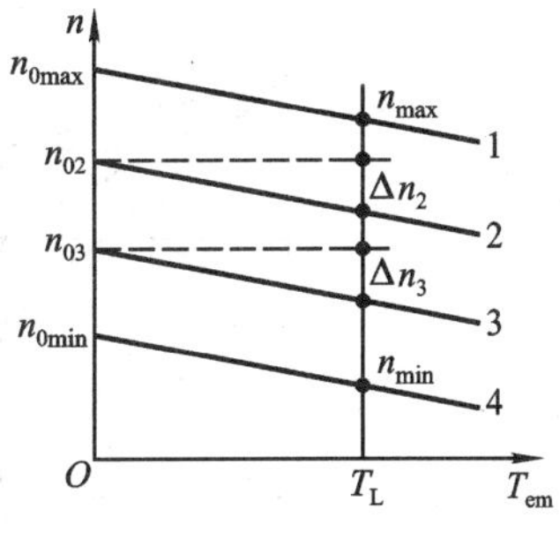

图 1-35 不同机械特性的静差率

显然，电动机的机械特性越硬，其静差率越小，转速的相对稳定性就越高。但是静差率的大小不仅仅是由机械特性的硬度决定的，还与理想空载转速的大小有关。

静差率与调速范围两个指标是相互制约的，设图 1-35 中曲线 1 和曲线 4 为电动机最高转速和最低转速时的机械特性，则电动机的调速范围 D 与最低转速时的静差率 δ 关系

如下：

$$D=\frac{n_{\max}}{n_{\min}}=\frac{n_{\max}}{n_{0\min}-\Delta n_{\mathrm{N}}}=\frac{n_{\max}\delta}{\Delta n_{\mathrm{N}}(1-\delta)} \tag{1-70}$$

式中，Δn_{N} 为最低转速机械特性上的转速降；δ 为最低转速时的静差率，即系统的最大静差率。

由式(1-70)可知，若对静差率这一指标要求过高，即 δ 值越小，则调速范围 D 就越小；反之，若要求调速范围 D 越大，则静差率 δ 也越大，转速的相对稳定性越差。

不同的生产机械，对静差率的要求不同，普通车床要求 $\delta\leqslant 30\%$，而高精度的造纸机则要求 $\delta\leqslant 0.01\%$。在保证一定静差率指标的前提下，要扩大调速范围，就必须减小转速降落 Δn_{N}。

(3) 调速的平滑性

在一定的调速范围内，调速的级数越多，就认为调速越平滑，相邻两级转速之比称为平滑系数 φ：

$$\varphi=\frac{n_i}{n_{i-1}} \tag{1-71}$$

φ 值越接近 1，则平滑性越好，当 $\varphi=1$ 时，称为无级调速，即转速可以连续调节。调速不连续时，级数有限，称为有级调速。

(4) 调速的经济性

主要指调速设备的投资、运行效率及维修费用等。

2. 调速方法

(1) 电枢回路串电阻调速

电枢回路串电阻调速的原理及调速过程如图 1-36 所示。设电动机拖动恒转矩负载 T_{L} 在固有特性上 A 点运行，其转速为 n_{N}。若电枢回路串入电阻 R_{s1}，则达到新的稳态后，工作点变为人为特性上的 B 点，转速下降到 n_1。从图中可以看出，串入的电阻值越大，稳态转速就越低。

现以转速由 n_{N} 降至 n_1 为例，说明其调速过程。电动机原来在 A 点稳定运行时，$T_{\mathrm{em}}=T_{\mathrm{L}}$，$n=n_{\mathrm{N}}$，当串入 R_{s1} 后，电动机的机械特性变为直线 n_0B，因串电阻瞬间转速不突变，故 E_{a} 不突变，于是 I_{a} 及 T_{em} 突然减小，工作点平移到 A' 点。在 A' 点，$T_{\mathrm{em}}<T_{\mathrm{L}}$，所以电动机开始减速，随着 n 的减小，E_{a} 减小，I_{a} 及 T_{em} 增大，即工作点沿 $A'B$ 方向移动，当到达 B 点时，$T_{\mathrm{em}}=T_{\mathrm{L}}$，达到了新的平衡，电动机便在 n_1 转速下稳定运行。调速过程中转速 n 和电流 i_{a}(或 T_{em})随时间的变化规律如图 1-37所示。

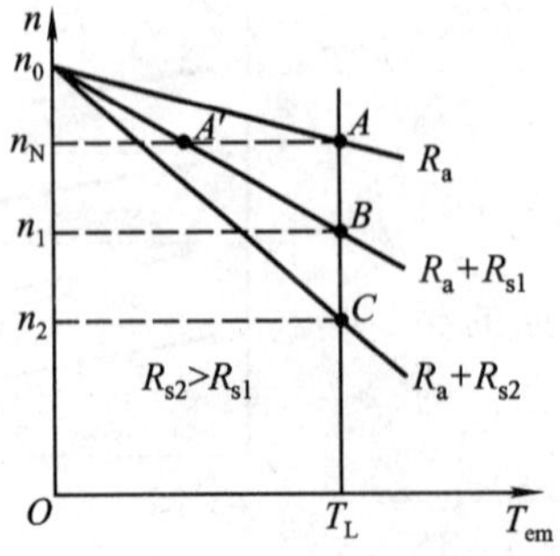

图 1-36　电枢串电阻调速

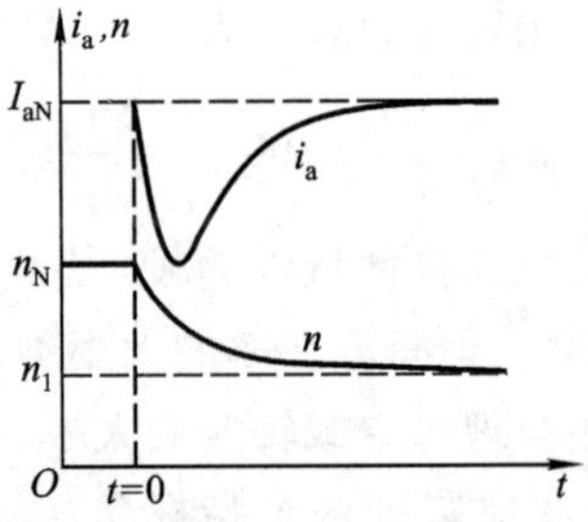

图 1-37　恒转矩负载时电枢串电阻调速过程

电枢串电阻调速的优点是设备简单,操作方便;缺点是:

① 由于电阻只能分段调节,所以调速的平滑性差。

② 低速时特性曲线斜率大,静差率大,所以转速的相对稳定性差。

③ 轻载时调速范围小,额定负载时调速范围一般为 $D\leqslant 2$。

④ 如果负载转矩保持不变,则调速前和调速后因磁通不变而使电动机的 T_{em} 和 I_a 不变,输入功率($P_1=U_NI_a$)也不变,但输出功率($P_2\propto T_Ln$)却随转速的下降而减小,减小的部分被串联的电阻消耗掉了,所以损耗较大,效率较低。而且转速越低,所串电阻越大,损耗越大,效率越低,所以这种调速方法是不太经济的。

因此,电枢串电阻调速多用于对调速性能要求不高的生产机械上,如起重机、电车等。

(2) 降低电源电压调速

电动机的工作电压不允许超过额定电压,因此电枢电压只能在额定电压以下进行调节。降低电源电压调速的原理及调速过程如图 1-38 所示。

设电动机拖动恒转矩负载 T_L 在固有特性上 A 点运行,其转速为 n_N。若电源电压由 U_N 下降至 U_1,则达到新的稳态后,工作点将移到对应人为特性曲线上的 B 点,其转速下降为 n_1。从图中可以看出,电压越低,稳态转速也越低。

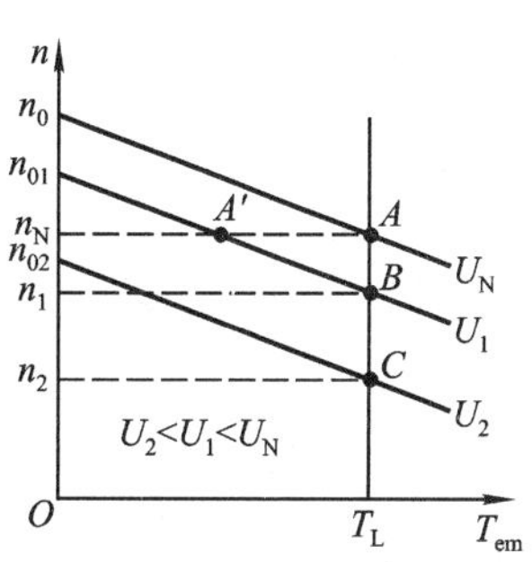

图 1-38 降低电压调速

转速由 n_N 下降至 n_1 的调速过程如下:电动机原来在 A 点稳定运行时,$T_{em}=T_L$,$n=n_N$。当电压降至 U_1 后,电动机的机械特性变为直线 $n_{01}B$。在降压瞬间,转速 n 不突变,E_a 不突变,所以 I_a 和 T_{em}突变减小,工作点平移到 A'点。在 A'点,$T_{em}<T_L$,电动机开始减速,随着 n 减小,E_a 减小,I_a 和 T_{em}增大,工作点沿 $A'B$方向移动,到达 B 点时,达到了新的平衡:$T_{em}=T_L$,此时电动机便在较低转速 n_1 下稳定运行。降压调速过程与电枢串电阻调速过程类似,调速过程中转速和电枢电流(或转矩)随时间的变化曲线也与图 1-37 类似。

降压调速的优点是:

① 电源电压能够平衡调节,可以实现无级调速。

② 调速前后机械特性的斜率不变,硬度较高,负载变化时,速度稳定性好。

③ 无论轻载还是重载,调速范围相同,一般可达 $D=2.5\sim 12$。

④ 电能损耗较小。

降压调速的缺点是需要一套电压可连续调节的直流电源。早期常采用发电机-电动机系统,简称 G-M 系统,如图 1-39 所示。图中交流电动机作为直流发电机 G2 及直流励磁机 G1 的驱动电机。调节 G2 的励磁电流 I_{fG},可以改变 G2 发出的电压,从而实现对直流电动机 M 的调压调速。通过图中的双向开关可以改变 I_{fG}的方向,从而改变 G2 输出电压的极性,以实现对直流电动机的正反转控制。此外,调节直流电动机励磁回路的电阻,可以实现对直流电动机的调磁

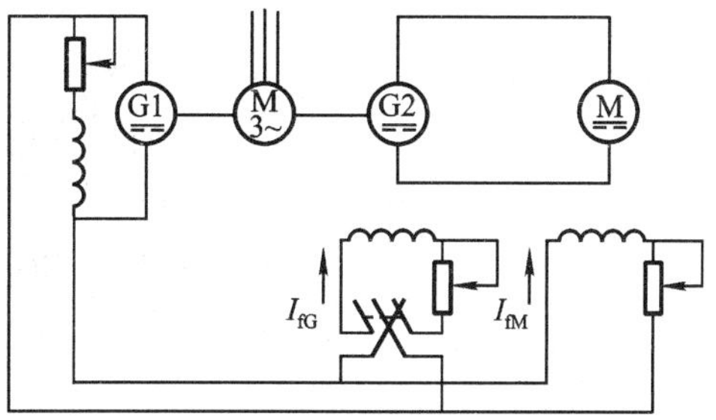

图 1-39 G-M 系统示意图

调速。

这种系统的性能较为优越,但设备多、投资大。目前,这种系统已被晶闸管-电动机系统(简称 SCR-M 系统)取代,SCR-M 系统如图 1-40 所示。调压调速多用在对调速性能要求较高的生产机械上,如机床、造纸机等。

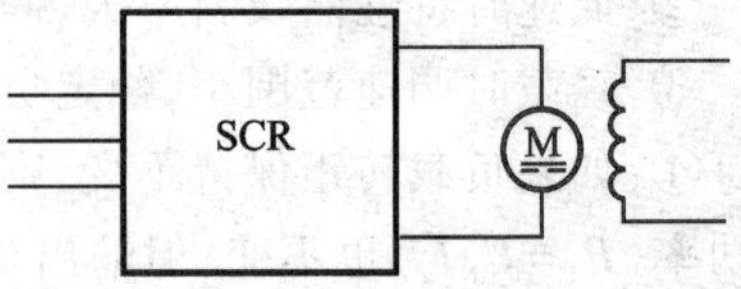

图 1-40　SCR-M 系统示意图

(3) 减弱磁通调速

额定运行的电动机,其磁路已基本饱和,即使励磁电流增加很多,磁通也增加很少,从电动机的性能考虑也不允许磁路过饱和。因此,改变磁通只能从额定值往下调,调节磁通调速即是弱磁调速,其调速原理及调速过程如图 1-41 所示。

设电动机拖动恒转矩负载 T_L 在固有特性曲线上 A 点运行,其转速为 n_N。若磁通由 Φ_N 减小至 Φ_1,则达到新的稳态后,工作点将移到对应人为特性上的 B 点,其转速上升为 n_1。从图中可见,磁通越少,稳态转速将越高。

转速由 n_N 上升到 n_1 的调速过程如下:电动机原来在 A 点稳定运行时,$T_{em}=T_L$,$n=n_N$。当磁通减弱到 Φ_1 后,电动机的机械特性变为直线 $n_{01}B$。在磁通减弱的瞬间,转速 n 不突变,电动势 E_a 随着 Φ 而减小,于是电枢电流 I_a 增大。尽管 Φ 减小,但 I_a 增大很多,所以电磁转矩 T_{em} 还是增大的,因此工作点移到 A'点。在 A'点,$T_{em}>T_L$,电动机开始加速,随着 n 上升,E_a 增大,I_a 和 T_{em} 减小,工作点沿 $A'B$ 方向移动,到达 B 点时,$T_{em}=T_L$,出现了新的平衡,此时电动机便在较高的转速 n_1 下稳定运行。调速过程中电枢电流和转速随时间的变化规律如图 1-42 所示。

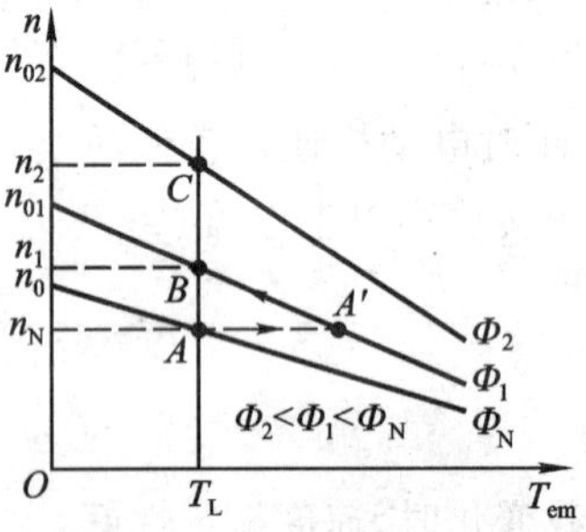

图 1-41　减弱磁通调速

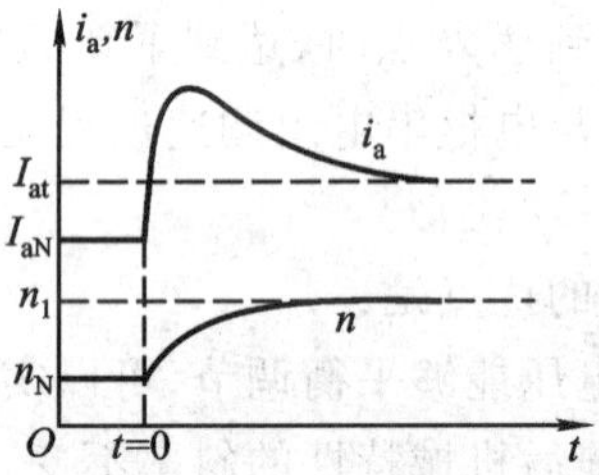

图 1-42　恒转矩负载时弱磁通调速过程

对于恒转矩负载,调速前后电动机的电磁转矩不变,因为磁通减小,所以调速后的稳态电枢电流大于调速前的电枢电流,这一点与前两种调速方法不同。当忽略电枢反应影响和较小的电阻压降 R_aI_a 的变化时,可近似认为转速与磁通成反比变化。

弱磁调速的优点:由于在电流较小的励磁回路中进行调节,因而控制方便,能量损耗小,设备简单,而且调速平滑性好。虽然弱磁升速后电枢电流增大,电动机的输入功率增大,但由于转速升高,输出功率也增大,电动机的效率基本不变,因此弱磁调速的经济性是比较好的。

弱磁调速的缺点:机械特性的斜率变大,特性变软;转速的升高受到电机换向能力和机械强度的限制,因此升速范围不可能很大,一般 $D\leqslant 2$。

为了扩大调速范围,常常把降压和弱磁两种调速方法结合起来。在额定转速以下采用降压调速,在额定转速以上采用弱磁调速。

[**例 1-3**] 一台他励直流电动机的额定数据为 $U_N=220\ \text{V}$,$I_N=41.1\ \text{A}$,$n_N=1\ 500\ \text{r/min}$,$R_a=0.4\ \Omega$,保持额定负载转矩不变,求:(1) 电枢回路串入 1.65 Ω 电阻后的稳态转速;(2) 电源电压降为 110 V 时的稳态转速;(3) 磁通减弱为 90% Φ_N 时的稳态转速。

[**解**]
$$C_e\Phi_N=\frac{U_N-R_aI_N}{n_N}=\frac{220-0.4\times41.1}{1\ 500}=0.136$$

(1) 因为负载转矩不变,且磁通不变,所以 $I_a=I_N$ 不变。

$$n=\frac{U_N-(R_s+R_a)I_a}{C_e\Phi_N}=\frac{220-(1.65+0.4)\times41.1}{0.136}\ \text{r/min}=998\ \text{r/min}$$

(2) 与(1) 相同,$I_a=I_N$ 不变

$$n=\frac{U_N-R_aI_a}{C_e\Phi_N}=\frac{110-0.4\times41.1}{0.136}\ \text{r/min}=688\ \text{r/min}$$

(3) 因为

$$T_{em}=C_T\Phi_NI_N=C_T\Phi'I'_a=\text{常数}$$

所以

$$I'_a=\frac{\Phi_N}{\Phi'}I_N=\frac{1}{0.9}\times41.1\ \text{A}=45.7\ \text{A}$$

$$n=\frac{U_N-R_aI'_a}{C_e\Phi}=\frac{220-0.4\times45.7}{0.9\times0.136}\ \text{r/min}=1\ 648\ \text{r/min}$$

(三) 他励直流电动机的反转

许多生产机械要求电动机作正反转运行,如起重机的升、降,龙门刨床的前进与后退等。直流电动机的转向是由电枢电流方向和主磁场方向确定的,要改变其转向,一是改变电枢电流的方向,二是改变励磁电流的方向。如果同时改变电枢电流和励磁电流的方向,则电动机的转向不会改变。

(四) 他励直流电动机的制动

根据电磁转矩 T_{em} 和转速 n 方向之间的关系,可以把电机分为两种运行状态。当 T_{em} 与 n 方向相同时,称为电动运行状态,简称电动状态;当 T_{em} 与 n 方向相反时,称为制动运行状态,简称制动状态。电动状态时,电磁转矩为驱动转矩,电机将电能转换成机械能;制动状态时,电磁转矩为制动转矩,电机将机械能转换成电能。

在电力拖动系统中,电动机经常需要工作在制动状态。例如,许多生产机械工作时,往往需要快速停车或者由高速运行迅速转为低速运行,这就要求电动机进行制动。因此,电动机的制动运行也是十分重要的。

他励直流电动机的制动有能耗制动、反接制动和回馈制动三种方式,下面分别加以介绍。

1. 能耗制动

图 1-43 是能耗制动的接线图。开关 S 接电源侧为电动状态运行,此时电枢电流 I_a、电枢电动势 E_a、转速 n 及驱动性质的电磁转矩 T_{em} 的方向如图所示。当需要制动时,将开关 S 投向制动电阻 R_B 上,电动机便进入能耗制动状态。

初始制动时，因为磁通保持不变、电枢存在惯性，其转速 n 不能马上降为零，而是保持原来的方向旋转，于是 n 和 E_a 的方向均不改变。但是，由 E_a 在闭合的回路内产生的电枢电流 I_{aB} 却与电动状态时电枢电流 I_a 的方向相反，由此而产生的电磁转矩 T_{emB} 也与电动状态时 T_{em} 的方向相反，变为制动转矩，于是电机处于制动运行。制动运行时，电机靠生产机械惯性力的拖动而发电，将生产机械储存的动能转换成电能，并消耗在电阻上，直到电机停止转动为止，所以这种制动方式称为能耗制动。

能耗制动时的机械特性，就是在 $U=0$、$\Phi=\Phi_N$、$R=R_a+R_B$ 条件下的一条人为机械特性，即

$$n=-\frac{R_a+R_B}{C_eC_T\Phi_N^2}T_{em}$$

或

$$n=-\frac{R_a+R_B}{C_e\Phi_N}I_a \tag{1-72}$$

可见，能耗制动时的机械特性是一条通过坐标原点的直线，其理想空载转速为零，特性的斜率 $\beta=\frac{R_a+R_B}{C_eC_T\Phi_N^2}$，与电动状态下电枢串电阻 R_B 时人为特性的斜率相同，如图 1-44 中直线 BC 所示。

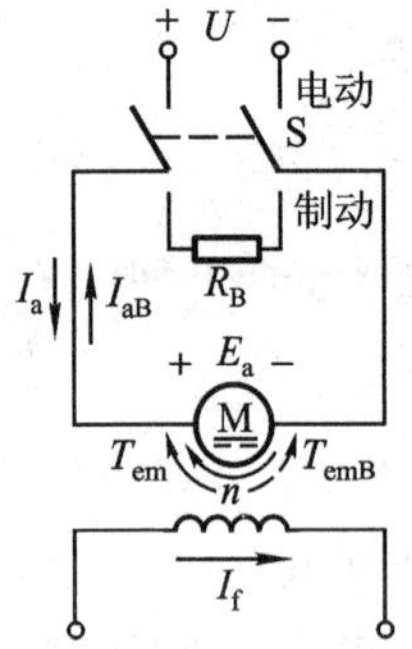

图 1-43　能耗制动接线图

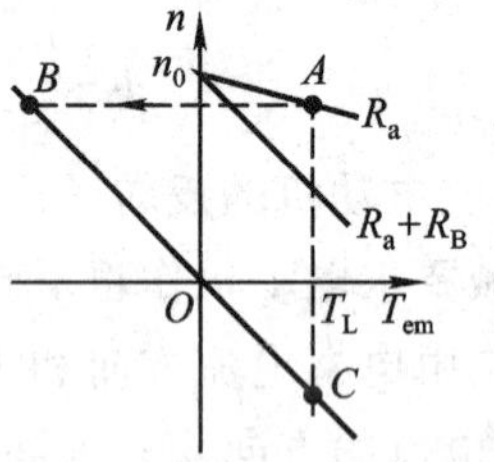

图 1-44　能耗制动时的机械特性

能耗制动时，电动机工作点的变化情况可用机械特性曲线说明。设制动前工作点在固有特性曲线 A 点处，其 $n>0$，$T_{em}>0$，T_{em} 为驱动转矩。开始制动时，因 n 不突变，工作点将沿水平方向跃变到能耗制动特性曲线上的 B 点。在 B 点，$n>0$，$T_{em}<0$，电磁转矩为制动转矩，于是电动机开始减速，工作点沿 BO 方向移动。

若电动机拖动反抗性负载，则工作点到达 O 点时，$n=0$，$T_{em}=0$，电动机便停转。

若电动机拖动位能性负载，则工作点到达 O 点时，虽然 $n=0$，$T_{em}=0$，但在位能负载的作用下，电动机反转并加速，工作点将沿曲线 OC 方向移动。此时 E_a 的方向随 n 的反向而反向，即 n 和 E_a 的方向均与电动状态时相反，而 E_a 产生的 I_a 方向却与电动状态时相同，随之 T_{em} 的方向也与电动状态时相同，即 $n<0$，$T_{em}>0$，电磁转矩仍为制动转矩。随着反向转速的增加，制动转矩也不断增大，当制动转矩与负载转矩平衡时，电动机便在某一转速下处于稳定的制动状态运行，即匀速下放重物，如图 1-44 中的 C 点。

改变制动电阻 R_B 的大小，可以改变能耗制动特性曲线的斜率，从而可以改变起始制动转矩

的大小以及下放位能负载时的稳定速度。R_B 越小，特性曲线的斜率越小，起始制动转矩越大，而下放位能负载的速度越小。减小制动电阻，可以增大制动转矩，缩短制动时间，提高工作效率。但制动电阻太小，将会造成制动电流过大，通常限制最大制动电流不超过 2～2.5 倍的额定电流。选择制动电阻的原则是

$$I_{aB}=\frac{E_a}{R_a+R_B}\leqslant I_{max}=(2\sim2.5)I_N$$

即

$$R_B\geqslant\frac{E_a}{(2\sim2.5)I_N}-R_a \tag{1-73}$$

式中，E_a 为制动瞬间（制动前电动状态时）的电枢电动势。如果制动前电机处于额定运行，则 $E_a=U_N-R_aI_N\approx U_N$。

能耗制动操作简单，但随着转速的下降，电动势减小，制动电流和制动转矩也随之减小，制动效果变差。若为了使电机能更快地停转，可以在转速到一定程度时，切除一部分制动电阻，使制动转矩增大，从而加强制动作用。

［**例 1-4**］ 一台他励直流电动机的铭牌数据为 $P_N=10$ kW，$U_N=220$ V，$I_N=53$ A，$n_N=1\ 000$ r/min，$R_a=0.3\ \Omega$，电枢电流最大允许值为 $2I_N$。（1）电动机在额定状态下进行能耗制动，求电枢回路应串接的制动电阻值。（2）用此电动机拖动起重机，在能耗制动状态下以300 r/min的转速下放重物，电枢电流为额定值，求电枢回路应串入多大的制动电阻。

［**解**］ （1）制动前电枢电动势为

$$E_a=U_N-R_aI_N=(220-0.3\times53)\ \text{V}=204.1\ \text{V}$$

应串入的制动电阻值为

$$R_B=\frac{E_a}{2I_N}-R_a=\left(\frac{204.1}{2\times53}-0.3\right)\ \Omega=1.625\ \Omega$$

（2）因为励磁保持不变，则

$$C_e\Phi_N=\frac{E_a}{n_N}=\frac{204.1}{1\ 000}=0.204\ 1$$

下放重物时，转速为 $n=-300$ r/min，由能耗制动的机械特性

$$n=-\frac{R_a+R_B}{C_e\Phi_N}I_a$$

得

$$-300=-\frac{0.3+R_B}{0.204\ 1}\times53$$

所以

$$R_B=0.855\ \Omega$$

2. 反接制动

反接制动分为电压反接制动和倒拉反转反接制动两种。

（1）电压反接制动

电压反接制动时的接线图如图 1-45 所示。开关 S 投向“电动”侧时，电枢接正极性的电源电压，此时电机处于电动状态运行。进行制动时，开关 S 投向“制动”侧，此时电枢回路串入制动电阻 R_B 后，接上极性相反的电源电压，即电枢电压由原来的正值变为负值。此时，在电枢

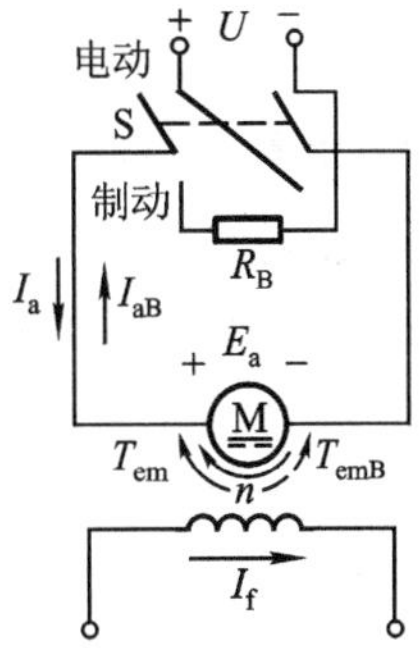

图 1-45 电压反接制动接线图

回路内，U 与 E_a 顺向串联，共同产生很大的反向电流：

$$I_{aB}=\frac{-U_N-E_a}{R_a+R_B}=-\frac{U_N+E_a}{R_a+R_B} \tag{1-74}$$

反向的电枢电流 I_{aB} 产生很大的反向电磁转矩 T_{emB}，从而产生很强的制动作用，这就是电压反接制动。

电动状态时，电枢电流的大小由 U_N 与 E_a 之差决定，而反接制动时，电枢电流的大小由 U_N 与 E_a 之和决定，因此反接制动时电枢电流是非常大的。为了限制过大的电枢电流，反接制动时必须在电枢回路中串接制动电阻 R_B。R_B 的大小应根据反接制动时电枢电流不超过电动机的最大允许值 $I_{max}=(2\sim2.5)I_N$ 来计算，因此应串入的制动电阻值为

$$R_B\geqslant\frac{U_N+E_a}{(2\sim2.5)I_N}-R_a \tag{1-75}$$

比较式(1-75)和式(1-73)可知，反接制动电阻值要比能耗制动电阻值约大一倍。

电压反接制动时的机械特性就是在 $U=-U_N$，$\Phi=\Phi_N$，$R=R_a+R_B$ 条件下的一条人为特性，即

$$n=-\frac{U_N}{C_e\Phi_N}-\frac{R_a+R_B}{C_eC_T\Phi_N^2}T_{em}$$

$$n=-\frac{U_N}{C_e\Phi_N}-\frac{R_a+R_B}{C_e\Phi_N}I_a \tag{1-76}$$

可见，其特性曲线是一条通过 $-n_0$ 点，斜率为 $\frac{R_a+R_B}{C_eC_T\Phi_N^2}$ 的直线，如图 1-46 中线段 BC 所示。

电压反接制动时电机工作点的变化情况可用图 1-46 说明如下：设电动机原来工作在固有特性上的 A 点，反接制动时，由于转速不突变，工作点沿水平方向跃变到反接制动特性上的 B 点，之后在制动转矩作用下，转速开始下降，工作点沿 BC 方向移动，当到达 C 点时，制动过程结束。在 C 点，$n=0$，但制动的电磁转矩 $T_{emB}=T_C\neq0$，如果负载是反抗性负载，且 $|T_C|\leqslant|T_L|$ 时，电动机便停止不转。如果 $|T_C|\geqslant|T_L|$ 时，在反向转矩作用下，电动机将反向起动，并沿特性曲线加速到 D 点，进入反向电动状态下稳定运行。当制动的目的就是为了停车时，那么在电机转速接近于零时，必须立即断开电源。

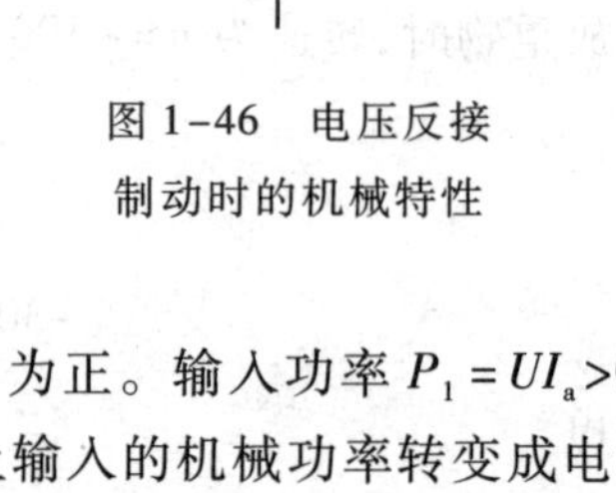

图 1-46　电压反接制动时的机械特性

反接制动过程中（图 1-46 中 BC 段），U、I_a、T_{em} 均为负，而 n、E_a 为正。输入功率 $P_1=UI_a>0$，表明电机从电源输入电功率；输出功率 $P_2=T_2\Omega\approx T_{em}\Omega<0$，表明轴上输入的机械功率转变成电枢回路的电功率。由此可见，反接制动时，从电源输入的电功率和从轴上输入的机械功率转变成的电功率一起全部消失在电枢回路的电阻（R_a+R_B）上，其能量损耗是很大的。

(2) 倒拉反转反接制动

倒拉反转反接制动只适用于位能性恒转矩负载。现以起重机下放重物为例来说明。

图 1-47(a) 所示为正向电动状态（提升重物）时电动机的各物理量方向，此时电动机工作在固有特性[图 1-47(c)]上的 A 点。如果在电枢回路中串入一个较大的电阻 R_B，便可实现倒拉反转反接制动。串入 R_B 将得到一条斜率较大的人为特性，如图 1-47(c) 中的直线 n_0D 所示，制动

过程如下：串电阻瞬间，因转速不能突变，所以工作点由固有特性上的 A 点沿水平跳跃到人为特性上的 B 点，此时电磁转矩 T_B 小于负载转矩 T_L，于是电机开始减速，工作点沿人为特性由 B 点向 C 点变化，到达 C 点时，$n=0$，电磁转矩为堵转转矩 T_K，因 T_K 仍小于负载转矩 T_L，所以在重物的重力作用下电机将反向旋转，即下放重物。因为励磁不变，所以 E_a 随 n 的方向而改变方向，由图 1-47(b)所示可以看出 I_a 的方向不变，故 T_{em} 的方向也不变。这样，电机反转后，电磁转矩为制动转矩，电机处于制动状态，如图 1-47(c)中的 CD 段所示。随着电机反向转速的增加，E_a 增大，电枢电流 I_a 和制动的电磁转矩 T_{em} 也相应增大，当到达 D 点时，电磁转矩与负载转矩平衡，电机便以稳定的转速匀速下放重物。电机串入 R_B 越大，最后稳定的转速越高，下放重物的速度也越快。

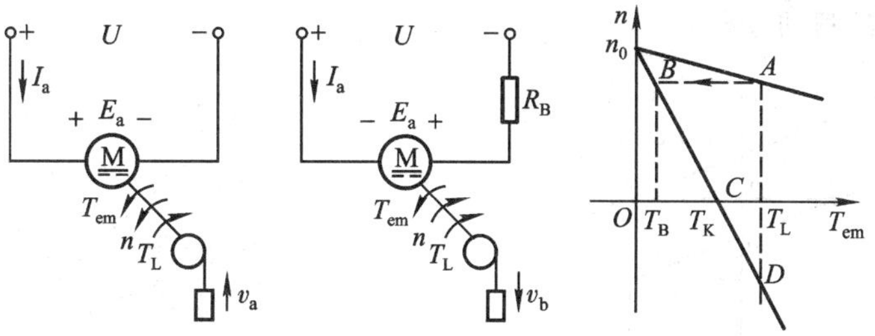

(a) 正向电动　　(b) 倒拉反转　　(c) 机械特性

图 1-47　倒拉反转反接制动

电枢回路串入较大的电阻后，电机能出现反转制动运行，主要是位能负载的倒拉作用，又因为此时的 E_a 与 U 也顺向串联，共同产生电枢电流，这一点与电压反接制动相似，因此把这种制动称为倒拉反转反接制动。

倒拉反转反接制动时的机械特性方程式就是电动状态时电枢串联电阻的人为特性方程式，只不过此时电枢串入的电阻值较大，使得 $n<0$。因此，倒拉反转反接制动特性曲线是电动状态电枢串电阻人为特性在第四象限的延伸部分。倒拉反转反接制动时的能量关系和电压反接制动时相同。

3. 回馈制动

电动状态下运行的电动机，在某种条件下（如电动机拖动的机车下坡时）会出现运行转速 n 高于理想空载转速 n_0 的情况，此时 $E_a>U$，电枢电流反向，电磁转矩的方向也随之改变：由驱动转矩变成制动转矩。从能量传递方向看，电机处于发电状态，将机车下坡时失去的位能变成电能回馈给电网，因此这种状态称为回馈制动状态。

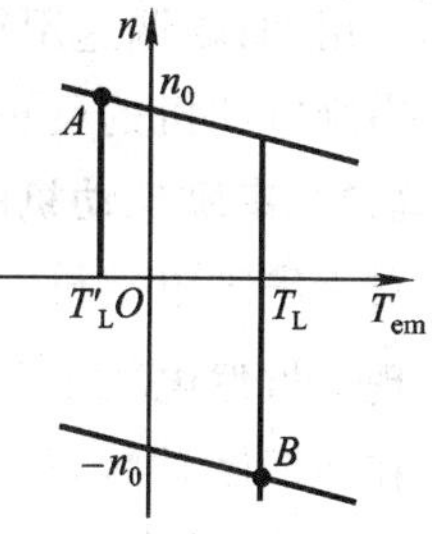

图 1-48　回馈制动机械特性

回馈制动时的机械特性方程式与电动状态时相同，只是运行在特性曲线上不同的区段而已。当电动机拖动机车下坡出现回馈制动时，其机械特性位于第二象限，如图 1-48 中的 n_0A 段。当电动机拖动起重机下放重物出现回馈制动时，其机械特性位于第四象限，如图 1-48 中的 $-n_0B$ 段。图 1-48 中的 A 点是电机处于正向回馈制动稳定运行点，表示机车以恒定的速度下坡。图 1-48 中的 B 点是电机处于正向回馈制动稳定运行点,表示重物匀速下放。

除以上两种回馈制动稳定运行外,还有一种发生在动态过程中的回馈制动过程。如降低电枢电压的调速过程和弱磁状态下增磁调速过程中都将出现回馈制动过程,下面对这两种情况进行说明。

在图 1-49 中,A 点时电动状态运行工作点,对应电压为 U_1,转速为 n_A。当进行降压(U_1 降为 U_2)调速时,因转速不突变,工作点由 A 点平移到 B 点,此后工作点在降压人为特性的 Bn_{02} 段上变化过程即为回馈制动过程,它起加快电机减速的作用,当转速到 n_{02} 时,制动过程结束。从 n_{02} 降到 C 点转速 n_C 为电动状态减速过程。

在图 1-50 中,磁通由 Φ_1 增大到 Φ_2 时,工作点的变化情况与图 1-49 相同,其工作点在 Bn_{02} 段上变化时也为回馈制动过程。

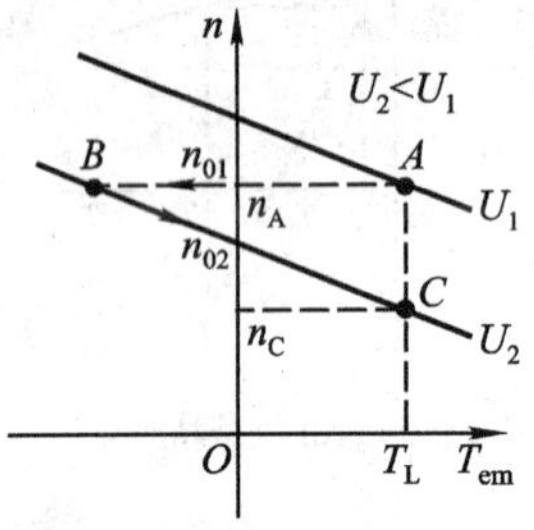

图 1-49　降压调速时产生回馈制动

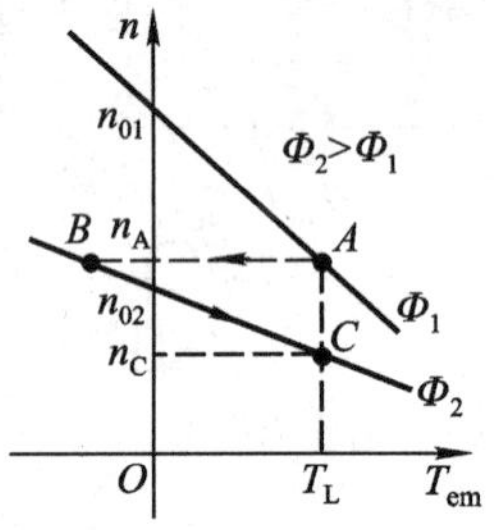

图 1-50　增磁调速时产生回馈制动

回馈制动时,由于有功率回馈到电网,因此与能耗制动和反接制动相比,回馈制动是比较经济的。

二、串励直流电动机的起动、调速、反转与制动

(一)串励电动机的起动、调速和反转

为了限制起动电流,串励电动机的起动方法与他励电动机一样,也是采用电枢串电阻起动和降低电源电压起动。由于 T_{em} 与 I_a^2 成正比,所以串励电动机的起动转矩较大,适用于重载起动的生产机械上,例如起重、运输设备等。

串励电动机的调速也是采用电枢串电阻、降压和弱磁三种调速方法。其中电枢串电阻调速比较常用,弱磁调速用得较少。

串励电动机的反转方法与他励电动机一样。

(二)串励电动机的制动

对于串励电动机,若不考虑剩磁,只有 n 趋于无穷大时,才能出现 $E_a=U$,要使 $E_a>U$,显然无法实现。虽然电机中存在少量的剩磁,但要使 $E_a>U$,转速将高达不能允许的数值,故串励电动机不存在回馈制动状态。串励电动机只有能耗制动和反接制动两种制动方法,下面分别进行分析。

1. 能耗制动

串励电动机的能耗制动分为他励式和自励式两种。

他励式能耗制动是把励磁绕组由串励形式改接成他励形式,即把励磁绕组单独接到电源上,

电枢绕组外接制动电阻 R_B 后形成闭合回路，如图 1-51(a)所示。由于串励电动机的励磁绕组电阻 R_f 很小，如果采用原来的电源，因电压较高，则必须在励磁回路中串入一个较大的限流电阻 R_{sf}。此外还必须保持励磁电流 I_f 的方向与电动状态时相同，否则不能产生制动转矩（因 I_a 已反向）。他励式能耗制动时的机械特性为一直线，如图 1-51(b)中直线 BC 所示，其制动过程与他励电动机的能耗制动完全相同。他励式能耗制动的效果较好，应用较广泛。

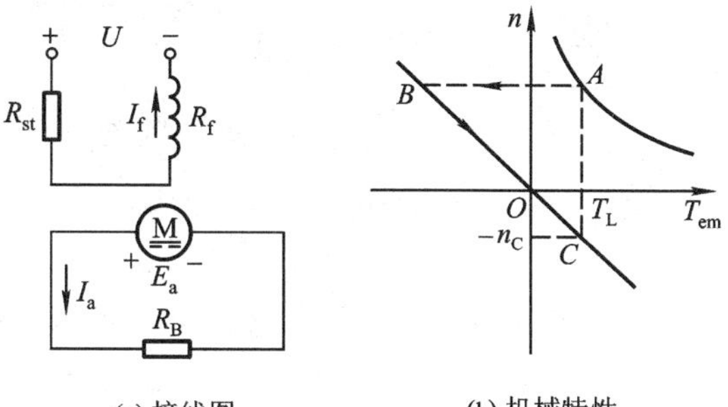

(a) 接线图 (b) 机械特性

图 1-51 串励电动机的他励式能耗制动

自励式能耗制动时，电枢回路脱离电源后，通过制动电阻形成闭路，但为了实现制动，必须同时改接串励绕组，以保证励磁电流的方向不变，如图 1-52(a)所示。自励式能耗制动时的机械特性如图 1-52(b)中曲线 BO 所示。由图可见，自励式能耗制动开始制动转矩较大，随着转速下降，电枢电动势和电流也下降，同时磁通也减小，从公式 $T_{em}=C_T\Phi I_a$ 可见，制动转矩下降很快，制动效果变弱，所以制动时间较长且制动不平稳。由于这种制动方式不需要电源，因此主要用于事故停车。

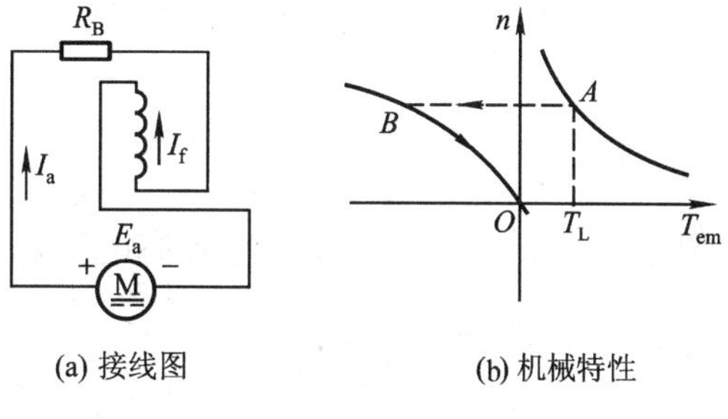

(a) 接线图 (b) 机械特性

图 1-52 串励电动机的自励式能耗制动

2. 反接制动

串励电动机的反接制动也有电压反接制动和倒拉反转反接制动两种。

串励电动机进行电压反接制动时，并不是将电源电压反接，因为这样将会造成 I_a 和 I_f 同时改变方向，电磁转矩方向不变，起不到制动作用。因此，只能将电枢两端反接，而励磁绕组的接法不变，如图 1-53(a)所示。为了限制过大的制动电流，还应串入制动电阻 R_B，其机械特性如图 1-53(b)中曲线 BC 所示。图中 A 点是正向电动工作点，B 点是制动起始点，减速时，工作点由 B 点沿特性曲线向 C 点移动，到达 C 点时，转速为零。若要停车，应断开电源，否则电动机将反向

起动并加速到 D 点，在 D 点处于反向电动运行。

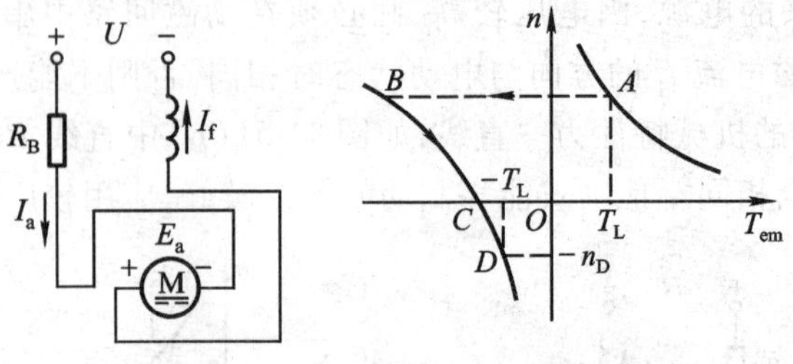

(a) 接线图　　(b) 机械特性

图 1-53　串励电动机的电压反接制动

串励电动机倒拉反接制动只适用于位能性负载。方法是保持电压极性不变，电枢回路串入一个较大的电阻 R_B，使电动机倒拉反转，其接线图和机械特性如图 1-54 所示。在图 1-54(b)中，A 点是电动机运行工作点，当电枢回路串入 R_B 后，工作点移至 B 点，并进入制动减速运行，当工作点到达 C 点时，转速减至零，但由于电磁转矩小于负载转矩($T_C<T_L$)，于是在位能负载倒拉下，电动机反转并加速，直到 D 进入反接制动状态稳定运行，匀速下放重物。

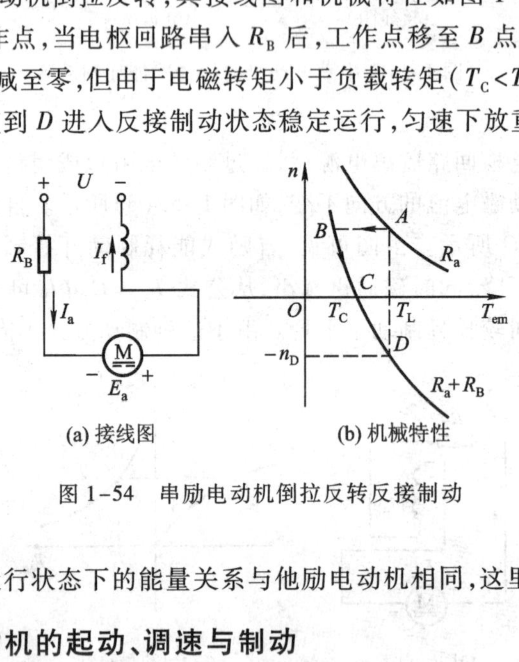

(a) 接线图　　(b) 机械特性

图 1-54　串励电动机倒拉反转反接制动

串励电动机在各种运行状态下的能量关系与他励电动机相同，这里不再赘述。

三、复励直流电动机的起动、调速与制动

复励电动机的两个励磁绕组分别为串励绕组和他励(或并励)绕组，若这两个绕组的磁动势方向是相同的，则称为积复励电动机。

积复励电动机的机械特性介于他励(或并励)与串励电动机之间。当他励(或并励)绕组磁动势较大而起主要作用时，机械特性接近于他励(或并励)特性；当串励绕组磁动势较大而起主要作用时，机械特性便接近于串励特性。

复励电动机既具有串励电动机的起动转矩大、过载能力强等优点，又因为有并励绕组，使得理想空载转速不至于太高，因而避免了"飞车"的危险。

复励电动机的起动和调速方法与他励电动机相同。复励电动机也可进行能耗制动、反接制动和回馈制动。反接制动时的接线与串励电动机类似，而回馈制动和能耗制动时，由于电枢电流

反向，串励磁动势也反向，它对并励磁动势起去磁作用，这将影响制动效果，故在这两种制动时，往往将串励绕组短接起来。

本章小结

本章介绍了直流电机的基本工作原理，内容涉及比较广，应主要掌握以下内容：

直流电动机有两大组成部分：定子和转子。定子部分包括：机座、主磁极（包括励磁绕组）、换向极（包括换向极绕组）和电刷装置。转子部分包括电枢铁心、电枢绕组、换向器转轴和轴承等。

导体在磁场里运动产生感应电动势；载流导体在磁场里受力，这两个规律是直流电机工作的基础。

电枢是直流电机的核心。电枢由电枢铁心及其上的电枢绕组共同组成。电能到机械能转换及机械能到电能转换均是在电枢中完成的。

电枢磁动势的存在使空载时的气隙每极磁通量和气隙磁通密度分布波形发生变化。电枢反应使气隙磁通密度分布发生畸变，在磁路饱和的情况下，每极下的磁通量减少，电枢反应表现为去磁作用，使磁通密度的零点偏离几何中心线。电枢反应对一般用途的中小型直流电机影响不大，但对大中型直流电机有较大的影响。为补偿电枢反应的影响可加入补偿绕组抵消电枢反应的去磁效应。

在恒定磁场中转动的电枢绕组产生感应电动势，电动势的大小可用式 $E_a=C_e\Phi n$ 计算；在恒定的磁场内通电的电枢绕组产生电磁转矩，转矩的计算公式为 $T_{em}=C_T\Phi I_a$。

电动机的机械特性是指稳态运行时转速与电磁转矩的关系，它反映了稳态转速随转矩的变化规律。当电动机的电压和磁通为额定值时的机械特性称为固有机械特性，而改变电动机的电气参数后得到的机械特性称为人为机械特性。利用机械特性和负载特性可确定电动机的稳态工作点，即根据负载转矩确定稳态转速，或根据稳态转速计算负载转矩。也可以根据要求的稳态工作点计算电动机的外接电阻、外加电压和磁通等参数。

直流电动机的电枢电阻很小，因而直接起动时的电流很大，这是不允许的。为了减小起动电流，通常采用电枢串电阻或降低电压的方法来起动电动机。

直流电动机的调速方法有：电枢串电阻调速、降压调速和弱磁调速。串电阻调速的平滑性差、低速时静差率大且损耗大，调速范围也较小。降压调速可实现转速的无级调节，调速时机械特性的硬度不变，速度的稳定性好，调速范围宽。弱磁调速也属无级调速，能量损耗小，但调速范围较小。串电阻调速和降压调速属于恒转矩调速方式，适合于拖动恒转矩负载，弱磁调速属于恒功率调速方式，适合于拖动恒功率负载。

当电磁转矩与转速方向相反时，电动机处于制动状态。直流电动机有三种制动方式：能耗制动、反接制动（电压反接和倒拉反转）和回馈制动。制动运行时，电动机将机械能转换成电能，其机械特性曲线位于第二和第四象限。倒拉反转反接制动与回馈制动状态的机械特性方程式与电动状态相同，而能耗制动和电压反接制动的机械特性方程式可分别用 $U=0$ 和 $-U$ 替换电动状态机械特性方程式中的 U 而得到。制动运行用来实现快速停车或匀速下放位能负载。用于快速停车时，电压反接制动的作用比能耗制动作用明显，但断电不及时有可能引起反转。用于匀速下放位能负载时，能耗制动和倒拉反转反接制动可以实现在低于理想空载转速下下放位能负载，而回馈制动则不能，即回馈制动只能在高于理想空载转速下下放位能负载。

思考题与习题

1.1 直流电动机是如何转动起来的？

1.2 为什么一台直流电机既可作为电动机运行又可作为发电机运行？

1.3 一台两极直流电机，主极不加励磁电流，只是在电刷通入直流电流且电枢以一定的转速旋转（由别的原动机带动），问电枢导体切割电枢磁动势产生的气隙磁场是否感应电动势？电刷两端得到总的感应电动势为多少？

1.4 电磁转矩与哪些因素有关？如何确定电磁转矩的实际方向？

1.5 什么是电枢反应？对电机有什么影响？

1.6 直流电机的电磁功率指的是什么功率？并说明直流电动机电能量转换的依据是什么。

1.7 当改变直流并励发电机的转速时，空载电动势是否随之正比变化？

1.8 根据换向的电磁理论，如何得到直线换向？直线换向时电刷下的火花情况如何？什么是延迟换向？延迟换向严重时电刷下有没有火花出现？

1.9 一台串励直流电动机 $U_N=220$ V，$I_N=40$ A，$n_N=1\,000$ r/min，电枢总电阻 $R_a=0.50\ \Omega$，假定磁路不饱和，当 $I_a=20$ A 时，电动机的转速和电磁转矩是多少？

1.10 什么是固有机械特性？什么是人为机械特性？他励直流电动机的固有特性和各种人为特性各有何特点？

1.11 什么是机械特性上的额定工作点？什么是额定转速降？

1.12 直流电动机为什么不能直接起动？如果直接起动会引起什么后果？

1.13 怎样实现他励直流电动机的能耗制动？试说明在反抗性恒转矩负载下，能耗制动过程中 n、E_a、I_a 及 T_{em} 的变化情况。

1.14 采用能耗制动和电压反接制动进行系统停车时，为什么要在电枢回路中串入制动电阻？哪一种情况下串入电阻大？为什么？

1.15 实现倒拉反转反接制动和回馈制动的条件各是什么？

1.16 当提升机下放重物时：(1) 要使他励电动机在低于理想空载转速下运行，应采用什么制动方法？(2) 若在高于理想空载转速下运行，又应采用什么制动方法？

1.17 试说明电动状态、能耗制动状态、回馈制动状态及反接制动状态下的能量关系。

1.18 直流电动机有哪几种调速方法，各有何特点？

1.19 什么是静差率？它与哪些因素有关？为什么低速时的静差率较大？

1.20 何谓恒转矩调速方式与负载类型的配合？怎样配合才合理？

1.21 串励电动机为什么不能实现回馈制动？怎样实现能耗制动和反接制动？

1.22 怎样改变他励、并励、串励及复励电动机的转向？

1.23 串励电动机为何不能空载运行？

1.24 积复励电动机与他励、串励电动机比较有何特点？

1.25 他励直流电动机的数据为：$P_N=10$ kW，$U_N=220$ V，$I_N=53.4$ A，$n_N=1\,500$ r/min，$R_a=0.4\ \Omega$。求：(1) 额定运行时的电磁转矩、输出转矩及空载转矩；(2) 理想空载转速和实际空载转速；(3) 半载时的转速；(4) $n=1\,600$ r/min 时的电枢电流。

1.26 电动机数据同上题，试求出下列几种情况下的机械特性方程式，并在同一坐标上画出机械特性曲线。

(1) 固有特性；(2) 电枢回路串入 1.6 Ω 电阻；(3) 电源电压降至原来的一半；(4) 磁通减小 30%。

1.27 他励直流电动机 $U_N=220$ V，$I_N=207.5$ A，$R_a=0.067$ Ω，试问：(1) 直接起动时的起动电流是额定电流的多少倍？(2) 如果限制起动电流为 $1.5I_N$，电枢回路应串入多大的电阻？

1.28 他励直流电动机的数据：$P_N=7.5$ kW，$U_N=110$ V，$I_N=85.2$ A，$n_N=750$ r/min，$R_a=0.13$ Ω，如采用三级起动，最大起动电流限制为 $2I_N$，求各段起动电阻。

1.29 他励直流电动机的数据：$P_N=2.5$ kW，$U_N=220$ V，$I_N=12.5$ A，$n_N=1\,500$ r/min，$R_a=0.8$ Ω，求：(1) 当电动机以 1 200 r/min 的转速运行时，采用能耗制动停车，若限制最大制动电流为 $2I_N$，则电枢回路中串入多大的制动电阻；(2) 若负载为位能型恒转矩负载，负载转矩为 $T_L=0.9T_N$，采用能耗制动时负载以120 r/min转速稳速下降，电枢回路应串入多大电阻。

1.30 一台他励直流电动机，$P_N=10$ kW，$U_N=110$ V，$I_N=112$ A，$n_N=750$ r/min，$R_a=0.1$ Ω，设电动机带反抗性转矩负载处于额定运行。求：(1) 采用电压反接制动，使最大制动电流为 $2.2I_N$，电枢回路应串入多大电阻；(2) 在制动到 $n=0$ 时，不切断电源，电机能否反转？若能反转，试求稳态转速，并说明电机工作在什么状态。

1.31 一台他励直流电动机，$P_N=4$ kW，$U_N=220$ V，$I_N=22.3$ A，$n_N=1\,000$ r/min，$R_a=0.91$ Ω，运行于额定状态，为使电动机停车，采用电压反接制动，串入电枢回路的电阻为 9 Ω，求：(1) 制动开始瞬间电动机的电磁转矩；(2) $n=0$ 时电动机的电磁转矩；(3) 如果负载为反抗性负载，在制动到 $n=0$ 时不切断电源，电机能否反转？为什么？

第二章

变 压 器

学 习 目 标

- 熟悉变压器的作用、基本结构及工作原理。
- 掌握变压器的运行原理、等效电路及平衡方程式。
- 熟悉变压器空载和短路试验的目的、线路、试验方法和技巧。
- 掌握变压器同名端的判定方法及三相变压器联结组别和时钟表示法的判定。
- 掌握自耦变压器、电流互感器、电压互感器的特点及使用注意事项。

[案例 1]　电能的产生、输送与分配

随着社会生产力的发展与人们生活水平的提高，电能的生产已成为衡量国家工业化和发达程度的重要标志。由于电能的生产与其他商品生产不同，即必须产、供、用三者同时进行并相互平衡，因此供电与用电是两个相互紧密结合，不可分割的环节。电力系统组成的方框图如图2-1所示。

图 2-1　电力系统组成的方框图

由图可知电力系统主要包括发电设备、电力输送设备和用电设备等三大部分。由发电厂、变电所和用户组成。变电所里主要是利用变压器来进行变配电。某电力系统组实体示意图如图2-2所示。

[案例 2]　三相电力系统

变压器最主要的用途是在输、配电系统。由发电站发出的电能在向用户输送的过程中，通常需用很长的输电线，根据 $P=\sqrt{3}\,UI\cos\varphi$，在输送功率 P 和负载的功率因数 $\cos\varphi$ 一定时，输电线

路上的电压 U 越高，则流过输电线路中的电流 I 就越小。这不仅可以减小输电线的截面积，节约导体材料，同时还可减小输电线路的功率损耗。因此，目前世界各国在电能的输送与分配方面都朝建立高电压、大功率的电力网系统方向发展，以便集中输送、统一调度与分配电能。这就促使输电线路的电压由高压(110～220 kV)向超高压(330～750 kV)和特高压(750 kV 以上)不断升级。目前我国高压输电的电压等级有 110 kV、220 kV、330 kV 及 500 kV 等多种。发电机本身由于其结构及所用绝缘材料的限制，不可能直接发出这样的高压，因此在输电时必须首先通过升压变电站，利用变压器将电压升高，其过程如图 2-3 上部分所示。

高压电能输送到用电区后，为了保证用电安全和符合用电设备的电压等级要求，还必须通过各级降压变电站，利用变压器将电压降低。例如工厂输电线路，高压为 35 kV 及 10 kV 等，低压为 380 V、220 V 等。图 2-3 所示为三相电力系统输电示意图。综上所述可见，变压器是输、配电系统中不可缺少的重要电气设备，从发电厂发出的电压经升压变压器升压，输送到用户区后，再经降压变压器降压供电给用户，中间一般要经过 4～5 次，甚至是 8～9 次变压器的升降压。

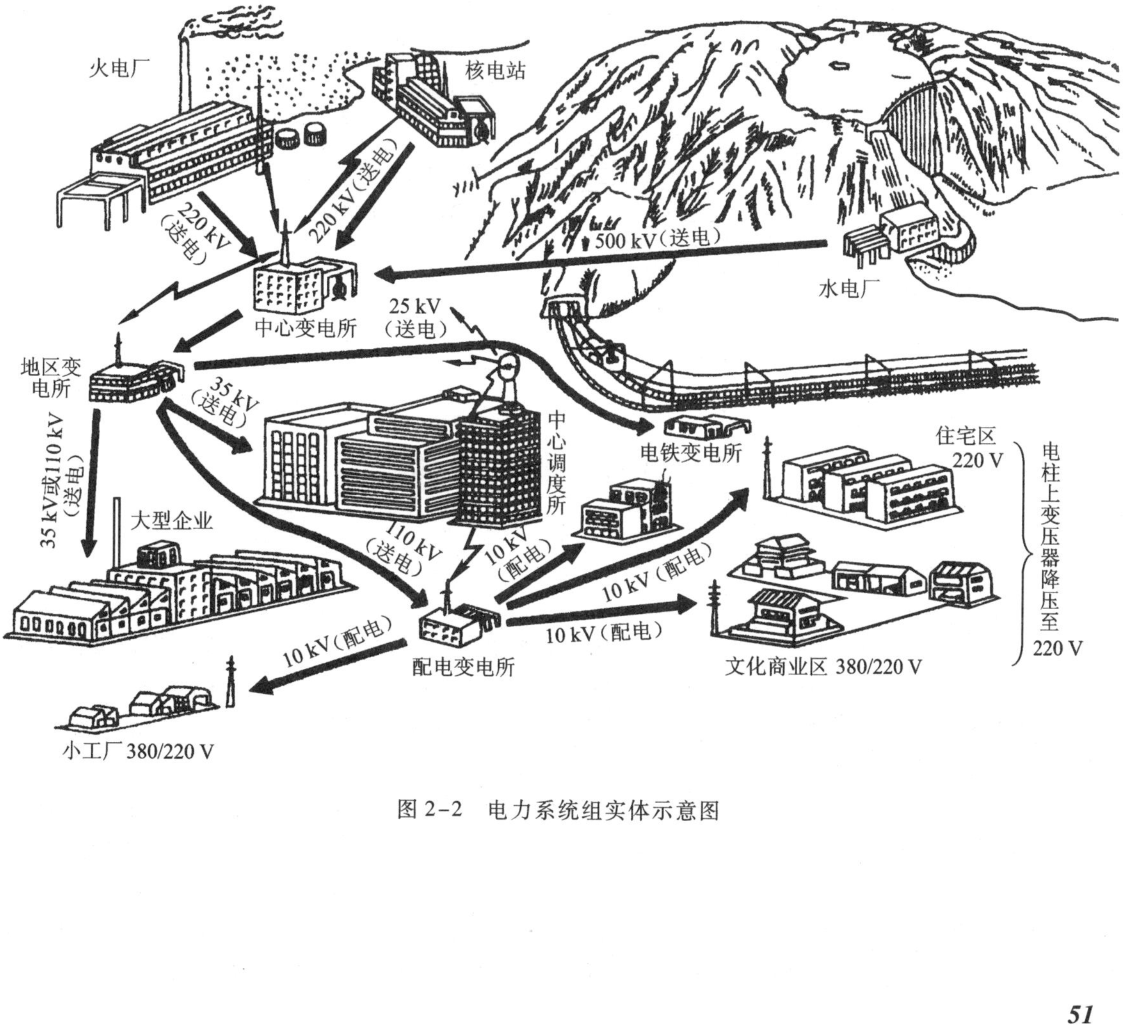

图 2-2　电力系统组实体示意图

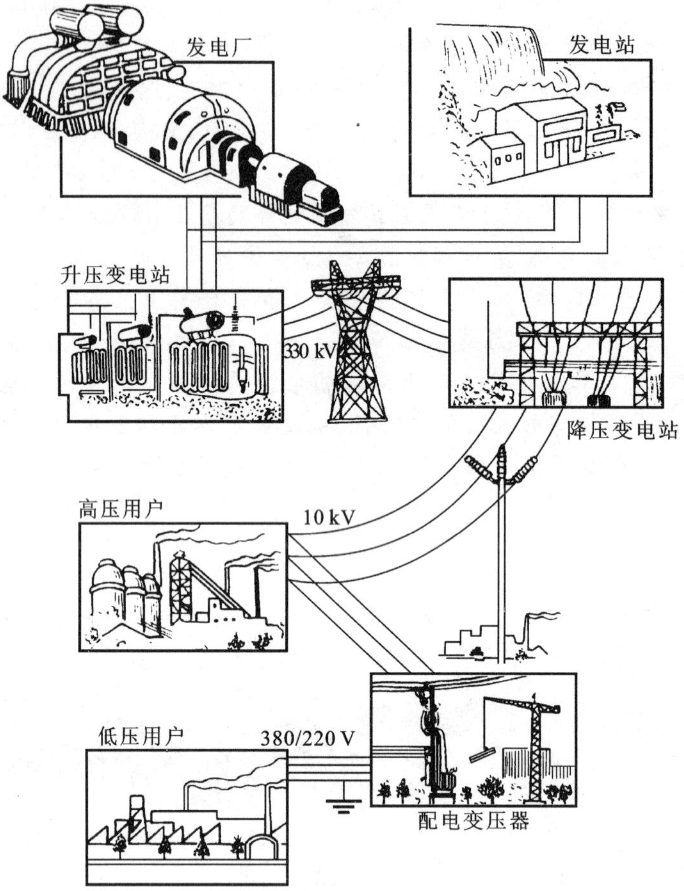

图 2-3　三相电力系统示意图

第一节　概　　述

一、变压器的用途

变压器是一种常见的静止电气设备，它利用电磁感应原理，将某一数值的交变电压变换为同频率的另一数值的交变电压。变压器不但用在输配电系统中，而且还广泛应用于电气控制领域、电子技术领域、测试技术领域以及焊接技术领域，等等。根据统计资料显示，在输配电系统中，1 kW的发电设备需 8 ~ 8.5 kV · A 变压器容量与之配套，由此可见，在电力系统中变压器是容量最多最大的电气设备。大家知道，电能在传输过程中会有能量的损耗，主要是输电线路的损耗及变压器的损耗，它占整个供电容量的 5% ~ 9%，这是一个相当可观的数字。在这个能量损耗中，变压器的损耗最大，约占 60%，因此变压器效率的高低成为输、配电系统中一个突出的问题，我国从 20 世纪 70 年代末期开始研制高效节能变压器，其换代过程为 SJ→S5→S7→S9→SCB→SHll。目前大批量生产的是 S9 低损耗节能变压器，同时要求逐步淘汰正在使用中的旧型号变压器，据初步估算采用低损耗变压器所需的投资费用可在 4～5 年时间内从节约的电费中收回。

变压器可用于改变电压、电流、阻抗和相位等。

二、变压器的分类

变压器种类很多，通常可按其用途、绕组结构、铁心结构、相数、冷却方式等进行分类。

（一）按用途分类

1．电力变压器

电力变压器用作电能的输送与分配，上面介绍的即属于电力变压器，这是生产数量最多、使用最广泛的变压器。按其功能不同又可分为升压变压器、降压变压器、配电变压器等。电力变压器的容量从几十千伏安到几十万千伏安，电压等级从几百伏到几百千伏。

2．特种变压器

在特殊场合使用的变压器，如作为焊接电源的电焊变压器；专供大功率电炉使用的电炉变压器；将交流电整流成直流电时使用的整流变压器等均属特种变压器。

3．仪用互感器

仪用互感器用于电工测量中，如电流互感器、电压互感器等。

4．控制变压器

控制变压器容量一般比较小，用于小功率电源系统和自动控制系统。如电源变压器、输入变压器、输出变压器等。

5．其他变压器

如试验用的高压变压器；输出电压可调的调压变压器；产生脉冲信号的脉冲变压器等。

（二）按绕组构成分类

有双绕组变压器、三绕组变压器、多绕组变压器和自耦变压器等。

（三）按铁心结构分类

有叠片式铁心、卷制式铁心、非晶合金铁心。

（四）按相数分类

有单相变压器、三相变压器、多相变压器。

（五）按冷却方式分类

有干式变压器、油浸自冷变压器、油浸风冷变压器、强迫油循环变压器、充气式变压器等。

第二节　变压器的铭牌和额定值

一、铭牌

为了使变压器安全、经济、合理地运行，同时让用户对变压器的性能有所了解，制造厂家对每一台变压器都安装了一块铭牌，上面标明了变压器型号及各种额定数据，只有理解铭牌上各种数据的含义，才能正确地使用变压器。某三相变压器的铭牌如图 2-4 所示。

二、额定值

图 2-4 铭牌所示的变压器是配电站用的降压变压器，将 10 kV 的高压降为 400 V 的低压，供

电力变压器

产品型号 S7-500/10　　标准代号××××

额定容量 500 kV·A　　产品代号××××

额定电压 10 kV　　出厂序号××××

额定频率 50 Hz 三相

联结组标号 Y, yn0

阻抗电压 4%

冷却方式 油冷

使用条件 户外

开关位置	高压		低压	
	电压/V	电流/A	电压/V	电流/A
I	10 500	27.5		
II	10 000	28.9	400	721.7
III	9 500	30.4		

××变压器厂　××年　××月

图 2-4　电力变压器铭牌

三相负载使用。铭牌中的主要参数说明如下：

（一）型号

S 7 - 500 / 10

- 10：高压侧电压（kV）
- 500：变压器容量（kV · A）
- 7：设计序号
- S：三相变压器

（二）额定电压 U_{1N} 和 U_{2N}

高压侧（一次绕组）额定电压 U_{1N} 是指加在一次绕组上的正常工作电压值。它是根据变压器的绝缘强度和允许发热等条件规定的。高压侧标出的三个电压值，可以根据高压侧供电电压的实际情况，在额定值的±5%范围内加以选择，当供电电压偏高时可调至 10 500 V，偏低时则调至 9 500 V，以保证低压侧的额定电压为 400 V 左右。

低压侧（二次绕组）额定电压 U_{2N} 是指变压器在空载时，高压侧加上额定电压后，二次绕组两端感应的电压值。变压器接上负载后，二次绕组的输出电压 U_2 将随负载电流的增加而下降，为保证在额定负载时能输出 380 V 的电压，考虑到电压调整率为 5%，故该变压器空载时二次绕组的额定电压 U_{2N} 为 400 V。在三相变压器中，额定电压均指线电压。

（三）额定电流 I_{1N} 和 I_{2N}

额定电流是指根据变压器允许发热的条件而规定的满载电流值。在三相变压器中，额定电流是指线电流。

（四）额定容量 S_N

额定容量是指变压器在额定工作状态下，二次绕组的视在功率，其单位为 kV · A。

单相变压器的额定容量为

$$S_N = \frac{U_{2N} I_{2N}}{1\,000} \tag{2-1}$$

三相变压器的额定容量为

$$S_N = \frac{\sqrt{3}\, U_{2N} I_{2N}}{1\,000} \tag{2-2}$$

（五）联结组标号

指三相变压器一、二次绕组的连接方式。

Y（高压绕组作星形联结）、y（低压绕组作星形联结）；D（高压绕组作三角形联结）、d（低压绕组作三角形联结）；N（高压绕组作星形联结时的中性线）、n（低压绕组作星形联结时的中性线）。

（六）阻抗电压

阻抗电压又称为短路电压标么值或短路阻抗标么值。

[例 2-1] 一台三相油浸自冷式铝线变压器，已知 $S_N = 560\ \text{kV}\cdot\text{A}$，$U_{1N}/U_{2N} = 10\ 000\ \text{V}/400\ \text{V}$，试求一次、二次绕组的额定电流 I_{1N}、I_{2N} 各是多少？

[解]

$$I_{1N} = \frac{S_N}{\sqrt{3}U_{1N}} = \frac{560\times10^3}{\sqrt{3}\times10\ 000}\ \text{A} = 32.33\ \text{A}$$

$$I_{2N} = \frac{S_N}{\sqrt{3}U_{2N}} = \frac{560\times10^3}{\sqrt{3}\times400}\ \text{A} = 808.31\ \text{A}$$

第三节　单相变压器的基本结构及工作原理

[案例 3] 生活中有很多电器从单相电源取电，如计算机、收音机、充电器等。计算机工作时，内部需要的电源有的很低如 DC（直流）5 V、DC12 V 等，其内部的单相变压器就是将 220 V 交流电源变为较低等级电压的一种设备，然后再经整流设备将交流整流为直流供给各部件如 CPU、CPU 风扇等使用。

单相变压器是指接在单相交流电源上用来改变单相交流电压的变压器，其容量一般都比较小，主要用作控制及照明。它主要由铁心和绕组两部分组成。铁心和绕组也是三相电力变压器和其他变压器的主要组成部分。

一、单相变压器的基本结构

（一）铁心

铁心构成变压器磁路系统，并作为变压器的机械骨架。铁心由铁心柱和铁轭两部分组成，铁心柱上套装变压器绕组，铁轭起连接铁心柱使磁路闭合的作用。对铁心的要求是导磁性能要好，磁滞损耗及涡流损耗要尽量小，因此均采用 0.35 mm 厚的硅钢片制作。目前国产硅钢片有热轧硅钢片、冷轧无取向硅钢片、冷轧晶粒取向硅钢片。20 世纪 60—70 年代我国生产的电力变压器主要用热轧硅钢片，由于其铁损耗较大，导磁性能相应地比较差，且铁心叠装系数低（因硅钢片两面均涂有绝缘漆），现已不用。目前国产低损耗节能变压器均用冷轧晶粒取向硅钢片，其铁损耗低，且铁心叠装系数高（因硅钢片表面有氧化膜绝缘，不必再涂绝缘漆）。

根据变压器铁心的结构可分为心式变压器和壳式变压器两大类。心式变压器是在两侧的铁心柱上放置绕组，形成绕组包围铁心的形式，如图 2-5 所示。壳式变压器则是在中间的铁心柱上放置绕组，形成铁心包围绕组的形状，如图 2-6 所示。

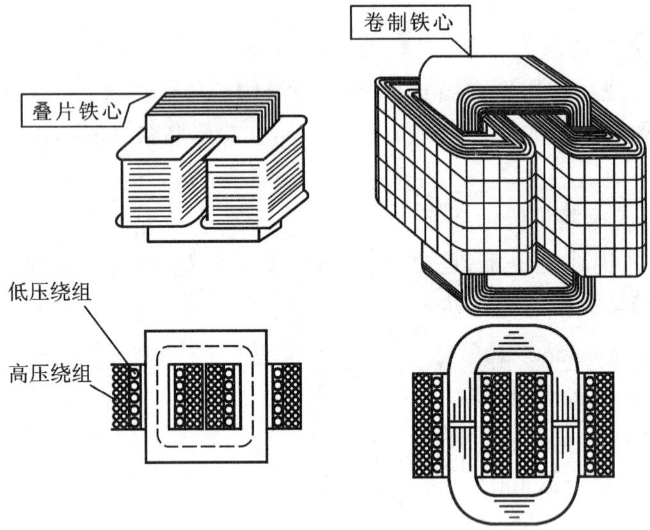

图 2-5　心式变压器结构

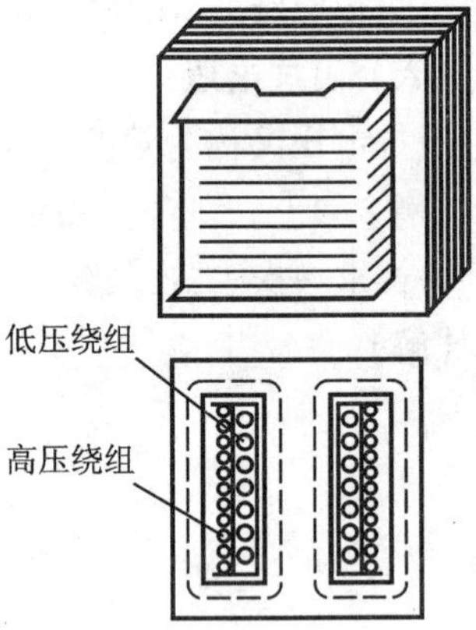

图 2-6　壳式变压器结构

根据变压器铁心的制作工艺可分为叠片式铁心和卷制式铁心两种。叠片式铁心的心式及壳式变压器的制作顺序是：先将硅钢片冲剪成如图 2-7 所示的形状，再将一片片硅钢片按其接口交错地插入事先绕好并经过绝缘处理的线圈中，最后用夹件将铁心夹紧。为了减小铁心磁路的磁阻以减小铁心损耗，要求铁心装配时，接缝处的空气隙越小越好。

（二）绕组

变压器的线圈按一定方式组合在一起，通常称为绕组，它是变压器中的电路部分，小型变压器一般用具有绝缘的漆包圆铜线绕制而成，对容量稍大的变压器则用扁铜线或扁铝线绕制。

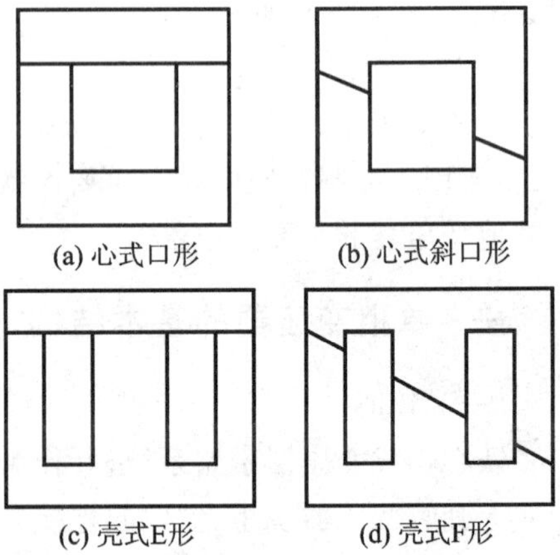

图 2-7　单相小容量变压器铁心形式

在变压器中，接到高压电网的绕组称高压绕组，接到低压电网的绕组称低压绕组。按高压绕组和低压绕组的相互位置和形状不同，绕组可分为同心式和交叠式两种。

1. 同心式绕组

同心式绕组是将高、低压绕组同心地套装在铁心柱上，如图 2-8 所示。为了便于与铁心绝缘，把低压绕组套装在里面，高压绕组套装在外面。对低压大电流、大容量的变压器，由于低压绕组引出线很粗，也可以把它放在外面。高、低压绕组之间留有空隙，可作为油浸式变压器的油道，既利于绕组散热，又作为两绕组之间的绝缘。

同心式绕组按其绕制方法的不同又可分为圆筒式、螺旋式和连续式等多种。同心式绕组的结构简单、制造容易，常用于心式变压器中，这是一种最常见的绕组结构形式，国产电力变压器基本上均采用这种结构。

2. 交叠式绕组

交叠式绕组又称饼式绕组，它是将高压绕组及低压绕组分成若干个线饼，沿着铁心柱的高度交替排列着。为了便于绝缘，一般最上层和最下层安放低压绕组，如图 2-9 所示。交叠式绕组的主要优点是漏抗小、机械强度高、引线方便。这种绕组形式主要用在低电压、大电流的变压器上，如容量较大的电炉变压器、电阻电焊机（如点焊、滚焊和对焊电焊机）变压器等。

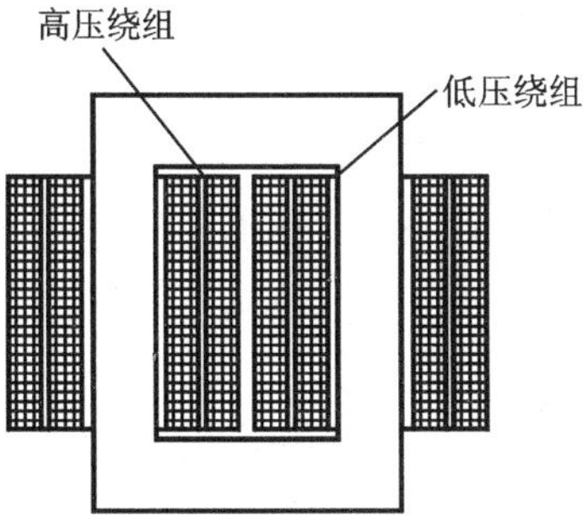

图 2-8　同心式绕组

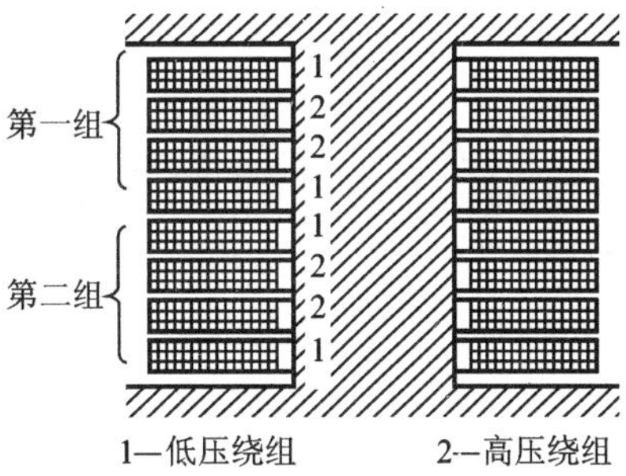

图 2-9　交叠式绕组

二、变压器的基本工作原理

变压器是利用电磁感应原理工作的，其工作原理示意图如图 2-10 所示。变压器的主要部件是铁心和绕组。两个互相绝缘且匝数不同的绕组分别套装在铁心上，两绕组间只有磁的耦合而没有电的联系，其中接电源 u_1 的绕组称为一次绕组（曾称为原绕组、初级绕组），用于接负载的绕组称为二次绕组（曾称为副绕组、次级绕组）。

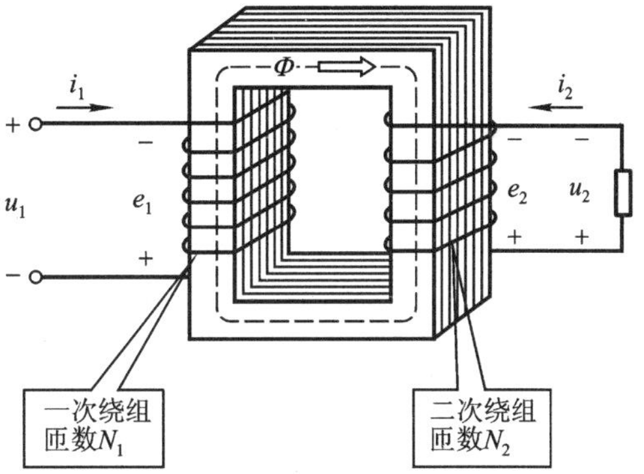

图 2-10　变压器基本工作原理图

一次绕组加上交流电压 u_1 后，绕组中便有电流 i_1 通过，在铁心中产生与 u_1 同频率的交变磁通 Φ，根据电磁感应原理，将分别在两个绕组中感应出电动势 e_1 和 e_2。

$$e_1=-N_1\frac{\mathrm{d}\Phi}{\mathrm{d}t} \tag{2-3}$$

$$e_2=-N_2\frac{\mathrm{d}\Phi}{\mathrm{d}t} \tag{2-4}$$

式中，“-”号表示感应电动势总是阻碍磁通的变化。若把负载接在二次绕组上，则在电动势 e_2 的作用下，有电流 i_2 流过负载，实现了电能的传递。由上式可知，一、二次绕组感应电动势的大小（近似于各自的电压 u_1 及 u_2）与绕组匝数成正比，故只要改变一、二次绕组的匝数，就可达到改变电压的目的，这就是变压器的基本工作原理。

第四节　单相变压器的空载运行及负载运行

一、变压器的空载运行

(一) 空载运行时各物理量参考方向的规定

变压器一次绕组接在额定频率和额定电压的电网上，而二次绕组开路，即 $\dot{I}_2=0$ 的工作方式称变压器的空载运行。为了简便起见，将立体图改画成平面图，如图 2-11 所示。

由于变压器接在交流电源上工作，因此通过变压器中的电压、电流、磁通及电动势的大小及方向均随时间在不断地变化，为了正确地表示它们之间的相位关系，必须首先规定它们的参考方向。

原则上可以任意规定参考方向，但是如果规定的方法不同，则同一电磁过程所列出的方程式，其正、负号也将不同。为了统一起见，习惯上都按照“电工惯例”来规定参考方向：

① 电压的参考方向：在同一支路中，电压的参考方向与电流的参考方向一致。

② 磁通的参考方向：磁通的参考方向与电流的参考方向之间符合右手螺旋定则。

③ 感应电动势的参考方向：由交变磁通 $\dot{\Phi}$ 产生的感应电动势 $\dot{E}$，其参考方向与产生该磁通的电流参考方向一致（即感应电动势 $\dot{E}$ 与产生它的磁通 $\dot{\Phi}$ 之间符合右手螺旋定则），如图2-12所示。

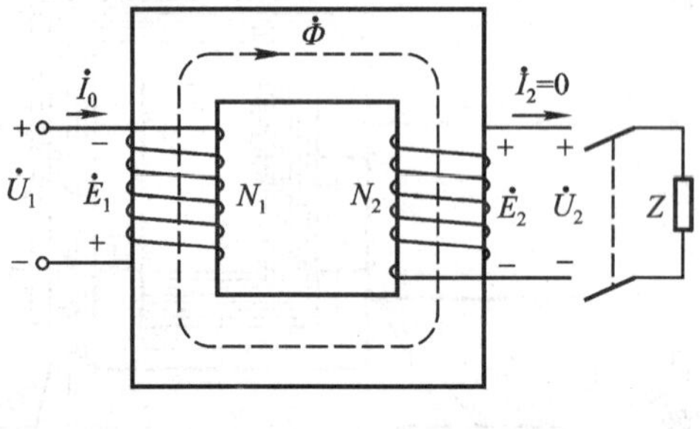

图 2-11　单相变压器空载运行

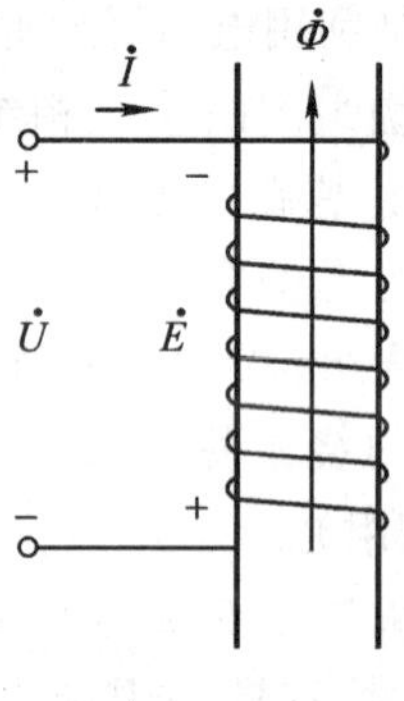

图 2-12　参考方向的规定

按此参考方向列出的电磁感应定律方程为

$$e=-N\frac{\mathrm{d}\Phi}{\mathrm{d}t} \tag{2-5}$$

下面分析变压器空载运行时，各物理量之间的关系。

(二) 感应电动势和变比

空载时，在外加交流电压 $\dot{U}_1$ 作用下，一次绕组中通过的电流称为空载电流 $\dot{I}_0$。在电流 $\dot{I}_0$ 的作用下，铁心中产生交变磁通 $\dot{\Phi}$（称为主磁通），主磁通 $\dot{\Phi}$ 同时穿过一、二次绕组，分别在其中产生感应电动势 $\dot{E}_1$ 和 $\dot{E}_2$。

设 $\Phi=\Phi_m\sin\omega t$，则绕组感应电动势的瞬时值为

$$e=-N\frac{d\Phi}{dt}=-N\frac{d}{dt}(\Phi_m\sin\omega t)=-\omega N\Phi_m\cos\omega t$$
$$=2\pi fN\Phi_m\sin(\omega t-90°)=E_m\sin(\omega t-90°)$$
可见在相位上,e 滞后于 $\Phi 90°$;在数值上,其有效值为
$$E=\frac{E_m}{\sqrt{2}}=\frac{2\pi fN\Phi_m}{\sqrt{2}}=4.44fN\Phi_m$$
由此可得一、二次感应电动势的有效值分别为
$$E_1=4.44fN_1\Phi_m$$
$$E_2=4.44fN_2\Phi_m \tag{2-6}$$
式中,Φ_m 为交变磁通的最大值,N_1 为一次绕组匝数,N_2 为二次绕组匝数,f 为交流电的频率。

e_1、e_2 的相量表达式为
$$\dot{E}_1=-j4.44fN_1\dot{\Phi}_m$$
$$\dot{E}_2=-j4.44fN_2\dot{\Phi}_m \tag{2-7}$$
由式(2-6)可得
$$\frac{E_1}{E_2}=\frac{N_1}{N_2}$$
如略去一次绕组中的阻抗不计,则外加电源电压 U_1 与一次绕组中的感应电动势 E_1 可近似看做相等,即 $U_1\approx E_1$,而 U_1 与 E_1 的参考方向正好相反,即电动势 E_1 与外加电压 U_1 相平衡。

在空载情况下,由于二次绕组开路,故端电压 U_2 与电动势正好相等,即 $U_2=E_2$。

因此
$$U_1\approx E_1=4.44fN_1\Phi_m \tag{2-8}$$
$$U_2=E_2=4.44fN_2\Phi_m \tag{2-9}$$
$$\frac{U_1}{U_2}\approx\frac{E_1}{E_2}=\frac{N_1}{N_2}=k_u=k \tag{2-10}$$
式中,k_u 称为变压器的变压比,简称变比,也可用 k 来表示,这是变压器中最重要的参数之一。

由式(2-10)可见:变压器一、二次绕组的电压与一、二次绕组的匝数成正比,即变压器有变换电压的作用。

由式(2-8)可见:对某台变压器而言,f 及 N_1 均为常数,因此当加在变压器上的交流电压有效值 U_1 恒定时,则变压器铁心中的磁通 Φ_m 基本上保持不变。这个恒磁通的概念很重要,在以后的分析中经常会用到。

(三)变压器的空载电流和空载损耗

变压器空载运行时,空载电流 $\dot{I}_0$ 一方面用来产生主磁通,另一方面用来补偿变压器空载时的损耗。为此,将 $\dot{I}_0$ 分解成两部分,一部分为无功分量 $\dot{I}_q$,用来建立磁场,起励磁作用,与主磁通同相位;另一部分为有功分量 $\dot{I}_d$,用来供给变压器铁损耗,相位超前主磁通 90°,即
$$\dot{I}_0=\dot{I}_q+\dot{I}_d \tag{2-11}$$
空载电流一般只占额定电流的(2 ~ 10)%,而 $I_d<10\% I_0$,因此 $I_0\approx I_q$,所以空载电流 $\dot{I}_0$ 主要用来建立主磁通,故近似称作励磁电流。变压器空载时没有输出功率,它从电源获取的全部功率

都消耗在其内部，称为空载损耗。空载损耗 P_0 绝大部分是铁心损耗，即磁滞损耗与涡流损耗，只有极少部分是一次绕组电阻上的铜损耗 I_0^2R，它只占空载损耗的 2%，故可认为变压器的空载损耗就是变压器的铁损耗。

（四）空载运行时相量图

变压器空载运行时的电路原理图如图 2-13 所示。其中一次绕组的两个接线端用“U1”、“U2”表示，二次绕组的两个接线端用“u1”、“u2”表示。

在不计一次绕组的阻抗及变压器中的损耗时，图 2-11 中的空载电流 $\dot{I}_0$ 只用来产生磁通 $\dot{\Phi}$，一次绕组电路为纯电感电路，空载电流 $\dot{I}_0$ 滞后于电压 $\dot{U}_1$90°，又由于感应电动势 $\dot{E}_1$ 滞后于电压 $\dot{U}_1$180°，故 $\dot{E}_1$ 滞后于电流 $\dot{I}_0$90°。另外由前面分析知道 $\dot{E}_1$ 也滞后于 $\dot{\Phi}$ 90°，故 $\dot{I}_0$ 与 $\dot{\Phi}$ 同相位，由此可以作出理想变压器（不计损耗的变压器）空载运行时的相量图，如图 2-14 所示。

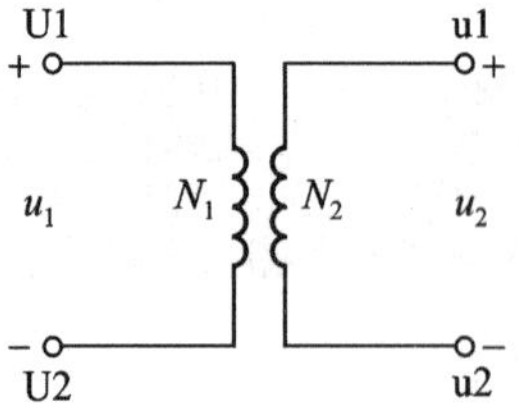

图 2-13　单相变压器电路原理图

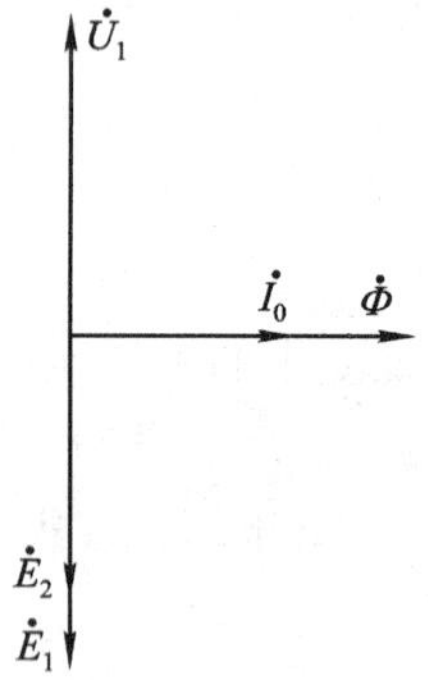

图 2-14　理想变压器空载运行相量图

［例 2-2］　如图 2-11 所示，低压照明变压器一次绕组匝数 $N_1=660$ 匝，一次绕组电压 $U_1=220$ V，现要求二次绕组输出电压 $U_2=36$ V，求二次绕组匝数 N_2 及变比 k_u。

［解］　由式(2-10)可得

$$N_2=\frac{U_2}{U_1}N_1=\frac{36}{220}\times 660 \text{ 匝}=108 \text{ 匝}$$

$$k_u=\frac{U_1}{U_2}=\frac{220}{36}=6.1$$

通常把 $k_u>1$（即 $U_1>U_2$，$N_1>N_2$）的变压器称为降压变压器；$k_u<1$ 的变压器称为升压变压器。

二、变压器的负载运行

变压器一次绕组接额定电压，二次绕组与负载相连的运行状态称为变压器的负载运行，如图 2-15 所示。此时二次绕组中有电流 $\dot{I}_2$ 通过，由于该电流是依据电磁感应原理由一次绕组感应而产生，因此一次绕组中的电流也由空载电流 $\dot{I}_0$ 变为负载电流 $\dot{I}_1$。下面分析一、二次绕组中电流的关系。

二次绕组中的电流 $\dot{I}_2$ 所产生的磁动势 $N_2\dot{I}_2$ 将在铁心中产生磁通 $\dot{\Phi}_2$，它力图改变铁心中的

主磁通 $\dot{\Phi}$。但由前面分析的恒磁通的概念可知，由于加在一次绕组上的电压有效值 U_1 不变，因此主磁通 $\dot{\Phi}$ 基本不变，故随着 $\dot{I}_2$ 的出现，一次绕组中通过的电流将从 $\dot{I}_0$ 增加到 $\dot{I}_1$，一次绕组的磁动势也将由 $N_1\dot{I}_0$ 增加到 $N_1\dot{I}_1$，它所增加的部分正好与二次绕组的磁动势 $N_2\dot{I}_2$ 相抵消，从而维持铁心中的主磁通 $\dot{\Phi}$ 的大小不变。由此可得变压器负载运行时的磁动势平衡方程式为

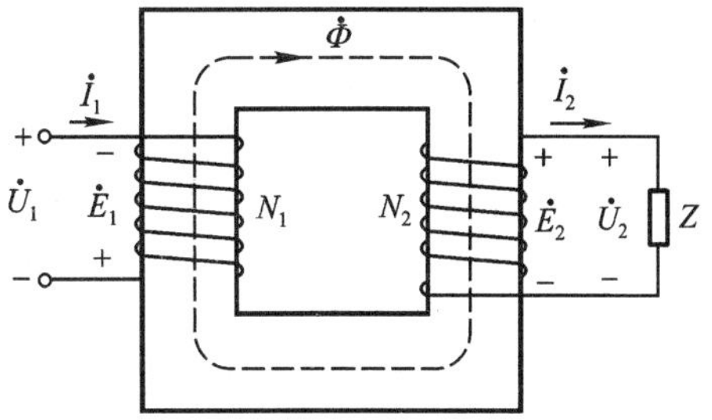

图 2-15　单相变压器负载运行

$$N_1\dot{I}_1+N_2\dot{I}_2=N_1\dot{I}_0 \tag{2-12}$$

由于变压器的空载电流 $\dot{I}_0$ 很小，特别是在变压器接近满载时 $N_1\dot{I}_0$ 相对于 $N_1\dot{I}_1$ 或 $N_2\dot{I}_2$ 而言基本上可以忽略不计，于是可得变压器一、二次绕组磁动势的有效值关系为

$$N_1I_1\approx N_2I_2$$

可得

$$\frac{I_1}{I_2}\approx\frac{N_2}{N_1}=\frac{1}{k_u}=k_i \tag{2-13}$$

式中，k_i 为变压器的变流比。

式(2-13)表明，变压器一、二次绕组中的电流与一、二次绕组的匝数成反比，即变压器也有变换电流的作用，且电流的大小与匝数成反比。

由式(2-13)可得出：变压器的高压绕组匝数多，而通过的电流小，因此绕组所用的导线细；反之低压绕组匝数少，通过的电流大，所用的导线较粗。

三、变压器的阻抗变换

变压器不但具有电压变换和电流变换的作用，还具有阻抗变换的作用，如图 2-16 所示，当变压器二次绕组接上阻抗为 Z 的负载后，则

$$Z=\frac{U_2}{I_2}=\frac{\frac{N_2}{N_1}U_1}{\frac{N_1}{N_2}I_1}=\left(\frac{N_2}{N_1}\right)^2\frac{U_1}{I_1}=\frac{1}{k^2}Z' \tag{2-14}$$

式中，$Z'=\frac{U_1}{I_1}$ 相当于直接接在一次绕组上的等效阻抗，如图 2-16 所示。故

$$Z'=k^2Z \tag{2-15}$$

可见接在变压器二次绕组上的负载 Z 与不经过变压器直接接在电源上的负载 Z' 相比，减小到 $1/k^2$ 倍。换句话说，也就是负载阻抗通过变压器接电源时，相当于阻抗增加到 k^2 倍。

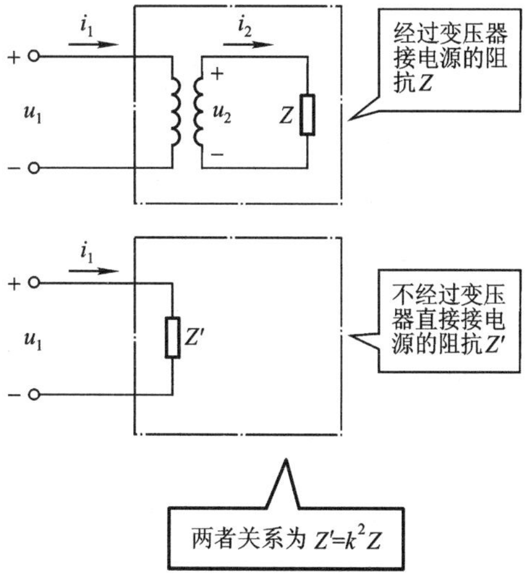

图 2-16　变压器的阻抗变换

四、变压器参数的测定

从上面分析知道，当用基本方程式、等效电路、相量图求解变压器的运行性能时，必须知道励磁参数 Z_m 和短路参数 Z_s，它们对变压器的运行性能有着直接影响。这些参数在设计变压器时可用计算方法求得，对于已制成的变压器，Z_m 可通过空载试验、Z_s 可通过短路试验确定，这两个试验也是变压器的主要试验项目。

(一) 变压器的空载试验

通过变压器的空载试验可以求得变比 k、空载电流 I_0、空载损耗 P_0 以及等效电路中的励磁阻抗 Z_m，从而判断铁心的质量和线圈质量。单相变压器的空载试验线路图如图 2-17 所示。变压器的二次侧开路，在一次侧加以不同的外施电压 U_1，分别测出它所对应的 U_{20}、I_0、P_0。

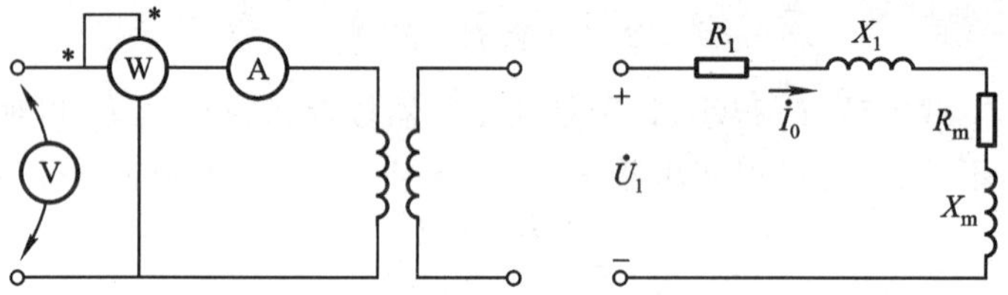

(a) 接线图　　(b) 等效电路

图 2-17　单相变压器的空载试验线路图

空载试验时，变压器没有输出有功功率，其本身的损耗有绕组的铜损耗 $I_0^2 r_1$ 及铁心中的铁损耗 $I_0^2 R_m$，这两项之和即为空载损耗 p_0。考虑到 $R_m \gg R_1$，因此可忽略绕组的铜损耗，近似认为只有铁损耗 $p_{Fe}=p_0$。于是从 T 形等效电路可知，变压器空载时的总阻抗为

$$Z_0=Z_1+Z_m \approx Z_m=R_m+jX_m \tag{2-16}$$

这样根据空载试验测量的数据，就可计算出单相变压器的参数。

变比
$$k=\frac{N_2}{N_1}=\frac{U_{20}(\text{高压})}{U_1(\text{低压})} \tag{2-17}$$

励磁阻抗
$$Z_m=\frac{U_1}{I_0} \tag{2-18}$$

励磁电阻
$$R_m=\frac{p_0}{I_0^2} \tag{2-19}$$

励磁电抗
$$X_m=\sqrt{Z_m^2-R_m^2} \tag{2-20}$$

应该注意，以上的计算是对单相变压器进行的。如求三相变压器的参数，必须采用每相值，即根据每一相的空载损耗、相电压、相电流来计算，变比也应取相电压比。

必须指出，由于磁路饱和的原因，空载电流、铁心损耗以及励磁阻抗均随电压大小而变化。为了使测量出的参数符合变压器的实际运行情况，应该用额定电压下测量的数据进行计算；空载试验一般是在低压侧进行的，故所测得励磁参数是折算到低压侧的数值。如果需要获得高压侧参数，必须乘以变比的平方，即高压侧的励磁阻抗为 $k^2 Z_m$。另外，因为变压器空载运行时。功率因数很低（$\cos \varphi_0<0.2$），为减小误差，通常用低功率因数表来测量空载功率。

（二）变压器的短路试验

根据变压器的短路试验可以求得变压器的负载损耗 P_s 和短路阻抗 Z_s。变压器的短路试验线路图如图 2-18 所示，短路试验也可以在任何一侧做，但由于短路试验时电流较大，可达到额定电流，而所加电压 U_s 很低，因此通常是将高压绕组接至电源，而将低压绕组直接短路。

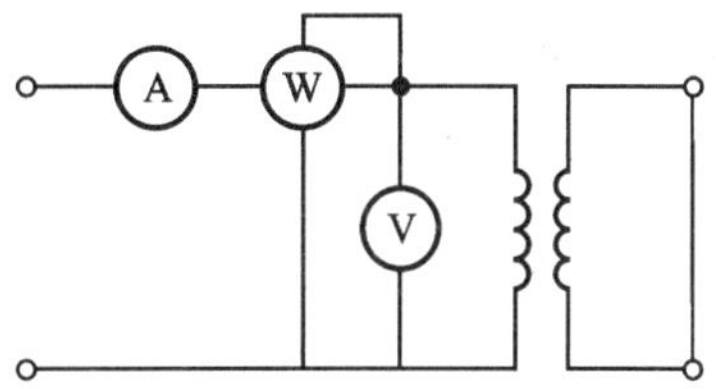

图 2-18　单相变压器短路试验线路图

短路试验时调节外施电压，使电流在 0～1.3 倍额定电流范围内变化，从而读取不同电压时的短路电流 I_s 和短路损耗 P_s 的值。由于此时铁心中主磁通很小，因而变压器的励磁电流和铁耗均可忽略不计，从电源输入的功率 P_s 等于铜损耗，亦称为负载损耗。这就是说，短路情况下的变压器可用简化等效电路分析。根据测取的 U_s、I_s、P_s 数值，可算出下列短路参数：

短路阻抗
$$Z_s=\frac{U_s}{I_s}=\frac{U_s}{I_N} \tag{2-21}$$

短路电阻
$$R_s=\frac{P_s}{I_s^2}=\frac{P_s}{I_N^2} \tag{2-22}$$

短路电抗
$$X_s=\sqrt{Z_s^2-R_s^2} \tag{2-23}$$

由于线圈电阻随温度而变化，试验时的温度和变压器实际运行时的温度是不相同的。因此按国家标准规定，变压器的短路电阻应换算到工作温度（75℃）时的值。

对于铜线变压器
$$R_{s75\,℃}=\frac{235+75}{235+\theta}R_s \tag{2-24}$$

对于铝线变压器
$$R_{s75\,℃}=\frac{225+75}{225+\theta}R_s \tag{2-25}$$

式中，θ 为试验时的室温，单位为℃。

75 ℃时的短路阻抗为
$$Z_{s75\,℃}=\sqrt{R_{s75\,℃}^2+X_s^2} \tag{2-26}$$

如同空载试验一样，对于三相变压器，必须根据一相的负载损耗、相电压、相电流来计算短路参数。

短路试验时，使短路电流为额定电流时一次侧所加的电压，称为短路电压，即 $U_{sN}=I_{sN}Z_{s75\,℃}$，它为额定电流在短路阻抗上的压降，亦称作阻抗电压。

短路电压通常以与额定电压的百分值来表示，即标么值：

短路电压标么值
$$u_s(\%)=\frac{U_{sN}}{U_{1N}}\times100\%=\frac{I_{1N}Z_{s75\,℃}}{U_{1N}}\times100\% \tag{2-27}$$

短路电压有功分量标么值
$$u_{sa}(\%)=\frac{I_{1N}R_{s75\,℃}}{U_{1N}}\times100\% \tag{2-28}$$

短路电压无功分量标么值
$$u_{sr}(\%)=\frac{I_{1N}X_s}{U_{1N}}\times100\% \tag{2-29}$$

短路电压（阻抗电压）的大小直接反映短路阻抗的大小，而短路阻抗直接影响变压器的运行性能。

所以正常运行时希望它小些，这样负载变化时二次电压波动小，但从短路故障的角度，又希望阻抗电压大些，以限制短路电流。一般中、小型变压器的 U_s 为 4%～10.5%，大型变压器为 12.5%～17.5%。

五、变压器的标么值

在变压器与电机的工程计算中，电压、电流、功率、阻抗等物理量除了用具有“单位”的有效值表示外，还常用不具“单位”的标么值（即相对值）来表示，下面介绍标么值的概念、计算方法及主要优点。

（一）标么值的概念

某一物理量的实际值与选定的某一同单位的基准值的比值，称为该物理量的标么值或相对值，即

$$标么值=\frac{实际值}{基准值} \tag{2-30}$$

实际值与基准值必须有相同的单位。为了与实际值书写上有所区别，标么值都用在各物理量的原来符号右上角加“ * ”号来表示。例如有两个电流，分别是 $I_1=12$ A，$I_2=16$ A。若选 $I=20$ A 作为电流的基准值时，则两个电流的标么值为

$$I_1^*=\frac{I_1}{I}=\frac{12}{20}=0.6$$

$$I_2^*=\frac{I_2}{I}=\frac{16}{20}=0.8$$

这就是说，电流 I_1 是选定基准值 I 的 0.6 倍，电流 I_2 是选定基准值 I 的 0.8 倍。

（二）基准值的选取

电机和电力工程计算中，通常以确定值为基准值，各侧的物理量以各自侧的额定值为基准。例如变压器一次侧选 U_{1N}、I_{1N}、$Z_{1N}=\frac{U_{1N}}{I_{1N}}$，二次侧选 U_{2N}、I_{2N}、$Z_{2N}=\frac{U_{2N}}{I_{2N}}$，由于变压器一、二次容量相等，其基准值均选 S_N。归纳起来可见表 2-1。

表 2-1　变压器中基准值的选取

实际值	基准值	实际值	基准值
Z,R,X	Z_N	单相值	单相额定值
P,Q,S	S_N	三相值	三相额定值
相值	额定相值	一次侧值	一次侧额定值
线值	额定线值	二次侧值	二次侧额定值

（三）标么值的计算

1. 一、二次绕组的电压、电流和阻抗的标么值

$$U_1^*=\frac{U_1}{U_{1N}};\ I_1^*=\frac{I_1}{I_{1N}};\ Z_1^*=\frac{Z_1}{Z_{1N}} \tag{2-31}$$

$$U_2^*=\frac{U_2}{U_{2N}};\ I_2^*=\frac{I_2}{I_{2N}};\ Z_2^*=\frac{Z_2}{Z_{2N}} \tag{2-32}$$

2. 功率的标么值

视在功率 S、有功功率 P、无功功率 Q 的标么值为

$$S^*=\frac{S}{S_N};\ P^*=\frac{P}{S_N};\ Q^*=\frac{Q}{S_N} \tag{2-33}$$

3. 基本方程式的标么值表示

使用标么值表示的基本方程式与采用实际值时的方程式在形式上是一致的，也就是说，在有名单位制中的各公式可直接用于标么值下的计算，如求取励磁阻抗的公式可写成

$$Z_m^*=\frac{U_{1N}^*}{I_0^*}=\frac{1}{I_0^*};\ R_m^*=\frac{P_0^*}{I_0^{*2}};\ X_m^*=\sqrt{Z_m^{*2}-R_m^{*2}} \tag{2-34}$$

4. 标么值和百分值的关系

标么值与百分值类似，均属量纲一的相对单位值，它们之间的关系为

$$百分值=标么值\times100\% \tag{2-35}$$

（四）采用标么值的优缺点

1. 优点

① 采用标么值可以简化各量的数值，并能直观地看出变压器的运行情况。如：$U_2^*=0.9$ 为欠载，$I_s^*=1.05$ 为过载。

② 采用标么值表示，电力变压器的参数和性能指标数据变化范围很小，便于分析比较。例如短路阻抗标么值 $Z_s^*=0.04\sim0.175$，空载电流 $I_0^*=0.02\sim0.10$。

③ 物理意义不同的物理量，具有相同的数值。例如

$$Z_s^*=U_s^* \tag{2-36}$$

式中，短路阻抗电压 $U_s=I_{sN}Z_{s75\,℃}$。

④ 采用标么值后，折算前后各量的标么值相等，即不需折算。例如

$$Z_2'^*=\frac{Z_2'}{U_{1N}/I_{1N}}=\frac{k^2Z_2}{kU_{2N}/\left(\frac{1}{k}I_{2N}\right)}=\frac{Z_2}{U_{2N}/I_{2N}}=Z_2^* \tag{2-37}$$

⑤ 采用标么值后，线值标么值和相值标么值相等。三相变压器的计算公式与单相变压器的计算公式完全相同。

2. 缺点

标么值没有单位，所以物理概念比较模糊，而且也无法用量纲作为检查计算结果正确与否的依据。

第五节　变压器的运行特性

[案例 4]　配电站中的变压器将高压(10 000 V)变为用户电气设备使用的电压等级，一般其变压器二次额定电压为 400 V，而低压动力负荷的三相额定电压一般为 380 V，照明的单相电压为 220 V，为什么变压器二次额定电压不是 380 V 呢？

要正确、合理地使用变压器，必须了解变压器在运行时的主要特性及性能指标。变压器在运行时的主要特性有外特性与效率特性，表征变压器运行性能的主要指标有电压变化率和效率。下面分别加以讨论。

一、变压器的外特性及电压变化率

变压器空载运行时，若一次绕组电压 $\dot{U}_1$ 不变，则二次绕组电压 $\dot{U}_2$ 也是不变的。变压器加上负载之后，随着负载电流 $\dot{I}_2$ 的增加，$\dot{I}_2$ 在二次绕组内部的阻抗压降也会增加，使二次绕组输出的电压 $\dot{U}_2$ 随之发生变化。另一方面，由于一次绕组电流 $\dot{I}_1$ 随 $\dot{U}_2$ 增加，因此 $\dot{I}_2$ 增加时，使一次绕组漏阻抗上的压降也增加，一次绕组电动势 $\dot{E}_1$ 和二次绕组电动势 $\dot{E}_2$ 也会有所下降，这也会影响二次绕组的输出电压 $\dot{U}_2$。变压器的外特性是用来描述输出电压 $\dot{U}_2$ 随负载电流 $\dot{I}_2$ 的变化而变化的情况。

当一次绕组电压 $\dot{U}_1$ 和负载的功率因数 $\cos\varphi_2$ 一定时，二次绕组电压 $\dot{U}_2$ 与负载电流 $\dot{I}_2$ 的关系，称为变压器的外特性。它可以通过实验求得。功率因数不同时的几条外特性曲线如图2-19所示，可以看出，当 $\cos\varphi_2=1$ 时，$\dot{U}_2$ 随 $\dot{I}_2$ 的增加而下降得并不多；当 $\cos\varphi_2$ 降低时，即在感性负载时，$\dot{U}_2$ 随 $\dot{I}_2$ 增加而下降的程度加大，这是因为滞后的无功电流对变压器磁路中主磁通的去磁作用更为显著，而使 $\dot{E}_1$ 和 $\dot{E}_2$ 有所下降的缘故；但当 $\cos\varphi_2$ 为负值时，即在容性负载时，超前的无功电流有助磁作用，主磁通会有所增加，$\dot{E}_1$ 和 $\dot{E}_2$ 亦相应加大，使得 $\dot{U}_2$ 会随 $\dot{I}_2$ 的增加而提高。以上叙述表明，负载的功率因数对变压器外特性的影响是很大的。

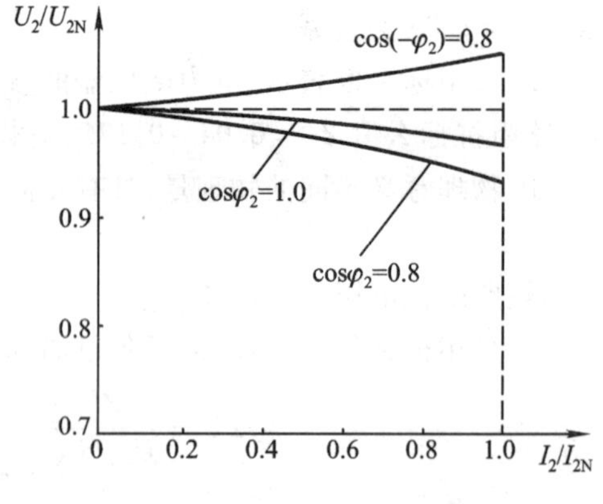

图 2-19　变压器的外特性

在图 2-19 中，纵坐标用 U_2/U_{2N} 表示，而横坐标用 I_2/I_{2N} 表示，使得在坐标轴上的数值都在 0～1 之间，或稍大于 1，这样做是为了便于不同容量和不同电压的变压器相互比较。

一般情况下，变压器的负载大多数是感性负载，因而当负载增加时，输出电压 $\dot{U}_2$ 总是下降的，其下降的程度常用电压变化率来描述。当变压器从空载到额定负载（$I_2=I_{2N}$）运行时，二次绕组输出电压的变化值 ΔU 与空载电压（额定电压）U_{2N} 之比的百分值就称为变压器的电压变化率，用 $\Delta U\%$ 来表示。

$$\Delta U\% = \frac{U_{2N}-U_2}{U_{2N}}\times 100\% \tag{2-38}$$

式中，U_{2N} 为变压器空载时二次绕组的电压（称为额定电压）；U_2 为二次绕组输出额定电流时的电压。

电压变化率是变压器的一个重要性能指标，其大小反映了变压器（输出）外特性的好坏，反映变压器供给负载电压的稳定性。$\Delta U\%$ 越小，说明变压器二次绕组输出的电压越稳定，因此要求变压器的 $\Delta U\%$ 越小越好。

电压变化率的大小与负载大小、负载性质及变压器本身参数有关。常用的电力变压器从空载到满载，电压变化率为 3%～5%。

［例 2-3］ 某台供电电力变压器将 $U_{1N}=10\ 000$ V 的高压降压后对负载供电，要求该变压器在额定负载下的输出电压为 $U_2=380$ V，该变压器的电压变化率 $\Delta U\%=5\%$，求该变压器二次绕组的额定电压 U_{2N} 及变比 k。

［解］ 由式（2-38）得

$$\Delta U\%=\frac{U_{2N}-380}{U_{2N}}\times 100\%=5\%$$

则

$$U_{2N}=400\ \text{V}$$

$$k=U_{1N}/U_{2N}=10\ 000/400=25$$

这样，就能理解在电力变压器铭牌中为什么给额定线电压为 380 V 的负载供电时，变压器二次绕组的额定电压不是 380 V，而是 400 V。

二、变压器的损耗及效率

变压器从电源输入的有功功率 P_1 和向负载输出的有功功率 P_2 可分别用下式计算

$$P_1=U_1I_1\cos\varphi_1 \tag{2-39}$$

$$P_2=U_2I_2\cos\varphi_2 \tag{2-40}$$

两者之差为变压器的损耗 ΔP，它包括铜损耗 P_{Cu} 和铁损耗 P_{Fe} 两部分，即

$$\Delta P=P_{Cu}+P_{Fe} \tag{2-41}$$

（一）铁损耗 P_{Fe}

变压器的铁损耗包括基本铁损耗和附加铁损耗两部分。基本铁损耗包括铁心中的磁滞损耗和涡流损耗，它决定于铁心中的磁通密度的大小、磁通交变的频率和硅钢片的质量等。附加损耗则包括铁心叠片间因绝缘损伤而产生的局部涡流损耗、主磁通在变压器铁心以外的结构部件中引起的涡流损耗等，附加损耗为基本损耗的 15%～20%。

变压器的铁损耗与一次绕组上所加的电源电压大小有关，而与负载电流的大小无关。当电源电压一定时，铁心中的磁通基本不变，故铁损耗也就基本不变，因此铁损耗又称“不变损耗”。

（二）铜损耗 P_{Cu}

变压器的铜损耗也分为基本铜损耗和附加铜损耗两部分。基本铜损耗是由电流在一次、二次绕组电阻上产生的损耗，而附加铜损耗是指由漏磁通产生的集肤效应使电流在导体内分布不均匀而产生的额外损耗。附加铜损耗占基本铜损耗的 3%～20%。在变压器中铜损耗与负载电流的平方成正比，所以铜损耗又称为“可变损耗”。

（三）效率

变压器的输出功率 P_2 与输入功率 P_1 之比称为变压器的效率 η，即

$$\eta=\frac{P_2}{P_1}\times 100\%=\frac{P_2}{P_2+\Delta P}\times 100\%=\frac{P_2}{P_2+P_{Cu}+P_{Fe}}\times 100\% \tag{2-42}$$

由于变压器没有旋转的部件，不像电机那样有机械损耗存在，因此变压器的效率一般都比较高，中小型电力变压器效率在95%以上，大型电力变压器效率可达99%以上。

[例 2-4] S9-500/10 低损耗三相电力变压器额定容量为500 kV·A，设功率因数为1，二次电压 $U_{2N}=400$ V，铁损耗 $P_{Fe}=0.98$ kW，额定负载时铜损耗 $P_{Cu}=4.1$ kW，求二次额定电流 I_{2N} 及变压器效率 η。

[解]

$$I_{2N}=\frac{S_N}{\sqrt{3}U_{2N}}=\frac{500\times1\ 000}{\sqrt{3}\times400}\ \text{A}=722\ \text{A}$$

$$P_2=S_N\cos\varphi=500\ \text{kW}$$

$$\eta=\frac{P_2}{P_1}\times100\%=\frac{P_2}{P_2+\Delta P}\times100\%=\frac{P_2}{P_2+P_{Cu}+P_{Fe}}\times100\%=\frac{500}{500+0.98+4.1}\times100\%=99\%$$

前面已经讲过，降低变压器本身的损耗，提高其效率是供电系统中一个极为重要的课题，世界各国都在大力研究高效节能变压器，其主要途径：一是采用低损耗的冷轧硅钢片来制作铁心；二是减小铜损耗，如果能用超导材料来制作变压器绕组，则可使其电阻为零，铜损耗也就不存在了。世界上许多国家正致力于该项研究，目前已有330 kV单相超导变压器问世，其体积比普通变压器要小70%左右，损耗可降低50%。

（四）效率特性

变压器在不同的负载电流 I_2 时，输出功率 P_2 及铜损耗 P_{Cu} 都在变化，因此变压器的效率 η 也随负载电流 I_2 的变化而变化，其变化规律通常用变压器的效率特性曲线来表示，如图 2-20 所示，图中 $\beta=\frac{I_2}{I_{2N}}$ 称为负载系数。

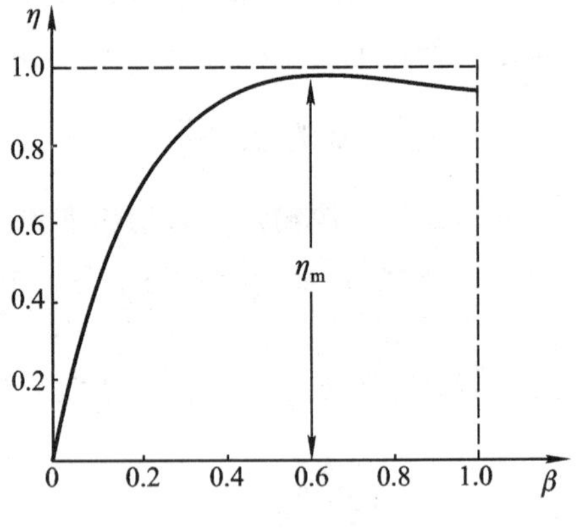

图 2-20　变压器效率特性曲线

通过数学分析可知：当变压器的不变损耗等于可变损耗时，变压器的效率最高，通常变压器的最高效率位于 $\beta=0.5\sim0.6$ 之间。

第六节　三相变压器

一、三相变压器的基本结构

现代的电力系统都采用三相制供电，因而广泛采用三相变压器来实现电压的变换。三相变压器可以由三台同容量的单相变压器组成，再按需要将一次绕组及二次绕组分别接成星形或三角形联结。图 2-21 所示为一、二次绕组均用星形联结的三相变压器组。三相变压器的另一种结构形式是把三个单相变压器合成一个三铁心柱的结构形式，称为三相心式变压器，如图2-22(a)所示。由于三相绕组接入对称的三相交流电源时，三相绕组中产生的主磁通也是对称的，故三相磁通之和等于零，即中间铁心柱的磁通为零，因此中间铁心柱可以省略，成为如图 2-22(b)所示形式，实际中为了简化变压器铁心的剪裁及叠装工艺，均采用将 U、V、W 三个铁心柱置于同一个平面上的结构形式,如图 2-22(c)所示。

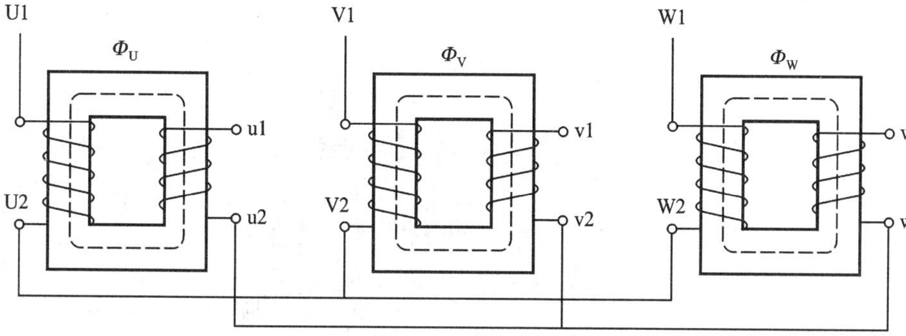

图 2-21　三相变压器

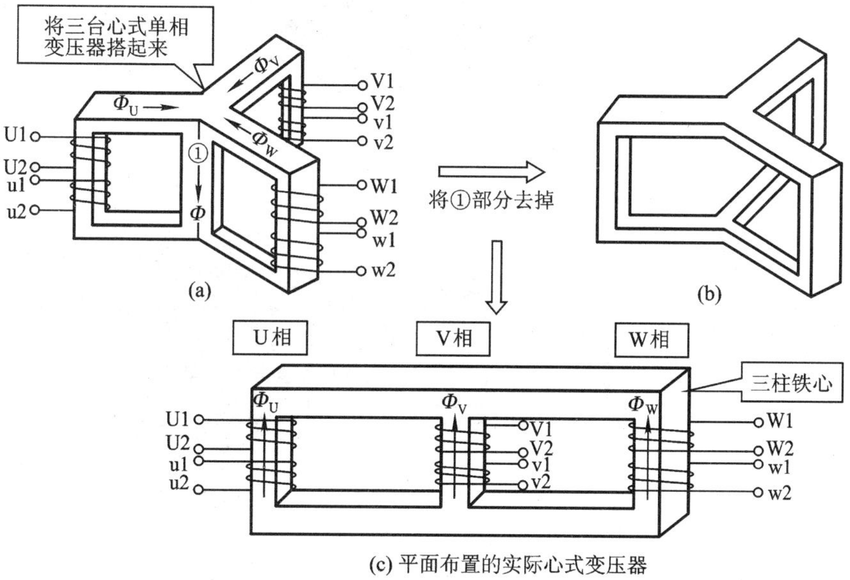

图 2-22　三相心式变压器

在三相电力变压器中,目前使用最广的是油浸式电力变压器,它主要由铁心、绕组、油箱和冷却装置、保护装置等部件组成,其外形如图 2-23 所示,现简要介绍如下。

(一) 铁心

铁心是三相变压器的磁路部分,与单相变压器一样,它也是由 0.35 mm 厚的硅钢片叠压(或卷制)而成,新型电力变压器铁心均用冷轧晶粒取向硅钢片制作,以降低其损耗。三相电力变压器铁心均采用心式结构。

铁心柱的截面形状与变压器的容量有关,单相变压器及小型三相电力变压器采用正方形或长方形截面,如图 2-24(a)所示;在大、中型三相电力变压器中,为了充分利用绕组内圆的空间,通常采用阶梯形截面,如图 2-24(b)、(c)所示。阶梯形的级数越多,则变压器结构越紧凑,但叠装工艺越复杂。

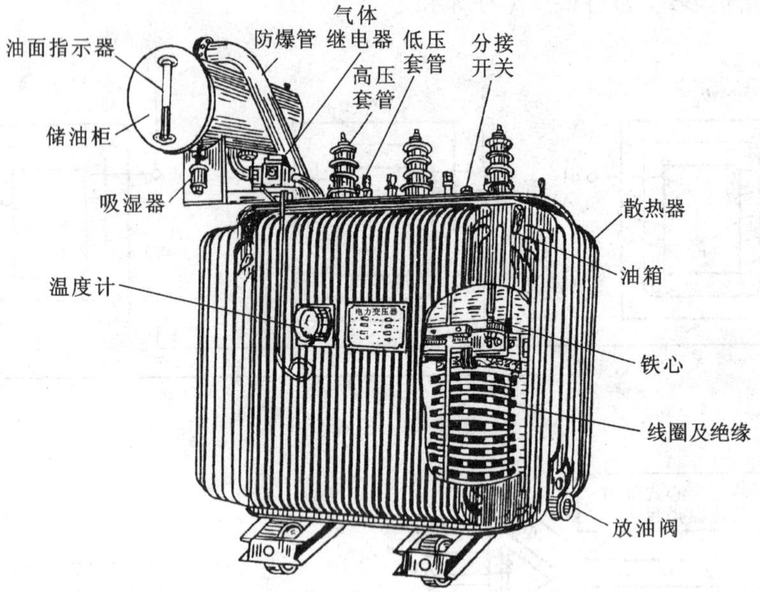

图 2-23　三相变压器外形

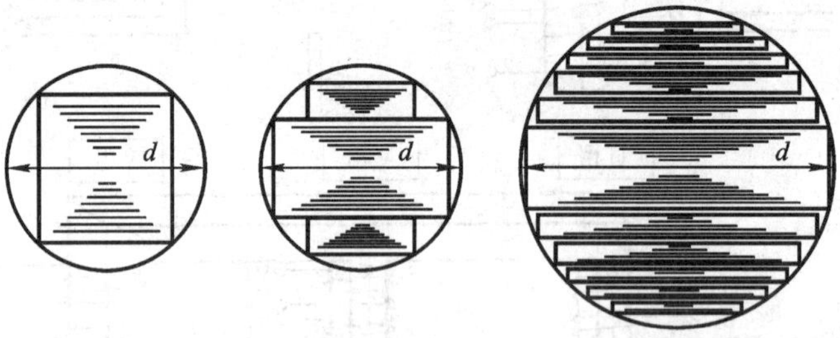

(a) 方形　(b) 阶梯形　(c) 多级阶梯形

图 2-24　铁心柱截面形状

（二）绕组

绕组是三相电力变压器的电路部分。一般用绝缘纸包的扁铜线或扁铝线绕成，绕组的结构形式与单相变压器一样有同心式绕组和交叠式绕组。当前新型的绕组结构为箔式绕组电力变压器，绕组用铝箔或铜箔氧化技术和特殊工艺绕制，使变压器整体性能得到较大的提高，我国已开始批量生产。

（三）油箱和冷却装置

由于三相变压器主要用于电力系统进行电压等级的变换，因此其容量都比较大，电压也比较高，目前国产的高电压、大容量三相电力变压器 OSFPSZ-360 000/500 已批量生产（容量为 36 万千伏安，电压为 500 kV，每台变压器质量达到 250 t）。为了铁心和绕组的散热和绝缘，均将其置于绝缘的变压器油内，而油则盛放在油箱内，如图 2-23 所示。为了增加散热面积，一般在油箱四周加装散热装置，老型号电力变压器采用在油箱四周加焊扁形散热油管，如图2-23所示；新型电力变压器以采用片式散热器散热为多。容量大于 10 000 kV · A 的电力变压器，采用风吹冷却或强迫油循环冷却装置。

较多的变压器在油箱上部还安装有储油柜，它通过连接管与油箱相通。储油柜内的油面高度随变压器油的热胀冷缩而变动。储油柜使变压器油与空气的接触面积大为减小，从而减缓了变压器油的老化速度。新型的全充油密封式电力变压器则取消了储油柜，运行时变压器油的体积变化完全由设在侧壁的膨胀式散热器（金属波纹油箱）来补偿，变压器端盖与箱体之间焊为一体，设备免维护，运行安全可靠，在我国以 S10 系列低损耗电力变压器为代表，现已开始批量生产。

（四）保护装置

1. 气体继电器

在油箱和储油柜之间的连接管中装有气体继电器，当变压器发生故障时，内部绝缘物气化，使气体继电器动作，发出信号或使开关跳闸。

2. 防爆管（安全气道）

防爆管装在油箱顶部，它是一个长的圆形钢筒，上端用酚醛纸板密封，下端与油箱连通。若变压器发生故障，使油箱内压力骤增时，油流冲破酚醛纸板，以免造成变压器箱体爆裂。近年来，国产电力变压器已广泛采用压力释放阀来取代防爆管，其优点是动作精度高，延时时间短，能自动开启及自动关闭，克服了停电更换防爆管的缺点。

二、三相变压器的极性

（一）变压器的极性

因为变压器的一、二次绕组绕在同一个铁心上，都被磁通 Φ 交链，故当磁通交变时，在两个绕组中感应出的电动势有一定的方向关系，即当一次绕组的某一端点瞬时电位为正时，二次绕组也必有一电位为正的对应端点。这两个对应的端点，称为同极性端或同名端，通常用符号“•”表示。

在使用变压器或其他磁耦合线圈时，经常会遇到两个线圈极性的正确连接问题，例如某变压器的一次绕组由两个匝数相等绕向一致的绕组组成，如图 2-25（a）中的绕组 1-2 和 3-4。如每个绕组额定电压为 110 V，则当电源电压为 220 V 时，应把两个绕组串联起来使用，如图（b）所示接法；如电源电压为 110 V 时，则应将它们并联起来使用，如图（c）所示接法。当接法正确时，则两个绕组所产生的磁通方向相同，它们在铁心中互相叠加。如接法错误，则两个绕组所产生的磁通方向相反，它们在铁心中互相抵消，使铁心中的合成磁通为零，如图 2-26 所示，在每个绕组中也就没有感应电动势产生，相当于短路状态，会把变压器烧毁，因此同名端的判定是相当重要的。

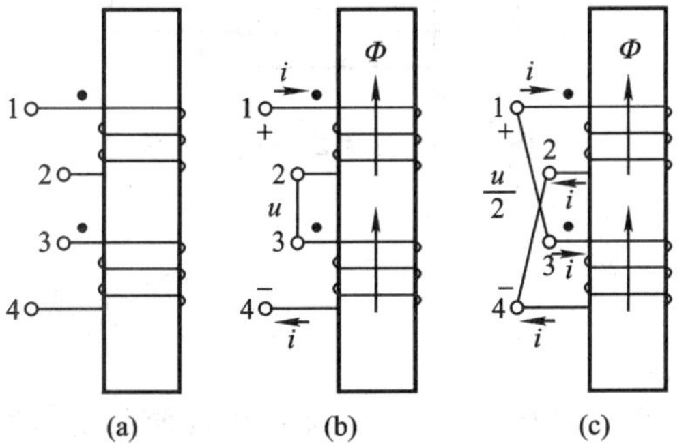

图 2-25　变压器绕组的正确连接图

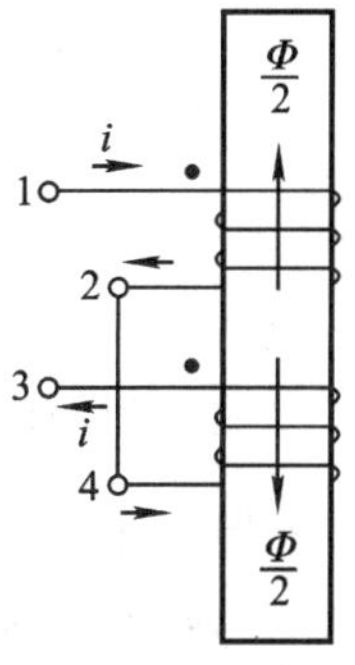

图 2-26　变压器绕组的错误连接

（二）变压器极性的判定

1. 对两个绕向已知的绕组

当电流从两个同极性端流入（或流出）时，铁心中所产生的磁通方向是一致的。如图 2-25(b)、(c)所示，1 端和 3 端为同名端，电流从这两个端点流入时，它们在铁心中产生的磁通方向相同。同样可判断图 2-27 中的两个绕组，1 端和 4 端为同名端。搞清了同名端的概念以后，就不难理解为什么在图 2-10 及图 2-15 中一次绕组的绕向及电压电流方向均一样，而二次绕组中的电压和电流方向在两个图中却正好相反。

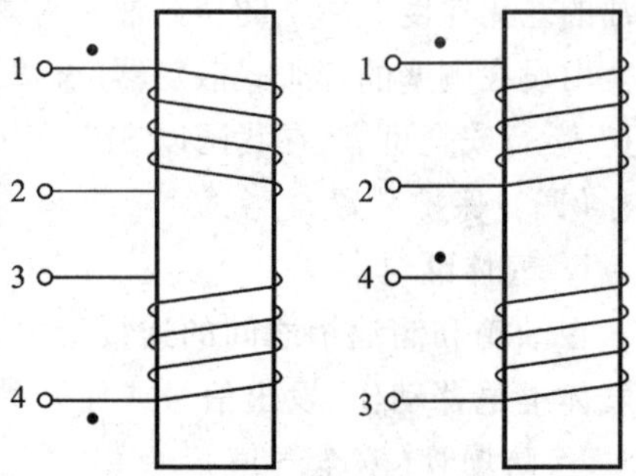

图 2-27　同名端的判定

2. 对一台已经制成的变压器

对已制成的变压器无法从外部观察其绕组的绕向，因此无法辨认其同名端，此时可用实验的方法进行测定，测定的方法有交流法和直流法两种。

(1) 交流法

如图 2-28 所示，将一、二次绕组各取一个接线端连接在一起，如图中的 2 和 4，并在一个绕组上（图中为 N_1 绕组）加一个较低的交流电压 u_{12}，再用交流电压表分别测量 u_{12}、u_{13}、u_{34}各值，如果测量结果为 $u_{13}=u_{12}-u_{34}$，则说明 N_1、N_2 组为反极性串联，故 1 和 3 为同名端。如果 $u_{13}=u_{12}+u_{34}$，则 1 和 4 为同名端。

(2) 直流法

用 1.5 V 或 3 V 的直流电源，按图 2-29 所示连接，直流电源接在高压绕组上，而直流毫伏表接在低压绕组两端。当开关 S 合上的一瞬间，如毫伏表指针向正方向摆动，则接直流电源正极的端子与接直流毫伏表正极的端子为同名端。

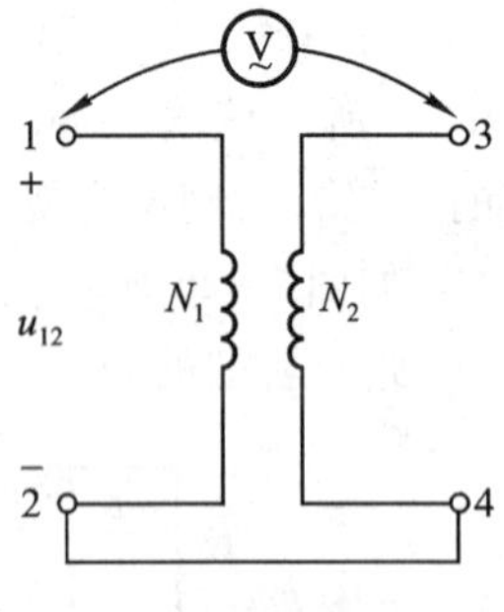

图 2-28　交流法测定同名端

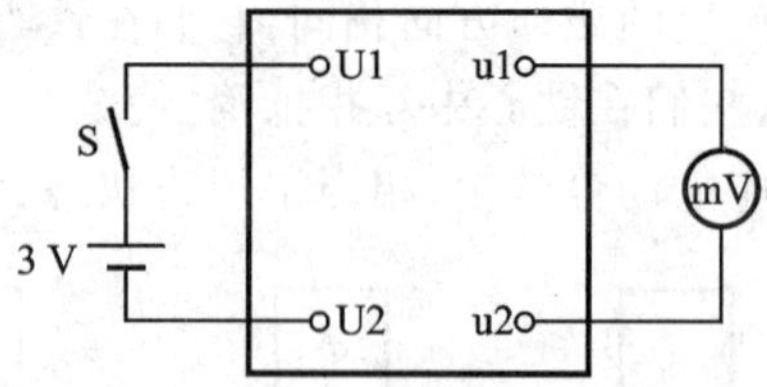

图 2-29　直流法测定同名端

三、三相变压器的联结组

（一）三相变压器绕组的连接方法

三相电力变压器高、低压绕组的出线端都分别给予标记，以供正确连接及使用变压器，其出线端标记见表 2-2。

表 2-2　绕组的首端和末端的标记

绕组名称	单相变压器		三相变压器		中性点
	首端	末端	首端	末端	
高压绕组	U1	U2	U1、V1、W1	U2、V2、W2	N
低压绕组	u1	u2	u1、v1、w1	u2、v2、w2	n
中压绕组	U1m	U2m	U1m、V1m、W1m	U2m、V2m、W2m	Nm

在三相电力变压器中，不论是高压绕组，还是低压绕组，我国均采用星形联结及三角形联结两种方法。

星形联结是把三相绕组的末端 U2、V2、W2（或 u2、v2、w2）连接在一起，而把它们的首端 U1、V1、W1（或 u1、v1、w1）分别用导线引出，如图 2-30（a）所示。

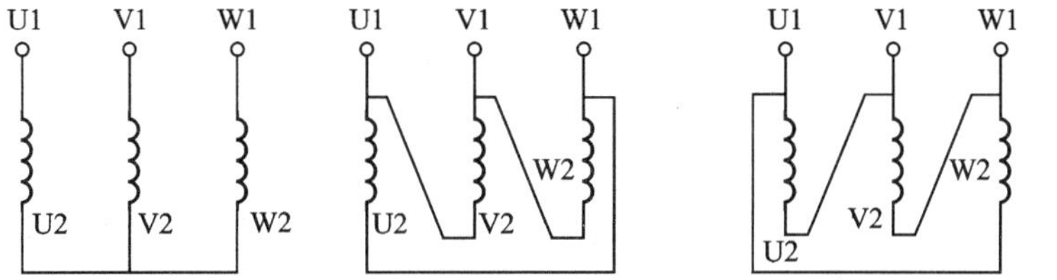

(a) 星形联结　(b) 三角形联结(逆序联结)　(c) 三角形联结(顺序联结)

图 2-30　三相绕组连接方法

三角形联结是把一相绕组的末端和另一相绕组的首端连在一起，顺次连接成一个闭合回路，然后从首端 U1、V1、W1（或 u1、v1、w1）用导线引出，如图 2-30（b）及（c）所示。其中图（b）的三相绕组按 U2W1、W2V1、V2U1 的次序连接，称为逆序（逆时针）三角形联结。而图（c）的三相绕组按 U2V1、V2W1、W2U1 的次序连接，称为顺序（顺时针）三角形联结。

三相变压器高、低压绕组用星形联结和三角形联结时，在旧的国家标准中分别用 Y 和 Δ 表示。新的国家标准规定：高压绕组星形联结用 Y 表示，三角形联结用 D 表示，中性线用 N 表示。低压绕组星形联结用 y 表示，三角形联结用 d 表示，中性线用 n 表示。

三相变压器一、二次绕组不同接法的组合形式有：Y，y；YN，d；Y，d；Y，yn；D，y；D，d 等，其中最常用的组合形式有三种，即 Y，yn；YN，d 和 Y，d。不同形式的组合，各有优缺点。对于高压绕组来说，接成星形最为有利，因为它的相电压只有线电压的 $1/\sqrt{3}$，当中性点引出接地时，绕组对地的绝缘要求降低了。大电流的低压绕组，采用三角形联结可以使导线截面比星形联结时小 $1/\sqrt{3}$，方便绕制，所以大容量的变压器通常采用 Y，d 或 YN，d 联结。容量不太大而且需要中性线的变压器，广泛采用 Y，yn 联结，以适应照明与动力混合负载需要的两种电压。

上述各种接法中，一次绕组线电压与二次绕组线电压之间的相位关系是不同的，这就是所谓三相变压器的联结组别。三相变压器联结组别不仅与绕组的绕向和首末端的标记有关，而且还与三相绕组的连接方式有关。理论与实践证明，无论怎样连接，一、二次绕组线电动势的相位差总是 30°的整数倍。因此，国际上规定，标志三相变压器一、二次绕组线电动势的相位关系用时钟表示法，即规定一次绕组线电动势 $\dot{E}_{UV}$ 为长针，永远指向钟面上的“12”，二次绕组线电动势 $\dot{E}_{uv}$ 为短针，它指向钟面上的哪个数字，该数字则为该三相变压器联结组别的标号。现就 Y，y 联结和 Y，d 联结的变压器分别加以分析。

（二）Y，y 联结组

如图 2-31(a)所示，变压器一、二次绕组都采用星形联结，且首端为同名端，故一、二次绕组相互对应的相电动势之间相位相同，因此对应的线电动势之间的相位也相同，如图2-31(b)所示，当一次绕组线电动势 $\dot{E}_{UV}$（长针）指向时钟的“12”时，二次绕组线电动势 $\dot{E}_{uv}$（短针）也指向“12”，这种连接方式称 Y，y0 联结组，如图 2-31(c)所示。

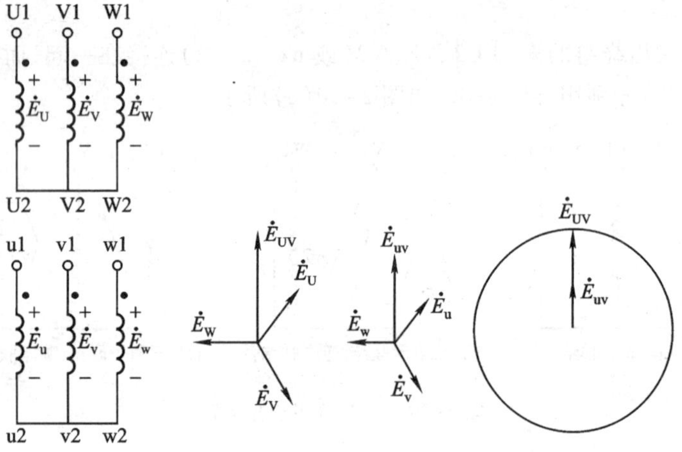

(a) 接线图　(b) 相量图　(c) 时钟表示图

图 2-31　Y，y0 联结组

若在图 2-31 所示联结组中，变压器一、二次绕组的首端不是同名端，而是异名端，则一、二次绕组相互对应的电动势相量均反向，$\dot{E}_{uv}$ 将指向时钟的“6”，成为 Y，y6 联结组，如图2-32所示。

（三）Y，d 联结组

如图 2-33 所示，变压器一次绕组作星形联结，二次绕组作三角形联结，且二次绕组 u 相的首端 u1 与 v 相的末端 v2 相连，即如图 2-33(a)所示的逆序连接，如一、二次绕组的首端为同名端，则对应的相量图如图 2-33(b)所示。其中 $\dot{E}_{uv}=-\dot{E}_V$，它超前 $\dot{E}_{UV}$ 30°，指向时钟“11”，故为 y，d11 联结组，如图 2-33(c)所示。

在图 2-34 中，变压器一次绕组为星形联结，二次绕组仍为三角形联结，但二次绕组 u 相的首端 u1 与 w 相末端 w2 相连，即如图 2-34(a)所示的顺序连接，且一、二次绕组的首端为同名端，则对应的相量图如图 2-34(b)所示。其中 $\dot{E}_{uv}$ 就是 $\dot{E}_U$，它滞后 $\dot{E}_{UV}$ 30°，指向时钟“1”，故为 Y，d1 联结组，如图 2-34(c)所示。

三相电力变压器的联结组别还有许多种，但实际上为了制造及运行方便的需要，国家标准规定了三相电力变压器只采用五种标准联结组，即 Y，yn0、YN，d11、YN，y0、Y，y0 和 Y，d11。

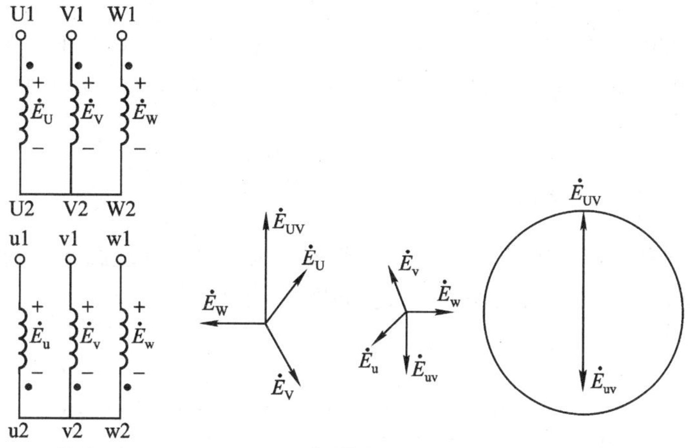

(a) 接线图　　(b) 相量图　　(c) 时钟表示图

图 2-32　Y,y6 联结组

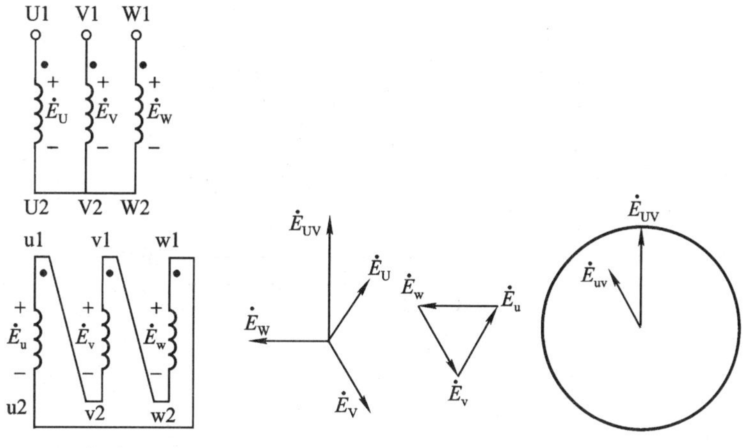

(a) 接线图　　(b) 相量图　　(c) 时钟表示图

图 2-33　Y,d11 联结组

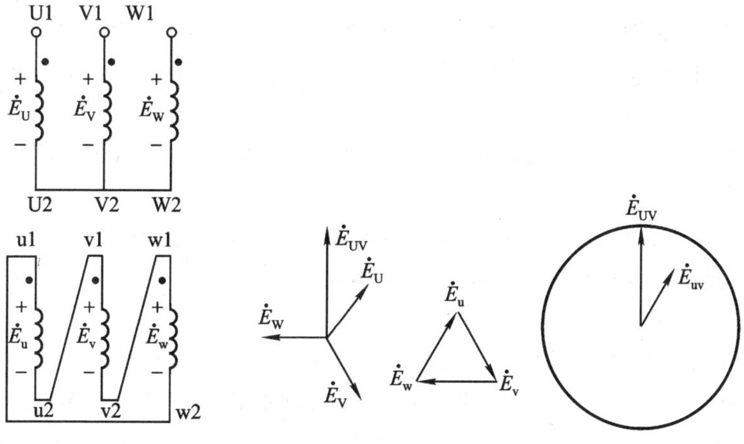

(a) 接线图　　(b) 相量图　　(c) 时钟表示图

图 2-34　Y,d1 联结组

在上述五种联结组中，Y，yn0 联结组是经常碰到的，它用于容量不大的三相配电变压器，低压侧电压为 400～230 V，用以供给动力和照明的混合负载。一般这种变压器的最大容量为 1 800 kV·A，高压侧的额定电压不超过 35 kV。此外，Y，y0 联结组不能用于三相变压器组，只能用于三铁心的三相变压器。

四、三相变压器的并联运行

三相变压器的并联运行是指几台三相变压器的高压绕组及低压绕组分别连接到高压电源及低压电源母线上，共同向负载供电的运行方式，如图 2-35 所示。

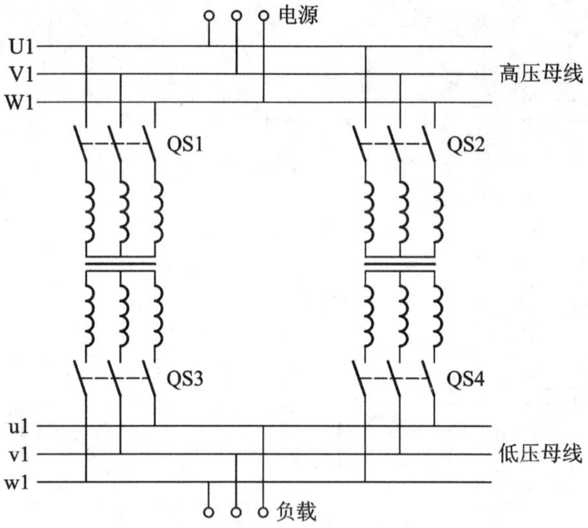

图 2-35　三相变压器的并联

在变电站中，总的负载经常由两台或多台三相电力变压器并联供电，其原因为：

① 变电站所供的负载一般来讲总是在若干年内不断发展、不断增加的，随着负载的不断增加，可以相应地增加变压器的台数，这样做可以减少建站、安装时的一次投资。

② 当变电站所供的负载有较大的昼夜或季节波动时，可以根据负载的变动情况，随时调整投入并联运行的变压器台数，以提高变压器的运行效率。

③ 当某台变压器需要检修（或故障）时，可以切换下来，而用备用变压器投入并联运行，以提高供电的可靠性。

为了使变压器能正常地投入并联运行，各并联运行的变压器必须满足以下条件：

① 一、二次绕组电压应分别相等，即变比应相同。

② 联结组别必须相同。

③ 短路阻抗（或短路电压）的标么值应相等，且短路阻抗角也相等。

实际并联运行的变压器，其变比不可能绝对相等，其短路电压的标么值也不可能绝对相等，允许有极小的差别，但变压器的联结组别则必须要相同。下面分别说明这些条件。

（一）变比不等时的并联运行

设两台同容量的变压器 T1 和 T2，联结组别相同，短路阻抗标么值均相等，但变比不同，并联运行，如图 2-36(a)所示(其变压比有微小的差别，由于三相对称，因此图中仅画出其中的一相。)其一次绕组接在同一电源电压 U_1 下，二次绕组并联后，也应有相同的 U_2，但由于变压比不同，两个二次绕组之间的电动势有差别，设 $E_1>E_2$，则电动势差值 $\Delta\dot{E}=\dot{E}_1-\dot{E}_2$ 会在两个二次绕组之间形成环流 $\dot{I}_C$，如图 2-36(b)所示，这个电流称为平衡电流，其值与两台变压器的短路阻抗 Z_{s1} 和 Z_{s2} 有关，即

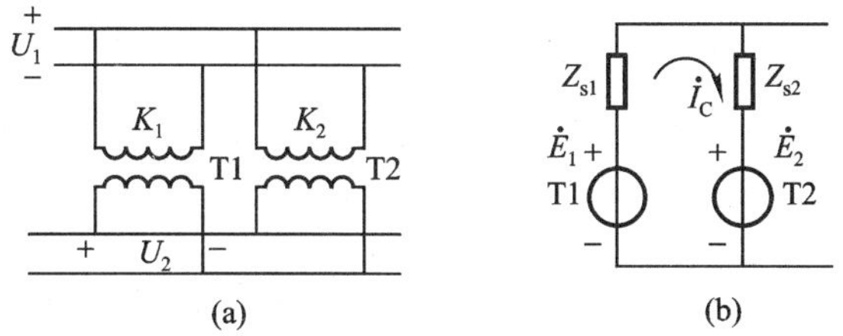

图 2-36　变压比不等时的并联运行

$$\dot{I}_C=\frac{\Delta\dot{E}}{Z_{s1}+Z_{s2}}$$

变压器的短路阻抗不大，故在不大的 ΔE 下也会有很大的平衡电流。变压器空载运行时，平衡电流流过绕组，会增大空载损耗，平衡电流越大则损耗会越多。变压器负载时，二次电动势高的那一台电流增大，而另一台则减少，可能使前者超过额定电流而过载，后者则小于额定电流值。所以，有关变压器的标准中规定，并联运行的变压器，其变压比误差不允许超过±0.5%。

(二) 联结组别不同时变压器的并联运行

如果两台变压器的变比和短路阻抗的标么值均相等，但是联结组别不同时并联运行，则其后果十分严重。因为联结组别不同时，两台变压器二次绕组电压的相位差就不同，它们线电压的相位差至少为30°，因此会产生很大的电压差 ΔU_2。图 2-37 所示为 Y,y0 和 Y,d11 两台变压器并联，二次绕组线电压之间的电压差为 ΔU_2。其数值为

$$\Delta U_2=2U_{2N}\sin\frac{30^\circ}{2}=0.518U_{2N}$$

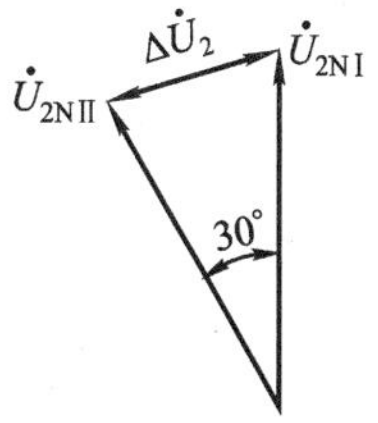

图 2-37　两台变压器并联运行的电压差

这样大的电压差将在两台并联变压器二次绕组中产生比额定电流大得多的空载环流，导致变压器损坏，故联结组别不同的变压器绝对不允许并联运行。

(三) 阻抗电压(短路电压)的标么值不等时变压器的并联运行

设两台容量相同、变比相等、联结组别也相同的三相变压器并联运行，现在来分析它们的负载如何均衡分配。设负载为对称负载，则可取其一相来分析。

如这两台变压器的短路阻抗的标么值也相等，则流过两台变压器中的负载电流也相等，即负载均匀分布，这是理想情况。如果短路阻抗的标么值不等，设 $Z_{s1}I_1>Z_{s2}I_2$，则由于两台变压器一次绕组接在同一电源上，变比及联结组又相同，故二次绕组的感应电动势及输出电压均应相等，但由于 Z_s 不等，参看图 2-36(b)，由欧姆定律可得 $Z_{s1}\dot{I}_1=Z_{s2}\dot{I}_2$，其中 $\dot{I}_1$ 为流过变压器 T1 绕组

的电流(负载电流),$\dot{I}_2$ 为流过变压器 T2 绕组的电流(负载电流)。由此公式可见,并联运行时,负载电流的分配与各台变压器的短路阻抗标么值成反比,短路阻抗标么值小的变压器输出的电流要大,短路阻抗标么值大的输出电流较小,则其容量得不到充分利用。因此,国家标准规定:并联运行的变压器其短路电压比不应超过 10%。

变压器的并联运行,还存在一个负载分配的问题。两台同容量的变压器并联,由于短路阻抗的标么值差别很小,可以做到接近均匀的分配负载。当容量差别较大时,合理分配负载是困难的,特别是担心小容量的变压器过载,而使大容量的变压器得不到充分利用。为此,要求投入并联运行的各变压器中,最大容量与最小容量之比不宜超过三比一。

第七节　其他用途变压器

随着工业的不断发展,除了前面介绍的普通双绕组电力变压器外,相应地出现了适用于各种用途的特殊变压器,虽然种类和规格很多,但是其基本原理与普通双绕组变压器相同或相似,不再一一讨论。本节主要介绍较常用的自耦变压器、仪用互感器、电焊变压器的工作原理及特点。

一、自耦变压器

(一) 结构特点及用途

前面叙述的变压器,其一、二次绕组是分开绕制的,它们虽装在同一铁心上,但相互之间是绝缘的,即一、二次绕组之间只有磁的耦合,而没有电的直接联系。这种变压器称为双绕组变压器。如果把一、二次绕组合二为一,使二次绕组成为一次绕组的一部分,这种只有一个绕组的变压器称为自耦变压器,如图 2-38 所示。可见自耦变压器的一、二次绕组之间除了有磁的耦合外,还有电的直接联系。由下面的分析可知,自耦变压器可节省铜和铁的消耗量,从而减小变压器的体积、重量,降低制造成本,且有利于大型变压器的运输和安装。在高压输电系统中,自耦变压器主要用来连接两个电压等级相近的电力网,作联络变压器之用。在实验室常用具有滑动触点的自耦调压器获得可任意调节的交流电压。此外,自耦变压器还常用作异步电动机的起动补偿器,对电动机进行降压起动。

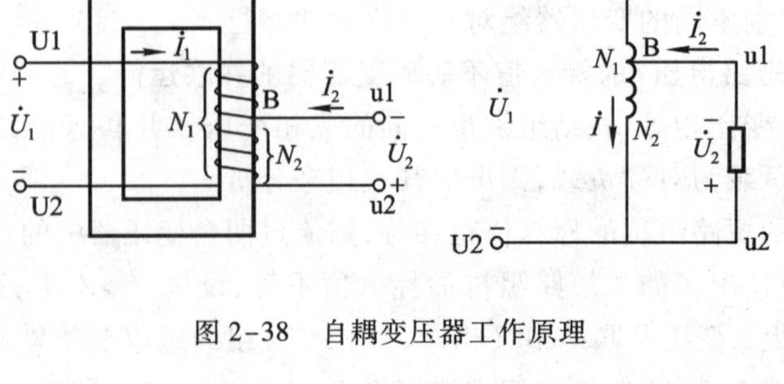

图 2-38　自耦变压器工作原理

（二）电压、电流及容量关系

自耦变压器也是利用电磁感应原理工作的，当一次绕组 U1U2 两端加交变电压 $\dot{U}_1$ 时，铁心中产生交变的磁通，并分别在一次绕组及二次绕组中产生感应电动势 $\dot{E}_1$ 及 $\dot{E}_2$，它们也有下述关系

$$\dot{U}_1 \approx \dot{E}_1 = 4.44 f N_1 \dot{\Phi} \tag{2-43}$$

$$\dot{U}_2 = \dot{E}_2 = 4.44 f N_2 \dot{\Phi} \tag{2-44}$$

故自耦变压器的变比 k 为

$$\frac{U_1}{U_2} \approx \frac{E_1}{E_2} = \frac{N_1}{N_2} = k_u = k \tag{2-45}$$

当自耦变压器二次绕组加上负载后，由于外加电源电压不变，故主磁通近似不变，因此总的励磁磁动势仍等于空载磁动势，即

$$N_1 \dot{I}_1 + N_2 \dot{I}_2 = N_1 \dot{I}_0 \tag{2-46}$$

若忽略空载磁动势，则

$$N_1 \dot{I}_1 + N_2 \dot{I}_2 = 0 \tag{2-47}$$

$$\dot{I}_1 = -\frac{N_2}{N_1} \dot{I}_2 = -\frac{\dot{I}_2}{k} \tag{2-48}$$

上式说明：自耦变压器一、二次绕组中的电流大小与匝数成反比，在相位上互差 180°。因此，流经公共绕组中的电流 I 的大小为

$$I = I_2 - I_1 \tag{2-49}$$

可见流经公共绕组中的电流总是小于输出电流 I_2。当变比 k 接近于 1 时，则 I_1 与 I_2 的数值相差不大，即公共绕组中的电流 I 很小，因而这部分绕组可用截面积较小的导线绕制，以节约用铜量，并减小自耦变压器的体积与重量。

自耦变压器输出的视在功率为

$$S_2 = U_2 I_2 = U_2 (I + I_1) = U_2 I + U_2 I_1 \tag{2-50}$$

从上式可看出，自耦变压器的输出功率由两部分组成，其中 $U_2 I$ 部分是依据电磁感应原理从一次绕组传递到二次绕组的视在功率，而 $U_2 I_1$ 则是通过电路的直接联系从一次绕组直接传递到二次绕组的视在功率。由于 I_1 只在一部分绕组的电阻上产生铜损耗，因此自耦变压器的损耗比普通变压器要小，效率较高，因而较为经济。

理论分析和实践都可以证明：当一、二次绕组电压之比接近于 1 时，或者说不大于 2 时，自耦变压器的优点比较显著，当变比大于 2 时，好处就不多了。所以实际应用的自耦变压器，其变比一般在 1.2～2.0 的范围内。如在电力系统中，用自耦变压器把 110 kV、150 kV、220 kV和 330 kV 的高压电力系统连接成大规模的动力系统。自耦变压器的缺点在于：一、二次绕组的电路直接连在一起，造成高压侧的电气故障会波及低压侧，这是很不安全的，因此要求自耦变压器在使用时必须正确接线，且外壳必须接地，并规定安全照明变压器不允许采用自耦变压器结构形式。自耦变压器不仅用于降压，也可作为升压变压器。

如果把自耦变压器的抽头做成滑动触点，就可构成输出电压可调的自耦变压器。为了使滑

动接触可靠，这种自耦变压器的铁心做成圆环形，其上均匀分布绕组，滑动触点由碳刷构成，由于其输出电压可调，因此称为自耦变压器，其外形和原理电路如图2-39所示。自耦变压器的一次绕组匝数 N_1 固定不变，并与电源相连，一次绕组的另一端点U2和滑动触点a之间的绕组 N_2 就作为二次绕组。当滑动触点a移动时，输出电压 U_2 随之改变，这种变压器的输出电压 U_2 可低于一次电压 U_1，也可稍高于一次电压。如实验室中常用的单相变压器，一次绕组输入电压 U_1 = 220 V，二次绕组输出电压 U_2 = 0 ~ 250 V，在使用时，要注意：一、二次绕组的公共端U2或u2接中性线（零线），U1端接电源相线（火线），u1端和u2端作为输出。此外还必须注意自耦变压器在接电源之前，必须把手柄转到零位，使输出电压为零，以后再慢慢顺时针转动手柄，使输出电压逐步上升。

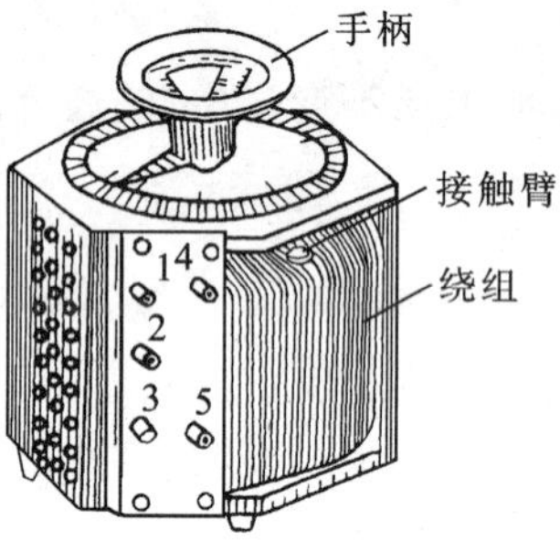

(a) 外形图

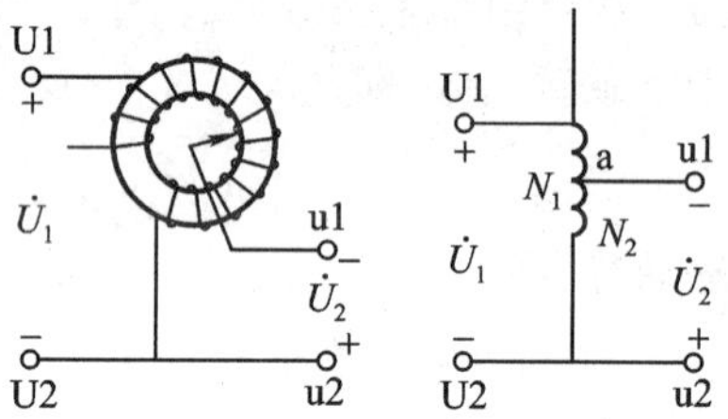

(b) 电路原理图

图2-39　自耦变压器

二、仪用互感器

电工仪表中的交流电流表一般可直接用来测量5 ~ 10 A以下的电流：交流电压表可直接用于测量450 V以下的电压。而在实践中有时往往需测量几百、几千安的大电流及几千、几万伏的高电压，此时必须加接仪用互感器。

仪用互感器是作为测量用的专用设备，分电流互感器和电压互感器两种，它们的工作原理与变压器相同。

使用仪用互感器的目的：一是为了测量人员的安全，使测量回路与高压电网相互隔离；二是扩大测量仪表（电流表及电压表）的测量范围。仪用互感器除用于交流电流及交流电压的测量外，还用于各种继电保护装置的测量系统，因此仪用互感器的应用很广，下面分别介绍。

（一）电流互感器

在电工测量中用来按比例变换交流电流的仪器称为电流互感器。

电流互感器的基本结构形式及工作原理与单相变压器相似，它也有两个绕组：一次绕组串联在被测的交流电路中，流过的是被测电流 I_1，它一般只有一匝或几匝，用粗导线绕制；二次绕组匝数较多，与交流电流表（或瓦时计、功率表）相接，如图2-40所示。

由变压器工作原理可得

$$\frac{I_1}{I_2}=\frac{N_2}{N_1}=k_i \tag{2-51}$$

$$I_1=k_iI_2$$

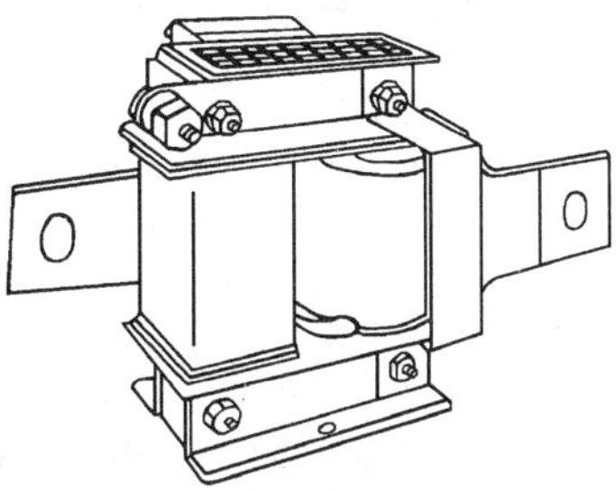

(a) 外形图

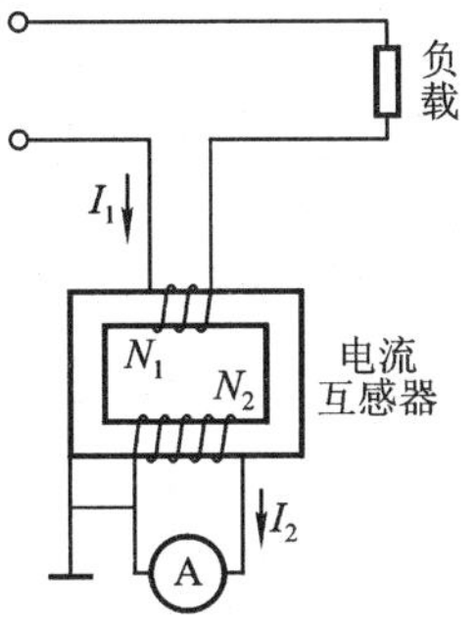

(b) 电路原理图

图 2-40　电流互感器

k_i 称为电流互感器的额定电流比，标在电流互感器的铭牌上，只要读出接在电流互感器二次侧电流表的读数，则一次电路的待测电流就很容易从上式中得到。一般二次侧电流表用量程为 5 A 的仪表。只要改变接入的电流互感器的变流比，就可测量大小不同的一次电流。

在实际应用中，与电流互感器配套使用的电流表已换算成一次电流，其标度尺即按一次电流分度，这样可以直接读数，不必再进行换算。例如按 5 A 制造的但与额定电流比 600/5 A 的电流互感器配套使用的电流表，其标度尺即按 600 A 分度。

使用电流互感器时必须注意以下事项：

① 电流互感器的二次绕组绝对不允许开路。因为二次绕组开路时，电流互感器处于空载运行状态，此时一次绕组流过的电流（被测电流）全部为励磁电流，使铁心中的磁通急剧增大，一方面使铁心损耗急剧增加，造成铁心过热，烧损绕组；另一方面将在二次绕组感应出很高的电压，可能使绝缘击穿，并危及测量人员和设备的安全。因此在一次电路工作时如需检修或拆换电流表、功率表的电流线圈时，必须先将电流互感器的二次绕组短接。

② 电流互感器的铁心及二次绕组一端必须可靠接地，如图 2-40（b）所示，以防止绝缘击穿后，电力系统的高压危及工作人员及设备的安全。

利用互感器原理制造的便携式钳形电流表如图 2-41 所示。它的闭合铁心可以张开，将被测载流导线嵌入铁心窗口中，被测导线相当于电流互感器的一次绕组，铁心上绕二次绕组，与测量仪表相连，可直接读出被测电流的数值。其优点是测量线路电流时不必断开电路，使用方便。

使用钳形电流表时应注意使被测导线处于窗口中央，否则会增加测量误差；不知电流大小时，应将选挡开关置于大量程上，以防损坏表针；如果被测电流过小，可将被测导线在钳口内多绕几圈，然后将读数除以所绕匝数；使用时还要注意安全，保持与带电部分的安全距离，如被测导线的电压较高时，还应戴绝缘手套和使用绝缘垫。

与变压器一样，式 $I_1=k_iI_2$ 仅是一个近似计算公式，即用电流互感器进行电流测量时存在一定的误差，根据误差的大小，电流互感器分下列各级：0.2、0.5、1.0、3.0、10.0。如 0.5 级的电流互感器表示在额定电流时，测量误差最大不超过±0.5%。电流互感器精确度等级越高，测量误差越小，但价格越贵。

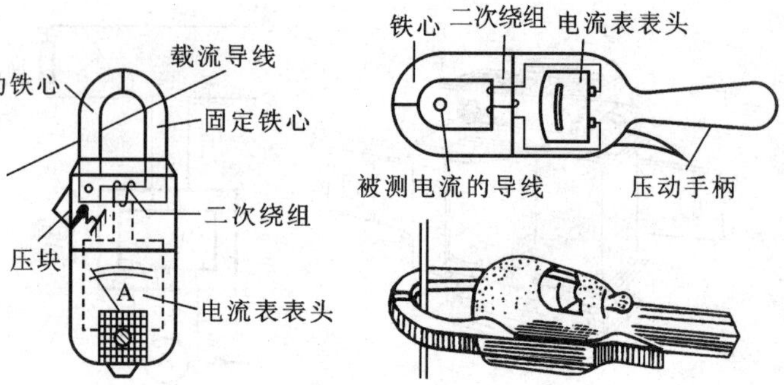

(a) 袖珍型　　(b) 通用型

图 2-41　钳形电流表

（二）电压互感器

在电工测量中用来按比例变换交流电压的仪器称为电压互感器，如图 2-42 所示。

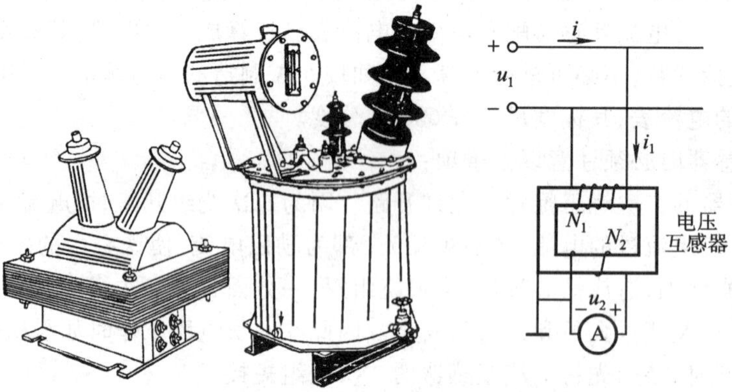

(a) 外形图　　(b) 电路原理图

图 2-42　电压互感器

电压互感器的基本结构形式及工作原理与单相变压器很相似。它的一次绕组（一次线圈）匝数为 N_1，与待测电路并联；二次绕组（二次线圈）匝数为 N_2，与电压表并联。一次电压有效值为 U_1，二次电压有效值为 U_2，因此电压互感器实际上是一台降压变压器，其变压比 k_u 为

$$k_u = \frac{U_1}{U_2} = \frac{N_1}{N_2} \tag{2-52}$$

k_u 常标在电压互感器的铭牌上，只要读出二次侧电压表的读数，一次电路的电压即可由上式得出。一般二次侧电压表均用量程为 100 V 的仪表。只要改变接入的电压互感器的变压比，就可测量高低不同的电压。在实际应用中，与电压互感器配套使用的电压表已换算成一次电压，其标度尺即按一次电压分度，这样可以直接读数，不必再进行换算。例如按 100 V 制造但与额定电压比 10 000/100 V 的电压互感器配套使用的电压表，其标度尺即按 10 000 V 分度。

使用电压互感器时必须注意以下事项：

① 电压互感器的二次绕组在使用时绝不允许短路。如二次绕组短路，将产生很大的短路电流，导致电压互感器烧坏。

② 电压互感器的铁心及二次绕组的一端必须可靠接地，如图 2-42(b)所示，以保证工作人员及设备的安全。

③ 电压互感器有一定的额定容量，使用时二次绕组回路不宜接入过多的仪表，以免影响电压互感器的测量精度。

[例 2-5] 用变压比为 10 000/100 V 的电压互感器，变流比为 100/5 A 的电流互感器扩大量程，其电流表读数为 3.5 A，电压表读数为 96 V，试求被测电路的电流、电压各为多少?

[解] 因为电流互感器负载电流等于电流表读数乘上电流互感器电流比，即

$$I_1=\frac{N_2}{N_1}I_2=k_iI_2=\frac{100}{5}\times3.5\ \text{A}=70\ \text{A}$$

而电压互感器所测高电压等于电压表读数乘上电压比，即

$$U_1=\frac{N_1}{N_2}U_2=k_uU_2=\frac{10\ 000}{100}\times96\ \text{V}=9\ 600\ \text{V}$$

被测电路的电流为 70 A，电压为 9 600 V。

三、电焊变压器

交流弧焊机由于结构简单、成本低廉、制造容易和维护方便而被广泛采用。电焊变压器是交流弧焊机的主要组成部分，它实质上是一台特殊的降压变压器。

本章小结

变压器是利用电磁感应原理对交流电压、交流电流等进行数值变换的一种常用电气设备，它主要用于输、配电方面，称为电力变压器。除此之外，变压器也被广泛地用于电工测量、电焊、电子技术领域中。它是一种静止的电气设备，改变变压器的变比 k，可实现改变电压、改变电流、变换阻抗的作用。

铁心和绕组是变压器最基本的组成部分，铁心构成变压器的磁路系统，一般均用 0.35 mm 冷轧硅钢片叠装而成，绕组构成变压器的电路系统，一般均用铜或铝线绕制而成。绕组套装在铁心上，铁心与绕组之间必须有良好的绝缘。

变压器一次绕组接额定交流电压，二次绕组开路时的运行方式称为空载运行。若变压器一次绕组接额定交流电压，而二次绕组与负载相连的运行方式则称为负载运行。变压器运行时电压、电流变换的基本公式为：$\frac{U_1}{U_2}=\frac{I_2}{I_1}=\frac{N_1}{N_2}=k$，阻抗变换的基本公式为：$Z'=k^2Z$。

电力变压器在运行中其输出电压将随输出电流的变化而变化，从实际应用出发，希望输出电压的变化越小越好，即希望变压器的外特性曲线尽量平坦，或变压器的电压变化率尽量小。

变压器在运行过程中有能量的损耗，其中铁损耗主要是指铁心中的磁滞及涡流损耗。铁损耗与变压器输出电流的大小无关，又称为“不变损耗”。铜损耗主要指电流在一次、二次绕组中

电阻上的损耗,它随电流变化而变化,因此又称为“可变损耗”。通常变压器的损耗比电机要小得多,因此变压器的效率很高。变压器的铁损耗及铜损耗可通过变压器的空载试验及短路试验进行测定。当变压器的不变损耗和可变损耗相等时,变压器效率达到最高。

三相变压器的电路系统,即联结组,反映了变压器一、二次绕组对应线电动势(或线电压)之间的相位关系,它是采用时钟时序数来标明联结组标号的。决定三相变压器联结组的三个因素是:绕组的接线方式,绕组的相对极性和出线端的标志。电力变压器在实际运行时,会遇到几台变压器并联运行的问题。进行并联运行最关键的一点是变压器的联结组必须相同,同时变压器的一、二次绕组电压应分别相等,变压器的短路阻抗的标么值也应尽量相等。

自耦变压器、仪用互感器与电焊变压器的基本工作原理与普通双绕组变压器相同。一、二次绕组共用一个绕组的变压器称为自耦变压器,它结构比较简单。输出电压可自由调节的自耦变压器称为自耦调压器,它主要在实验室中使用。

仪用互感器分为电压互感器和电流互感器两大类,它们主要用于扩大交流电压表和交流电流表的测量范围。它实质上是一个变压比或变流比大的特殊变压器,电流互感器是运行于短路状态的双绕组变压器,电压互感器是运行于空载状态的双绕组变压器。使用互感器的目的一是为操作人员安全,使测量回路与高压电源隔离;二是使用小量程电流表测量大电流,或用低量程电压表测量高电压。

电焊变压器是一台特殊的降压变压器。

思考题与习题

2.1 什么叫变压器？变压器的基本工作原理是什么？

2.2 在电能的输送过程中为什么都采用高电压输送？

2.3 在电力系统中为什么广泛采用低损耗变压器作为输、配电变压器？

2.4 单相变压器的组成有几部分？各部分的作用是什么？

2.5 有一台三相变压器,$S_N = 5\ 000$ kV · A,$U_{1N}/U_{2N} = 10.5$ kV/6.3 kV,Y,d 联结,求一次、二次绕组的额定电流。

2.6 一台单相变压器 $U_{1N}/U_{2N} = 220$ V/110 V,如果不慎将低压边误接到 220 V 的电源上,变压器会发生什么后果？为什么？

2.7 将一台频率为 50 Hz 的单相变压器一次侧误接在相同额定电压值的直流电压上,将产生什么后果？为什么？

2.8 不用变压器来改变交流电压,而用一个滑线电阻来变压,问(1)能否变压？(2)在实际中是否可行？

2.9 某低压照明变压器 $U_1 = 380$ V,$I_1 = 0.263$ A,$N_1 = 1\ 010$ 匝,$N_2 = 103$ 匝,求二次绕组对应的输出电压 U_2、输出电流 I_2。该变压器能否给一个 60 W 且电压相当的低压照明灯供电？

2.10 有一台单相照明变压器,容量为 2 kV · A,电压为 380 V/36 V,现在低压侧接上 $U = 36$ V,$P = 40$ W的白炽灯,使变压器在额定状态下工作,问能接多少盏？此时的 I_1 及 I_2 各为多少？

2.11 某晶体管扩音机的输出阻抗为 250 Ω(即要求负载阻抗为 250 Ω 时能输出最大功率),接负载为 8 Ω 的扬声器,求线间变压器变比。

2.12 什么叫变压器的外特性？一般希望电力变压器的外特性曲线呈什么形状？

2.13 什么叫变压器的电压变化率？电力变压器的电压变化率应控制在什么范围内为好？

2.14 三相电力变压器的电压变化率 $\Delta U\% = 5\%$,要求该变压器在额定负载下输出的相电压为 $U_2 = 220$ V,

求该变压器二次绕组的额定相电压 U_{2N}。

2.15　变压器在运行中有哪些基本损耗？它们各与什么因素有关？

2.16　如题 2.16 图所示为变压器出厂前的“极性”试验。在 U1-U2 间加电压，将 U2u2 相连，测 U1-u1 间的电压。设定电压比为 220 V/110 V，如果 U1、u1 为同名端，电压表读数是多少？如果 U1、u1 为异名端，电压表读数又是多少？

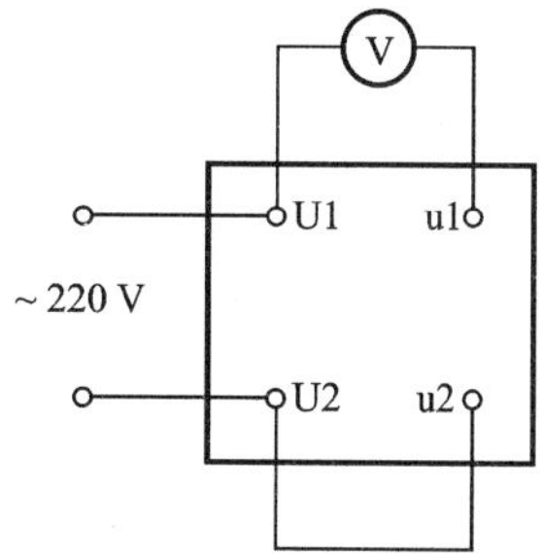

题 2.16 图

2.17　一台单相变压器 $S_N = 50\ kV \cdot A$，$U_1 = 10\ kV$，$U_2 = 0.4\ kV$，不计损耗，求 I_1 及 I_2。若该变压器的实际效率为 98%，在 U_1 及 U_2 保持不变的情况下，实际的 I_1 将比前面计算得到的数值大还是小？为什么？

2.18　一台三相变压器 $S_N = 300\ kV \cdot A$，$U_1 = 10\ kV$，$U_2 = 0.4\ kV$，Y，yn 联结，求 I_1 及 I_2。

2.19　试用相量图判别题 2.19 图中的联结组别。

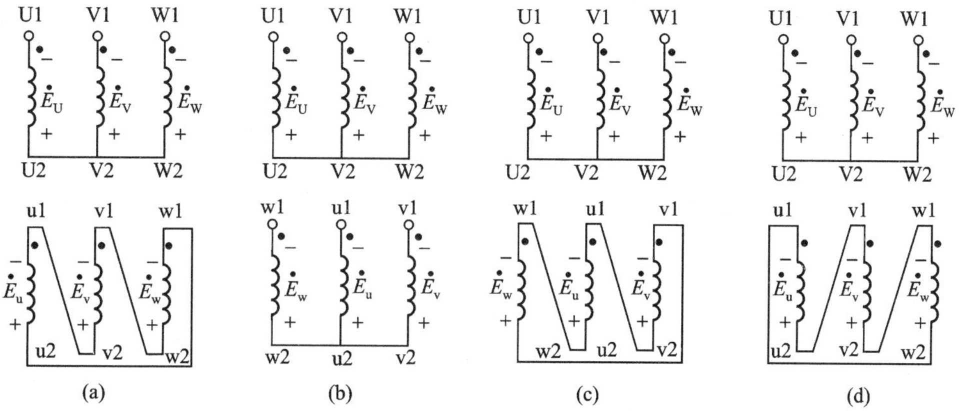

题 2.19 图

2.20　一台单相变压器 $S_N = 10\ kV \cdot A$，$U_1 = 10\ kV$，$U_2 = 0.23\ kV$，当变压器在额定负载下运行时，测得低压侧电压为 $U_2 = 220\ V$，求 I_1 及 I_2 及电压变化率 $\Delta U\%$。

2.21　什么是三相变压器的联结组？常用的联结组有哪几种？

2.22　什么是变压器的并联运行？变压器并联运行必须满足哪些条件？

2.23　自耦变压器的结构特点是什么？使用自耦变压器的注意事项有哪些？

2.24　电流互感器的作用是什么，能否在直流电路中使用，为什么？

2.25　使用电流互感器进行测量时应注意哪些事项？

2.26　电压互感器的作用是什么？能否在测量直流电压时使用？

2.27　为什么电流互感器在运行时二次绕组不允许开路？而电压互感器在运行时二次绕组不允许短路？

第三章

异步电动机

学习目标

- 掌握三相异步电动机的结构和工作原理。
- 熟悉三相异步电动机的运行原理。
- 能运用机械特性分析异步电动机的起动、调速、反转和制动。
- 掌握单相异步电动机的基本形式、工作原理和常用的调速、反转方法。

交流电机可分为异步电机和同步电机两大类,异步电机又分为三相异步电机和单相异步电机。异步电机主要用作电动机,去拖动各种生产机械。和其他电动机比较,它具有结构简单、制造容易、价格低廉、运行可靠、维护方便、效率较高等一系列优点,所以异步电动机得到极其广泛的应用。异步电动机的缺点是不能经济地在较大范围内平滑调速和必须从电网吸收滞后的无功功率,使电网功率因数降低。

[案例] 异步电动机的容量从几十瓦到几千千瓦,在国民经济的各行各业中应用极为广泛。例如,在工业方面:中小型轧钢设备、各种金属切削机床、轻工机械、矿山机械、通风机、压缩机等;在农业方面:水泵、脱粒机、粉碎机及其他农副产品加工机械等都是用异步电动机来拖动的。此外,与人民日常生活密切相关的电扇、洗衣机等设备中都用到异步电动机。

在电力机车上,由于机车在运行时,变压器、变流装置、牵引电机、制动电阻等设备会发出大量的热,需要通风机进行强迫冷却;变压器需要装设油泵强迫变压器油循环;机车和列车的制动、受电弓升弓等需要压缩机提供工作风源等。为了保证电力机车正常运行,实现各种辅助功能,电力机车上装有许多辅助机械,它们需要相应的异步电动机来驱动。

第一节 三相异步电动机的工作原理

三相异步电动机的定子绕组是一个空间位置对称的三相绕组,如果在定子绕组通入三相对称的交流电流,就会在电动机内部建立起一个恒速旋转的磁场,称为旋转磁场,它是异步电动机工作的基本条件。因此,有必要先说明旋转磁场是如何产生的,有什么特性,然后再讨论异步电动机的工作原理。

一、旋转磁场

（一）旋转磁场的产生

图 3-1 为最简单的三相异步电动机的定子绕组，每相绕组只有一个线圈，三个相同的线圈 U1—U2、V1—V2、W1—W2 在空间的位置彼此互差 120°，分别放在定子铁心槽中。当把三相线圈接成星形，并接通三相对称电源后，那么在定子绕组中便产生三个对称电流，即

$$
\begin{aligned}
i_U &= I_m \sin \omega t \\
i_V &= I_m \sin(\omega t-120°) \\
i_W &= I_m \sin(\omega t+120°)
\end{aligned}
\tag{3-1}
$$

其波形如图 3-2 所示。

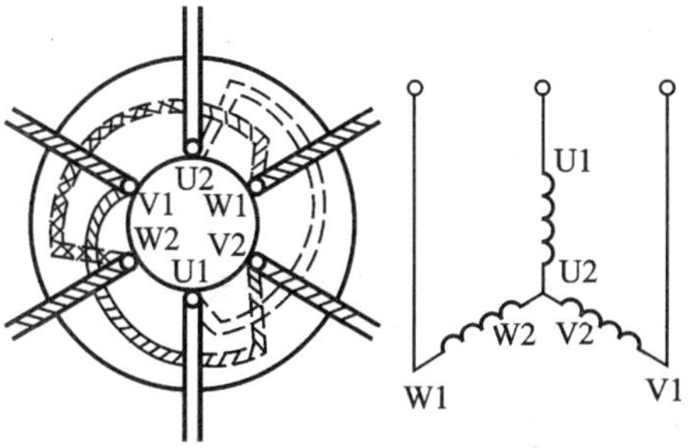

图 3-1　三相异步电动机最简单的定子绕组

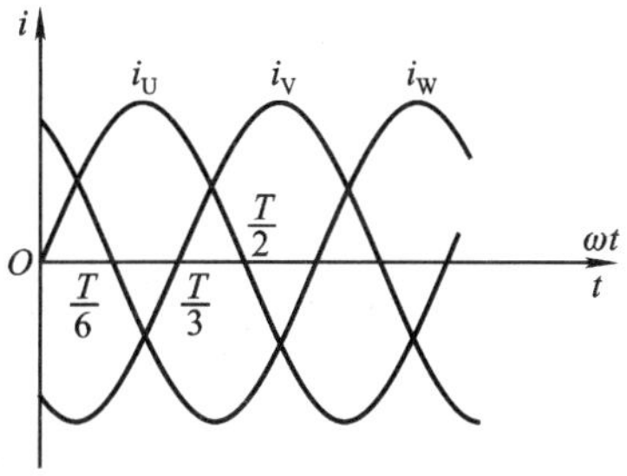

图 3-2　三相电流的波形

电流通过每个线圈要产生磁场，而现在通过定子绕组的三相交流电流的大小及方向均随时间而变化，那么三个线圈所产生的合成磁场是怎样的呢？这可由每个线圈在同一时刻各自产生的磁场进行叠加而得到。

假如电流由线圈的始端流入、末端流出为正，反之则为负。电流流入端用“⊗”表示，流出端用“⊙”表示。下面就分别取 $t=0$、$T/6$、$T/3$、$T/2$ 四个时刻所产生的合成磁场作定性的分析（其中 T 为三相电流变化的周期）。

当 $t=0$ 时，由三相电流的波形可见，电流瞬时值 $i_U=0$，i_V 为负值，i_W 为正值。这表示 U 相无电流，V 相电流是从线圈的末端 V2 流向首端 V1，W 相电流是从线圈的始端 W1 流向末端 W2，这一时刻由三个线圈电流所产生的合成磁场如图 3-3（a）所示。它在空间形成二极磁场，上为 S 极，下为 N 极（对定子而言）。设此时 N、S 极的轴线（即合成磁场的轴线）为 0°。

当 $t=T/6$ 时，i_U 为正，由 U1 端流向 U2 端，i_V 为负，由 V2 端流向 V1 端，$i_W=0$。其合成磁场如图 3-3（b）所示，也是一个两极磁场，但 N、S 极的轴线在空间顺时针方向转了 60°。

当 $t=T/3$ 时，i_U 为正，由 U1 端流向 U2 端，$i_V=0$，i_W 为负，由 W2 端流向 W1 端，其合成磁场比上一时刻又向前转过了 60°，如图 3-3（c）所示。

用同样的方法可得出当 $t=T/2$ 时，合成磁场比上一时刻又转过了 60°空间角。由此可见，图 3-3 描述的是一对磁极的旋转磁场。但电流经过一个周期的变化时，磁场也沿着顺时针方向旋转一周，即在空间旋转的角度为 360°。

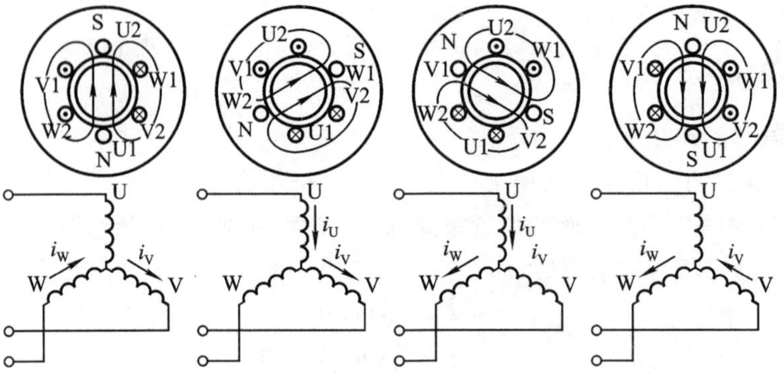

(a) $t=0$　　(b) $t=T/6$　　(c) $t=T/3$　　(d) $t=T/2$

图 3-3　两极旋转磁场

上面分析说明,当空间互差 120°的线圈通入对称的三相交流电流时,在空间就产生了一个旋转磁场。

国产异步电动机的电源频率通常为 50 Hz。对于已知磁极对数的异步电动机,可得出对应的旋转磁场的转速,见表 3-1。

表 3-1　异步电动机磁极对数和对应的旋转磁场的转速关系表

p	1	2	3	4	5	6
n_1/(r/min)	3 000	1 500	1 000	750	600	500

(二) 旋转磁场的转向

由图 3-3 中各个瞬间磁场变化,可以看出,当通入三相绕组中电流的相序为 $i_U \to i_V \to i_W$,旋转磁场在空间是沿绕组始端 U→V→W 方向旋转的,在图中即按顺时针方向旋转。如果把通入三相绕组中的电流相序任意调换其中两相,例如,调换 V、W 两相,此时通入三相绕组电流的相序为 $i_U \to i_W \to i_V$,则旋转磁场按逆时针方向旋转。由此可见,旋转磁场的方向是由三相电流的相序决定的,即把通入三相绕组中的电流相序任意调换其中的两相,就可改变旋转磁场的方向。

二、三相异步电动机的工作原理

(一) 异步转动原理

由上面分析可知,如果在定子绕组中通入三相对称电流,则定子内部产生某个方向以同步转速为 n_1 旋转的磁场。这时转子导体与旋转磁场之间存在着相对运动,切割磁力线而产生感应电动势。电动势的方向可根据右手定则确定。由于转子绕组是闭合的,于是在感应电动势的作用下,绕组内有电流流过,如图 3-4 所示。转子电流与旋转磁场相互作用,便在转子绕组中产生电磁力 F。力 F 的方向可由左手定则确定。该力对转轴形成了电磁转矩 T_{em},使转子按旋转磁场方向转

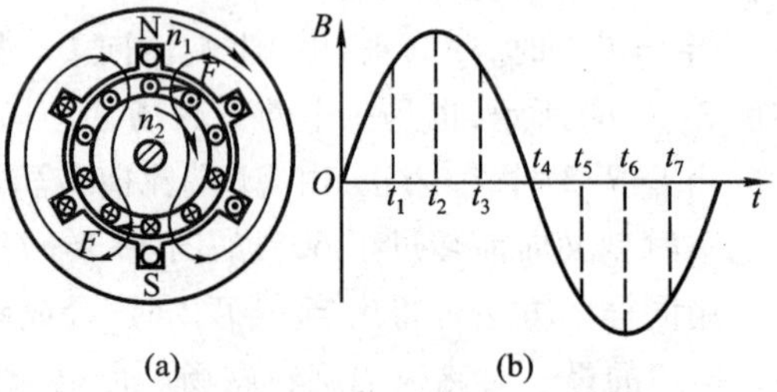

(a)　　(b)

图 3-4　异步电动机工作原理图

动。异步电动机的定子和转子之间能量的传递是靠电磁感应作用的,故异步电动机又称感应电动机。

转子的转速 n 是否会与旋转磁场的转速 n_1 相同呢?回答是不可能的。因为一旦转子的转速和旋转磁场的转速相同,二者便无相对运动,转子也不能产生感应电动势和感应电流,也就没有电磁转矩了。只有二者转速有差异时,才能产生电磁转矩,驱使转子转动。可见,转子转速 n 总是略小于旋转磁场的转速 n_1。正是由于这个关系,这种电动机被称为异步电动机。

由上述可知 n_1 与 n 有差异是异步电动机运行的必要条件。通常把同步转速 n_1 与转子转速 n 二者之差称为"转差","转差"与同步转速 n_1 的比值称为转差率(也称滑差率),用 s 表示,即

$$s=(n_1-n)/n_1$$

转差率 s 是异步电动机运行时的一个重要物理量,当同步转速 n_1 一定时,转差率的数值与电动机的转速 n 相对应,正常运行的异步电动机,其 s 很小,一般 $s=0.01\sim0.05$。

(二)异步电动机空载和负载运行

要使异步电动机运行,必须产生足够大的电磁转矩。电动机空载运行时,它产生的电磁力必须克服轴与轴之间的摩擦和转子旋转所受风阻等产生的空载转矩,即 $T_{em}=T_0$,电动机才能稳定运行。而 T_0 一般很小,所以电磁转矩也很小,但其转速很高,几乎接近同步转速。

异步电动机轴上带负载转动时,也必须符合动力学的规律,即只有在电动机的电磁转矩与机械负载的反抗力矩相平衡时,即 $T_{em}=T_L$ 时,电动机才能以恒速运行。如果电动机的电磁转矩大于反抗力矩,即 $T_{em}>T_L$ 时,电动机将产生加速运行。反之,如果 $T_{em}<T_L$,则电动机将减速运转。

异步电动机是依靠转子转速的变化,来调整电动机的电磁能量,从而使电动机的电磁转矩得到相应的改变,以适应于负载变化的需要来实现新的平衡。当电动机以稳定的转速 n 运行时,假如由于某种原因,负载转矩突然降低,即变为 $T_{em}>T_L$,电动机将作加速旋转,转子感应电动势和电流减小,从而使电磁转矩减小,直到电磁转矩与新的反抗转矩相平衡,此时电动机在高于原转速 n 的情况下稳定运行。反之转矩由于某种原因增大时,电动机将最终稳定运行在低于原转速的情况下。

(三)三相异步电动机的电磁关系

三相异步电动机的电磁关系与变压器的很相似。异步电动机的定子绕组相当于变压器的一次绕组,转子绕组相当于变压器的二次绕组,只不过是短路的绕组。但三相异步电动机的每相绕组不像变压器那样集中地绕在铁心上,而是分布在铁心内壁的槽内,每一相绕组是由许多沿周围分布的线圈串联而成的。另外,三相异步电动机的磁路中有一个较大的空气隙。三相异步电动机的每相电路如图 3-5 所示。

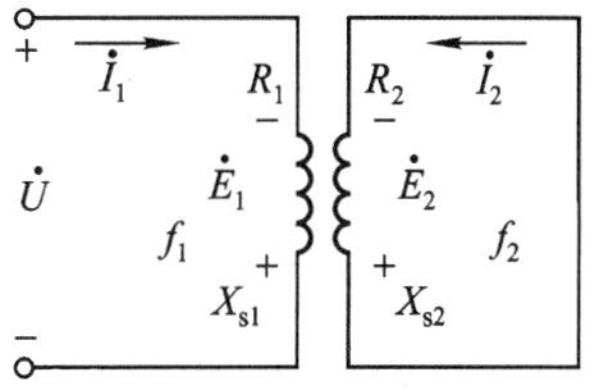

图 3-5 三相异步电动机的每相电路

当定子绕组接上三相电源后,有三相电流流过,并产生旋转磁场。其磁通通过定、转子的铁心闭合,它分为两部分:其中绝大部分磁通既交链定子绕组,又交链转子绕组,称为主磁通 $\dot{\Phi}_0$;另一部分磁通仅交链定子绕组本身,而不交链转子绕组,称为定子

漏磁通 $\dot{\Phi}_{s1}$。主磁通和定子漏磁通分别在定子绕组中产生感应电动势 $\dot{E}_1$ 和 $\dot{E}_{s1}$(由漏磁感抗 X_{s1} 产生);此外,定子绕组还存在电阻 R_1,当电流通过时产生电阻压降 $\dot{I}_1R_1$。所以外加电源电压 $\dot{U}_1$ 与电动势 $\dot{E}_1$、$\dot{E}_{s1}$ 以及电阻压降 $\dot{I}_1R_1$ 这三部分之和相平衡。考虑到 $\dot{E}_{s1}$ 与 $\dot{I}_1R_1$ 较小,可以忽略不计,所以定子感应电动势 $\dot{E}_1$ 近似地与电源电压 $\dot{U}_1$ 相平衡,即

$$\dot{U}_1 \approx \dot{E}_1 = -\mathrm{j}4.44k_{w1}N_1f_1\dot{\Phi}_0 \tag{3-2}$$

式中,k_{w1} 为定子绕组系数,它表示的异步电动机的定子绕组是分布放在槽中,所产生的感应电动势比绕组集中放置时减小而引入的系数。

当负载增加时,转子电流 $\dot{I}_2$ 增大,转子的磁动势 $\dot{I}_2N_2$ 也增加。由磁动势平衡关系 $\dot{I}_0N_1=\dot{I}_1N_1+\dot{I}_2N_2$(该式的推导方法与变压器相似)可知,在外加电源电压保持不变的情况下,要维持此时空载磁动势的不变,只有增大定子的电流,来抵消转子磁动势对旋转磁动势的影响,才能保持其平衡关系。由此可见,异步电动机中定子绕组电流是随负载的变化而变化的,亦即异步电动机向电网取用的电流和功率,是由机械负载的大小决定的。

第二节　三相异步电动机的结构与铭牌

一、三相异步电动机的结构

三相异步电动机按转子结构的不同分为笼型和绕线转子异步电动机两大类。笼型异步电动机由于结构简单、价格低廉、工作可靠、维护方便,已成为生产上应用得最广泛的一种电动机。绕线转子异步电动机由于结构较复杂、价格较高,一般只用在要求调速和起动性能好的场合,如桥式起重机上。异步电动机由两个基本部分组成:定子(固定部分)和转子(旋转部分)。笼型和绕线转子异步电动机的定子结构基本相同,所不同的只是转子部分。笼型异步电动机的主要部件,如图 3-6 所示;绕线转子异步电动机的结构如图 3-7 所示。

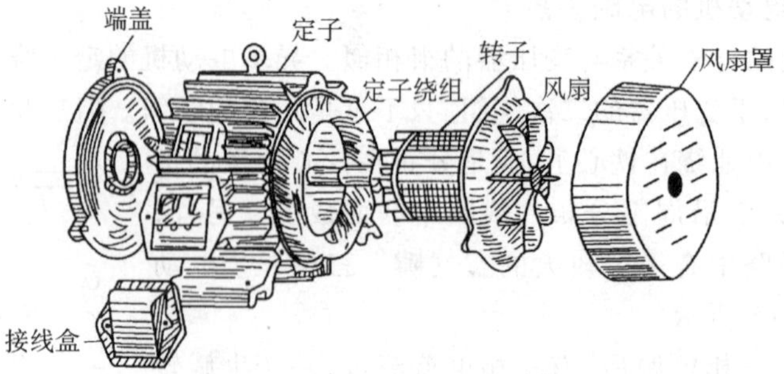

图 3-6　笼型异步电动机的各个部件

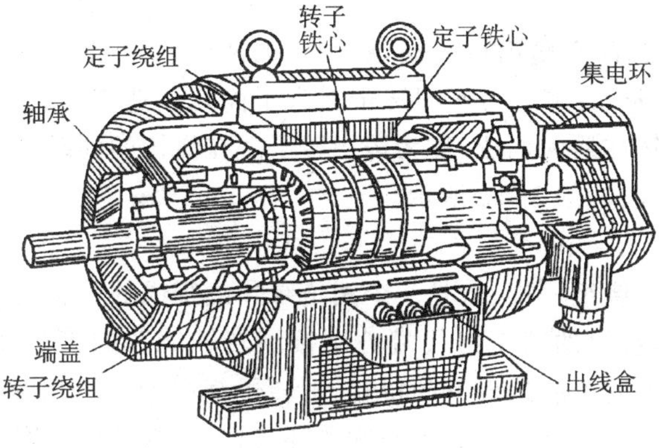

图 3-7　三相绕线转子异步电动机结构图

（一）定子

三相异步电动机的定子由机座中的定子铁心及定子绕组组成。机座一般由铸铁制成。定子铁心是由冲有槽的硅钢片叠成，片与片之间涂有绝缘漆。三相绕组是用绝缘铜线或铝线绕制成三相对称的绕组按一定的规则连接嵌放在定子槽中。过去用 A、B、C 表示三相绕组始端，X、Y、Z 表示其相应的末端，这六个接线端引出至接线盒。按现国家标准，始端标以 U1、V1、W1，末端标以 U2、V2、W2。三相定子绕组可以接成如图 3-8 所示的星形或三角形联结，但必须视电源电压和绕组额定电压的情况而定。一般电源电压为 380 V（指线电压），如果电动机定子各相绕组的额定电压是 220 V，则定子绕组必须接成星形联结，如图 3-8（a）所示；如果电动机各相绕组的额定电压为 380 V，则应将定子绕组接成三角形联结，如图3-8（b）所示。

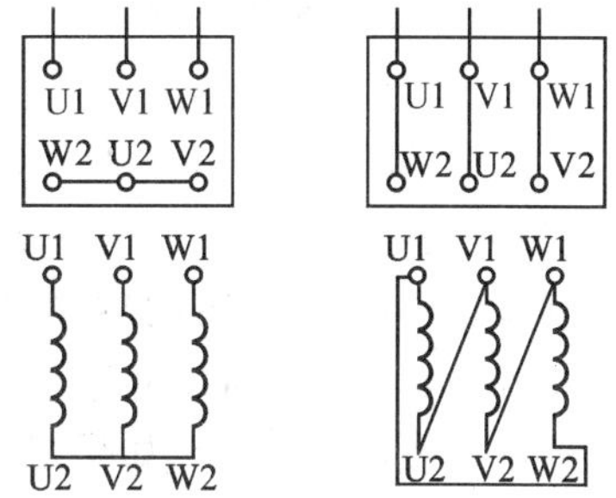

(a) 星形联结　　(b) 三角形联结

图 3-8　三相绕组的连接

（二）转子

转子部分是由转子铁心和转子绕组组成的。转子铁心也是由相互绝缘的硅钢片叠成的。转子冲片如图 3-9（a）所示。铁心外圆冲有槽，槽内安装转子绕组。根据转子绕组结构不同可分为两种形式：笼型转子和绕线转子。

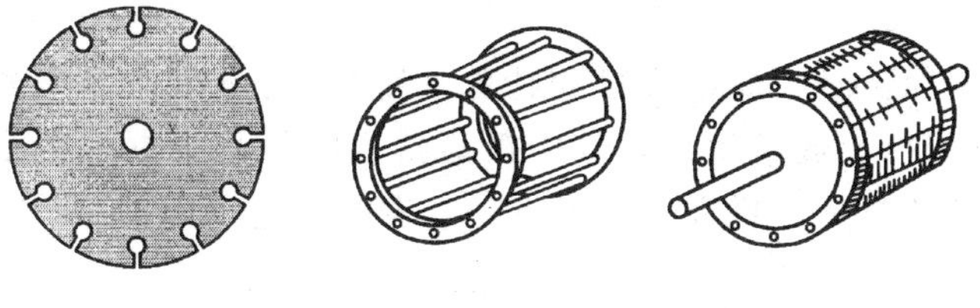

(a) 转子冲片　　(b) 笼型绕组　　(c) 笼型转子

图 3-9　笼型转子

1. 笼型转子

笼型转子的绕组是在铁心槽内放置铜条，铜条的两端用短路环焊接起来，绕组的形状如图 3-9(b)所示。它像个鼠笼，故称之为笼型转子。为了简化制造工艺，小容量异步电动机的笼型转子都是将熔化的铝浇铸在槽内而成，称为铸铝转子。在浇铸的同时，把转子的短路环和端部的冷却风扇也一样用铝铸成，如图 3-10 所示。

2. 绕线转子

绕线转子绕组和定子绕组一样，也是一个用绝缘导线绕成的三相对称绕组，被嵌放在转子铁心槽中，接成星形联结。绕组的三个出线端分别接到转轴端部的三个彼此绝缘的铜制滑环上。通过滑环与支持在端盖上的电刷构成滑动接触，把转子绕组的三个出线端引到机座上的接线盒内，以便与外部变阻器连接，故绕线式转子又称滑环式转子，其外形如图 3-11 所示。

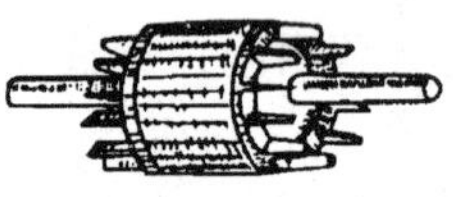

图 3-10　铸铝转子

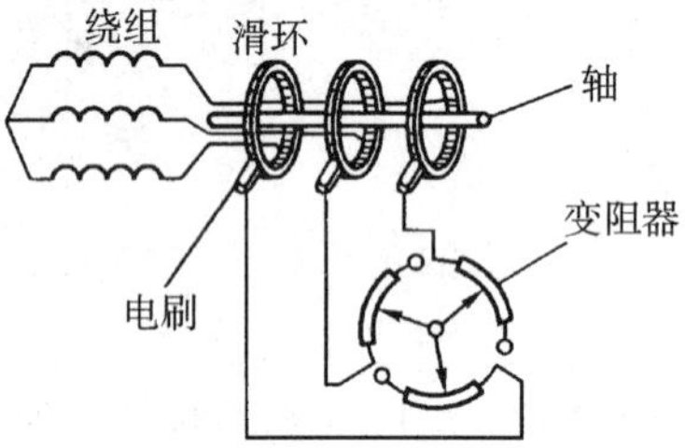

图 3-11　绕线转子与外部变阻器的连接图

(三) 气隙

异步电机的气隙比同容量直流电机的气隙小得多，在中、小型异步电动机中，一般为 0.2~2.5 mm。气隙大小对电机性能影响很大，气隙愈大则为建立磁场所需励磁电流就愈大，从而降低电机的功率因数。如果把异步电机看成变压器，显然，气隙愈小则定子和转子之间的相互感应(即耦合)作用就愈好。因此应尽量让气隙小些，但也不能太小，否则会使加工和装配困难，运转时定、转子之间易发生扫膛。

二、铭牌

每台异步电动机的机座上都有一个铭牌，它标记着电动机的型号、各种额定值和连接方法等，如图 3-12 所示。按电动机铭牌所规定的条件和额定值运行，称作额定运行状态。下面以三相异步电动机 Y112M-6 铭牌为例来说明各数据的含义。

(一) 型号

型号指电动机的产品代号、规格代号和特殊环境代号：电机产品型号一般采用大写印刷体的汉语拼音字母和阿拉伯数字组成。其中汉语拼音字母是根据电机全名称选择有代表意义的汉字，再用该汉字的第一个拼音字母组成。它表明了电机的类型、规格、结构特征和使用范围。

我国目前生产的异步电动机种类很多，现有老系列和新系列之别。老系列电机已不再生产，现有的将逐步被新系列电机所取代。新系列电机符合国际电工协会标准，具有国际通用性，技术、经济指标更高。几种常用系列异步电动机新旧代号对照表见表 3-2。

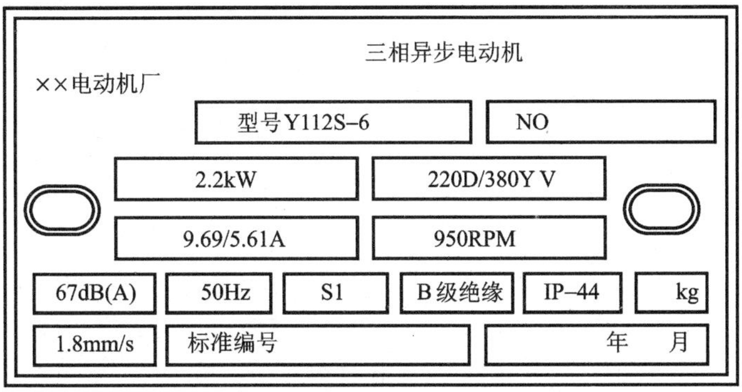

图 3-12　三相异步电动机的铭牌

表 3-2　几种常用系列异步电动机新旧代号对照表

产品名称	新代号	意义	老代号
异步电动机	Y	异	J、JO、JS、JK
绕线转子异步电动机	YR	异绕	JR、JRO
高起动转矩异步电动	YQ	异起	JQ、JQO
多速异步电动机	YD	异多	JD、JDO
精密机床异步电动机	YJ	异精	JJO
大型绕线转子高速异步电动机	YRK	异绕快	YRG

我国生产的异步电动机的主要产品系列有：

Y 系列为一般的小型笼型全封闭自冷式三相异步电动机，主要用于金属切削机床、通用机械、矿山机械和农业机械等。

YD 系列是变极多速三相异步电动机。

YR 系列是三相绕线转子异步电动机。

YZ 和 YZR 系列是起重和冶金用三相异步电动机，YZ 是笼型，YZR 是绕线型。

YB 系列是防爆式笼型异步电动机。

YCT 系列是电磁调速异步电动机。

其他类型的异步电动机可参阅有关产品目录。

（二）额定值

1. 额定功率 P_N

额定功率指电动机在额定运行时，轴上输出的机械功率，单位为 kW。

2. 额定电压 U_N 和接法

额定电压指电动机额定运行状态时，定子绕组应加的线电压，单位为 V。有的铭牌上给出两个电压值，这是对应于定子绕组三角形联结和星形联结两种不同的连接方式。当铭牌标为

220D/380YV 时，表明当电压为 220 V 时，电动机定子绕组为三角形联结；而电源为 380 V 时，电动机定子绕组为星形联结。两种方式都能保证每相定子绕组在额定电压下运行。为了使电动机正常运行，一般规定电源电压波动不应超过额定值的 5%。

3. 额定电流 I_N

指电动机在额定电压下运行，输出功率达到额定值，流入定子绕组的线电流，单位为 A。

4. 额定频率 f_N

指加在电动机定子绕组上的允许频率。我国电力网的频率规定为 50 Hz。

5. 额定转速 n_N

指电动机在额定电压、额定频率和额定输出的情况下。电动机的转速，单位为 r/min。(铭牌中为 RPM)

6. 绝缘等级

指电动机内部所有绝缘材料允许的最高温度等级，它决定了电动机工作时允许的温升。各种等级所对应温度的关系见表 3-3。

表 3-3 电动机允许温升与绝缘耐热等级关系

绝缘耐热等级	A	E	B	F	H	C
允许最高温度/℃	105	120	130	155	180	180 以上
允许最高温升/℃	65	80	90	115	140	140 以上

本章电动机为 B 级绝缘，定子绕组的容许温度不能超过 130 ℃。

7. 定额

按电动机在额定运行时的持续时间，定额分为连续——S1、短时——S2 及断续——S3 三种。“连续”表示该电动机可以按铭牌的各项定额长期运行。“短时”表示只能按照铭牌规定的工作时间短时使用。“断续”表示该电动机短时运行，但每次周期性断续使用。本例电动机为 S1 连续工作方式。

8. 防护等级

是提示电动机防止杂物与水进入的能力。它是由外壳防护标志字母 IP 后跟 2 位具有特定含义的数字代码进行标定的。例如某电动机的防护等级为 IP44，意义见表 3-4，表 3-5。

表 3-4 防护等级代码(1)

防护等级(第一位数字)	定 义	防护等级(第一位数字)	定 义
0	有专门的防护装置	4	能防止直径大于 1 mm 的固体侵入
1	能防止直径大于 50 mm 的固体侵入		
2	能防止直径大于 12 mm 的固体侵入	5	防尘
3	能防止直径大于 25 mm 的固体侵入	6	完全防止灰尘进入壳内

表 3-5　防护等级的代码(2)

防护等级(第二位数字)	定　　义	防护等级(第二位数字)	定　　义
0	无防护	5	防止任何方向喷水
1	防滴	6	防止海浪或强力喷水
2	15°防滴	7	浸水级
3	防淋水	8	潜水级
4	防止任何方向溅水		

9. 噪声量

为了降低电动机运转时带来的噪声,目前电动机都规定噪声指标,该指标随电动机容量及转速的不同而不同(容量及转速相同的电动机,噪声指标又分“1”、“2”两段)。中小型电动机噪声量的大致范围在 50~100 dB 之间,本例电动机噪声为 67 dB。

10. 震动量

表示电动机震动的情况,本例电动机震动为每秒轴向移动不超过 1.8 mm。

在铭牌上除了给出的以上主要数据外,有的电动机还标有额定功率因数 $\cos\varphi_N$。电动机是感性负载,定子相电流滞后定子相电压一个 φ 角,所以功率因数 $\cos\varphi_N$ 是指额定负载下定子电路的相电压与相电流之间相位差的余弦。异步电动机的 $\cos\varphi_N$ 随负载的变化而变化,满载时 $\cos\varphi$ 约为 0.7~0.9,轻载时 $\cos\varphi$ 较低,空载时只有 0.2~0.3。实际使用时要根据负载的大小来合理选择电动机容量,防止“大马拉小车”。

第三节　三相异步电动机的运行原理

三相异步电动机定子三相绕组与三相电源接通。转轴上拖动机械负载以转速 n 稳速运行称为负载运行。

一、气隙合成旋转磁场

负载运行时,定子绕组有电流 $\dot{I}_1$($\dot{I}_{1U}$、$\dot{I}_{1V}$、$\dot{I}_{1W}$),产生三相基波合成磁动势 $\dot{F}_1$ $\left(F_1=\frac{m_1}{2}\times0.9\times\frac{N_1k_{w1}}{p}I_1\right)$,并以 $n_1=\frac{60f_1}{p}$的转速转动,转向取决于通入电流的相序。

负载运行时,转子转速 $n<n_1$,转向与 n_1 相同,则定子旋转磁场以 $\Delta n=n-n_1=sn_1$ 的速度,掠过转子三相绕组(笼型转子绕组可以等效为三相绕组),使转子绕组产生感应电动势 $\dot{E}_2$($\dot{E}_{2u}$、$\dot{E}_{2v}$、$\dot{E}_{2w}$)和电流 $\dot{I}_2$($\dot{I}_{2u}$、$\dot{I}_{2v}$、$\dot{I}_{2w}$)。三相转子电流产生三相基波合成磁动势 $\dot{F}_2$ $\left(F_2=\frac{m_2}{2}\times0.9\times\frac{N_2k_{w2}}{p}I_2\right)$,其转向与转子转向相同,其转速取决于转子电流频率 f_2。

$$f_2=\frac{p\times\Delta n}{60}=\frac{p(n_1-n)}{60}=\frac{pn_1}{60}\,\frac{n_1-n}{n_1}=f_1\cdot s \tag{3-3}$$

所以从转子上看,磁动势 F_2 相对转子的转速为

$$n_2'=\frac{60f_2}{p}=\frac{60f_1}{p}\cdot s=n_1\cdot s=\Delta n \tag{3-4}$$

如图 3-13 所示，由于转子转速以 n 转动，所以从定子固定坐标看，磁动势 $\dot{F}_2$ 的转速为

$$n+n_2'=n+sn_1=n+\frac{n_1-n}{n_1}n_1=n_1 \tag{3-5}$$

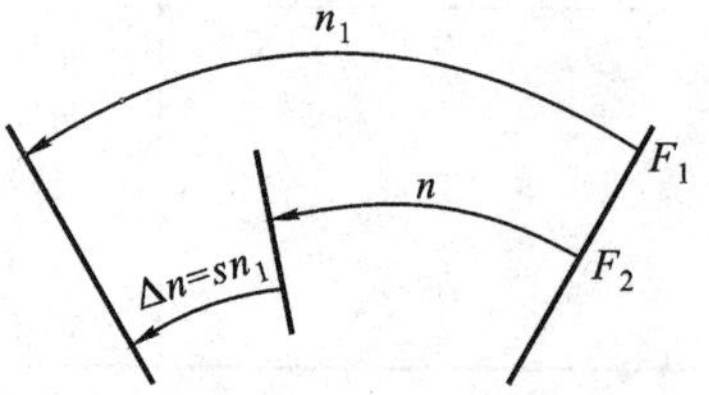

图 3-13　定转子磁动势的转速关系

由此证明，负载运行时，异步电动机主磁路上“同步”地转着定、转子磁动势 $\dot{F}_1$ 和 $\dot{F}_2$，二者相对静止，从而合成一个激磁磁动势 $\dot{F}_0$，$\dot{F}_0$ 建立了电机的气隙主磁场，并交链着定、转子绕组，即

$$\dot{F}_1+\dot{F}_2=\dot{F}_0 \tag{3-6}$$

式(3-6)为异步电动机磁动势平衡方程式，可见与变压器负载运行情况相似，电动机定子绕组相当于变压器一次绕组，转子绕组相当于变压器二次绕组，定、转子绕组间通过磁耦合的关系联系着。可类比变压器的分析方法，将式(3-6)改写成

$$\dot{F}_1=\dot{F}_0+(-\dot{F}_2) \tag{3-7}$$

式(3-7)表明，异步电动机负载运行时，定子磁动势 $\dot{F}_1$ 包括两部分：其一是$(-\dot{F}_2)$，称为负载分量，用以与转子磁动势 $\dot{F}_2$ 去磁平衡(因此 $-\dot{F}_2$ 与 $\dot{F}_2$ 大小相等、方向相反)；其二是 $\dot{F}_0$，称为激磁分量，它是用来建立电机气隙主磁场的。当外加电压不变时，电机气隙主磁通 $\dot{\Phi}_0$ 保持不变，因此产生气隙磁场的激磁磁动势 $\dot{F}_0$ 基本保持不变。

二、定子、转子电动势方程

由上分析，负载运行时，电动机激磁磁动势 $\dot{F}_0$ 建立了电动机的旋转磁场。随着 $\dot{F}_0$ 的旋转，气隙磁密 B_m 随之旋转(考虑铁心损耗，B_m 落后 $\dot{F}_0$ 铁耗角 α_{Fe})，则定、转子每相线圈交链的磁通量 $\dot{\Phi}_0$ 大小交变，因而定、转子绕组的感应电动势为

$$\dot{E}_1=-j4.44f_1N_1k_{w1}\dot{\Phi}_0 \tag{3-8}$$

$$\dot{E}_{2s}=-j4.44f_2N_2k_{w2}\dot{\Phi}_0 \tag{3-9}$$

此外，定、转子电流 $\dot{I}_1$ 和 $\dot{I}_{2s}$ 还会分别在各自绕组上引起漏磁电动势 $\dot{E}_{1\sigma}$ 和 $\dot{E}_{2\sigma s}$，并有

$$\dot{E}_{1\sigma}=-j\dot{I}_1X_{1\sigma} \tag{3-10}$$

$$\dot{E}_{2\sigma s}=-j\dot{I}_{2s}X_{2\sigma s} \tag{3-11}$$

在计及电阻压降 $\dot{I}_1r_1$ 和 $\dot{I}_{2s}r_2$ 时，各电磁量关系如图 3-14 所示。

图 3-14 中，转子侧各量频率为 $f_2=sf_1$，因此

$$\dot{E}_{2s}=-j4.44f_2N_2k_{w2}\dot{\Phi}_0=s(-j4.44f_1N_2k_{w2}\dot{\Phi}_0)=s\dot{E}_2$$

$$X_{2\sigma s}=2\pi f_2 L_{2\sigma}=(2\pi f_2 L_{2\sigma})s=X_{2\sigma}s \tag{3-12}$$

式中，$\dot{E}_2=-\mathrm{j}4.44f_1N_2k_{w2}\dot{\Phi}_0$为 $s=1$ 时的转子绕组每相电动势，即转子不转($n=0$)时的转子每相电动势。当转子转动后，转子每相电动势变为 $\dot{E}_{2s}=s\dot{E}_2$。可见，负载运行时转子绕组每相电动势的大小、频率都是变化的，且 s 值越大(相对切割速度越大)，$\dot{E}_{2s}$值越大，$s=1(n=0)$时(即起动或堵转时)转子电动势 $\dot{E}_{2s}$最大，同时 $f_2=f_1$。式中 $X_{2\sigma}$为转子不转时每相漏电抗，因这时频率 $f_2=f_1$。当转子转动后，转子漏电抗 $X_{2\sigma s}=X_{2\sigma}\cdot s$，随着转差率 s 的改变而变动。

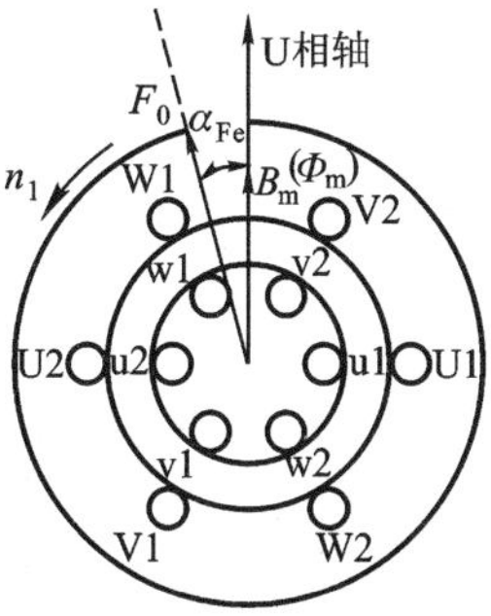

图 3-14　各电磁量关系图

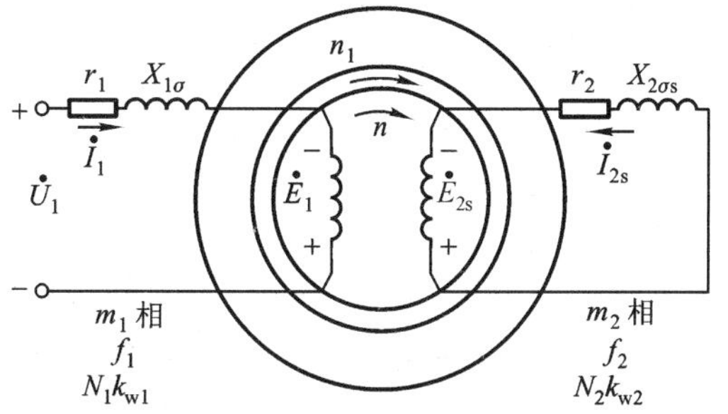

图 3-15　定、转子侧各电磁量的相互关系

类比变压器的分析思路，上述定、转子侧各电磁量的相互关系可表示成图 3-15 所示的电路，按图中表明的正方向，可写出定、转子侧的电动势平衡方程式，即

定子侧　$\dot{U}_1=-\dot{E}_1+\dot{I}_1(r_1+\mathrm{j}X_{1\sigma})=-\dot{E}_1+\dot{I}_1Z_1$

转子侧　$\dot{E}_{2s}=\dot{I}_{2s}(r_2+\mathrm{j}X_{2\sigma s})=\dot{I}_{2s}Z_{2\sigma s}$　(3-13)

三、等效的静止转子——折算

图 3-15 所示的定、转子电路，虽可表示异步电动机定、转子侧及其相互联系，但定、转子电路的频率不同，相数、有效匝数也不同。给异步电动机的分析带来困难。由于电动机定、转子磁耦合的联系主要体现在转子磁动势 $\dot{F}_2$对定子侧的作用上。为此可知：只要保证转子磁动势 $\dot{F}_2$不变(相应地功率传递关系也不变)，那么就可以用一个等效转子代替实际转子，称之为“折算”。该等效转子的频率应为 f_1，相数为 m_1，有效匝数为 N_1k_{w1}，与定子侧完全相同。

(一) 频率折算

因 $f_2=sf_1$，可知使 $s=1$，则 $f_2=f_1$，即将实际旋转的转子等效为静止的转子。由前述分析可知，不论转子转动与否，$\dot{F}_2$相对于定子固定坐标的转速均为 n_1，用静止转子代替转动转子后，$\dot{F}_2$的转速、转向是不变的，而 $\dot{F}_2$ 的大小及空间位置取决于转子电流的大小及相位$\left(F_2=\dfrac{m_2}{2}0.9\dfrac{N_2k_{w2}}{p}I_2\right)$，因此可得出实际旋转的转子电流有效值为

$$I_{2s}=\frac{E_{2s}}{\sqrt{r_2^2+X_{2\sigma s}^2}}=\frac{sE_2}{\sqrt{r_2^2+(sX_{2\sigma})^2}}=\frac{E_2}{\sqrt{(r_2/s)^2+X_{2\sigma}^2}} \tag{3-14}$$

由于转子静止时电动势大小为 E_2，漏电抗为 $X_{2\sigma}$，故只要使转子电阻为$\frac{r_2}{s}$，则静止转子的电流大小和相位与旋转转子完全一致，也就保证了 $\dot{F}_2$对定子侧的作用不变。

等效静止转子电阻$\frac{r_2}{s}=r_2+\frac{1-s}{s}r_2$，与实际转动转子相比，增加了附加电阻$\frac{1-s}{s}r_2$，相应的增加损耗 $m_2I_2^2\frac{1-s}{s}r_2$，然而静止转子轴上无机械功率输出，而转动转子轴上有机械功率输出，可知附加电阻上的损耗模拟了电动机所产生的总机械功率，称为内机械功率 $P_{MEC}=m_2I_2^2\frac{1-s}{s}r_2$，附加电阻$\frac{1-s}{s}r_2$ 称为模拟机械功率的等效电阻。

（二）绕组折算

为使等效转子匝数、相数也与定子侧相同，从而使定、转子绕组每相电动势 $\dot{E}_2'=\dot{E}_1$，以便建立定、转子侧电路上的直接联系。如同变压器分析一样，进行绕组折算。即用一个 N_1k_{w1}匝、m_1 相的新转子绕组来代替实际 m_2 相 N_2k_{w2}匝的转子绕组，但保证 $\dot{F}_2$不变，功率关系不变。折算后的值都用原符号加“′”来表示。如同变压器的分析结果一样，可有

电流折算值 $I_2'=\frac{1}{k_i}I_2$

电动势、电压折算值 $E_2'=k_eE_2$

阻抗折算值 $r_2'=k_ek_ir_2$

$X_{2\sigma}'=k_ek_iX_{2\sigma}$

其中 $k_e=\frac{N_1k_{w1}}{N_2k_{w2}}$ 称为电压变比

$k_i=\frac{N_1k_{w1}m_1}{N_2k_{w2}m_2}$ 称为电流变比

上述对转子绕组折算，采用等效静止转子的变化过程，如图 3-16 所示。

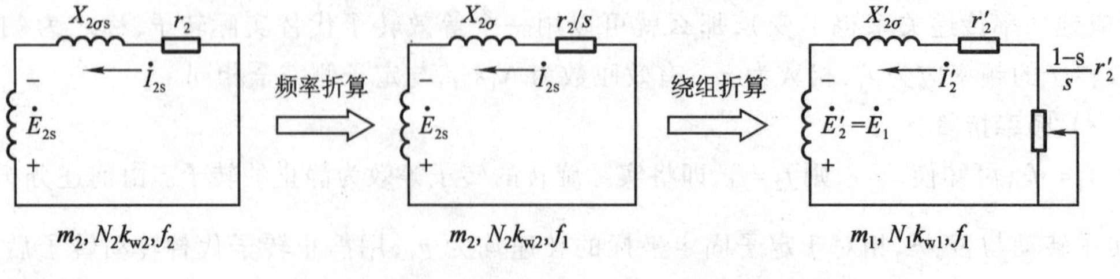

图 3-16 转子折算过程及转子电路

（三）等效电路、相量图

进行频率、绕组折算后的异步电动机基本方程为

$$\dot{U}_1=-\dot{E}_1+\dot{I}_1(r_1+\mathrm{j}X_{1\sigma}) \tag{3-15}$$

$$\dot{E}_2'=\dot{I}_2'\left(\frac{r_2'}{s}+\mathrm{j}X_{2\sigma}'\right) \tag{3-16}$$

$$\dot{E}_1=\dot{E}_2'=-\dot{I}_0Z_{\mathrm{m}} \tag{3-17}$$

$$\dot{I}_0=\dot{I}_1+\dot{I}_2' \tag{3-18}$$

与之对应的 T 形等效电路如图 3-17 所示。

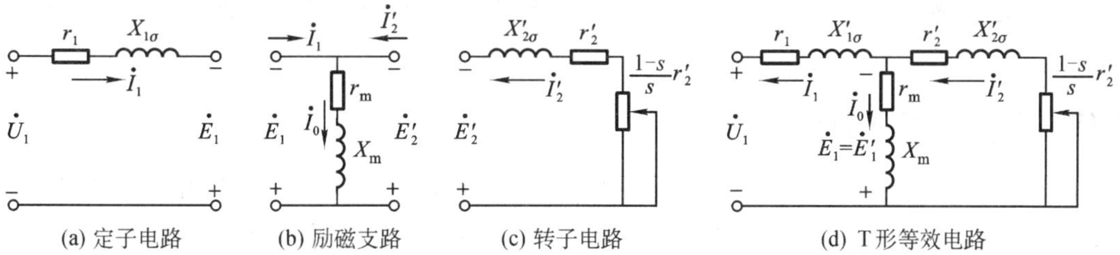

图 3-17　异步电动机等效电路

工程分析计算中，为了简化计算，多采用简化等效电路，如图 3-18 所示，在该电路，励磁支路前移，励磁电流 $\dot{I}_0$和负载电流 $\dot{I}_2'$可分别单独计算。当然也带来一定的误差，但仍在工程计算允许范围内。

根据电动机基本方程，可将电动机各个物理量用相量表示，如图 3-19 所示。

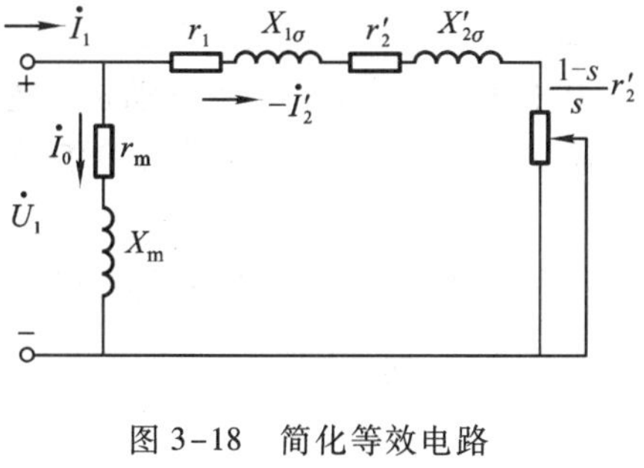

图 3-18　简化等效电路

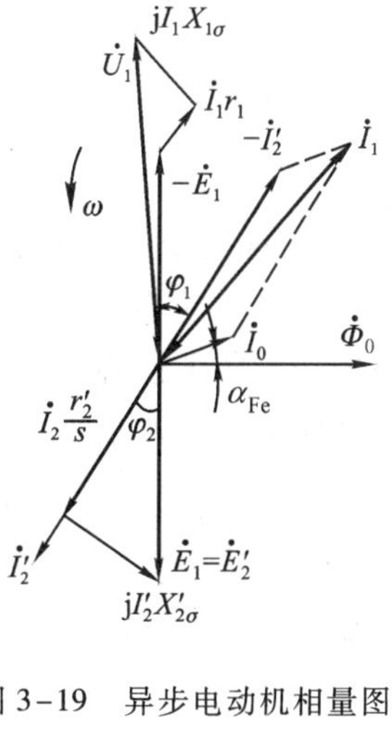

图 3-19　异步电动机相量图

做相量图时，首先要选定参考相量，图 3-19 选 $\dot{\Phi}_0$为参考相量，其他各相量均以 $\dot{\Phi}_0$为标准依次根据相互关系画出。

$\dot{I}_0$超前 $\dot{\Phi}_0$铁耗角 α_{Fe}。$\dot{E}_1=\dot{E}_2'$滞后 $\dot{\Phi}_0 90°$，$\dot{I}_2'=\dot{E}_2'/Z_2'$滞后 $\dot{E}_2'$ φ_2 角，$\varphi_2=\arctan\dfrac{-sX_{2\sigma}'}{r_2'}$。

由转子电路方程式，得 $$\dot{E}_2'=\dot{I}_2'\left(\frac{r_2'}{s}+\mathrm{j}X_{2\sigma}'\right)$$

由 $\dot{I}_1=\dot{I}_0+(-\dot{I}_2')$，求得 $\dot{I}_1$。

由定子电路方程式，得 $$\dot{U}_1=-\dot{E}_1+\dot{I}_1(r_1+\mathrm{j}X_{1\sigma})$$

相量图中各相量均为旋转相量，以 ω 为逆时针旋转，但相互关系保持不变。由图可见，φ_1 角为功率因数角。由于异步电动机需从电源吸收励磁电流建立磁场，故 $\dot{I}_1$ 总是滞后于 $\dot{U}_1$ 的，所以异步电动机是电网上的感性负载。电网上承担过多的异步电动机，将使电网功率因数较差，输配电不经济。

四、功率、转矩平衡方程式

如前几节所述，异步电动机是通过电磁感应作用把电能传送到转子再转化为轴上输出的机械能的，在能量变换的过程中电磁转矩起了关键性的作用。下面就根据异步电机的 T 型等效电路来分析其功率关系和转矩关系，然后推导出异步电动机的电磁转矩公式。

（一）功率平衡方程式

当三相异步电动机以转速 n 稳定运行时，定子绕组从电源输入的电功率 P_1 为

$$P_1=3U_1I_1\cos\varphi_1 \tag{3-19}$$

P_1 的一小部分消耗于定子绕组铜损耗

$$P_{Cu1}=3I_1^2r_1 \tag{3-20}$$

又一小部分消耗于定子铁心中产生的铁损耗

$$P_{Fe}=3I_m^2r_m \tag{3-21}$$

余下的大部分功率就是通过气隙旋转磁场，利用电磁感应作用传递到转子上的功率，称为电磁功率，用 P_{em}表示

$$P_{em}=P_1-P_{Cu1}-P_{Fe} \tag{3-22}$$

P_{em}等于转子回路全部电阻上的损耗，$P_{em}=3E'_2I'_2\cos\varphi_2=3E_2I_2\cos\varphi_2$ （3-23）

转子绕组感应电动势，产生电流，也会产生转子铜损耗 $P_{Cu2}=3I'_2r'_2=sP_{em}$ （3-24）

旋转磁场切割转子铁心也将引起转子铁损耗，由于正常运行时，异步电动机转差率很小，旋转磁场相对于转子的转速很小，以致转子铁心中磁通交变频率 f_2 很低，通常仅 0.5~2.5 Hz，所以转子铁耗很小，一般可以忽略不计。

这样输入给转子的电磁功率 P_{em}仅需扣除转子铜损耗 P_{Cu2}，便是产生于电机转轴上带动转子旋转的总机械功率 P_{MEC}，也就等于等效电阻$\dfrac{1-s}{s}r'_2$ 上的损耗，即

$$P_{MEC}=P_{em}-P_{Cu2}=3I_2'^2\frac{1-s}{s}r_2'=(1-s)P_{em} \tag{3-25}$$

$$P_{Cu2}=s\cdot P_{em} \tag{3-26}$$

电机旋转时由于轴承摩擦和风阻转矩而要损耗一部分功率，称机械损耗 P_{mec}。另外还有一

些附加损耗 P_{ad}，它也要消耗电动机轴上的一部分功率。这样，异步电动机轴上得到的总机械功率 P_{MEC} 应减去机械损耗和附加损耗，才是轴上输出的机械功率 P_2，即

$$P_2 = P_{MEC} - P_{mec} - P_{ad} \tag{3-27}$$

附加损耗与气隙大小和工艺因素有关，很难计算，一般根据经验选取：

对大型异步电动机 $P_{ad} = 0.5\% P_N$

对小型铸铝转子异步电动机 $P_{ad} = (1\sim3)\% P_N$

一般把机械损耗和附加损耗统称为电动机的空载损耗，用 P_0 表示，于是

$$P_2 = P_{MEC} - P_0 \tag{3-28}$$

式(3-22)、(3-25)和(3-27)反映了异步电动机内部的功率流程和功率平衡关系。功率流程还可用图 3-20 所示的功率流程图表示，更为清晰。由以上三式或功率流程图可得异步电动机总的功率平衡方程式

$$P_2 = P_1 - P_{Cu1} - P_{Fe} - P_{Cu2} - P_{mec} - P_{ad} = P_1 - \sum P \tag{3-29}$$

式中 $\sum P = P_{Cu1} + P_{Fe} + P_{Cu2} + P_{mec} + P_{ad}$ 为异步电动机的总损耗。

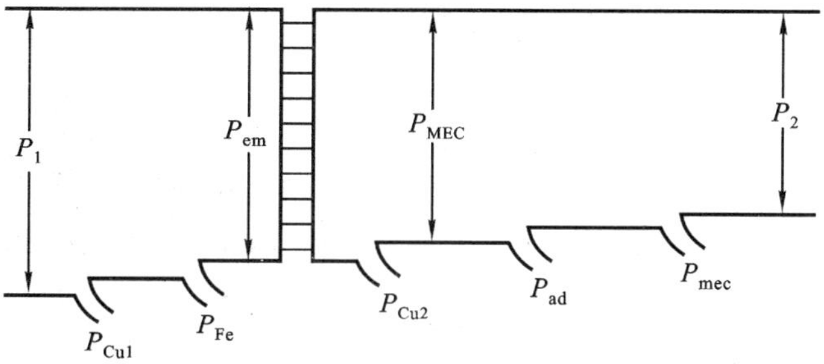

图 3-20　异步电动机的功率流程图

(二) 转矩平衡方程式

由动力学知道，旋转体的机械功率等于作用在旋转体上的转矩与其机械角速度的乘积。将式(3-28)的两边同除以转子机械角速度 Ω 可得到稳态时异步电动机的转矩平衡方程式

$$\frac{P_{MEC}}{\Omega} = \frac{P_2}{\Omega} + \frac{P_0}{\Omega}$$

即

$$T_{em} = T_2 + T_0 \tag{3-30}$$

式中，$T_2 = \dfrac{P_2}{\Omega}$ 为电动机轴上输出的转矩；$T_0 = \dfrac{P_0}{\Omega}$ 为对应于机械损耗和附加损耗的转矩，称空载转矩；$T_{em} = \dfrac{P_{MEC}}{\Omega}$ 为对应总机械功率的转矩，称为电磁转矩。

式(3-30)说明电磁转矩 T_{em} 与输出机械转矩 T_2 和空载 T_0 相平衡。从式(3-30)可导出

$$T_{em} = \frac{P_{MEC}}{\Omega} = \frac{(1-s)P_{em}}{\dfrac{2\pi n}{60}} = \frac{P_{em}}{\Omega_1} \tag{3-31}$$

式中，$\Omega_1 = \dfrac{2\pi n_1}{60}$ 是同步机械角速度，为常数。

可见电磁转矩 T_{em} 与电磁功率成正比。式(3-31)表明,电磁转矩 T_{em} 等于总机械功率 P_{MEC} 除以转子机械角速度 Ω,也等于电磁功率 P_{em} 除以同步机械角速度 Ω_1,这是一个很重要的概念。前者是从转子本身产生机械功率导出的,由于转子本身的机械角速度为 Ω,所以 $T_{em}=\dfrac{P_{MEC}}{\Omega}$;后者则是从旋转磁场对转子做功这一概念得出的,由于旋转磁场以同步机械角速度 Ω_1 旋转而拖动转子旋转,其每秒所做的功就是通过气隙传送到转子上的总功率 P_{em},所以 $T_{em}=\dfrac{P_{em}}{\Omega_1}$。

(三) 电磁转矩

电磁转矩公式可从等效电路简单地导出。由式(3-31)与电磁功率表达式,可得

$$T_{em}=\frac{P_{em}}{\Omega_1}=\frac{m_1E_2'I_2'\cos\varphi_2}{\dfrac{2\pi n_1}{60}}=\frac{m_1(\sqrt{2}\pi f_1N_1k_{w1}\Phi_0)I_2'\cos\varphi_2}{\dfrac{2\pi f_1}{p}}$$

$$=\frac{m_1}{\sqrt{2}}pN_1k_{w1}\Phi_0I_2'\cos\varphi_2=C_T\Phi_0I_2'\cos\varphi_2 \qquad (3-32)$$

式中 $C_T=\dfrac{m_1}{\sqrt{2}}pN_1k_{w1}$,称为异步电动机的转矩系数。和直流电动机一样,对已制成的异步电动机来说,C_T 为常数。当磁通的单位为 Wb,电流的单位为 A,则上式转矩的单位为 N · m。

从上式看出,异步电动机电磁转矩与气隙每极磁通 Φ_0 和转子电流的有功分量的乘积成正比。说明正是由此二者的相互作用才产生电磁转矩。式(3-32)与直流电动机电磁转矩公式极为相似。

五、三相异步电动机的工作特性

异步电动机的工作特性是指在额定电压和额定频率下,电动机的转速 n(或转差率 s)、电磁转矩 T_{em}(或输出转矩 T_2)、定子电流 I_1、效率 η 和功率因数 $\cos\varphi_1$ 与输出功率 P_2 之间的关系曲线。即 $U_1=U_N$,$f_1=f_N$ 时,n、T_{em}、I_1、η、$\cos\varphi_1=f(P_2)$。工作特性可以通过电动机直接加负载试验得到,或者利用等效电路计算而得三相异步电动机的工作特性曲线如图 3-21 所示。下面分别加以说明。

(一) 转速特性 $n=f(P_2)$

因为 $n=(1-s)n_1$,电动机空载时,负载转矩小,转子转速 n 接近同步转速 n_1,s 很小。随着负载的增加,转速 n 略有下降,s 略微上升,这时转子感应电动势 E_{2s} 增大,转子电流 I_{2s} 增大,以产生更大的电磁转矩与负载转矩相平衡。因此,随着输出功率 P_2 的增加,转速特性是一条稍微下降的曲线,$s=f(P_2)$ 曲线则是稍微上翘的。一般异步电动机,额定负载时的转差率 $s_N=0.01\sim0.05$,小数字对应于大电机。

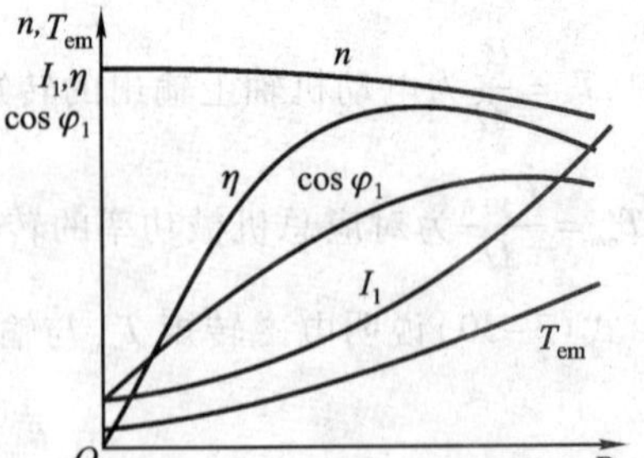

图 3-21　三相异步电动机的工作特性曲线

(二) 转矩特性 $T_{em}=f(P_2)$

$T_{em}=T_2+T_0=\dfrac{P_2}{\Omega}+T_0$，随着 P_2 增大，由于电机转速 n 和角速度 Ω 变化很小，而空载转矩 T_0 又近似不变，所以 T_{em} 随 P_2 的增大而增大，近似直线关系。

（三）定子电流特性 $I_1=f(P_2)$

从式(3-18)得，定子电流 $\dot{I}_1=\dot{I}_m+(-\dot{I}_2')$。空载时，转子电流 $\dot{I}_2'\approx 0$，定子电流几乎全部是励磁电流 $\dot{I}_1$。随着负载的增大，转速下降，$\dot{I}_2$ 增大，相应 $\dot{I}_1$ 也增大。

（四）效率特性 $\eta=f(P_2)$

根据定义，异步电动机的效率为 $\eta=\dfrac{P_2}{P_1}=1-\dfrac{\sum P}{P_2+\sum P}$，异步电动机的损耗也可分为不变损耗和可变损耗两部分。电动机从空载到满载运行时，由于主磁通和转速变化很小，铁损耗 P_{Fe} 和机械损耗 P_{mec} 近似不变，称为不变损耗。而定、转子铜损耗 P_{Cu1}、P_{Cu2} 和附加损耗 P_{ad} 是随负载而变的，称为可变损耗。空载时，$P_2=0$，随着 P_2 增加，可变损耗增加较慢，η 上升很快，直到当可变损耗等于不变损耗时，效率最高。若负载继续增大，铜损耗增加很快，效率反而下降。异步电动机的效率曲线与直流电机和变压器的大致相同。对于中小型异步电动机，最高效率出现在 0.75 P_N 左右。一般电动机额定负载下的效率在 74%~94% 之间，容量越大的，额定效率 η_N 越高。

（五）功率因数特性 $\cos\varphi_1=f(P_2)$

异步电动机对电源来说，相当于一个感性阻抗，因此其功率因数总是滞后的，运行时必须从电网吸取感性无功功率，$\cos\varphi_1<1$。空载时，定子电流几乎全部是无功的磁化电流，因此 $\cos\varphi_1$ 很低，通常小于 0.2；随着负载增加，定子电流中的有功分量增加，功率因数提高，在接近额定负载时，功率因数最高。负载再增大，由于转速降低，转差率 s 增大，转子功率因数角 $\varphi_2=\arctan\dfrac{sx_2}{r_2}$ 变大，使 $\cos\varphi_2$ 和 $\cos\varphi_1$ 又开始减小。

由于异步电动机的效率和功率因数都在额定负载附近达到最大值，因此选用电动机时应使电动机容量与负载相匹配。如果选得过小，电动机运行时过载，其温升过高会影响寿命甚至损坏电动机。但也不能选得太大，否则，不仅电动机价格较高，而且电动机长期在低负载下运行，其效率和功率因数都较低，不经济。

第四节　异步电动机的机械特性

机械特性是异步电动机的主要特性，它是指电动机的转速 n 与电磁转矩 T_{em} 之间的关系，即 $n=f(T_{em})$。从上述电磁转矩参数表达式可知，当 s 变化时，可计算出 T_{em}，由此可作出 $T_{em}=f(s)$ 特性曲线。将 s 坐标替换成转速 n 的坐标就成如图 3-22 所示的三相异步电动机的机械特性曲线。

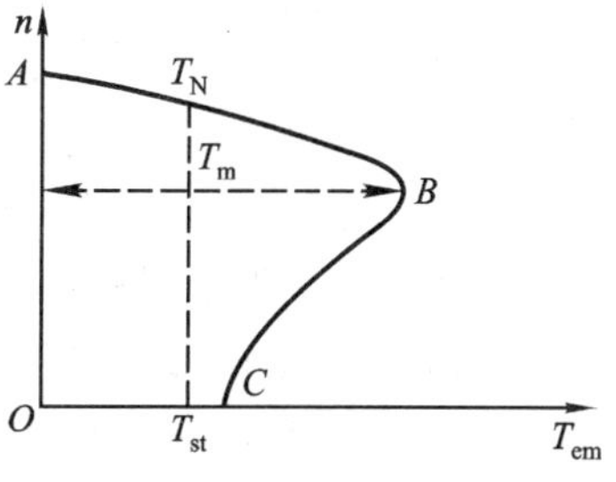

图 3-22　三相异步电动机的机械特性曲线

一、机械特性分析

机械特性的曲线被 T_m 分成两个性质不同的区域，即 AB

段和 BC 段。

当电动机起动时，只要起动转矩 T_{st} 大于反抗力矩 T_L，电动机便转动起来。电磁转矩 T_{em} 的变化沿曲线 BC 段运行。随着转速的上升，BC 段中的 T_{em} 一直增大，所以转子一直被加速使电动机很快越过 CB 段而进入 AB 段，在 AB 段随着转速上升，电磁转矩下降。当转速上升到某一定值时，电磁转矩 T_{em} 与反抗转矩 T_L 相等，此时，转速不再上升，电动机就稳定运行在 AB 段，所以 BC 段称为不稳定区，AB 段称为稳定区。

电动机一般都工作在稳定区域 AB 段上，在这区域里，负载转矩变化时，异步电动机的转速变化不大，电动机转速随转矩的增加而略有下降，这种机械特性称为硬特性。三相异步电动机的这种硬特性很适用于一般金属切削机床。

下面分析反映异步电动机机械的三个特殊转矩。

（一）额定转矩 T_N

电动机在额定负载下稳定运行时的输出转矩称为额定转矩 T_N，对应的转速称为额定转速 n_N，转差率为额定转差率 s_N。由于在等速转动时，$T_{em}=T_L=T_2+T_0$，空载转矩 T_0 一般很小，常可忽略不计，所以电动机的额定转速可以根据铭牌上的额定转速和额定功率（输出机械功率）按下式求出

$$T_L=T_2=P_N/\Omega=(P_N\times 10^3)/[(2\pi n_N)/60]=9\ 550(P_N/n_N) \tag{3-33}$$

式中，P_N 的单位为 kW；n_N 的单位为 r/min。

（二）最大转矩 T_m

电动机转矩的最大值，称为最大转矩 T_m（或称为临界转矩，对应于特性曲线上的 B 点）。此时转差率 s_m 称为临界转差率。

令

$$(\mathrm{d}T)/(\mathrm{d}s)=0$$

可求得临界转差率

$$s_m=(R_2)/X_{20} \tag{3-34}$$

与之对应的

$$T_m=CU_1^2/(2X_{20}) \tag{3-35}$$

由式（3-34）和式（3-35）可看出：

① 当电源电压为定值时，转差率 s_m 与转子电阻 R_2 成正比，R_2 愈大 s_m 就愈小。但 T_m 不变，在转子电路中串入不同的附加电阻，便可使 s_m 向 $s=1$ 的方向移动，在相同的负载转矩 T_L 下，电动机的工作点就沿 a、b、c 移动，转差率 s 就逐渐变大，转速 n 变小，故异步电动机可以通过在转子电路中串接不同的电阻来实现调速，如图3-23所示。

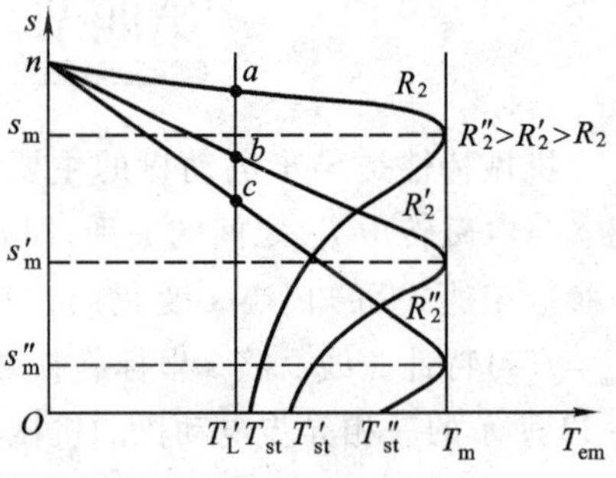

图 3-23 不同 R_2 时的 $s=f(T_{em})$ 曲线

② 最大转矩 T_m 与电源电压 U_1^2 成正比，与转子电阻 R_2 的大小无关。显然，当电源电压有波动时，电动机最大转矩也随之变化。T_m 与 U_1 之间的变化关系曲线如图3-24所示。

当负载转矩超过最大转矩时，电动机将因带不动负载而发生停车，俗称"闷车"。此时电动机的电流立即增大到额定值的 6~7 倍，将引起电动机严重过热，甚至烧毁。如果负载转矩只是短时间接近最大转矩而使电动机过载，这是允许的，因为时间很短，电动机不会立即过热。

为了保证电动机在电源电压的波动时能正常工作，规定电动机的最大转矩 T_m 要比额定转矩 T_N 大得多，通

常用过载系数 $\lambda=T_m/T_N$ 来衡量电动机的过载能力。一般 $\lambda=1.8\sim2.5$。λ 的数值可在电动机产品目录中查到。

（三）起动转矩 T_{st}

电动机刚接入电源但尚未转动时的转矩称为起动转矩

$$T_{st}=C[(R_2U_1^2)/(R_2^2+X_{20}^2)] \quad (3-36)$$

起动时，f_2 很高，$X_{20}\gg R_2$，上式可近似写成

$$T_{st}=C[(R_2U_1^2)/X_{20}^2] \quad (3-37)$$

由上式可见，T_{st} 与电源电压的平方成正比，与转子电阻 R_2 亦成正比，这种关系仍可从图 3-23 和图 3-24 中看到。当增加转子电阻（对绕线转子异步电动机而言），起动转矩会增大；当降低电源电压时，起动转矩将减小。

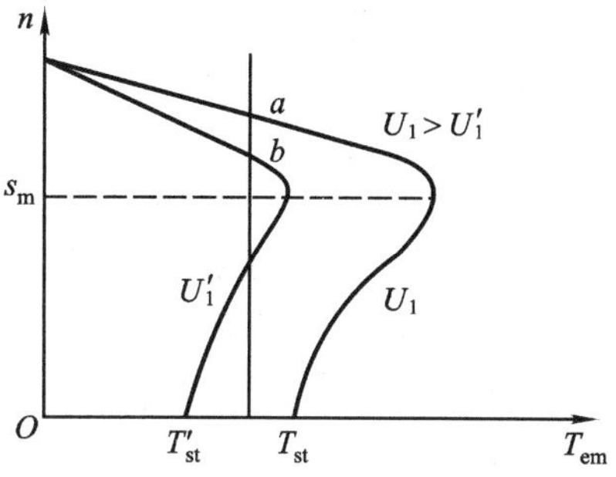

图 3-24　不同电源电压 U_1 的 $n=f(T_{em})$ 曲线（R_2 = 常数）

起动转矩和额定转矩的比值 $k_{st}=T_{st}/T_N$ 反映了异步电动机的起动能力。一般 $k_{st}=0.9\sim1.8$。笼型异步电动机取值较小，绕线转子异步电动机取值较大。

（四）实用表达式

虽然参数表达式在分析电磁转矩与电机参数间的关系、进行某些理论分析时是非常有用的，但定、转子的参数，在产品目录中找不到，因此用参数表达式来绘制机械特性曲线或进行分析计算有时仍不方便。为此，可导出如下实用表达式：

$$T_{em}=\frac{2T_m}{\frac{s}{s_m}+\frac{s_m}{s}}$$

上式中的 T_m 及 s_m 可由电动机产品目录查到的数据求得，故称实用表达式。T_m 及 s_m 的求法如下：

$$T_m=\lambda T_N$$

$$T_N=9\ 550\frac{P_N}{n_N}$$

$$s_m=s_N(\lambda+\sqrt{\lambda^2-1})$$

根据产品目录求出 T_m 及 s_m 后，在实用表达式中只剩下 T_{em} 与 s 两个未知数了。给定一系列的 s 值，算出一系列对应的 T_{em} 值，就可绘出机械特性 $n=f(T_{em})$ 曲线，同时还可利用它进行机械特性的其他计算。

当电动机在额定负载下运行时，转差率 s 很小，则 $T_{em}=2T_m\frac{s}{s_m}$。

上述三种表达式，用途各异。一般物理表达式用于定性分析 T_{em} 与 Φ_0 及 $I'_2\cos\varphi_2$ 间的关系；参数表达式可用以分析参数变化时对电动机机械特性的影响；实用表达式适用于进行机械特性的工程计算。

二、固有机械特性和人为机械特性

（一）固有机械特性

异步电动机工作在额定电压及额定频率下，电动机按规定的接线方法接线，定子及转子电路

中不外接电阻(电抗或电容)时的机械特性称为固有机械特性,如图 3-25 所示。下面对固有机械特性上的几个特殊点进行说明。

1. 起动点 A

电动机接通电源开始起动瞬间,其工作点位于 A 点,此时:$n=0$,$s=1$,$T_{em}=T_{st}$,定子电流 $I_1=I_{st}=(4\sim7)I_N$(I_N 为额定电流)。

2. 最大转矩点 P

P 点是机械特性曲线中线性段(HP)与非线性段(PA)的分界点,此时:$s=s_m$,$T_{em}=T_m$。通常情况下,电动机在线性段上工作是稳定的,而在非线性段上工作是不稳定的,所以 P 点也是电动机稳定运行的临界点。

3. 额定运行点 B

电动机额定运行时,工作点位于 B 点,此时:$n=n_N$,$s=s_N$,$T_{em}=T_N$,$I_1=I_N$。电动机额定运行时转差率很小,一般 $s_N=0.01\sim0.06$,n_N 略小于 n_1,故固有特性的线性段为硬特性。

4. 同步转速点 H

H 点是电动机的理想空载点,即转子转速达到了同步转速。此时:$n=n_1$,$s=0$,$T_{em}=0$,转子电流 $I_2=0$,显然如果没有外界转矩的作用,异步电动机本身不可能达到同步转速点。

(二)人为机械特性

若改变 U_1 和 f_1 或定子和转子回路串附加电阻和电抗某一参数(或物理量)时,所得 $T_{em}=f(n)$ 或 $T_{em}=f(s)$ 的关系曲线,称为人为机械特性。

1. 降低 U_1 时的人为机械特性

由于设计电机时,在额定电压下磁路已经饱和,如升高电压会使励磁电流猛增,使电机严重发热,甚至烧坏。故一般只能得到降压时的人为机械特性。最大转矩 T_m 及起动转矩 T_{st} 均与 U_1^2 成正比,s_m 和 n_1 与 U_1 无关(即保持不变)。降低 U_1 的人为机械特性的绘制,先绘出固有机械特性,在不同的转速(或转差率)处,固有机械特性上的转矩值乘以电压变化后与变化前比值的平方,即得人为机械特性上对应的转矩值,如图 3-26 所示。

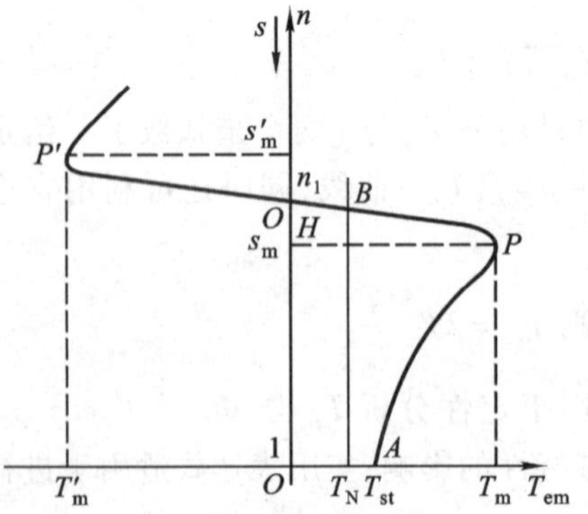

图 3-25　固有机械特性

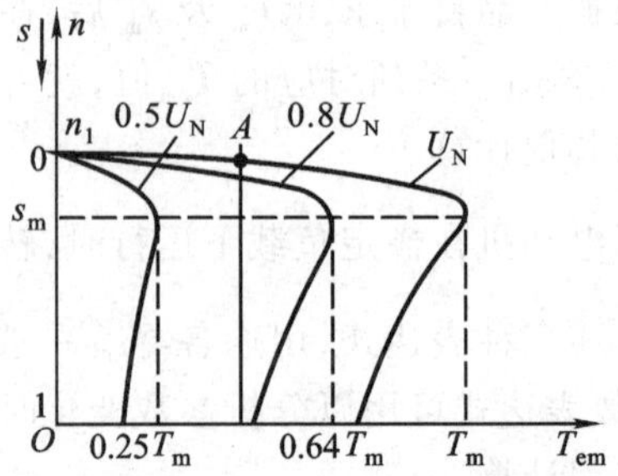

图 3-26　降压时的人为机械特性

应当指出,如果负载转矩接近额定值,降低电源电压对电动机的运行是极为不利的。因为当负载为额定值不变时,如果电源电压因故降低,气隙主磁通减小,但转速变化不多,其功率因数

$\cos\varphi_2$ 变化不大，则从公式 $T_{em}=C_T'\Phi_0 I_2'\cos\varphi_2$ 可知，转子电流 I_2' 要增大，使定子电流 I_1 相应增大。从电机的损耗看，虽然 Φ_0 的减小能降低点铁耗，但铜耗与电流的平方成正比，若电动机长期低压运行，会使电机过热甚至烧坏。

2. 定子回路串接三相对称阻抗时的人为机械特性

当其他量不变，仅在异步电动机定子回路串入三相对称电阻 R_f 时的人为机械特性如图3-27所示。s_m、T_m 及 T_{st} 都随 R_f 的增大而减小。定子串入对称阻抗，一般用于笼型异步电动机的降压起动，以限制起动电流。

3. 转子回路串入三相对称电阻的人为机械特性

在绕线转子异步电动机的转子回路串入同样大小的电阻 R_Ω，使转子回路电阻由 r_2 上升为 r_2+R_Ω，n_1 及 T_m 都不变；s_m 随着 R_Ω 的增大而增大，T_{st} 值将改变，开始随 R_Ω 的增大而增大，一直增大到 R_Ω' 时，$T_{st}=T_m$，如 R_Ω 继续增大，T_{st} 将开始减小，人为机械特性如图 3-28 所示。转子回路串接对称电阻适用于绕线转子异步电动机的起动和调速。

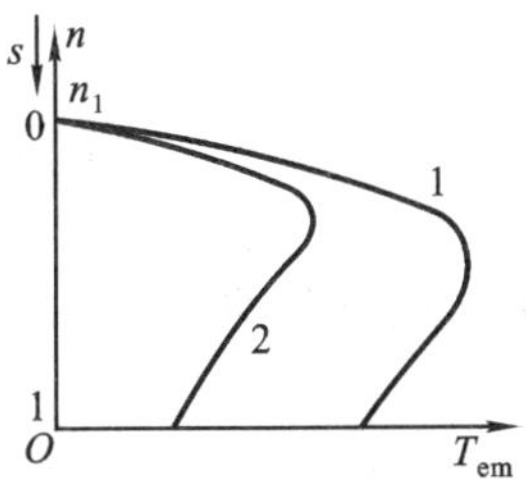

图 3-27　异步电机定子回路串电阻的人为机械特性

1—串电阻前；2—串电阻后

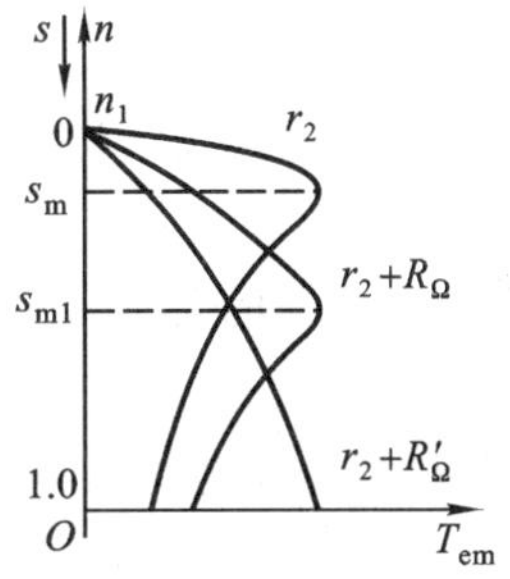

图 3-28　转子串接对称电阻时的人为机械特性

4. 改变电源频率的人为机械特性

关于改变电源频率的具体情况在第六节中详细介绍。

第五节　三相异步电动机的起动

异步电动机在接通电源后，经历从静止状态到稳定运行状态的过渡过程。在起动的瞬间，由于转子尚未加速，此时 $n=0$，$s=1$，旋转磁场以最大的相对速度切割转子导体，转子感应电动势的电流最大，致使定子起动电流 I_{1st} 也很大，其值约为额定电流的 4~7 倍。尽管起动电流很大，但因功率因数甚低，所以起动转矩 T_{st} 较小。

过大的起动电流会引起电网电压明显降低，而且还影响接在同一电网的其他用电设备的正常运行，严重时连电动机本身也转不起来。如果是频繁起动，不仅使电动机温度升高，还会产生过大的电磁冲击，影响电动机的寿命。起动转矩小会使电动机起动时间拖长，既影响生产效率又会使电动机温度升高，如果小于负载转矩，电动机就根本不能起动。

根据异步电动机存在着起动电流很大，而起动转矩却较小的问题，必须在起动瞬间限制起动电流，并应尽可能地提高起动转矩，以加快起动过程。

对于容量和结构不同的异步电动机，考虑到性质和大小不同的负载，以及电网的容量，解决起动电流大起动转矩小的问题，要采取不同的起动方式。下面对笼型异步电动机和绕线转子异步电动机常用的几种起动方法进行讨论。

一、笼型异步电动机的起动

（一）直接起动

所谓直接起动，就是利用刀开关或接触器将电动机定子绕组直接接到额定电压的电源上，故又称全压起动。直接起动的优点是起动设备和操作都比较简单，其缺点就是起动电流大。对于小容量异步电动机，因电动机起动电流较小，且体积小、惯性小、起动快，一般说来，对电网、对电动机本身都不会造成影响。因此，可以直接起动，但必须根据电源的容量来限制直接起动电动机的容量。

在工程实践中，直接起动可按下列公式核定：

$$I_{st}/I_N \leqslant \frac{3}{4}+\frac{P_H}{4P_N} \tag{3-38}$$

式中，I_{st}为电动机的起动电流；I_N 为电动机的额定电流；P_N 为电动机的额定功率（kW）；P_H 为电源的总容量（kV · A）。

如果不能满足上式的要求，则必须采取限制起动电流的方法进行起动。

（二）降压起动

对中、大型笼型异步电动机，可采用降压起动方法，以限制起动电流。待电动机起动完毕，再恢复全压工作。但是降压起动的结果，会使起动转矩下降较多，因为 T_{st}与电源电压 U_1 的平方成正比。所以，降压起动只适用于在空载或轻载情况下起动的电动机。下面介绍几种常用的降压起动方法。

1. 定子电路串接电阻起动

在定子电路中串接电阻起动线路如图 3-29 所示。起动时，先合上电源隔离开关 QS1，将 QS2 扳向“起动”位置，电动机即串入电阻 R_{st} 起动。待转速接近稳定值时，将 QS2 扳向“运行”位置，R_{st}被切除，使电动机恢复正常工作情况。由于起动时，起动电流在 R_{st}上产生一定的电压降，使得加在定子绕组的电压降低了，因此限制了起动电流。调节电阻 R_{st}的大小可以将起动电流限制在允许的范围内。采用定子串电阻降压起动时，虽然降低了起动电流，但也使起动转矩大大减小。

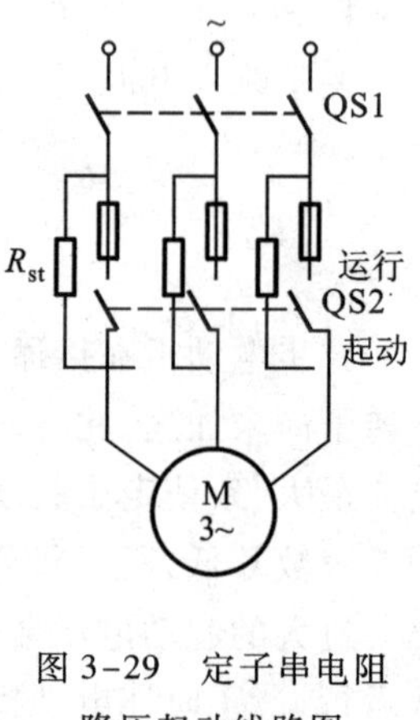

图 3-29　定子串电阻降压起动线路图

假设定子串电阻起动后，定子端电压由 U_1 降低到 U_1' 时，电动机参数保持不变，则起动电流与定子绕组端电压成正比，于是有

$$U_1/U_1' = I_{1st}/I_{1st}' = k_u$$

式中，I_{1st}为直接起动电流；I_{1st}'为降压后的起动电流；k_u 为起动电压降低的倍数，即电压比，$k_u>1$。

由式（3-37）可知，在电动机参数不变的情况下，起动转矩与定子端电压平方成正比，故有 $T_{st}=T_{st}'=[U_1/U_1']^2=k_u^2$，显然起动转矩将大大减小。定子串电阻降压起动，只适用于空载和轻载起动。由于采用电阻降压起动时损耗较大，它一般用于低电压电动机起动中。

2. 星–三角降压起动

对于正常运行时定子绕组规定是三角形联结的三相异步电动机，起动时可以采用星形联结，使电动机每相所承受的电压降低，因而降低了起动电流，待电动机起动完毕，再接成三角形，故称这种起动方式为星–三角降压起动，其接线原理线路如图 3–30 所示。

起动时，先将控制开关 SA2 投向星形位置，将定子绕组接成星形，然后合上电源控制开关 SA1。当转速上升后，再将 SA2 切换到三角形运行的位置上，电动机便接成三角形在全压下正常工作。

下面分析星–三角起动时的起动电流与起动转矩。由图 3–31(a)可知，如果三角形联结直接起动，则电动机电压为

$$U_D = U_N$$

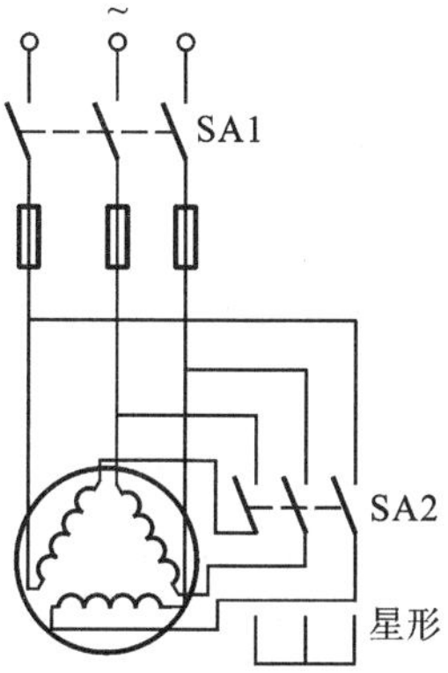

图 3–30　星–三角起动的原理线路图

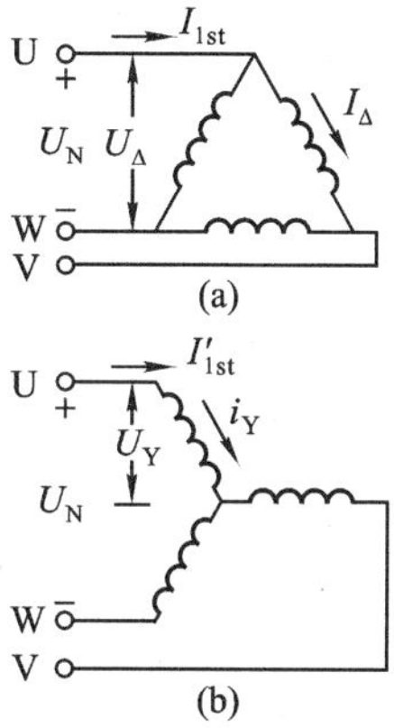

图 3–31　三角形与星形联结时的电压

电网供给电动机起动的线电流为　$I_{1st} = \sqrt{3} I_D$

如果采用星形联结降压起动，由图 3–31(b)可知，电动机相电压为 $U_Y = \dfrac{U_N}{\sqrt{3}}$

电网供给电动机起动的线电流为　$I'_{1st} = I_Y$

可见两种情况下的线电流之比为　$\dfrac{I'_{1st}}{I_{st}} = \dfrac{U_N}{\sqrt{3}}$

考虑到起动时相电流与相电压成正比，则上式变为 $\dfrac{I'_{1st}}{I_{1st}} = \dfrac{U_Y}{\sqrt{3}\,U_D} = \dfrac{U_N}{\sqrt{3}\cdot\sqrt{3}\,U_N} = \dfrac{1}{3}$　(3–39)

由式(3–39)可见，采用星–三角降压起动，电网供给的电流下降为三角形联结时的 1/3。

根据起动转矩与电压成正比的关系，则两种情况下的起动转矩比为

$$\frac{T'_{st}}{T_{st}} = \frac{U_1^2}{U_D^2} = \frac{1}{3} \tag{3–40}$$

以上说明：星–三角起动转矩降低的倍数与电流降低的倍数相同。由于高电压电动机引出六个出线端子有困难，故星–三角起动一般仅用于 500 V 以下的低压电动机，且又限于正常运行时定子绕组作三角形联结，常见的额定电压标为 380/220 V 的电动机，其意思是：当电源线电压

为 380 V 时用星形联结，线电压为 220 V 时用三角形联结。显然，当电源线电压为 380 V 时，这一类电动机就不能采用星-三角降压起动。星-三角降压起动的优点是起动设备简单，成本低，运行比较可靠，维护方便，所以应用广泛。

3. 自耦变压器降压起动

自耦变压器降压起动是利用自耦变压器将电网电压降低后再加到电动机定子绕组上，待转速接近稳定值时再将电动机直接接到电网上，原理如图 3-32 所示。

起动时，将开关扳到“起动”位置，自耦变压器一次侧接电网，二次侧接电动机定子绕组，实现降压起动。当转速接近额定值时，将开关扳向“运行”位，切除自耦变压器，使电动机直接接入电网全压运行。

为说明采用自耦变压器降压起动对起动电流的限制和对起动转矩的影响，取自耦变压器一相电路分析即可，如图 3-33 所示。已知自耦变压器的电压比 $k_u=N_1/N_2=U_1/U_2=I'_{2st}/I'_{1st}$（$U_1$ 为电网相电压；U_2 为加到电动机一相定子绕组上的自耦变压器输出电压，I'_{1st}为电网向自耦变压器一次侧提供的降压起动电流；I'_{2st}为自耦变压器二次侧提供给电动机的降压起动电流）。

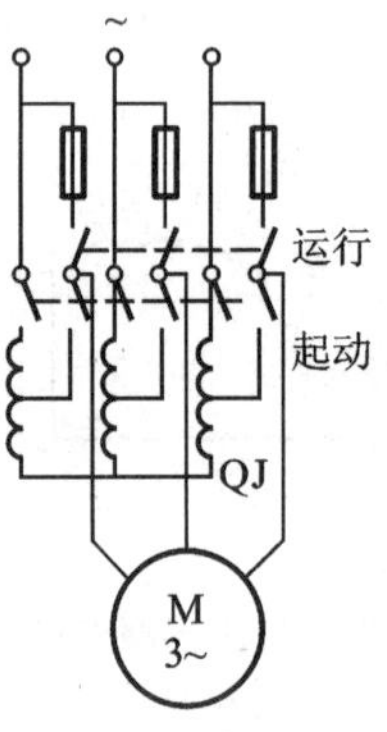

图 3-32　自耦变压器降压起动原理图

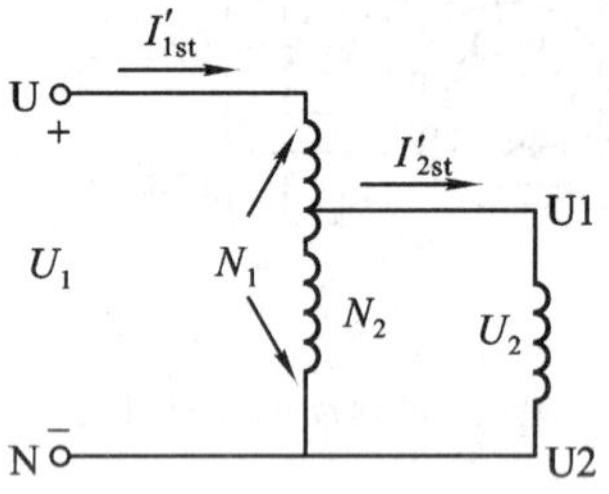

图 3-33　自耦变压器一相电路

设直接起动时，电网提供给电动机的电压起动电流为 I_{1st}，加给定子绕组的相电压为 U_1。则根据起动电流与定子绕组电压成正比的关系，电动机定子绕组降压前后的电流比为

$$I'_{2st}/I_{1st}=U_2/U_1=1/k_u \tag{3-41}$$

且

$$I'_{2st}=k_u\ I'_{1st}$$

则

$$I'_{1st}/I_{1st}=1/k_u^2 \tag{3-42}$$

可见采取自耦变压器降压起动，当定子端电压降低 k_u 倍（$U_2=U_1/k_u$）时，电网供给的起动电流降低了 k_u 倍。起动转矩降低的比值又如何呢？由起动转矩与电压平方成正比的关系可知

$$T'_{st}/T_{st}=U_2^2/U_1^2=1/k_u^2$$

或

$$T'_{st}=T_{st}/k_u^2 \tag{3-43}$$

上式说明，起动转矩降低的倍数与起动电流降低的倍数相同。

自耦变压器的二次侧上备有几个不同的电压抽头，以供用户选择电压。例如，QJ 型有三个抽头，其输出电压分别是电源电压的 55%、64%、73%，相应的电压比分别为 1.82、1.56、1.37；QJ3 型也有三个抽头，分别为 40%、60%、80%。$k_u=2.5$、1.67、1.25。

在电动机容量较大或正常运行时连成星形、并带一定负载起动时，宜采用自耦降压起动，根据负载的情况，选用合适的变压器抽头，以获得需要的起动电压和起动转矩。此时，起动转矩仍有削弱，但不致降低 1/3（与星-三角降压起动相比较）。

自耦变压器的体积大、重量重，价格较高，维修麻烦，且不允许频繁移动。自耦变压器容量的选取，一般等于电动机的容量；每小时内允许连续起动的次数和每次起动的时间，在产品说明书上都有明确的规定，选配时应注意。

（三）深槽式及双笼型异步电动机

从以上对笼型异步电动机的起动分析可见，直接起动时，起动电流太大；降压起动时，虽然减小了起动电流，但起动转矩也随之减小。根据异步电动机转子串电阻的人为机械特性可知，在一定范围内增大转子电阻，可以增大起动转矩，同时可以分析出，转子电阻增大还将减小起动电流，因此，较大的转子电阻可以改善起动性能。但是，电动机正常运行时，希望转子电阻小一些，这样可以减小转子铜损耗，提高电动机的效率。怎样才能使笼型异步电动机在起动时具有较大的转子电阻，而在正常运行时转子电阻又自动减小呢？深槽式和双笼型异步电动机就可实现这一目的。

深槽式异步电动机的转子槽形深而窄，通常槽深与槽宽之比大到 10~12 或以上。当转子导条中流过电流时，槽漏磁通的分布如图 3-34（a）所示。由图可知，与导条底部相交链的漏磁通比槽口部分相交链的漏磁通多得多，因此若将导条看成是由若干个沿槽高划分的小导体并联而成，则越靠近槽底的小导体具有越大的漏电抗，而越接近槽口部分的小导体的漏电抗越小。在电动机起动时，由于转子电流的频率较高，$f_2=f_1=50$ Hz，转子导条的漏电抗较大，因此，各小导体中电流的分配将主要决定于漏电抗，漏电抗越大则电流越小。这样在由气隙主磁通所感应的相同电动势的作用下，导条中靠近槽底处的电流密度将很小，而越靠近槽口则越大，因此沿槽高的电流密度分布如图 3-34（b）所示，这种现象称为电流的集肤效应。集肤效应的效果相当于减小导条的高度和截面［如图 3-34（c）所示］，增大了转子电阻，从而满足了起动的要求。

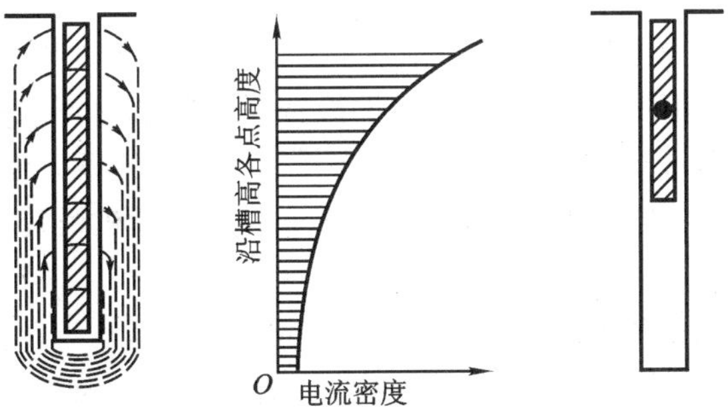

(a) 槽漏磁分布　(b) 导条内电流密度分布　(c) 导条的有效截面

图 3-34　深槽式转子导条中电流的集肤效应

当起动完毕，电动机正常运行时，由于转子电流频率很低，一般为 1~3 Hz，转子导条的漏电抗比转子电阻小得多，因此前述各小导体中电流的分配将要决定于电阻，由于各小导体电阻相等，导条中的电流将均匀分布，集肤效应基本消失，转子导条电阻恢复（减小）为自身的直流电阻。可见，正常运行时，转子电阻能自动变小，从而满足了减小转子铜损耗，提高电动机效率的要求。

双笼型异步电动机的转子上有两套笼，即上笼和下笼，如图 3-35(a)所示。上笼导条截面积较小，并用黄铜或铝青铜等电阻系数较大的材料制成，电阻较大；下笼导条的截面积较大，并用电阻系数较小的紫铜制成，电阻较小。双笼型电动机也常用铸铝转子，如图 3-35(b)所示。显然下笼交链的漏磁通要比上笼多得多，因此下笼的漏电抗也比上笼的大得多。

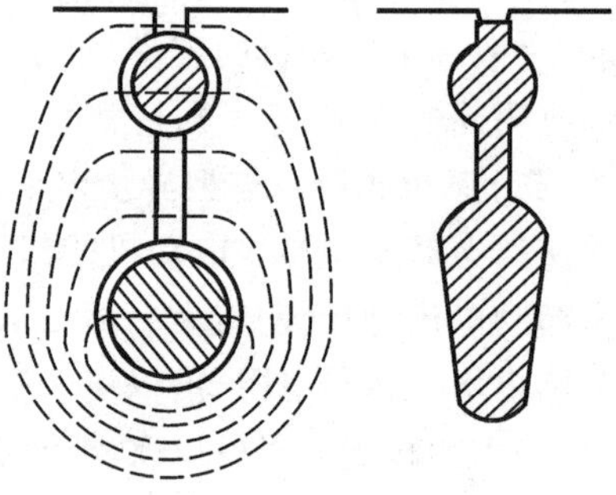

图 3-35　双笼型电动机的转子槽型

起动时，转子电流频率较高，转子漏电抗大于电阻，上、下笼的电流分配主要决定于漏电抗，由于下笼的漏电抗比上笼的大得多，电流主要从上笼流过。因此起动时上笼起主要作用，由于它的电阻较大，可以产生较大的起动转矩，限制起动电流，所以常把上笼称为起动笼。

正常运行时，转子电流频率很低，转子漏电抗远比电阻小，上、下笼的电流分配决定于电阻，于是电流大部分从电阻较小的下笼流过，产生正常运行时的电磁转矩，所以把下笼成为运行笼。

双笼型异步电动机的机械性曲线可以看成是上、下笼两条特性曲线的合成，改变上、下笼的参数就可以得到不同的机械特性曲线，以满足不同的负载要求，这是双笼型异步电动机的一个突出优点。

双笼型异步电动机的起动性能比深槽式异步电动机好，但深槽式异步电动机结构简单，制造成本较低。它们的共同缺点是转子漏电抗较普通笼型电动机大，因此功率因数和过载能力都比普通笼型异步电动机要低。

二、绕线转子异步电动机的起动

对于笼型异步电动机，无论采用哪一种降压起动方法来减小起动电流，电动机的起动转矩都随着减小。对某些重载下起动的生产机械（如起重机、带运输机等）不仅要限制起动电流，而且还要求有足够大的起动转矩，在这种情况下就基本上排除了采用笼型异步电动机的可能性，而采用起动性能较好的绕线转子异步电动机。通常绕线转子异步电动机用转子电路串接电阻或串接频敏变阻器的方法实现起动。

（一）转子电路串接起动电阻器

绕线转子异步电动机的转子回路串入适当的电阻，既可降低起动电流，又可提高起动转矩，改善电动机的起动性能，其原理如图 3-36 所示。当异步电动机的转子回路中接入适当的电阻（使 R_2 增大），不仅可以使起动电流减小，而且可以使起动转矩增大。如果使转子回路的总电阻（包括串入电阻）R_2 与电动机漏感抗 X_{20} 相等，则起动转矩可达到最大值。

起动时，先将变阻器调到最大电阻位置，然后合上电源开关，转子便转动起来。随着转速的升高，电磁转矩将沿着 $T_{em}=f(n)$ 曲线而变化，如图 3-37 所示。例如起动后转速沿曲线 4 变化，转速由零升到某值（a 点）时，切除一段电阻，此时电动机的转速跳变（由 a 点到 A 点），使转矩沿曲线 3 变化。之后，将串入的电阻逐渐切除，直到全部切除为止，转速上升到正常转速，此时电动

机稳定运行于 D 点(曲线 1)。起动完毕后,要用举刷装置把电刷举起,同时把集电环短接。当电动机停止时,应把电刷放下,且将电阻全部接入,为下次再起动做好准备。

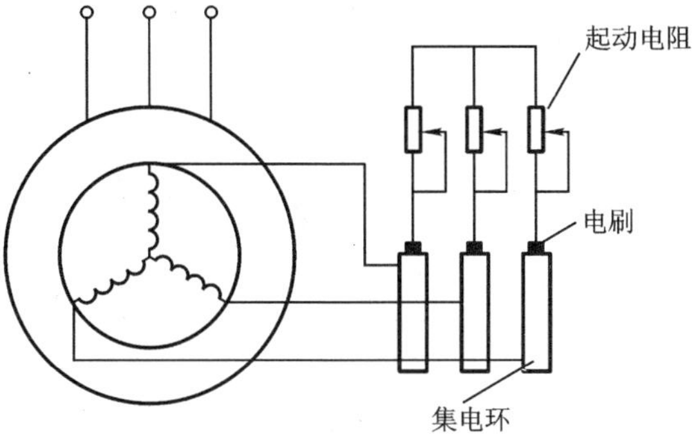

图 3-36　绕线转子异步电动机的起动

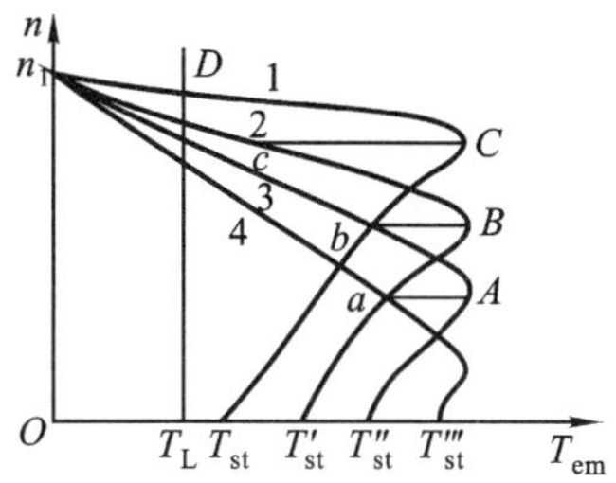

图 3-37　绕线转子异步电动机的机械特性曲线

绕线转子异步电动机不仅能在转子回路串入电阻减小起动电流,增大起动转矩,而且还可以在小范围内进行调速,因此,广泛地应用于起动较困难的机械(如起重吊车、卷扬机等)上。但它的结构比笼型异步电动机复杂,造价高,效率也稍低。在起动过程中,当切除电阻时,转矩突然增大,会在机械部件上产生冲击。当电动机容量较大时,转子电流很大,起动设备也将变的庞大,操作和维护工作量大。为了克服这些缺点,目前多采用频敏变阻器作为起动电阻。

(二)绕线转子异步电动机转子串接频敏变阻器

频敏变阻器是一个三相铁心绕组,三相绕组接成星形,铁心一般做成三柱式,由几片或几十片较厚(30~50 mm)的 E 形钢板或铁板迭装制成,其结构和起动线路如图 3-38 所示。

电动机起动时,电枢绕组中的三相交流电通过频敏变阻器,在铁心中便产生交变磁通,该磁通在铁心中产生很强的涡流,使铁心发热,产生涡流损耗,频敏变阻器的等效电阻随着频率的增大而增加,由于涡流损耗与频率的平方成正比,当电动机起动时($s=1$),转子电流(即频敏变阻器线圈中通过的电流)频率最高($f_2=f_1$),因此频敏变阻器的电阻和感抗最大。起动后,随着转子转速的逐渐升高,转子电流频率($f_2=sf_1$)便逐渐降低,于是频敏变阻器铁心中的涡流损耗及等效电阻也随之减小。实际上频敏电阻器相当于一个电抗器,它的电阻是随交变电流的频率而变化的,故称为频敏变阻器,它正好满足了绕线转子异步电动机起动的要求。

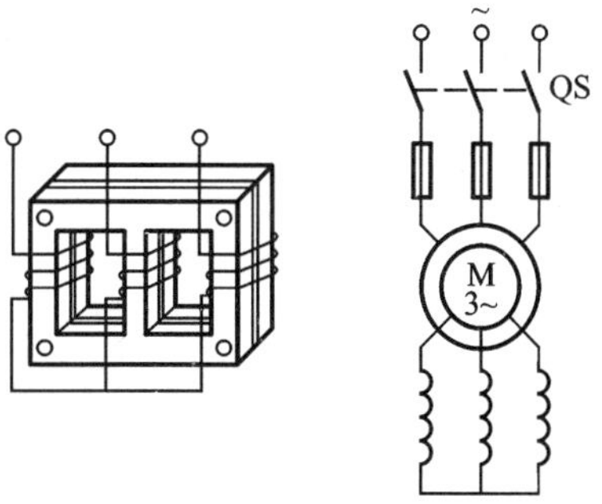

(a) 频敏变阻器的结构示意图　(b) 起动线路图

图 3-38　频敏变阻器降压起动

由于频敏变阻器在工作时总存在着一定的阻抗,使得机械特性比固有机械特性软一些,因此,在起动完毕后,可用接触器将频敏变阻器短接,使电动机在固有特性上运行。

频敏变阻器是一种静止的无触点变阻器,它具有结构简单、起动平滑、运行可靠、成本低廉、维护方便等优点。

[例 3-1]　现有一台异步电动机铭牌数据如下:$P_N=10$ kW,$n_N=1\ 460$ r/min,$U_N=380/220$

V,星/三角联结,$\eta_N = 0.868$,$\cos\varphi_{1N} = 0.88$,$I_{st}/I_N = 6.5$,$T_{st}/T_N = 1.5$,试求:(1)额定电流和额定转矩;(2)电源电压为 380 V 时,电动机的接法及直接起动的起动电流和起动转矩;(3)电源电压为 220 V 时,电动机的接法及直接起动的起动电流和起动转矩;(4)要求采用星-三角起动,其起动电流和起动转矩。此时能否带 60% T_N 和 25% T_N 负载转矩。

[解] (1)

$$I_N = \frac{P_N}{\eta_N \sqrt{3} U_N \cos\varphi_N}$$

星形联结时,$U_N = 380$ V,故相应额定电流

$$I_N = \frac{10\times10^3}{0.868\times\sqrt{3}\times380\times0.88}\text{ A} = 19.9\text{ A}$$

三角形联结时,$U_N = 220$ V,则相应额定电流

$$I_{NY} = \frac{10\times10^3}{0.868\times\sqrt{3}\times220\times0.88}\text{ A} = 34.4\text{ A}$$

不管星形联结还是三角形联结,定子绕组相电压相同(等于其额定相电压),则

$$T_N = 9\ 550 P_N/n_N = 9\ 550\times10/1\ 460\text{ N}\cdot\text{m} = 65.4\text{ N}\cdot\text{m}$$

(2) 电源电压为 380 V 时,电动机正常运行应为星形联结,直接起动时:

$$I_{stY} = 6.5 I_{NY} = 6.5\times19.9\text{ A} = 129.35\text{ A}$$

$$T_{stY} = 1.5 T_N = 1.5\times65.4\text{ N}\cdot\text{m} = 98.1\text{ N}\cdot\text{m}$$

(3) 电源电压为 220 V 时,电动机正常运行应为三角形联结,直接起动时:

$$I_{stD} = 6.5 I_{ND} = 6.5\times34.4\text{ A} = 224\text{ A}$$

$$T_{stD} = 1.5 T_N = 1.5\times65.4\text{ N}\cdot\text{m} = 98.1\text{ N}\cdot\text{m}$$

(4) 星-三角起动只适用于正常运行为三角形联结的电动机,故正常运行应为三角形联结,相应电源电压为 220 V。起动时为星形联结,定子绕组相电压等于其额定相电压的 $1/\sqrt{3}$,即 127 V。所以

$$I_{stY} = \frac{1}{3}\times I_{stD} = 1/3\times224\text{ A} = 74.6\text{ A}$$

$$T_{stY} = \frac{1}{3}\times T_{stD} = 1/3\times98.1\text{ N}\cdot\text{m} = 32.7\text{ N}\cdot\text{m}$$

60% T_N 负载下起动时的反抗转矩

$$T_{2st} = 0.6 T_N = 0.6\times65.4\text{ N}\cdot\text{m} = 39.2\text{ N}\cdot\text{m}$$

$T_{2st} > T_{st}$,故不能起动。

25% T_N 负载下起动时的反抗转矩

$$T_{2st} = 0.25 T_N = 0.25\times65.4\text{ N}\cdot\text{m} = 16.4\text{ N}\cdot\text{m}$$

$T_{2st} < T_{st}$,故能起动。

通过以上计算可知,采用不同的起动方法时,其起动电流及起动转矩的大小是不同的。如要使电动机带负载起动,必须使起动转矩大于反抗转矩。

第六节　异步电动机的调速

在工业生产中为了获得最高的生产率和保证产品加工质量,常要求生产机械能在不同的转

速下进行工作。如果采用电气调速，就可大大简化机械变速机构。

由异步电动机的转速表达式

$$n=n_1(1-s)=\frac{60f_1}{p}(1-s) \tag{3-44}$$

可知：要调节异步电动机的转速，可采用改变电源频率 f_1、极对数 p 以及转差率 s 等三种方法来实现。

一、变极调速

在电源频率恒定条件下，改变定子绕组形成的磁场极对数 p，就可以改变同步转速 n_1 和相应的转子转速 n，称为变极调速。此法只适用于笼型电动机，因为笼型转子绕组的极对数是感应产生的，随定子磁场极对数改变而自动改变，使两磁场极对数保持一致，从而形成有效的平均电磁转矩。

交流电机定子绕组磁动势的极对数，取决于绕组中电流的方向，因此改变绕组接线使绕组内电流方向改变，就能够改变极对数 p。常用的单绕组变极电机，其定子上只装一套三相绕组，就是利用改变绕组连接方式，来达到改变极对数 p 的目的。如图 3-39(b)所示的绕组连接方式，可获得图 3-39(a)图所示的 $p=2$ 的极对数；若改变成图 3-40(b)所示的连接方式，使半数绕组中的电流方向改变，则得到图 3-40(a)图所示的 $p=1$ 的极对数。

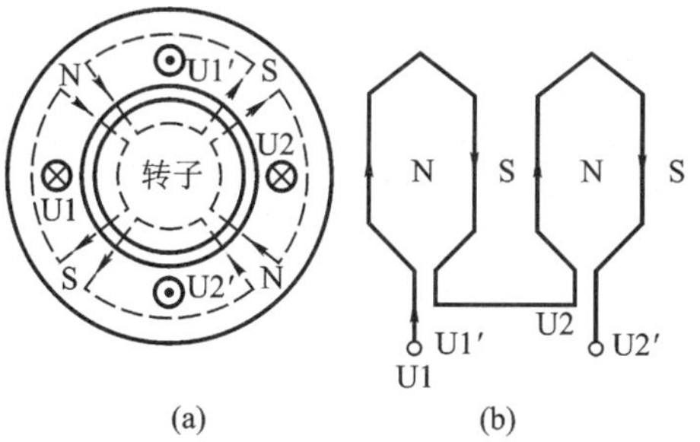

图 3-39　$2p=4$ 的绕组和极数

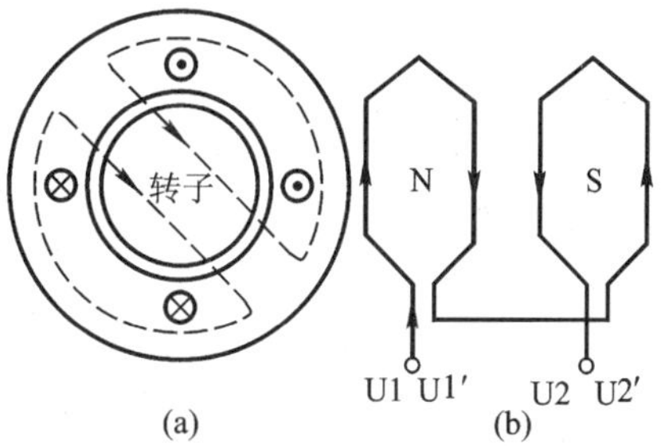

图 3-40　$2p=2$ 的绕组和极数

单绕组变极，可以使定子绕组磁动势极对数成倍数关系改变，从而获得倍极比（如 2/4 极，4/8 极）的双速电机，也可以获得非倍极比（如 4/6 极，6/8 极）的双速电机，还可以获得极数比为 2/4/8 和 4/6/8 的三速电机。

二、变频调速

根据转速公式可知，当转差率 s 变化不大时，异步电动机的转速 n 基本上与电源频率 f_1 成正比。连续调节电源频率，就可以平滑地改变电动机的转速。但是，单一地调节电源频率，将导致电动机运行性能的恶化，其原因可分析如下：

电动机正常运行时，定子漏阻抗压降很小，可以认为 $U_1 \approx E_1 = 4.44 f_1 N_1 k_{w1} \Phi_0$。

若端电压 U_1 不变，则当频率 f_1 减小时，主磁通 Φ_0 将增加，这将导致磁路过分饱和，励磁电流增大，功率因数降低，铁心损耗增大；而当 f_1 增大时，Φ_0 将减小，电磁转矩及最大转矩下降，过载能力降低，电动机的容量也得不到充分利用。因此，为了使电动机能保持较好的运行性能，要求在调节 f_1 的同时，改变定子电压 U_1，以维持 Φ_0 不变，或者保持电动机的过载能力不变。U_1 随 f_1 按什么样的规律变化最为合适呢？一般认为，在任何类型负载下变频调速时，若能保持电动机的过载能力不变，则电动机的运行性能较为理想。

随着电力电子技术的发展，已出现了各种性能良好、工作可靠的变频调速电源装置，将促进变频调速的广泛应用。额定频率时称为基频，则调频时可以从基频向下调，也可从基频向上调。

(一）从基频向下调的变频调速，保持 U_1/f_1 = 恒值，即恒转矩调速

如果频率下调，而端电压 U_1 为额定值，则随着 f_1 下降，气隙每极磁通 Φ_0 增加，使电动机磁路进入饱和状态。过饱和时，会使激磁电流迅速增大，使电机运行性能变差。因此，变频调速应设法保证 Φ_0 不变。若保持 U_1/f_1 = 恒值，电动机最大电磁转矩 T_m 在基频附近可视为恒值，在频率更低时，随着频率 f_1 下调，最大转矩 T_m 将变小。其机械特性如图 3-41(a)所示，可见它是一种近似于恒转矩调速的类型。

(二）从基频向上调的变频调速

电动机端电压是不允许升高的，因此升高频率 f_1 向上调节电动机转速时，其端电压仍应保持不变。这样，f_1 增加，则磁通 Φ_0 降低，属减弱磁场调速类型，此时电动机最大电磁转矩 T_m 及其临界转差率 s_m 与频率 f_1 的关系，可近似表示为

$$T_m \propto \frac{1}{f_1^2};s_m \propto \frac{1}{f_1} \tag{3-45}$$

其机械特性如图 3-41(b)所示，其运行段近似是平行的，这种调速方式，可近似认为是恒功率调速类型。

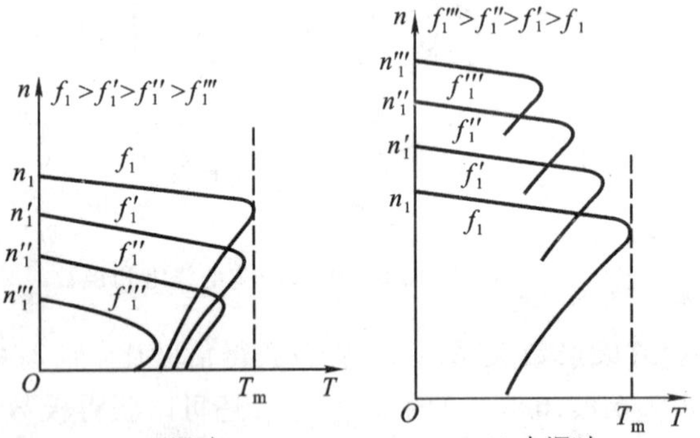

(a) 下调时　　(b) 上调时

图 3-41　变频调速机械特性

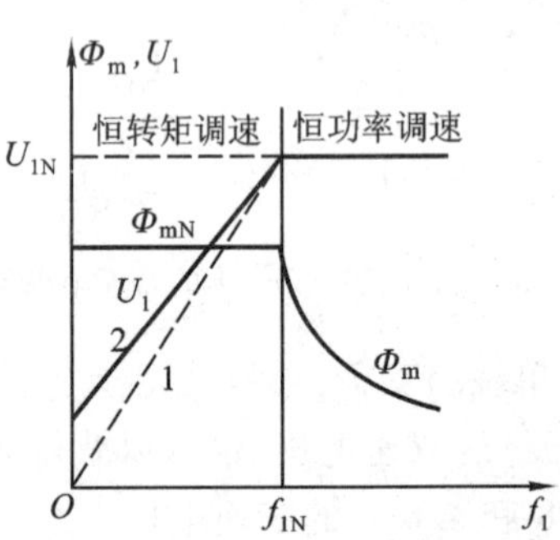

图 3-42　异步电动机变频调速控制特性

1—不带定子电压补偿；2—带定子电压补偿

把基频以下和基频以上两种情况合起来，可以得到图3-42所示的异步电动机变频调速控制特性，图中曲线 1 为不带定子电压补偿时的控制特性，曲线 2 为带定子电压补偿时的控制特性。如果电动机在不同转速下都具有额定电流，则电动机都能在温升允许条件下长期运行，这时转矩基本上随磁通变化而变化，即在基频以下属于恒转矩调速，而在基频以上属于恒功率调速；如果 f_1 是连续可调的，则变频调速是无级调速。

三、改变转差率调速

改变转差率调速的方法有:改变电源电压,改变转子回路电阻,电磁转差离合器等。

(一) 改变电压 U_1 调速

当改变外加电压时,由于 $T_m \propto U_1^2$,所以最大转矩随外加电压 U_1^2 而改变,对应不同的机械特性如图 3-26 所示。当负载转矩 T_2 不变,电压由 U_1 下降至 U'_1时,转速将由 n 降为 n'(转差率由 s 上升至 s')。所以通过改变电压 U_1 可实现调速。这种调速方法,当转子电阻较小时,能调节速度的范围不大;当转子电阻大时,可以有较大的调节范围,但又增大了损耗。

(二) 改变转子回路电阻调速

如图 3-28 所示,改变绕线转子异步电动机转子电路(在转子电路中接入一变阻器),电阻越大,曲线越偏向下方。在一定的负载转矩 T_2 下,电阻越大,转速越低。这种调速方法损耗较大,调整范围有限,主要应用于小型电动机调速中(例如起重机的提升设备)。

(三) 电磁转差离合器调速

电动机和生产机械之间一般都是用机械连接起来的。前面讲述的调速方法都是调节电动机本身的转速,显然调速比较麻烦。能否不去调节电动机的转速,而在联轴器上想办法呢? 电磁转差离合器就是一种利用电磁方法来实现调速的联轴器。

电磁离合器是由电枢和感应子(励磁线圈与磁场)两基本部分所组成,这两部分没有机械的连接,都能自由地围绕同一轴心转动,彼此间的圆周气隙为 0.5 mm。

一般情况下,电枢与异步电动机硬轴连接,由电动机带动它旋转,称为主动部分,其转速由异步电动机决定,是不可调的;感应子则通过联轴器与生产机械固定连接,称为从动部件。

当感应子上的励磁线圈没有电流通过时,由于主动与从动之间无任何的联系,显然主动轴以转速 n_1 旋转,但从动轴却不动,相当于离合器脱开。当通入励磁电流以后,建立了磁场,形成如图 3-43 所示的磁极,使得电枢与感应子之间有了电磁联系,当二者之间有相对运动时,便在电枢铁心中产生涡流,电流方向由右手定则确定。根据载流导体在磁场中受力作用原理,电枢受力作用方向由左手定则确定。但由于电枢已由异步电动机拖动旋转,根据作用力与反作用力大小相等方向相反的原理,该电磁力形成的转矩 T 要迫使感应子连同负载沿着电枢同方向旋转,将异步电动机的转矩传给生产机械(负载)。

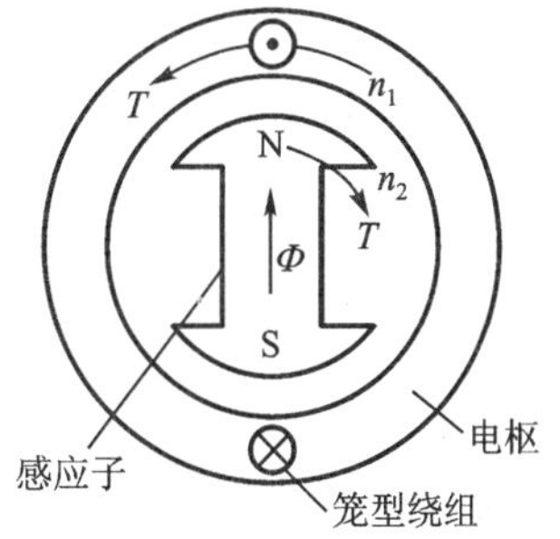

图 3-43 电枢和磁极作用原理图

由上述电磁离合器工作原理可知,感应子的转速要小于电枢转速,即 $n_2<n_1$,这一点完全与异步电机的工作原理相同,故称这种电磁离合器为电磁转差离合器。由于电磁转差离合器本身不产生转矩与功率,只能与异步电动机配合使用,起着传递转矩的作用,通常异步电动机和电磁转差离合器装为一体,故又统称为转差电动机或电磁调速异步电动机。

图 3-44 所示是电磁转差离合器调速系统的结构原理框图,主要包括异步电动机、电磁转差离合器、直流电源、负载等。

电磁调速异步电动机具有结构简单、可靠性好、维护方便等优点,而且通过控制励磁电流的

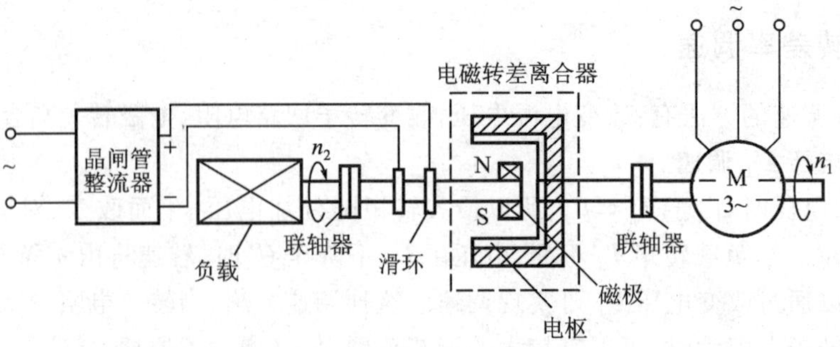

图 3-44　电磁转差离合器调速系统的结构原理框图

大小可实现无级平滑调速，所以广泛应用于机床、起重、冶金等生产机械上。

第七节　三相异步电动机的制动

三相异步电动机的电磁转矩 T_{em} 与转速 n 方向相同时，电动机就处于电动状态，此时，电机从电网吸收电能并转换为机械能向负载输出，电机运行于机械特性的一、三象限。电动机在拖动负载的工作中，只要电磁转矩 T_{em} 与转速 n 的方向相反，电动机就处于制动运行状态，此时电机运行于机械特性的二、四象限。异步电动机制动运行的作用仍然是快速减速或停车和匀速下放重物。和直流电动机一样，异步电动机的制动状态亦分三种，即回馈制动、反接制动和能耗制动。现分别讨论如下：

一、回馈制动

当异步电动机因某种外因，例如在位能负载作用下（图 3-45 中为重物的作用），使转速 n 高于同步转速 n_1，即 $n>n_1$ 时，$s<0$，转子感应电动势 sE_2 反向。

此时，$\dot{U}_1$ 和 $\dot{I}_1$ 之间的相位差角 φ_1 大于 90°。则定子功率 $P_1=m_1U_1I_1\cos\varphi_1$ 为负，说明定子向电网回馈电能。又由于转子电流的有功分量 $I'_2\cos\varphi_2$ 为负，则电磁转矩 $T_{em}=C'_T\Phi_0I'_2\cos\varphi_2$ 也变负，T_{em} 与 n 反向，故此时异步电动机既回馈电能，又产生制动转矩，说明电动机处于回馈制动状态。

回馈制动时，电动机轴上输出的机械功率 $P_2=T_0$，因 T_{em} 变负而变负，故此时异步电动机由轴上输入（即吸收）机械功率。

回馈制动时，T_{em} 为负，n 为正，且 $n>n_1$，当制动转矩与负载位能转矩相等时，电动机在机械特性第二象限的某点稳定运行。

由图 3-45 可知，当异步电动机拖动位能性负载下放重物时，若负载转矩 T_L 不变，转子所串电阻越大，转速越高。为了避免因转速高而损坏电机，在回馈制动时，转子回路中不串电阻。

回馈制动时，异步电动机处于发电状态，不过如果定子不接电网，电机不能从电网吸取无功电流建立磁场，就发不出有功电能。

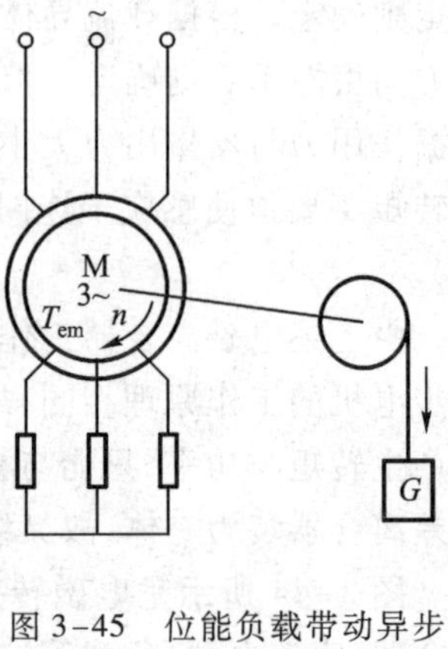

图 3-45　位能负载带动异步电机进入回馈制动

这时，如在异步电动机三相定子出线端并上三相电容器提供无功功率即可发出电来，这便是所谓自励式异步发电机。

回馈制动常用于高速且要求匀速下放重物的场合。

实际上，除了下放重物时产生回馈制动外，在变极或变频调速过程中，也会产生回馈制动。

二、反接制动

（一）转速反向反接制动（或称倒拉反向反接制动）

转速反向反接制动如图 3-46 所示，异步电机转子串接较大电阻接通电源，起动转矩方向与重物 G 产生的负载转矩的方向相反，而且 $T_{st}<T_L$，在重物 G 的作用下，迫使电机反 T_{st} 的方向旋转，并在重物下放的方向加速。其转差率 s 为

$$s=\frac{n_1-(-n)}{n_1}>1 \tag{3-46}$$

随 $|-n|$ 的增加，s、I_2 及 T_{em} 都增大，直到满足 $T=T_L$（图 3-47 中的 B 点），电机转速为 $-n_2$ 稳定运行，重物匀速下放。图 3-47 中所示机械特性的第四象限（实线部分），即为异步电机转速反向反接制动的机械特性。

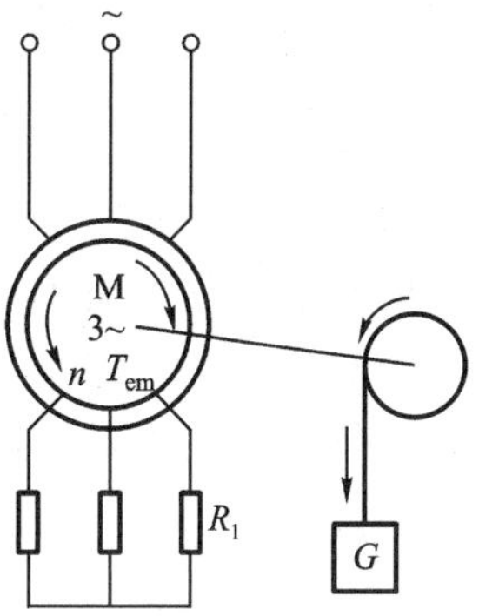

图 3-46　电动机转速反向反接制动电路图

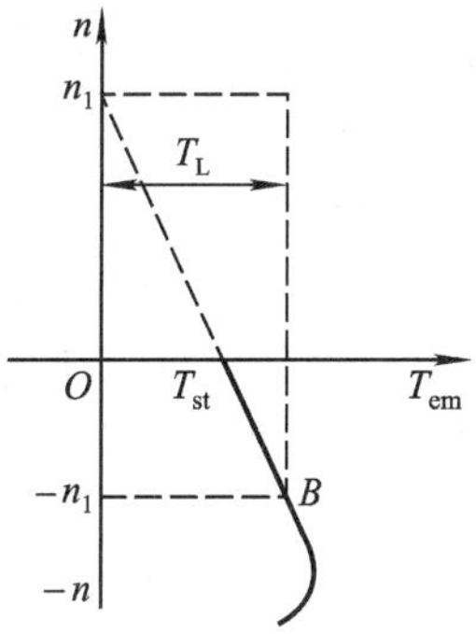

图 3-47　转速反向反接制动时的异步电机特性

转速反向反接制动适用于低速匀速下放重物。

电动机工作在反接制动状态时，它由轴上输入机械功率，定子又通过气隙向转子输送电功率，这两部分功率都消耗在转子电路的总电阻上。

（二）定子两相反接的反接制动

设异步电动机带反抗性负载原来稳定运行于电动状态如图 3-48(b) 的 A 点，为了迅速停车或反转，可将定子两相反接，并同时在绕线式异步电动机转子回路中接电阻 R_f，如图 3-48(a) 所示，由于定子相序的改变，使旋转磁场的方向发生改变，从而使异步电动机的工作点从原来电动机运行机械特性上的 A 点，转移到新的机械特性（通过 $-n_1$ 的特性）上的 B 点。此时，由于转子切割磁场的方向与电动状态时相反，则感应电动势的方向也改变。此时的转差率为

$$s=\frac{-n_1-n}{-n_1}=\frac{n_1+n}{n_1}>1 \tag{3-47}$$

由上式可知，$s>1$ 是反接制动的特点（含转速反向和两相反接两种制动）。

两相反接时，E_2、sE_2、I_2 及 T_{em} 都与电动状态时相反，即电机转矩变负，与负载转矩共同作用下，使电动机转速很快下降，如图 3-48(b) 中的 BC 段。当转速降至零（即 C 点）时如不切除电源，则电动机反向加速而进入反向电动状态（对应于 CD 段），当加速到 D 点，电动机稳定运转，从而实现了反转。

以上分析是电动机带反抗性负载的情况，当电动机带位能性负载，用两相反接时，负载转矩不变，但电磁转矩 T_{em} 变负，在电磁转矩 T_{em} 和负载转矩 T_L 的共同作用下，使电动机减速，直到转速为零时，在 T_{em} 和 T_L 的作用下，电动机反向起动并加速。随转子反向加速，电磁转矩仍为负，但绝对值减小，直到转速达 $-n_1$ 时，$T_{em}=0$。由于负载的作用，转速继续升高，此时 $T_{em}>0$，直到 $T_{em}=T_L$，电动机才稳定运行于图3-48(b)中的 E 点。

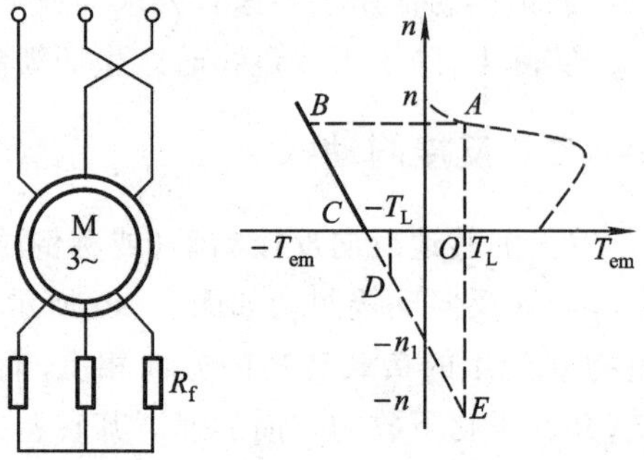

(a) 电路图　　(b) 机械特性

图 3-48　异步电机定子两相反接的电路图与机械特性

定子两相反接制动，无论负载性质如何，都是指两相反接开始到转速为零为止这个过程。两相反接制动的优点是制动效果好，缺点是能耗大，制动准确度差，如要停车，还需由控制线路及时切除电源。这种制动适用于要求迅速停车并迅速反转的生产机械。

异步电动机带位能性负载时，两相反接使转速反转后，在图 3-48(b) 上 D 点不能稳定运行，还将继续反向加速，当 $|-n|>|-n_1|$ 时，电动机进入反向回馈制动状态。

应当指出，上述两种反接制动，虽然电动机轴上都有机械功率输入，但有所不同。在转速反向的反接制动时，这部分机械功率由位能性负载提供；而定子两相反接制动，则是整个转动部分所储存的动能提供。因此，前者可恒速运转，后者只能减速，因为储存的动能随转速的降低而减小，以致不能保持恒速运转。

三、能耗制动

设异步电动机原在图 3-49(b) 中的 A 点运行，此时，图 3-49(a) 中 KM2 的触点断开，KM1 闭合。为了迅速停车，断开 KM1 使电动机脱离电网，并立即闭合 KM2，则定子两相绕组通入直流，在定子内形成一个固定磁场。此时转子因惯性继续旋转，导线切割磁场，在转子中产生感应电动势及感应电流。根据左手定则可确定转矩的方向与转速的方向相反（根据定子磁场与转子电流有功分量的方向确定），故为制动转矩。

当直流励磁电流不变，转子内电阻增加，对应于最大转矩的转速也增加（$s_m \propto r_2$），但最大转矩不变，如图 3-49(b) 中曲线 1 与 3 所示。曲线 3 为串较大电阻时的特性。

当直流励磁电流增加，转子串电阻不变，对应于最大转矩的转速不变，但最大转矩增大，如图 3-49(b) 中曲线 1 与 2 所示，曲线 2 为直流励磁电流较大时的特性。

由图 3-49(b) 所示能耗制动时的机械特性可以看出，改变转子串接电阻或定子直流励磁电流的大小，都可调节制动转矩的大小。当电动机转速下降为零，制动转矩也为零，因此采用能耗制动能准确停车。由图 3-49(b) 还可看出，能耗制动机械特性向第四象限延伸，可用以低速下放重物。它广泛应用于矿井提升及起重运输机械等。

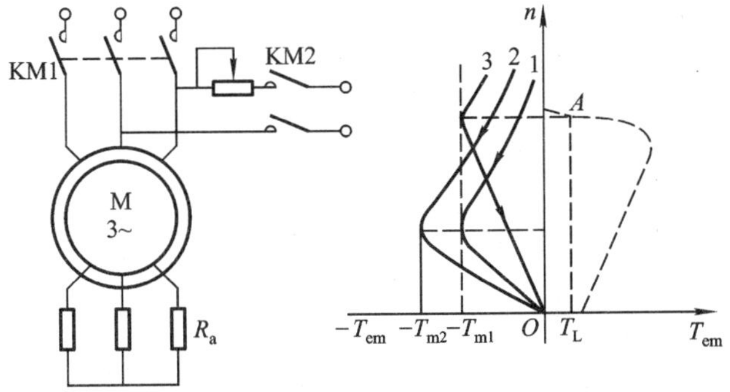

(a) 电路图　　(b) 机械特性

图 3-49　异步电动机能耗制动的电路图及机械特性

在绕线转子异步电动机的拖动系统中，采用能耗制动可以使系统迅速停车。

第八节　三相异步电动机的参数测定

利用等效电路计算异步电动机的运行特性时，必须知道电动机的参数，这些参数可以通过空载试验和堵转（短路）试验求得。

一、空载试验

（一）试验的目的

是测定励磁支路的参数 r_m、x_m 以及铁耗 P_{Fe} 和机械损耗 P_{mec}。

（二）试验的条件

试验时，电动机空载、定子接到额定频率的三相对称电源，改变定子端电压的大小可测得对应的空载电流 I_0 和空载输入功率 P_0。绘出 $I_0=f(U_1)$ 和 $P_0=f(U_1)$ 两条曲线。

（三）参数计算

$$Z_0=\frac{U_1}{I_0}$$

$$r_0=\frac{P_0-P_{mec}}{3I_0^2} \qquad (3-48)$$

$$x_0=\sqrt{Z_0^2-r_0^2}$$

式中，U_1 为定子相电压；I_0 为定子相电流。根据空载试验，求得额定电压时的 I_0、P_0、P_{Fe} 的值，即可算出。

空载时，$I_2=0$。从 T 形等效电路来看，相当于转子开路，所以

$$x_0=x_m+x_1 \qquad (3-49)$$

通过堵转试验求得 x_1 后，即可求得励磁电抗 x_m（$x_m=x_0-x_1$）和励磁电阻 r_m（$r_m=r_0-r_1$）。

二、堵转试验

(一) 试验的目的

测定感应电动机的短路参数 Z_s及消耗在定、转子的铜耗 $P_{Cu1}+P_{Cu2}$。

(二) 试验的条件

试验时,将转子堵住不动,这时 $s=1$,则在等效电路中的附加电阻,相当于转子电路本身短接,所以堵转试验也称为短路试验,求得的参数也就称之为短路参数。

试验时,定子仍加额定频率的三相对称电压,为了使短路试验不出现过电流,应降低电压。一般电压从 $U_1=0.4U_N$电压开始,逐渐降低电压,求得不同电压下的定子相电流 I_s和输入功率 P_s,即可画出短路特性 $I_s=f(U_1)$和 $P_s=f(U_1)$。

当励磁支路开路,$I_0=0$,铁耗忽略不计,因此,输入功率全部消耗在定、转子的铜耗上。

(三) 参数计算

$$Z_s=\frac{U_s}{I_s}$$

$$r_s=\frac{P_s}{3I_s^2} \tag{3-50}$$

$$x_s=\sqrt{Z_s^2-r_s^2}$$

定子电阻 r_1 可直接测得,于是

$$r'_2=r_s-r_1 \tag{3-51}$$

对大中型电动机,可以认为

$$x_1=x'_2=\frac{1}{2}x_s \tag{3-52}$$

第九节 单相异步电动机

单相异步电动机是接单相交流电源运行的异步电动机,其结构简单、成本低廉,只需单相电源,广泛应用于家用电器、电动工具、医疗器械等方面,功率从几瓦到几百瓦,与三相异步电动机相比,效率和功率因数稍低,由于容量不大,故此缺点并不突出。

单相异步电动机采用普通笼式转子。定子上有两相绕组,在空间互差 90°电角度,一相为主绕组,又称为运行绕组;另一相为副绕组,又称为起动绕组。当一相绕组单独通入交流电流时,产生的磁动势为脉振磁动势。两相绕组同时通入相位不同的交流电流时,在电机中产生的磁动势一般为椭圆旋转磁动势,特殊情况下可为圆形旋转磁动势。

一、单相异步电动机的工作原理

(一) 运行绕组单独通电时的机械特性

如果仅将单相异步电动机的运行绕组接通单相交流电源,流过交流电流时,电机中产生的脉振磁动势可以分解为两个转向相反、转速相同、幅值相等的旋转磁动势 F_+和 F_-,所以单相异步电动机的转子在脉振磁动势作用下产生的电磁转矩 T_{em},应该等于正转磁动势 F_+和反转磁动势 F_-分别作用下产生的电磁转矩之和。

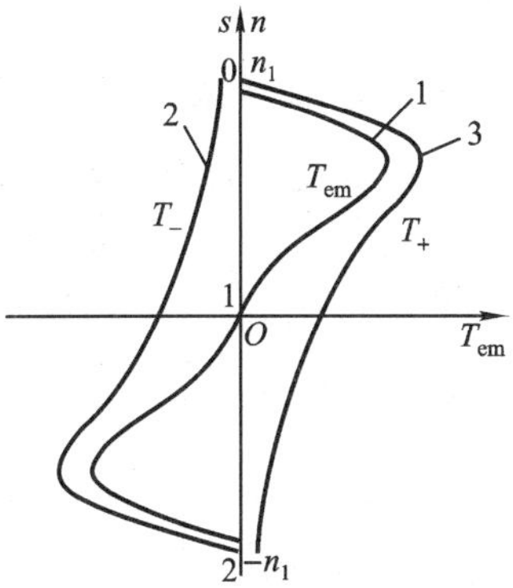

图 3-50 运行绕组通电时的机械特性

笼型转子在旋转磁动势作用下产生的电磁转矩在三相异步电动机中已经分析过,并且得出了相应的机械特性。单相异步电动机的笼型转子在正转磁动势和反转磁动势分别作用下产生的电磁转矩,可以直接利用三相异步电动机的机械特性来分析。设在正转磁动势作用下单相异步电动机的电磁转矩为 T_+,机械特性$T_+=f(s)$或 $T_+=f(n)$如图 3-50 中的曲线 3 所示,同步转速为 n_1。在反转磁动势作用下单相异步电动机的电磁转矩为 T_-,机械特性为 $T_-=f(s)$或 $T_-=f(n)$如图 3-50 中的曲线 2 所示,同步转速为$-n_1$。由于 $F_+=F_-$,两条特性曲线是对称的。合成转矩 $T=f(s)$或 $T=f(n)$就是运行绕组单独通电时的机械特性,如图 3-43 中的曲线 1 所示。从合成机械特性 $T=f(n)$可以看出:

① 当转速 $n=0$ 时,电磁转矩 $T_{em}=0$,亦即运行绕组单独通电时,没有起动转矩,不能自行起动。

② 当 $n>0$ 时,$T_{em}>0$,即只要电机已经正转,而且在此转速下的电磁转矩大于轴上的负载转矩,就能在电磁转矩的作用下升速至接近于同步转速的某点稳定运行。因此,单相异步电动机如果只有运行绕组,可以运行但不能自行起动。

(二)两相绕组通电时的机械特性

单相异步电动机的运行绕组和起动绕组同时通入相位不同的交流电流时,一般产生椭圆旋转磁动势,可以分解为两个转向相反、转速相同、幅值不等的旋转磁动势。设正转磁动势的幅值 F_+大于反转磁动势的幅值 F_-,则 F_+单独作用于转子式的机械特性 $F_+=f(s)$如图 3-51 中的曲线 1 所示,F_-单独作用于转子式的机械特性 $F_-=f(s)$如图 3-51 中的曲线 2 所示,转子所产生的合成转矩 $T_{em}=T_++T_-$,合成机械特性 $T_{em}=f(s)$如图3-51中的曲线 3 所示,从该机械特性看出:$F_+>F_-$,以及椭圆旋转磁动势正转的情况下,$n=0$ 时,$T_{em}>0$,电机有起动转矩,能自行起动,并正向运行。显然,如果 $F_+<F_-$,即椭圆旋转磁动势反转的情况下,电机能够反方向起动,并反方向运行。

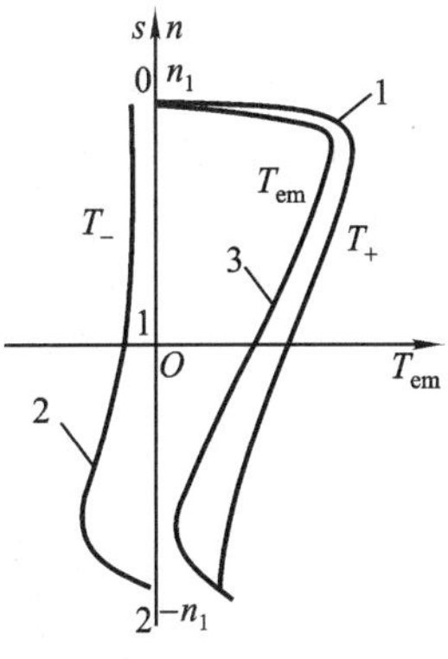

图 3-51 椭圆旋转磁动势时的机械特性

如果电机中产生的是圆形旋转磁动势,则单相异步电动机的机械特性与三相异步电动机情况相同。

以上分析表明,单相异步电动机自行起动的条件是电机起动时的磁动势是椭圆或圆形旋转磁动势,为此,一般应有起动绕组,并且要使起动绕组与运行绕组中电流的相位不同。

起动后的单相异步电动机,可以将起动绕组断开,也可以不断开。若需断开,可在起动绕组回路串联一个开关,当转速上升到同步转速的 75%~80% 时,使开关自动打开,切除起动绕组电路。此开关可用装在电机轴上的离心开关,当转速升至一定程度靠离心力打开;也可以用电流继电器的触点作此开关,起动开始电流大,触点吸合,转速上升至一定程度时电流减小,触点打开。

单相异步电动机起动绕组和运行绕组由同一单相电源供电，如何把这两个绕组中的电流的相位分开，即所谓“分相”，是很重要的。单相异步电动机也因分相方法的不同而分为不同的类型。

二、单相异步电动机的基本形式

（一）电阻分相单相异步电动机

图 3-52 为电阻分相电动机的原理图，设计时起动绕组的匝数较少，导线截面取得较小，与运行绕组相比，其电抗小而电阻大。起动绕组和运行绕组并联接电源时，起动绕组电流 $\dot{I}_2$ 与运行绕组电流 $\dot{I}_1$ 便不同相，$\dot{I}_2$ 超前 $\dot{I}_1$ 一个电角度，从而产生椭圆旋转磁动势，使电动机能够自行起动。起动绕组一般按短时工作设计的，这时起动绕组回路串有开关 S，当转速上升到接近稳定转速时，自动断开，以保护起动绕组和减少损耗，由运行绕组维持运行。由于这种分相方法，相量 $\dot{I}_1$ 与 $\dot{I}_2$ 位于电压相量 $\dot{U}$ 的同一侧，它们之间相位差不大，因而起动转矩不大，只能用于空载和轻载起动的场合。

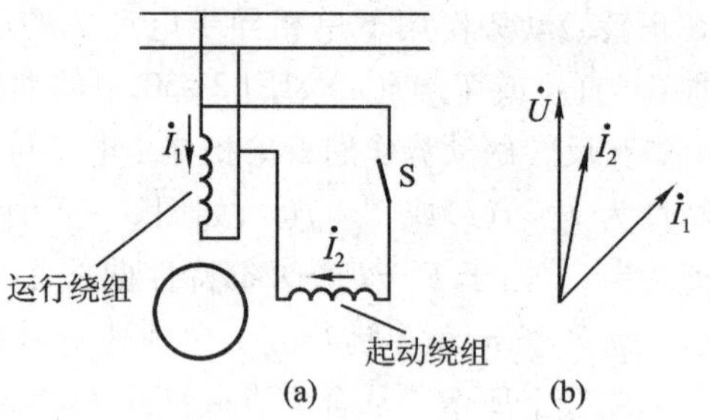

图 3-52　电阻分相电动机

（二）电容分相单相异步电动机

电容分相单相异步电动机是在起动绕组回路中串一电容器，使起动绕组中的电流 $\dot{I}_2$ 超前于电压 $\dot{U}$，从而与 $\dot{I}_1$ 之间产生较大的相位差，起动性能和运行性能均优于电阻分相单相异步电动机。根据性能要求的不同，电容分相单相异步电动机又分为以下三种：

1. 电容分相起动单相异步电动机

图 3-53 是电容分相起动单相异步电动机的原理图，其接线图如图 3-53(a)所示，起动绕组串联一个电容器 C 和一个起动开关 S，再与运行绕组并联接单相电源。电容器的大小合适时，起动绕组与运行绕组的电流相位差接近 90°电角度，其相量图如图 3-53(b)所示。这样可使起动时电机中的磁动势接近于圆形这种电动机的机械特性，如图 3-54 所示，其中曲线 1 为接入起动绕组起动时的机械特性，曲线 2 的实线部分为起动开关断开，起动绕组切除以后的机械特性。

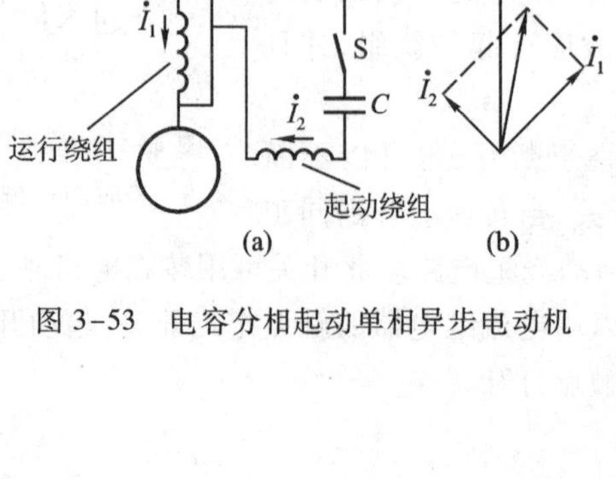

图 3-53　电容分相起动单相异步电动机

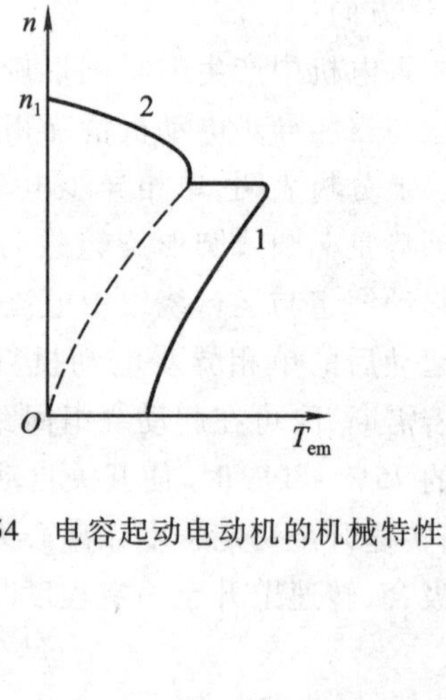

图 3-54　电容起动电动机的机械特性

2. 电容运转单相异步电动机

图 3-55 是电容运转单相异步电动机的接线图，与电容起动单相异步电动机相比，仅将起动开关去掉，使起动绕组和电容器不仅起动时起作用，运行时也起作用，这样可以提高电动机的功率因数和效率，所以这种电动机的运行性能优于电容起动单相异步电动机。

电容运转单相异步电动机起动绕组所串电容器 C 的电容量，主要是根据运行性能要求而确定的，比根据起动性能要求而确定的电容量要小，为此，这种电动机的起动性能不如电容起动单相异步电动机好。电容运转单相异步电动机不要起动开关，所以结构比较简单，价格比较便宜，维护也简单一些，使用于风扇、洗衣机等。

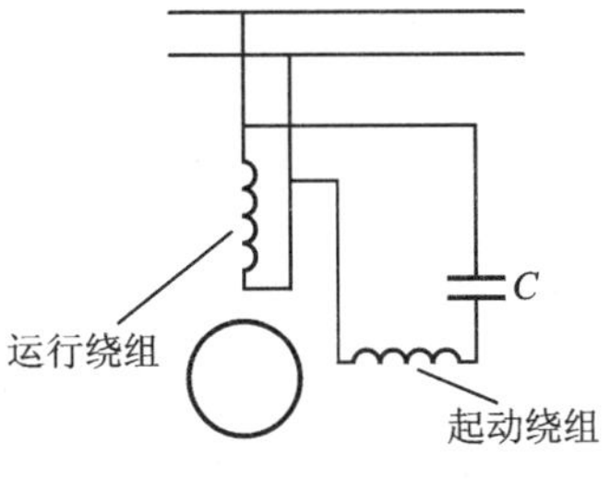

图 3-55　电容运转单相异步电动机

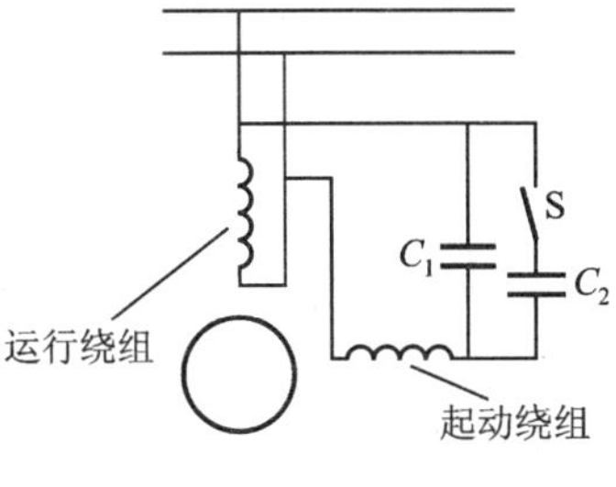

图 3-56　电容分相起动运转单相异步电动机

3. 电容分相起动运转单相异步电动机

图 3-56 为电容起动运转单相异步电动机的接线图，在起动绕组回路中串入两个并联的电容器 C_1 和 C_2，其中电容器 C_2 串接起动开关 S。起动时，S 闭合，两个电容器同时作用，电容量为两者之和，电动机有良好的起动性能。当转速上升到一定程度，S 自动打开，切除电容器 C_2，电容器 C_1 与起动绕组参与运行，确保良好的运行性能。由此可见，电容分相起动运转单相异步电动机虽然结构复杂，成本较高，维护工作量稍大，但其起动转矩大，起动电流小，功率因数和效率较高，适用于空调机、小型空压机和电冰箱等。

（三）罩极式单相异步电动机

罩极式单相异步电动机的转子仍为笼式，定子有凸极式和隐极式两种，图 3-57(a) 所示为一台凸极式罩极单相异步电动机的结构原理图。定子每个磁极上套有集中绕组，作为运行绕组，极面的一边约三分之一处开有小槽，经小槽放置一个闭合的铜环，称为短路环，把磁极的小部分罩在环中。

定子磁极绕组接通单相交流电源，通入交流电流时，电机内产生脉振磁动势，有交变磁通穿过磁极。其中大部分为穿过未罩部分的磁通 $\dot{\Phi}_A$，另有一小部分与 $\dot{\Phi}_A$ 同相位的磁通 $\dot{\Phi}'_A$ 穿过被罩部分。当 $\dot{\Phi}'_A$ 穿过短路环时，短路环内感应电动势 $\dot{E}_k$，相位上落后于磁通 $\dot{\Phi}'_A$，$\dot{E}_k$ 在短路环内产生电流 $\dot{I}_k$，相位上落后于 $\dot{E}_k$ 一个不大的电角度，如图 3-57(b) 所示，电流 $\dot{I}_k$ 产生磁通 $\dot{\Phi}_k$ 与 $\dot{I}_k$ 同相，所以实际穿过被罩部分的磁通 $\dot{\Phi}_B$ 应为 $\dot{\Phi}'_A$ 与 $\dot{\Phi}_k$ 的相量和，短路环内的感应电动势 $\dot{E}_k$ 应为 $\dot{\Phi}_B$ 感应产生，相位上落后 $\dot{\Phi}_B$ 90°电角度，如图 3-57(b) 所示可见，磁通 $\dot{\Phi}_A$ 和 $\dot{\Phi}_B$ 不但在空间相差一个电角度，时间上也不同相位，因而在电机中形成的合成磁场为椭圆旋转磁场，旋转的方向总是从

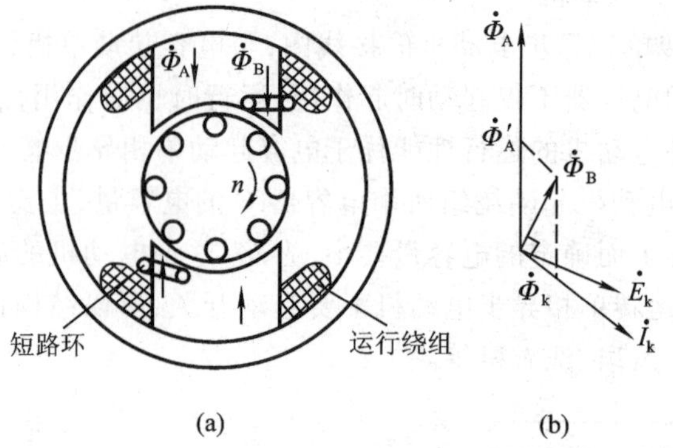

图 3-57　罩极式单相异步电动机

未罩部分转向被罩部分。电机在此椭圆旋转磁场作用下，产生起动转矩自行起动，然后主要由运行绕组维持运行。由于磁通 $\dot{\Phi}_A$ 与 $\dot{\Phi}_B$ 无论在空间位置还是时间相位上相差的电角度都远小于 90°，故起动转矩较小，只能空载或轻载起动；而且转向总是由磁极的未罩部分转向被罩部分，不能改变；这种电动机的优点是结构简单、维护方便、价格低廉。使用于小型鼓风机、风扇和电唱机等。

三、单相异步电动机的调速与反转

（一）调速

由于单相异步电动机有一系列的优点，所以使得它的使用领域越来越广泛，尤其在家用电器的使用上获得了迅速的发展。目前，各种家电品种已达几百种，规格款式数以千计。由于单相异步电动机只需单相交流电源，所以在家用电器的使用上十分普通。

家用电扇一般都要求能调速，单相异步电动机的调速方法很多，对于电风扇用电动机调速，目前常用的有电抗法和抽头法。

1. 串电抗调速

将电抗器与电动机定子绕组串联，通电时，利用在电抗上产生的电压降使施加到电动机定子绕组上的电压低于电源电压，从而达到降低调速的目的。因此，用串电抗器调速时，电动机的转速只能由额定转速往低调。图 3-58(a)为罩极电动机串电抗器调速电路图，而图 3-58(b)为电容运

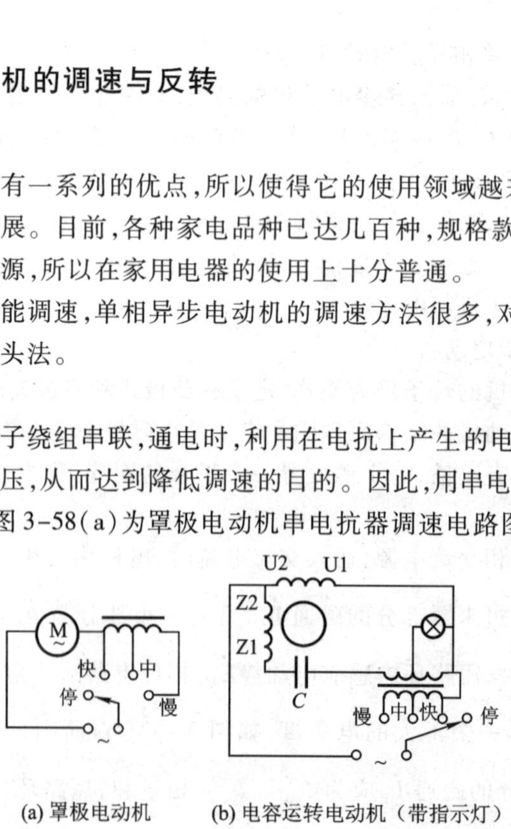

图 3-58　单相异步电动机串电抗器调速电路

转电动机带有指示灯串电抗器调速电路。

这种调速方法线路简单，操作方便。缺点是电压降低后，电动机的输出转矩和功率明显降低，因此只适用于转矩及功率都允许随转速降低而降低的场合。目前主要用于吊扇及台扇上。

2. 电动机绕组抽头调速

电容分相单相电动机较多地采用定子绕组抽头调速，此时电动机定子铁心槽中嵌有工作绕组 U1U2，起动绕组 Z1Z2 和中间绕组 D1D2。通过调速开关改变中间绕组与起动绕组及工作绕组的接线方法，从而达到改变电动机内部气隙磁场的大小，达到调节电动机转速的目的，这种调速方法通常有 L 形接法和 T 形接法两种，如图 3-59(a)、(b)所示两种。

与串电抗调速比较，用绕组内部抽头调速不需电抗器，故材料省、耗电少，缺点是绕组嵌线和接线比较复杂，电动机与调速开关的接线较多。

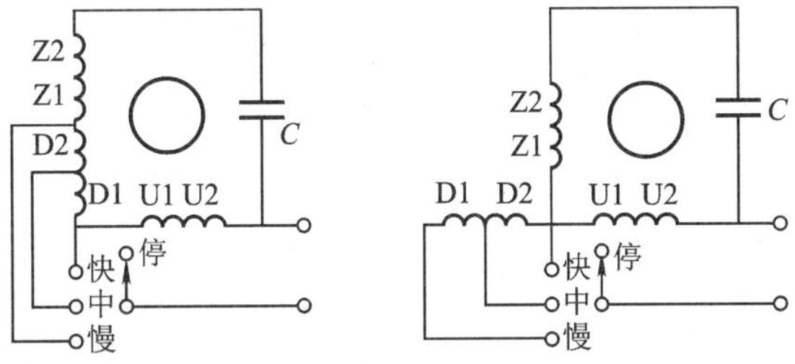

(a) L 形接线法　　(b) T 形接线法

图 3-59　电容电动机绕组抽头调速接线图

(二) 反转

下面通过洗衣机用电动机来分析单相异步电动机的反转。

洗衣机工作时要求电动机在定时器的控制下正反交替运转。改变单相电容运转电动机转向的方法有两种：一是在电动机与电源断开时，在主绕组或副绕组中任何一组的首尾两端换接以改变旋转磁场的方向，从而改变电动机的转向；二是在电动机运转时，将副绕组上的电容器串接于主绕组上，即主、副绕组对调，从而改变旋转磁场和转子的转向。洗衣机所采用的大都是后一种方法，因为洗衣机在正反转工作时情况完全一样，所以两相绕组可轮流充当主、副绕组，因而在设计时，主、副绕组应具有相同的线径、匝数、节距及绕组分布形式。

第十节　交流电动机的调速控制技术

伴随着电力半导体器件、大规模集成电路、电子技术、计算机技术的发展，笼型异步电动机调速的高性能、高效率，以及减少装置体积、提高可靠性、降低成本等提供了广阔的前景，加上交流电动机可以制造得比直流电动机容量更大，电压和转速更高，以及适用于易燃、易爆、易蚀、潜水等恶劣环境，所以交流调速日益受到重视和广泛应用。

本节重点介绍晶闸管调压调速系统和晶闸管变频调速系统。要说明的是变频调速不仅适用于笼型异步电动机，而且也适用于绕线转子异步电动机和同步电动机。另外绕线转子异步电动机还可以利用转子斩波器调速等方法。

一、晶闸管调压调速控制系统

典型晶闸管调压调速控制系统的结构如图 3-60 所示。

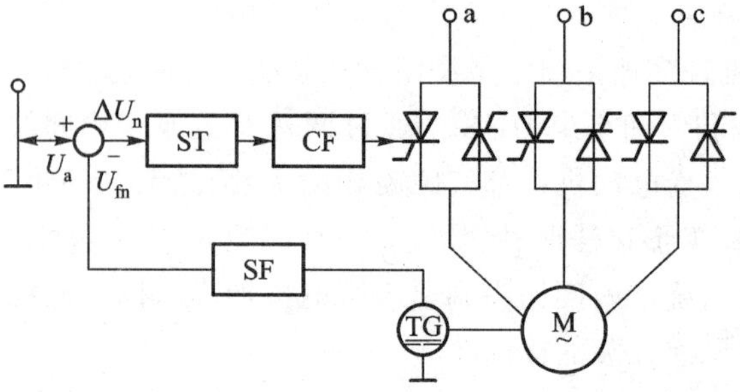

图 3-60　感应式电动机闭环调压调速系统

该系统主回路采用 Y 形联结的三相调压电路，控制方式为带转速负反馈的闭环控制。直流测速发电机发出与电动机轴转速成正比例的电压反馈信号 U_{fn}，U_{fn}与转速给定的电压 U_g（基准电压）相比较，得到转速差信号 ΔU_n，用这个转速差信号，通过转速调节器去控制晶闸管的导通角。改变 U_g 值，即可改变感应式电动机的定子端电压和轴转速。例如：当给定基准电压大于反馈电压时，调压器的控制角会因 $\Delta U_n=U_g-U_{fn}$的增加而变小，输出电压提高，转速升高。直到 U_{fn}的大小与 U_g 相等，即 $\Delta U_n=U_g-U_{fn}=0$ 时，电动机的转速就会稳定在给定基准电压所要求的转速上。相反，如果给定基准电压小于反馈电压，上述过程将向相反方向进行。

闭环调压调速系统可以得到比较硬的机械特性，当电网电压或者负载转矩出现波动时，转速不会因扰动而大幅度波动。给定转速为 a 点，当负载转矩由 T_1 变为 T_2 时，若开环控制则转速下降为 b 点（n_2）；若闭环控制则发生下述过程：由于转速 n 下降，U_{fn}下降而 U_g 不变，则转差信号 $\Delta U_n=U_g-U_{fn}$变大。调压器控制角前移，输出电压由 U_1 上升到 U_2，而电动机转速重新上升到 c 点，可见闭环之后得到了比较硬的机械特性。

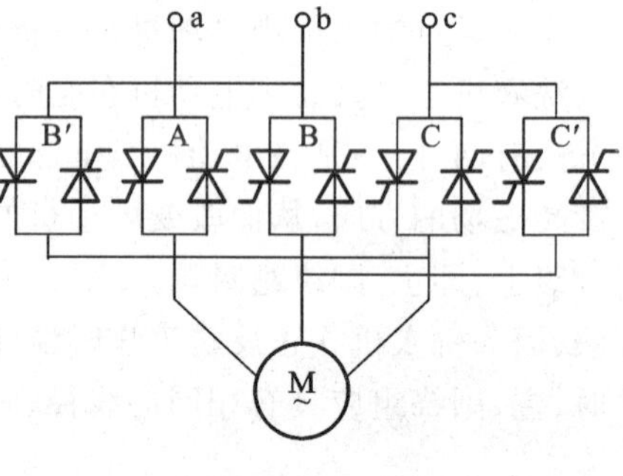

图 3-61　可逆运行时调压电路的接线

如希望电动机反转，可以通过改变电源相序来改变电动机转向。一种是利用接触器改变定子绕组相序，但必须在去掉触发信号，定子电流已切断时进行。另一种方法是引进附加的晶闸管电压控制器，来改变定子电压的相序，如图 3-61 所示。正转、反转这两种工作状态的切换可由逻辑开关控制，也可用单片机控制。

二、晶闸管变频调速控制系统

根据控制方式的不同，可以有三种不同的变频调速方法，即恒磁通变频调速、恒流变频调速和恒功率变频调速。恒磁通变频调速必须在变频的同时进行调压，并在低频时加以补偿，才可以获得恒磁通恒最大转矩的调速特性。恒流变频调速时的最大转矩较恒磁通变频时小，过载能力降低。恒功率变频调速是在电动机电压近似恒定的情况下，频率的增加相当于磁通减少，因而转矩减少，但转速增加，故可以认为功率恒定。

一般的变频调速系统主要采用交-直-交变频装置。基本思路是先把三相交流电变为直流电，再经过逆变器变为频率要调的三相交流电源。

图 3-62 为交-直-交变频器的主线路，它由整流器、中间滤波环节及逆变器三部分组成。

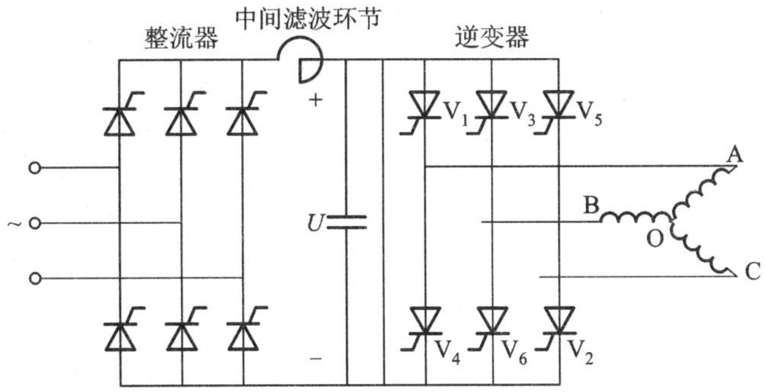

图 3-62　交-直-交变频器

1. 转速开环恒压频比控制的变频调速系统

改变定子频率 f_1 可以改变电动机转速。由于 f_1 提高时，气隙磁通减小，电磁转矩 T 随之减小，电动机利用率和过载能力下降，严重时使电动机堵转；反之，当 f_1 下降时，气隙磁通增大，电动机磁路饱和，引起损耗和发热增加，严重时损坏电动机。因此，在变频调速时应保持磁通为额定值不变，亦即保持比值 E_1/f_1 恒定不变。但 E_1 是一个难以直接控制的量，在忽略定子漏阻抗时，则 $U_1=E_1$，因此可采用 $U_1/f_1=$常数的恒压频比控制方式进行调速，即恒磁通变频调速。

变压变频电源装置目前应用较多的是交-直-交变频装置，它又可分为电压源、电流源、斩波型和脉宽调制(PWM)型等多种。下面叙述采用电压源交-直-交变频装置供电系统，并简要介绍变频调速的基本工作原理。

图 3-63 为电压源变频调速系统，图中点画线框Ⅰ电压控制部分，用来控制整流输出电压的大小。框中函数发生器 GF 作补偿定子压降用；电压负反馈环用以控制输出电压，使其具有符合要求的静态和动态特性；电流负反馈环用以控制动态电流，并起保护作用。点画线框Ⅱ是频率控制部分，主要由恒频变换器 GVF、环形分配器 DRC 和脉冲放大器 AP 组成，其作用是将控制信号 U_{abs} 按其大小转变为具有相应频率的脉冲系列，并用以控制逆变器 VSI 的输出频率。电压和频率控制两部分的输入，是同一个控制信号 U_{abs}。这样可确保恒压频比的协调控制。点画线框Ⅲ是电压源交-直-交变频装置，按恒压频比控制方式输出三相电压，驱动交流电动机调速运行。

电压源交-直-交变频装置，它主要由可控整流器、逆变器和直流环节中的并联大电容组成。可控制整流器的工作原理与直流调整的相同。逆变器一般包括逆变电路和换流电路两部分。图 3-64 为三相串联电感式逆变器电路。这是一种比较简单、性能较好、常用于中小功率或频率不高场合的变频装置。

图中 $V_1 \sim V_6$ 为晶闸管；$C_1 \sim C_6$ 为换流电容器；$L_1 \sim L_6$ 是换流电感，$L_1=L_4$、$L_2=L_5$、$L_3=L_6$，构成全耦合结构；$V_7 \sim V_{12}$ 为反馈二极管；R_A、E_B、R_C 为衰减电阻；C_d 为滤波电容器。

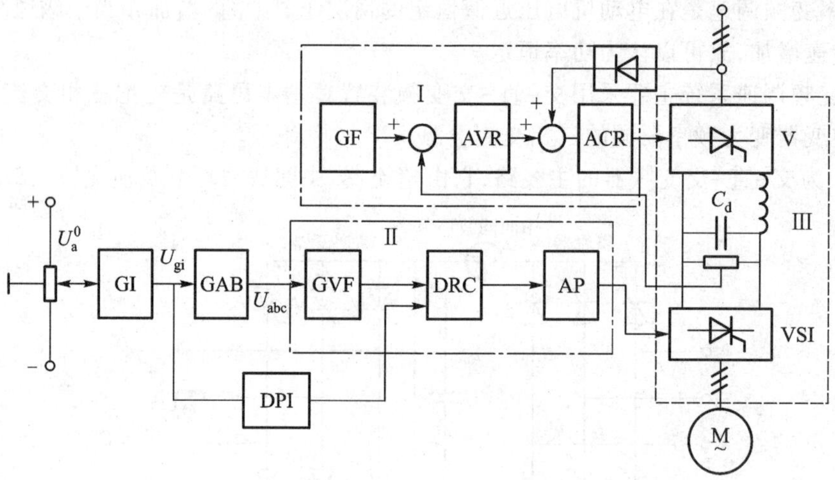

图 3-63　电压源变频调速系统

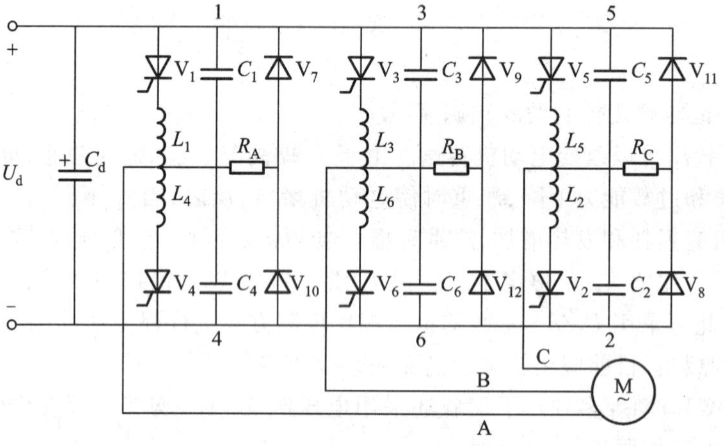

图 3-64　三相串联电感式逆变器电路

该逆变电路利用换流元件 $C_1 \sim C_6$、$L_1 \sim L_6$ 的作用，使桥臂上、下两管间相互强迫换流。当 V_1 导通时，V_4 关断；V_6 导通时，V_3 关断；V_5 导通时，V_2 关断，等等。每隔 60°给 $V_1 \sim V_6$ 加上时序触发脉冲，则晶闸管依次导通。每给予 6 个脉冲，晶闸管自 $V_1 \sim V_6$ 以 360°为一周循环导通一次。

2. 转速闭环转差频率控制的变频调速系统

下面介绍转速闭环转差频率控制变频调速系统。图 3-65 为这种系统的结构原理图。系统主要由转速负反馈环、电流控制部分、频率控制部分和电流源变频装置四部分组成。采用 PI 转速调速器可实现转速的无静止差控制。转速调节器 ASR 的输出电压是转差频率给定值，代表转矩给定。当给定转速和电动机转速不等时 ASR 饱和，输出限幅值，对应转矩最大值。因此，在动态过程中，系统一直处于允许的最大限幅转矩 T_m 作用下。可见，这种调速系统具有优良的静态和动态性能。

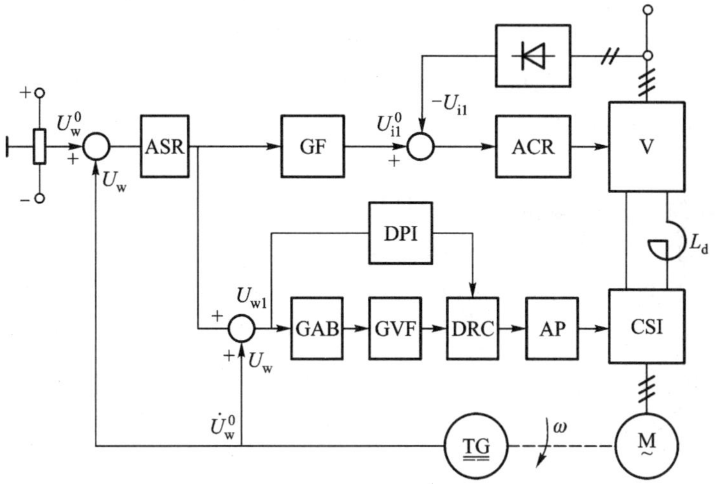

图 3-65 转速闭环转差频率控制变频调速系统

转差频率给定值分两路，通过电流控制部分和频率控制部分作用于可控制整流器和逆变器。

三、单片机控制的变频调速系统

单片机组成的 PWM 控制器的硬件结构如图 3-66 所示，其中点画线框内表示 8031 的最小系统，具体连线略去。

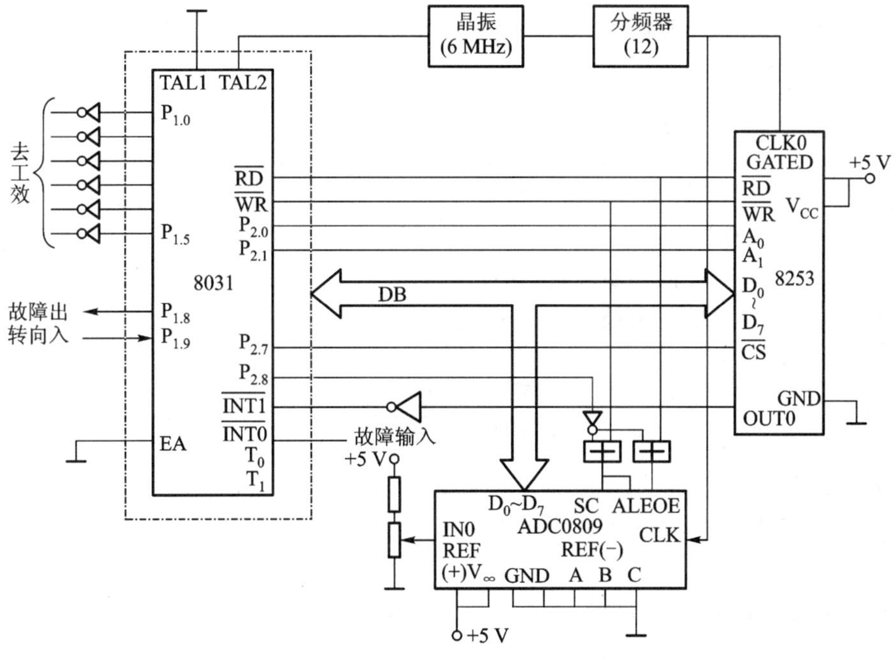

图 3-66 单片机 PWM 控制器的硬件结构

先简单介绍单片机部分的工作原理。由于产生三相 PWM 波需三个定时器通道，而 8031 只有两个 16 位的定时/计数器 T_0、T_1，所以扩充了一块定时/计数器 8253。8031 片内 T_0、T_1 工作于定时方式，计数频率为系统时钟的 1/12。为了同步，在系统时钟为 6 MHz 时，加在 8253 计数输入 CLK 端的是经过分频得到的 500 MHz 标准时钟，这样就使得 8253 的计数频率和 T_0、T_1 一致，分辨率也为 2 μs，可在 2 μs ~ 131 ms 之间任意定时，它用于 PWM 波形的产生，其精度和定时范围已足够。

在未形成闭环的情况下，调制度 T 值暂以表格存入，其取值在允许的范围内变化，已模拟闭环时实时计算的 T 值。并外加一个 A/D 转换器作为频率给定输入，利用 8031 的 P_1 口作为三相 PWM 波形输出，其中 $P_{1.0}$ ~ $P_{1.5}$ 用来输出三相 6 个桥臂的 PWM 触发波形，$P_{1.6}$ 为故障处理输出，$P_{1.7}$ 为给定转向输入端。

$\overline{INT}$ 为故障中断，级别最高，用于电源和主电路工作异常、过压过流等紧急事件的处理。$\overline{INT}$ 和 T_0、T_1 产生的中断用作 A、B、C 三相定时中断，采用互不嵌套方式，以简化程序编制，保证单片机的正常工作。

控制器电路的工作过程是：通过 A/D 转换给定频率后，取出所需 T 值。单片机通过查表和计算，一方面求得下次运行所需的数值；另一方面随相应中断，把以备妥的本次数据装入相应的定时/计数器，并改变接口相应位的高、低电平输出，以产生连续 PWM 波形。每完成一项计算输出，即重新取样给定频率、T 值、转向值，以做到及时响应，快速转换。

PWM 控制器的这种结构，给形成闭环提供了方便。只需再增加一块 8031 和少量芯片，就可组成双单片机系统，一片用作 PWM 控制器，一片用作系统控制器。此时 A/D 转换器应与系统控制器相连，并作电压电流反馈之用。而由系统控制器经数字测速、数字调节运算计算出的频率值 f 和调制度 T 值可通过串行通信方便传送，这就充分利用了单片机方便地组成多机系统地优越性。

四、其他调速控制技术

由于直流电动机存在换向的问题，很多场合限制了它的使用。随着交流伺服电动机性能的不断提高，它的应用越来越广泛。为了改善性能，交流伺服电动机所用电源的频率不一定是工频，而采用较高的频率，以提高同步转速，保证伺服系统的动态误差较小。

有关交流伺服电动机的基本结构、工作原理与控制方法详见第四章。

本章小结

三相异步电动机是通过定子加对称交流电源，形成气隙旋转磁场，依靠电磁感应作用，在转子中感应电动势、产生电流，进而产生电磁力和电磁转矩，带动转子转动，从而实现电能到机械能的转换的。

转子转速总是与旋转磁场转速存在差异，这是异步电动机运行的基本条件，也是它区别于同步电机的重要标志。

从电磁感应本质看，异步电动机与变压器极为相似。因此可以采用研究变压器的方法来分析异步电机。首先把磁路的磁通分成主磁通和漏磁通。然后分析转子静止时的电磁关系，建立基本方程式，经过绕组折算导出等效电路和相量图。最后再分析转子旋转时的电磁关系，经过频率折算，把旋转的转子转化为静止的转子，再进行绕组折算就可导出异步电动机运行时的基本方程式、等效电路和相量图。其等效电路与变压器几乎一样，只不过是把变压器中的负载阻抗 Z_L 改为代表异步电动机总机械功率的纯电阻。但异步电动机与变压器有差别，本质差别在于异步电动机主磁场是旋转磁场，而变压器中的主磁场是脉振磁场；异步电动机转子是旋转的，转子频率 f_2 与定子的不同，而变压器一次侧、二次侧是静止的，感应电动势均是同频率的；变压器只有能量传递，而异步电动机既有能量传递，又有能量转换。另外，由于结构不同，特别是异步电动机存在气隙，其参数与变压器的相差很大。

异步电动机与直流电动机也有很大差别。除了一个交流、一个直流，结构明显不同外，异步电动机是一种"单边励磁"电机，即只有一边接电源，另一边靠感应产生电动势和电流。因此，从空载到负载，其气隙磁场基本不变。而直流电动机则是"双边励磁"电机，磁极和电枢两边都接电源，其气隙磁场是随负载变化的。

在异步电机中，不论转子的转速和转向如何，定、转子基波磁动势总是相对静止，这是它区别于同步电机又一重要标志。只有这样，才使异步电机在任何转速下都能产生平均电磁转矩，电机正常工作。

三相异步电动机的机械特性 $n=f(T)$，可用物理表达式、参数表达式及实用表达式去描述。

三相笼型异步电动机的起动采取直接起动，因起动电流大，经常起动会使电动机发热，所产生的大电动力会影响寿命。对电网而言，会因过大的起动电流使电网电压短时下降，影响接于同一电网的负载的正常运行。一般 7.5 kW 以下的电动机均可直接起动。

为了克服笼型异步电动机起动电流过大的缺点，可采取降压起动，包括定子电路串接电阻或电抗的降压起动、自耦变压器降压起动和星-三角起动等。由于降压起动不但减小了起动电流，同时也减小了起动转矩，故只宜用于空载或轻载起动的生产机械。

三相绕线转子异步电动机采取在转子回路中串接适当大小的电阻起动或采用以转子串频敏变阻器起动代替串电阻起动。前者既可增大起动转矩 T_{st}，又可减小起动电流 I_{st}，从而较好地改善了异步电动机的起动性能，解决了较大容量异步电动机重载起动的问题。后者以转子串频敏变阻器起动代替串电阻起动，既可以简化控制系统，又能实现平滑起动。

三相异步电动机的调速有变极、变频及改变转差率三种方法。改变转差率的调速又包括：转子回路串电阻、改变定子电压及电磁转差离合器调速等方法。

三相异步电动机的制动一般采用回馈制动、反接制动（转速反向反接制动与两相反接制动）、能耗制动这三种方法。

异步电动机的参数可以通过空载试验和堵转（短路）试验求得。

单相异步电动机是接单相交流电源运行的异步电动机。单相异步电动机采用普通笼型转子。定子上有两相绕组，在空间互差 90°电角度，一相为主绕组，又称为运行绕组；另一相为副绕组，又称起动绕组。一相绕组单独通入交流电流时，产生的磁动势为脉振磁动势。两相绕组同时通入相位不同的交流电流时，在电动机中产生的磁动势一般为椭圆旋转磁动势，特殊情况下可为圆形旋转磁动势。

交流电动机控制技术常采用晶闸管调压调速系统和晶闸管变频调速系统。变频调速不仅适用于笼型电动机，而且也适用于绕线转子异步电动机和同步电动机；另外绕线转子异步电动机还可以利用转子斩波器调速等方法。单片机控制的变频调速系统用途广泛。

思考题与习题

3.1　为什么异步电动机工作时转速总是小于同步转速？如何根据转差率来判断异步电机的运行状态？

3.2　如何根据电机的铭牌进行定子接线？

3.3　异步电动机处于不同运行状态时，转子电流产生的磁动势对定子的转速是否变化？

3.4　已知三相电力变压器的励磁电流为额定电流的2% ~10%，为什么三相异步电动机的励磁电流却高达额定电流的20% ~50%？

3.5　异步电动机的折算与变压器的折算有何异同？异步电动机的等效电路与变压器的等效电路有无差别？异步电动机等效电路中的附加电阻代表什么？能否用电感或电容代替？

3.6　有一台绕线转子异步电动机，定子绕组短路，在转子绕组中通入频率为 f_1 的三相对称交流电流，产生的旋转磁场相对于转子以同步转速 n_1 沿顺时针方向旋转，问此时转子转向如何？转差率如何计算？

3.7　一台三相异步电动机铭牌上标明，额定电压 $U_N=380/220$ V，定子绕组接法 Y/D。试问：(1)如使用时将定子绕组接成D形，接于380 V的三相电源上，能否空载或负载运行？会有什么后果，为什么？(2)如使用时将定子绕组接成Y形，接于220 V三相电源上，能否空载或负载运行？为什么？

3.8　为什么异步电动机空载运行时 $\cos\varphi_2$ 很高？而电机的功率因数 $\cos\varphi_1$ 却很低？

3.9　异步电动机运行时，为什么功率因数总是滞后的？为什么异步电动机一般不能像变压器一样采用简化等效电路？

3.10　异步电动机电磁功率与转差率的乘积称转差功率，这部分功率消耗到哪里去了？增大这部分消耗，异步电动机会出现什么现象？

3.11　异步电动机电磁转矩公式与直流电机的转矩公式有何异同？当异步机转速下降，外加电压不变时，电磁转矩会不会改变？笼型异步电动机的起动方法有哪几种？各有何优缺点，各适用于什么场合？

3.12　何谓三相异步电动机的固有机械特性和人为机械特性？

3.13　三相笼型异步电动机的起动电流一般为额定电流的十几倍，为什么起动转矩只有额定转矩的0.8 ~ 1.2倍？三相异步电动机能在低于额定电压下长期运行吗？为什么？

3.14　深槽式异步电动机和双笼型异步电动机为什么能改善起动性能？

3.15　异步电动机有哪些制动运行状态？电磁转矩是拖动转矩还是制动转矩？

3.16　星-三角起动与直接起动相比，起动电流与起动转矩各降低多少？为什么？

3.17　当电源相电压为380 V时，若要采用星-三角起动，只有定子绕组额定电压为660/380 V的三相异步电动机才能使用，为什么？

3.18　为什么绕线转子异步电动机转子串入起动电阻以后，起动电流减小而起动转矩反而能增大？如果串电抗，会不会有同样的效果？

3.19　三相异步电动机变极调速时，若电源的相序不变，电动机的转向将怎样？变极调速由高速换到低速时，电动机必须经过什么运转状态？

3.20　转子电路串电阻调速的主要优缺点是什么？

3.21　已知一台三相异步电动机的型号为Y132M-4，$U_N=380$ V，$P_N=7.5$ kW，$\cos\varphi_N=0.85$，$n_N=1\ 440$ r/min。试求额定电流、该电动机的极对数和额定转差率。

3.22　一台三相八极异步电动机的额定数据：$P_N=260$ kW，$U_N=380$ r/min，$f_1=50$ Hz，$n_N=727$ r/min 过载能力 $\lambda_T=2.13$，求：(1)产生最大转矩 T_m 时的转差率 s_m；(2)当 $s=0.02$ 时的电磁转矩。

3.23　已知一台三相异步电动机定子输入功率为60 kW，定子铜耗为600 W，铁耗为400 W，转差率为0.03，试求电磁功率、机械功率和转子铜耗。

3.24　三相异步电动机，D 接法，50 Hz，$U_{1N}=380$ V，$n_N=1470$ r/min，已知 $Z_{1\sigma}=2.865+j7.7\ \Omega$，$Z_{2\sigma}=2.82+j11.75\ \Omega$，$Z_m=jX_m=j202\ \Omega$，试求：

（1）电动机极数、同步转速 n_1、转差率 s_N、转子频率 f_2；

（2）求额定运行时 $\dot{I}_1$、$\dot{I}_2$、$\cos\varphi_1$ 及输入功率 P_1。

3.25　一台三相笼型异步电动机，已知 $P_N=75$ kW，$U_{1N}=380$ V，$n_N=720$ r/min，$I_{1N}=148$ A，$\eta_N=90.5\%$，$\cos\varphi_N=0.85$，$\lambda=2.4$，$E_{2N}=213$ V，$I_N=220$ A，$I_{2N}=220$ A，试用机械特性的实用表达式绘制电动机的固有机械特性和转子串入 0.04 Ω 电阻时的人为机械特性。

3.26　一台三相笼型异步电动机，已知 $U_N=380$ V，$I_N=20$ A，D 接法，$\cos\varphi_N=0.87$，$\eta_N=87.5\%$，$n_N=1450$ r/min，$I_{st}/I_N=7$，$T_{st}/T_N=1.4$，$\lambda=2$，试求：

（1）电机轴上输出的额定转矩 T_N；

（2）若要能满载起动，电网电压不能低于多少伏？

（3）若采用星-三角起动，T_{st}等于多少？能否半载起动？

3.27　晶闸管调压调速控制电路中，如何实现电动机正、反转控制？反转时要注意什么？

3.28　交流电动机变频调速有哪三种变频方法？怎样可以实现恒磁通变频调速？

3.29　简要叙述变频调速的原理，转速闭环转差频率控制的变频调速系统由哪些部分组成？

3.30　交流伺服电动机与普通交流异步电动机区别在哪里？工作原理上有何不同？

第四章

特 种 电 机

学 习 目 标

- 掌握伺服电动机、测速发电机、步进电机、直线电机和微型同步电动机等特种电机的结构、性能和工作原理。
- 了解特种电机在生产领域中的实际应用。

特种电机通常指的是结构、性能、用途或原理等与常规电机不同,且体积和输出功率较小的微型电机或特种精密电机,一般其外径不大于130 mm。

特种电机可以分为驱动用特种电机和控制用特种电机两大类,前者主要用来驱动各种机构、仪表以及家用电器等;后者是在自动控制系统中传递、变换和执行控制信号的小功率电机的总称,用作执行元件或信号元件。控制用的特种电机分为测量元件和执行元件。测量元件包括旋转变压器,交、直流测速发电机等;执行元件主要有交、直流伺服电动机,步进电动机等。

第一节　伺服电动机

[案例1] 伺服电动机在自动控制系统中作为执行元件,即电动机在控制电压的作用下驱动工作机械工作。它通常作为随动系统、遥测和遥控系统及各种增量运动控制系统的主传动元件。

数控机床伺服系统是以机床移动部件的机械位移为直接控制目标的自动控制系统,也称位置随动系统,它接收来自插补器的步进脉冲,经过变换放大后转化为机床工作台的位移。高性能的数控机床伺服系统还由检测元件反馈实际的输出位置状态,并由位置调节器构成位置闭环控制。

伺服电动机在自动控制系统中用作执行元件,用于将输入的控制电压转换成电机转轴的角位移或角速度输出,伺服电动机的转速和转向随着控制电压的大小和极性的改变而改变。

在自动控制系统中,对伺服电动机的性能有如下要求:

① 调速范围宽。

② 机械特性和调节特性为线性。

③ 无“自转”现象。

④ 快速响应。

伺服电动机有直流和交流两大类。直流伺服电动机输出功率较大,交流伺服电动机的输出功率较小。

一、直流伺服电动机

(一) 结构

直流伺服电动机结构和原理与普通直流电动机的结构和原理没有根本区别。

按照励磁方式的不同,直流伺服电动机分为永磁式直流伺服电动机和电磁式直流伺服电动机。永磁式直流伺服电动机的磁极由永久磁铁制成,不需要励磁绕组和励磁电源。电磁式直流伺服电动机一般采用他励结构,磁极由励磁绕组构成,通过单独的励磁电源供电。

按照转子结构的不同,直流伺服电动机分为空心杯形转子直流伺服电动机和无槽电枢直流伺服电动机。空心杯形转子直流伺服电动机由于其力能指标较低,现在已很少采用。无槽电枢直流伺服电动机的转子是直径较小的细长型圆柱铁心,通过耐热树脂将电枢绕组固定在铁心上,具有散热好、力能指标高、快速性好的特点。

(二) 控制方式

直流电动机的控制方式有两种:一种称为电枢控制,在电动机的励磁绕组上加上恒压励磁,将控制电压作用于电枢绕组来进行控制;一种称为磁场控制,在电动机的电枢绕组上施加恒压,将控制电压作用于励磁绕组来进行控制。

由于电枢控制的特性好,电枢控制中回路电感小,响应快,在自动控制系统中多采用电枢控制。

在电枢控制方式下,作用于电枢的控制电压为 U_c,励磁电压 U_f保持不变,如图 4-1 所示。

直流伺服电动机的机械特性表达式为

$$n=\frac{U_c}{C_e\Phi}-\frac{R_a}{C_eC_T\Phi^2}T=n_0-\beta T \qquad (4-1)$$

式中,C_e 为电动势常数;C_T 为转矩常数;R_a为电枢回路电阻。

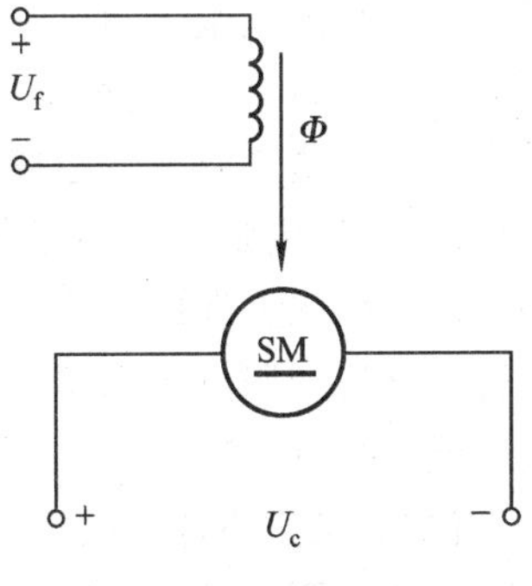

图 4-1 电枢控制的直流伺服电动机原理图

由于直流伺服电动机的磁路一般不饱和,可以不考虑电枢反应,认为主磁通 Φ 大小不变。

伺服电动机的机械特性,指控制电压一定时转速随转矩变化的关系。当作用于电枢回路的控制电压 U_c不变时,转矩 T 增大时转速 n 降低,转矩的增加与电动机的转速降成正比,转矩 T 与转速 n 之间成线性关系,不同控制电压作用下的机械特性如图 4-2(a)所示。

伺服电动机的调节特性是指在一定的负载转矩下,电动机稳态转速随控制电压变化的关系。当电动机的转矩 T 不变时,控制电压的增加与转速的增加成正比,转速 n 与控制电压 U_c也成线性关系。不同转矩时的调节特性如图 4-2(b)所示。由图可知,当转速 $n=0$ 时,不同转矩 T 所需要的控制电压 U_c也是不同的,只有当电枢电压大于这个电压值,电动机才会转动,调节特性与横轴的交点所对应的电压值称始动电压。负载转矩 T_L 不同时，始动电压也不同，T_L 越大，始动电压越高，死区越大。负载越大，死区越大，伺服电动机不灵敏，所以不可带太大负载。

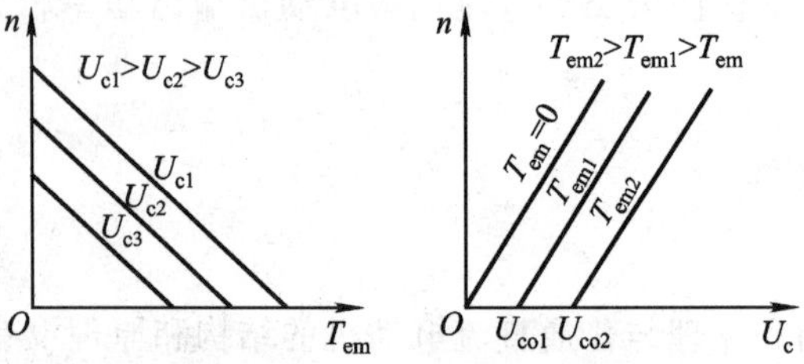

(a) 机械特性　　(b) 调节特性

图 4-2　直流伺服电动机的特性

直流伺服电动机的机械特性和调节特性的线性度好，调整范围大，起动转矩大，效率高。缺点是电枢电流较大，电刷和换向器维护工作量大，接触电阻不稳定，电刷与换向器之间的火花有可能对控制系统产生干扰。

二、交流伺服电动机

(一) 结构

交流伺服电动机在结构上类似于单相异步电动机，它的定子铁心中安放着空间相差 90°电角度的两相绕组，一相称为励磁绕组，一相称为控制绕组。电动机工作时，励磁绕组接单相交流电压，控制绕组接控制信号电压，要求两相电压要同频率。

交流伺服电动机的转子有两种结构形式。一种是笼型转子，与普通三相异步电动机笼型转子相似，只不过在外形上更细长，从而减小了转子的转动惯量，降低了电动机的机电时间常数。笼型转子交流伺服电动机体积较大，气隙小，所需的励磁电流小，功率因数较高，电动机的机械强度大，但快速响应性能稍差，低速运行也不够平稳。

另一种是非磁性空心杯形转子，其转子做成了杯形结构，为了减小气隙，在杯形转子内还有一个内定子，内定子上不设绕组，只起导磁作用，转子用铝或铝合金制成，杯壁厚为 0.2～0.8 mm，转动惯量小且具有较大的电阻，空心杯转子交流伺服电动机结构示意图如图 4-3 所示。杯型转子交流伺服电动机具有响应快、运行平稳的优点，但结构复杂，气隙大，空载电流大，功率因数较低。

(二) 工作原理

交流伺服电动机的工作原理示意图如图 4-4 所示。

交流伺服电动机励磁绕组和控制绕组在空间位置上相差 90°电角度，工作时，励磁绕组通入恒定交流电压，控制绕组由伺服放大器供电通入控制电压，两个电压的频率相同，并且在相位上也相差 90°电角度。这样，两个绕组共同作用在电动机内部产生了一个旋转磁场，在旋转磁场的作用下会在转子中产生感应电动势和电流，转子电流与旋转磁场相互作用产生电磁转矩，带动转子转动。

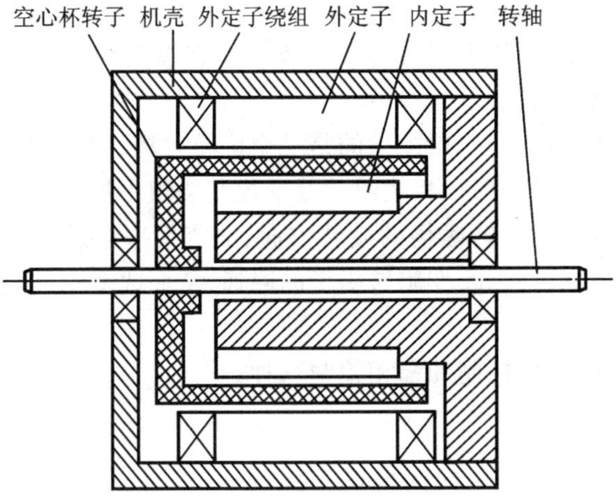

图 4-3　空心杯转子交流伺服电动机结构示意图

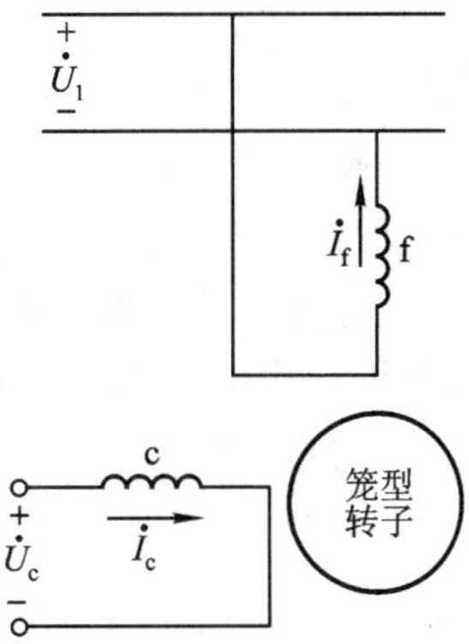

图 4-4　交流伺服电动机的工作原理示意图

由第三章可知，在单相异步电动机中，当转子转动起来以后，断开起动绕组，电动机仍然能够转动。如果在交流伺服电动机中，控制绕组断开后，电动机仍然转动，那么伺服电动机就处于“自转”状态，这是伺服电动机所不能允许的。

如何消除伺服电动机的“自转”现象呢？只需要增加伺服电动机的转子电阻就可以了。当控制绕组断开后，只有励磁绕组起到励磁作用，单相交流绕组产生的是一个脉振磁场，脉振磁场可以分解为两个方向相反大小相同的旋转磁场。当转子电阻较小（临界转差率$s_m<1$）时，伺服电动机的机械特性如图 4-5（a）所示，曲线 T_+为正向旋转磁场作用下的机械特性，曲线 T_-为反向旋转磁场作用下的机械特性，曲线 T 为合成机械特性曲线，可以看出，电磁转矩的方向与转速的方向相同，电动机仍然能够转动。当转子电阻较大（$s_m \geqslant 1$）时，伺服电动机的机械特性如图 4-5（b）所示，曲线 T 为合成机械特性曲线，可以看出，电磁转矩与转速的方向相反，在电磁转矩的作用下，电动机能够迅速地停止转动，从而消除了交流伺服电动机的“自转”。

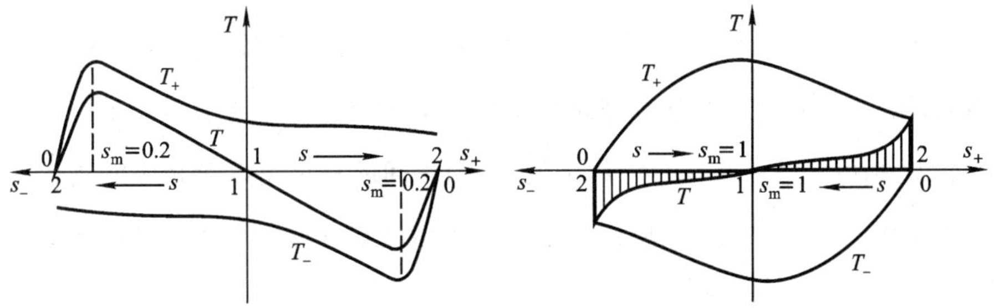

(a) $s_m<1$时的机械特性

(b) $s_m\geqslant 1$时的机械特性

图 4-5　交流电动机单相励磁时的机械特性

（三）控制方法

在交流伺服电动机中，除了要求电动机不能“自转”外，还要求改变加在控制绕组上的电压的大小和相位，能够改变电动机转速的大小和方向。

根据旋转磁动势理论，励磁绕组和控制绕组共同作用产生的是一个旋转磁场，旋转磁场的旋转方向是由相位超前的那一相绕组转向相位滞后的那一相绕组。改变控制绕组中控制电压的相位，可以改变两相绕组的超前滞后关系，从而改变旋转磁场的旋转方向，交流伺服电动机转速方向也会发生变化。改变控制电压的大小和相位，可以改变旋转磁场的磁通，从而改变电动机的电磁转矩，交流伺服电动机转速也会发生变化。

交流电动机的转速控制方法有幅值控制、相位控制和幅相控制三种：

1. 幅值控制

幅值控制是通过改变控制电压$\dot{U}_c$的幅值来控制电机的转速，而$\dot{U}_c$的相位始终保持不变，使控制电流$\dot{I}_c$与励磁电流$\dot{I}_f$保持 90°电角度的相位关系。如$\dot{U}_c=0$，则转速为 0，电动机停转。幅值控制的接线如图 4-6 所示。

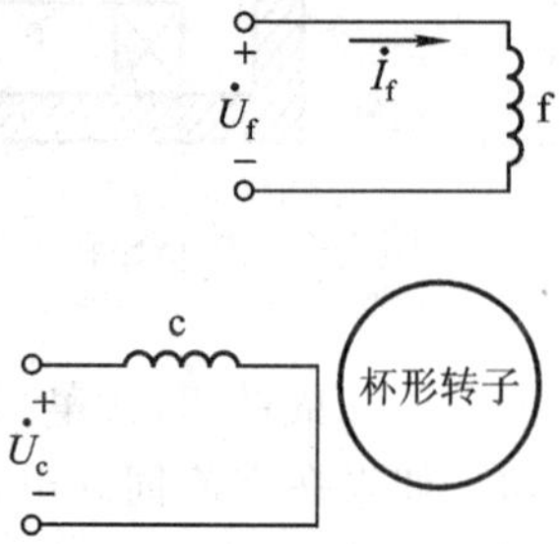

图 4-6　幅值控制和相位控制方式接线图

2. 相位控制

相位控制是通过改变控制电压$\dot{U}_c$的相位。从而改变控制电流$\dot{I}_c$与励磁电流$\dot{I}_f$之间的相位角来控制电动机的转速，在这种情况下，控制电压$\dot{U}_c$的大小保持不变。当两相电流$\dot{I}_c$与$\dot{I}_f$之间的相位角为 0°时，则转速为 0，电动机停转。

3. 幅相控制

幅相控制是指通过同时改变控制电压$\dot{U}_c$的幅值及$\dot{I}_c$与$\dot{I}_f$之间的相位角来控制电机的转速。具体方法是在励磁绕组回路中串入一个移相电容 C 以后，再接到稳压电源$\dot{U}_1$上，这时励磁绕组上的电压$\dot{U}_f=\dot{U}_1-\dot{U}_{cf}$，如图 4-7 所示。控制绕组上加与$\dot{U}_1$相同的控制电压$\dot{U}_c$，那么当改变控制电压$\dot{U}_c$的幅值来控制电动机转速时，由于转子绕组与励磁绕组之间的耦合作用，励磁绕组的电流$\dot{I}_f$也随着转速的变化而发生变化，而使励磁绕组两端的电压$\dot{U}_f$及电容 C 上的电压$\dot{U}_{cf}$也随之变化。这样改变$\dot{U}_c$幅值的结果使$\dot{U}_c$、$\dot{U}_f$的幅值、它们之间的相位角以及相应电流$\dot{I}_c$、$\dot{I}_f$之间相位角也都发生变化，如图 4-8 所示，所以属于幅值和相位复合控制方式。当控制电压$\dot{U}_c=0$ 时，电动机的转速为 0，使电动机停转。

在这一种控制方式中，励磁回路中所接的电容在选择时要尽量使电动机起动时两相绕组产生的磁动势大小相等、相位差为 90°，以保证电动机有良好的起动性能。

在三种控制方法中，虽然幅相控制的机械特性和调节特性最差，但由于这种方法所采用的控制设备简单，不用移相装置，应用最为广泛。

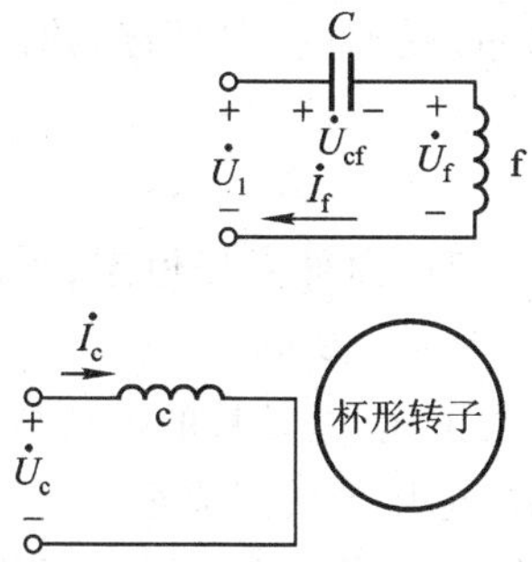

图 4-7　幅相控制的接线图

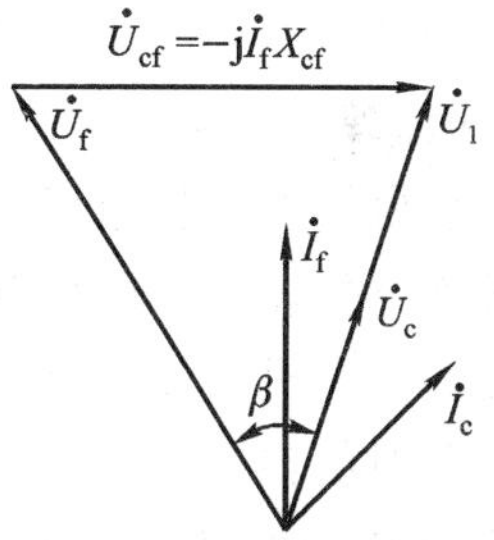

图 4-8　幅相控制时的相量图

第二节　测速发电机

[案例 2]　测速发电机在自动控制系统和计算机装置中可以作为测速元件、校正元件和角加速度等信号元件。下面举例说明其测速作用。

测速发电机耦合在电动机轴上作为转速负反馈元件，其输出电压作为转速反馈信号送回到放大器的输入端。调节转速给定电压，系统可达到所要求的转速。当电动机的转速由于某种原因减小（或增大），此时测速发电机的输出电压减小（或增大），转速给定电压和测速反馈电压的差值增大（或减小），差值电压信号经放大器放大后，使电动机的电压增大（或减小），电动机开始加速（或减速），测速发电机输出的反馈电压增加（或减小），差值电压信号减小（或增大），直到近似达到所要求的转速为止。也就是说只要系统转速给定信号不变，无论由于何种原因企图改变电动机的转速，由于测速发电机输出电压的反馈作用，使系统能自动调节到所要求的转速。

测速发电机可以将机械转速转换为相应的电压信号，在自动控制系统中常用作测量转速的信号元件。

自动控制系统对测速发电机的主要要求是：

① 输出电压与速度保持严格的线性关系，且不随外界条件的改变而变化。

② 剩余电压（转速为零时的电压）小。

③ 输出电压对转速的变化反应灵敏，测速发电机输出特性的斜率要大。

④ 惯性小、反应快、使用可靠。

按照测速发电机输出信号的不同，可分为直流测速发电机和交流测速发电机两大类。

一、直流测速发电机

（一）结构

直流测速发电机的结构与小型普通直流发电机的结构相同，按励磁方式的不同，直流测速发电机可分为他励电磁式和永磁式两种。

他励电磁式直流测速发电机的磁极由励磁绕组构成，由于工作时励磁绕组发热会引起励磁绕组电阻的变化，从而引起励磁电流的变化，会造成一定的测量误差。

永磁式直流测速发电机的磁极由永久磁铁构成，结构简单，受温度变化引起的误差也小，应用广泛。

（二）工作原理

直流测速发电机的工作原理图如图 4-9 所示。若发电机 TG 内部磁场恒定，当被测机械拖动发电机以转速 n 旋转，电刷两端产生的空载感应电动势 E_0 为 $E_0=C_e\Phi n$。

当直流测速发电机空载运行时，空载感应电动势与转速成正比，电动势的极性与转速的方向有关。由于空载时的输出电压就是空载感应电动势，所以输出电压与转速成正比。

如果接入负载电阻 R_L，则负载电流会引起电枢电阻压降和电刷与换向器之间的接触压降。如不考虑电枢反应对磁场的影响，则输出电压为

$$U=E_0-I_aR_a-\Delta U=C_e\Phi n-\frac{U}{R_L}R_a-\Delta U \tag{4-2}$$

式中，R_a 为电枢电阻；ΔU 为电刷与换向器之间的接触压降。

由上式可得到

$$U=\frac{C_e\Phi n-\Delta U}{1+\dfrac{R_a}{R_L}}=Cn-\Delta U' \tag{4-3}$$

式中，$C=\dfrac{C_e\Phi}{1+\dfrac{R_a}{R_L}}$，$\Delta U'=\dfrac{\Delta U}{1+\dfrac{R_a}{R_L}}$。

可以看出，当 R_a、R_L、Φ、ΔU 均为常值时，输出电压仍与转速 n 成线性关系。

在图 4-10 中，给出了直流测速发电机的输出特性，其中曲线 1 是没有接触压降时的输出特性，曲线 2 是有接触压降时的输出特性，曲线 3 为实际情况下输出特性。从图中可以看出，当考虑发电机的接触压降时，发电机的转速小于某一个值（Δn）时，发电机的输出电压为 0，发电机输出电压为 0 的这一段区间称为失灵区或无信号区。

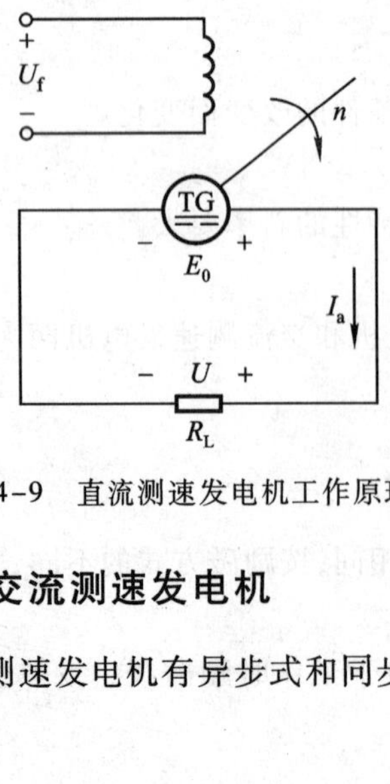

图 4-9　直流测速发电机工作原理图

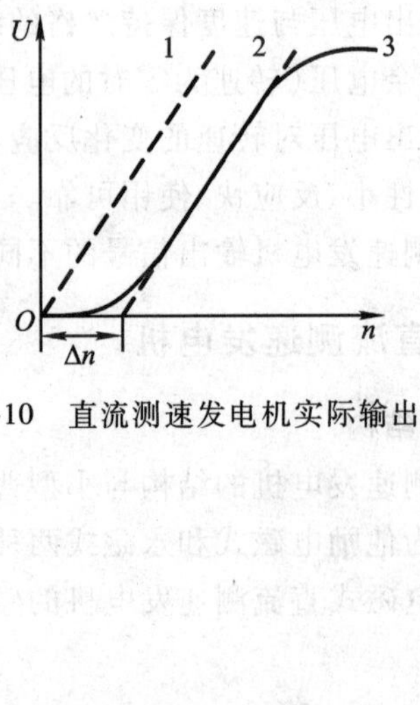

图 4-10　直流测速发电机实际输出特性

二、交流测速发电机

交流测速发电机有异步式和同步式两种。

（一）结构

交流异步测速发电机的结构与交流伺服电动机的结构相似，也有笼型转子和杯形转子两种。为了提高系统的快速性和灵敏度，减小转动惯量，杯形转子异步测速发电机的应用最为广泛。

杯型转子是一个薄壁非磁性杯，为了使测速发电机输出特性的线性度好，性能稳定，要求它的转子电阻比伺服电动机的转子电阻更大一些，通常采用电阻率大、湿度系数小的硅锰青铜或锡锌青铜制成，杯壁厚为 0.2 ~ 0.3 mm。

交流异步测速发电机的定子由内定子和外定子两部分构成，在定子上嵌放有空间位置上相差 90°电角度的两相绕组，一相绕组作为励磁绕组，另一相绕组作为输出绕组。在机座号较小的测速发电机中，两相绕组均嵌放在内定子上；而机座号在 36 号（外径 36 mm）以上测速发电机中，励磁绕组嵌放在外定子上，输出绕组嵌放在内定子上，以便调整两相绕组的相对位置，使剩余电压最小。

（二）工作原理

交流测速发电机工作原理如图 4-11 所示。励磁绕组 N_1 与输出绕组 N_2 在空间上互差 90°电角度，励磁绕组 N_1 接频率为 f_1 的恒定单相交流励磁电压 $\dot{U}_1$，输出绕组 N_2 则输出与转速大小成正比的电压信号 $\dot{U}_2$。

当转子不动时，励磁绕组产生的脉振磁场只能在转子中感应出变压器电动势，d 轴的左、右两边变压器电动势的方向相反，由于转子是短路的，变压器电动势会在转子中产生电流，电流的方向与电动势的方向相同。由楞次定律可知，转子电流产生的磁通 $\dot{\Phi}_{rd}$ 与励磁绕组产生的磁通方向相反，所以合成磁通 $\dot{\Phi}_d$ 的方向仍沿 d 轴方向，如图 4-11（a）所示。由于输出绕组的轴线与 d 轴垂直，没有电磁耦合关系，输出绕组中的电压为 0。

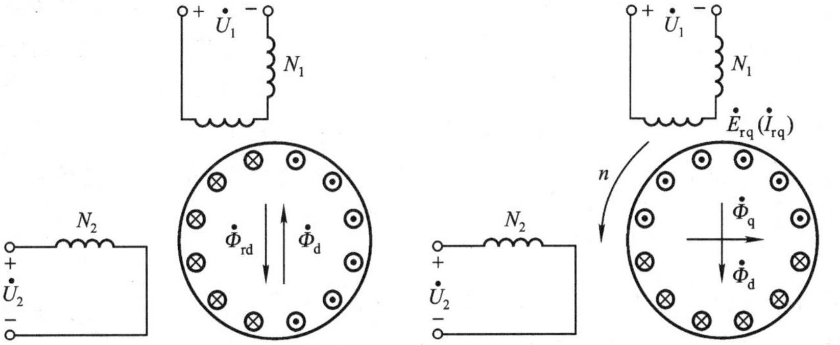

图 4-11　交流测速发电机的工作原理

当转子转动时，转子中除了感应出变压器电动势外，还会由于转子切割直轴磁通 $\dot{\Phi}_d$ 产生一个旋转电动势 $\dot{E}_{rq}$，其方向由给定的转子转向，用右手定则判断，其有效值为

$$E_{rq}=C_q\Phi_d n \tag{4-4}$$

式中，C_q 为比例常数。

在旋转电动势$\dot{E}_{rq}$的作用下，转子绕组中将产生交流电流$\dot{I}_{rq}$，由于杯形转子电阻很大，远大于转子电抗，可以认为$\dot{E}_{rq}$和$\dot{I}_{rq}$基本相同。$\dot{I}_{rq}$会在发电机内部产生一个交变的交轴（q 轴）磁通$\dot{\Phi}_q$，$\dot{\Phi}_q$的大小与$\dot{I}_{rq}$和$\dot{E}_{rq}$的大小成正比，即有

$$\Phi_q = KE_{rq} \tag{4-5}$$

式中，K 为比例常数。

交轴磁通$\dot{\Phi}_q$的方向与输出绕组的轴线重合，会在输出绕组中感应出变压器电动势$\dot{E}_2$，其频率仍为f_1，有效值为

$$E_2 = 4.44 f_1 N_2 K_{N2} \Phi_q \tag{4-6}$$

式中，$N_2 K_{N2}$为输出绕组的有效匝数。

可以得到

$$E_2 = C_1 n \tag{4-7}$$

式中，C_1 为比例常数。

第三节 步进电动机

[案例 3] 步进电动机的应用十分广泛，如机械加工、绘图机、机器人、计算机的外部设备、自动记录仪表，等等。它主要用于工作难度大、要求的速度快、精度高等场合。尤其是电力电子技术和微电子技术的发展为步进电动机的应用开辟了广阔的前景。下面举数控机床实例简单说明步进电动机的应用。

数控机床是数字程序控制机床的简称，它具有通用性、灵活性及高度自动化的特点，主要适用于加工零件精度要求高，形状比较复杂的生产中。它的工作过程是：首先应按照零件加工的要求和加工的工序，编制加工程序，并将该程序送入计算机，计算机根据程序中的数据和指令进行计算和控制；然后根据所得的结果向各个方向的步进电动机发出相应的控制脉冲信号，使步进电动机带动工作机构按加工的要求依次完成各种动作，如转速变化、正反转、起停等，这样就能自动地加工出程序所要求的零件。

步进电动机是一种将电脉冲信号转换成相应角位移的电动机，每当一个电脉冲加到步进电动机的控制绕组上时，它的轴就转动一定的角度，角位移量与电脉冲数成正比，转速与脉冲频率成正比，又称为脉冲电动机。在数字控制系统中，步进电动机常用作执行元件。

步进电动机按照励磁方式分为磁阻式（又称为反应式）、永磁式和混磁式三种；按相数分为单相、两相、三相和多相等形式。下面以三相磁阻式步进电动机为例，介绍步进电动机的结构和工作原理。

一、模型结构示意图

三相磁阻式步进电动机模型的结构示意图如图 4-12 所示。

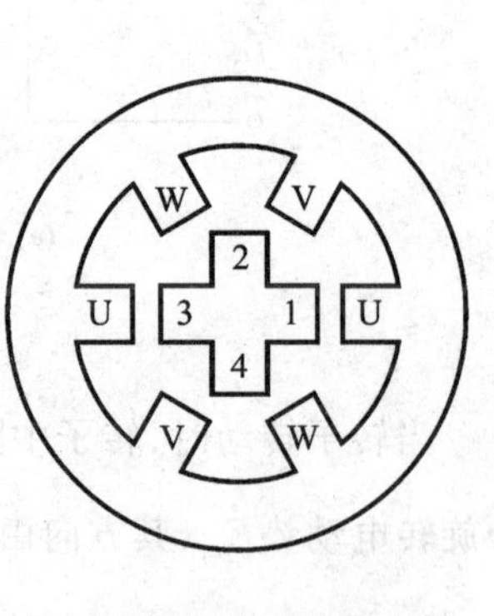

图 4-12 三相磁阻式步进电动机模型的结构示意图

它的定、转子铁心都由硅钢片叠压而成。定子上有六个磁极，每两个相对的磁极上有同一相控制绕组，同一相控制绕组可以并联或串联；转子铁心上没有绕组，只有四个齿，齿宽等于极靴宽。

二、工作原理

三相磁阻式步进电动机模型单三拍控制时的工作原理图如图 4-13 所示。当 U 相控制绕组通电，V、W 两相控制绕组不通电时，由于磁感线总是通过磁阻最小的路径闭合，转子将受到磁阻转矩的作用，使转子齿 1 和 3 与定子 U 相磁极轴线对齐，如图 4-13(a)所示。此时磁感线所通过的磁路磁阻最小，磁导最大，转子只受径向力而无切向力作用，转子停止转动。当 V 相控制绕组通电，U、W 两相控制绕组不通电时，与 V 相磁极最近的转子齿 2 和 4 会旋转到与 V 相磁极相对，转子顺时针转过 30°，如图 4-13(b)所示。当 W 相控制绕组通电，U、V 两相控制绕组不通电，与 W 相磁极最近的转子齿 1 和 3 会旋转到与 W 相磁极相对，转子再次顺时针转过 30°，如图4-13(c)所示。这样按 U-V-W-U 的顺序轮流给各相控制绕组通电，转子就会在磁阻转矩的作用下按顺时针方向一步一步地转动。步进电动机的转速取决于绕组变换通电状态的频率，即输入脉冲的频率，旋转方向取决于控制绕组轮流通电的顺序，若通电顺序为 U-W-V-U，则步进电动机反向旋转。

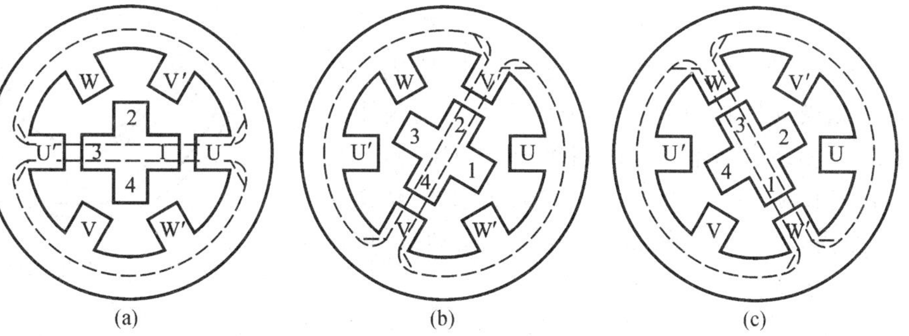

图 4-13　三相磁阻式步进电动机模型单三拍控制时的工作原理

控制绕组从一种通电状态变换到另一种通电状态称为“一拍”，每一拍转子转过的角度称为步距角 θ_b。

上面的通电方式的特点是，每次只有一相控制绕组通电，切换三次为一个循环，称为三相单三拍控制方式。三相单三拍控制方式由于每次只有一相通电，转子在平衡位置附近来回摆动，运行不稳定，很少采用。三相步进电动机除了单三相控制方式外，还有三相双三拍控制方式和三相单、双六拍控制方式。

三相双三拍控制的通电顺序为 UV-VW-WU-UV，每次有两相绕组同时通电，每一循环也需要切换三次，步距角与三相单三拍控制方式相同，也为 30°。

三相单、双六拍控制方式的通电顺序为 U-UV-V-VW-W-WU-U，首先 U 相通电，然后 U、V 两相同时通电，再断开 U 相使 V 相单独通电，再使 V、W 两相同时通电，等等，以此顺序不断轮流通电，完成一次循环需要六拍。三相六拍控制方式的步距角只有三相单三拍和双三拍的一半，为 15°。

三相双三拍控制方式和三相六拍控制方式在切换过程中始终保证有一相持续通电，力图使转子保持原有位置，工作比较平稳。单三拍通电方式没有这种作用，在切换瞬间，转子失去自锁能力，容易失步（即转子转动步数与拍数不相等），在平衡位置也容易产生振荡。

设转子齿数为 Z_r，转子转过一个齿距需要的拍数为 N，则步距角为

$$\theta_b=\frac{360°}{Z_r N} \tag{4-8}$$

每输入一个脉冲，转子转过 $\frac{1}{Z_r N}$ 转，若脉冲电源的频率为 f，则步进电动机转速为

$$n=\frac{60f}{NZ_r} \tag{4-9}$$

可见，磁阻式步进电动机的转速取决于脉冲频率、转子齿数和拍数，与电压和负载等因素无关。在转子齿数一定时，转速与输入脉冲频率成正比，与拍数成反比。

三相磁阻式步进电动机模型的步距角太大，难于满足生产中小位移量的要求，为了减小步距角，实际中将转子和定子磁极都加工成多齿结构。

图 4-14 是三相磁阻式步进电动机的结构图，转子齿数为 $Z_r=40$ 个，齿沿转子圆周均匀分布，齿和槽的宽度相等，齿间夹角为 9°；定子上有六个磁极，每极的极靴上均匀分布有五个齿，齿宽和槽宽相等，齿间夹角也是 9°。磁极上装有控制绕组，相对的两个极的绕组串联起来并且连接成三相星形。每个定子磁极的极距为 60°，每个极距所占的齿距数不是整数，当 U-U′相绕组通电，U-U′相磁极下的定、转子齿对齐时，V-V′磁极和 W-W′磁极下的齿就无法对齐，依次错开 1/3 齿距角（即错开 3°）。一般的，m 相异步电动机，依次错开的距离为 $1/m$ 齿距。

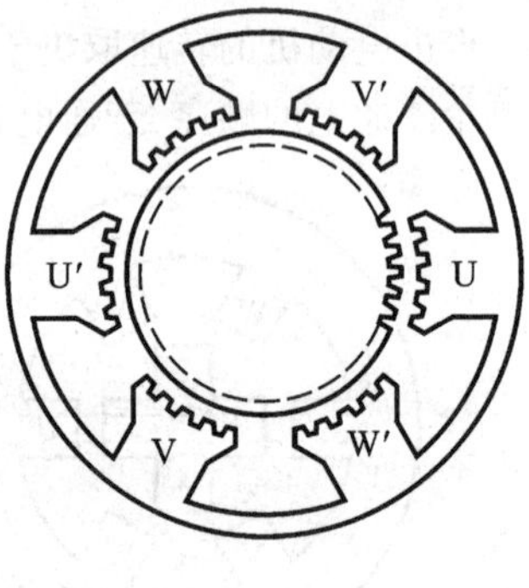

图 4-14　小步距角的三相磁阻式步进电动机结构示意图

如果采用三相单三拍通电方式进行控制，当 U 相通电时，U 磁极的定子齿和转子齿完全对齐，而 V 磁极和 W 磁极下的定子齿和转子齿无法对齐，依次错开 1/3 和 2/3 齿距（即 3°和 6°）；当 U 相断电，V 相通电时，V 磁极下的定子齿和转子齿就会完全对齐，转子转过 1/3 齿距；同样的，当 V 相断电，W 相通电时，转子会再次转过 1/3 齿距。不难看出，通电方式循环改变一轮后，转子就转过一个齿距。

图 4-14 所示的步进电动机的齿距角为 9°，采用三相单三拍通电时，通电方式循环一轮需要三拍，则步距角 θ_b 为 3°，也可由步距角计算公式计算得出步距角为

$$\theta_b=\frac{360°}{Z_r N}=\frac{360°}{40\times3}=3°$$

设控制脉冲的频率为 f，则转子转速为

$$n=\frac{60f}{NZ_r}=\frac{60f}{40\times3}=\frac{f}{2}$$

如果采用三相六拍通电时，步距角为

$$\theta_b=\frac{360°}{NZ_r}=\frac{360°}{6\times40}=1.5°$$

设控制脉冲的频率为 f，则转子转速为

$$n=\frac{60f}{NZ_r}=\frac{60f}{40\times 6}=\frac{f}{4}$$

转子转过一个齿距所需的运行拍数取决于电动机的相数和通电方式，增加相数也可以减小步距角。但相数增多，所需驱动电路就越复杂。常用的步进电动机除了三相以外，还有四相、五相和六相的步进电动机。

三、主要技术指标和运行特性

（一）步距角和静态步距误差

步距角也称为步距，是指步进电动机改变一次通电方式转子转过的角度。步距角与定子绕组的相数、转子的齿数和通电方式有关。目前我国步进电动机的步距角为 0.36°～90°，常用的有 7.5°/15°、3°/6°、1.5°/3°、0.9°/1.8°、0.75°/1.5°、0.6°/1.2°、0.36°/0.72°等几种。

（二）最大静转矩

步进电动机的静特性，是指步进电动机在稳定状态（即步进电动机处于通电状态不变，转子保持不动的定位状态）时的特性，包括静转矩、矩角特性及静态稳定区。静转矩是指步进电动机处于稳定状态下的电磁转矩。在稳定状态下，如果在转子轴上加上负载转矩使转子转过一定角度 θ，并能稳定下来，这时转子受到的电磁转矩与负载转矩相等，该电磁转矩即为静转矩，而角度 θ 即为失调角。对应于某个失调角时，静转矩最大，称为最大静转矩。

（三）矩频特性

当步进电动机的控制绕组的电脉冲时间间隔小于电动机机电过渡过程所需的时间，步进电动机进入连续运行状态，这时电动机产生的转矩称为动态转矩。步进电动机的动态转矩和脉冲频率的关系称为矩频特性。步进电动机的动态转矩随着脉冲频率的升高而降低。

（四）起动频率和连续运行频率

步进电动机的工作频率，一般包括起动频率、制动频率和连续运行频率。对同样的负载转矩来说，正、反向的起动频率和制动频率是一样的，所以一般技术数据中只给出起动频率和连续运行频率。

步进电动机起动频率 f_{st} 是指在一定负载转矩下能够不失步起动的最高脉冲频率。f_{st} 的大小与驱动电路和负载大小有关。步距角 θ_b 越小，负载越小，则起动频率越高。

步进电动机连续运行频率 f 是指步进电动机起动后，当控制脉冲连续上升时，能不失步运行的最高频率，负载越小，连续运行频率越高。在带动相同负载时，步进电动机的连续运行频率比起动频率高得多。

四、步进电动机控制技术

随着数控技术和数控电子设备的发展，特别是电子计算机办公自动化、工业自动化和电信设备的发展，步进电动机的应用越来越广泛，而且往往成为这些设备中的关键元件。例如计算机外部设备和办公自动化设备中的打印机，以及传真的送纸机构、打印头、字盘系统、磁头驱动装置等大多采用永磁式步进电动机。磁阻步进电动机则适用于数控机床、计数指示装置、阀门控制、纺织机、工业缝纫机等开环数控系统。而在软磁盘和硬磁盘的磁头驱动系统中，大多采用混合式步进电动机。

（一）步进电动机控制原理

步进电动机控制系统的组成如图 4-15 所示。

图 4-15　步进电动机控制系统的组成

步进电动机控制系统主要是由步进控制器、功率放大器及步进电动机组成。步进控制器由缓冲寄存器、环形分配器、控制逻辑及正、反转控制门等组成,它的作用就是把输入的脉冲转换成环型脉冲,以便控制步进电动机,并能进行正、反转控制。功率放大器的作用是把步进控制器输出的环型脉冲加以放大,以驱动步进电动机转动。在这种控制方式中,由于步进控制器线路复杂、成本高,因而限制了它的应用。但是如果采用计算机控制系统,由软件代替上述步进控制,则问题将大大简化。这不仅简化了线路,降低了成本,而且可靠性也大为提高。特别是采用单片机控制,更可以根据系统的需要,灵活改变步进电动机的控制方案,使用起来很方便。

典型的单片机控制步进电动机的原理主要区别在于用单片机代替了步进控制器,单片机通过接口电路和驱动器驱动步进电动机,进而带动负载。因此,单片机的主要作用就是把并行二进制码转换成串行脉冲序列,并实现方向控制。每当步进电动机脉冲输入线上得到一个脉冲,它便沿着转向控制信号确定的方向走一步,只要负载是在步进电动机允许的范围之内,那么每个脉冲将使电动机转动一个固定的步距角度。根据步距角的大小及实际走的步数,只要知道初始位置,便可知道步进电动机的最终位置。

下面主要介绍用软件的方法实现脉冲序列和步进电动机的方向控制。

1. 脉冲序列的生成

在步进电动机控制软件中必须解决的一个重要问题,就是产生一个周期性脉冲序列。脉冲是用周期、脉冲高度、接通与断开电源的时间来表示的。对于一个数字线来说,脉冲高度是由使用的数字元件电平来决定的。例如一般 TTL 电平为 0 ~ 5 V,CMOS 的电平为 0 ~ 10 V,常用的接口电路中最多的为 0 ~ 5 V 等。接通和断开时间可用延时的办法来控制。例如,当向步进电动机相应的数字线送高电平(表示接通)时,步进电动机便开始步进;但由于步进电动机的"步进"是需要一定的时间的,所以在送一高脉冲后,需延长一段时间,以使步进电动机到达指定的位置。由此可见,用计算机控制步进电动机步进实际上是用计算机产生一系列脉冲波。

用软件实现脉冲波的方法是先输出一高电平,接着利用软件延时一段时间,而后输出低电平,再延时。延时时间的长短由步进电动机的工作频率决定。

2. 方向控制

常用的步进电动机有三相、四相、五相和六相四种,其旋转方向与内部绕组的通电顺序有关,下边以三相步进电动机为例进行介绍。

三相步进电动机有三种工作方式:

(1) 三相单三拍,通电顺序为 $\rightarrow U \rightarrow V \rightarrow W$ ─┐(循环)

(2) 三相双三拍,通电顺序为 $\rightarrow UV \rightarrow VW \rightarrow WU$ ─┐(循环)

(3) 三相六拍,通电顺序为 $\rightarrow U \rightarrow UV \rightarrow V \rightarrow VW \rightarrow W \rightarrow WU$ ─┐(循环)

如果按上述三种通电方式和通电顺序进行通电，则步进电动机正向旋转。反之，如果通电方向与上述相反，则步进电动机反向转动。例如在单三拍中反向通电顺序为 U→W→V→U，其他两种方式可以此类推。

关于四相、五相、六相的步进电动机，其通电方式、通电顺序与三相步进电动机相似。

步进电动机的方向控制方法是：

① 用单片机输出口的每一位控制一相绕组。例如，用 8 位单片机控制三相步进电动机时，可用 $P_{1.0}$、$P_{1.1}$、$P_{1.2}$分别接至步进电动机的 U、V、W 三相绕组。

② 根据所选定的步进电动机及控制方式，给出相应控制方式的数学模型，例如，上面讲的三种控制方式的数组模型分别如下：

三相单三拍

步序	控制位								工作状态	控制模型
	$P_{1.7}$	$P_{1.6}$	$P_{1.5}$	$P_{1.4}$	$P_{1.3}$	$P_{1.2}$ W 相	$P_{1.1}$ V 相	$P_{1.0}$ U 相		
1	0	0	0	0	0	0	0	1	U	01H
2	0	0	0	0	0	0	1	0	V	02H
3	0	0	0	0	0	1	0	0	W	03H

三相双三拍

步序	控制位								工作状态	控制模型
	$P_{1.7}$	$P_{1.6}$	$P_{1.5}$	$P_{1.4}$	$P_{1.3}$	$P_{1.2}$ W 相	$P_{1.1}$ V 相	$P_{1.0}$ U 相		
1	0	0	0	0	0	0	1	1	UV	03H
2	0	0	0	0	0	1	1	0	VW	06H
3	0	0	0	0	0	1	0	1	WU	05H

三相六拍

步序	控制位								工作状态	控制模型
	$P_{1.7}$	$P_{1.6}$	$P_{1.5}$	$P_{1.4}$	$P_{1.3}$	$P_{1.2}$ W 相	$P_{1.1}$ V 相	$P_{1.0}$ U 相		
	0	0	0	0	0	0	0	1	U	01H
1	0	0	0	0	0	0	1	1	UV	03H
2	0	0	0	0	0	0	1	0	V	02H
3	0	0	0	0	0	1	1	0	VW	06H
	0	0	0	0	0	1	0	0	W	04H
	0	0	0	0	0	1	0	1	WU	05H

以上为步进电动机正转时的控制顺序及数学模型。如果按上述逆顺序进行控制，则步进电动机将向反向转动。由此可见，所谓步进电动机的方向控制，实际上就是按照某一控制方式（根据需要进行选定）所规定的顺序送脉冲序列，即可达到控制步进电动机方向的目的。

（二）步进电动机的变速控制

前两种步进电动机程序中，步进电动机是以恒速定的转速进行工作的，即在整个控制过程中步进电动机的速率不变。然而，对于大多数任务而言，总是希望能尽快地控制终点。因此，要求步进电动机的速率尽可能的快一些。但如果太快，则可能产生失步，因为步进电动机的响应频率 f 是比较低的（100～250 步/秒）。此外，一般步进电动机对空载的最高起动频率都有所限制。所谓空载最高起动频率，是指电动机空载时，转子从静止状态不失步地步入同步（即电动机每秒转过的角度和控制脉冲频率相对应的工作状态）的最大控制脉冲频率。当步进电动机带有负载时，它的起动频率要低于最高起动频率。根据步进电动机的矩频特性可知，起动频率越高，起动转矩越小，带负载的能力越差；当步进电动机起动后，进入稳态时的工作频率又远大于起动频率。由此可见，一个静止的步进电动机不可能一下子稳定到较高的工作频率，必须在起动频率的瞬间采取加速的措施。一般来说，升频的时间约为 0.1～1 s 之间。反之，从高速运行到停止也应该有减速的措施。减速时的加速度绝对值常比加速时的大。

为此，引进一种变速控制程序，该程序的基本思想是在起动时，以低于响应频率的速度运行，然后慢慢加速，加速到一定速率后，就以此速率恒速运行。当要到达终点时，又使其慢慢减速，在低于响应频率 f 的速率下运行，直到走完规定的步数后停机。这样，步进电动机便可以最快的速度走完所规定的步数，而又不出现失步。下面介绍几种变速控制方法。

1. 改变控制方法的变速控制

最简单的变速控制可利用改变电动机的控制方向实现。例如，在三相步进电动机中，起动或停止时，用三相六拍；大约在 0.1 s 以后，改用三相三拍的分配方式；在快到终点时，再度采用三相六拍的控制方式，以达到减速控制的目的。

2. 均匀地改变脉冲时间间隔的变速控制

步进电动机的加速（或减速）控制，可以用均匀地改变脉冲时间间隔来实现。例如，再加速控制中，可以均匀地减少延时时间间隔；再减速控制时，则可均匀地增加限时时间间隔。具体地说，就是均匀地减少（或增加）延时程序中的延时时间常数。

由此可见，所谓步进电动机控制程序，实际上就是按一定的时间间隔输出不同的控制字。所以，改变传送控制字的时间间隔（亦即改变延时时间），即可改变步进电动机的控制频率。这种控制方法的优点是，由于延时的长短不受限制，因此使步进电动机的工作频率变化范围较宽。

3. 采用定时器的变速控制

为了提高单片机的工作效率，也可以用单片机内部的定时器来提供延时时间。具体方法是将定时器初始化后，每隔一定的时间，由定时器向 CPU 申请一次中断，CPU 响应中断后，便发出一次控制脉冲。此时，只要均匀地改变定时器的时间常数，即可达到加速（或减速）的目的。

第四节　直线电动机

［案例 4］　直线电动机能直接产生直线运动，它不但省去了旋转电动机与直线工作机构之间的机械传动装置，而且可因地制宜地将直线电动机某一侧安放在适当的位置直接作为机械运动的一部分，使整个装置紧凑合理、降低成本和提高效率。尤其在一些特殊的场合，其作用是旋

转电动机所不能替代的。因此,它在很多的技术领域中得到了广泛的应用。

利用直线电动机驱动的高速列车——磁悬浮列车就是其中的典型一例,它的时速可达400 km/h以上。所谓磁悬浮列车,就是采用磁力悬浮车体,应用直线电动机驱动技术,使列车在轨道上浮起滑行。

直线电动机由于不需要任何中间转换机构就能产生直线运动,驱动直线运动的生产机械,所以使整个装置或系统结构简单、运行可靠、精度高、效率高等,因此是近年来国内外积极研究开发的电动机之一。

直线电动机的类型很多,从原理上讲,每一种旋转电动机都有与之相对应的直线电动机。直线电动机按其工作原理分为:直线感应电动机、直线直流电动机等。

一、直线感应电动机

(一) 主要类型和基本结构

直线感应电动机主要有扁平型、圆筒型和圆盘型三种形式,其中扁平型应用最为广泛。

1. 扁平型

直线电动机可以看作是由旋转电动机演变而来的。设想把旋转的感应电动机沿着径向剖开,并将圆周展开成直线,即可得到扁平型直线感应电动机,如图 4-16 所示。由定子演变而来的一侧称为一次侧,由转子演变而来的一侧称为二次侧。

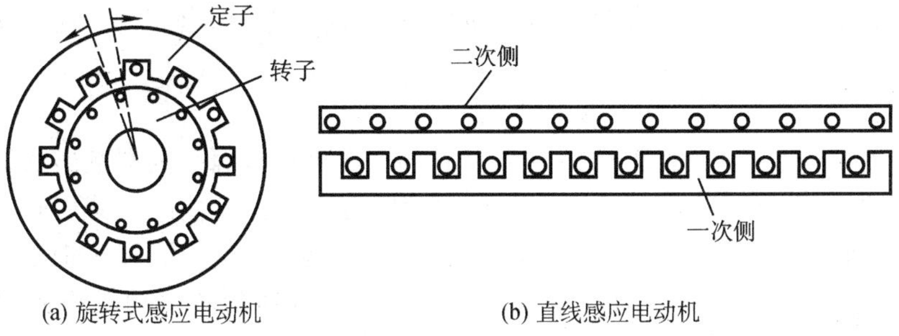

(a) 旋转式感应电动机　　(b) 直线感应电动机

图 4-16　直线感应电动机的演变过程

图 4-16 所示为演变而来的直线感应电动机,其一次侧和二次侧长度是相等的。由于在运行时一次侧与二次侧之间要做相对运动,假定在运动开始时,一次侧和二次侧正好对齐,那么在运动过程中,一次侧和二次侧之间相互电磁耦合的部分就越来越少,影响正常的运行。为了保证在所需的行程范围内,一次侧和二次侧之间的电磁耦合始终不变,实际应用时,必须把一次侧和二次侧制造成不同长度。当然既可以是一次侧短、二次侧长,也可以是一次侧长、二次侧短。前者称为短一次侧,后者称为长一次侧,如图 4-17 所示。由于短一次侧结构比较简单,制造成本和运行费用均较低,一般均采用短一次侧。

图 4-17 所示的扁平型直线感应电动机,仅在二次侧的一边具有一次侧,这种结构形式称为单边型。它的最大特点是在一次侧和二次侧之间存在着较大的法向吸力,这在大多数场合下是不希望的。若在二次侧的两边都装上一次侧,那么这个法向吸力就可以互相抵消,这种结构形式

称为双边型,如图 4-18 所示。

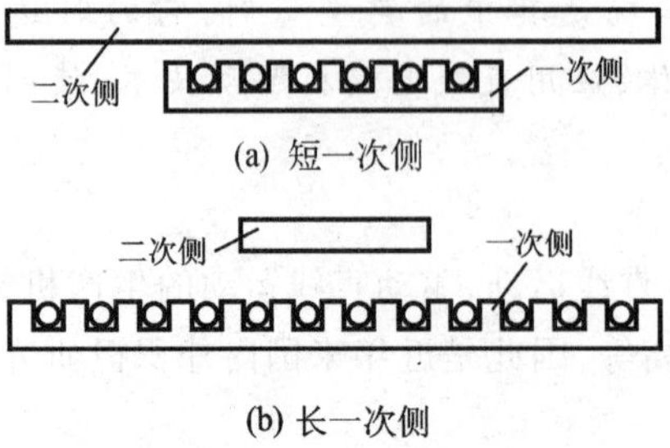

图 4-17　扁平型直线感应电动机图

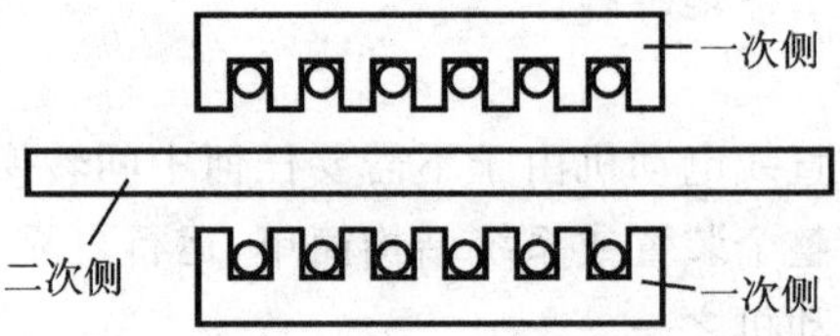

图 4-18　双边型直线感应电动机

扁平型直线感应电动机的一次侧铁心由硅钢片叠成,与二次侧相对的一面开有槽,槽中放置绕组。一次侧绕组可以是单相、两相、三相或者多相的。二次侧有两种结构类型,一种是栅型结构,犹如旋转电动机的笼形结构;二次侧铁心上开槽,槽中放置导条,并在两端用端部导体连接所有槽中导条。另一种是实心结构,即采用整块均匀的金属材料,它又分成非磁性二次侧和钢二次侧,非磁性二次侧的导电性能好,一般为铜或铝。

2. 圆筒型(管型)

图 4-19(a)所示为扁平型直线感应电动机。将它沿着和直线运动相垂直的方向卷成筒形,就形成圆筒型直线感应电动机,如图 4-19(b)所示。在某些特殊的场合,这种电动机还可以做成既有旋转运动又有直线运动的旋转直线电动机,旋转直线的运动体既可以是一次侧,也可以是二次侧。

3. 圆盘型

圆盘型直线感应电动机,如图 4-20 所示。它的二次侧做成扁平的圆盘形状,并能够绕经过圆心的轴自由转动,将一次侧放在二次侧圆盘靠近外缘的平面上,使圆盘受切向力作旋转运动。一次侧可以是单面的,也可以是双面的。虽然它也做旋转运动,但运行原理和设计方法与扁平型直线感应电动机相同,故仍属于直线电动机的范畴。与普通旋转电动机相比,具有以下一些优点:

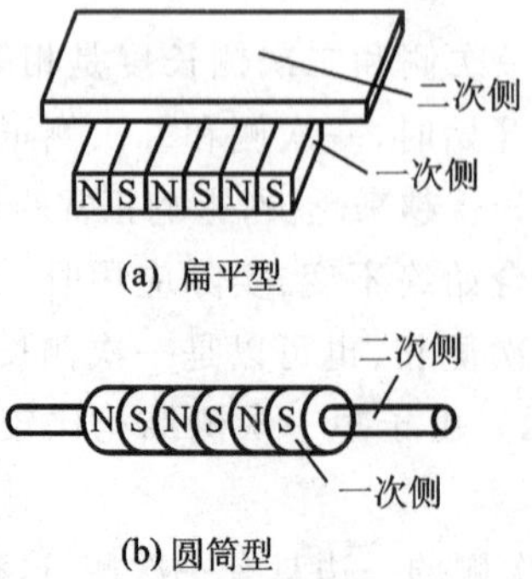

图 4-19　圆筒型直线感应电动机的形成

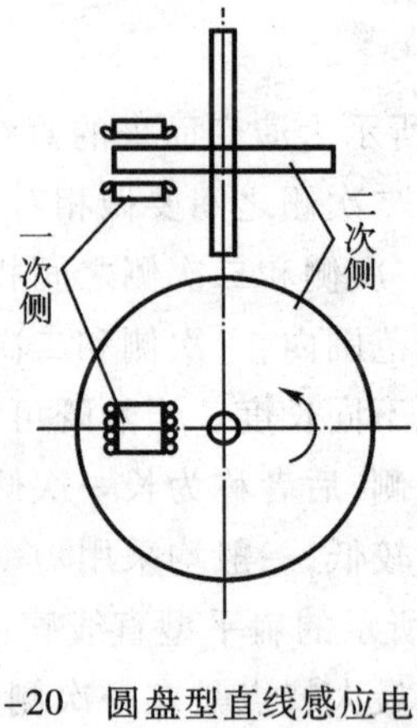

图 4-20　圆盘型直线感应电动机

① 力矩与旋转速度可以通过多台一次侧组合的方式或通过一次侧在圆盘上的径向位置来调节。

② 无需通过齿轮减速箱就能得到较低的速度,因而电动机的振动和噪声很小。

(二) 基本工作原理

直线感应电动机是由旋转电动机演变而来的,当一次侧的三相(或多相)绕组通入对称正弦交流电时,会产生气隙磁场。当不考虑由于铁心两端开断而引起的纵向边缘效应时,这个气隙磁场的分布情况与旋转电动机相似,沿着直线方向按正弦规律分布,但它不是旋转而是沿着直线平移,因此称为行波磁场,如图 4-21 中曲线所示。显然,行波磁场的移动速度与旋转磁场在定子内圆表面上的线速度是一样的。行波磁场移动的速度称为同步速度,即

$$v_s=\frac{D}{2}\frac{2\pi n_0}{60}=\frac{D}{2}\frac{2\pi}{60}\frac{60f_1}{p}=2f_1\tau \tag{4-10}$$

式中,D 为旋转电动机定子内圆周的直径;τ 为极距,$\tau=\pi D/2p$;p 为极对数;f 为电源频率。

行波磁场切割二次侧导条,将在导条中产生感应电动势和电流,所有导条的电流(图中只画出其中一根导条)和气隙磁场相互作用,产生切向电磁力。如果一次侧是固定不动的,那么二次侧便在这个电磁力的作用下,顺着行波磁场的移动方向作直线运动。若二次侧移动的速度用 v 表示,转差率用 s 表示,则

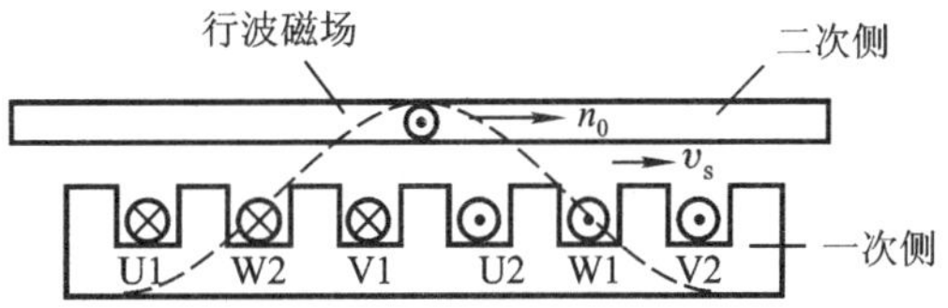

图 4-21　直线感应电动机的工作原理

$$s=\frac{v_s-v}{v_s} \tag{4-11}$$

在电动机运行状态时,s 在 0 和 1 之间。

二次侧的移动速度:

$$v=(1-s)v_s=2\tau f_1(1-s) \tag{4-12}$$

由式可知,改变极距或电源频率,均可改变二次侧移动的速度。改变一次侧绕组中通电相序,可改变二次侧移动的方向。

此外,由于直线电动机的二次侧大多数用整块金属板或复合金属板制成,不存在明显的导条,在分析原理时可以将其看成是无限多导条的并联。这与分析空心杯转子旋转电动机是完全一样的。

二、直线直流电动机

直线直流电动机通常做成圆筒形,它的优点是结构简单可靠,运行效率高,控制比较方便、灵活,尤其和闭环控制系统结合在一起,可精密地控制位移,其速度和加速度控制范围广,调速的平滑性好。缺点是存在着带绕组的电枢和电刷。

直线直流电动机按励磁方式可分为永磁式和电磁式两大类。前者多用于驱动功率较小的场合;后者则用于驱动功率较大的场合。

(一) 永磁式直线直流电动机

永磁式直线直流电动机的磁极由永久磁铁做成。按照它的结构特征可分为动圈型和动铁心

型两种。动圈型在实际中用得较多，如图 4-22 所示，在软铁架两端装有极性同向的两块永久磁铁，当移动绕组中通入直流电流时，便产生电磁力，只要电磁力大于滑轨上的静摩擦阻力，绕组就沿着滑轨作直线运动，其运动的方向可由左手定则确定。改变绕组中直流电流的大小和方向，即可改变电磁力的大小和方向。电磁力的大小为

$$F=B_{\sigma}lNI_{a} \tag{4-13}$$

式中，B_{σ} 为绕组所在空间的磁通密度；l 为绕组导体每匝处在磁场中的平均有效长度；N 为绕组匝数；I_{a} 为绕组中的电流。

（二）电磁式直线直流电动机

任何一种永磁式直线直流电动机，只要把永久磁铁改成电磁铁，就成为电磁式直线直流电动机，同样也有动圈型和动铁型两种。图 4-23 所示为电磁式动圈型直线直流电动机的结构示意图。当励磁绕组通电后产生磁通与移动绕组的通电导体相互作用产生电磁力，克服滑轨上的静摩擦力，移动绕组便作直线运动。

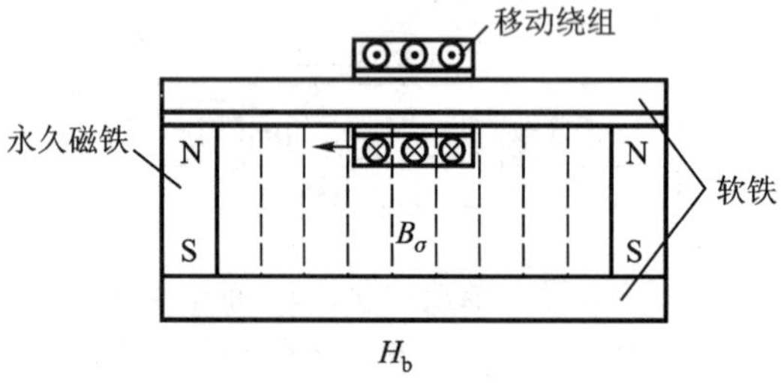

图 4-22　永磁式动圈型直线直流电动机结构示意图

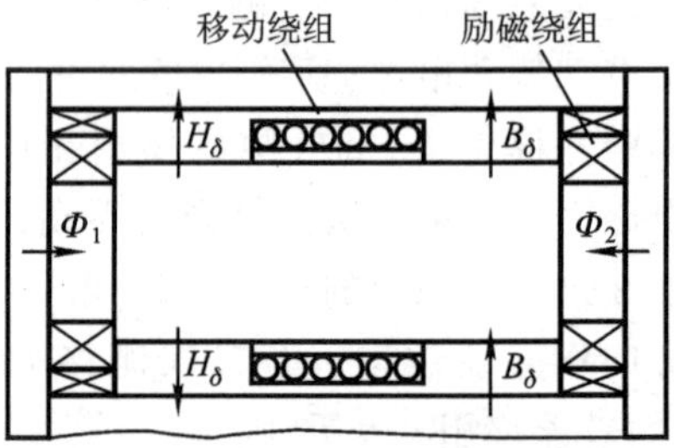

图 4-23　电磁式动圈型直线直流电动机结构示意图

对于动圈型直线直流电动机，电磁式的成本要比永磁式低。因为永磁式所用的永磁材料在整个行程上都存在，而电磁式只用一般材料的励磁绕组即可；永磁材料质硬，机械加工费用大；电磁式可通过串、并联励磁绕组和附加补偿绕组等方式改善电动机的性能，灵活性较强。但电磁式比永磁式多了一项励磁损耗。

电磁式动铁型直线直流电动机通常做成多极式，图 4-24 所示为三磁极式直线直流电动机。当环形励磁绕组通电时，便产生磁通，径向穿过气隙和电枢绕组，在铁心中由径向过渡到轴向，形成闭合回路，如图中虚线所示。径向气隙磁场与通电的电枢绕组相互作用产生轴向电磁力，推动磁极作直线运动。当这种电动机用于短行程和低速移动的场合时，可以省掉滑动的电刷。但若行程很长，为了提高效率，同永磁式直线电动机一样，在磁极上装上电刷，使电流只在电枢绕组的工作段流过。

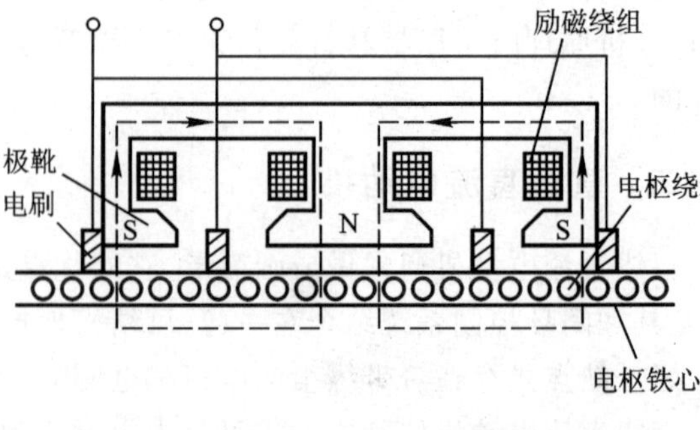

图 4-24　三极电磁式直线直流电动机

第五节　微型同步电动机

微型同步电动机即指小功率同步电动机，其功率由零点几瓦到数百瓦。它的转子转速恒为同步转速 n_1，使用在转速要求恒定的控制设备和自动装置中。它的功能是将不变的交流信号变换为转速恒定的机械运动，在自控系统中作执行元件。

微型同步电动机的定子结构与异步电动机的定子是一样的。转子的极数与定子极数相同，转子上无绕组，不需要直流励磁，因而没有电刷与滑环，所以结构简单，维护方便。根据转子结构与所用材料的不同，微型同步电动机可分为永磁式、反应式（磁阻式）和磁滞式几种。

一、永磁式微型同步电动机

永磁式微型同步电动机的转子用永久磁铁做成两极或多极。N、S 极沿圆周交替排列，如图 4-25所示。运行时，定子产生的旋转磁场吸牢转子一起旋转，转速为定子旋转磁场的转速，亦即同步转速 n_1。转子上负载转矩增大时，定子磁场磁极轴线与转子磁极轴线之间的夹角相应增大；当负载转矩减小时，夹角相应减小，转速则始终恒定不变。但是负载转矩不能超出一定限度（最大同步转矩），否则电动机将停转，称为"失步"。永磁式微型同步电动机与普通三相同步电动机一样，如不采取措施，则因转子具有惯性，起动时定、转子磁极之间存在相对运动，转子所受到的平均转矩为零，无法自行起动。解决的办法是在转子上加装笼型绕组，如图 4-25 所示，利用异步电动机的原理使转子转起来，当转速接近同步转速时，定子旋转磁场会将转子牵入同步，与定子旋转磁场一起同步旋转，这种起动方法称为异步起动法。

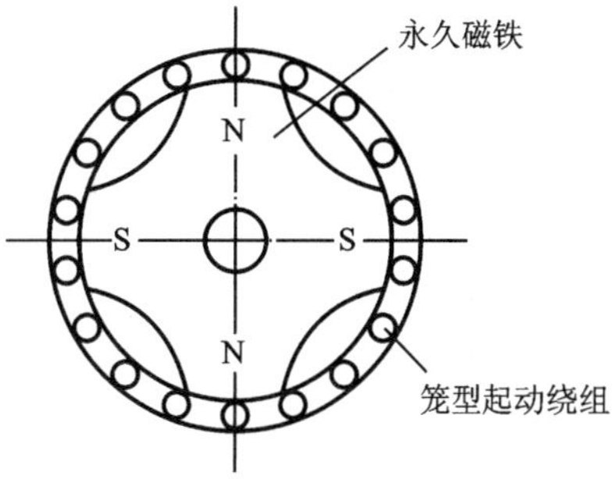

图 4-25　永磁式微型同步电动机转子

永磁式微型同步电动机出力大、体积小、耗电少、结构简单、工作可靠，广泛用于自动记录仪表和程序控制系统中。

二、反应式微型同步电动机

反应式微型同步电动机的转子由铁磁性材料制成，本身没有磁性，但是必须有直轴和交轴之分，直轴的磁阻小，交轴的磁阻大。图 4-26 所示为反应式同步电动机转子冲片的几种不同形式，其中图（a）的外形为凸极结构，靠直轴和交轴气隙大小不同达到磁阻不等的要求，称为外反应式；图（b）的外形为圆形，气隙均匀，但在内部开有反应槽，使交轴方向的磁阻远大于直轴方向，称为内反应式；图（c）是既采用凸极结构，又在内部开有反应槽，从而使交轴方向和直轴方向的磁阻差别更大，称为内外反应式。冲片上的小圆孔隙是供放笼型起动绕组导条用的。

定子绕组通电时，气隙中建立圆形或椭圆形旋转磁场，作用于转子，产生磁阻转矩或称反应转矩，使转子与定子旋转磁场一起以同步转速 n_1 旋转，当负载转矩增大时，定子旋转磁场磁极轴线与转子凸极轴线之间的夹角 θ 增大，反应转矩随之增大，转速 n_1 保持不变，不过负载转矩不能超过一定限度。反应式微型同步电动机亦有起动问题，为此转子上亦装有笼型起动绕组，采用异

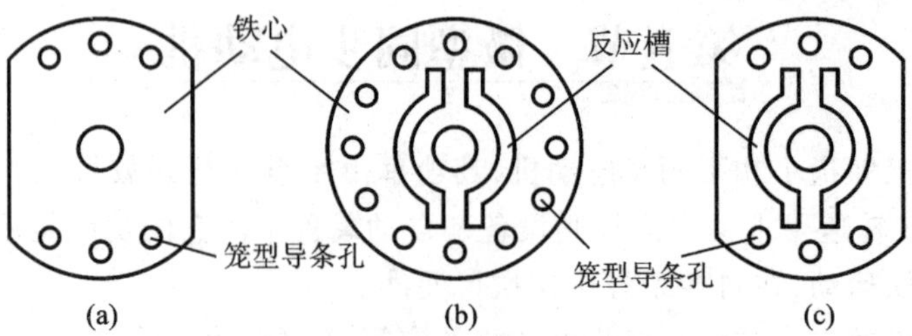

图 4-26　反应式同步电动机转子冲片

步起动法起动。

反应式微型同步电动机的结构比永磁式更简单，成本更低，工作可靠，适用于精密机床、遥控装置、录像机和传真机等。

三、磁滞式微型同步电动机

磁滞式微型同步电动机的定子结构与永磁式、反应式微型同步电动机相同，转子铁心采用硬磁材料制成的圆柱体或圆环，装配在非磁性材料制成的套筒上，典型的转子结构如图 4-27 所示。在功率极小的磁滞式微型同步电动机中，定子采用罩极式结构，转子由硬磁薄片组成，如图 4-28 所示。

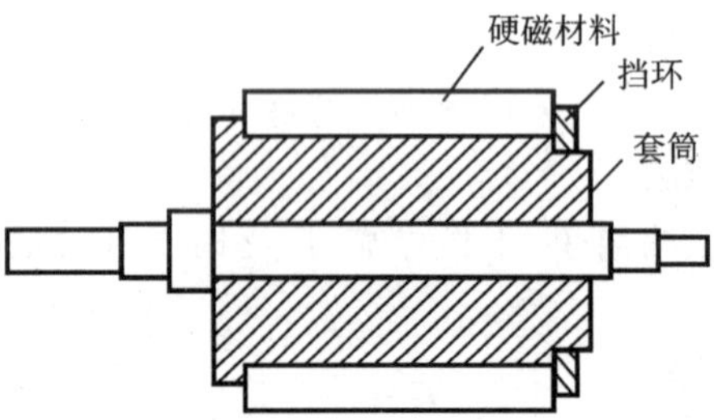

图 4-27　磁滞式微型同步电动机转子典型结构

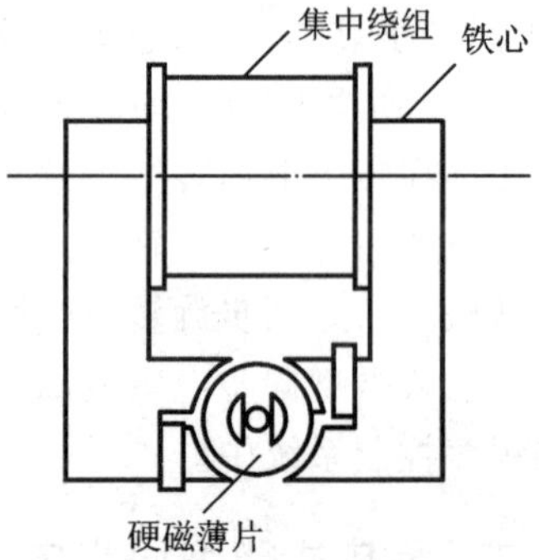

图 4-28　罩极式磁滞微型同步电动机

下面以图 4-29 为例说明磁滞式微型同步电动机的工作原理。图中电动机的转子为硬磁材料制成的实心转子，定子产生的旋转磁场以一对等效磁极表示，当定子磁场固定不转时，转子磁畴（磁分子）受磁化，排列方向与定子磁场方向相一致，如图 4-29（a）所示，定子磁场与转子之间只有径向力，切向力和转矩 $T=0$。如果定子磁场以同步转速 n_1 逆时针方向旋转，转子处于旋转磁化状态，转子磁畴应跟随定子磁场旋转方向转动。但是，磁畴之间很大的摩擦力，使磁分子不能立即跟随定子旋转磁场转过同样的角度，而始终要落后一个空间角度 θ_c，θ_c称为磁滞角。这样转子就成为一个磁极轴线落后于定子旋转磁场磁极轴线一个 θ_c角的磁铁，如图 4-29（b）所示。转子所受的磁拉力除径向分量以外还有一个切向分量，切向分量产生的转矩称为磁滞转矩 T_c，

磁滞转矩 T_c 使转子朝旋转磁场的方向旋转。产生磁滞转矩的条件是转子与定子旋转磁场之间有相对运动，即转子转速低于同步转速，转子受到旋转磁化，但是磁滞转矩的大小仅决定于硬磁材料的性质，而与转子异步运行时的转速无关，所以在转速低于同步转速时，磁滞转矩 T_c 始终保持常数，只要负载转矩 T_L 不大于 T_c，转速就将上升，直至转速等于同步转速时，转子不再被旋转磁化，而是恒定磁化，这时，磁滞式同步电动机就成为永磁式同步电动机了。同步运行以后，转速恒定不变，转子磁极轴线与定子旋转磁场磁极轴线之间的夹角改由负载大小决定，在 $0 \sim \theta_c$ 之间。磁滞式同步电动机的转速低于同步转速时，转子与旋转磁场之间有相对切割运动。磁滞转子中会产生涡流，与旋转磁场作用产生涡流转矩。所以磁滞式同步电动机起动时，不仅有磁滞转矩，还有涡流转矩，不但能够自行起动，而且起动转矩较大，这是这种电动机的主要特点。

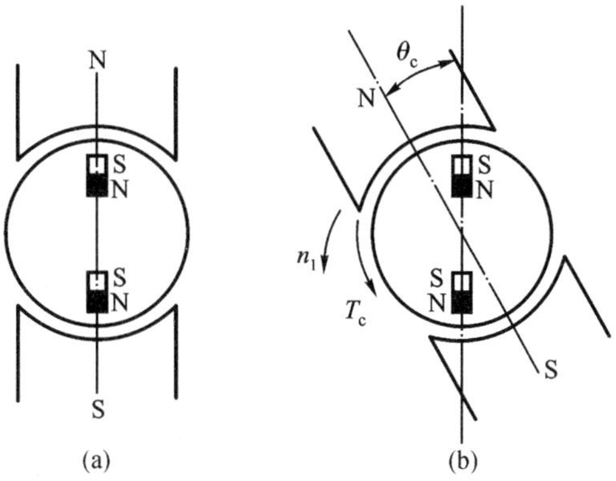

图 4-29　硬磁材料转子的磁化

磁滞式同步电动机结构简单、运行可靠、起动性能好、噪声小，常用于电钟、自动记录仪表、录音机和传真机等。

本章小结

本章介绍了控制用特种电机的主要功能，即实现控制信号的转换与传输，在自动控制系统中作为执行元件或检测元件。常用的特种电机有伺服电动机、测速发电机、步进电动机、直线电动机、微型同步电动机等。

伺服电动机在自动控制系统中用作执行元件，用于将输入的控制电压转换成电动机转轴的角位移或角速度输出，伺服电动机的转速和转向随着控制电压的大小和极性的改变而改变。

测速发电机是自动控制系统中的信号元件，它可以把转速信号转换成电气信号。

步进电动机属于断续运转的同步电动机。当电源输入一种脉冲电压时，电动机相应转过一个固定角度。转子就这样沿某一方向一步一步转动。常采用单片机代替步进控制器控制步进电动机调速。

直线电动机是一种能直接产生直线运动的电动机，是由旋转电动机演变而来的。

微型同步电动机即是小功率同步电动机，它的转子转速恒为同步转速 n_1。磁滞式微型同步电动机在自身的磁滞转矩作用下起动，并达到同步转速，而且起动转矩较大；但转子是用硬磁材料制成的，造价较高。

思考题与习题

4.1　常用的特种电机有哪些？自动控制系统对特种电机有哪些要求？

4.2　为什么要求交流伺服电动机有较大的电阻？

4.3 直流伺服电动机有哪几种控制方式?

4.4 直流测速发电机产生误差的原因有哪些?

4.5 试简要说明交流异步测速发电机的基本工作原理和存在线性误差的主要原因?

4.6 异步测速发电机在转子不动时,为什么没有电压输出?转动时,为什么输出电压能与转速成正比,而频率却与转速无关?

4.7 什么是异步测速发电机的剩余电压?

4.8 步进电动机的转速与哪些因素有关?如何改变其转向?

4.9 步距角为1.5°/0.75°的磁阻式三相六极步进电动机转子有多少个齿?若频率为2 000 Hz,电动机转速是多少?

4.10 试述直线感应电动机的工作原理,如何改变运动的速度和方向?它有哪几种主要形式?各有什么特点?

4.11 为什么永磁式和反应式同步电动机转子上通常装有笼型绕组?

4.12 磁滞式微型同步电动机与永磁式和反应式的相比,突出优点是什么?

4.13 步进电动机是怎样旋转的?其旋转的根本原因是什么?

4.14 步进电动机的控制器由哪几部分组成?各部分作用是什么?

4.15 如何实现步进电动机的变速控制?

第五章

常用低压电器

学习目标

- 掌握各种常用低压电器的名称、用途、规格、基本结构、工作原理、图形符号与文字符号。
- 熟悉常用低压电器的交、直流灭弧装置的构造与灭弧方法。
- 了解其他低压电器的有关知识。

[案例] 我国的低压电器产品包括以下十二大类产品:刀开关、组合开关、熔断器、断路器、控制器、接触器、起动器、控制继电器、主令电器、电阻器及变阻器、调整器、电磁铁以及其他低压电器。

低压电器是组成低压控制线路的基本器件。在工厂中常用继电器、接触器、按钮和开关等电器组成电动机的起动、停止、反转和制动控制电路。控制系统的可靠性、先进性、经济性都与所用的低压电器有着直接的关系。

第一节　低压电器的基本知识

一、低压电器的定义

凡是自动和手动接通和断开的电路,以及能实现对电路或非电对象进行切换、控制、保护、检测、变换和调节目的的电气元件统称为电器。低压电器是指用于交流额定电压 1 200 V 及以下、直流额定电压 1 500 V 及以下的电路中起通断、保护、控制或调节作用的电器产品。

二、低压电器的分类

(一) 按用途分类

1. 控制电器

用于各种控制电路和控制系统的电器。例如接触器、控制器、起动器等。

2. 主令电器

用于自动控制系统中发送控制指令的电器。如按钮开关、主令开关、行程开关等。

3. 保护电器

用于保护电路及用电设备的电器。如熔断器、热继电器、避雷器等。

4. 配电电器

用于电能输送和分配的电器。如断路器、刀开关等。

5. 执行电器

用于完成某种动作或传动功能的电器。如电磁铁、电磁离合器等。

(二) 按工作原理分类

1. 电磁式电器

依据电磁感应原理来工作的电器。如交直流接触器、各种电磁式继电器等。

2. 非电量控制电器

电器的工作是靠外力或某种非电物理量的变化而动作的电器。如刀开关、速度继电器、压力继电器、温度继电器等。

第二节 开 关

低压开关电器主要用作电源的隔离、线路的保护与控制。常用的低压开关电器有：

一、刀开关

刀开关又称闸刀开关，是一种结构最简单、应用最广泛的手动电器。在低压电路中，作为不频繁接通和分断电路用，或用来将电路与电源隔离。

图 5-1 所示为刀开关的典型结构。它由操作手柄、触刀、静插座和绝缘底板组成。用推动手柄来实现触刀插入插座与脱离插座的控制，以达到接通电路和分段电路的要求。

刀开关的种类很多，按刀的极数可分为单极、双极和三极，其图形符号如图 5-2 所示。按刀的转换方向可分为单掷和双掷；按灭弧情况可分为带灭弧罩和不带灭弧罩；按接线方式可分为板前接线式和板后接线式。下面只介绍由刀开关和熔断器组合而成的负荷开关，负荷开关分为开启式负荷开关和封闭式负荷开关两种。

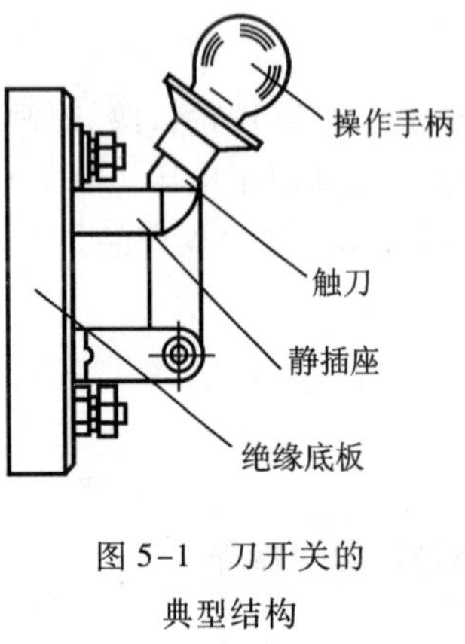

图 5-1 刀开关的典型结构

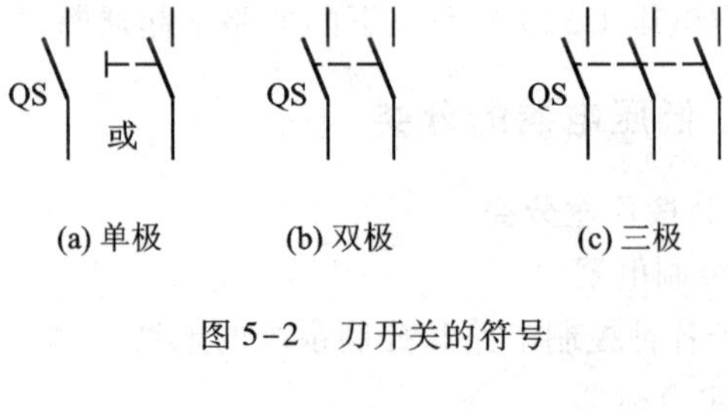

图 5-2 刀开关的符号

（一）开启式负荷开关

开启式负荷开关又称为瓷底胶盖刀开关，简称闸刀开关。生产中常用的是 HK 系列开启式负荷开关，适用于照明和小容量电动机控制线路中，供手动不频繁地接通和分断电路，并起短路保护作用。

对于普通负载电路，闸刀开关可以根据负载的额定电流来选择，但对于电动机起动的负载电路，闸刀开关的额定电流应选择电动机额定电流的 3 倍左右。

常用的开启式负荷开关有 HK1 和 HK2 系列。

1. 结构

HK 系列负荷开关由刀开关和熔断器组合而成，结构如图 5-3(a)所示。开关的瓷底座上装有进线座、静触点、熔体、出线座和带瓷质手柄的刀式动触点，上面盖有胶盖以防止操作时触及带电体或分断时产生的电弧飞出伤人。

开启式负荷开关在电路图中的符号如图 5-3(b)所示。

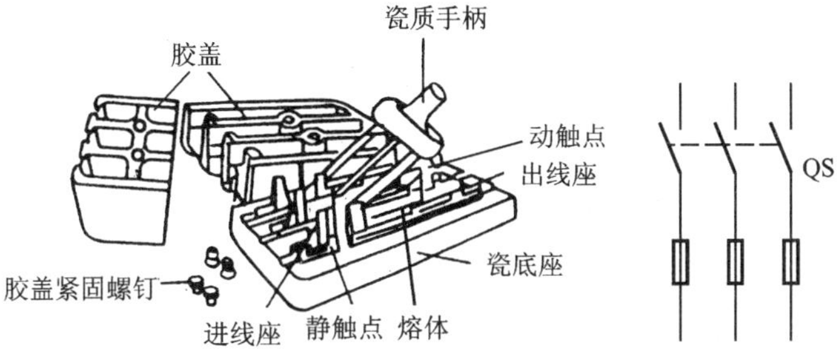

(a) 结构　　(b) 符号

图 5-3　HK 系列开启式负荷开关

2. 型号

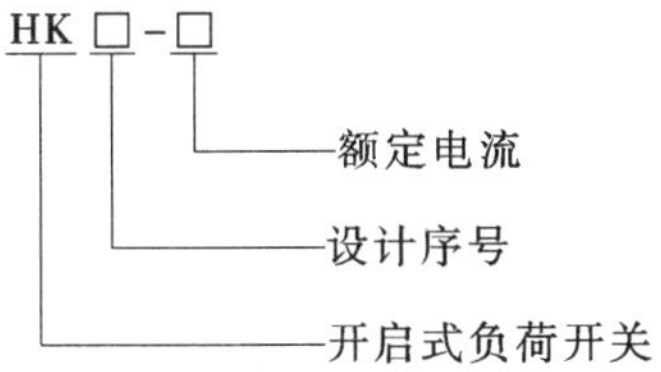

（二）封闭式负荷开关

封闭式负荷开关是在开启式负荷开关的基础上改进设计的一种开关。可用于手动不频繁的接通和断开带负载的电路以及作为线路末端的短路保护，也可用于控制 15kW 以下的交流电动机不频繁的直接起动和停止。对于普通负载电路，铁壳开关可根据负载的额定电流来选择，对于有电动机起动的负载电路，铁壳开关的额定电流可选择电动机额定电流的 1.5 倍左右。

1. 结构

常用的封闭式负荷开关有 HH3、HH4 系列，其中 HH4 系列为全国统一设计产品，其结构如图 5-4 所示。它主要由触点及灭弧系统、熔断器及操作机构等三部分组成。三把闸刀固定在一根绝缘方轴上，由手柄完成分、合闸的操作。在操作机构中，手柄转轴与底座之间装有速动弹簧，使刀开关的接通和断开速度与手柄操作速度无关。封闭式负荷开关的操作机构有两个特点：一是采用了储能合闸方式，利用一根弹簧使开关的分合速度与手柄操作速度无关，这既改善了开关的灭弧性能，又能防止触点停滞在中间位置，从而提高了开关的通断能力，延长其使用寿命；二是操作机构上装有机械联锁，它可以保证开关合闸时不能打开防护铁盖；而当打开防护铁盖时，不能将开关合闸。

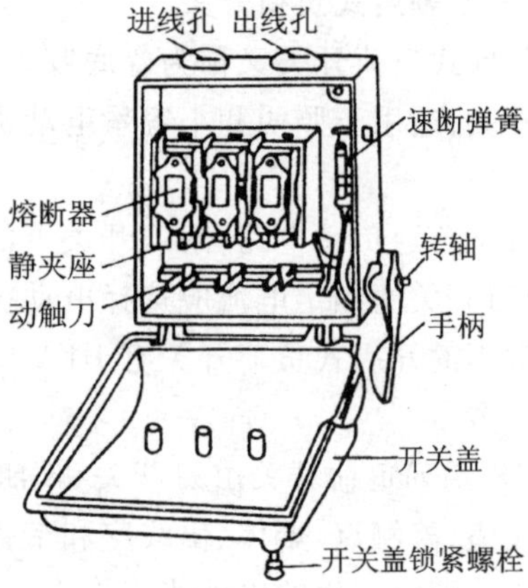

图 5-4　HH 系列封闭式负荷开关

封闭式负荷开关在电路图中的符号与开启式负荷开关相同。

2. 型号

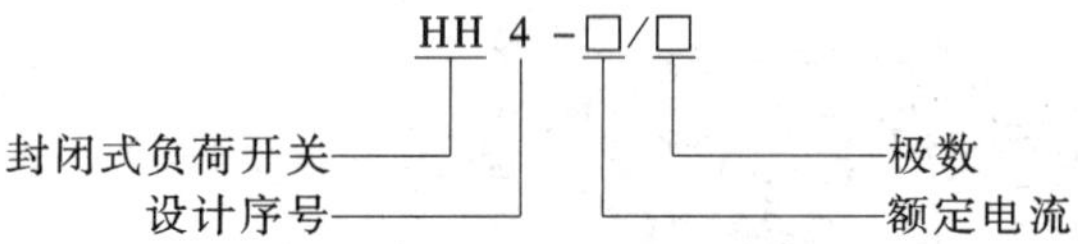

二、组合开关

组合开关又称转换开关，常用于交流 50 Hz、380 V 以下及直流 220 V 以下的电气线路中，供手动不频繁的接通和分断电路、电源开关或控制5 kW 以下小容量异步电动机的起动、停止和正反转。组合开关应根据电源种类、电压等级、所需触点的数目和额定电流进行选用。

（一）结构

组合开关的外形与结构如图 5-5 所示。它实际上就是由多节触点组合而成的刀开关。与普通闸刀开关的区别是转换开关用动触片代替闸刀，操作手柄在平行于安装面的平面内可左右转动。开关的三对静触点分别装在三层绝缘垫板上，并附有接线柱，用于与电源及用电设备相接。动触点是用磷铜片（或硬紫铜片）和具有良好灭弧性能的绝缘钢纸板铆合而成，并和绝缘垫板一起套在附有手柄的方形绝缘转轴上。手柄和转轴能在平行于安装面的平面内沿顺时针或逆时针方向每次转动 90°，带动三个动触点分别与三对静触点接触或分离，实现接通或分断电路的目的。开关的顶盖部分是由滑板、凸轮、扭簧和手柄等构成的操作机构。由于采用了扭簧储能，可使触点快速闭合或分断，从而提高了开关的通断能力。

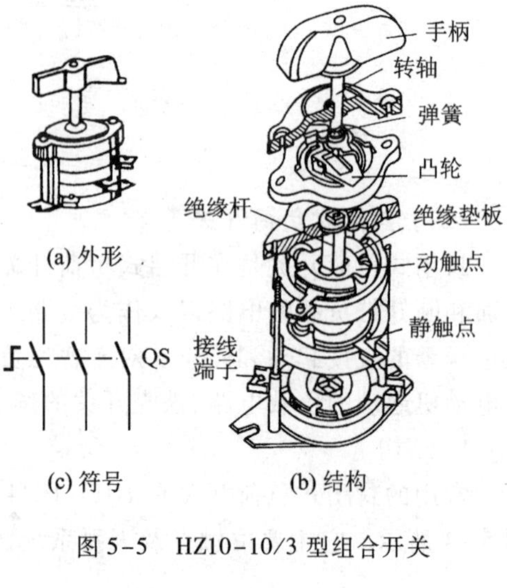

图 5-5　HZ10-10/3 型组合开关

组合开关的常用产品有：HZ6、HZ10、HZ15 系列。一般在电气控制线路中普遍采用的是 HZ10 系列的组合开关。

组合开关有单极、双极和多极之分。普通类型的转换开关各极是同时通断的；特殊类型的转换开关是各极交替通断，以满足不同的控制要求。其表示方法类似于万能转换开关。

（二）型号

HZ10-□□/□

- 组合开关——HZ
- 设计序号——10
- 额定电流——第一个□
- 开关专门用途代号——第二个□
- 极数——/后的□

HZ10 系列组合开关在电路图中的符号如图 5-5(c)所示。

三、低压断路器

低压断路器即自动空气开关，又称空气断路器。它既能带负荷通断电路，又能在失压、短路和过负荷时自动跳闸，保护线路和电气设备，是低压配电网络和电力拖动系统中常用的重要保护电器之一。

低压断路器具有操作安全、工作可靠、动作值可调、分断能力较强等优点，因此得到广泛应用。

低压断路器按结构形式可分为塑料外壳式（曾称装置式）、框架式（曾称万能式）两大类。框架式断路器主要用作配电网络的保护开关，而塑料外壳式断路器除用作配电网络的保护开关外，还用作电动机、照明线路的控制开关。在此重点介绍塑料外壳式的低压断路器。

（一）结构及工作原理

塑料外壳式低压断路器，原称装置式自动空气式断路器。它把所有的部件都装在一个塑料外壳里，结构紧凑、安全可靠、轻巧美观、可以独立安装。它的形式很多，以前最常用的是 DZ10 型，较新的还有 DZX10、DZ20 等。在电气控制线路中，主要采用的是 DZ5 型和 DZ10 系列低压断路器。

1. DZ5-20 型低压断路器

DZ5-20 型低压断路器为小电流系列，其外形和结构如图 5-6 所示。断路器主要由动触点、静触点、灭弧装置、操作机构、热脱扣器、电磁脱扣器及外壳等部分组成。其结构采用立体布置，操作机构在中间，上面是由加热元件和双金属片等构成的热脱扣器，用于过载保护。热脱扣器还配有电流调节装置，可以调节整定电流。下面是由线圈和铁心等组成的电磁脱扣器，作短路保护，它也有一个电流调节装置，调节瞬时脱扣整定电流。主触点在操作机构后面，由动触点和静触点组成，配有栅片灭弧装置，用以接通和分断主电路的大电流。另外还有动合辅助触点、动断辅助触点各一对。动合触点、动断触点指的是在电器没有外力作用、没有带电时触点的自然状态。当接触器未工作或线圈未通电时处于断开状态的触点称为动合触点（曾称常开触点），处于接通状态的触点称为动断触点（曾称常闭触点）。辅助触点可作为信号指示或控制电路用。主触点、辅助触点的接线柱均伸出壳外，以便于接线。在外壳顶部还伸出接通（绿色）和分断（红色）按钮，通过储能弹簧和杠杆机构实现断路器的手动接通和分断操作。

低压断路器的工作原理如图 5-7 所示。使用时断路器的三副主触点串联在被控制的三相

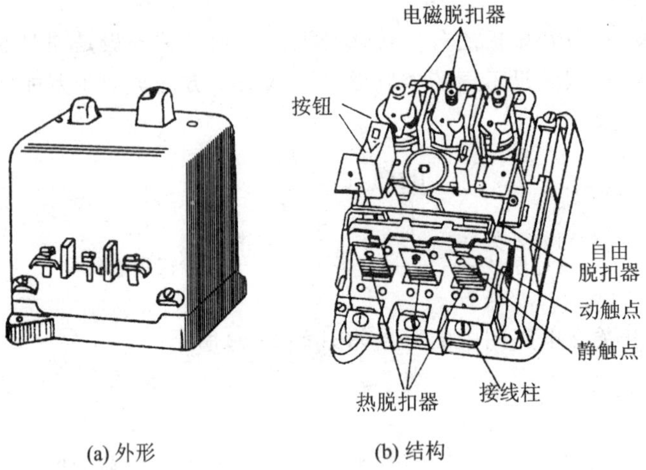

(a) 外形　　(b) 结构

图 5-6　DZ5-20 型低压断路器

电路中，按下接通按钮时，外力使锁扣克服反作用弹簧的反力，将固定在锁扣上面的动触点与静触点闭合，并由锁扣锁住搭钩使动静触点保持闭合，开关处于接通状态。

当线路发生过载时，过载电流流过热元件产生一定的热量，使双金属片受热向上弯曲，通过杠杆推动搭钩与锁扣脱开，在反作用弹簧的推动下，动、静触点分开，从而切断电路，使用电设备不致因过载而烧毁。

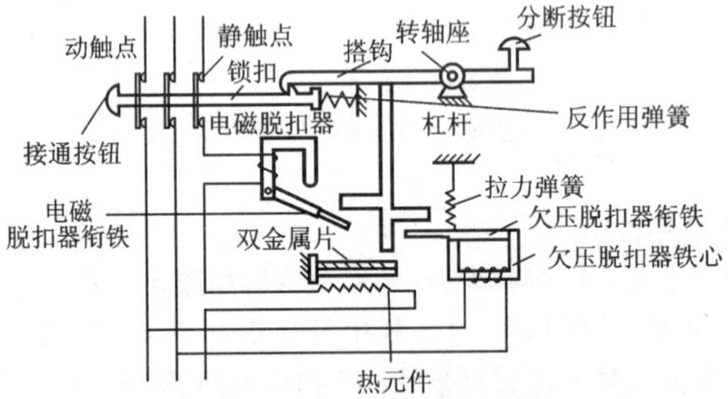

图 5-7　低压断路器工作原理示意图

当线路发生短路故障时，短路电流超过电磁脱扣器的瞬时脱扣整定电流，电磁脱扣器产生足够大的吸力将衔铁吸合，通过杠杆推动搭钩与锁扣分开，从而切断电路，实现短路保护。低压断路器出厂时，电磁脱扣器的瞬时脱扣整定电流一般整定为 $10I_N$（I_N 为断路器的额定电流）。

欠压脱扣器的动作过程，与电磁脱扣器恰好相反。需手动分断电路时，按下分断按钮即可。

2. DZ10 型低压断路器

DZ10 系列为大电流系列，其额定电流的等级有 100 A、250 A、600 A 三种，分断能力为

7 ~ 50 kA。在机床电气系统中常用 250 A 以下的等级，作为电气控制柜的电源总开关。通常将它装在控制柜内，将操作手柄伸在外面，露出“分”与“合”的字样。

DZ10 型低压断路器可根据需要装设热脱扣器（用双金属片作过负荷保护）、电磁脱扣器（只作短路保护）和复式脱扣器（可同时实现过负荷保护和短路保护）。

DZ10 型低压断路器的操作手柄有三个位置：

① 合闸位置：手柄向上扳，跳钩被锁扣扣住，主触点闭合。

② 自由脱扣位置：跳钩被释放（脱扣），手柄自动移至中间，主触点断开。

③ 分闸和再扣位置：手柄向下扳，主触点断开，使跳钩又被锁扣扣住，从而完成了“再扣”的动作，为下一次合闸做好了准备。如果断路器自动跳闸后，不把手柄扳到再扣位置（即分闸位置），不能直接合闸。

DZ10 型低压断路器采用钢片灭弧栅，因为脱扣机构的脱扣速度快，灭弧时间短，一般断路时间不超过一个周期（0.02 s），断流能力就比较大。

3. 漏电保护断路器

漏电保护断路器通常称作漏电开关，是一种安全保护电器，在线路或设备出现对地漏电或人身触电时，迅速自动断开电路，能有效地保证人身和线路的安全。电磁式电流动作型漏电断路器结构如图 5-8 所示。

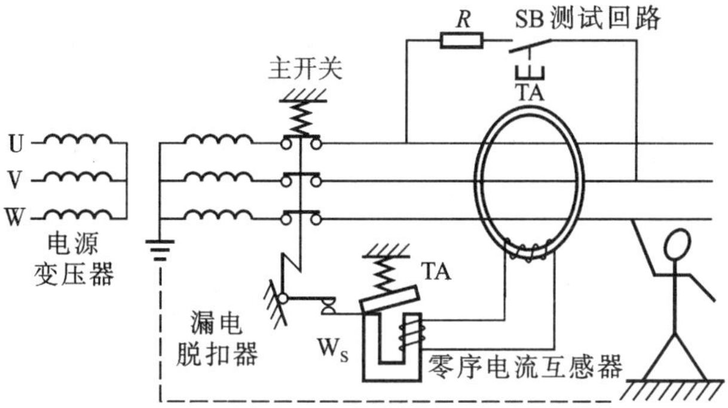

图 5-8　漏电保护断路器工作原理图

漏电保护断路器主要由零序电流互感器 TA、漏电脱扣器 W_S、试验按钮 SB、操作机构和外壳组成。实质上就是在一般的自动开关中增加一个能检测电流的感受元件零序互感器和漏电脱扣器。零序互感器是一个环形封闭的铁心，主电路的三相电源线均穿过零序互感器的铁心，为互感器的一次绕组；环形铁心上绕有二次绕组，其输出端与漏电脱扣器的线圈相接。在电路正常工作时，无论三相负载电流是否平衡，通过零序电流互感器一次侧的三相电流相量和为零，二次侧没有电流。当出现漏电和人身触电时，漏电或触电电流将经过大地流回电源的中性点，因此零序电流互感器一次侧三相电流的相量和就不为零，互感器的二次侧将感应出电流，此电流通过漏电脱扣器线圈，使其动作，则低压断路器分闸切断主电路，从而保障了人身安全。

为了经常检测漏电开关的可靠性，开关上设有试验按钮，与一个限流电阻 R 串联后跨接于两相线路上。当按下试验按钮后，漏电断路器立即分闸，证明该开关的保护功能良好。

（二）符号

低压断路器在电路图中的符号如图 5-9 所示。

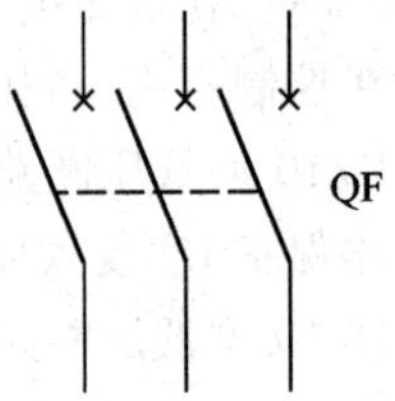

图 5-9　低压断路器的符号

（三）型号

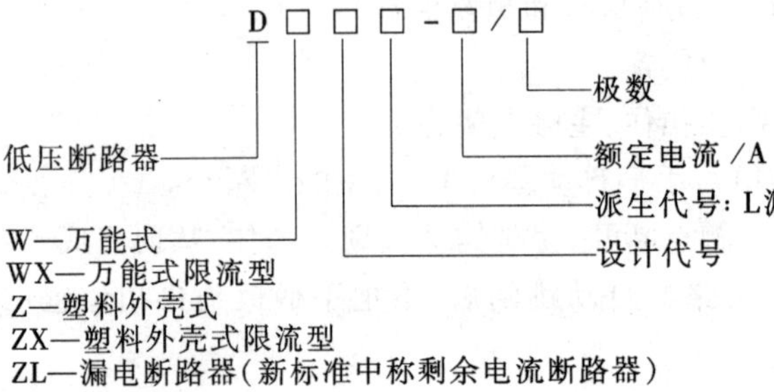

（四）低压断路器选用

选用低压断路器时，应注意以下几点：

① 低压断路器的额定电压应高于或等于电路或设备的额定工作电压。

② 低压断路器的主电路额定电流应大于或等于负载工作电流。

③ 热脱扣器的整定电流不应小于负载额定电流。

④ 极限分断能力应大于或等于电路的最大短路电流。

⑤ 过流脱扣器的瞬时脱扣整定电流应大于负载电路正常工作时的最大电流。

⑥ 欠压脱扣器额定电压应等于线路额定电压。

⑦ 低压断路器类型，应根据电路的额定电流及保护的要求来选用。

使用和维护时，低压断路器应注意以下几点：

① 使用前应将脱扣器电磁铁工作面的防锈油脂擦去，以免影响电磁机构的动作。

② 使用一定次数后（一般为 1/4 机械寿命），转动部应加润滑油（小容量塑料外壳式低压断路器不需）。

③ 定期清除低压断路器上的尘土，保证绝缘良好。

④ 定期检查各脱扣器的整定值。

⑤ 及时修整触点表面的毛刺或颗粒等，保证接触良好；清除低压断路器内金属颗粒等，保证低压断路器工作状态良好。

四、开关的选用、拆卸、装配和检查

1．任务目的

掌握低压开关的选用、拆卸、装配和检查。

2．任务内容

① 有一台三相异步电动机 Y-100L2-4（3 kW、380 V、Y 形联结）试选择开启式负荷开关型号。

② 有一台三相异步电动机 Y-112M-4（4 kW、380 V、Δ 形联结）试选择组合开关开关型号。

③ HZ10-25/3 型组合开关的改装、维修及校验。将组合开关原来的分、合状态为三动合（或三动断）的三对触头，改装为二动合一动断（或二动断一动合）的形式，如图 5-10（a）、（b）所示，

并整修触头,再按图 5-10(c)所示进行通电校验。

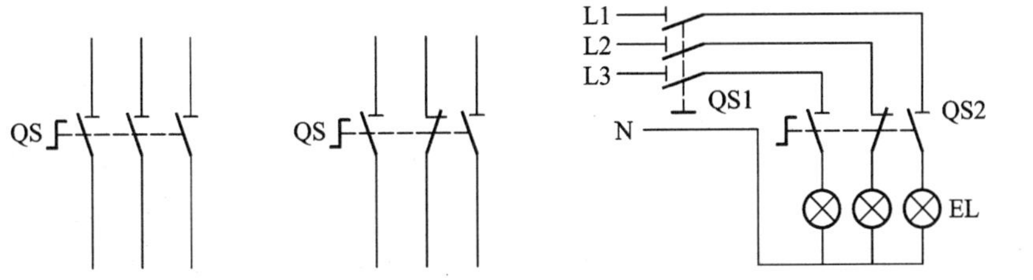

(a) 改装前　　(b) 改装后　　(c) 校验电路(灯箱 220V、25W、Y 形联结)

图 5-10　组合开关改装和校验

3. 工具、仪表和电器元件

① 工具:螺钉旋具、尖嘴钳、钢丝钳等。

② 仪表:MF47 型万用表。

③ 电气元件:瓷底胶盖刀开关 HK1-30/3、380 V、30 A、HK1-15/3、380 V、15 A,组合开关 HZ10-10/3、HZ10-10/3 各 1 只。

4. 操作工艺

(1) 型号选择

① 根据电动机的技术要求选择:Y-100L2-4(3 kW、380 V、Y 形联结)。

- 瓷底胶盖刀开关的额定电压大于等于电动机的额定电压 380 V。
- 瓷底胶盖刀开关的额定电流是 3 倍电动机的额定电流,即:3×2×3 A= 18 A。
- 瓷底胶盖刀开关控制的是三相异步电动机,则应选 3 极。
- 瓷底胶盖刀开关是 HK1-30/3。

② 根据电动机的技术要求选择:Y-112M-4(4 kW、380 V、Δ 形联结)

- 组合开关的额定电压大于等于电动机的额定电压 380 V。
- 组合开关的额定电流是 2.5 倍的电动机额定电流,即:3×2×2.5 A=15 A。
- 组合开关控制是三相异步电动机,则应选 3 极。
- 组合开关型号为 HZ10-25/3。

(2) 组合开关的拆卸

① 卸下手柄上的螺母,取下手柄。

② 卸下外壳左右两端的螺母,取下顶盖。

③ 取下弹簧,取下绝缘垫板。

④ 取下静触头上的接线柱。

⑤ 逐层取下静触头上的接线柱。

⑥ 从支架上取下动触头。

(3) 组合开关的装配

按拆卸的逆顺序进行。

(4) 组合开关的检查

① 手柄转动是否灵活。

② 静触点是否完好无损。

③ 手柄转动 90°角，用万用表电阻挡测量 3 对触点是否能够正常关断或接通。

(5) 注意事项

① 在使用时，组合开关每小时的转换次数一般不超过 15 ~ 20 次。

② 经常检查开关固定螺钉是否松动，以免导线压接松动，造成外部连接点放电、打火、烧蚀或断路。

③ 检查组合开关时，应注意检查开关内部的动静触片的接触情况，以免造成内部起弧烧蚀。

④ 由于组合开关的通断能力较低，故不能用来分断故障电流。当用于控制电动机作可逆运转时，必须在电动机完全停止转动后，才允许反向接通。

⑤ 当操作频率过高或负载功率因数较低时，组合开关要降低容量使用，否则会影响开关的寿命。

第三节 熔 断 器

熔断器是一种主要用作短路保护的电器。由于它具有结构简单、价格便宜、使用维护方便等优点，因此得到广泛应用。

在一般电路中可根据电路的工作的额定电流选择熔断器。对于保护异步电动机而言，因为异步电动机的起动电流很大，为避免短时冲击电流使熔体熔断，所以要按异步电动机的额定电流的 1.5 ~ 2.5 倍来选择。这样，在异步电动机电路中所装设的熔断器，只是在出现短路故障时，当电流远远超过额定值时才起保护作用，一般过载时不起作用。因此异步电动机的过载保护不能依靠熔断器，而应另外采取措施。

一、结构和工作原理

(一) 结构

熔断器一般由熔断体和底座组成。熔断体主要包括熔体、填料(有的没有填料)、熔管、触刀、盖板、熔断指示器等部件。熔断器结构图如图 5-11 所示。

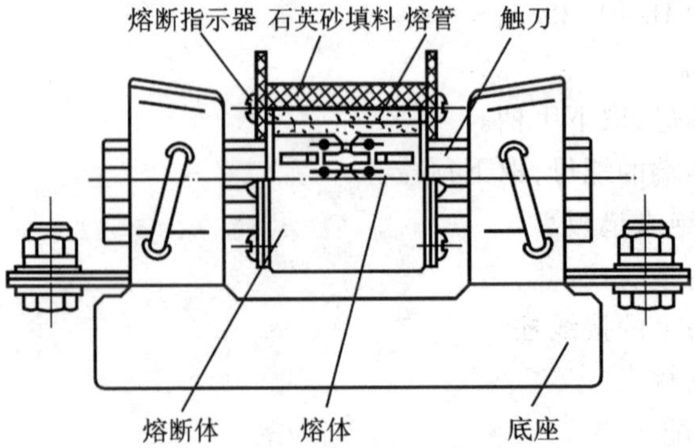

图 5-11　有填料密闭管式熔断器

熔体是熔断器的主要组成部分，常做成丝状、片状或栅状。熔体的材料通常有两种，一种是由铅、铅锡合金或锌等低熔点材料制成，多用于小电流电路；另一种是由银、铜等较高熔点的金属制成，多用于大电流电路。熔管是熔体的保护外壳，用耐热绝缘材料制成，在熔体熔断时兼有灭弧作用。熔座是熔断器的底座，作用是固定熔管和外接引线。

（二）工作原理

熔断器使用时利用金属导体作为熔体串联在被保护的电路中，当电路发生过载或短路故障时，通过熔断器的电流超过某一规定值时，以其自身产生的热量使熔体熔断，从而自动分断电路，起到保护作用。

熔断器对过载反应是很不灵敏的，当电气设备发生轻度过载时，熔断器将持续很长时间才熔断，有时甚至不熔断。因此，除在照明电路中外，熔断器一般不宜用作过载保护，主要用作短路保护。

二、常用的低压熔断器

熔断器按结构形式分为半封闭插入式、无填料封闭管式、有填料封闭管式和自复式四类。

（一）RC1A 系列插入式熔断器（瓷插式熔断器）

1. 型号

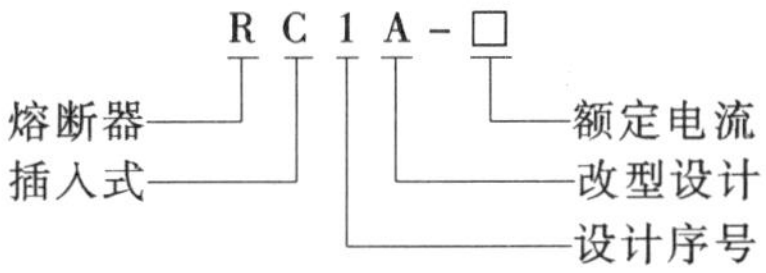

2. 结构

RC1A 插入式熔断器是将熔体用螺丝固定在瓷盖上，然后插入底座，它由瓷座、瓷盖、动触点、静触点及熔体五部分组成，其结构如图 5-12 所示。

3. 用途

RC1A 系列插入式熔断器一般用在交流 50 Hz、额定电压 380 V 及以下，额定电流 200 A 及以下的低压线路末端或分支电路中，作为电气设备的短路保护及一定程度的过载保护。

（二）RL1 系列螺旋式熔断器

1. 结构

RL1 系列螺旋式熔断器属于有填料封闭管式，其外形和结构如图 5-13 所示。它主要由瓷帽、熔断管、瓷套、上接线座、下接线座及瓷座等部分组成。

当熔断器的熔体熔断的同时，金属丝也熔断，弹簧释放，把指示件顶出，以显示熔断器已经动作。透过瓷帽上的玻璃可以看见。熔体熔断后，只要旋开瓷帽，取出已熔断的熔体，装上与此相同规格的熔体，再旋入瓷座内即可正常使用，操作安全方便。

2. 用途

RL1 系列螺旋式熔断器广泛应用于控制箱、配电屏、机床设备及振动较大的场合，在交流额定电压 500 V、额定电流 200 A 及以下的电路中，作为短路保护器件。

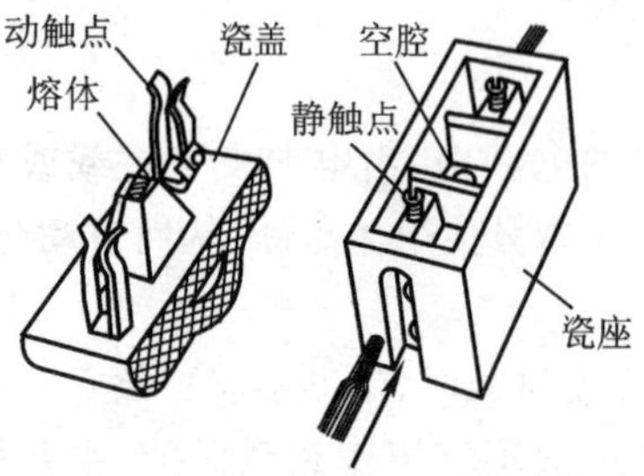

图 5-12　RC1A 系列插入式熔断器

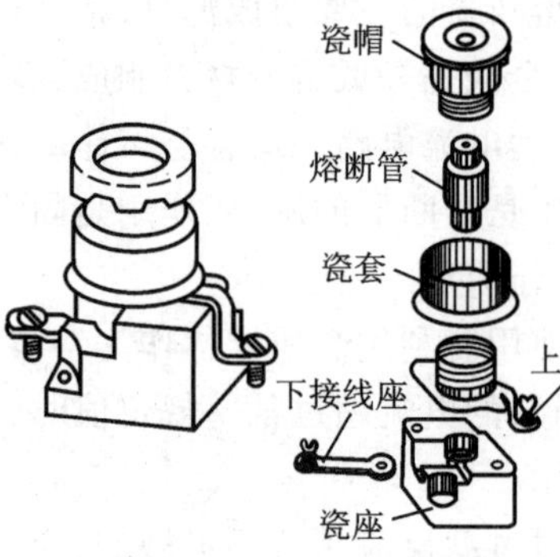

(a) 外形　(b) 结构

图 5-13　RL1 系列螺旋式熔断器

（三）RM10 系列无填料封闭管式熔断器

1. 型号

R M 10 - □/□□

- 熔断器——R
- 无填料封闭管式——M
- 设计序号——10
- 熔断器额定电流——第一个□
- 辅助规格代号（Q—板前接线、H—板后接线）——第二个□
- 熔体额定电流——第三个□

2. 结构

RM10 系列无填料封闭管式熔断器主要由纤维管、变截面的锌熔片、夹头及夹座等部分组成。RM10 型熔断器的外形与结构如图 5-14 所示。这种结构的熔断器具有以下两个特点：一是采用变截面锌片作熔体，将熔片冲制成宽窄不一的变截面是为了改善熔断器的保护性能；二是采用纤维管作熔管，当熔片熔断时，纤维管内壁在电弧热量的作用下产生高压气体，压迫电弧，加强离子的复合，从而改善了灭弧的特性，使电弧熄灭。

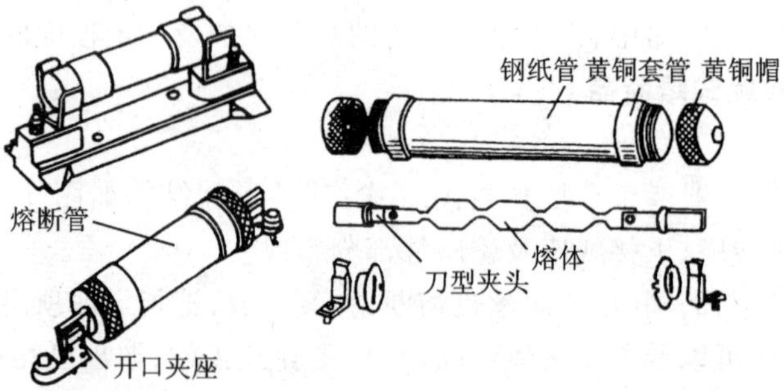

(a) 外形　(b) 结构

图 5-14　RM10 系列无填料封闭管式熔断器

3. 用途

RM10 系列无填料封闭管式熔断器适用于交流 50 Hz、额定电压 380 V 或直流额定电压 440 V及以下电压等级的动力网络和成套配电设备中，作为导线、电缆及较大容量电气设备的短路和连续过载保护。

（四）RT0 系列有填料封闭管式熔断器

1. 型号

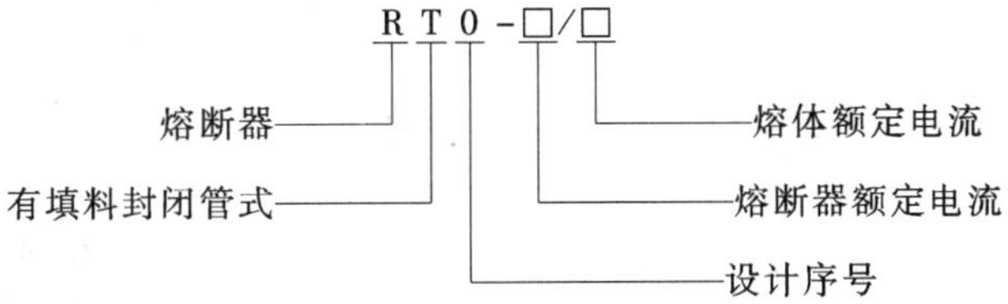

2. 结构

RT0 系列有填料封闭管式熔断器主要由瓷熔管、栅状铜熔体和触点、底座等部分组成，其外形与结构如图 5-15 所示。

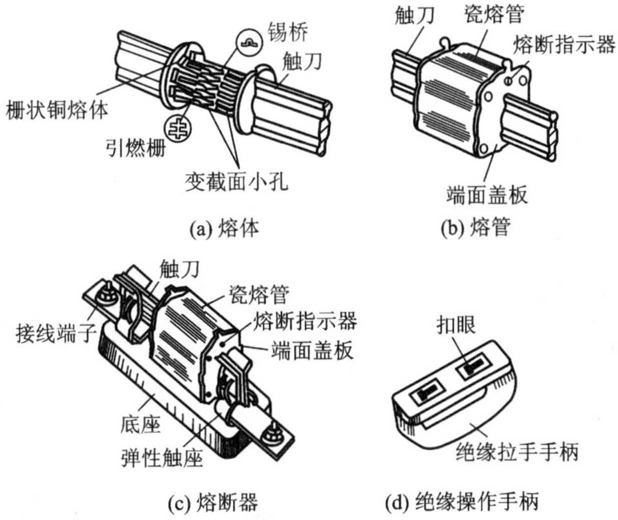

(a) 熔体　(b) 熔管　(c) 熔断器　(d) 绝缘操作手柄

图 5-15　RT0 系列有填料封闭管式熔断器

RT0 系列熔断器的熔体是栅状紫铜片，中间用锡桥连接，即在栅状紫铜熔体中部弯曲处焊有锡层。具有引燃栅，由于它的等电位作用可使熔体在短路电流通过时形成多根并联电弧，熔体上还有若干变截面小孔，可使熔体在短路电流通过时在截面较小的地方先熔断，形成多段短弧。在熔体周围填满了石英砂，由于冷却和狭沟的作用使电弧中的离子强烈复合，迅速灭弧。这种熔断器的灭弧能力很强，具有限流的作用，即在短路电流还未达到最大值时就能完全熄灭电弧。又由于在工作熔体（铜熔丝）上焊有小锡球，锡的熔点（232 ℃）远比铜的熔点（1 083 ℃）低，因此在过负荷电流通过时，锡球受热首先熔化，铜锡分子互相渗透而形成熔点较低的铜锡合金，使铜熔丝也能在较低的温度下熔断，这称为“冶金效应”。由于这种特性，使熔断器在过负荷电流或较小的短路电流时动作，提高了保护的灵敏度。该系列熔断器配有熔断指示装置，熔体熔断后，显示出醒目的红色熔断信号。当熔体熔断后，可使用配备的专用绝缘手柄在带电的情况下更换熔管，装取方便,安全可靠。

3. 用途

RT0 系列有填料封闭管式熔断器是一种大分断能力的熔断器,广泛用于短路电流较大的电力输配电系统中,作为电缆、导线和电气设备的短路保护及导线、电缆的过载保护。

(五) 快速熔断器

快速熔断器又称半导体器件保护用熔断器,主要用于硅元件变流装置内部的短路保护。由于硅元件的过载能力差,因此要求短路保护元件应具有快速动作的特征。快速熔断器能满足这种要求,且结构简单,使用方便,动作灵敏可靠,因而得到了广泛应用。快速熔断器的典型结构如图 5-16 所示。

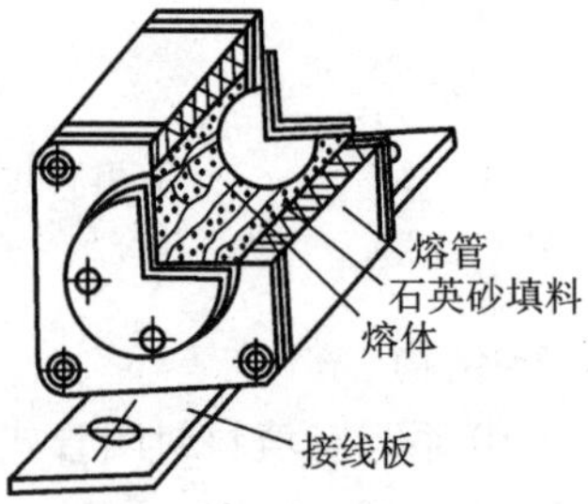

图 5-16 快速熔断器的典型结构图

(六) 自复式熔断器

常用熔断器的熔体一旦熔断,必须更换新的熔体,这就给使用带来不便,而且延缓了供电时间。近年来,出现重复使用一定次数的自复式熔断器。

自复式熔断器是一种限流电器,其本身不具备分断能力,但是和断路器串联使用时,可以提高断路器的分断能力,可以多次使用,其结构如图 5-17 所示。

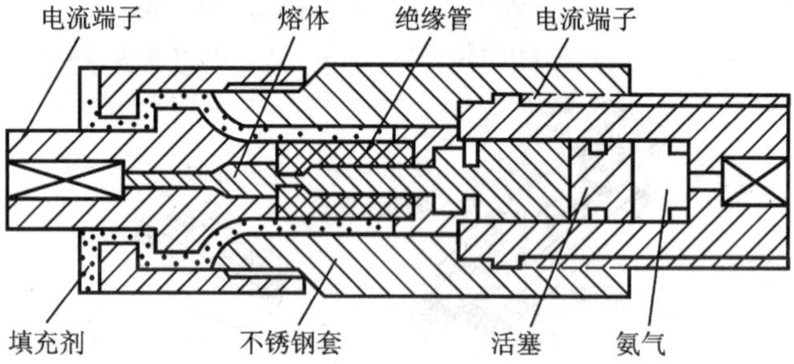

图 5-17 自复式熔断器结构图

自复式熔断器的熔体是应用非线性电阻元件(如金属钠等)制成,在常温下是固体,电阻值较小,构成电流通路。在短路电流产生的高温下,熔体气化,阻值剧增,即瞬间呈现高阻状态,从而能将故障电流限制在较小的数值范围内。

各种熔断器在电路图中的符号都如图 5-18 所示。

图 5-18 熔断器的符号

三、熔断器的选用、拆卸、装配和检查

1. 任务目的

熟悉熔断器的外形和技术参数,掌握熔断器的选用和使用。

2. 任务内容

有一台三相异步电动机的功率为 12 kW,额定电流为 25.3 A,额定电压为 380 V,需要短路保护，试选用熔断器的型号，并进行维护。

3. 工具、仪表和电器元件

① 工具：螺钉旋具。

② 仪表：MF47 型万用表。

③ 电气元件：RC1A 系列瓷插式 RC1A-10、RC1A-15、RC1A-30；RL1 系列螺旋式 RL1-15、RL1-30；RM 系列无填料封闭管式；RT0 系列有填料封闭管式各 1 只。丝状熔体 20、25、30 各 100 cm；熔管 10、15、20、25、30、35 各 1 只。

4. 操作工艺

(1) 熔断器的选择

① 依据环境要求选择 RL1 系列螺旋式。

② 根据电动机短路保护技术要求选择：型号为 RL1-60/30 A，熔断器的额定电压为 380 V。

(2) RL1 系列螺旋式熔断器的拆卸

① 拧开瓷帽，取下瓷帽，在拧开瓷帽时要用手按住瓷座。

② 取下熔芯，注意不要使上端红色指示器脱落。

(3) 熔断器的检查

① 检查熔断器有无破裂或损伤和变形现象，瓷绝缘部分有无破损。

② 检查熔断器的实际负载大小，看是否与熔体的额定值相匹配。

③ 检查熔断器接触是否紧密，有无过热现象。

④ 检查熔体有无氧化、腐蚀或损伤、必要时应及时更换。

⑤ 检查熔断器是否有短路、断路及发热变色现象。

(4) 装配

按拆卸的逆顺序进行。

(5) 注意事项

① 安装前，应检查熔断器的额定电压是否大于或等于线路的额定电压，熔断器的额定分断能力是否大于线路中预期的短路电流，熔体的额定电流是否小于或等于熔断器的额定电流。

② 安装螺旋式熔断器时，熔断器的下接线板的接线端应在上方，并与电源线连接。

③ 使熔芯指示器（色点）朝向观察窗。

第四节　主令电器

主令电器主要用于接通或断开控制电路以发出指令或信号，达到对电力拖动系统的控制。主令电器主要有按钮开关、位置开关和万能转换开关等。

一、按钮开关

按钮开关是一种用人力（一般为手指或手掌）操作，并具有储能（弹簧）复位的一种控制开关。按钮的触点允许通过的电流较小，一般不超过 5 A，因此一般情况下它不直接控制主电路，而是在控制电路中发出指令或信号去控制接触器、继电器等电器，再由它们去控制主电路的通断、功能转换或电气联锁。

(一) 结构

按钮开关一般由按钮帽、复位弹簧、桥式动触点、动合静触点、动断静触点支柱连杆及外壳等部分组成,如图 5-19 所示。

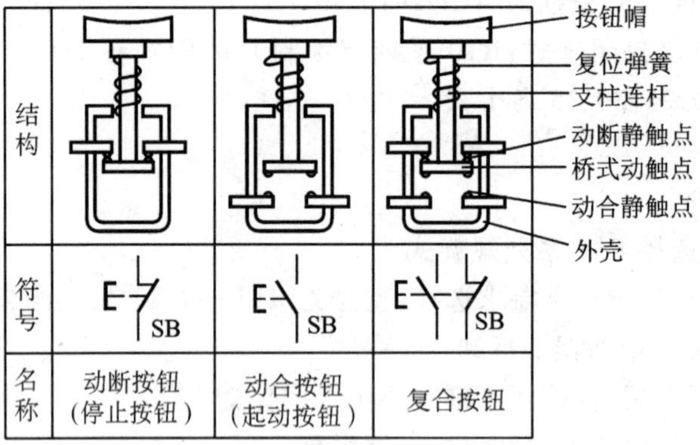

图 5-19　按钮开关的结构与符号

操作时,将按钮帽往下按,桥式动触点就向下运动,先与动断静触点分断,再与动合静触点接通,一旦操作人员的手指离开按钮帽,在复位弹簧的作用下,动触点向上运动,恢复初始位置。在复位的过程中,先是动合触点分断,然后是动断触点闭合。

为了便于操作人员识别,避免发生误操作,生产中用不同的颜色和符号标志来区分按钮的功能及作用。

按钮开关的符号如图 5-19 所示。

(二) 型号

按钮开关的结构形式有多种,适合于以下各种场合;紧急式——装有红色突出在外的蘑菇形钮帽,以便紧急操作;旋钮式——用手旋转进行操作;指示灯式——在透明的按钮内装入信号灯,以作信号指示;钥匙式——为使用安全起见,须用钥匙插入方可旋转操作。按钮的颜色有红、绿、黑、黄以及白、蓝等种,供不同场合选用。一般以红色表示停止按钮,绿色表示起动按钮。

按钮开关的型号

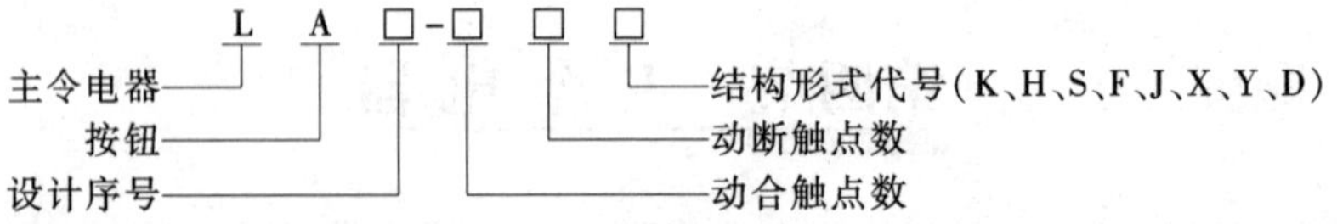

其中结构形式代号的含义为:

K——开启式,适用于嵌装在操作面板上;H——保护式,带保护外壳,可防止内部零件受机械损伤或人偶然触及带电部分;S——防水式,具有密封外壳,可防止雨水侵入;F——防腐式,能防止腐蚀性气体进入;J——紧急式,作紧急切断电源用;X——旋钮式,用旋钮旋转进行操作,有通和断两个位置;Y——钥匙操作式,用钥匙插入进行操作,可防止误操作或供专人操作;D——光标按钮,按钮内装有信号灯,兼作信号指示。

二、位置开关

位置开关包括行程开关(限位开关)、微动开关、接近开关等。

(一)行程开关

行程开关是用以反应工作机械的行程,发出命令以控制其运动方向和行程大小的开关,主要用于机床、自动生产线和其他机械的限位及程序控制。

1. 结构及工作原理

各系列行程开关的基本结构大体相同,都是由触点系统、操作机构和外壳组成。常见的有直动式和滚轮式。JLXK1 系列行程开关的外形如图 5-20 所示。

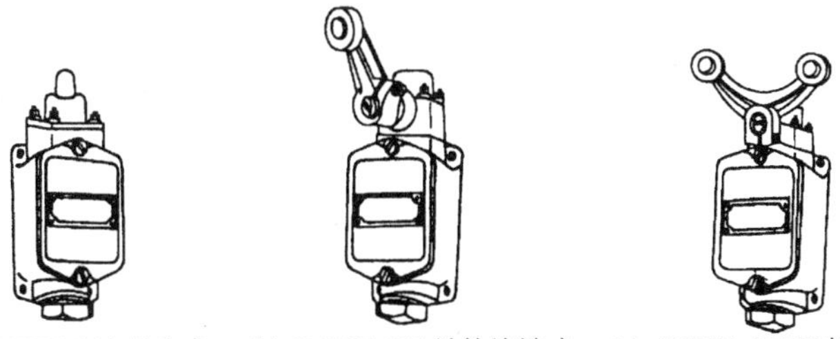
(a) JLXK1-311 直动式　(b) JLXK1-111 单轮旋转式　(c) JLXK1-211 双轮旋转式

图 5-20　JLXK1 系列行程开关的外形

JLXK1-111 型行程开关的结构和动作原理如图 5-21 所示。当运动部件的挡铁碰压行程开关的滚轮时,杠杆连同转轴一起转动,使凸轮推动撞块,当撞块被压到一定位置时,推动微动开关快速动作,使其动断触点断开,动合触点闭合。

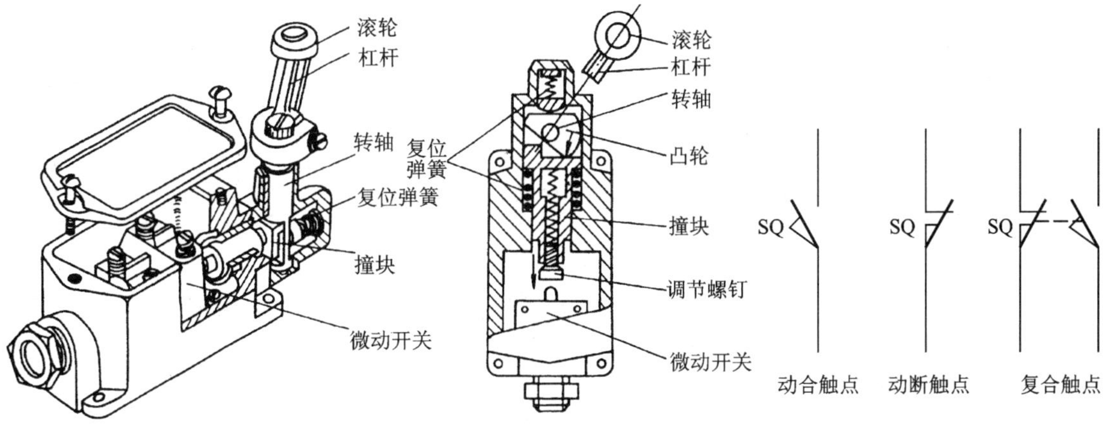

(a) 结构　(b) 动作原理　(c) 符号

图 5-21　JLXK1-111 型行程开关的结构和动作原理

行程开关的触点动作方式有蠕动型和瞬动型两种。蠕动型的触点结构与按钮相似,其特点是结构简单，价格便宜，触点的分合速度取决于生产机械挡铁的移动速度。当挡铁的移动速度小于0.47 m/min时，触点分合太慢，易产生电弧灼烧触点，从而减少触点的使用寿命，也影响动作的可靠性及行程控制的位置精度。为克服这些缺点，行程开关一般都采用具有快速换接动作机构的瞬动型触点。瞬动型行程开关的触点动作速度与挡铁的移动速度无关，性能显然优于蠕动型。

LX19K型行程开关即是瞬动型，其工作原理如图5-22所示。当运动部件的挡铁碰压顶杆时，顶杆向下移动，压缩弹簧使之储存一定的能量。当顶杆移动到一定位置时，弹簧的弹力方向发生改变，同时储存的能量得以释放，完成跳跃式快速换接动作。当挡铁离开顶杆时，顶杆在弹簧的作用下上移，上移到一定位置，接触桥瞬时进行快速换接，触点迅速恢复到原状态。

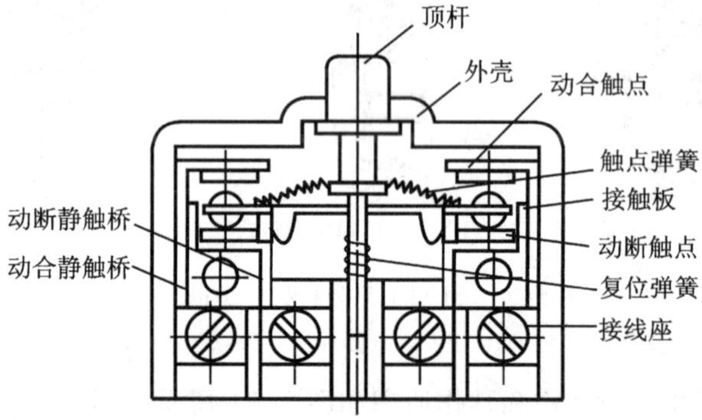

图5-22　LX19K型行程开关的动作原理

行程开关动作后，复位方式有自动复位和非自动复位两种，如图5-20(a)、(b)所示的直动式和单轮旋转式均为自动复位式。但有的行程开关动作后不能自动复位，如图5-20(c)所示的双轮旋转式行程开关。只有运动机械反向移动，挡铁从相反方向碰压另一滚轮时，触点才能复位。

2. 型号

常用的行程开关有LX19和JLXL1等系列，其型号及含义如下：

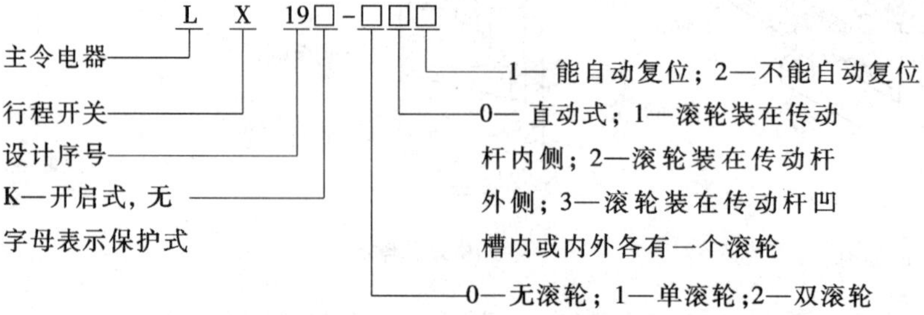

行程开关在电路中的符号如图5-21(c)所示。

行程开关主要根据应用场合所需的触点数、触点的形式、操作方式进行选择。

（二）接近开关

接近开关又称为无触点位置开关，是一种非接触型检测开关。它采用了无触点电子结构形式，克服了有触点位置开关可靠性差、使用寿命短和操作频率低的缺点。当运动的物体靠近开关到一定位置时，开关发出信号，达到行程控制、计数及自动控制的作用。它的用途除了行程控制和限位保护外，还可作为检测金属体的存在、高速计数、测速、定位、变换运动方向、检测零件尺寸、液面控制及用作无触点按钮等。

与行程开关相比，接近开关具有定位精度高、工作可靠、寿命长、操作频率高以及能适应恶劣工作环境等优点。但在使用接近开关时，仍要用有触点继电器作为输出器。

接近开关是通过其感应头与被测物体间介质能量的变化来取得信号的。

接近开关的种类很多，在此只介绍高频振荡型接近开关。高频振荡型接近开关电路结构可以归纳为如图 5-23 所示的几个组成部分。

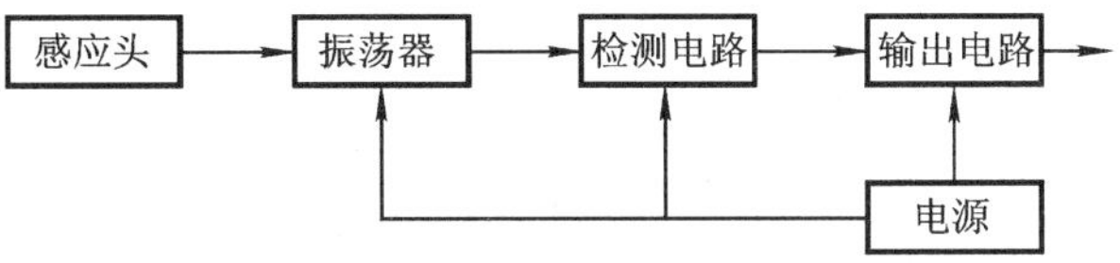

图 5-23　接近开关原理框图

高频振荡型接近开关的工作原理为：当有金属物体靠近一个以一定频率稳定振荡的高频振荡器的感应头附近时，由于感应作用，该物体内部会产生涡流及磁滞损耗，以致振荡回路因电阻增大、能耗增加而使振荡减弱，直至停止振荡。检测电路根据振荡器的工作状态控制输出电路的工作，再由输出信号去控制继电器或其他电器，以达到控制目的。

接近开关的型号及含义：

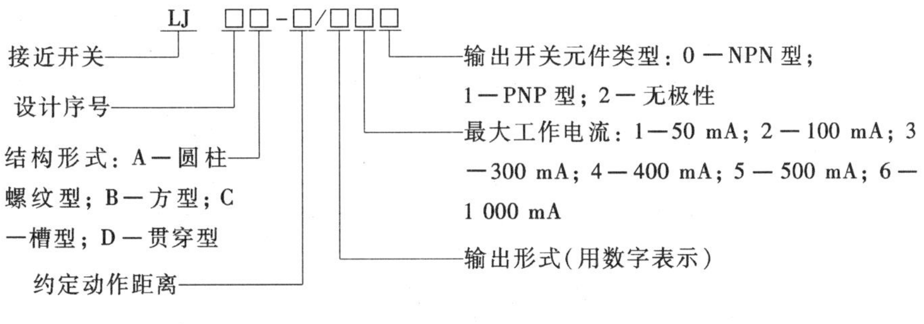

三、万能转换开关

万能转换开关实际是多挡位、控制多回路的组合开关，主要用作控制线路的转换及电气测量仪表的转换，也可用于控制小容量异步电动机的起动、换向及调速。由于触点挡数多、换接线路多、能控制多个回路，适应复杂线路的要求，故称为万能转换开关。

（一）结构与工作原理

万能转换开关主要由接触系统、操作机构、转轴、手柄、定位机构等部件组成，用螺栓组装成整体，其外形及工作原理如图 5-24 所示。

万能转换开关的接触系统由许多接触元件组成，每一接触元件均有一胶木触点座，中间装有一对或三对触点，分别由凸轮通过支架操作。操作时，手柄带动转轴和凸轮一起旋转，则凸轮即可推动触点接通或断开，如图 5-24(b)所示。由于凸轮的形状不同，当手柄处于不同的操作位置时，触点的分合情况也不同，从而达到换接电路的目的。

万能转换开关在电路图中的符号如图 5-25(a)所示。图中“-o o-”代表一路触点，竖的虚线表示手柄位置。当手柄置于某一位置上时，就在处于接通状态的触点下方的虚线上标注黑点“·”表示。触点的通断也可用如图 5-25(b)所示的触点分合表来表示。表中“×”号表示触点闭合，空白表示触点分断。

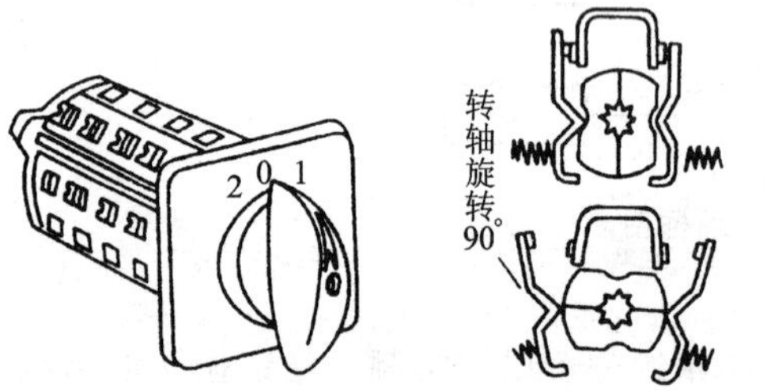

(a) 外形　　(b) 凸轮通断触点示意图

图 5-24　LW5 系列万能转换开关

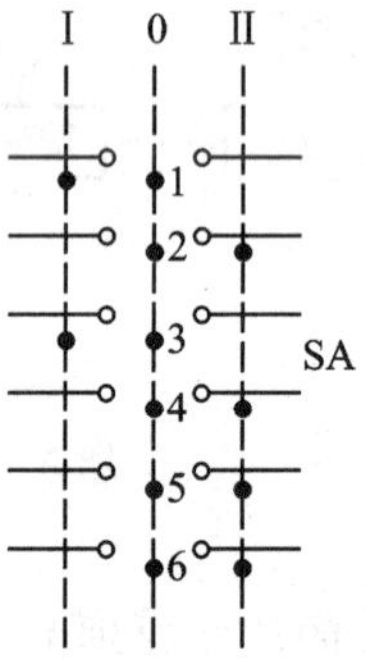

(a) 符号

触点号	I	0	II
1	×	×	
2		×	×
3	×	×	
4		×	×
5		×	×
6		×	×

(b) 触点分合表

图 5-25　万能转换开关的符号

（二）型号

LW5 系列的型号及含义如下：

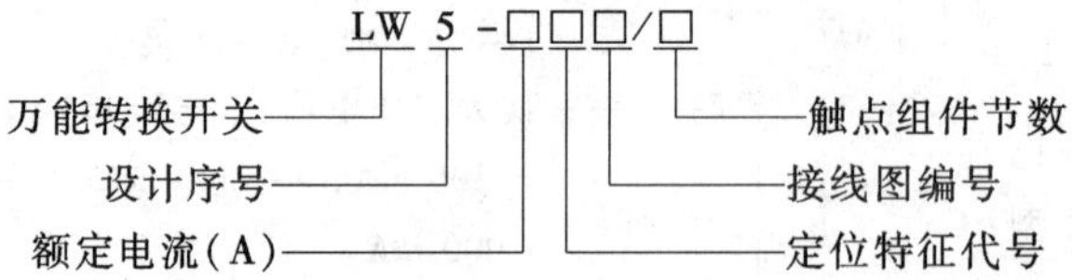

第五节　接　触　器

接触器是一种自动的电磁式开关，适用于远距离频繁地接通或断开交直流主电路及大容量控制电路。其主要控制对象是电动机，也可用于控制其他负载。它不仅能实现远距离自动操作和欠电压释放保护功能，而且具有控制容量大、工作可靠、操作频率高、使用寿命长等优点。

接触器按主触点通过的电流种类，分为交流接触器和直流接触器两种。在机床电气控制线路中,主要采用的是交流接触器。

一、交流接触器

(一) 结构

交流接触器主要由电磁系统、触点系统、灭弧装置及辅助部件等组成。CJ10-20 型交流接触器的结构和工作原理如图 5-26 所示。

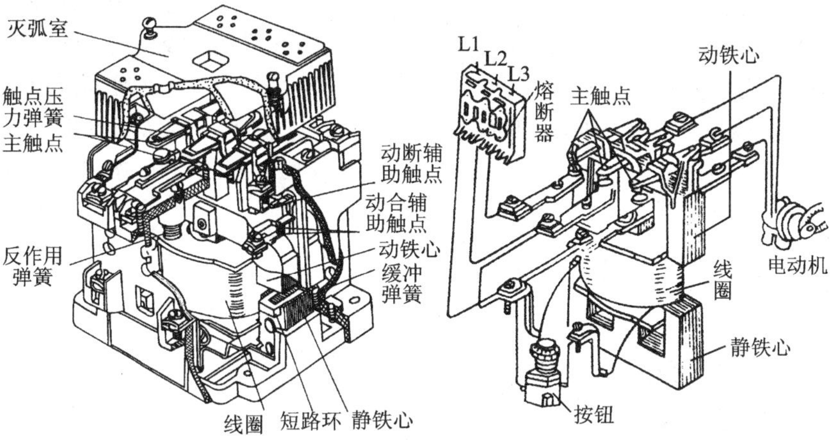

(a) 结构　(b) 工作原理

图 5-26　CJ10-20 型交流接触器的结构和工作原理

1. 电磁系统

交流接触器的电磁系统主要由线圈、静铁心和衔铁(动铁心)三部分组成。其作用是利用电磁线圈的通电或断电,使衔铁和静铁心吸合或释放,从而带动动触点与静触点闭合或分断,实现接通或断开电路的目的。

CJ10 系列交流接触器的衔铁运动方式有两种,对于额定电流为 40 A 及以下的接触器,采用如图 5-27(a)所示的衔铁直线运动的螺管式;对于额定电流为 60 A 及以上的接触器,采用如图 5-27(b)所示的衔铁绕轴转动的拍合式。

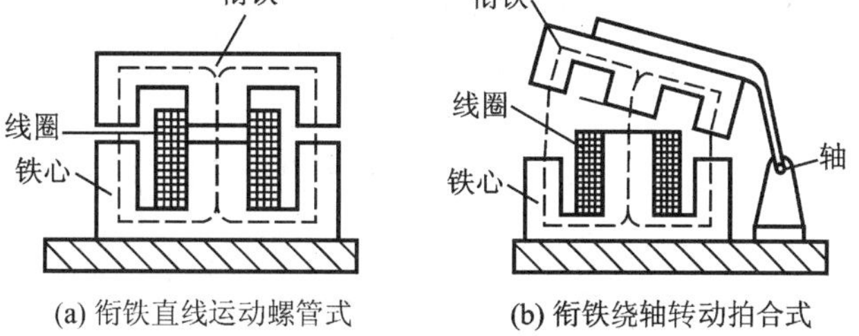

(a) 衔铁直线运动螺管式　(b) 衔铁绕轴转动拍合式

图 5-27　交流接触器电磁系统结构图

为了减少工作过程中交变磁场在铁心中产生的涡流及磁滞损耗,避免铁心过热,交流接触器的铁心和衔铁一般用E形硅钢片叠压铆成。尽管如此,铁心仍是交流接触器发热的主要部件。为增大铁心的散热面积,避免线圈与铁心直接接触而受热烧损,交流接触器的线圈一般做成粗而短的圆筒形,并且绕在绝缘骨架上,使铁心与线圈之间有一定间隙。另外,E形铁心的中柱端面需留有0.1~0.2 mm的气隙,以减小剩磁影响,避免线圈断电后衔铁粘住不能释放。

交流接触器在运行过程中,线圈中通入的交流电在铁心中产生交变的磁通,因此铁心与衔铁间的吸力也是变化的。这会使衔铁产生振动,发出噪声。为消除这一现象,在交流接触器铁心和衔铁的两个不同端部各开一个槽,槽内嵌装一个用铜、康铜或镍铬合金材料制成的短路环,又称减振环或分磁环,如图5-28(a)所示。铁心装短路环后,当线圈通以交流电时,线圈电流产生磁通Φ_1,Φ_1一部分穿过短路环,在环中产生感生电流,进而会产生一个磁通Φ_2,由电磁感应定律知,Φ_1和Φ_2的相位不同,即Φ_1和Φ_2不同时为零,则由Φ_1和Φ_2产生的电磁吸力F_1和F_2不同时为零,如图5-28(b)所示。这就保证了铁心与衔铁在任何时刻都有吸力,衔铁将始终被吸住,振动和噪声会显著减小。

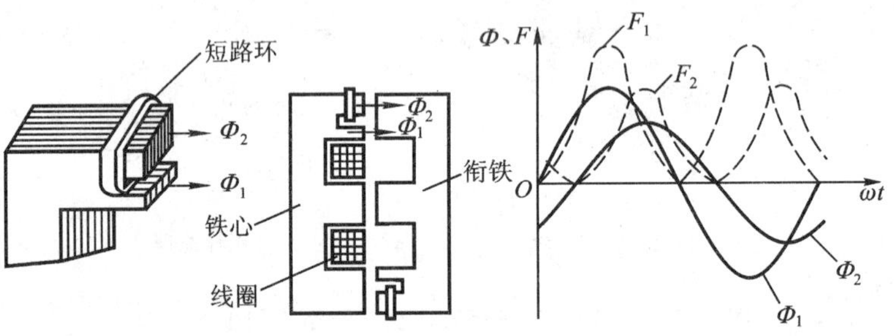

(a) 磁通示意图　　(b) 电磁吸力图

图5-28　加短路环后的磁通和电磁吸力图

2. 触点系统

触点按接触情况可分为点接触式、线接触式和面接触式三种,分别如图5-29(a)、(b)和(c)所示。按触点的结构形式划分,有桥式触点和指形触点两种,如图5-30所示。

CJ10系列交流接触器的触点一般采用双断点桥式触点。

按通断能力划分,交流接触器的触点分为主触点和辅助触点。主触点用以通断电流较大的主电路,一般由三对接触面较大的动合触点组成。辅助触点用以通断电流较小的控制电路,一般由两对动合触点和两对动断触点组成。

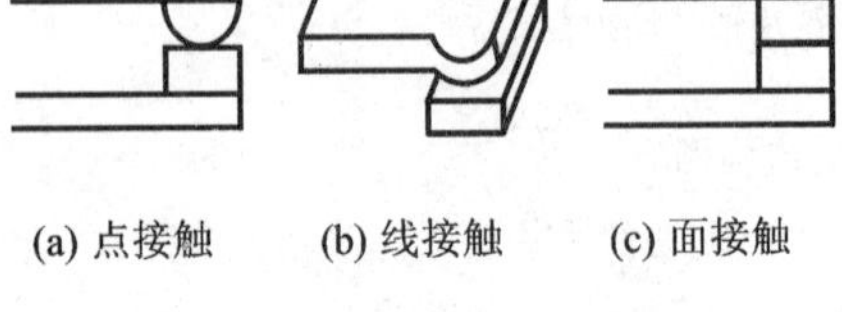

(a) 点接触　　(b) 线接触　　(c) 面接触

图5-29　触点的三种接触形式

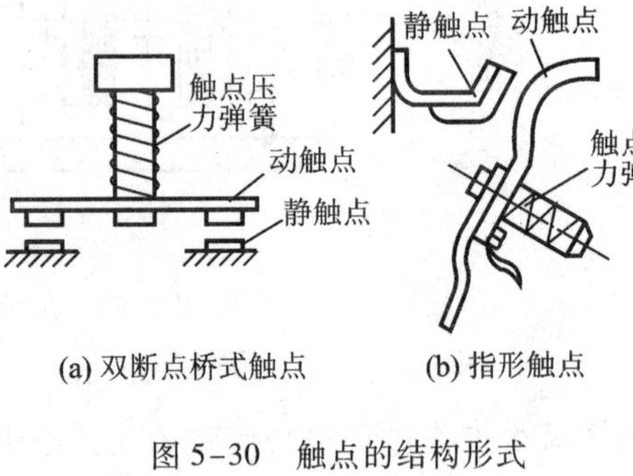

(a) 双断点桥式触点　　(b) 指形触点

图5-30　触点的结构形式

3. 灭弧装置

交流接触器在断开大电流或高电压电路时，在动、静触点之间会产生很强的电弧。电弧的产生，一方面会灼伤触点，减少触点的使用寿命；另一方面会使电路切断时间延长，甚至造成弧光短路或引起火灾事故。容量在 10 A 以上的接触器中都装有灭弧装置。在交流接触器中常用的灭弧方法有以下几种：

（1）双断口电动力灭弧

双断口结构的电动力灭弧装置如图 5-31(a)所示。这种灭弧方法是将整个电弧分割成两段，同时利用触点回路本身的电动力 F 把电弧向两侧拉长，使电弧热量在拉长的过程中散发、冷却而熄灭。

（2）纵缝灭弧

纵缝灭弧装置如图 5-31(b)所示。由耐弧陶土、石棉水泥等材料制成的灭弧罩内每相有一个或多个纵缝，缝的下部较宽以便放置触点；缝的上部较窄，以便压缩电弧，使电弧与灭弧室壁有很好的接触。当触点分断时，电弧被外磁场或电动力吹入缝内，其热量传递给灭弧室壁，电弧被迅速冷却熄灭。

（3）栅片灭弧

栅片灭弧装置的结构及工作原理如图 5-32 所示。金属栅片由镀铜或镀锌铁片制成，形状一般为人字形，栅片插在灭弧罩内，各片之间相互绝缘。当动触点与静触点分断时，在触点间产生电弧，电弧电流在其周围产生磁场。由于金属栅片的磁阻远小于空气的磁阻，因此电弧上部的磁通容易通过金属栅片而形成闭合磁路，这就造成了电弧周围空气中的磁场上疏下密。这一磁场对电弧产生向上的作用力，将电弧拉到栅片间隙中，栅片将电弧分割成若干个串联的短电弧。每个栅片成为短电弧的电极，将总电弧压降分成几段，栅片间的电弧电压都低于燃弧电压，同时栅片将电弧的热量吸收散发，使电弧迅速冷却，促使电弧尽快熄灭。

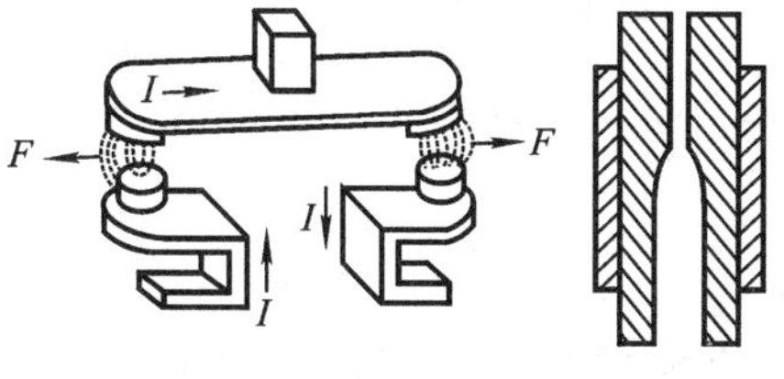

(a) 双断口电动力灭弧　(b) 纵缝灭弧

图 5-31　灭弧装置

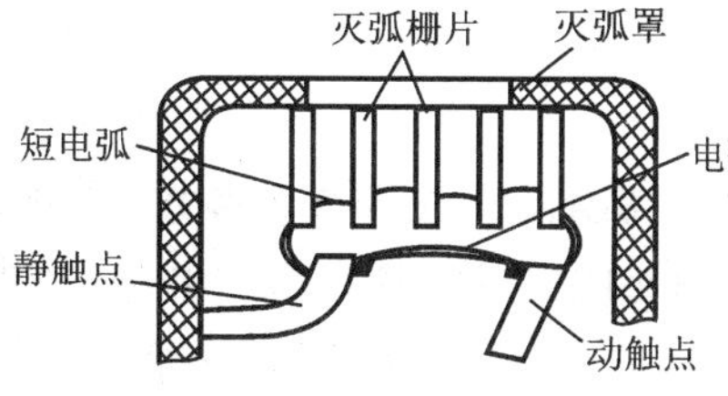

图 5-32　栅片灭弧装置

4. 辅助部件

交流接触器的辅助部件有反作用弹簧、缓冲弹簧、触点压力弹簧、传动机构及底座、接线柱等。反作用弹簧的作用是线圈断电后，推动衔铁释放，使各触点恢复原状态。缓冲弹簧的作用是缓冲衔铁在吸合时对静铁心和外壳的冲击力。触点压力弹簧作用是增加动、静触点间的压力，从而增大接触面积，以减小接触电阻。传动机构的作用是在衔铁或反作用弹簧的作用下，带动动触点实现与静触点的接通或分断。

（二）型号

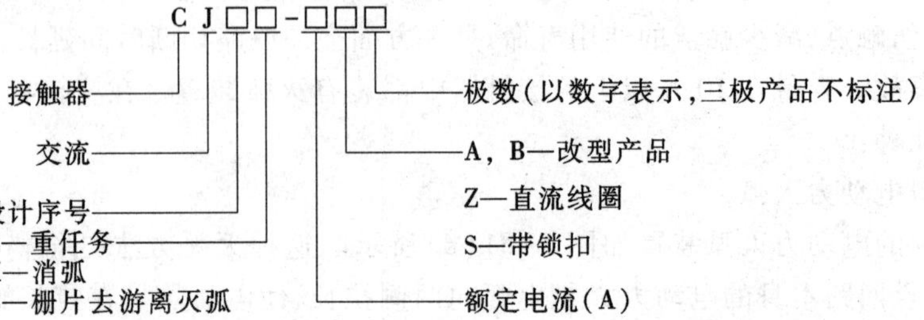

（三）工作原理

交流接触器的工作原理如图 5-26(b)所示。当接触器的线圈通电后,线圈中流过的电流产生磁场,使铁心产生足够大的吸力,克服反作用弹簧的反作用力,将衔铁吸合,通过传动机构带动三对主触点和动合辅助触点闭合,动断辅助触点断开。当接触器线圈断电或电压显著下降时,由于电磁吸力消失或过小,衔铁在反作用弹簧力的作用下复位,带动各触点恢复到原始状态。

常用的 CJ0、CJ10 等系列的交流接触器在 0.85 ~ 1.05 倍的额定电压下,能保证可靠吸合。

交流接触器在电路图中的符号如图5-33所示。

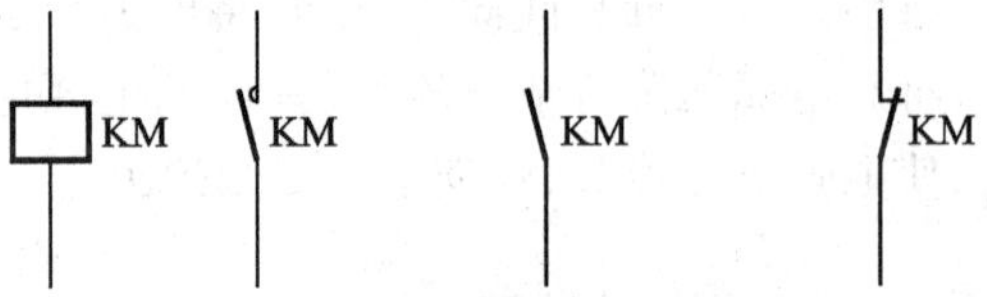

(a) 线圈　(b) 主触点　(c) 动合辅助触点　(d) 动断辅助触点

图 5-33　接触器的符号

（四）接触器的主要技术参数、选用原则、使用与维护

接触器的技术参数有额定电压(包括主触点、辅助触点和线圈)、额定电流、机械与电气寿命、操作频率、接通与分断能力等。目前,常用交流接触器有 CJ20 系列,常用直流接触器有 CZ18 系列。CJ20 系列交流接触器的主要技术参数见表 5-1,其他技术参数可查阅相关技术文献。

表 5-1　CJ20 系列交流接触器的主要技术参数

型号	触点额定电压/V	触点额定电流/A	可控电动机的最大功率/kW	线圈		
				额定电压/V	起动功率/(V·A/W)	吸持功率/(V·A/W)
CJ20-10	220 380 660	10 10 5.8	2.2 4 7.5	36,127, 220,380		
CJ20-16	220 380 660	16 16 13	4.5 7.5 11			
CJ20-25	220 380 660	25 25 14.5	5.5 11 13		175/82.3 175/82.3	19/5.7 19/5.7
CJ20-40	220 380 660	40 40 25	11 22 22		175/82.3 175/82.3	19/5.7 19/5.7
CJ20-63	220 380 660	63 63 40	18 30 35		400/153 400/153	57/16.5 57/16.5
CJ20-160	380 660	160 100	85 85		855/325 855/325	85.5/34 855/325

交流接触器选用的基本原则是：

① 主触点的额定电压应大于或等于负载的额定电压。

② 主触点的额定电流应大于负载的额定电流，也可以根据查阅的相关技术文献选取。

③ 线圈的额定电压必须符合控制电源电压的要求。

④ 接触器触点的种类和数量应满足主电路和控制电路要求。

交流接触器的使用与维护：

1. 安装前的检查

① 检查交流接触器铭牌与线圈的技术数据是否符合控制电路的要求。

② 检查交流接触器的外观，有无机械损坏。用手推动接触器活动部分时，应动作灵活，无卡住现象。

③ 新近购置或搁置已久的接触器，要将铁心上的防锈油擦干净，以免油污的粘性影响接触器的动作。

④ 检查接触器在 85% 的额定电压时能否正常动作，有无卡住现象；在失压或电压过低时能

否正常释放。

⑤ 检查接触器的绝缘电阻。

2. 日常维护

① 定期检查接触器元件,观察螺钉有没有松动,可动部分是否灵活,对有故障的元件应及时处理。

② 当触点表面因电弧烧蚀而有金属小粒时,应及时清除。但以银或银基合金制作的触点表面因电弧而烧成黑色,由于氧化银的导电性能很好,所以不要锉去,锉掉会缩短触点的寿命。

③ 灭弧罩往往较脆,拆卸时应注意不要碰碎。

(五) 交流接触器的选用、拆卸和装配工艺

1. 任务目的

熟悉交流接触器的外形和基本结构,交流接触器的选用、拆卸和装配工艺。

2. 任务内容

CJ20 系列交流接触器的拆卸、装配和维护。

3. 工具、仪表和电器元件

① 工具:螺钉旋具、电工刀、尖嘴钳、钢丝钳等。

② 仪表:MF47 型万用表、5050 型兆欧表。

③ 电气元件:交流接触器 CJ0-10、CJ0-16、CJ0-25、CJ0-40 各 1 只。

4. 操作工艺

(1) 交流接触器的拆卸

① 卸下灭弧罩紧固螺钉,取下灭弧罩。

② 拉紧主触头定位弹簧夹,取下主触头及主触头压力弹簧片,拆卸主触头时必须将主触头侧转 45°后取下。

③ 松开辅助动合静触头的线桩螺钉,取下常开静触头。

④ 松开接触器底部的盖板螺钉,取下盖板。在松盖板螺钉时,要用手按住螺钉并慢慢放松。

⑤ 取下静铁心缓冲绝缘纸片及静铁心。

⑥ 取下静铁心支架及缓冲弹簧。

⑦ 拔出线圈接线端的弹簧夹片,取下线圈。

⑧ 取下反作用弹簧。

⑨ 取下衔铁和支架。

⑩ 从支架上取下动铁心定位销。

⑪ 取下动铁心及缓冲绝缘纸片。

(2) 交流接触器的检查

① 检查灭弧罩有无破裂或烧损,清楚灭弧罩内的金属飞溅物和颗粒。

② 检查触头的磨损程度,磨损严重时应更换触头。若不需要换,则应清除触头表面上烧毛的颗粒。

③ 清除铁心端面的油垢,检查铁心有无变形及端面接触是否平整。

④ 检查触头压力弹簧及反作用弹簧是否变形或弹力不足,如有需要则更换弹簧。触头压力的测量与调整:将一张约 0.1 mm 闭触头稍宽的纸条夹在触头间,使触头处于闭合状态,用手拉

动纸条，若触头压力合适，稍用力纸条便可拉出，若纸条很容易被拉出，说明触头压力不够，若纸条被拉断，说明触头压力过大，可调整或更换触头弹簧，直到符合要求为止。

⑤ 检查电磁线圈是否有短路、断路及发热变色现象。

⑥ 自检用万用表电阻挡检查线圈及各触头是否良好；用兆欧表测量各触头间及主触头对地电阻是否符合要求；用手按动主触头检查运动部分是否灵活，以防产生接触不良、振动和噪声。

(3) 交流接触器的装配

装配按拆卸的逆顺序进行。

(4) 注意事项

① 拆卸过程中，应备有盛放零件的容器，以免丢失零件。

② 拆装过程中不允许硬撬，以免损坏电器。装配辅助静触头时，要防止卡住动触头。

③ 通电校验时，接触器应固定在控制板上，并有师傅监护，以确保用电安全；通电校验过程中，要均匀、缓慢地改变调压变压器的输出电压，以使测量结果尽量准确。

二、直流接触器

直流接触器的结构及工作原理与交流接触器基本相同，但也有一些区别。直流接触器的选择方法与交流接触器相同。但须指出的是，选择接触器时，应首先选择接触器的类型，即根据所控制的电动机或负载电流类型来选择接触器的类型。通常交流负载选用交流接触器，直流负载选用直流接触器。如果控制系统中主要是交流负载，而直流负载容量较小时，也可用交流接触器控制直流负载，但交流接触器的额定电流应适当选大一些。

(一) 结构

直流接触器也是由电磁系统、触点系统和灭弧装置三部分组成，其结构如图 5-34 所示。

1. 电磁系统

直流接触器的电磁系统由线圈、铁心和衔铁组成，其电磁系统采用衔铁绕棱角转动的拍合式。由于线圈通过的是直流电，铁心中不会因产生涡流和磁滞损耗而发热，因此铁心可用整块铸钢或铸铁制成，铁心端面也不需嵌装短路环。为保证线圈断电后衔铁能可靠释放，在磁路中常垫有非磁性垫片，以减少剩磁影响。直流接触器线圈的匝数比交流接触器多，电阻值大，铜损大，是接触器中发热的主要部件。为使线圈散热良好，通常把线圈做成长而薄的圆筒形；且不设骨架，使线圈与铁心间距很小，以借助铁心来散发部分热量。

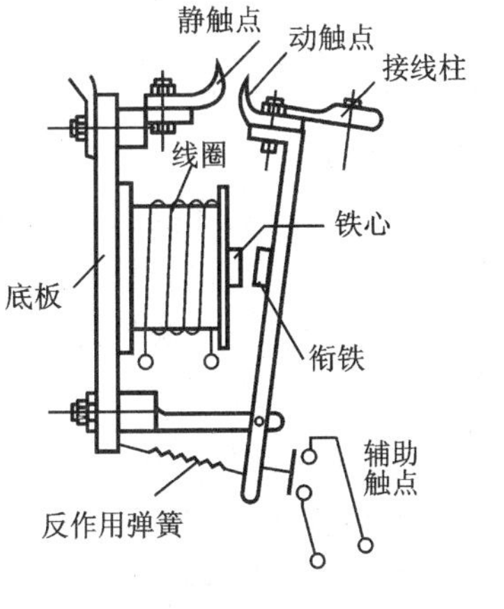

图 5-34 直流接触器的结构图

2. 触点系统

由于主触点接通和断开的电流较大，多采用滚动接触的指形触点，以延长触点的使用寿命。其结构如图 5-35 所示，在触点闭合过程中，动触点与静触点先在 A 点接触，然后经 B 点滑动过渡到 C 点。断开时作相反方向的运动，这样就自动清除触点表面的氧化膜，保证了可靠的接触。

辅助触点的通断电流小，多采用双断点桥式触点，可有若干对。

为了减小运行时的线圈功耗及延长吸引线圈的使用寿命，容量较大的直流接触器线圈往往采用串联双绕组,其接线如图 5-36 所示。接触器的一个动断触点与保持线圈并联。在电路刚接通瞬间,保持线圈被动断触点短路,可使起动线圈获得较大的电流和吸力。当接触器动作后,动断触点断开,起动线圈和保持线圈串联通电,由于电压不变,所以电流较小,但仍可保持衔铁被吸合,从而达到省电的目的。

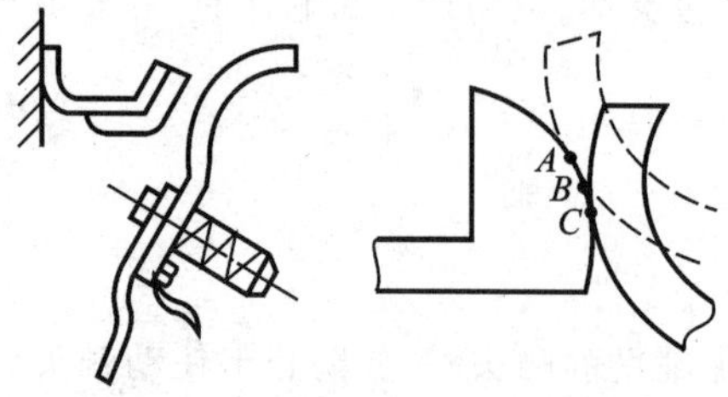

(a) 外形结构　　(b) 触点接触过程示意图

图 5-35　滚动接触的指形触点

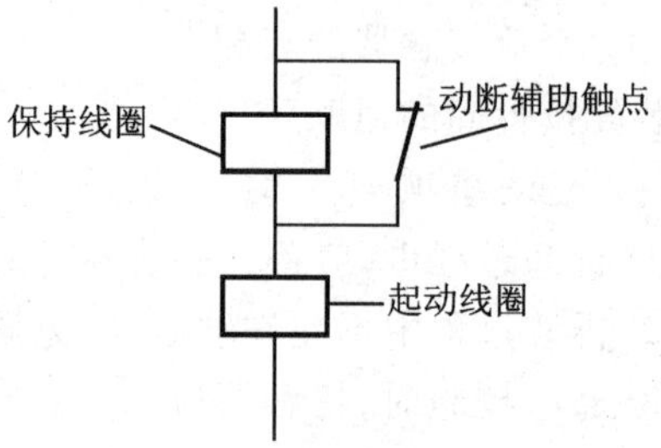

图 5-36　直流接触器双绕组线圈接线图

3. 灭弧装置

直流接触器一般采用磁吹灭弧装置结合其他灭弧方法灭弧。磁吹灭弧装置主要由磁吹线圈、铁心、两块导磁夹板、灭弧罩和引弧角等部分组成,其结构如图 5-37 所示。

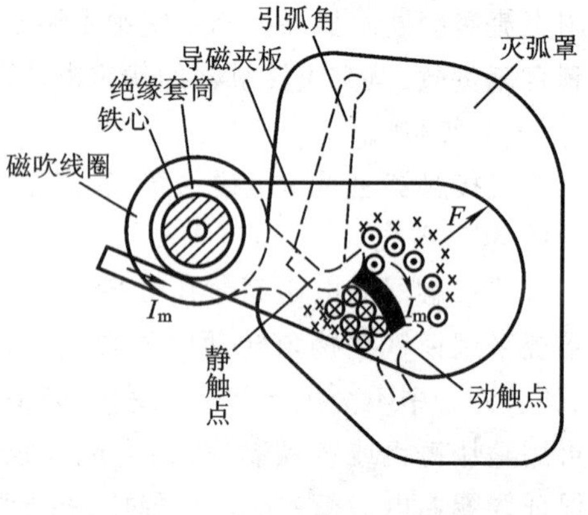

图 5-37　磁吹灭弧装置

磁吹灭弧装置的工作原理:当接触器的动、静触点分断时,在触点间产生电弧,短时间内电弧通过自身仍维持负载电流继续存在,此时该电流便在电弧未熄灭之前形成两个磁场。一个是该电流在电弧周围形成的磁场,其方向可用右手定则确定,如图 5-37 所示。另外,在电弧周围同时还存在一个由该电流流过磁吹线圈在两导磁夹板间形成的磁场,该磁场经过铁心,从一块导磁夹板穿过夹板间的空气隙进入另一块导磁夹板,形成闭合磁路。显然外面一块导磁夹板上的磁场方向是进入纸面的。可见,在电弧的上方,导磁夹板间的磁场与电弧周围的磁场方向相反,磁场强度削弱;在电弧下方两个磁场方向相同,磁场强度增强。因此,电弧将从磁场强的一边被拉向弱的一边;于是电弧向上运动。电弧在向上运动的过程中被迅速拉长并和空气发生相对运动,使电弧温度降低。同时电弧被吹进灭弧罩上部时,电弧的热量又被传递给灭弧罩,进一步降低了电弧温度,促使电弧迅速熄灭。另外,电弧在向上运动的过程中,在静触点上的弧根将逐渐转移到引弧角上,从而减轻了触点的灼伤。引弧角引导弧根向上移动又使电弧被继续拉长,当电源电压不足以维持电弧燃烧时,电弧就熄灭。由此可见,磁吹式灭弧装置的灭弧是靠磁吹力的作用使电弧拉长,并在空气和灭弧罩中快速冷却,从而使电弧迅速熄灭的。

直流接触器在电路图中的符号与交流接触器相同。

（二）型号

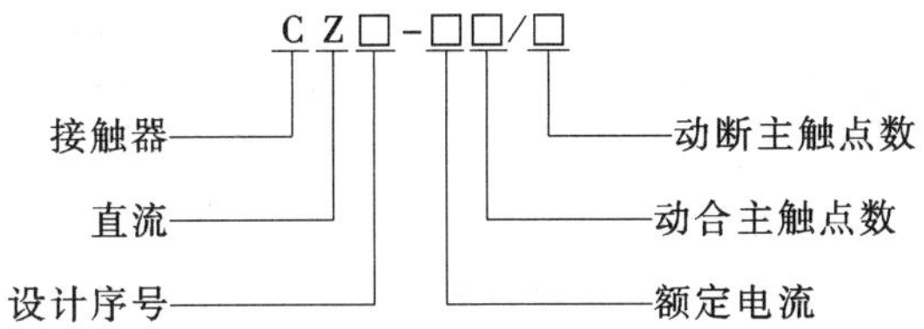

第六节 继 电 器

继电器是一种根据某种输入信号接通或断开小电流电路，实现远距离自动控制和保护的自动控制电器。其输入量可以是电流、电压等电量，也可以是温度、时间、速度、压力等非电量。而输出则是触点的动作或者是电路参数的变化。继电器不直接控制电流较大的主电路，而是通过接触器或其他电器对主电路进行控制。同接触器相比，继电器具有触点分断能力小、结构简单、体积小、重量轻、反应灵敏、动作准确、工作可靠等特点。

继电器的分类方法有多种，按输入信号的性质可分为：电压继电器、电流继电器、时间继电器、速度继电器、压力继电器等；按工作原理可分为：电磁式继电器、电动式继电器、感应式继电器、热继电器和电子式继电器等；按输出方式可分为：有触点式和无触点式。按用途可分为：控制用与保护用继电器等。下面介绍几种在电气控制系统中常用的继电器。

一、电磁式电压、电流、中间继电器

电磁式继电器结构简单、价格低廉、使用维护方便，广泛地用在控制系统中。

选用时主要应根据控制需要区别过电流继电器、欠电流继电器、过电压继电器、欠电压继电器、零电压继电器、中间继电器等，同时还应考虑继电器线圈电压或电流满足控制线路的要求，还要注意交流和直流的区别。

电磁式继电器的结构和工作原理与接触器类似，也是由电磁机构和触点系统等组成。主要的区别在于：继电器可对多种输入量的变化做出反应，而接触器只有在一定的电压信号下才动作；接触器是用于切换小电路的控制电路和保护电路，而接触器是用来控制大电流电路；继电器没有灭弧装置，也无主辅触点之分等。

继电器的主要特性是用它的输入-输出特性表示的，如图 5-38 所示。

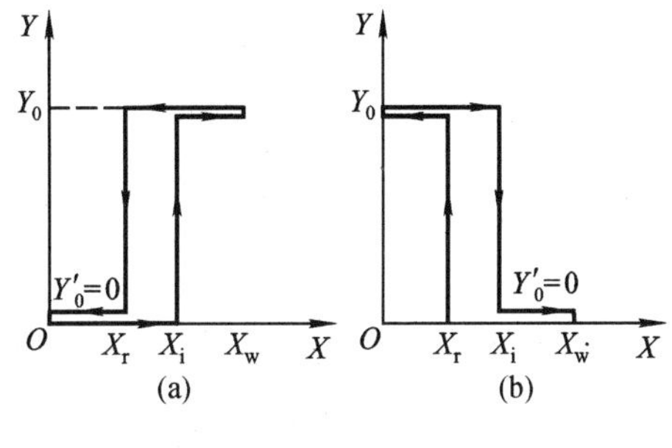

图 5-38　电磁式继电器的继电特性

通常将继电器开始动作并顺利吸合的输入量称为“动作值”，记为 X_i；使继电器开始释放并顺利分开的输入量称为“释放值”，记为 X_r；把动合触点闭合后继电器的输出量称为 Y_0，触点断开后的输出量记为 Y'_0。将 X 与 Y 的关系画出来，就是继电器的继电特性。在图 5-38 中，X_w 为正常工作时的输入量，它必须大于 X_i，以免输入量发生波动时引起继电器误动作。

从继电器的输入-输出特性图中可看出：当继电器获得一个输入信号时，不论信号幅值有多大，只要没有达到动作值 X_i，继电器就不动作，输出信号 Y 保持原状态；当输入信号 X 达到动作值 X_i 时，继电器立即动作，输出信号 Y 状态发生了变化。在这以后，即使继电器继续增大输入信号，输出信号仍将保持不变。在继电器动作以后，如果输入信号减弱了，工作点并不沿原路变化。即在 X 略小于动作值 X_i 时，继电器继续保持动作状态。只有当 X 减弱到继电器的释放值 X_r 时，继电器的状态才发生改变，恢复到未动作时的状态。

（一）电流继电器

根据继电器线圈中电流的大小而接通或断开电路的继电器称为电流继电器。使用时，电流继电器的线圈串联在被测电路中。为了使串入电流继电器线圈后不影响电路正常工作，电流继电器线圈的匝数要少，导线要粗，阻抗要小。

电流继电器分为过电流继电器和欠电流继电器两种。

1. 过电流继电器

当继电器中的电流超过预定值时，引起开关电器有延时或无延时动作的继电器称为过电流继电器。它主要用于频繁起动和重载起动的场合，作为电动机和主电路的过载和短路保护。

（1）结构及工作原理

JT4 系列过电流继电器的外形结构及工作原理如图 5-39 所示。它主要由线圈、圆柱形静铁心、衔铁、触点系统和反作用弹簧等组成。

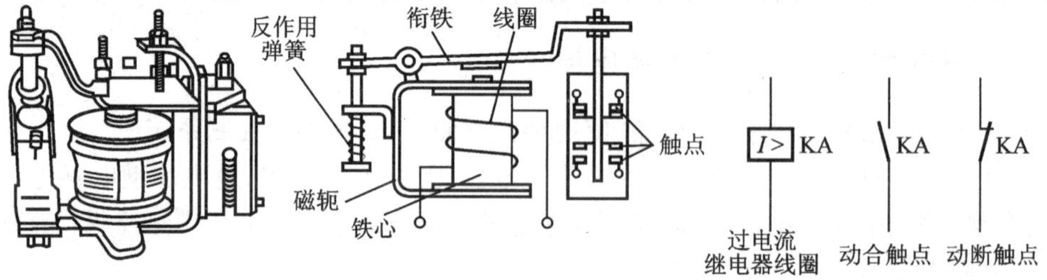

(a) 外形　(b) 结构　(c) 符号

图 5-39　JT4 系列过电流继电器

当线圈通过的电流为额定值时，它所产生的电磁吸力不足以克服弹簧的反作用力，此时衔铁不动作。当线圈通过的电流超过整定值时，电磁吸力大于弹簧的反作用力，铁心吸引衔铁动作，带动动断触点断开，动合触点闭合。调整反作用弹簧的作用力，可整定继电器的动作电流值。该系列中有的过电流继电器带有手动复位机构，这类继电器过电流动作后，当电流再减小甚至到零时，衔铁也不能自动复位，只有当操作人员检查并排除故障后，手动松掉锁扣机构，衔铁才能在复位弹簧作用下返回，从而避免重复过电流事故的发生。

JT4 系列为交流通用继电器，在这种继电器的磁系统上装设不同的线圈，便可制成过电流、欠电流、过电压或欠电压等继电器。JT4 都是瞬动型过电流继电器，主要用于电动机的短路保护。

过电流继电器在电路图中的符号如图 5-39(c)所示。

（2）型号

常用的过电流继电器有 JT4 系列交流通用继电器和 JL14 系列交直流通用继电器，其型号及含义分别如下所示。

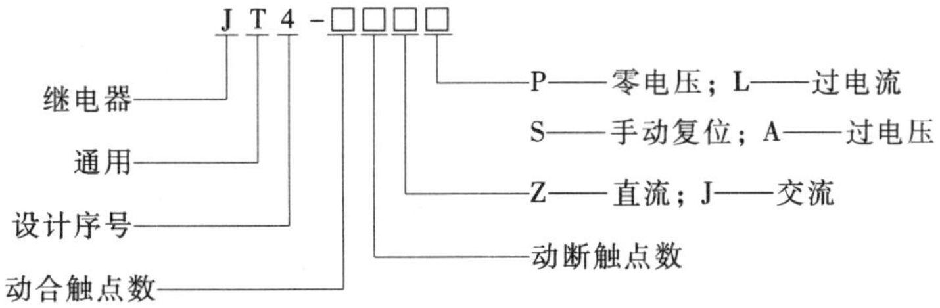

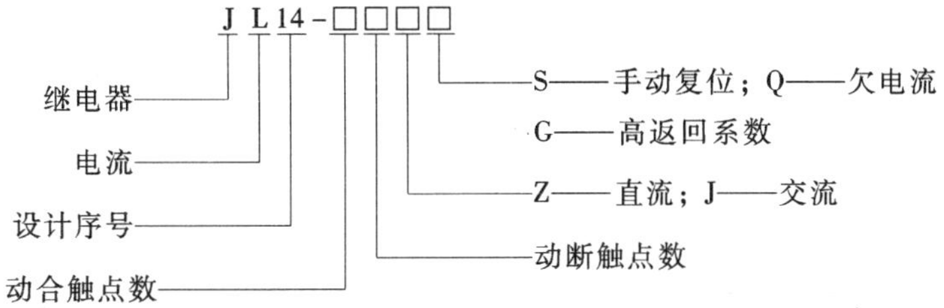

2. 欠电流继电器

当通过继电器的电流减小到低于其整定值时动作的继电器称为欠电流继电器。在线圈电流正常时这种继电器的衔铁与铁心是吸合的。它常用于直流电动机励磁电路和电磁吸盘的弱磁保护。

常用的欠电流继电器有 JL14-Q 等系列产品，其结构与工作原理和 JT4 系列继电器相似。这种继电器的动作电流为线圈额定电流的 30%～65%，释放电流为线圈额定电流的 10%～20%。因此，当通过欠电流继电器线圈的电流降低到额定电流的 10%～20% 时，继电器即释放复位，其动合触点断开，动断触点闭合，给出控制信号，使控制电路作出相应的反应。

欠电流继电器在电路图中的符号如图 5-40 所示。

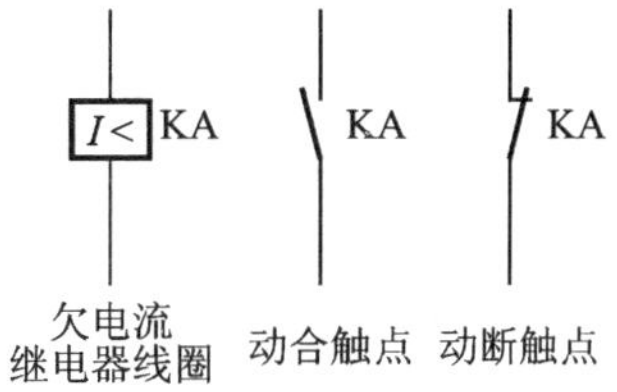

图 5-40　欠电流继电器的符号

（二）电压继电器

反映输入量为电压的继电器称为电压继电器。使用时电压继电器的线圈并联在被测量的电路中，根据线圈两端电压的大小而接通或断开电路，因此这种继电器线圈的导线细、匝数多、阻抗大。

根据实际应用的要求，电压继电器分为过电压继电器、欠电压继电器和零电压继电器。

过电压继电器是当电压大于其整定值时动作的电压继电器，主要用于对电路或设备作过电压保护，常用的过电压继电器为 JT4-A 系列，其动作电压可在 105%～120% 额定电压范围内调整。

欠电压继电器是当电压降至某一规定范围时动作的电压继电器；零电压继电器是欠电压继电器的一种特殊形式，是当继电器的端电压降至零或接近消失时才动作的电压继电器。可见欠电压继电器和零电压继电器在线路正常工作时，铁心与衔铁是吸合的，当电压降至低于整定值时，衔铁释放，带动触点动作，对电路实现欠电压或零电压保护。常用的欠电压继电器和零电压继电器有 JT4-P 系列，欠电压继电器的释放电压可在 40%~70% 额定电压范围内整定，零电压继电器的释放电压可在 10%~35% 额定电压范围内调节。

电压继电器的选择，主要依据继电器的线圈额定电压、触点的数目和种类进行。

电压继电器在电路图中的符号如图 5-41 所示。

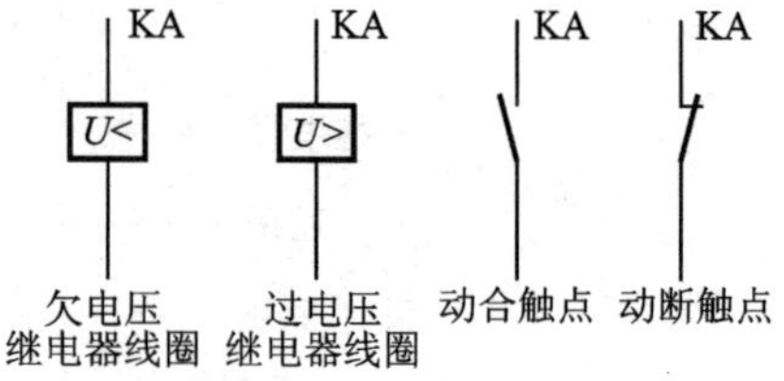

图 5-41　电压继电器的符号

（三）中间继电器

中间继电器实质上是一个电压继电器，是用来增加控制电路中的信号数量或将信号放大的继电器。其输入信号是线圈的通电和断电，输出信号是触点的动作。它具有触点多，触点容量大，动作灵敏等特点。由于触点的数量较多，所以用来控制多个元件或回路。

1. 结构及工作原理

中间继电器的结构及工作原理与接触器基本相同，但中间继电器的触点对数多，且没有主辅之分，各对触点允许通过的电流大小相同，多数为 5 A。因此，对于工作电流小于 5 A 的电气控制线路，可用中间继电器代替接触器实施控制。JZ7 系列为交流中间继电器，其结构如图 5-42(a)所示。

JZ7 系列中间继电器采用立体布置，由铁心、衔铁、线圈、触点系统、反作用弹簧和缓冲弹簧等组成。触点采用双断点桥式结构，上下两层各有四对触点，下层触点只能是动合触点，故触点系统可按 8 动合触点、6 动合触点、2 动断触点及 4 动合触点、4 动断触点组合。继电器吸引线圈额定电压有 12 V、36 V、110 V、220 V、380 V 等。

JZ14 系列中间继电器有交流操作和直流操作两种，该系列继电器带有透明外罩，可防止尘埃进入内部而影响工作的可靠性。

中间继电器在电路图中的符号如图 5-42(b)所示。

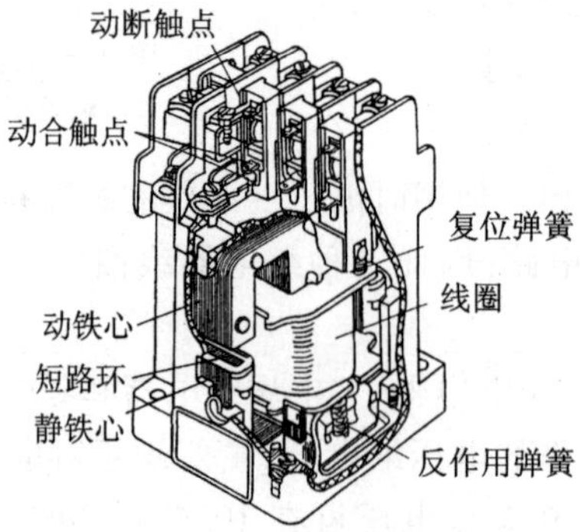

(a) 结构

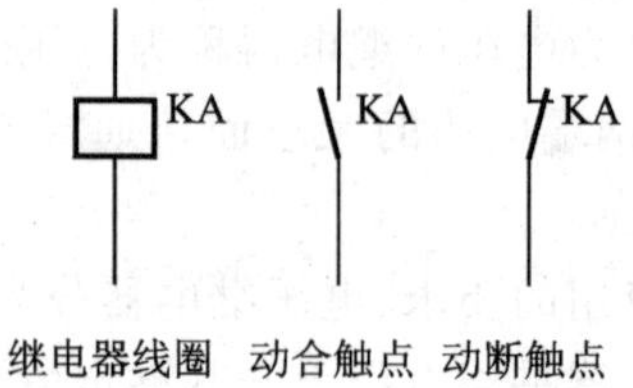

(b) 符号

图 5-42　JZ7 系列中间继电器

2. 型号

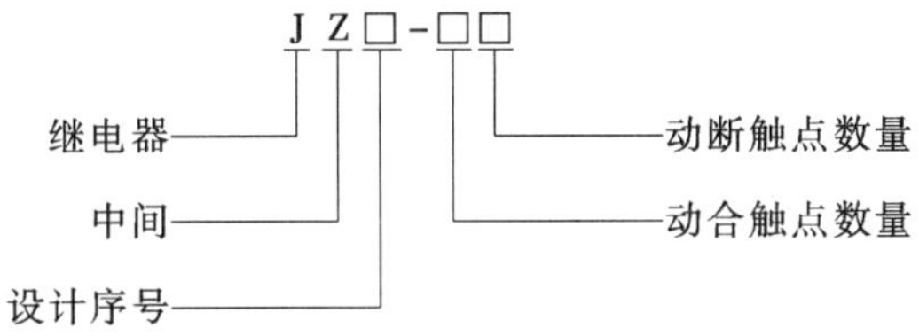

二、时间继电器

时间继电器是一种利用电磁原理或机械的动作原理实现触点延时接通和断开的自动控制电器。它广泛用于需要按时间顺序进行控制的电气控制线路中。常用的时间继电器主要有电磁式、电动式、空气阻尼式、电子式等。延时方式有通电延时和断电延时两种。其中,电磁式时间继电器的结构简单,价格低廉,但体积和重量较大,延时较短(如 JT3 型只有 0.3 ~5.5 s),它利用电磁阻尼来产生延时,只能用于直流断电延时,主要用在配电系统;电动式时间继电器的延时精度高,延时可调范围大,但结构复杂,价格贵。目前在电力拖动线路中应用较多的是空气阻尼式时间继电器。下面主要介绍空气阻尼式时间继电器和电子时间继电器。

(一) JS7-A 系列空气阻尼式时间继电器

空气阻尼式时间继电器又称气囊式时间继电器,是利用气囊中的空气通过小孔节流的原理来获得延时动作的。根据触点延时的特点,可分为通电延时动作型和断电延时复位型两种。

1. 结构

JS7-A 系列时间继电器的外形和结构如图 5-43 所示,它主要由以下几部分组成:

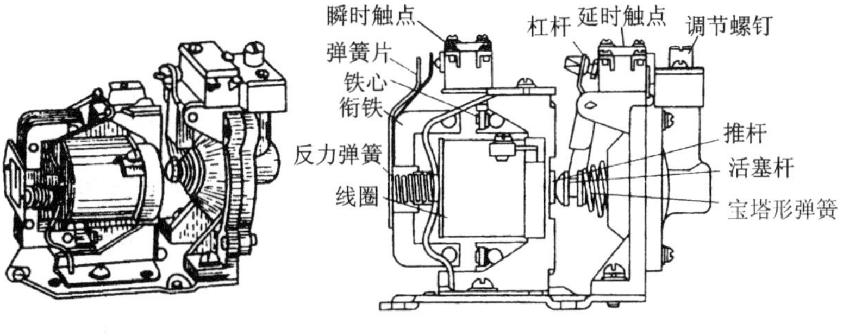

(a) 外形　　(b) 结构

图 5-43 JS7-A 系列时间继电器的外形和结构

(1) 电磁系统

由线圈、铁心和衔铁组成。

(2) 触点系统

包括两对瞬时触点(一动合触点、一动断触点)和两对延时触点(一动合触点、一动断触点),瞬时触点和延时触点分别是两个微动开关的触点。

(3) 空气室

空气室为一空腔，由橡皮膜、活塞等组成。橡皮膜可随空气的增减而移动，顶部的调节螺钉可调节延时时间。

（4）传动机构

由推杆、活塞杆、杠杆及各种类型的弹簧等组成。

（5）基座

用金属板制成，用以固定电磁机构和气室。

2. 工作原理

JS7-A 系列时间继电器的工作原理示意图，如图 5-44 所示。

（1）通电延时型时间继电器的工作原理

JS7-A 系列通电延时型时间继电器的结构如图 5-44（a）所示。当线圈通电后，铁心产生吸力，衔铁克服反力弹簧的阻力与铁心吸合，带动推板立即动作，压合微动开关 SQ2，使其动断触点瞬时断开，动合触点瞬时闭合。同时活塞杆在宝塔形弹簧的作用下向上移动，带动与活塞相连的橡皮膜向上运动，运动的速度受进气孔进气速度的限制。这时橡皮膜下面形成空气较稀薄的空间，与橡皮膜上面的空气形成压力差，对活塞的移动产生阻尼作用。活塞杆带动杠杆只能缓慢地移动。经过一段时间，活塞才完成全部行程而压动微动开关 SQ1，使其动断触点断开，动合触点闭合。由于从线圈通电到触点动作需延时一段时间，因此 SQ1 的两对触点分别被称为延时闭合瞬时断开的动合触点和延时断开瞬时闭合的动断触点。这种时间继电器延时时间的长短取决于进气的快慢，旋动调节螺钉可调节进气孔的大小，即可达到调节延时时间长短的目的。JS7-A 系列时间继电器的延时范围有 0.4～60 s 和 0.4～180 s 两种。

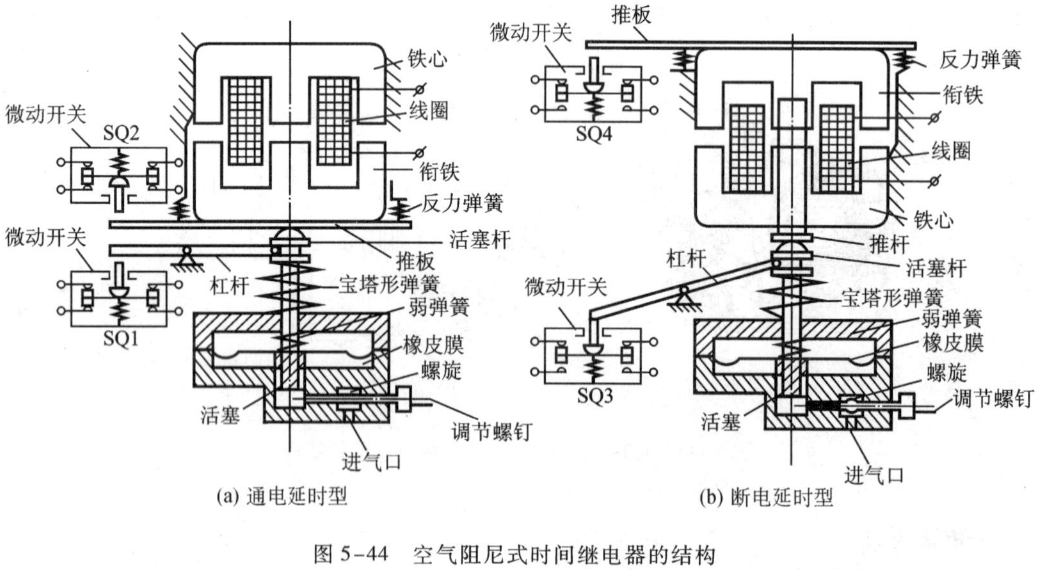

图 5-44　空气阻尼式时间继电器的结构

当线圈断电时，衔铁在反力弹簧的作用下，通过活塞杆将活塞推向下端，这时橡皮膜下方腔内的空气通过橡皮膜、弱弹簧和活塞局部所形成的单向阀迅速从橡皮膜上方的气室缝隙中排掉，使微动开关 SQ1、SQ2 的各对触点均瞬时复位。

（2）断电延时型时间继电器的工作原理

JS7-A 系列断电延时型和通电延时型时间继电器的组成元件是通用的。如果将通电延时型时间继电器的电磁机构翻转 180°安装即成为断电延时型时间继电器，如图 5-44(b)所示。

空气阻尼式时间继电器的优点是：延时范围较大(0.4～180 s)，且不受电压和频率波动的影响；可以做成通电和断电两种延时形式；结构简单、寿命长、价格低。其缺点是：延时误差大，难以精确地整定延时值，且延时值易受周围环境温度、尘埃等的影响，因此，对延时精度要求较高的场合不宜采用。

时间继电器在电路图中的符号如图 5-45 所示。

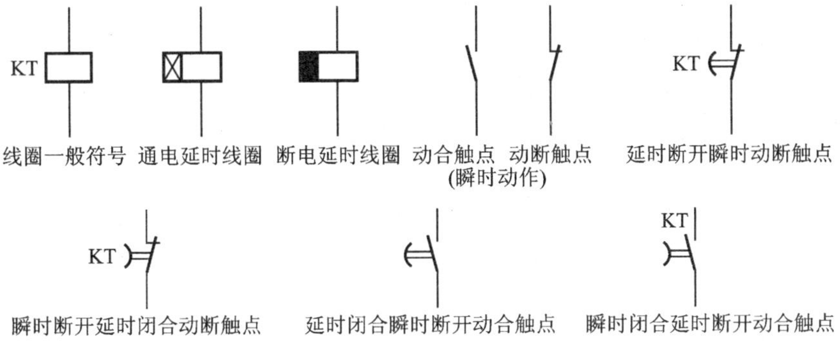

图 5-45　时间继电器的符号

3. 型号

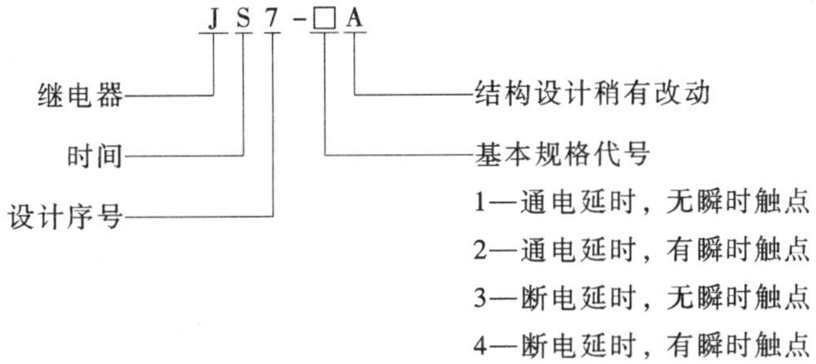

(二) 电子式时间继电器

电子式时间继电器也称为半导体时间继电器，具有机械结构简单、延时范围广、精度高、消耗功率小、调整方便及寿命长等优点，其应用越来越广泛。电子式时间继电器按结构分为阻容式和数字式两类；按延时方式分为通电延时型、断电延时型及带瞬动触点的通电延时型。

常用的 JS20 系列电子式时间继电器是全国推广的统一设计产品，适用于交流50 Hz、电压380 V 及以下或直流 110 V 及以下的控制电路，作为时间控制元件，按预定的时间延时，周期性地接通或分断电路。

1. 结构

JS20 系列通电延时型电子时间继电器的外形和接线示意图如图 5-46 所示。

2. 工作原理

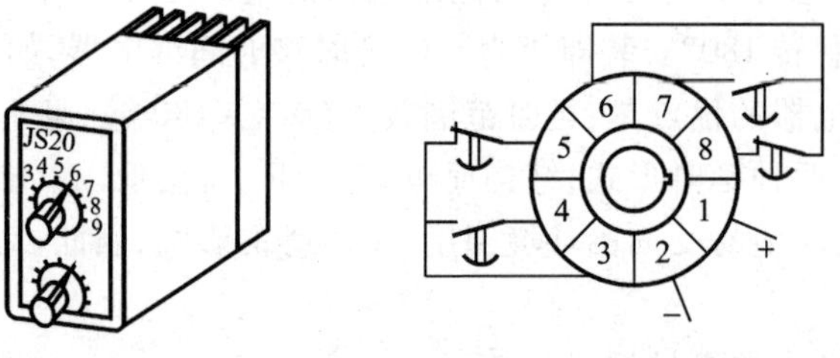

(a) 外形　　　(b) 接线示意图

图 5-46　JS20 系列通电延时型电子时间继电器的外形和接线示意图

JS20 系列通电延时型时间继电器的线路如图 5-47 所示。它由电源、电容充放电电路、电压鉴别电路、输出和指示电路五部分组成。电源接通后经整流滤波和稳压后的直流电经过 R_{P1} 和 R_2 向电容 C_2 充电。当场效应管 V6 的栅源电压 U_{gs} 低于夹断电压 U_P 时，V6 截止，因而 V7、V8 也处于截止状态。随着充电的不断进行，电容 C_2 的电位按指数规律上升，当满足 U_{gs} 高于 U_P 时，V6 导通，V7、V8 也导通，中间继电器 KA 吸合，输出延时信号。同时电容 C_2 通过 R_8 和 KA 的动合触点放电，为下次动作做好准备。当切断电源时，继电器 KA 释放，电路恢复原始状态，等待下次动作。调节 R_{P1} 和 R_{P2} 即可调整延时时间。

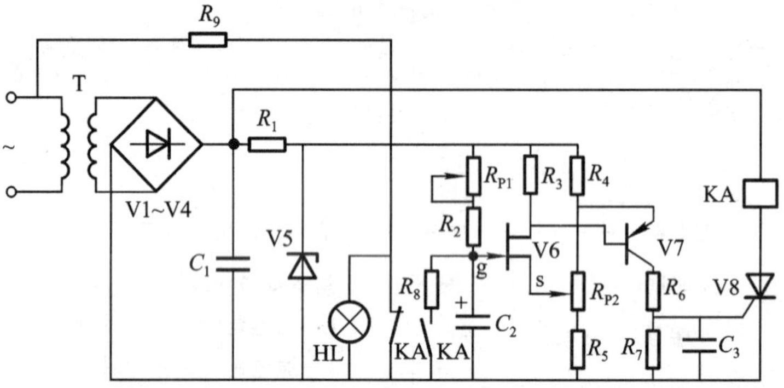

图 5-47　JS20 系列通电延时型时间继电器的电路

3. 型号

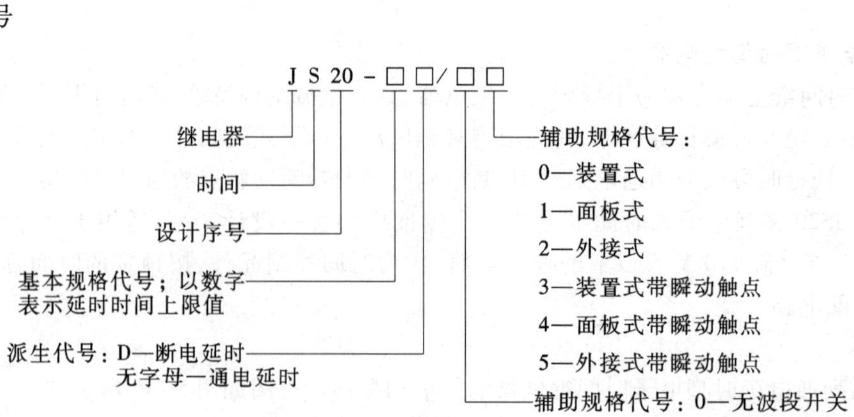

（三）时间继电器触点修整和时间调整

1. 任务目的

熟悉时间继电器的外形和基本结构，掌握 JS7-2A 系列时间继电器触点修整和时间调整。

2. 任务内容

① 时间继电器触点修整。

② JS7-2A 通电时间继电器调整（调整时间：3 s+1 s）。

③ JS7-4A 断电时间继电器调整（调整时间：3 s+1 s）。

3. 工具、仪表、材料和电气元件

① 工具：螺钉旋具、电工刀、尖嘴钳、钢丝钳等。

② 仪表：MF47 型万用表。

③ 材料：BVR-1.5mm^2 导线若干米。

④ 电气元件：JS7-2A 空气阻尼式时间继电器、HK1-30/3 开启式负荷开关、RL1-15/2 熔断器各 1 只，LA10-3H 按钮 1 只，220 V、15A 指示灯（红、黄、绿，3 种颜色自定）3 只。

4. 操作工艺

（1）时间继电器的触点修整

① 松下延时或瞬时微动开关的紧固螺钉，并取下微动开关。

② 用力均匀地慢慢撬开微动开关盖板并取下微动开关盖板。

③ 小心取下动触点及附件，要防止用力过猛而弹失小弹簧和薄垫片。

④ 进行触点修整。修整时，不允许用砂纸或其他磨研材料，而应使用锋利的刀刃或细挫修平，同时不得用手指直接接触触点或用油类润滑，以免沾污触点，修整的触点应做到接触良好，若无法修复触点应调换新触点。

⑤ 按拆卸的逆顺序进行装配。

⑥ 手动检查微动开关的分合是否瞬间动作，触点接触是否良好。

（2）JS7-2A 通电时间继电器调整

① JS7-2A 型时间继电器触点修整。

② 检查时间继电器延时和瞬时触点的动作，将其调整到最佳位置上。

③ 调整延时触点时，可旋紧线圈和铁心总成部件的安装螺钉，向上或向下移动后再旋紧。

④ 调整瞬时触点时，可旋松安装在瞬时微动开关底板上的螺钉，将微动开关向上或向下移动后再旋紧。

⑤ 旋紧各安装螺钉，进行手动检查，若达不到要求需重新调整。

⑥ 将时间继电器调整到 3 s 位置，进行检查。

⑦ 将调整好的时间继电器按照如图 5-48 所示进行连接。

⑧ 合上组合开关 QS，则黄灯和绿灯亮。

⑨ 按下 SB2，黄灯不变，绿灯熄灭，延时 3 s 后，红灯亮，黄灯和绿灯都不变；按下 SB1，则绿灯和红灯立刻熄灭。

⑩ 保持延时时间不变，在 1 min 内，通电 15 次，观察各触点是否工作良好，吸合时无噪声，铁心释放无延缓，而且每次动作延时时间一致。

（3）时间继电器的调整即 JS7-2A 型时间继电器的触点修整及改装成 JS7-4A 型

① 松下线圈支架紧固螺钉,取下线圈和铁心总成部件。

② 将总成部件沿水平方向旋转180°,然后重新旋上紧固螺钉。

③ 观察各延时和瞬时触点动作情况,使其调整在最佳位置上。

④ 旋紧各按钮紧固螺钉后,进行手动复检,若未达到则重新调整。

⑤ 将时间继电器调到3 s位置,进行检查。

⑥ 按电路如图5-49所示进行连接。

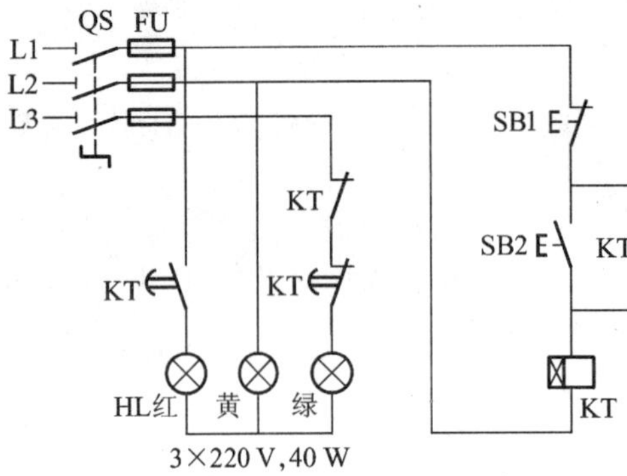

图5-48　JS7-2A时间继电器调整电路图

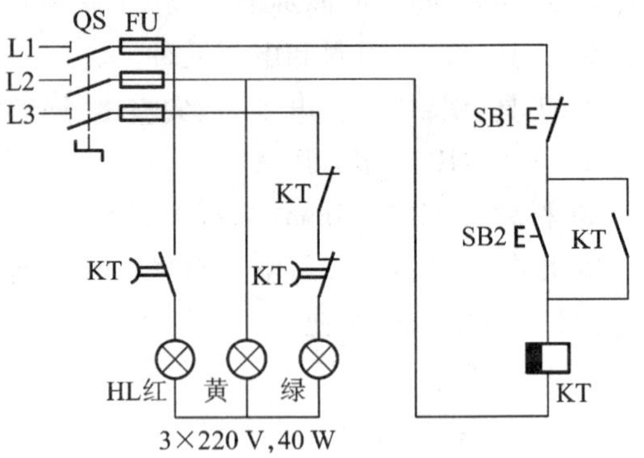

图5-49　JS7-2A改装成JS7-4A型时间继电器

⑦ 合上组合开关QS,则黄灯和绿灯亮。

⑧ 按下SB2,黄灯和绿灯亮,延时3 s后,绿灯熄灭,红灯亮,黄灯不变;按下SB1黄灯亮,其状态不变,红灯立刻熄灭,延时3 s后,绿灯亮。

⑨ 保持延时时间不变,在1 min内,通电15次,观察各触点是否工作良好,吸合时无噪声,铁心释放无延缓,并且每次动作延时时间一致。

(4) 注意事项

① 拆卸过程中,应备有盛放零件的容器,以免丢失零件。

② 拆装过程中不允许硬撬,防止由于用力过猛而弹失小弹簧和薄膜垫片。

③ 触点修整后应接触良好,清洁触点时,可以用四氯化碳或汽油清洗。

④ 修理触点时,不得用砂纸或其他研磨材料,应该使用锋利的刀刃或细挫修平,用净布擦净,不得用手指直接接触触点或用油类润滑,以免沾污触点。

⑤ 时间继电器改装后,对各延时和瞬时动作的触点必须重新进行调整。

⑥ 校验标准:在1 min内通电频率不少于10次,各触点动作良好。

三、热继电器

热继电器是电流通过发热元件加热使双金属片弯曲,推动执行机构动作的继电器。热继电器主要用于电动机的过载保护、断相保护、三相电流不平衡运行的保护及其他电气设备发热状态的控制。

热继电器的形式有多种,其中双金属片式热继电器应用最多。按极数划分热继电器可分为单极、两极和三极三种,其中三极的又包括带断相保护装置的和不带断相保护装置的;按复位方式分，有自动复位式（触点动作后能自动返回原来位置）和手动复位式。

（一）不带断相保护装置的热继电器

1. 结构

JR16 系列热继电器的外形和结构如图 5-50 所示。它主要由热元件、动作机构、触点系统、电流整定装置、温度补偿元件和复位机构等部分组成。

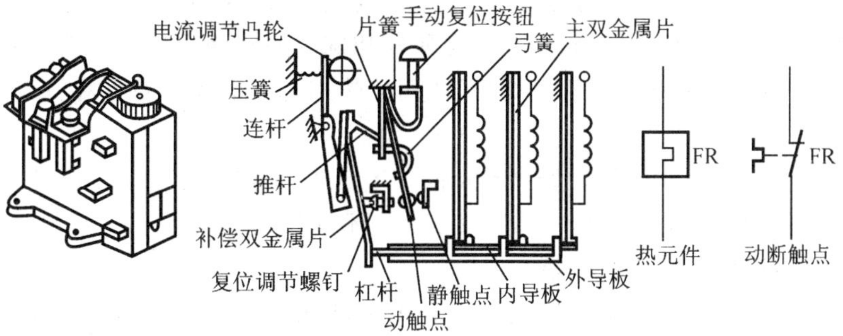

(a) 外形　　(b) 结构　　(c) 符号

图 5-50　JR16 系列热继电器

（1）热元件

热元件是热继电器的主要组成部分，由主双金属片和绕在外面的电阻丝组成。主双金属片是由两种热膨胀系数不同的金属片复合而成，金属片的材料多为铁镍铬合金和铁镍合金。电阻丝一般用康铜或镍铬合金等材料制成。

（2）动作机构和触点系统

动作机构利用杠杆传递及弓簧式瞬跳机构来保证触点动作的迅速、可靠。触点为单断点弓簧跳跃式动作，一般为一个动合触点、一个动断触点。

（3）电流整定装置

通过旋钮和电流调节凸轮调节推杆间隙，改变推杆移动距离，从而调节整定电流值。

（4）温度补偿元件

温度补偿元件也为双金属片，其受热弯曲的方向与主双金属片一致，它能保证热继电器的动作特性在-20~+40 ℃的环境温度范围内基本上不受周围介质温度的影响。

（5）复位机构

复位机构有手动和自动两种形式，可根据使用要求通过复位调节螺钉来自由调整选择。一般自动复位的时间不大于 5 min，手动复位时间不大于 2 min。

2. 工作原理

使用时，将热继电器的三相热元件分别串接在电动机的三相主电路中，动断触点串接在控制电路的接触器线圈回路中。当电动机过载时，流过电阻丝的电流超过热继电器的整定电流，电阻丝发热，主双金属片向右弯曲，推动导板向右移动，通过温度补偿双金属片推动推杆绕轴转动，从而推动触点系统动作，动触点与动断静触点分开，使接触器线圈断电，接触器触点断开，将电源切除起保护作用。电源切除后，主双金属片逐渐冷却恢复原位，于是动触点在失去作用力的情况下，靠弹簧的弹性自动复位。

这种热继电器也可采用手动复位,以防止故障排除前设备带故障再次投入运行。将复位调节螺钉向外调节到一定位置,使动触点弹簧的转动超过一定角度失去反弹性,此时即使主双金属片冷却复原,动触点也不能自动复位,必须采用手动复位。按下复位按钮,动触点弓簧恢复到具有弹性的角度,推动动触点与静触点恢复闭合。

当环境温度变化时,主双金属片会发生零点漂移,即热元件未通过电流时主双金属片即产生变形,使热继电器的动作性能受环境温度影响,导致热继电器的动作产生误差。为补偿这种影响,设置了温度补偿双金属片,其材料与主双金属片相同。当环境温度变化时,温度补偿双金属片与主双金属片产生同一方向上的附加变形,从而使热继电器的动作特性在一定温度范围内基本不受环境温度的影响。

热继电器整定电流的大小可通过旋转电流整定旋钮来调节,旋钮上刻有整定电流值标尺。所谓热继电器的整定电流,是指热继电器连续工作而不动作的最大电流。

(二)带断相保护装置的热继电器

JR16 系列热继电器有带断相保护装置的和不带断相保护装置的两种类型。三相异步电动机的电源或绕组断相是导致电动机过热烧毁的主要原因之一。

对定子绕组采用 Y 形联结的电动机而言,若运行中发生断相,通过另外两相的电流会增大,而流过热继电器的电流就是流过电动机绕组的电流,普通结构的热继电器都可以对此做出反应。而绕组接成 Δ 形联结的电动机若运行中发生断相,流过热继电器的电流与流过电动机非故障绕组的电流的增加比例不相同,在这种情况下,电动机非故障相流过的电流可能超过其额定电流,而流过热继电器的电流却未超过热继电器的整定值,热继电器不动作,但电动机的绕组可能会因过载而烧毁。

为了对定子绕组采用 Δ 形联结的电动机实行断相保护,必须采用三相结构带断相保护装置的热继电器。JR16 系列中部分热继电器带有差动式断相保护装置,其结构及工作原理如图5-51所示。图 5-51(a)所示为未通电时的位置;图 5-51(b)所示为三相均通有额定电流时的情况,此时三相主双金属片均匀受热,同时向左弯曲,内、外导板一起平行左移一段距离但未超过临界位置,触点不动作;图 5-51(c)所示为三相均过载时,三相主双金属片均受热向左弯曲,推动外导板并带动内导板一起左移,超过临界位置,通过动作机构使动断触点断开,从而切断控制回路,达到保护电动机的目的;图 5-51(d)所示是电动机在运行中发生一相(如 W 相)断线故障时的情况,此时该相主双金属片逐渐冷却,向右移动,并带动内导板同时右移,这样内导板和外导板产生了差动放大作用,通过杠杆的放大作用使继电器迅速动作,切断控制电路,使电动机得到保护。

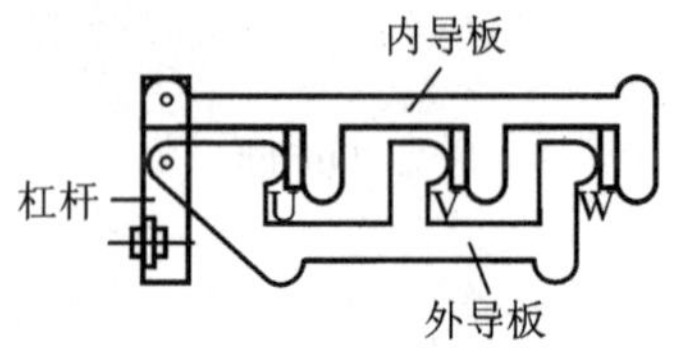

(a) 未通电

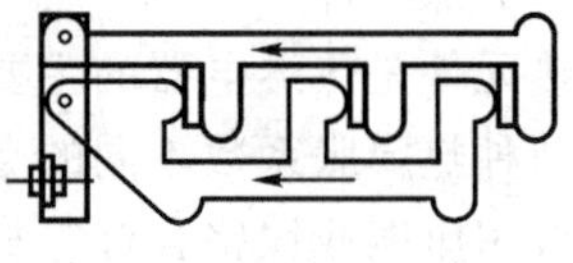
(b) 三相额定电流

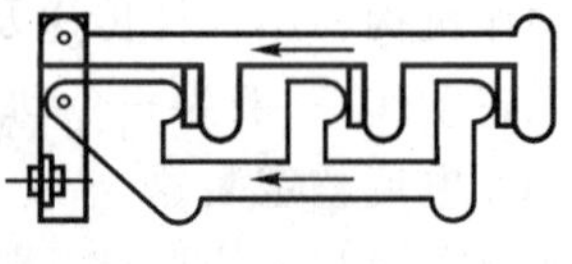
(c) 三相同时过载

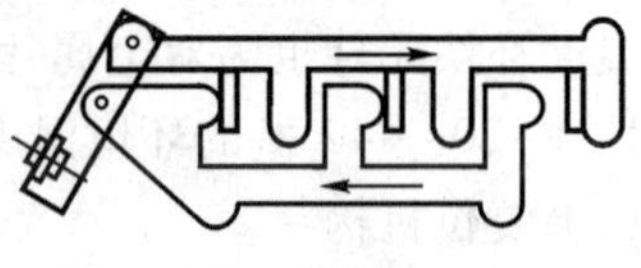
(d) 一相断相

图 5-51　差动式断相保护装置动作原理

由于热继电器主双金属片受热膨胀的热惯性及动作机构传递信号的惰性原因,热继电器从电动机过载到触点动作需要一定的时间,因此热继电器不能作短路保护。但也正是这个热惯性和机械惰性,保证了热继电器在电动机起动或短时过载时不会动作,从而满足了电动机的运行要求。

热继电器在电路图中的符号如图 5-50(c)所示。

(三)型号

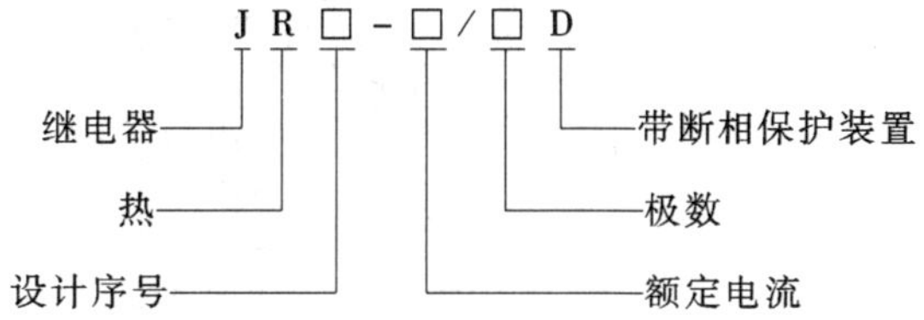

(四)热继电器的选用和调整工艺

1. 任务目的

熟悉继电器外形和基本结构,热继电器的选用和调整工艺。

2. 任务内容

有一台三相异步电动机功率为 5 kW,额定电流为 10.3 A,额定电压为 380 V,Y 形联结需用过载保护。试选 JR16 系列热继电器的型号,并进行校验调整和维护。

3. 工具、仪表和电器元件

① 工具:螺钉旋具、尖嘴钳等。

② 仪表:MF47 型万用表。

③ 电器元件:热继电器 JR16-13/3D、JR16-13/3 各 1 只。

4. 操作工艺

(1) 热继电器的选择

① 根据工作环境和电动机型号选择 JR16-13/3D,整定电流范围为 0.25 ~0.35。

② 手动调节整定电流旋钮,通过偏心轮机构,调整双金属片与导板的距离,能在一定范围内调节其电流的整定值 25.5A。

(2) 热继电器的检查

① 检查接线和螺钉是否牢固可靠,动作机构是否灵活、正常。

② 检查热继电器整定电流是否符合要求。

(3) 校验调整

① 按如图 5-52 所示的连接来校验电路。

② 将调压器的输出调到零位置,将热继电器置于手动复位状态并将整定值旋钮置于额定值处。

③ 合上电源开关 QS,指示灯 HL 亮。

④ 将调压器输出电压升高,使热元件通过的电流升至额定值。1 h 内热继电器应不动作,若 1 h 内热继电器动作,则应将调节旋钮向额定值大的方向旋动。

⑤ 接着将电流升至 1.2 倍额定电流,热继电器应在 20 min 内动作,否则,应将调节旋钮向额定值小的位置移动。

⑥ 将电流降至零,待热继电器冷却并手动复位后,再调升电流至 1.5 倍额定值。热继电器

冷却应在 2 min 内动作。

⑦ 再将电流降至零，快速调升电流至 6 倍额定值，分断 QS 再随即合上，其动作时间应大于 5 s。

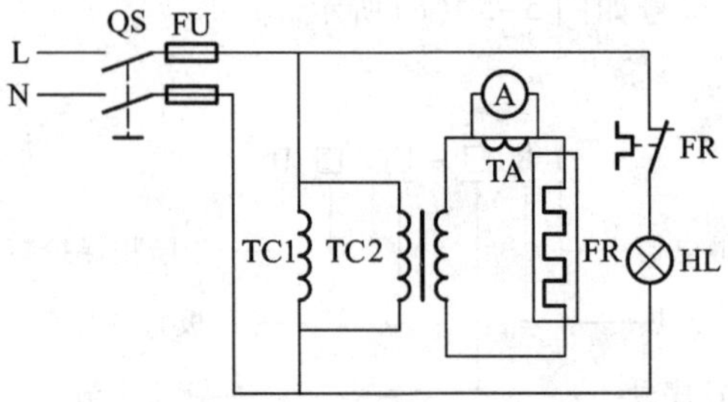

图 5-52　热继电器校验电路

（4）复位方式的调整

热继电器出厂时，一般都调在手动复位如果需要自动复位，可将复位调节螺钉顺时针旋进。自动复位时应在动作 5 min 内自动复位。手动复位，在动作 2 min 后，按下手动复位按钮，热继电器应复位。

（5）注意事项

① 校验时环境温度应尽量接近工作温度，连接导线长度一般不小于 0.6 m，连接导线截面积应与使用的实际情况相同。

② 校验时电流变化较大，为使测量结果准确，校验时注意选择电流互感器的合适量程。

③ 通电校验时，必须将热继电器、电源开关固定在校验板上，以确保用电安全。

四、速度继电器

速度继电器是反映转速和转向的继电器，其主要作用是以旋转速度的快慢为指令信号，与接触器配合实现对电动机的反接制动控制，故又称为反接制动继电器。机床控制线路中常用的速度继电器有 JY1 型和 JFZ0 型，其外形如图 5-53 所示。

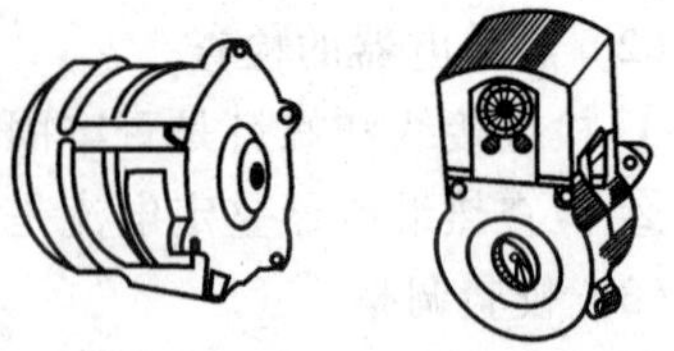

(a) JY1 型　　(b) JFZ0 型

图 5-53　速度继电器的外形

（一）结构及工作原理

JY1 型速度继电器的结构和工作原理如图 5-54 所示，它主要由定子、转子、可动支架、触点系统及端盖等部分组成。转子由永久磁铁制成，固定在转轴上；定子由硅钢片叠成并装有笼型短路绕组，能作小范围偏转；触点系统由两组转换触点组成，一组在转子正转时动作；另一组在转子反转时动作。

速度继电器的工作原理：当电动机旋转时，带动与电动机同轴连接的速度继电器的转子旋转，相当于在空间中产生一个旋转磁场，从而在定子笼型短路绕组中产生感应电流，感应电流与永久磁铁的旋转磁场相互作用，产生电磁转矩，使定子随永久磁铁转动的方向偏转，与定子相连的胶木摆杆也随之偏转。当定子偏转到一定角度，胶木摆杆推动簧片，使继电器的触点动作。

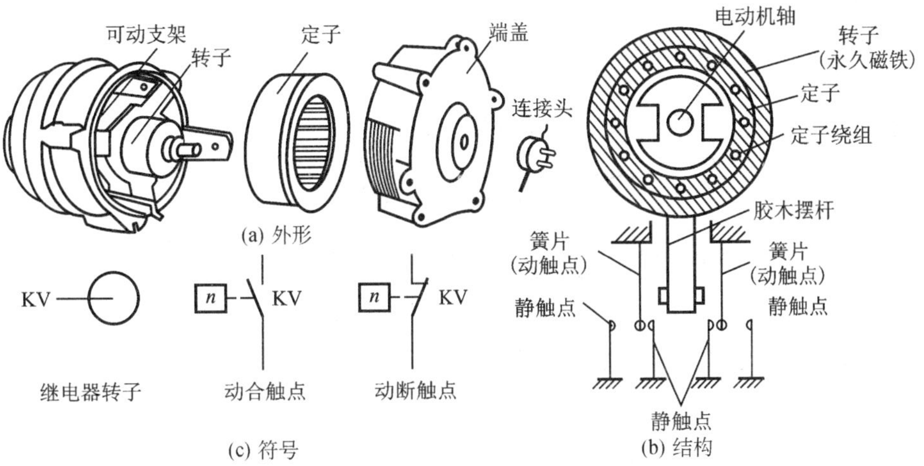

图 5-54　JY1 型速度继电器

当转子转速低于某一数值时,定子的电磁转矩减小,胶木摆杆恢复原状态,触点在簧片作用下复位。

速度继电器的动作转速一般为 120 r/min,复位转速约在 100 r/min 以下。常用的速度继电器中,YJ1 型能在 3 000 r/min 以下可靠的工作,JFZ0 型的两组触点改用两个微动开关,使其触点的动作速度不受定子偏转速度的影响,额定工作转速有 300~1 000 r/min(JFZ0-1 型)和 1 000 ~ 3 600 r/min(JFZ0-2 型)两种。

速度继电器在电路图中的符号如图 5-54(c)所示。

(二) 型号

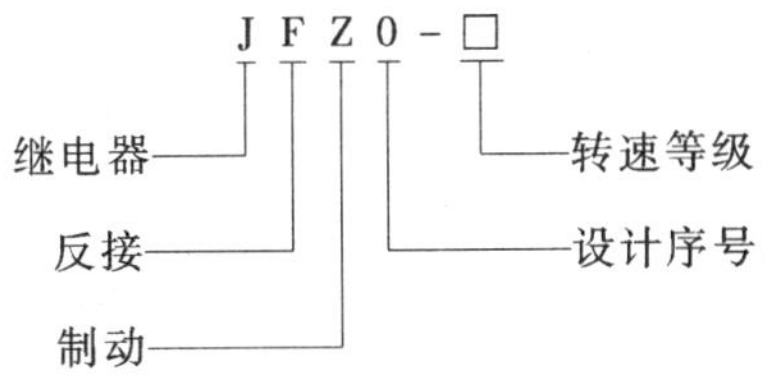

速度继电器根据电动机的额定转速和触点的种类、数目进行选择。

五、压力继电器

压力继电器经常用于机械设备的液压或气压控制系统中,它能根据压力源压力的变化情况决定触点的断开或闭合,以便对机械设备提供某种保护或控制。

压力继电器的结构原理图如图 5-55(a)所示。它主要由缓冲器、橡皮膜、顶杆、压缩弹簧、调节螺母和微动开关等组成。微动开关和顶端的距离一般大于 0.2 mm。压力继电器装在油路(或气路、水路)的分支管路中。当管路压力超过整定值时,通过缓冲器和橡皮膜顶起顶杆,推动微动开关动作,使触点动作。当管路中的压力低于整定值时,顶杆脱离微动开关,微动开关的触点复位。

压力继电器的调整非常方便,只要放松或拧紧螺母即可改变控制压力。压力继电器在电路图中的符号如图 5-55(b)所示。常用的压力继电器有 YJ 系列、YT-126 系列和 TE52 系列。

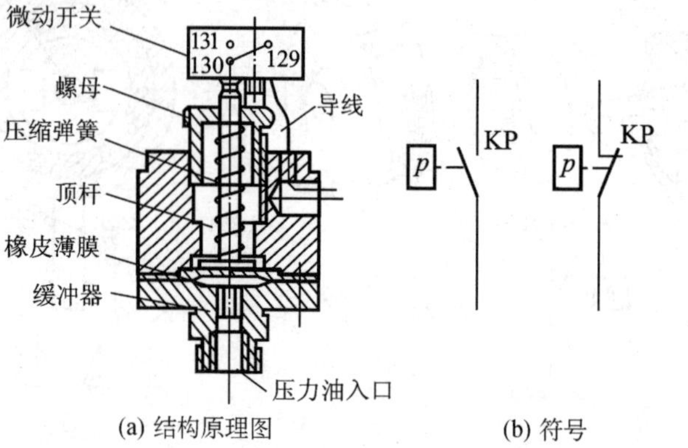

图 5-55　压力继电器

六、固态继电器

固态继电器(SOLIDSTATE RELAYS),简写成“SSR”,是一种全部由固态电子元件组成的新型无触点开关器件,它利用电子元件(如开关三极管、双向晶闸管等半导体器件)的开关特性,可达到无触点无火花地接通和断开电路的目的,因此又被称为“无触点开关”,它问世于 20 世纪 70 年代,由于它的无触点工作特性,使其在许多领域的电控及计算机控制方面得到日益广泛的应用。

(一) 原理与结构

SSR 按使用场合可以分成交流型和直流型两大类,它们分别在交流或直流电源上做负载的开关。

图 5-56 是交流型固态继电器的工作原理框图,图中的部件①~④构成交流 SSR 的主体,从整体上看,SSR 只有两个输入端(A 和 B)及两个输出端(C 和 D),是一种四端器件。工作时只要在 A、B 上加上一定的控制信号,就可以控制 C、D 两端之间的“通”和“断”,实现“开关”的功能,其中耦合电路的功能是为 A、B 端输入的控制信号提供一个输入/输出端之间的通道,但又在电气上断开 SSR 中输入端和输出端之间的(电)联系,以防止输出端对输入端的影响,耦合电路用的元件是“光耦合器”,它动作灵敏、响应速度高、输入/输出端间的绝缘(耐压)等级高;由于输入端的负载是发光二极管,这使 SSR 的输入端很容易做到与输入信号电平相匹配,在使用时可直接与计算机输出接口相接,即受 **1** 与 **0** 的逻辑电平控制。触发电路的功能是产生合乎要求的触发信号,驱动开关电路④工作,但由于开关电路在不加特殊控制电路时,将产生射频干扰并以高次谐波或尖峰等污染电网,为此特设“过零控制电路”。所谓“过零”是指,当加入控制信号,交流电压过零时,SSR 即为通态;而当断开控制信号后,SSR 要等待交流电的正半周与负半周的交界点(零电位)时,SSR 才为断态。这种设计能防止高次谐波的干扰和对电网的污染。吸收电路是为防止从电源中传来的尖峰、浪涌(电压)对开关器件双向晶闸管的冲击和干扰(甚至误动作)而设计的,一般是用“R-C”串联吸收电路或非线性电阻(压敏电阻器)。图 5-57 是一种典型的交

流型 SSR 的原理图。

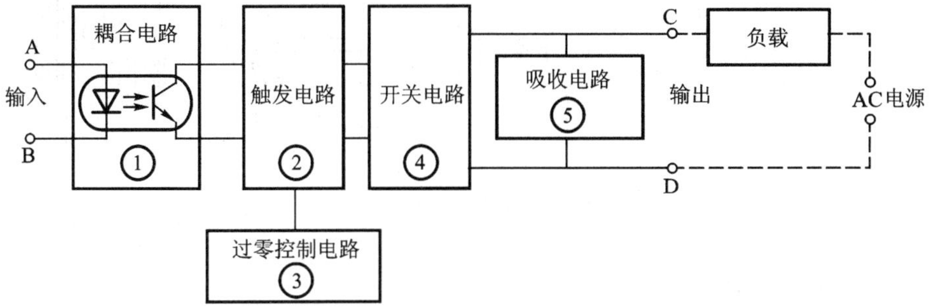

图 5-56　交流型固态继电器

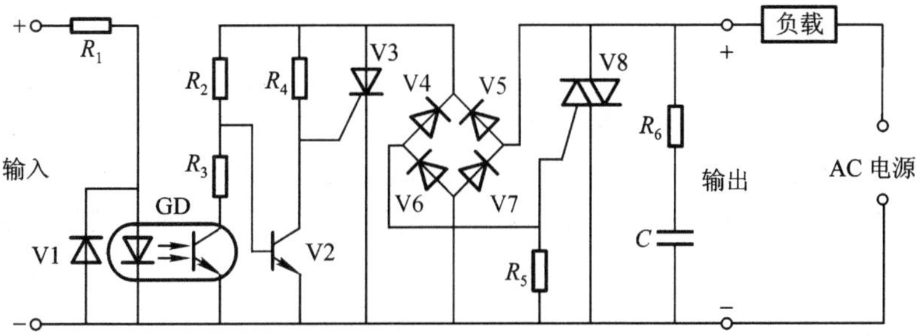

图 5-57　典型的交流型 SSR 的原理图

直流型的 SSR 与交流型的 SSR 相比，无过零控制电路，也不必设置吸收电路，开关器件一般用大功率开关三极管，其他工作原理相同。不过，直流型 SSR 在使用时应注意：①负载为感性负载时，如直流电磁阀或电磁铁，应在负载两端并联一只二极管，极性如图 5-58 所示，二极管的电流应等于工作电流，电压应大于工作电压的 4 倍。②SSR 工作时应尽量靠近负载，其输出引线应满足负荷电流的需要。③使用的电源是经交流降压整流所得的，其滤波电解电容应足够大。

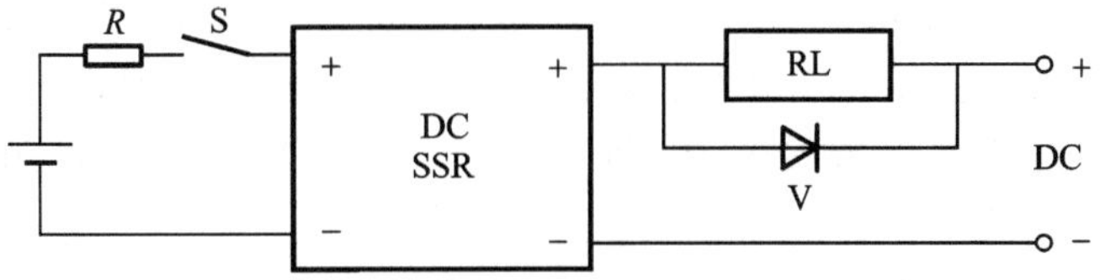

图 5-58　直流型固态继电器原理图

图 5-59 给出了几种国内、外常见的 SSR 的外形。

固态继电器对温度的敏感性很强，工作温度超过标称值后，必须降温或外加散热器。

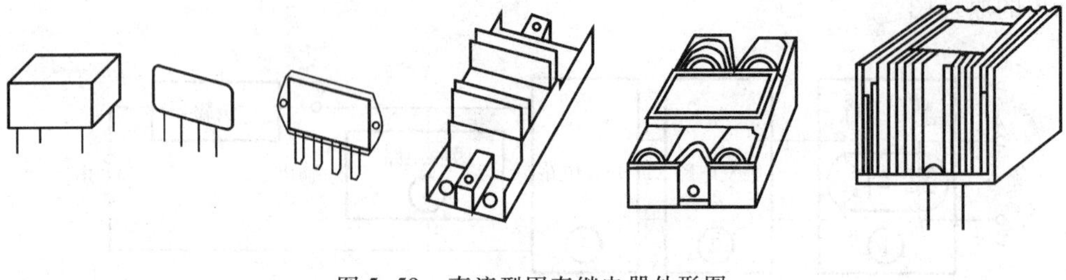

图 5-59　直流型固态继电器外形图

（二）固态继电器的特点

SSR 成功地实现了弱信号（U_{sr}）对强电（输出端负载电压）的控制。由于光耦合器的应用，使控制信号所需的功率极低（约十余毫瓦就可正常工作），而且 U_{sr} 所需的工作电平与 TTL、HTL、CMOS 等常用集成电路兼容，可以实现直接连接。这使 SSR 在数控和自控设备等方面得到广泛应用。在相当程度上可取代传统的“线圈-簧片触点式”继电器（简称“MER”）。

SSR 由于是全固态电子元件组成，与 MER 相比，它没有任何可动的机械部件，工作中也没有任何机械动作；SSR 由电路的工作状态变换实现“通”和“断”的开关功能，没有电接触点，所以它有一系列 MER 不具备的优点，即工作可靠性高、寿命长；无动作噪声；耐振耐机械冲击；安装位置无限制；很容易用绝缘防水材料灌封做成全密封形式，而且具有良好的防潮防霉防腐性能；在防爆和防止臭氧污染方面的性能也极佳。

交流型 SSR 由于采用过零触发技术，因而可以使 SSR 安全地用在计算机输出接口上，不必为在接口上采用 MER 而产生的一系列对计算机的干扰而烦恼。

此外，SSR 还有能承受在数值上可达额定电流十倍左右的浪涌电流的特点。

虽然 SSR 的性能与电磁式继电器相比有着很多的优越性，但它也存在一些弱点，如：导通电阻（几欧 ~ 几十欧）、通态压降（小于 2 V）、断态漏电流（5 ~ 10 mA）等的存在，易发热损坏；截止时存在漏电阻，不能使电路完全分开；易受温度和辐射的影响，稳定性差；灵敏度高，易产生误动作；在需要联锁、互锁的控制电路中，保护电路的增设，使得成本上升、体积增大。

（三）应用电路

1. 多功能控制电路

图 5-60（a）为多组输出电路，当输入为 **0** 时，三极管 V 截止，SSR1、SSR2、SSR3 的输入端无输入电压，各自的输出端断开；当输入为 **1** 时，三极管 V 导通，SSR1、SSR2、SSR3 的输入端有输入电压，各自的输出端接通，因而达到了由一个输入端口控制多个输出端“通”、“断”的目的。

图 5-60（b）为单刀双掷控制电路，当输入为 **0** 时，三极管 V1 截止，SSR1 输入端无输入电压，输出端断开，此时 A 点电压加到 SSR2 的输入端上（$U_A - U_{V2}$ 应使 SSR2 输出端可靠接通），SSR2 的输出端接通；当输入为 **1** 时，三极管 V1 导通，SSR1 输入端有输入电压，输出端接通，此时 A 点虽有电压，但 $U_A - U_{V2}$ 的电压值已不能使 SSR2 的输出端接通而处于断开状态，因而达到了“单刀双掷控制电路”的功能（注意：选择稳压二极管 V2 的稳压值时，应保证在导通的 SSR1“+”端的电压不会使 SSR2 导通，同时又要兼顾到 SSR1 截止时期“+”端的电压能使 SSR2 导通）。

2. 用计算机控制电机正反转的接口及驱动电路

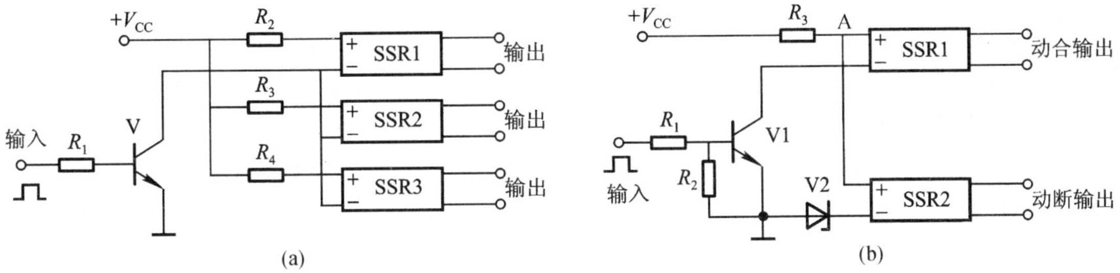

图 5-60 多功能控制电路

图 5-61 为计算机控制三相交流电动机正、反转的接口及驱动电路，图中采用了 4 个**与非门**，用两个信号通道分别控制电动机的起动、停止和正转、反转。当改变电动机转动方向时，给出指令信号的顺序应是“停止—反转—起动”或“停止—正转—起动”。延时电路的最小延时不小于 1.5个交流电源周期。其中 FU1、FU2、FU3 为熔断器。当电动机允许时，可以在 R_1 ~ R_4 位置接入限流电阻，以防止当万一两线间的任意两只继电器均误接通时，限制产生的半周线间短路电流不超过继电器所能承受的浪涌电流，从而避免烧毁继电器等事故，确保安全性；但副作用是正常工作时电阻上将产生压降和功耗。该电路建议采用额定电压为 660 V 或更高一点的 SSR 产品。

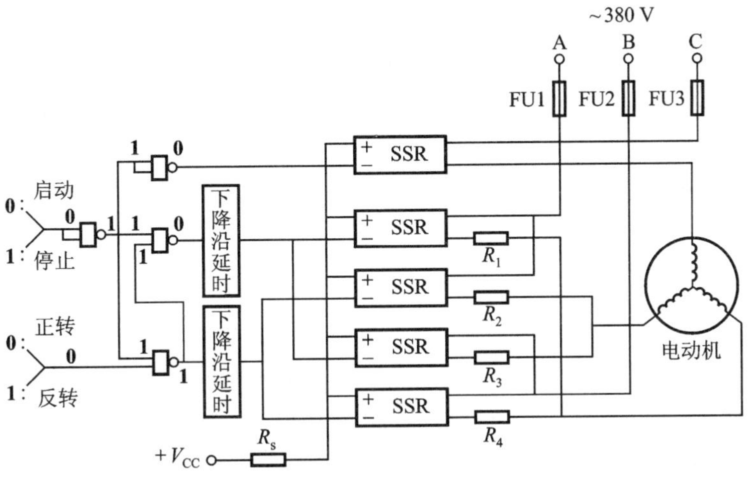

图 5-61 计算机控制三相交流电动机正、反转的接口及驱动电路

本章小结

低压电器的种类很多，本章主要介绍了常用开关电器、主令电器、熔断器、接触器和继电器等的用途、基本构造、工作原理、型号与图形、文字符号。

低压电器是组成控制线路的基本元件。每种电器都有一定的使用范围，要根据使用条件正确选用。各类电气元件的技术参数是选用的主要依据，可以在产品样本及电工手册中查阅。

保护电器（如低压断路器、热继电器、电流继电器、电压继电器、限流器）及某些控制电器（如时间继电器、温度、压力、流量等继电器）的使用，除了要根据保护要求，控制要求正确选用电器的类型外，还要根据被保护、被控制电路的具体条件，进行必要的调整，整定动作值，电磁式继电器可以通过调节空气隙（释放时的最大空气隙及吸和时剩余空气隙）和反作用弹簧来实现。

思考题与习题

5.1 什么是低压电器？常用的低压电器有哪些？

5.2 封闭式负荷开关与开启式负荷开关在结构和性能上有什么区别？

5.3 常用的低压断路器有哪两种形式？电气控制中常用哪一种形式？一般它具有哪些保护功能？

5.4 塑料外壳式断路器有哪些脱扣器，各起什么作用？按下分励脱扣器后断路器不分闸是什么原因？怎样处理？

5.5 熔断器在电路中的作用是什么？它由哪些主要部件组成？

5.6 为什么要采用变截面的熔体？如何选取熔体和熔断器的规格？

5.7 熔断器的额定电流、熔体的额定电流和熔体的极限分断电流三者有何不同？

5.8 熔断器用于保护交流三相笼型异步电动机时，若电动机过载电流为电动机额定电流的两倍，问熔断器能不能起到保护作用？

5.9 安装螺旋式熔断器和闸刀开关时应当注意些什么？

5.10 什么是主令电器？常用的主令电器有哪些？行程开关在机床控制中一般的用途有哪些？与按钮开关有何不同和相同之处？

5.11 接触器的主要作用是什么？接触器主要由哪些部分组成？交流接触器和直流接触器的铁心和线圈的结构各有什么特点？

5.12 单相交流电磁铁的短路环断裂和脱落后，会出现什么现象？为什么？三相交流电磁铁要不要装短路环，为什么？

5.13 交流接触器双断口触点灭弧的原理是怎样的？简述交流接触器栅片灭弧的原理。

5.14 交流电磁线圈误接到额定电压相等的直流电源上，或直流电磁线圈误接到额定电压相等的交流电源上，各会发生什么问题？为什么？线圈电压为 220 V 的交流接触器，误接到交流 380 V 电源上会发生什么问题？

5.15 从接触器的结构上，如何区分是交流接触器还是直流接触器？如何选用接触器？

5.16 中间继电器有何用途？试比较中间继电器和交流接触器的相同之处和不同之处。

5.17 简述速度继电器的结构、工作原理及用途。

5.18 空气阻尼式时间继电器利用什么原理达到延时目的？如何调整延时时间的长短？

5.19 试比较熔断器和热继电器的保护功能与原理。

5.20 既然在电动机的主电路中装有熔断器，为什么还要装热继电器？装有热继电器是否就可以不装熔断器？为什么？

5.21 电动机的起动电流很大，当电动机起动时，热继电器会不会动作？为什么？

5.22 三角形联结的电动机为什么要选用带断相保护装置的热继电器？热继电器有何用途？看图分析它的动作过程。热继电器有哪些常见故障？如何处理？

5.23 能否用过电流继电器来作电动机的过载保护？为什么？

5.24　画出下列电气元件的图形符号,并标出其文字符号:

(1) 熔断器;(2) 热继电器的动断触点;(3) 时间继电器的动合延时触点;(4) 时间继电器的动断延时触点;(5) 热继电器的热元件;(6) 接触器的线圈;(7) 中间继电器的线圈;(8) 断路器。

第六章

继电-接触器控制电路基本环节

学习目标

- 了解电气控制系统中电气原理图、电器布置图及安装接线图的画法。重点掌握电气原理图的画法及国家制图标准。
- 掌握电动机运行中的直接起动、降压起动、调速、制动控制方法及实现电路。熟悉其他常用的基本控制电路。
- 能熟练分析较复杂的控制电路、应用所学知识设计一般的控制电路。

各种生产机械的运动形式多种多样,不管是简单还是复杂,都是由电动机拖动,通过不同的控制电路实现其运动的控制。而不管多么复杂的控制电路都是由最基本的控制环节组成。因此,掌握控制线路最基本的控制环节是熟练分析电气控制线路工作原理和维修的关键,也是成功设计控制系统的基础。

第一节　电　气　图

电气控制系统是由许多电气元件按照一定要求连接而成。随着科学技术的发展,系统和设备越来越复杂,功能越来越完善。人们对操作和维修却要求越来越简单、易行,希望通过阅读技术文件能正确掌握操作技术和维修方法。因此,需要将电气控制系统中各种电气元件及其连接用一定图形表示出来,这就是电气控制系统图。它主要有:电气原理图、电器布置图、电气接线图等。

一、电气控制系统图中的图形符号和文字符号

国家标准中规定的图形符号基本与国际电工委员会(IEC)发布的有关标准相同。图形符号由符号要素、限定符号、一般符号以及常用的非电操作控制的动作符号(如机械控制符号等),根据不同的具体器件情况组合构成,如附表 E 所示。国家标准除给出各类电气元件的符号要素、限定符号和一般符号以外,也给了部分常用图形符号及组合图形符号示例。因为国家标准中给出的图形符号例子有限,实际使用中可通过规定的图形符号适当组合进行派生。

国家标准《电气技术中的文字符号制订通则》规定了电气工程图中的文字符号,它分为基本

文字符号和辅助文字符号。

基本文字符号有单字母符号和双字母符号。单字母符号表示电气设备、装置和元器件的大类，例如 K 为继电器类元件这一大类；双字母符号由一个表示大类的单字母与另一表示器件某些特性的字母组成，例如 KM 表示继电器类元件中的接触器。

辅助文字符号用来进一步表示电气设备、装配和元器件的功能、状态和特征。

附表 E 中列出了部分常用的电气图形符号和基本文字符号，实际使用时如需要更详细的资料，可查阅国家标准。

二、电气原理图

电气原理图是指用国家标准规定的图形符号和文字符号代表各种元件，依据控制要求和各电器的动作原理，用线条代表导线连接关系。它包括所有电气元件的导电部件和接线端子，但不按电气元件的实际位置来画，也不反映电气元件的尺寸及安装方式。绘制电气原理图必须遵循的国家标准为：《电气简图用图形符号》、《电气技术用文件的编制》及《电气技术中的文字符号制订通则》、《电器设备接线端子和特定导线线端的识别及应用字母数字系统的通则》。

绘制电气原理图应遵循以下原则：

① 电气控制电路一般分为主电路和辅助电路。辅助电路又可分为控制电路、信号电路、照明电路和保护电路等。

主电路是指从电源到电动机的大电流通过的电路，其中电源电路用水平线绘制，受电动力设备及其保护电器支路应垂直于电源电路画出。

控制电路、照明电路、信号电路及保护电路等应垂直地绘于两条水平电源线之间。耗能元件的一端应直接连接在电位低的一端，控制触点连接在上方水平线和耗能元件之间。

不论主电路还是辅助电路，各元件一般应按动作顺序从上到下，从左到右依次排列，电路可以水平布置也可以垂直布置。

② 在电气原理图中，所有电气元件的图形、文字符号、接线端子标记必须采用国家规定的统一标准。

③ 采用电气元件展开图的画法。同一电气元件的各部分可以不画在一起，但需用同一文字符号标出。若有多个同一种类的电气元件，可在文字符号后加上数字序号，例如 KM1、KM2。

④ 在原理图中，所有电器按自然状态画出。所有按钮、触点均按电器没有通电或没有外力操作、触点没有动作的原始状态画出。

⑤ 在原理图中，有直接电联系的十字交叉导线连接点，要用黑圆点表示。无直接电联系的十字交叉导线连接点或有直接电联系的丁字交叉导线连接点不画黑圆点。

⑥ 在原理图上将图分成若干个图区，并标明该区电路的用途和作用。在继电器、接触器线圈下方列出触点表，说明线圈和触点的从属关系。

图 6-1 所示为某车床的电气原理图。

三、电器布置图

电器布置图是表示电气设备上所有电器元件的实际位置，为电气控制设备的安装、维修提供必要的技术资料。电气元件均用粗实线绘制出简单的外形轮廓，机床的轮廓线用细实线或点

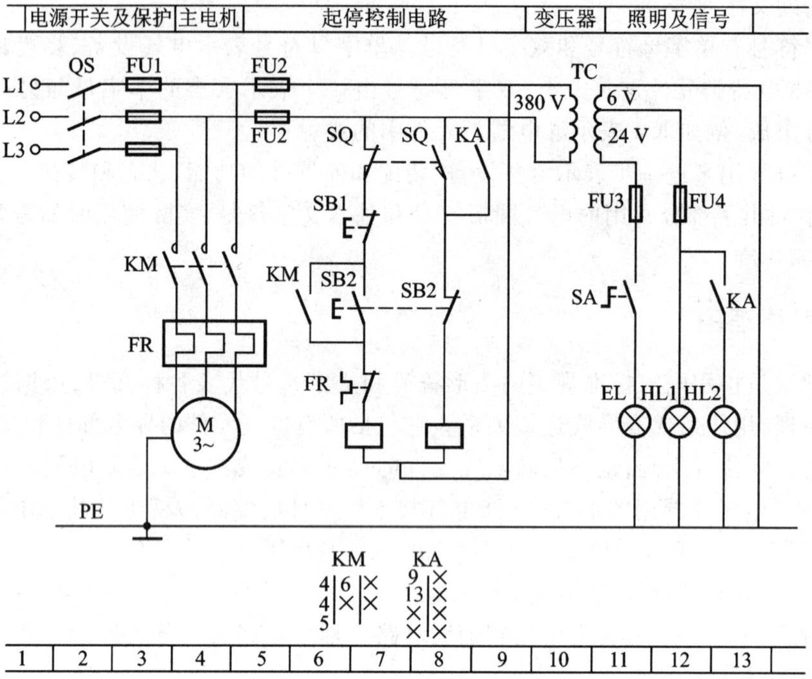

图 6-1　某车床的电气原理图

画线。

图 6-2 所示为一车床的电器布置图。

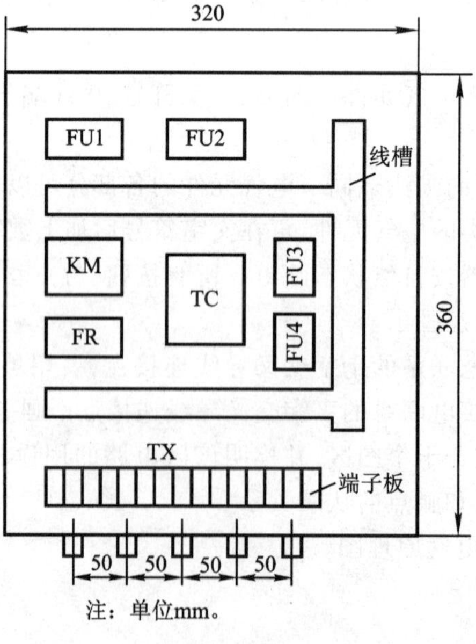

图 6-2　电器布置图

四、电气接线图

电气接线图主要用于安装接线、线路检查、线路维修和故障处理。绘制接线图的原则是：

① 应将各电气元件的组成部分画在一起，布置尽量符合电器的实际情况。

② 各电器的图形符号、文字符号及接线端子标记均与电气原理图一致。

③ 同一控制柜上的电气元件可直接相连，控制柜与外部器件相连，必须经过接线端子板，且互连线应注明规格，一般不表示实际走线。

图 6-3 所示为某机床的电气控制接线图。

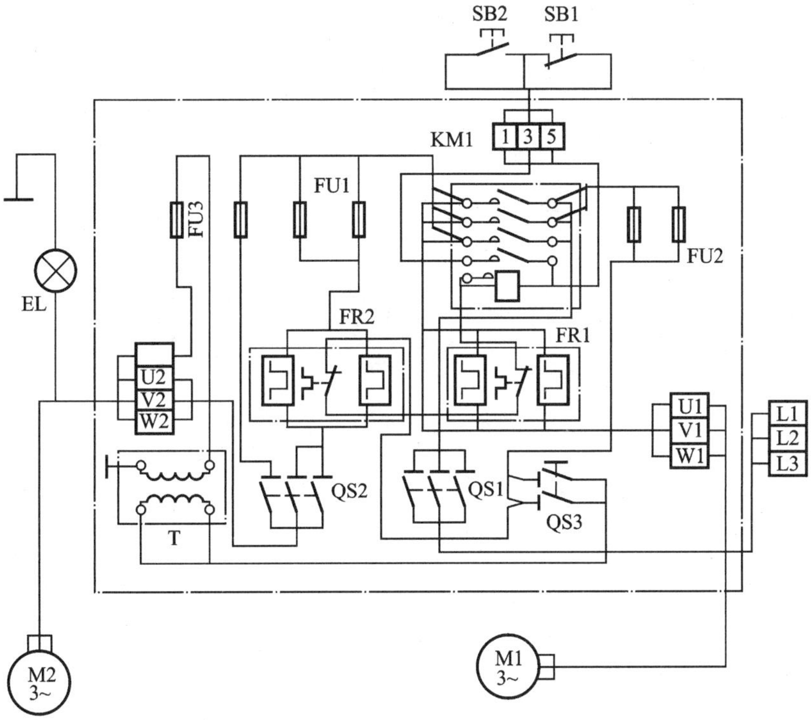

图 6-3　某机床的电气控制接线图

第二节　几种典型控制环节

[案例 1]　图 6-4 所示是一台 X53K 立式铣床，它是一种常用的加工设备，由底座、床身、悬梁、工作台、升降台等组成，其电源开关安装在图中所示床身 A 处，按钮分别位于床身和工作台前的 A、B 两处。当需要进行铣削加工时，必须先在 A 处合上总电源，而起动和停止可在 A、B 任意一处进行，即可在 A 处起动，A 或 B 处停止，也可在 B 处起动，A 或 B 处停止。它是一种典型的两地控制方式。

图 6-4　X53K 立式铣床

一、多地控制电路

在大型机床或生产设备上,为方便操作人员在不同位置均能进行操作,常要求多地控制。一般多地控制只需增加控制按钮即可。多地控制的原则:起动按钮并联,停止按钮串联。几个起动按钮或停止按钮分别装在不同的位置。

图 6-5 所示为最简单的两地控制电路,假设在位置 A 装有起动按钮 SB2、停止按钮 SB1,在 B 位置装有起动按钮 SB4、停止按钮 SB3,则在 A、B 两位置都能实现对电动机的起停。

二、顺序起停控制电路

(一) 电动机顺序起停控制电路

实际生产中,某一系统常有多台电动机,而某些电动机的起停要求按一定的顺序进行,如空调设备中,要求压缩机必须在风机之后起动;铣床上起动主电动机后才能起动进给电动机。总之,对几台电动机的起停要求一般有:正序起动,同时停止;正序起动,正序停止;正序起动,逆序停止。

图 6-6 所示为两台电动机的顺序起停控制电路。图(a)为主电路,图(b)为正序起动,同时

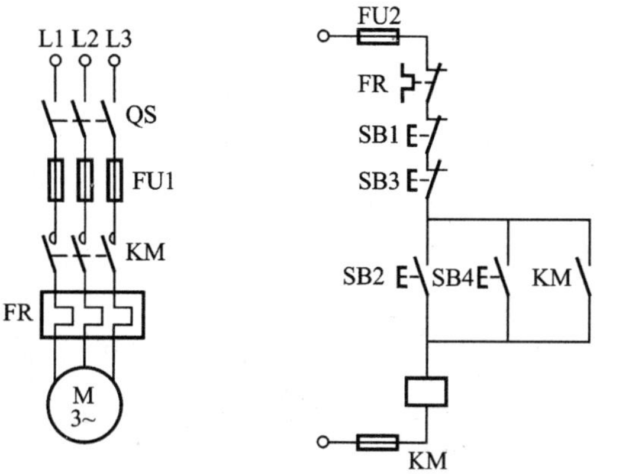

图 6-5　电动机两地控制电路

停止或单独停止 M2 的控制电路。图(c)为正序起动,逆序停止控制电路。

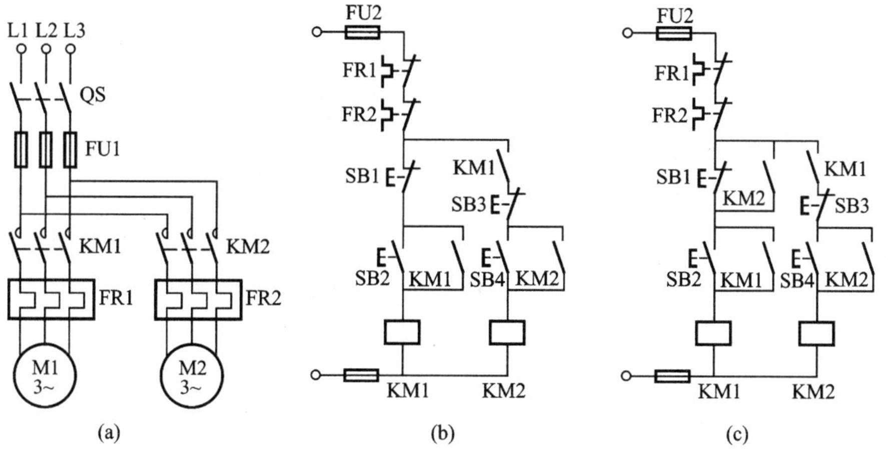

图 6-6　两台电动机的顺序起停控制电路

从几个电路图可归纳出实现顺序起动的方法是:将控制前一台电动机的接触器的辅助动合触点串联在控制后一台电动机的接触器线圈支路中。实现正序起动、逆序停止的方法是:将控制后一台电动机的接触器辅助动合触点与前一台电动机的停止按钮并联。

(二)顺序起停控制电路的安装与调试实践

1. 任务目的

① 掌握顺序运行控制电路的原理。

② 掌握顺序运行控制电路的安装与调试(硬线配线)。

2. 任务内容

有两台三相交流异步电动机(其中一台电动机:Y-100L1-4,2.2 kW,额电电压为 380 V,额定电流为 5A,Y 形联结,1 420 r/min,另一台电动机:Y90S-2,1.5 kW,380 V,3.4 A,Y 形联结,2 845 r/min),现需要对它们进行顺序运行控制,并安装与调试,如图 6-7 所示。

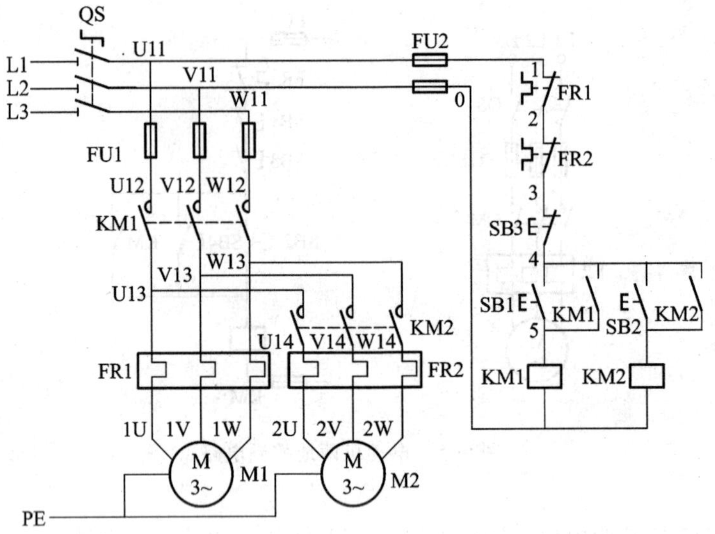

图 6-7　顺序运行控制电路

3. 工具、仪表、材料和电气元件

① 工具：测电笔、螺钉旋具、尖嘴钳、斜口钳、剥线钳、电工刀等。

② 仪表：MF47 型万用表、5050 型兆欧表、T301-A 型钳形电流表。

③ 器材：控制板 1 块(500 mm×600 mm×20mm)。行线槽：18mm×25mm 导线规格。主电路采用 BV 2.5 mm^2(黑色)塑铜线，控制电路采用 BV 1 mm^2 塑铜线(红色)，按钮控制电路采用 BVR 0.5 mm^2 塑铜线(红色)，接地线采用 BVR 1 mm^2 塑铜线 R(黄绿双色)。编码套管、螺钉、平垫圈型号和数量按需要而定。

④ 元件明细表见表 6-1。

表 6-1　元件明细表

序号	名称	型号与规格	单位	数量	备注
1	三相电动机 M1	Y112M-4,4 kW,380 V、Δ 形；或自定	台	1	
2	三相异步电动机 M2	Y90S-2,1.5 kW,380 V,3.4 A,Y 形联结 2 845 r/min	台	1	
3	组合开关	HZ10-25/3,三级,380 V,25 A	只	1	
4	熔断器 FU1	RL1-60/25,380 V,60 A,熔体配 25 A	套	3	
5	熔断器 FU2	RL1-15/2,380 V,15 A,熔体配 2 A	套	2	
6	接触器 KM1	CJ10-20,线圈电压 380 V,20 A	只	1	
7	接触器 KM2	CJ10-10,线圈电压 380 V,10A	只	1	
8	热继电器 FR1	JR16-20/3,三级,20 A,整定电流 8.8 A	只	1	
9	热继电器 FR2	JR16-20/3,三级,20 A,整定电流 3.4 A	只	1	
10	按钮 SB11、SB12 按钮 SB21、SB22	LA10-3H,保护式,按钮数 3	只	2	
11	端子排	JJX2-1015,380 V,10 A,15 节	条	1	端子排

4. 板前明线布线工艺

① 布线通道尽可能少,同路并行导线按主,控电路分类集中,单层密排,紧贴安装面布板。

② 同一平面的导线应高低一致或前后一致,不能交叉,非交叉不可时,该根导线应在接线端子引出时,就水平架空跨越,但必须注意走线合理。

③ 布线应横平竖直,分布均匀。变换走向时应垂直。

④ 布线时严禁损伤线芯和导线绝缘。

⑤ 布线顺序一般以接触器为中心,由里向外,由低至高,以先控制电路后主电路来进行,以不妨碍后续布线为原则。

⑥ 在每根剥去绝缘层导线的两端套长编码套管,所有从一个接线端子(或接线桩)到另一个接线端子(或接线桩)的导线必须连续,中间无接头。

⑦ 导线与接线端子或接线桩连接时,不得压绝缘层,不反圈及不露铜过长。

⑧ 同一元件,同一回路的不同连接点的导线间距离应保持一致。

⑨ 一个电气元件接线端子上的连接导线不得多于两根,每节接线端子板上的连接导线一般只允许连接一根。

5. 操作工艺

① 配齐所有的电气元件,并进行质量检验。电气元件应完好无损,各项技术指标符合规定要求,否则应予以更换。

② 在控制板上安装所有的电气元件,并贴上醒目的文字符号。安装时,组合开关,熔断器的受电端子应安装在控制板的外侧;元件排列要整齐、匀称、间距合理,且便于元件的更换;紧固电气元件时用力要均匀,紧固程度适当,做到既要使元件安装牢固,又不使其损坏。

③ 按图接线图进行板前明线布线和套编码套管。做到布线横线平竖直、整齐、分布均匀,紧贴安装面,走线合理;套编码套管要正确;严禁损伤线芯和导线绝缘;接点牢靠,不得松动,不得压绝缘层,不反圈及不露铜过长等。

④ 根据电路图检查控制板布线的正确性。

⑤ 安装电动机。

⑥ 可靠链接电动机和按钮金属外壳的保护的接地线。

⑦ 连接电源、电动机等控制板外部的导线。

⑧ 自检,交验合格后,通电试车。通电时,必须经指导教师同意后,由指导教师接通电源,并在现场进行监护。出现故障后,学生应独立进行检修。若需带电检查时,也必须有教师在现场监护。

⑨ 通电试车完毕后,转停,切断电源。先拆除三相电源线,再拆除电动机负载线。

其中注意事项如下。

① 通电试车前,应熟悉电路的操作顺序,即先合上电源开关 QS 然后按下 SB11 后,再按 SB21 实现顺序起动;按下 SB22 后,再按下 SB12 实现逆序停止。

② 通电试车,注意观察电动机,各电气元件及线路各部分工作是否正常。若发现异常情况,必须立即切断电源开关 QS,因为此时停止按钮 SB12 已失去作用。

③ 安装应在规定的定额时间内完成,同时要做到安全操作和文明生产。

三、间歇运行控制

某些生产机械上的电动机要求运行一段时间，停止一段时间，即间歇运行，如车床的润滑电动机。利用两个时间继电器可实现此控制功能，如图 6-8 所示。利用此方法，只需将 SA 换成故障信号接通的触点，KM 换成指示灯，即可用于故障报警时的灯光闪烁电路。

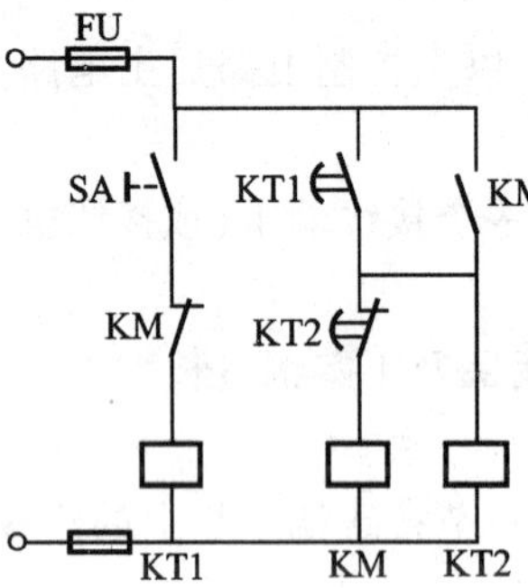

图 6-8　电动机间歇运行控制电路

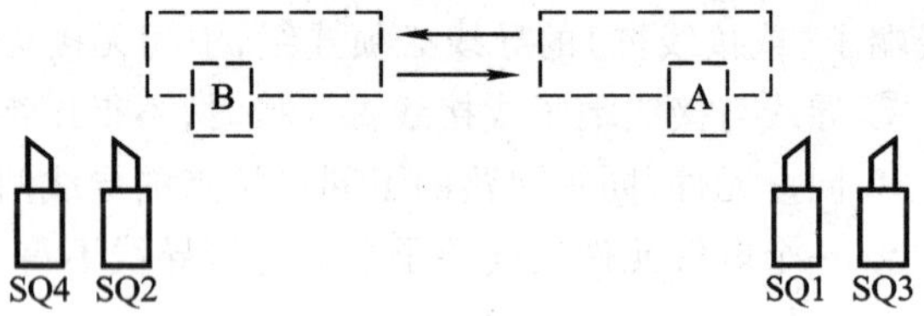

图 6-9　运动部件自动往返示意图

四、自动往返控制环节

生产机械的运动部件往往有行程限制，如起重机起升机构的上拉或下放物体必须在一定范围内，否则可能造成危险事故；磨床的工作台带动工件作自动往返，以便旋转的砂轮能对工件的不同位置进行磨削加工。为此常利用行程开关作为控制元件来控制电动机的正、反转。图6-9为电动机带动运动部件自动往返示意图。图中 SQ1、SQ2 为两端限位行程开关，撞块 A、B 固定在运动部件上，随着运动部件的移动，在两端分别压下行程开关 SQ1、SQ2，改变电路的通断状态，使电动机实现正、反转，从而进行往复运动。图中 SQ3、SQ4 分别为正、反向极限保护用行程开关。

图 6-10 所示为电动机自动往返的控制电路。电路工作原理如下：合上电源开关 QS，按下正

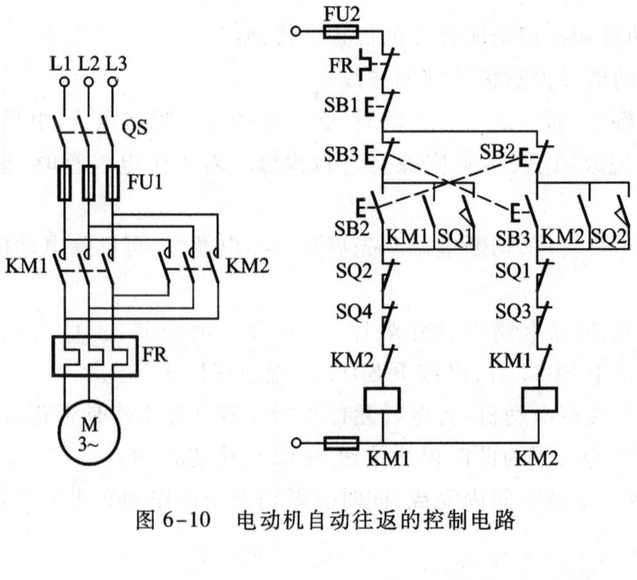

图 6-10　电动机自动往返的控制电路

转起动按钮 SB2→KM1 通电自锁,电动机正转,拖动运动部件向左运动(图 6-9 所示)→当部件运动到使其上的撞块 B 压下行程开关 SQ2 时,SQ2 动断触点断开,KM1 失电释放,SQ2 动合触点闭合,使 KM2 得电自锁,电动机正转变为反转,拖动运动部件朝右运动→当撞块 A 压下行程开关 SQ1 时,电动机又由反转变正转。如此周而复始,运动部件即在受限制的行程范围内进行往返运动。当按下停止按钮时,电动机失电,运动部件停止运动。当 SQ1 或 SQ2 失灵时,由极限保护行程开关 SQ3、SQ4 动作,实现终端位置的限位保护。此电路具有采用接触器动断触点实现的电气互锁和用按钮实现的机械互锁,同时当电动机功率较小时,在运动过程中可利用按钮实现直接反向。

第三节 三相笼型异步电动机直接起动控制电路

[案例 2] 在工厂、生活中有很多功率较小的异步电动机,如小型台钻、冷却泵、手电钻等的电动机,由于它们功率较小、拖动的负载较小,一般允许直接起动。对于有些电动机直接起动为方便采用开关手动控制,而某些如机床上的电动机一般由控制电路实现起动。

电动机从静态接通电源后逐渐加速到稳定运行状态的过程称为电动机的起动。

电动机的起动分为直接起动和降压起动两种。直接起动是指起动时加在电动机定子绕组上的线电压为额定电压。直接起动的线路简单,安装维护方便。当电动机容量较小时,应优先采用直接起动。一般规定,在现代电网容量较大的情况下,电动机功率在 10 kW 以下者,允许直接起动;超过 10 kW 者,电动机应采用降压起动。直接起动电路具有手动和自动两种控制方式。

一、手动控制的三相异步电动机直接起动

手动直接起动可通过操纵刀开关、转换开关、组合开关或断路器等手动电器来实现电动机电源的接通与断开,图 6-11 所示为电动机起动、运行的几种手动控制方式。这几种起动电路只有主起动电路,没有控制电路,所以无法实现自动控制。

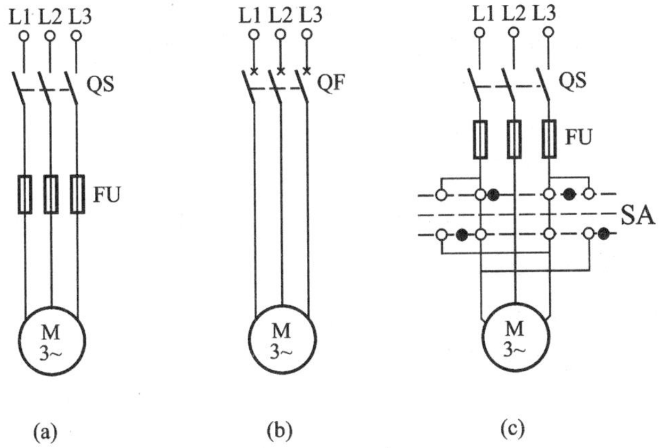

图 6-11 电动机直接起动控制的电路

图 6-11(a)所示为刀开关控制电动机起停电路。若为胶盖闸刀开关,由于其断流能力低,所控制的电动机功率不能超过 5.5 kW。若采用铁壳开关控制,由于其灭弧能力较强、动作迅速,因此可用于控制 28 kW 以下的电动机的直接起动。

图 6-11(b)所示为断路器控制电动机起停电路。断路器除具有手动操作功能外,在电路出现故障时还能通过脱扣器实现自动保护功能。可通过合理选用带脱扣器的断路器以实现对电动机的各种保护,如用带过电流脱扣器和热脱扣器的断路器除能实现手动接通和断开电路外,还能对电路进行短路和过载保护。

图 6-11(c)所示为组合开关控制电动机正、反转电路。组合开关由于无灭弧机构,因此电动机的功率也不能超过 5.5 kW,且正、反向转换时速度不能太快,以免引起过大的反接制动电流,影响电器的使用寿命。

用刀开关控制电动机的起动时,不能用热继电器对电动机实现过载保护,只能采用熔断器实现短路保护,且电路无失压与欠压保护,对电动机的保护性能较差。同时,由于直接对主电路进行操作,安全性能也较差,操作频率低,只适合电动机容量较小,起动、换向不频繁的场合。

二、接触器控制的直接起动控制电路

接触器是一种自动控制电器,电流通断能力大,操作频率高且可实现远距离控制。接触器和按钮组成的控制电路是目前广泛采用的电动机控制方式。

(一) 电动机单向连续运行直接起动控制电路

图 6-12 所示为接触器控制的电动机单向起动控制电气原理图。电路图分为主电路和控制电路两部分。主电路由接触器的主触点接通或断开三相交流电源,它所流过的电流为电动机的电流;控制电路由按钮和接触器辅助触点等组成,用来控制接触器线圈的通电和断电,所流过的电流较小,实现对主电路的控制。

起动过程如下:合上电源开关 QS→按下按钮 SB2→KM 线圈通电,执行机构动作→KM 主触点闭合,电动机得电起动、运行,KM 辅助动合触点闭合自锁,当按钮松开后,KM 线圈继续得电。

停止过程:按下 SB1→KM 线圈失电,主触点断开,电动机失电;KM 辅助动合触点断开,切断自锁回路。

图 6-12 中,使线圈得电电动机起动的按钮 SB2 称为起动按钮;使线圈断电,电动机失电、停止的按钮 SB1 称为停止按钮。如图中接触器所示,通过自身辅助动合触点保证线圈继续通电的电路称为自锁电路,起自锁作用的辅助动合触点称为自锁触点。

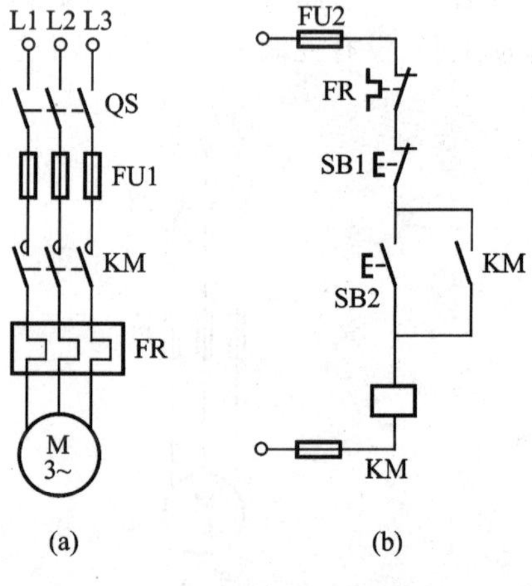

图 6-12　接触器控制的电动机单向起动控制电气原理图

电路所具有的保护环节:

(1) 短路保护

主电路和控制电路分别由熔断器 FU1 和 FU2 实现短路保护。当控制电路和主电路出现短路故障时，能迅速有效地断开电源，实现对电器和电动机的保护。

（2）过载保护

由热继电器 FR 实现对电动机的过载保护。当电动机出现过载且超过规定时间时，热继电器双金属片过热变形，推动导板，经过传动机构，使辅助动断触点断开，从而使接触器线圈失电，电动机停转，实现过载保护。

（3）欠压保护

当电源电压由于某种原因而下降时，电动机的转矩将显著下降，将使电动机无法正常运转，甚至引起电动机堵转而烧毁。采用具有自锁的控制线路可避免出现这种事故。因为当电源电压低于接触器线圈额定电压的 75% 左右时，接触器就会释放，自锁触点断开，同时主触点也断开，使电动机断电，起到保护作用。

（4）失压保护

电动机正常运转时，电源可能停电，当恢复供电时，如果电动机自行起动，很容易造成设备和人身事故。采用带自锁的控制线路后，断电时由于自锁触点已经打开，当恢复供电时，电动机不能自行起动，从而避免了事故的发生。

欠压和失压保护作用是按钮、接触器控制连续运行的控制线路的一个重要特点。

（二）电动机点动与连续运行控制电路

电气设备工作时常常需要进行点动调整，如车刀与工件位置的调整，因此需要用点动控制电路来完成。点动控制是指按下按钮时，电动机通电起动、运行，松开按钮电动机就断电、停止。

图 6-13 所示是几种常用的可点动控制的电路。

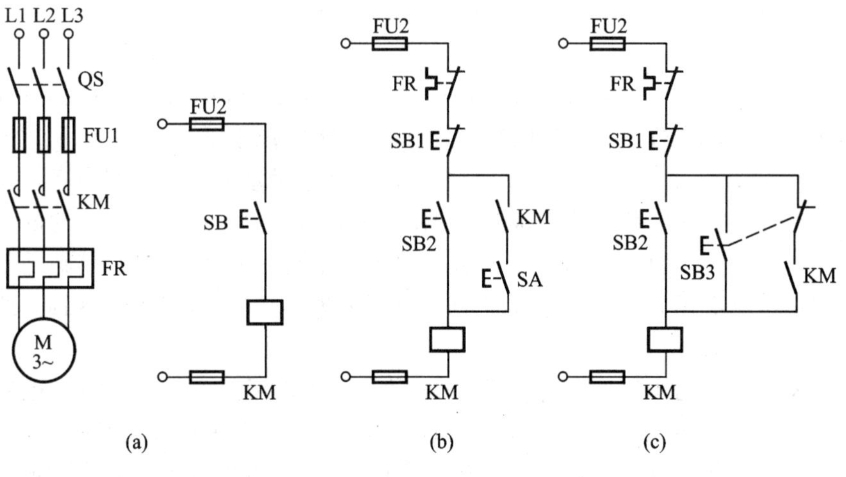

图 6-13　点动与连续控制电路

当采用图 6-13(a)所示控制电路时，由于电动机只有点动控制，运行时间较短，主电路不需要接热继电器。图(b)、图(c)电路既有点动控制又有连续控制。图(b)中，将转换开关 SA 接通时，自锁电路有效，电路为连续控制；SA 断开时，自锁电路被断开，电路为点动控制。图(c)中，SB2 为连续控制的起动按钮，SB3 为点动控制的按钮。按下 SB3 时，其动断触点断开，切断了自锁回路；然后动合触点接通，使 KM 线圈通电。松开 SB3 时，动合触点先断开，KM 线圈断电后，SB3 的动断触点才接通。

(三) 电动机正、反向连续运行直接起动控制电路

生产机械的运动部件往往要求实现正、反两个方向的运动，这就要求拖动电动机能正、反向旋转。从电动机原理可知，改变电动机三相电源的相序即可改变电动机的旋转方向。而改变三相电源的相序只需任意调换电源的两根进线。

图 6-14 所示为接触器控制的电动机可逆运行控制电路。

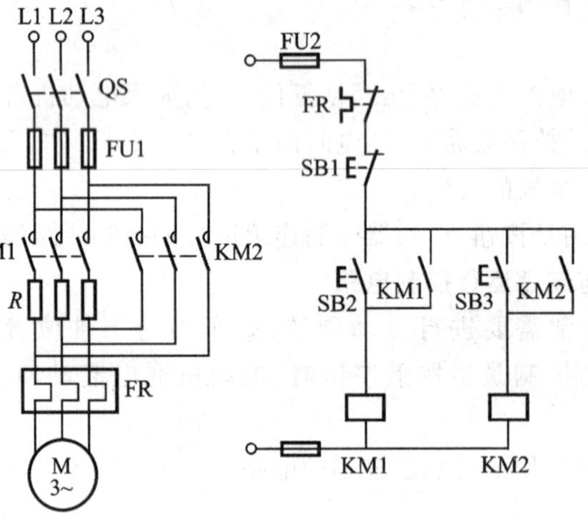

图 6-14　接触器控制的电动机可逆运行控制电路

从图中分析可知，当正、反向起动按钮同时按下时，接触器 KM1、KM2 将同时得电，造成主电路相间短路。因此，该电路由于可靠性很差，实际中一般不采用。

如图 6-15(a)所示，将 KM1、KM2 正、反转接触器的辅助动断触点互相串联接在对方线圈电路中，形成相互制约的关系，使 KM1、KM2 的线圈不能同时得电。这种相互制约的关系称为互锁控制。这种由接触器(或继电器)辅助动断触点构成的互锁称为电气互锁，其辅助动断触点称为互锁触点。但此电路必须先按下停止按钮 SB1，然后才能进行反向的操作。因此，此电路只能构成正-停-反的操作顺序。

当要求电动机直接由正转变反转或反转变正转时，可采用图 6-15(b)所示电路。它是在图(a)的基础上将正转起动按钮和反转起动按钮的动断触点串联在对方电路中，构成相互制约的关系。这种方式称为机械互锁。这种电路既有机械互锁，又有电气互锁，可实现正-停-反的控制，也可实现正-反-停的控制。但是这种直接正、反转控制电路仅适用于小容量电动机且正、反向转换不频繁、拖动的机械装置惯量较小的场合。

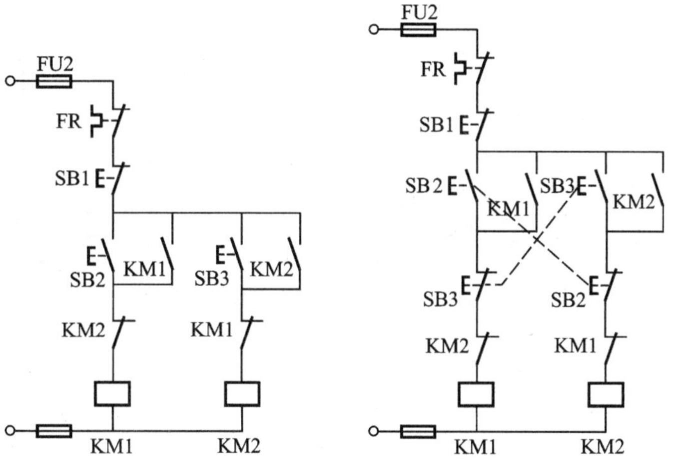

(a)　　　　　　　　　　(b)

图 6-15　具有互锁的电动机可逆运行控制电路

(四) 接触器联锁正、反转控制电路的安装与调试

1. 任务目的

① 掌握接触器联锁的正、反转控制电路的工作原理。

② 掌握接触器联锁的正、反转控制电路的安装与调试(硬线配线)。

2. 任务内容

有一台三相交流异步电动机(Y100L2-4,3 kW,额定电流 6.8 A,额定电压 380 V,Y 形联结,转速 1 420 r/min),现需要对它进行点动正转控制,并进行安装与调试,如图 6-16 所示。

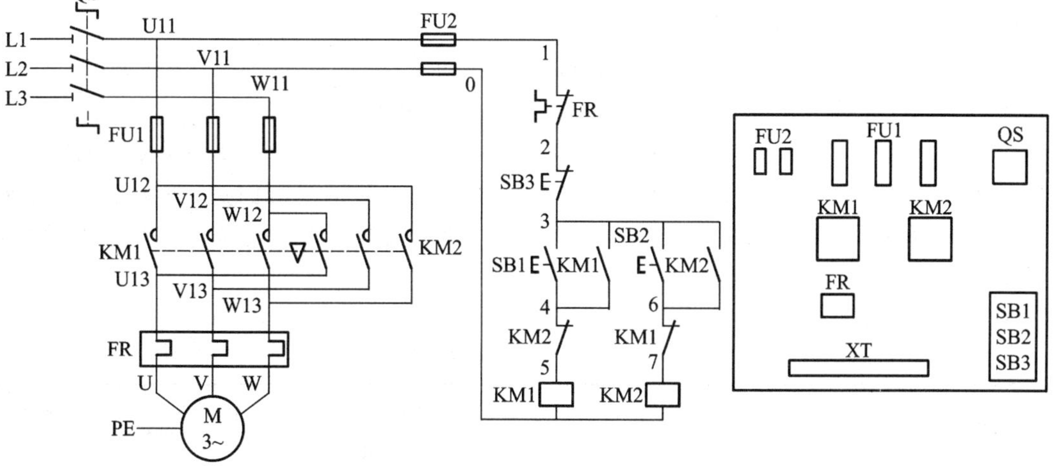

(a) 电路图　　　　　　　　　　(b) 布置图

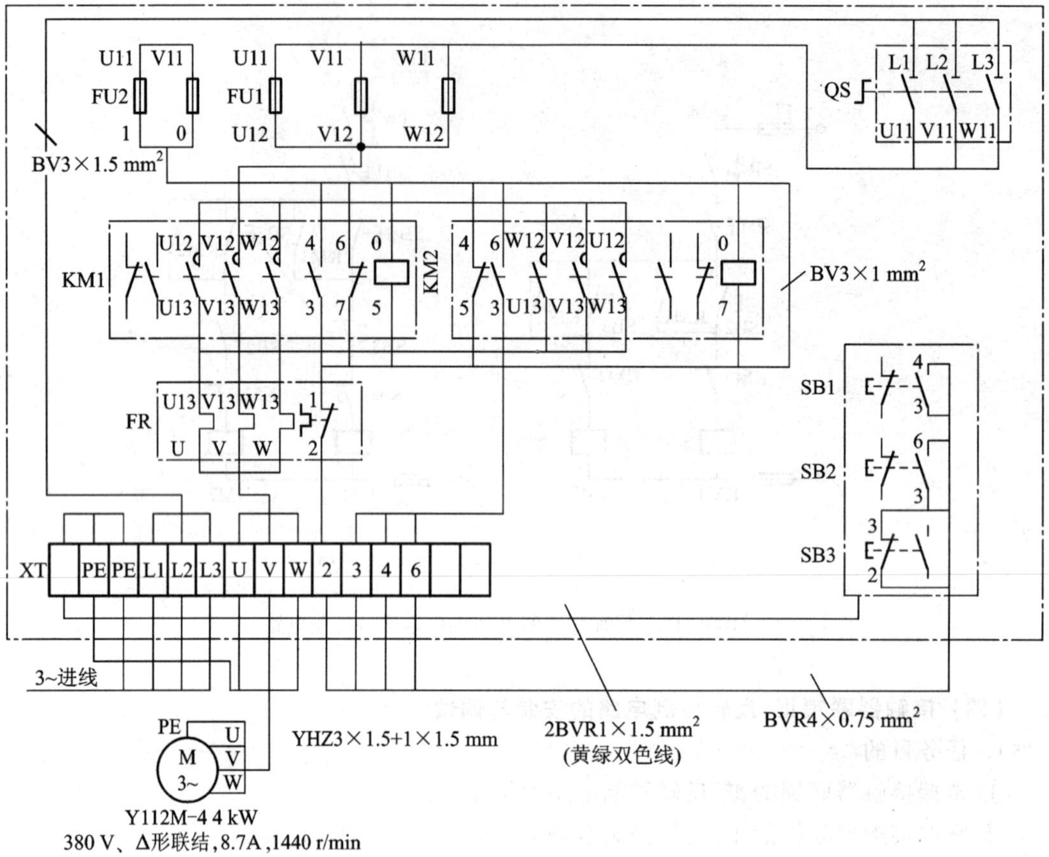

(c) 接线图

图 6-16　接触器联锁的正、反转控制线路

3. 工具、仪表、材料和电器元件

① 工具：测电表、螺钉旋具、尖嘴钳、斜口钳、剥线钳、电工刀等。

② 仪表：MF47 型万用表、5050 型兆欧表、T301-A 型钳形电流表。

③ 器材：控制板 1 块（500 mm×600 mm×20 mm）。行线槽：18 mm×25 mm 导线规格。主电路采用 BV 2.5 mm^2（黑色）塑铜线，控制电路采用 BV1 mm^2 塑铜线（红色），按钮控制电路采用 BVR0.5 mm^2 塑铜线（红色），接地线采用 BVR1 mm^2 塑铜线 R（黄绿双色）。编码套管、螺钉、平垫圈型号和数量按需要而定。

④ 元件明细表见表 6-2。

表 6-2　元件明细表

序号	名称	型号与规格	单位	数量
1	三相电动机	Y100L2-4，3 kW，额定电流 6.8 A，额定电压 380 V，Y 形联结，转速1 420 r/min	台	1

续表

序号	名称	型号与规格	单位	数量
2	组合开关	HZ10-25/3	个	1
3	熔断器 FU1	RL1-15/15A	套	3
4	熔断器 FU2	RL1-15/2A	套	2
5	热继电器 FR	JR16-20,整定电流 5～7 A	只	
6	接触器 KM1、KM2	CJ10-20,线圈电压 380 V（CJX2、B 系列等自定）	只	2
7	按钮 SB1～SB3	LA10-3H,保护式、按钮数 3	只	1
8	端子排	JJX2-1015,380 V,10 A,15 节	条	1

4. 板前明线布线工艺

板前明线布线工艺见本章第二节。

5. 操作工艺

操作工艺见本章第二节。

注意事项如下：

① 螺旋式熔断器的连接要正确,以确保用电的安全。

② 接触器联锁触头接线必须正确,否则将会造成主电路中的两相电源短路事故。

③ 通电试车时,应先合上 QS,再按下 SB1(或 SB2)及 SB3,看控制是否正常,并在按下 SB1 后再按下 SB2,观察有无联锁作用。

④ 操作应在规定的定额时间内完成,同时要做到安全操作和文明生产。

第四节　三相笼型异步电动机降压起动控制电路

[案例 3] 某企业风机系统的鼓风机功率为 50 kW,且该企业鼓风机较多,为限制电流,所有鼓风机都采用星-三角降压起动。由于电流较大,不适合采用手动开关进行星-三角转换,而采用接触器、继电器等按时间原则进行的自动起动控制。控制 M7475B 型磨床的主电动机功率为25 kW,由于砂轮一般是空载起动,所以也采用由控制电路实现的星-三角降压起动控制。

降压起动是指将电源电压适当降低后,再加到定子绕组上进行起动,当电动机转速上升后,再将电压恢复至额定值。降压起动的起动电流一般为额定电流的 2～4 倍。有时为了减小和限制起动时对机械设备的冲击,即使能进行直接起动的电动机,也改用降低电压的起动方法。从降压至全压的控制可由手动开关实现,也可由时间继电器或速度继电器自动实现。如何简单、有效地实现三相笼型异步电动机降压起动的控制是本节要解决的问题。

三相笼型异步电动机的降压起动方法有定子回路串电阻或串电抗器起动、星-三角降压起动、自耦变压器降压起动、延边三角形降压起动等。

一、定子绕组串电阻降压起动控制电路

（一）手动切除电阻控制电路

图 6-17 所示为按钮控制的手动切换电路。图中 R 为起动电阻，SB2 为起动按钮，SB3 为结束起动切换至全压的按钮。控制过程如下：合上电源开关 QS，按下起动按钮 SB2，KM1 线圈通电自锁，电动机定子回路串电阻进行降压起动。当电动机转速上升至一定值时，按下 SB3，KM2 通电自锁，KM2 主触点闭合短接电阻 R，电动机进入全压运行。

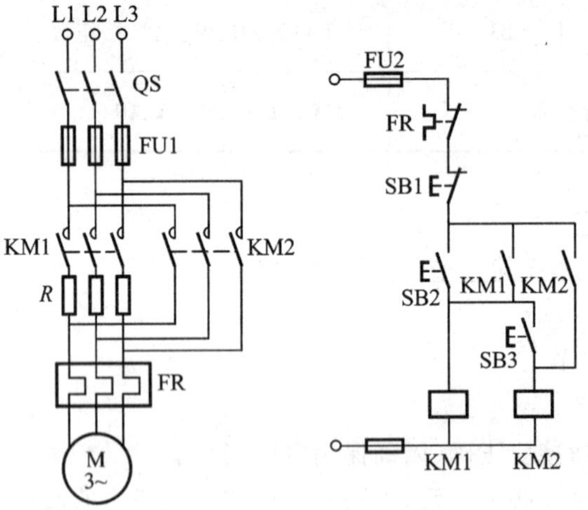

图 6-17　手动切除电阻的控制电路

该电路从起动到全压运行都是由操作人员掌握，很不方便。且若由于某种原因导致 KM2 不能动作时，电阻不能被短接，电动机将长期在低电压下运行，严重时将烧毁电动机。因此，应对此电路进行改进，如加互锁或信号电路。

（二）自动切除电阻的控制电路

电气控制电路中需要自动实现电路的切换时常使用时间继电器，此种控制称为时间控制原则。图 6-18 是使用时间继电器实现从降压至全压自动切换的控制电路，且时间可调。但图 6-18(b)所示电路在电动机运行时，接触器 KM1、KM2 和时间继电器 KT 线圈都通电，消耗功率。为了避免这一缺点，可改进为图(c)所示电路。电路的控制过程如下：合上电源开关 QS、按下起动按钮 SB2→KM1、KT 线圈同时通电 KT 辅助触点自锁→KM1 主触点接通电源，电动机串电阻起动→时间继电器 KT 延时结束→KT 动合触点延时闭合→接触器 KM2 线圈通电→KM2 辅助动合触点闭合自锁，辅助动断触点断开使 KM1 线圈断电，继而 KT 线圈断电。KM2 主触点闭合，切除起动电阻 R，电动机转入全压运行。

该电路在正常运行时只保留 KM2 通电，使电路可靠性增加，能量损耗减少，显然比图(b)要合理。

电路中时间继电器的延时时间根据电动机起动时间的长短进行调整。由于起动时间的长短

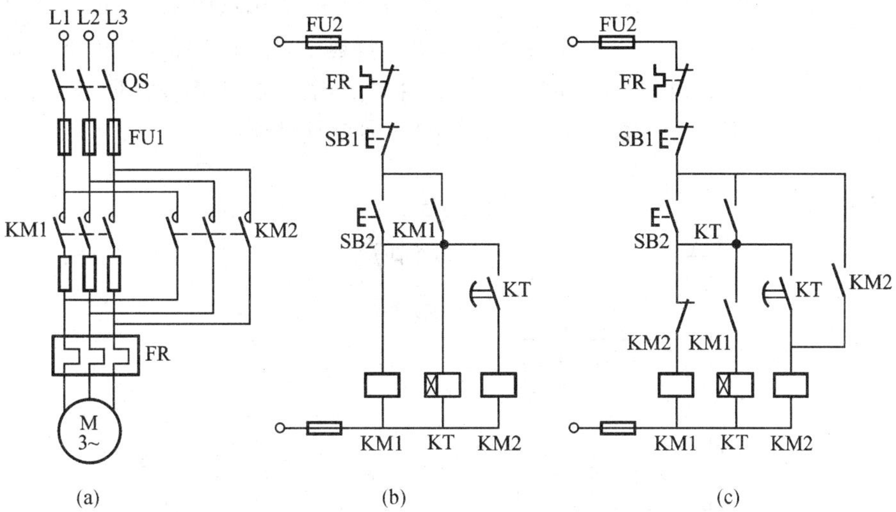

图 6-18　时间继电器控制的串电阻降压起动控制电路

与负载大小有关，负载越大，起动时间越长。对负载经常变化的电动机，若对起动时间控制要求较高时，需要经常调整时间继电器的整定值，就显得很不方便。

二、自耦变压器降压起动控制电路

自耦变压器降压起动是指电动机起动时，利用自耦变压器来降低加在电动机定子绕组上的起动电压。当电动机起动，转速上升到接近一定值时，短接自耦变压器，电动机进入全压运行。采用自耦变压器降压起动时，由于用于电动机降压起动的自耦变压器通常有三个不同的中间抽头（匝数比一般为 65%、73%、85%），使用不同的中间抽头，可以获得不同的限流效果和起动转矩等级，因此，有较大的选择余地。常用于大容量的电动机。

自耦变压器起动可分为手动控制和自动控制两种。

（一）手动控制

1. 采用刀开关控制的自耦变压器降压起动

手动控制可以采用专用的起动器，如 QJ10 系列手动自耦降压起动器控制 10 ~ 75 kW 以内的电动机。也可以采用三极双投开关来实现小容量电动机的控制，如图 6-19 所示。起动时，合上开关 QS1，将开关 QS2 扳至“起动”位置，使电源加至自耦变压器一次绕组上，而电动机的定子绕组与自耦变压器的抽头连接，电动机进入降压起动阶段。电动机转速升至一定值时，将 QS2 迅速扳至“运行”位置，使电动机直接与电源相接，进入全压运行。

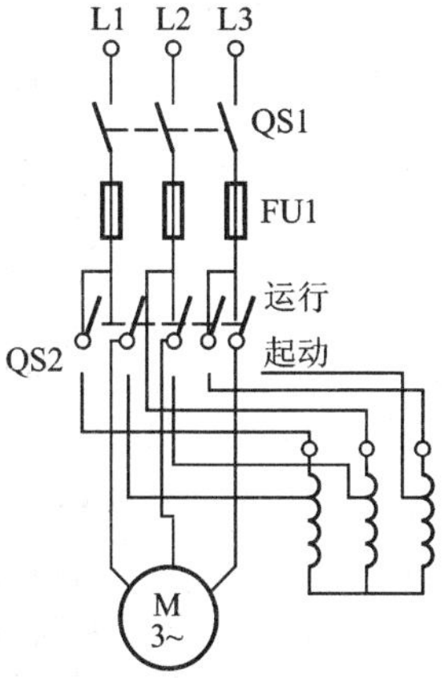

图 6-19　刀开关实现电动机自耦变压器降压起动

2. 按钮接触器控制的自耦变压器降压起动控制电路

图 6-20 所示是用按钮接触器控制的自耦变压器降压起动切电路。该电路控制过程如下：

合上 QS，按下起动按钮 SB2→KM1、KM2 线圈通电，KM2 自锁触点闭合自锁。主电路中 KM1、KM2 主触点闭合，电动机接入自耦变压器降压起动→转速上升至一定值时，按下按钮 SB3→KA 得电，辅助动断触点断开，KM1 断电；KM1 辅助动合触点断开，使 KM2 断电。KM1 辅助动断触点闭合，与已经闭合的 KA 辅助动合触点一起使 KM3 通电且自锁。

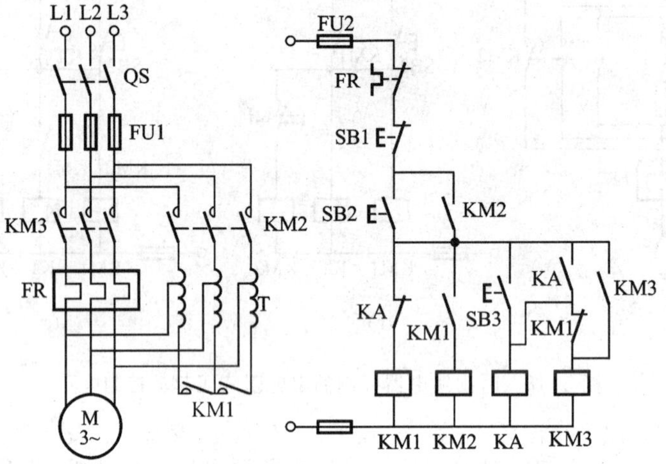

图 6-20　按钮接触器控制的自耦变压器降压起动电路

该电路的优点是：起动时若误按 SB3，KM3 线圈不会通电，避免了由于误操作造成直接起动的情况。起动完毕后，接触器 KM1、KM2 线圈均断电，即使 KM3 出现故障无法使电动机全压运行，也不会使电动机长期运行在低压下。

（二）自动控制

图 6-21 所示是按时间原则控制的自耦变压器降压起动控制电路。其控制过程如下：合上开关 QS，按下起动按钮 SB2→KM1、KT 线圈通电，KM1 自锁触点闭合；主电路中 KM1 主触点闭

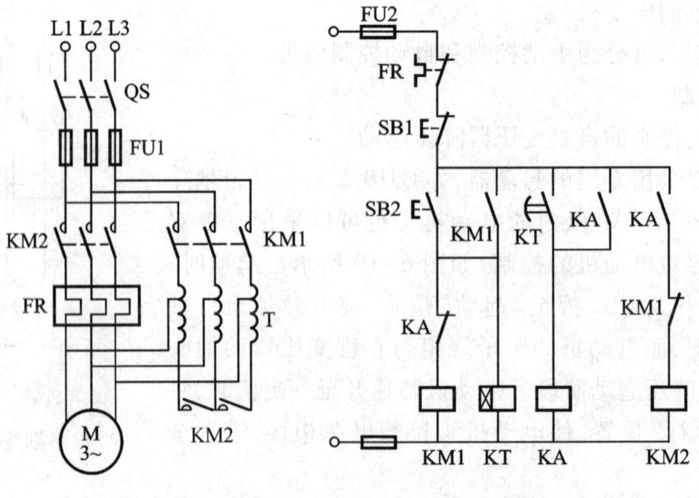

图 6-21　按时间原则控制的自耦变压器降压起动控制电路

合，电动机接入自耦变压器降压起动→电动机转速上升到一点值后，此时时间继电器 KT 结束延时→KT 动合触点延时闭合，KA 通电自锁→KA 辅助动断触点断开，KM1 断电，电动机失电→KA 辅助动合触点闭合，经已经复位的 KM1 辅助动断触点使 KM2 通电。主回路中 KM2 辅助动断触点首先断开，然后 KM2 主触点闭合，电动机进入全压运行。

三、星形-三角形降压起动控制电路

凡是正常运行时定子绕组接成三角形联结的三相笼型感应电动机，都可采用星形-三角形降压起动。起动时，定子绕组先接成星形，由于每相绕组的电压下降为正常工作电压的 $1/\sqrt{3}$，故起动电流下降为全压起动的 1/3。当转速接近一定值时，电动机定子绕组改接成三角形，进入正常运行。此种降压起动方式简便、经济，可用于操作较频繁的场合，但其起动转矩只有全压起动时的 1/3。

（一）手动控制电路

手动控制可以采用专用的星-三角起动器，常用的有 QX1、QX2 两个系列，是一种触点数量较多的手动电器。起动时，将手柄扳至“Y”位置，起动结束后，将手柄扳至“D”位置。如要停止，将手柄扳至“0”位置。手动星-三角起动器不带任何保护，所以要与其他保护电器配合使用。

采用按钮控制的手动星-三角降压起动控制电路如图 6-22 所示。

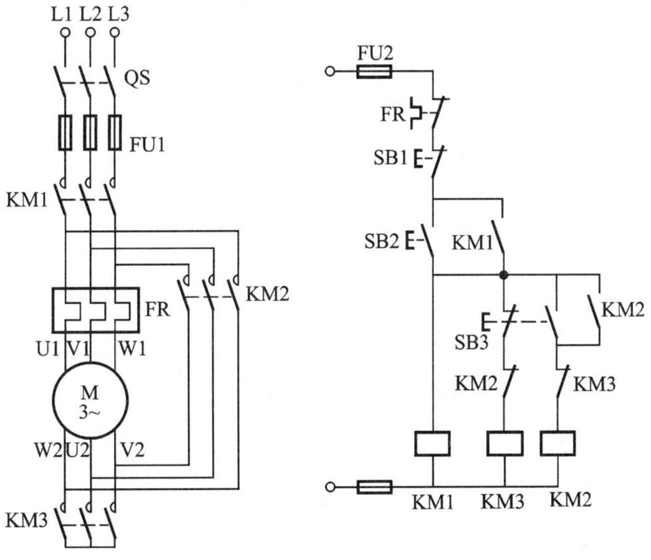

图 6-22 采用按钮控制的手动星-三角降压起动控制电路

其控制过程为：按下起动按钮 SB2→KM1、KM3 线圈同时通电→KM1 辅助触点自锁，KM1 主触点接通电源；KM3 主触点将电动机三相绕组尾端短接，电动机星形起动→电动机转速上升至一定值时，按下 SB3→KM3 线圈断电→KM3 主触点断开；KM3 辅助动断触点闭合，为 KM2 线圈通电做好准备→SB3 按钮动合触点闭合，KM2 线圈通电自锁→KM2 主触点闭合，电动机三角形联结运行；KM2 辅助动断触点断开，使 KM3 线圈不能通电。

此电路采用按钮手动控制星-三角的切换,同样存在操作不方便,切换时间不易掌握的缺点,可采用时间继电器控制的自动星-三角降压起动控制。

(二)自动星-三角降压起动控制电路

图6-23所示为使用三个接触器和一个时间继电器的按时间原则控制的电动机星-三角降压起动控制电路。它是产品QX3-13型星-三角降压起动器的电气控制电路。

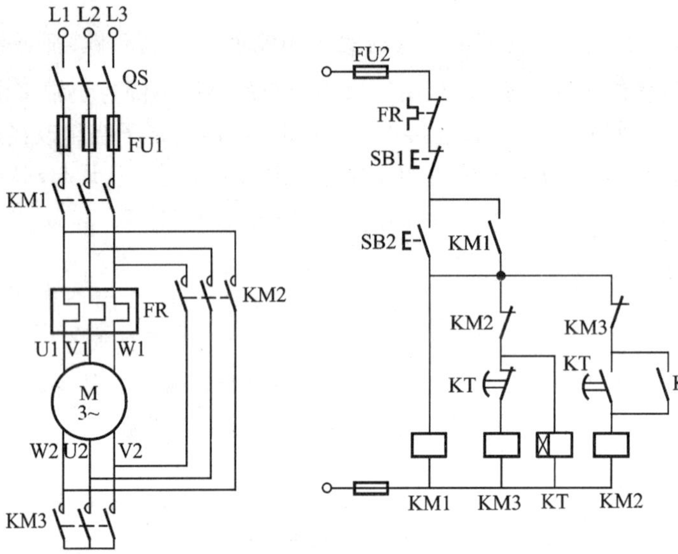

图6-23　自动星-三角降压起动控制电路

电路的控制过程如下:合上开关QS,接通电源,按下起动按钮SB2→KM1、KM3、KT线圈同时通电→KM1辅助动合触点闭合自锁;KM1、KM3主触点闭合,电动机接成星形起动,电动机转速上升至一定值时,时间继电器延时结束→KT延时动断触点断开,KM3断电,电动机断开星形联结;KM3辅助动断触点闭合,为KM2通电作好准备→KT延时动合触点闭合,KM2线圈通电自锁,电动机接成三角形运行。同时KM2的辅助动断触点断开,使KM3和KT线圈都断电。

以上三个接触器控制的电路适合控制功率为13 kW以上的电动机,对13 kW以下的电动机的控制可以采用两个接触器实现,此时主回路中KM3主触点其中一对直接用导线接通,另外两对用KM2的辅助动断触点代替。在实现控制时,必须注意:由于辅助触点允许断开的电流较小,因此,从星形切换至三角形时,必须让KM1主触点断开,使电动机断开电源后,才能使KM2通电,主触点闭合,电动机接成三角形。最后再由KM1通电,使电动机再次接通电源。

电动机采用星-三角降压起动的电路简单、成本低。但由于起动时起动电流降低为直接起动电流的三分之一,起动转矩也降为直接起动转矩的三分之一,因此,这种方法仅仅适合于电动机轻载或空载起动的场合。

(三)星-三角降压起动控制电路安装和调试实践

1. 任务目的

① 掌握星-三角降压起动控制电路的工作原理。

② 掌握星-三角降压起动控制电路的安装和调试(软线配线)。

2. 任务内容

有一台三相交流异步电动机（Y-132M-4，7.5 kW，额定电压 380 V，额定电流 15.4 A，Δ 形联结，1 440 r/min），现需要对他进行星-三角降压起动控制，并安装与调试，如图 6-24 所示。

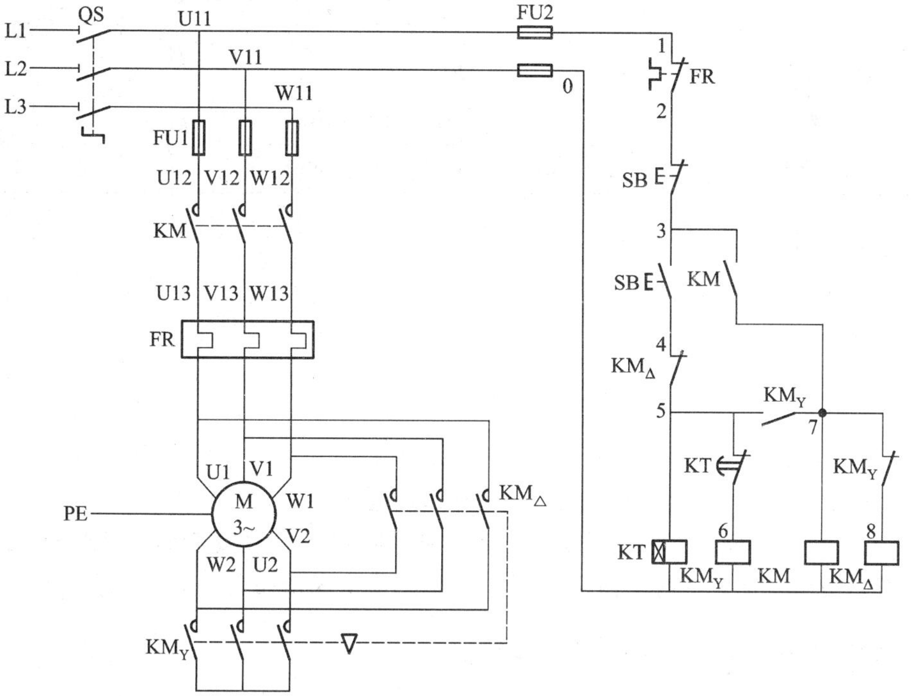

图 6-24　星-三角降压起动控制电路

3. 工具、仪表、材料和电气元件

① 工具：测电表、螺钉旋具、尖嘴钳、斜口钳、剥线钳、电工刀等。

② 仪表：MF47 型万用表、5050 型兆欧表、T301-A 型钳形电流表。

③ 器材：控制板 1 块（500 mm×600 mm×20 mm）；行线槽：18 mm×25 mm 导线规格。主电路采用 BV 2.5 mm^2（黑色）塑铜线，控制电路采用 BV 1 mm^2 塑铜线（红色），按钮控制电路采用 BVR 0.5mm^2 塑铜线（红色），接地线采用 BVR1 mm^2 塑铜线 R（黄绿双色）。编码套管、螺钉、冷压端子平垫圈型号和数量按需要而定。

④ 元件明细表见表 6-3。

表 6-3　元件明细表

序号	名称	型号与规格	单位	数量	备注
1	三相电动机	Y-132M-4，7.5 kW，额定电压 380 V，额定电流 15.4 A，Δ 形联结，1 440 r/min 或自定	台	1	
2	组合开关	HZ10-25/3	个	1	
3	交流接触器	CJ10-20，线圈电压 380 V	只	3	
4	热继电器	JR16-20/3，整定电流 10 ~ 16 A	只	1	

续表

序号	名称	型号与规格	单位	数量	备注
5	时间继电器	JS7-2 A,线圈电压 380 V	只	1	
6	熔断器及熔芯配套	RL1-60/25	套	3	
7	熔断器及熔芯配套	RL1-15/2	套	2	
8	三联按钮	LA10-3H 或 LA4-3H	个	2	
9	接线端子排	JX2-1015,500 V,10 A,15 节或配套自定	条	1	

4. 板前线槽布线工艺

板前线槽布线工艺见本章第二节。

5. 操作工艺

操作工艺见本章第二节。

注意事项如下:

① 螺旋式熔断器的接线要正确,以确保用电的安全。

② 接触器联锁触头接线必须正确,以确保用电的安全。

③ 通电试车时,应先合上 QS,再按下 SB2 看控制是否正常,在按下 SB1 后观察有无制动。

④ 操作应在规定的定额时间内完成,同时要做到安全操作和文明生产。

四、延边三角形降压起动控制电路

三相笼型异步电动机星-三角降压起动时虽然不用增加起动设备,起动方式相对简单,但其起动转矩却只有额定电压起动时的 1/3,因此一般只适用于空载或轻载起动。而采用延边三角形起动时,每相绕组承受的电压比三角形联结时低,又比星形联结时高,介于两者之间,这样既不增加起动用专用设备,既可实现降压起动,又可提高起动转矩。但采用该方法起动的电机制造复杂,造价高。

延边三角形起动即是在电动机起动过程中将绕组接成延边三角形,起动结束后,将绕组换接成三角形进入全压运行状态。

图 6-25 为延边三角形接线原理图。KM3 为延边三角形联结接触器,KM1 为线路接触器,KM2 为三角形联结接触器图。图 6-26 所示为延边三角形降压起动控制电路。电动机起动过程如下:合上电源开关 QS,按下起动按钮 SB2→KM1、KM3、KT 线圈同时通电,KM1 自锁触点闭合。主电路中 KM1、KM3 主触点闭合使电动机连接成延边三角形降压起动→当电动机转速达到一定值时,时间继电器 KT 动作→KT 延时辅助动断触点断开使 KM3 线圈断电释放;延时辅助动合触点接通使 KM2 线圈通电自锁,电动机连接成三角形正常运转。KM2 动作后通过辅助动断触点切断 KM3 和 KT 线圈支路。

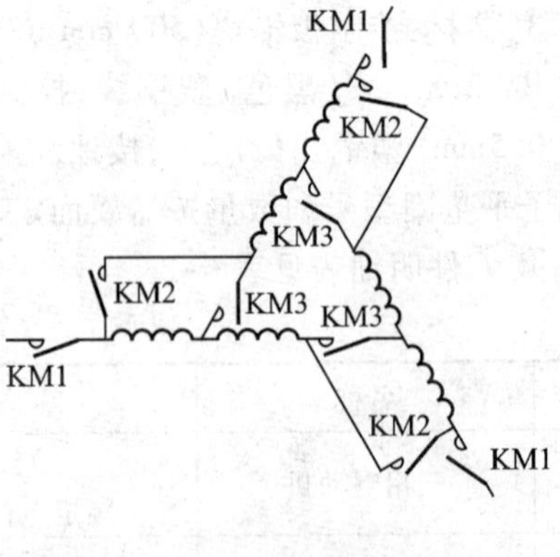

图 6-25 延边三角形接线原理图

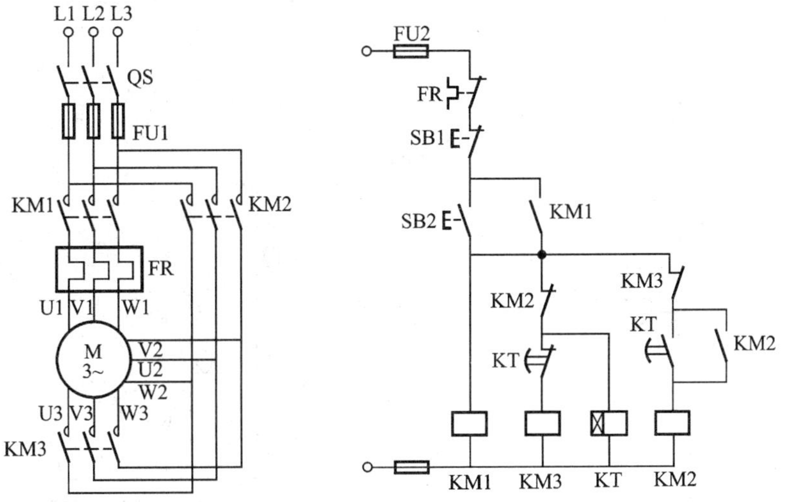

图 6-26　延边三角形降压起动控制电路

第五节　三相绕线转子异步电动机起动控制电路

[案例 4]　起重机由于其工作性质,经常需要重载起动,因此提升机构和平移机构的电动机一般采用起动转矩较大的绕线转子异步电动机,以减小电流而增加起动转矩。绕线转子异步电动机由于其独特的结构,一般不采取定子绕组降压起动,而在转子回路外接变阻器。因此绕线转子异步电动机的起动控制方式和笼型异步电动机有所不同。

三相绕线转子异步电动机的起动,通常在转子绕组回路中串接起动电阻和接入频敏变阻器等方法。

一、转子回路串电阻起动控制电路

三相绕线转子异步电动机串电阻起动的方式为:起动时,在转子回路中接入作星形联结的三相起动变阻器,起动过程中逐段切除。当起动结束时,可变电阻也减小到零,转子绕组被直接短接,电动机就在额定状态下正常运转。三相电阻短接的方式有平衡短接法与不平衡短接法。平衡短接法是指每相起动电阻被同时短接相同阻值,不平衡短接是每相的起动电阻轮流被短接。采用接触器控制短接电阻时,一般为平衡短接法。

根据绕线转子异步电动机起动过程中转子电流的变化及所需起动时间有电流原则与时间原则两种控制方式。

(一) 电流原则控制电路

电流原则控制转子电路串电阻起动控制电路如图 6-27 所示。图中 R_1、R_2、R_3 为转子外接电阻;KA2、KA3、KA4 为电流继电器,其线圈串联在电动机转子回路中。三个电流继电器的动作电流相同，但释放电流不同，KA2 释放电流最大，KA3 次之，KA4 释放电流最小。KA1 为中间继电器。

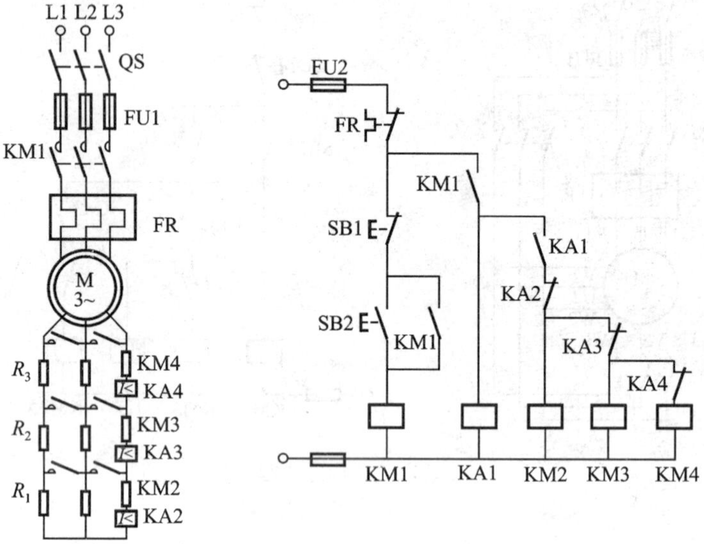

图 6-27　电流原则控制转子电路串电阻起动控制电路

电动机起动过程如下：合上隔离开关 QS，按下起动按钮 SB2→KM1 通电并自锁，KA1 通电动作。电动机全压起动。刚起动时，起动电流很大，三个电流继电器全部动作，控制电路中，KA2、KA3、KA4 的辅助动断触点断开，KM2、KM3、KM4 不通电，电动机转子回路串入所有电阻→随着电动机转速上升，转子电流减少，KA2 最先释放，其辅助动断触点闭合，KM2 线圈通电，主电路中，KM2 主触点闭合短接电阻 R_1→电流再减少时，KM3、KM4 依次动作，切除电阻 R_2、R_3→起动完毕，转子回路所串电阻全部切除，电动机进入正常运行。KA1 的作用：保证刚起动时，转子回路串入全部电阻。

（二）时间原则控制电路

时间原则控制的转子电路串电阻起动控制电路如图 6-28 所示，由时间继电器 KT1、KT2、KT3 控制三段电阻的切除。

电动机起动过程如下：合上开关 QS，按下起动按钮 SB2→KM1 通电自锁，KT1 线圈通电，开始延时→KT1 延时时间到，延时辅助动合触点闭合，KM2 线圈通电自锁→KM2 主触点闭合，切除电阻 R_1；KM2 辅助动断触点断开，使 KT1 线圈失电；KM2 另一辅助动合触点闭合使 KT2 通电开始延时→当 KT2 延时时间到时，KM3 通电自锁，其主触点短接电阻 R_1、R_2。辅助动断触点使 KT1、KM2、KT2 失电；另一辅助动合触点闭合使 KT3 通电开始延时；同理，KT3 延时结束时，KM4 动作，短接转子回路串入的全部电阻，并使 KT1、KM2、KT2、KM3、KT3 线圈都失电。最后，电动机短接所有电阻进入正常运行。正常工作时，只有 KM1、KM4 两接触器通电。

采用转子回路串电阻起动，在起动过程中，电阻分级切除会造成电流和转矩的突变，产生机械冲击。

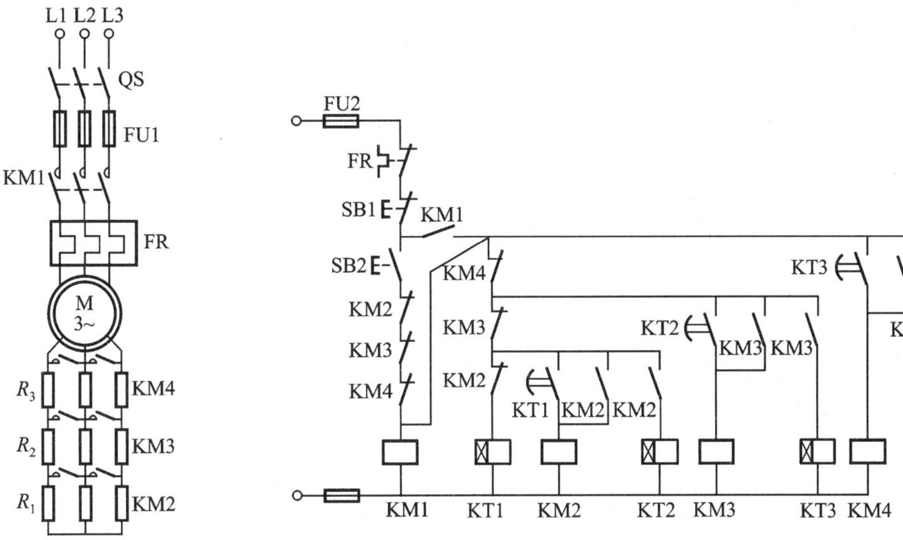

图 6-28　时间原则控制的转子电路串电阻起动控制电路

二、转子回路串频敏变阻器起动控制电路

频敏变阻器的阻抗能随着转子电流的频率下降而自动下降，所以能克服串电阻分级起动过程中产生机械冲击的缺点，实现平滑起动。转子回路串频敏变阻器常用于大容量绕线转子异步电动机的起动控制。转子绕组串频敏变阻器的起动控制电路如图 6-29 所示。

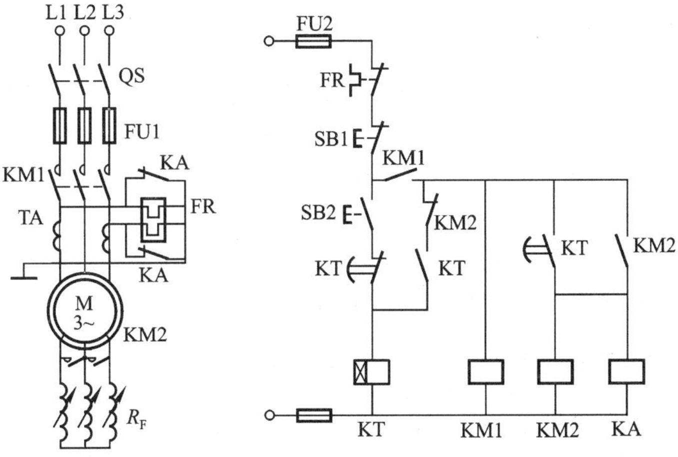

图 6-29　转子绕组串频敏变阻器起动控制电路

电路起动过程如下：合上开关 QS，按下起动按钮 SB2→KT、KM1 相继通电并自锁，KT 通电后开始延时，此时电动机转子回路串频敏变阻器起动→随着转速的上升，频敏变阻器的阻抗逐渐减少→当转速上升到一定值时，时间继电器延时结束，延时动合触点闭合，使 KM2、KA 通电，并

保持→KM2 辅助动断触点断开，使 KT 线圈失电。主电路中，KM2 主触点闭合，频敏变阻器被短接，同时 KA 辅助动断触点断开，使热元件接入电流互感器二次回路，进行过载保护。电动机进入正常运行。

起动过程中，KA 的辅助动断触点将热继电器发热元件短接，以免起动时间过长而使热继电器产生误动作。

图中，KM1 线圈通电需 KT 能正常动作、KM2 辅助动断触点处于闭合状态。若发生 KT、KM2 触点粘连等故障，KM1 将无法得电，从而避免了电动机直接起动和转子长期串接频敏变阻器的不正常现象。

第六节　三相异步电动机调速控制电路

[案例 5]　实际生产中的机械设备常有多种速度输出的要求，如立轴圆台磨床工作台的旋转需要高低速进行磨削加工；玻璃生产线中，成品玻璃的传输根据玻璃厚度的不同采用不同的速度以提高生产效率。采用异步电动机配机械变速系统有时可以满足调速需求，但传动系统结构复杂，体积大，实际中常采用多速电动机进行大范围的调速，或者采用变频调速。但由于变频调速电路复杂、造价较高，对于中小型设备应用较多的还是多速电动机。多速异步电动机绕组与一般异步电动机有所不同，一般采用控制电路实现对其高、低速的起动及运行中的高、低速转换。

双速异步电动机是变极调速中最常用的一种形式。下面具体介绍双速异步电动机的控制电路。

一、双速异步电动机定子绕组的连接

双速异步电动机的形式有两种：星形-双星形（Y-YY）和三角形-双星形（D-YY）。这两种形式都能使电动机极数减少一半。图 6-30（a）所示为电动机定子绕组星形联结，图（b）所示为变为双星形后绕组接法。其中，U1、V1、W1 为定子绕组首端，U2、V2、W2 为定子绕组尾端，U3、V3、W3 为定子绕组中间端子。

当变极前后绕组与电源的接线如图 6-30 所示时，变极前后电动机转向相反，因此，若要使变极后电动机保持原来转向不变，应调换电源相序。

二、双速电动机控制电路

双速电动机从低速转换成高速可采用自动与手动控制方式。

（一）手动控制方式

手动切换可采用按钮。如图 6-31 所示为双速异步电动机按钮控制电路图。其控制过程为：合上开关 QS，引入电源，按下起动按钮 SB2→KM1 通电自锁，主触点闭合，使电动机定子绕组接成 Y 形（或 D 形，D-YY 电机）起动、运行→当需将电动机变成高速运行时，按下按钮 SB3，KM1 断电解除自锁，主触点断开；SB3 按至底时，SB3 动合触点闭合，KM2、KM3 通电自锁，电动机接成 YY 形式，转入高速运行。

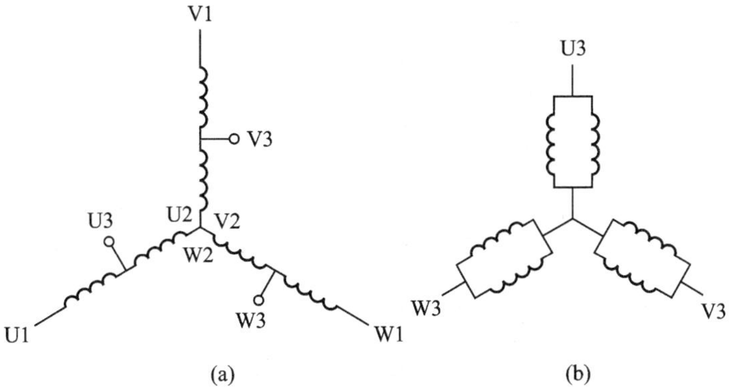

图 6-30　双速异步电动机定子绕组接线图

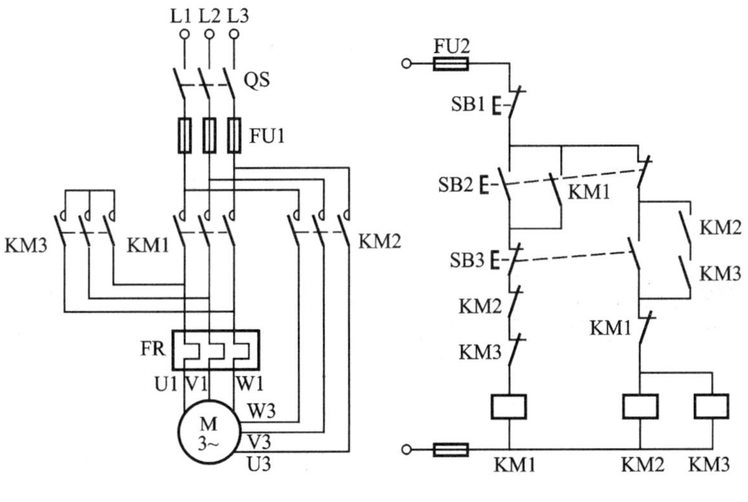

图 6-31　双速异步电动机按钮控制电路图

（二）自动控制方式

利用时间继电器可使电动机在低速起动后自动切换至高速状态。图 6-32 所示为双速异步电动机自动加速控制电路图，其主电路与图 6-31 一致。

电路控制过程为：合上电源开关 QS，按下起动按钮 SB2→KM1 通电自锁，主触点闭合，电动机接成 Y 形（D 形）起动、运行。同时，KM1 辅助动合触点闭合，使 KT 线圈通电自锁，开始延时→当延时时间到，KT 延时辅助动断触点断开，KM1 断电解除自锁，电动机断开电源。KT 延时辅助动合触点闭合，KM2、KM3 通电自锁。主电路中，KM2、KM3 的主触点闭合，电动机 YY 联结进入高速运转。

（三）双速电动机控制电路安装和调试实践

1. 任务目的

① 掌握双速交流异步电动机自动变速控制电路的工作原理。

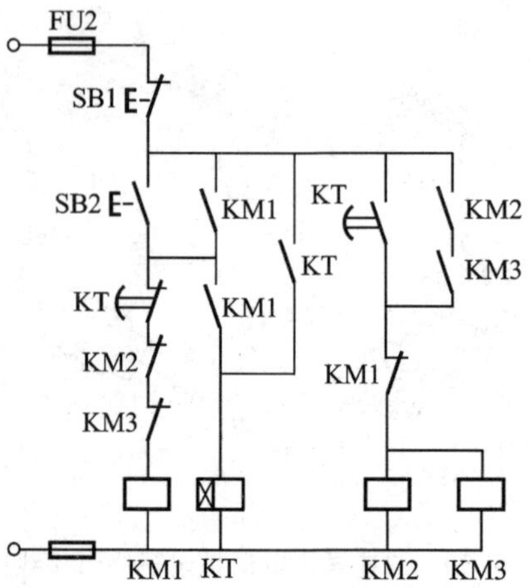

图 6-32　双速异步电动机自动加速控制电路图

② 掌握双速交流异步电动机自动变速控制电路的安装和调试(软线配线)。

2. 任务内容

有一台双速交流异步电动机型号为 YD132-M4/2,功率为 6.5/8 kW,额定电压为 380 V,额定电流为 13.8/17.1 A。接线方式为 Δ/2Y,额定转速为 1 450/2 890 r/min,如图 6-33 所示。

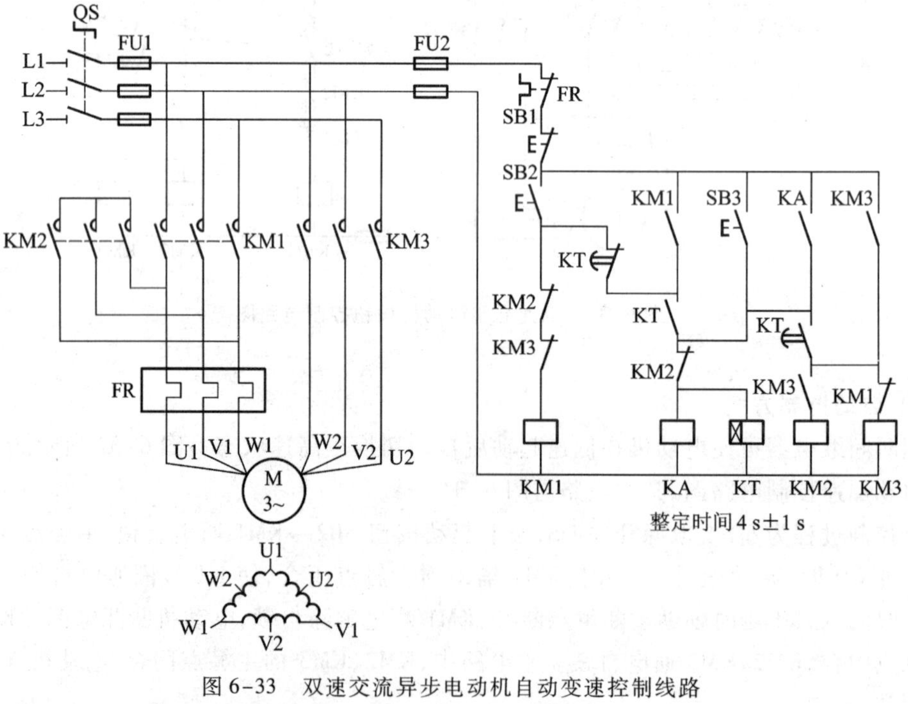

图 6-33　双速交流异步电动机自动变速控制线路

3. 工具、仪表、材料和电器元件

① 工具:测电笔、螺钉旋具、尖嘴钳、斜口钳、剥线钳、电工刀等。

② 仪表:MF47 型万用表、5050 型兆欧表、T301-A 型钳形电流表。

③ 器材:控制板 1 块(500 mm×600 mm×20 mm)。行线槽:18 mm×25 mm 导线规格。主电路采用 BV 2.5 m^2(黑色)塑铜线,控制电路采用 BV 1mm^2 塑铜线(红色),按钮控制电路采用 BVR 0.5 mm^2 塑铜线(红色),接地线采用 BVR 1 mm^2 塑铜线 R(黄绿双色)。编码套管,螺钉,冷压端子,平垫圈型号和数量按需要而定。

④ 元件明细表见表 6-4。

表 6-4　元件明细表

序号	名称	型号与规格	单位	数量	备注
1	双速电动机	6.5/8 kW,Δ/2Y	台	1	
2	组合开关	HZ10-25/3	个	1	
3	交流接触器	CJ10-20,线圈电压 380 V	只	4	
4	热继电器	JR16-20/3,整定电流 5 ~ 12 A	只	1	
5	中间继电器	JZ7-44	只	1	
6	时间继电器	JS7-2A,线圈电压 380 V	只	1	
7	熔断器及熔芯配套	RL1-60/25	套	3	
8	熔断器及熔芯配套	RL1-15/2	套	2	
9	三联按钮	LA10-3H 或 LA4-3H	个	1	
10	接线子端排	JX2-1015,500 V,10 A,15 节或配套自定	条	1	

4. 板前线槽布线工艺

板前线槽布线工艺见本章第二节。

5. 操作工艺

操作工艺见本章第二节。

注意事项如下:

通电试车时,应先合上 QS,再按下 SB2 和 SB3 看控制是否正常,再按下 SB1 后观察有无停车。

第七节　三相异步电动机制动控制电路

[案例 6]　电动机自由停车的时间较长,随惯性大小而不同,而某些生产机械要求迅速、准确地停车,如镗床、车床的主电动机需快速停车;起重机为使重物停位准确及现场安全要求,也必须采用快速、可靠的制动方式。采用什么制动方式、用什么控制原则保证每种方法的可靠实现是本节要解决的问题。

制动可分为机械制动和电气制动。电气制动是在电动机转子上加一个与电动机转向相反的制动电磁转矩，使电动机转速迅速下降，或稳定在另一转速。常用的电气制动有反接制动与能耗制动。

一、三相异步电动机能耗制动控制电路

能耗制动是指电动机脱离交流电源后，立即在定子绕组的任意两相中加入一直流电源，在电动机转子上产生一制动转矩，使电动机快速停下来。由于能耗制动采用直流电源，故也称为直流制动。按控制方式有时间原则与速度原则。

（一）按速度原则控制的电动机单向运行能耗制动控制电路

图 6-34 所示为按速度原则进行能耗制动的控制电路，由 KM2 的一对主触点接通交流电源，经整流后，由 KM2 的另两对主触点通过限流电阻向电动机的两相定子绕组提供直流。

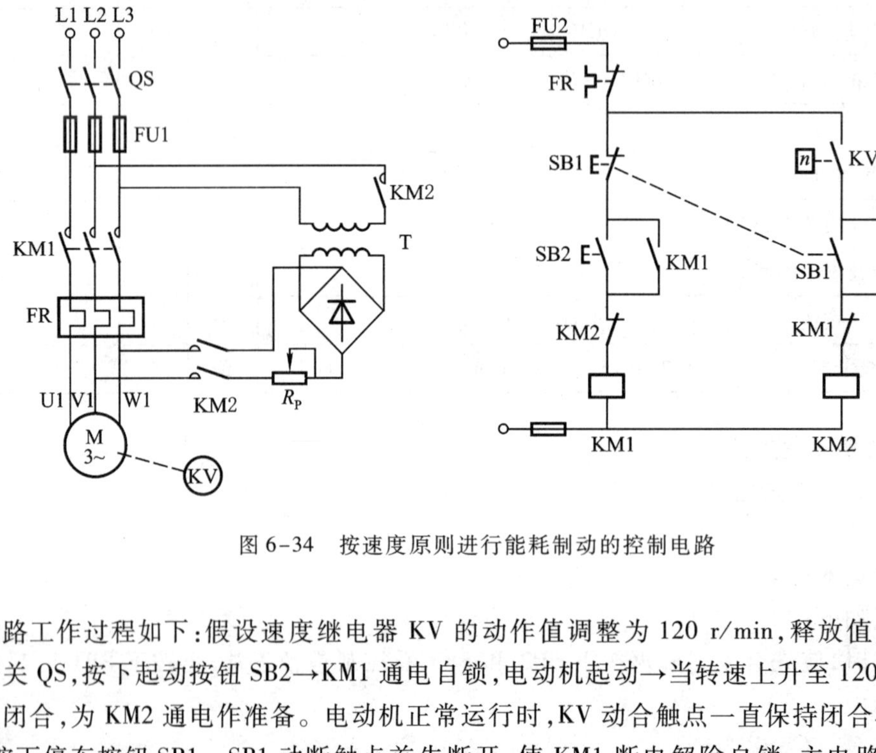

图 6-34　按速度原则进行能耗制动的控制电路

电路工作过程如下：假设速度继电器 KV 的动作值调整为 120 r/min，释放值为 100 r/min。合上开关 QS，按下起动按钮 SB2→KM1 通电自锁，电动机起动→当转速上升至 120 r/min，KV 动合触点闭合，为 KM2 通电作准备。电动机正常运行时，KV 动合触点一直保持闭合状态→当需停车时，按下停车按钮 SB1→SB1 动断触点首先断开，使 KM1 断电解除自锁，主电路中，电动机脱离三相交流电源→SB1 动合触点后闭合，使 KM2 线圈通电自锁。KM2 主触点闭合，交流电源经整流后经限流电阻向电动机提供直流电源，在电动机转子上产生一制动转矩，使电动机转速迅速下降→当转速下降至 100 r/min，KV 动合触点断开，KM2 断电释放，切断直流电源，制动结束。电动机最后阶段自由停车。

对于功率较大的电动机应采用三相整流电路，而对于 10 kW 以下的电机，在制动要求不高的场合，为减少设备，降低成本，减少体积，可采用无变压器的单管直流制动。制动电路可参考相关书籍。

（二）按时间原则进行控制的电动机可逆运行能耗制动控制电路

图 6-35 所示为按时间原则进行能耗制动的控制电路。图中 KM1、KM2 分别为电动机正反

转接触器，KM3 为能耗制动接触器；SB2、SB3 分别为电动机正反转起动按钮。

电路工作过程如下：合上开关 QS，按下起动按钮 SB2（SB3）→KM1（KM2）通电自锁，电动机正向（反向）起动、运行→若需停车，按下停止按钮 SB1→SB1 动断触点首先断开，使 KM1（正转时）或 KM2（反转时）断电并解除自锁，电动机断开交流电源→SB1 动合触点闭合，使 KM3、KT 线圈通电并自锁。KM3 辅助动断触点断开，进一步保证 KM1、KM2 失电。主电路中，KM3 主触点闭合，电动机定子绕组串电阻进行能耗制动，电动机转速迅速降低→当接近零时，KT 延时结束，其延时动断触点断开，使 KM3、KT 线圈相继断电释放。主电路中，KM3 主触点断开，切断直流电源，直流制动结束。电动机最后阶段自由停车。

按时间原则控制的直流制动，一般适合于负载转矩和转速较稳定的电动机，这样，时间继电器的整定值不需经常调整。

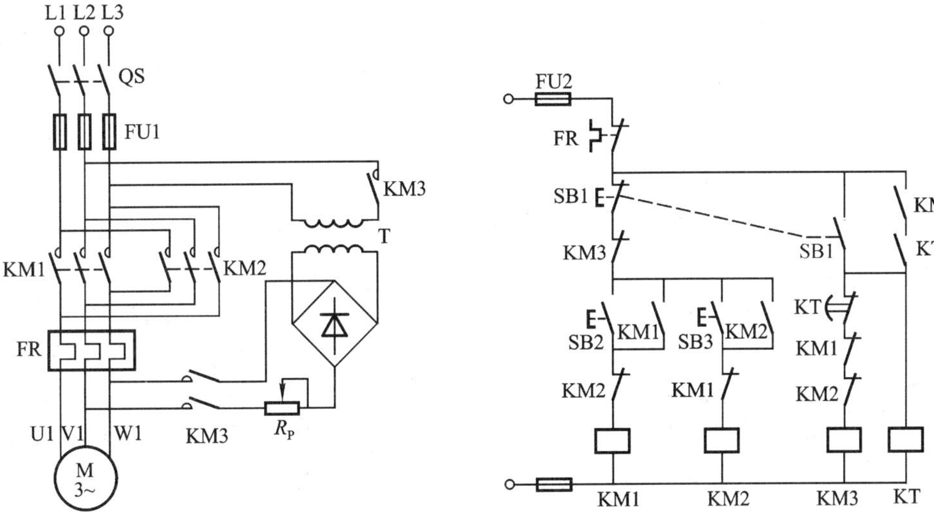

图 6-35　按时间原则进行能耗制动的控制电路

二、三相异步电动机反接制动控制电路

反接制动是利用改变电动机电源的相序，使定子绕组产生相反方向的旋转磁场，因而产生制动转矩的一种制动方法。

反接制动刚开始时，转子与旋转磁场的相对速度接近于两倍的同步转速，所以定子绕组流过的制动电流相当于全压直接起动电流的两倍，因此，反接制动的特点是制动迅速，效果好，但冲击大。故反接制动一般用于电动机需快速停车的场合，如镗床上主电动机的停车等。为了减小冲击电流，通常要求在电动机主电路中串接一定的电阻以限制反接制动电流。反接制动电阻的接线方法有对称和不对称两种接法。图 6-36 是三相串电阻的对称接法。对反接制动的另一个要求是在电动机转速接近于零时，必须及时切断反相序电源，以防止电动机反向再起动。

图 6-36 所示为异步电动机单向运行反接制动电路，KM1 为电动机单向旋转接触器，KM2 为反接制动接触器，制动时在电动机三相中串入制动电阻。用速度继电器来检测电动机转速。

电路工作过程如下：假设速度继电器的动作值为 120 r/min，释放值为 100 r/min。合上开关

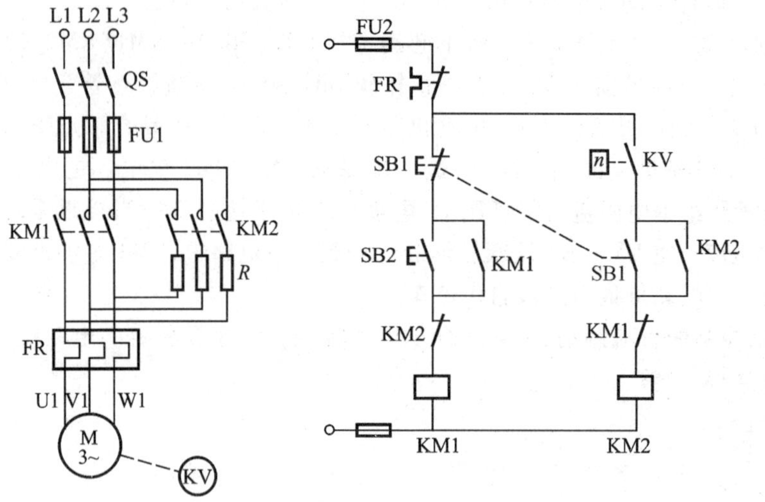

图 6-36　速度原则控制的电动机反接制动控制电路

QS,按下起动按钮 SB2→KM1 动作,电动机转速很快上升至 120 r/min,速度继电器动合触点闭合。电动机正常运转时,此对触点一直保持闭合状态,为进行反接制动作好准备→当需要停车时,按下停止按钮 SB1→SB1 动断触点先断开,使 KM1 断电释放。主电路中,KM1 主触点断开,使电动机脱离正相序电源→SB1 动合触点后闭合,KM2 通电自锁,主触点动作,电动机定子串入对称电阻进行反接制动,使电动机转速迅速下降→当电动机转速下降至100 r/min 时,KV 动合触点断开,使 KM2 断电解除自锁,电动机断开电源后自由停车。

电动机可逆运行反接制动控制电路如图 6-37 所示。图中电阻 *R* 是反接制动电阻,为不对称接法,同时也具有限制起动电流的作用。

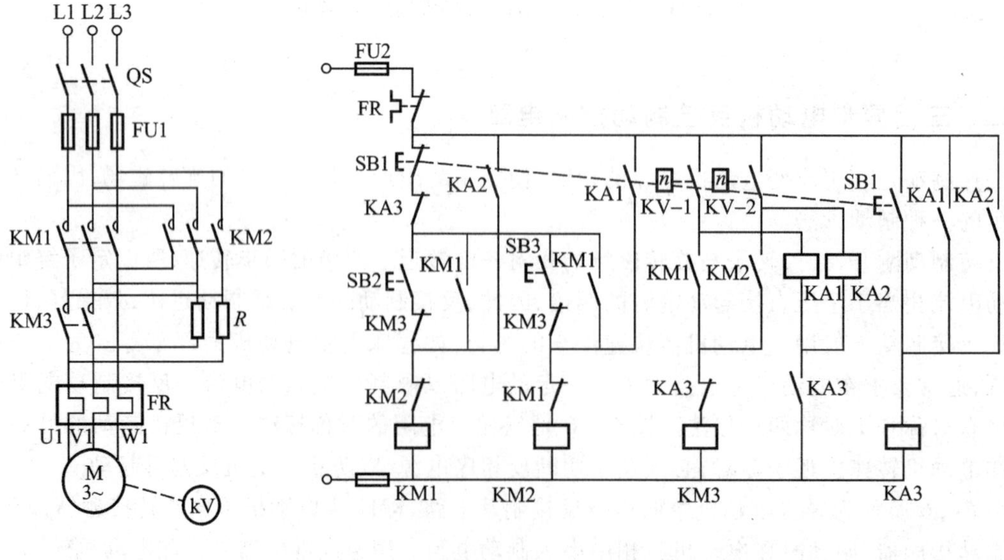

图 6-37　电动机可逆运行反接制动控制电路

电路工作过程如下：合上开关 QS、按下正向起动按钮 SB2→KM1 通电自锁，主电路中电动机两相串电阻起动→当转速上升到速度继电器动作值时，KV-1 闭合，KM3 线圈通电，主电路中 KM3 主触点闭合短接电阻，电动机进入全压运行→需要停车时，按下停止按钮 SB1，KM1 断电解除自锁。电动机断开正相序电源→SB1 动合触点闭合，使 KA3 线圈通电→KA3 动断触点断开，使 KM3 线圈保持断电；KA3 动合触点闭合，KA1 线圈通电，KA1 的一对动合触点闭合使 KA3 保持继续通电，另一对动合触点闭合使 KM2 线圈通电，KM2 主触点闭合，主回路中，电动机串电阻进行反接制动→反接制动使电动机转速迅速下降，当下降到 KV 的释放值时，KV-1 断开，KA1 断电→KA3 断电、KM2 断电，电动机断开制动电源，反接制动结束。

电动机反向起动和制动停车过程的分析与正转时相似，可自行分析。

本章小结

本章主要介绍了三相异步电动机的起动、调速、制动等基本控制环节。这些是在实际当中经过验证的电路。熟练掌握这些电路，是阅读、分析、设计较复杂生产机械控制电路的基础。同时，在绘制电路图时，必须严格按照国家标准规定使用各种符号、单位、名词术语和绘制原则。

电气控制系统图主要有电气原理图、电器布置图和电气安装接线图。重点应掌握电气原理图的规定画法及国家标准。

1. 电动机有全压起动、降压起动。对功率较小的电动机可以采用全压起动。电动机运行有点动、连续运转、正反转，还有自动循环等其他基本控制环节。

2. 较大容量的异步电动机一般采取降压起动方式，以避免过大的起动电流对电网和传动机械造成的冲击。笼型异步电动机常用的降压起动方式有：定子绕组串电阻或串电抗、星-三角降压起动、自耦变压器降压起动和延边三角形降压起动等。起动控制方式有自动或手动。自动方式通常采用时间原则进行控制。

3. 绕线转子异步电动机一般采用转子回路串电阻或电抗器进行起动。控制原则有时间原则和电流原则。

4. 为了使电动机快速停车，一般采用制动。常用的电气制动方法有反接制动和能耗制动。反接制动是指停车时，给电动机定子绕组加上一个反相序的电源。能耗制动是指停车时，断开原交流电源，在定子绕组任意两相上加上一个直流电源。能耗制动常采用的控制方式有时间原则与速度原则。电源反接制动常采用的控制方式有速度原则。电源反接制动不能采用时间原则进行控制。

5. 变极调速只能用于笼型异步电动机。对其进行控制可使电动机低速起动，高速运行以减少起动时的冲击电流。从低速至高速的切换可采用时间原则，也可采取速度原则。

6. 生产机械要正常、安全、可靠地工作，必须要有必要的保护环节。控制电路的常用保护有：短路保护、过载保护、过电流保护、失压、欠压保护，它们分别用不同的电器来实现。

思考题与习题

6.1 什么叫“自锁”？如果自锁触点因熔焊而不能断开又会怎么样？

6.2 什么叫“互锁”？在控制电路中互锁起什么作用？

6.3 既然在电动机的主电路中装有熔断器，为什么还要装热继电器？它们的作用有什么不同？如只装有热继电器不装熔断器，可以吗？为什么？

6.4 什么是失压、欠压保护？利用哪些电器与电路可以实现失压、欠压保护？

6.5 电动机正、反转直接起动控制电路中，为什么正、反向接触器必须互锁？

6.6 按钮和接触器双重联锁的控制电路中，为什么不要过于频繁进行正、反向直接换接？

6.7 什么是按时间原则控制？什么是按速度原则控制？在电动机采用电源反接制动停转的控制电路中，应采用什么原则控制？为什么？

6.8 双速电动机高速运行时通常须先低速起动而后转入高速运行，这是为什么？

6.9 试分析三个接触器控制的电动机星-三角降压起动控制电路的工作原理。

6.10 按下列要求画出三相笼型异步电动机的控制线路：

(1) 既能点动又能连续运转；(2) 能正、反转控制；(3) 能在两处起停；(4) 有必要的保护。

6.11 设计一个控制三台三相异步电动机的控制电路，要求 M1 起动 20 s 后，M2 自行起动，运行 5 s 后，M1 停转，同时 M3 起动，再运行 5 s 后，三台电动机全部停转。

6.12 有两台电动机 M1 和 M2，要求：

(1) M1 先起动，M1 起动 20 s 后，M2 才能起动；

(2) 若 M2 起动，M1 立即停转。试画出其控制电路。

6.13 设计一台电动机起动的控制电路，要求满足以下功能：

(1) 采用手动和自动降压起动；

(2) 能实现连续运转和点动控制，且要求当点动工作时处于降压运行状态；

(3) 具有必要的联锁与保护环节。

6.14 设计一小车运行的电路图，要求动作过程如下：

(1) 小车由原位开始前进，到终端后自动停止。

(2) 在终端停留 2 min 后，自动返回原位停止。

(3) 在前进或后退途中任意位置都能停止或再起动。

6.15 现有一台双速笼型感应电动机（具有低速起动→低速运行和低速起动→高速运行两种起动、运行状态），试按下列要求设计电路图：

(1) 分别由两个按钮控制电动机的高速起动和低速起动，由同一个按钮控制电动机停止；

(2) 电动机高速起动时，先接成低速，经延时后自动换接成高速；

(3) 具有必要的保护。

第七章

常用机床的电气控制

学习目标

- 掌握分析常用机床的电气控制电路的方法。
- 通过常用机床控制电路的分析，加深对典型控制环节的理解、掌握及其应用。
- 了解机床等电气设备上机械、电气、液压之间的配合关系。
- 运用电气控制的典型环节进行电气控制系统的设计，了解电气控制系统的安装、调试、故障检修等。

本章从常用机床的电气控制入手，学会阅读、分析机床电气控制电路的方法、步骤，加深对典型控制环节的理解和应用，了解机床上机械、液压、电气三者的配合关系。从机床加工工艺出发，掌握各种常用机床的电气控制，为机床及其他生产机械电气控制的设计、安装、调试、检修等打下一定基础。

机床的电气控制，不仅要求能够实现起动、制动、反向和调速等基本要求，更要满足生产工艺的各项要求，还要保证机床各运动的准确和相互协调，具有各种保护装置，工作可靠，实现操作自动化等。

学习与分析机床电气控制电路时，应注意以下几个问题：

① 了解机床的基本结构、运动形式、加工工艺要求，明确控制要求。

② 了解机床机、电、液压等之间的配合关系。

③ 先分析主电路，了解整个电力拖动系统的组成，分析电动机的起动、运行、调速、制动等控制要求，分析电路或电动机的保护。接着分析控制电路，分析控制电路时将整个控制电路按功能不同分成若干局部控制电路，逐一分析，分析时应注意各局部电路之间的联锁与互锁关系，然后再统观整个电路，形成一个整体概念。最后分析电气原理图中的其他辅助电路。

第一节 CA6140 车床电气控制电路

一、普通车床的主要结构及运动形式

普通车床主要有床身、主轴变速箱、进给箱、溜板箱、刀架、尾架、光杠和丝杠等部分组成，以 CA6140 普通车床为例，如图 7-1 所示。CA6140 普通车床有两种主要运动，一种是主轴上的卡

盘带着工件的旋转运动，称为主运动；另一种是溜板箱带着刀架的直线运动，称为进给运动。

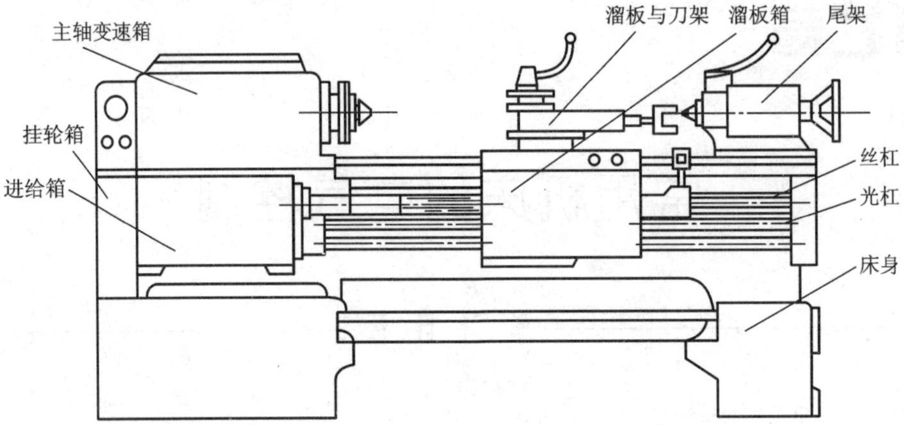

图 7-1　CA6140 普通车床外形

二、电力拖动特点和控制要求

1. 主轴电动机 M1

① 主拖动电动机一般选用三相笼型异步电动机，不进行电气调速，而采用齿轮箱进行机械有级调速，由车床主轴箱通过变速箱与主轴电动机的连接来完成（为减小振动，主拖动电动机通过几条传动皮带将动力传递到主轴箱）。

② 在切削螺纹时，要求主轴能够正、反向运行，对于小型车床，主轴正、反转运行由拖动电动机正、反转来实现。当主拖动电动机容量较大时，主轴的正、反转运动则靠摩擦离合器来实现。

③ 主轴电动机的起动、停止能实现自动控制。一般中小型车床的主轴电动机均采用直接起动；电动机容量较大，通常采用 Y-Δ 降压起动。实现快速停车，一般采用机械或电气制动。

2. 冷却泵电动机 M2

① 车削加工时，为防止刀具与工件温度过高，需要切削液对其进行冷却，为此设置一台冷却泵电动机。冷却泵的电动机只需单向旋转。

② 冷却泵与主轴电动机有连锁关系，即冷却泵电动机动作应在主轴电动机之后起动，并在主轴电动机停车时，冷却泵电动机也应立即停车。

3. 刀架快速移动电动机 M3

为实现溜板箱的快速移动，应由单独的快速移动电动机来拖动，并采用点动控制。

4. 整体控制要求

卧式机床控制电路应具有必要的短路、过载、欠压和零压等保护环节，并有安全可靠的局部照明和信号指示。

三、CA6140 普通车床电气控制电路分析

该车床型号意义如下：

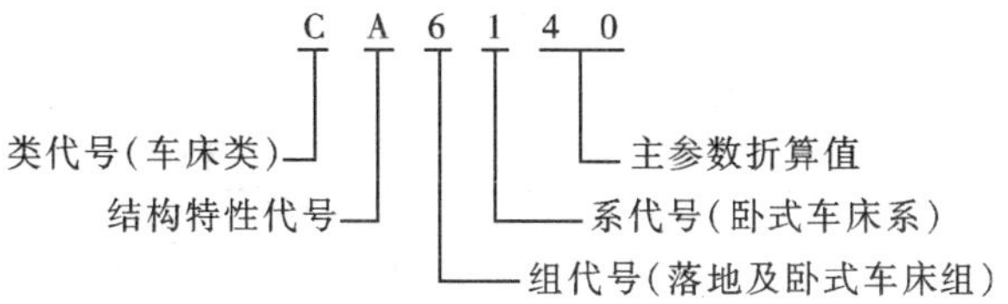

CA6140 型普通车床的电气控制系统使用的电气元件符号与功能说明如表 7-1 所示。

表 7-1 CA6140 电气元件符号及功能说明表

符号	名称及用途	符号	名称及用途
M1	主轴电动机	SA	机床照明开关
M2	冷却泵电动机	FR1	主轴电动机热过载保护
M3	刀架快速移动电动机	FR2	冷却泵电动机热过载保护
KM	主轴电动机起动接触器	FU	机床控制电路短路保护
KA1	冷却泵电动机起动继电器	FU1	M1、M2 短路保护
KA2	刀架快速移动电动机起动继电器	FU2	控制电路短路保护
SQ1	床头皮带罩的位置开关 SQ1	FU3	HL 短路保护
SQ2	配电盘壁龛门的安全行程开关	FU4	机床照明灯短路
QF	具有断电保护的电源开关	TC	控制变压器
SB	钥匙开关	EL	电源指示灯
SB1	主轴电动机停止按钮	HL	机床照明灯
SB2	主轴电动机起动按钮	PE	安全接地保护
SB3	刀架快速移动电动机点动按钮	XB	接线端子
SB4	冷却泵电动机起动开关		

CA6140 型普通车床电气控制原理图,如图 7-2 所示。

1. 主电路分析

主电路共有三台电动机:M1 为主轴电动机,带动主轴旋转和刀架作进给运动;M2 为冷却泵电动机,用以输送切削液;M3 为刀架快速移动电动机。

将钥匙开关 SB 向右旋转,再扳动断路器 QF 至合闸位置,将三相交流电源引入。主轴电动机 M1 由接触器 KM 控制,热继电器 FR1 作过载保护,熔断器 FU 作短路保护,接触器 KM 还具有失压和欠压保护功能。冷却泵电动机 M2 由中间继电器 KA1 控制,热继电器 FR2 作为它的过载保护。刀架快速移动电动机 M3 由中间继电器 KA2 控制,由于是点动控制,故未设过载保护。FU1 作为冷却泵电动机 M2、快速移动电动机 M3、控制变压器 TC 的短路保护。三台电机均设有接地安全保护(PE)。

2. 控制电路分析

控制电路的电源由控制变压器 TC 二次侧输出 110 V 电压提供。在正常工作时,位置开关 SQ1 的动合触点被压而处于闭合状态,当打开床头皮带罩后,SQ1 动合触点释放而恢复处于断开状态,切断机床控制电路的电源,确保了人身安全。

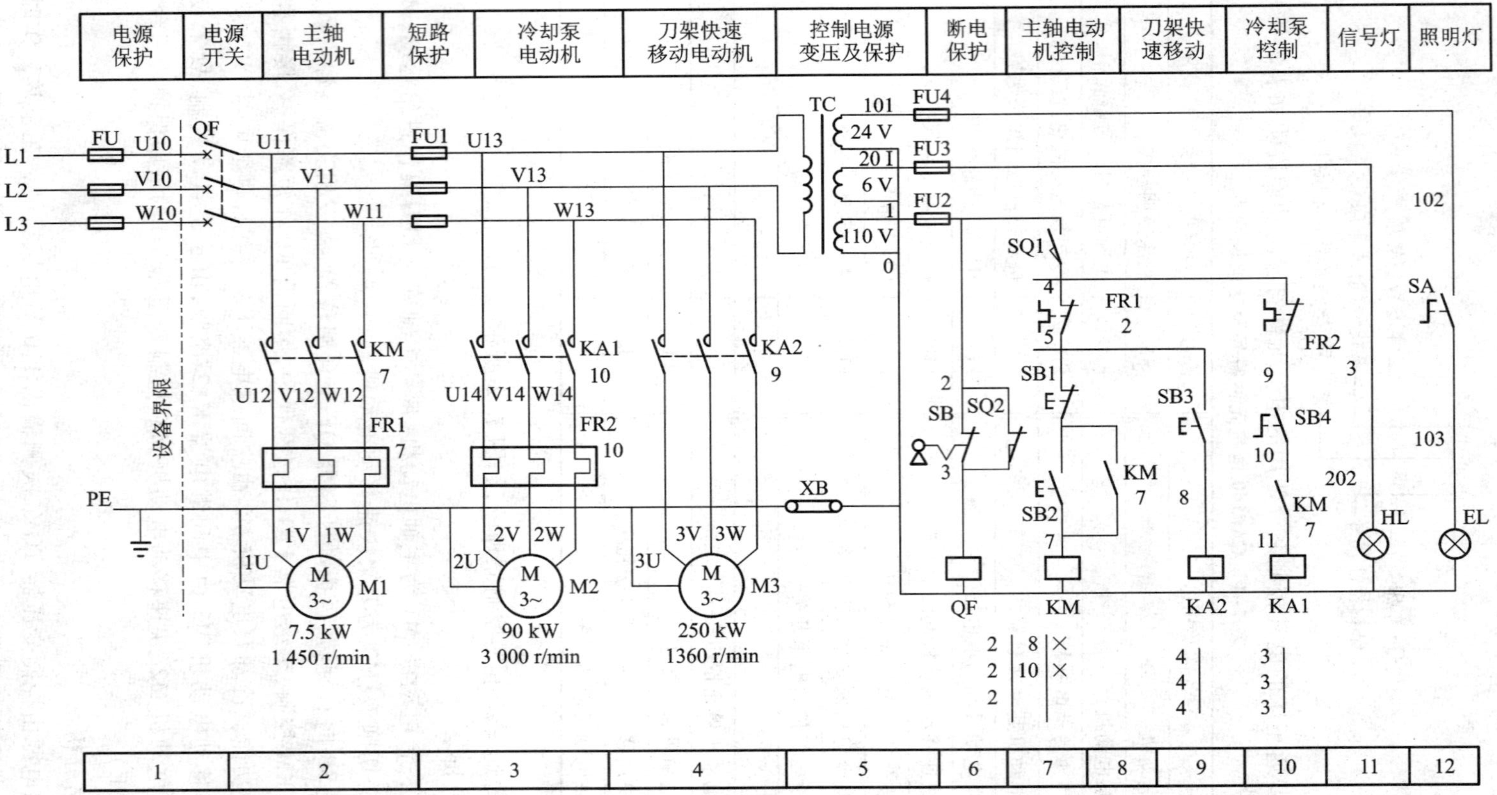

图 7-2　CA6140 型普通车床电气控制原理图

在正常工作时，钥匙开关 SB 向右旋转后 SB[6 区(2 ~ 3)]为断开状态，且此时机床控制配电盘壁龛门上装有的安全行程开关，因为壁龛门的关闭 SQ2 被压 SQ2[6 区(2 ~ 3)]也为断开状态，QF 线圈不能通电，断路器 QF 即能合闸。若打开配电盘壁龛门时，行程开关 SQ2 释放 SQ2[6 区(2 ~ 3)]恢复闭合状态，QF 线圈获电，断路器 QF 主触点自动断开，即机床控制电路断电保护。

(1) 主轴电动机 M1 的控制

M1 起动：按下 SB2 起动按钮，接触器 KM 线圈得电，KM 动合辅助触点[8 区(6 ~ 7)]闭合自锁，接触器 KM 动合主触点[2 区]闭合，主轴电动机 M1 起动运转，同时接触器 KM 动合辅助触点[10 区(10 ~ 11)]闭合，为继电器 KA1 线圈得电做好准备。

M1 停止：按下 SB1 停止按钮，接触器 KM 线圈失电，接触器 KM 动合主触点复位分断，主轴电动机 M1 失电停转。

主轴的正、反转是采用多片摩擦离合器实现的。

(2) 冷却泵电动机 M2 的控制

由于主轴电动机 M1 和冷却泵电动机 M2 在控制电路中采用顺序控制，所以，只有当主轴电动机 M1 起动后，即 KM 动合触点[10 区(10 ~ 11)]闭合，操作手动旋钮开关 SB4 至闭合状态，KA1 线圈[10 区(11 ~ 0)]得电，KA1 三对主触点[4 区]闭合，冷却泵电动机 M2 起动。当 M1 停止运行时，M2 也自行停止。

(3) 刀架快速移动电动机 M3 的控制

刀架快速移动电动机 M3 的起动是由安装在进给操作手柄顶端的按钮 SB3 控制，它与中间继电器 KA2 组成点动控制线路。刀架移动方向(前、后、左、右)的改变，是由进给操作手柄配合机械装置实现的。如需要快速移动，按下点动 SB3，SB3[9 区(5 ~ 8)]手控闭合即可。

3. 辅助照明电路分析

控制变压器 TC 的二次侧分别输出 24 V 和 6 V 电压，作为车床低压照明灯和信号灯的电源。EL 作为车床的低压照明灯，由开关 SA[12 区(102 ~ 103)]控制；HL 为电源信号灯。它们分别由 FU4 和 FU3 作为短路保护。

四、CA6140 普通车床电气控制电路的故障与处理

CA6140 普通车床电气控制电路的常见故障与处理方法见表 7-2。

表 7-2　CA6140 普通车床电气控制电路的常见故障与处理方法

故障现象	故 障 分 析	处 理 方 法
电源正常，接触器不吸合，主轴电动机不起动	1. 熔断器 FU2 熔断或接触不良 2. 热继电器 FR1、FR2 已动作，或动断触点接触不良 3. 接触器 KM 线圈断线或接头接触不良 4. 按钮 SB1、SB2 接触不良或按钮控制线路有断线	1. 更换熔芯或旋紧熔断器 2. 检查热继电器 FR1、FR2 动作原因及动断触点接触情况，并予以修复 3. 接触器 KM 线圈断线或接头接触情况，修复；接触器衔铁若卡死应拆下重装 4. 检查按钮触点或线路断线处，并予以修复

续表

故障现象	故 障 分 析	处 理 方 法
电源正常,接触器能吸合,但主轴电动机不起动	1. 接触器主触点接触不良 2. 热继电器发热元件烧断 3. 电动机损坏,接线脱落或绕组断线	1. 将接触器主触点拆下,用砂纸打磨使其接触良好 2. 更换热继电器 3. 检查电动机绕组、接线,并予以修复
接触器能吸合,但不能自锁	1. 接触器 KM 的自锁触点(2-3)接触不良或其接头松动 2. 按钮接线脱落	1. 检查接触器 KM 的自锁触点是否良好,并予以修复;紧固接线端 2. 检查按钮接线,并修复
主轴电动机缺相运行(主轴电动机转速慢,并发出"嗡嗡"声)	1. 供电电源缺相 2. 接触器有一相接触不良 3. 热继电器发热元件烧断 4. 电动机损坏,接线脱落或绕组断线	1. 用万用表检测电源是否缺相,并予以修复 2. 检查接触器触点,修复 3. 更换热继电器 4. 检查电动机绕组、接线,并予以修复
主轴电动机不能停转(按 SB1 电动机不停转)	1. 接触器主触点熔焊,接触器衔铁卡死 2. 接触器铁芯面有油污灰尘使衔铁粘住	1. 切断电源使电动机停转,更换接触器主触点 2. 将接触器铁芯油污灰尘擦干净
照明灯不亮	1. 熔断器 FU4 熔断或照明灯泡损坏 2. 变压器一、二次绕组断线或松脱、短路	1. 更换熔体或灯泡 2. 用万用表检测变压器一、二次绕组断线、短路及接线,并予以修复

五、CA6140 车床的电气控制电路的检修实践

1. 任务目的

① 掌握 CA6140 车床电气控制电路的原理,电路图如图 7-2 所示。

② 掌握 CA6140 车床电气控制电路的故障分析及检修方法。

2. 任务内容

① 主轴电动机 M1 不能起动的原因及检修分析。

② 主轴电动机 M1 起动后不能自锁的原因及检修分析。

③ 主轴电动机 M1 不能停车的原因及检修分析。

④ 主轴电动机在运行中突然停车的原因及检修分析。

3. 设备、仪表、材料和电气元件

① CA6140 车床一台。

② 工具:测电笔、螺钉旋具、尖嘴钳、斜口钳、剥线钳、电工刀等。

③ 仪表:MF47 型万用笔、5050 型兆欧表、T310-A 型钳形电流表。

④ 导线若干。

4. 检修工艺分析

① 主轴电动机 M1 不能起动:主轴电动机 M1 不能起动,可按以下步骤检修。

检查接触器 KM1 是否吸合,如果接触器 KM1 吸合,则故障必然发生在电源电路和主电路

上,可按下列步骤检修。

a. 合上断路器 QF 用万用表测接触受电端 1U、1V、1W 点之间的电压,如果电压是 380 V 则电源电路正常。当测量 1 U 与 1 V 之间无电压时,再测量 1 U 与 1 W 之间有无电压,如果无电压,则 FU(L3)熔断或连接断路;否则,故障是断路器 FU(L3 相)接触不良或连线断路。

修复措施:查明损坏原因,更换相同规格和型号的熔体,断路器或连接导线。

b. 断开断路器 QF,用万用表电阻 $R\times1$ 挡测量接触器输出端之间的电阻值,如果阻值较小且相等,说明所测电路正常;否则,依次检查 FR1 电动机、电动机 M1 以及它们之间的连线。

修复措施:查明损坏原因,修复或者更换同规格,同型号的热继电器 FR1 电动机 M1 或其之间的连接导线。

c. 检查接触器 KM1 的抽头是否良好,如果接触不良或烧毛,则更换、接触头或相同规格的接触器。

d. 检查电动机机械部分是否良好,如果电动机内部轴承等损坏,应更换轴承;如果外部机械有问题,则可配合机修钳工进行维修。

② 主轴电动机 M1 起动后不能自锁:当按下起动按钮 SB2 时,主轴电动机能起动运转,但松开 SB2 后,M1 也随之停止。造成这种故障的原因是接触器 KM 的自锁触头接触不良或连接导线松脱;

③ 主轴电动机 M1 不能停车:造成这种故障的原因是接触器 KM1 主触头熔焊;停止按钮 SB1 击穿或线路中连接导线短路;接触心表面黏牢污垢。可采用下列方法判明是哪种原因造成电动机 M1 不能停车:若断开 QF,接触器 KM1 释放,则说明故障为 SB1 击穿或导线短接;若接触器过一段时间释放,则故障为铁心表面黏牢污垢;若断开 QF,接触器 KM1 释放,则故障为主触头熔焊。根据具体故障采取相应的措施修复。

④ 主轴电动机在运行中突然停车:这种故障的主要原因是由于热继电器 FR1 的动作。

发生这种故障后,一定要找出热继电器 FR1 的原因,排除后才能使其复位。引起热继电器 FR1 的动作的原因可能是:三相电源电压不平衡;电源电压较长时间过低;负载过重以及 M1 的连接导线接触不良等。

其中注意事项如下:

① 熟悉 CA6140 车床电气控制线路的基本环节及控制要求。

② 检修所用工具、仪表,应符合使用要求。

③ 排除故障时,必须修复故障点,但不得采用元件代换法。

④ 检修时,严禁扩大故障范围或产生新的故障。

⑤ 带电检修时,确保人身安全。

第二节　M7130 型平面磨床电气控制电路

磨床是用磨具和磨料(如砂轮、砂带、油石、研磨剂等)对工件的表面进行磨削加工的一种机床,它可以加工各种表面,如平面、内外圆柱面、圆锥面和螺旋面等。通过磨削加工,使工件的形状及表面的精度、粗糙度达到预期的要求;同时,它还可以进行切断加工。根据用途和采用的工艺方法不同,磨床可以分为平面磨床、外圆磨床、内圆磨床、工具磨床和各种专用磨床(如螺纹磨床、齿轮磨床、球面磨床、导轨磨床等），其中以平面磨床使用最多。平面磨床又分为卧轴和立轴、矩台和圆台四种类型，下面以 M7130 型卧轴矩台平面磨床为例介绍磨床的电气控制电路。

M7130 型平面磨床型号的含义为

M　7　1　30

- 30 —— 工作台工作面宽度为 300 mm
- 1 —— 卧轴矩台式
- 7 —— 平面
- M —— 磨床

一、平面磨床的主要结构和运动形式

M7130 型卧轴矩形工作台平面磨床的主要结构包括床身、立柱、滑座、砂轮箱、工作台和电磁吸盘，如图 7-3 所示。磨床的工作台表面有 T 型槽，可以用螺钉和压板将工件直接固定在工作台上，也可以在工作台上装上电磁吸盘，用来吸持铁磁性的工件。平面磨床进行磨削加工的示意图如图 7-4 所示，砂轮与砂轮电动机均装在砂轮箱内，砂轮直接由砂轮电动机带动旋转；砂轮箱装在滑座上，而滑座装在立柱上。

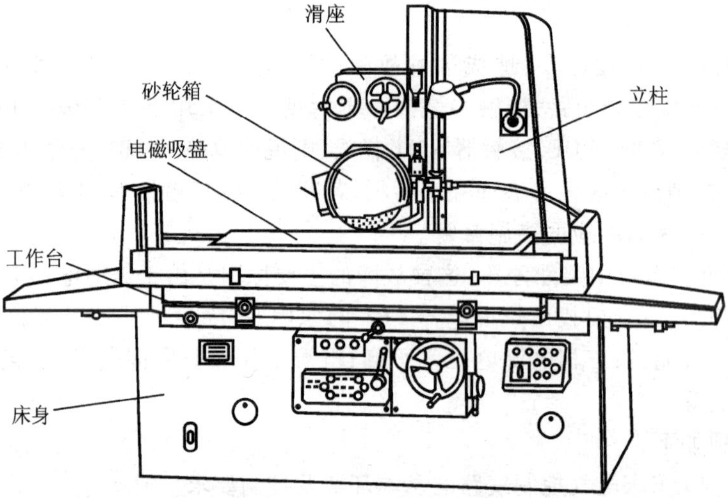

图 7-3　M7130 型卧轴矩形工作台平面磨床结构示意图

磨床的主运动是砂轮的旋转运动，而进给运动则分为以下三种运动：

① 工作台（带动电磁吸盘和工件）作纵向往复运动。

② 砂轮箱沿滑座上的燕尾槽作横向进给运动。

③ 砂轮箱和滑座一起沿立柱上的导轨作垂直进给运动。

二、平面磨床的电力拖动形式和控制要求

M7130 型卧轴矩形工作台平面磨床采用多台电动机拖动，其电力拖动和电气控制、保护的要求是：

① 砂轮由一台笼型异步电动机拖动，因为砂轮的转速一般不需要调节，所以对砂轮电动机没有电气调速的要求，也不需要反转，可直接起动。

② 平面磨床的纵向和横向进给运动一般采用液压传动，所以需要由一台液压泵电动机驱动液压泵，对液压泵电动机也没有电气调速、反转和降压起动的要求。

③ 同车床一样，也需要一台冷却泵电动机提供冷却液，冷却泵电动机与砂轮电动机也具有连锁关系，即要求砂轮电动机起动后才能开动冷却泵电动机。

④ 平面磨床往往采用电磁吸盘来吸持工件。电磁吸盘要有退磁电路，同时，为防止在磨削加工时因电磁吸盘吸力不足而造成工件飞出，还要求有弱磁保护环节。

⑤ 具有各种常规的电气保护环节(如短路保护和电动机的过载保护)；具有安全的局部照明装置。

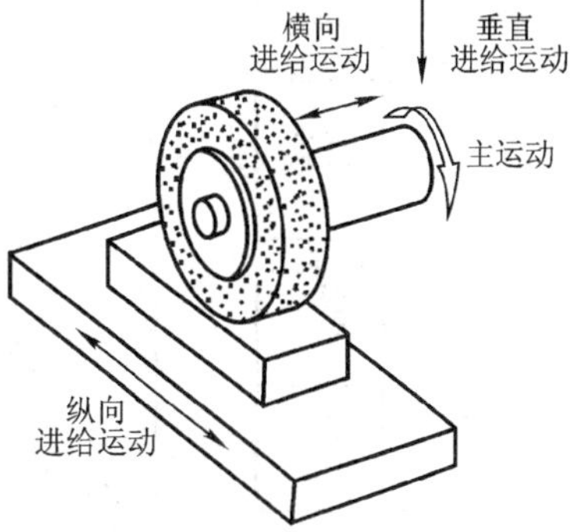

图 7-4 磨床的主运动和进给运动示意图

三、M7130 型平面磨床电气控制电路分析

M7130 型平面磨床的电气原理图如图 7-5 所示。

(一) 主电路

三相交流电源由电源开关 QS 引入，由 FU1 作全电路的短路保护。砂轮电动机 M1 和液压电动机 M3 分别由接触器 KM1、KM2 控制，并分别由热继电器 FR1、FR2 作过载保护。由于磨床的冷却泵箱是与床身分开安装的，所以冷却泵电动机 M2 由插头插座 X1 接通电源，在需要提供冷却液时才插上。M2 受 M1 起动和停转的控制。由于 M2 的容量较小，因此不需要过载保护。三台电动机均直接起动，单向旋转。

(二) 控制电路

控制电路采用 380 V 电源，由 FU2 作短路保护。SB1、SB2 和 SB3、SB4 分别为 M1 和 M3 的起动、停止按钮，通过 KM1、KM2 控制 M1 和 M3 的起动、停止。

(三) 电磁吸盘电路

电磁吸盘结构与工作原理示意图如图 7-6 所示。其线圈通电后产生电磁吸力，以吸持铁磁性材料的工件进行磨削加工。与机械夹具相比较，电磁吸盘具有操作简便、不损伤工件的优点，特别适合于同时加工多个小工件；采用电磁吸盘的另一优点是工件在磨削时发热能够自由伸缩，不至于变形。但是电磁吸盘不能吸持非铁磁性材料的工件，而且其线圈还必须使用直流电。

如图 7-5 所示，变压器 T1 将 220 V 交流电降压至 127 V 后，经桥式整流器 VC 变成110 V直流电压供给电磁吸盘线圈 YH。SA2 是电磁吸盘的控制开关，待加工时，将 SA2 扳至右边的“吸合”位置，触点(301—303)、(302—304)接通，电磁吸盘线圈通电，产生电磁吸力将工件牢牢吸持。加工结束后，将 SA2 扳至中间的“放松”位置，电磁吸盘线圈断电，可将工件取下。如果工件有剩磁难以取下，可将 SA2 扳至左边的“退磁”位置，触点(301—305)、(302—303)接通，可见此时线圈通以反向电流产生反向磁场，对工件进行退磁，注意这时要控制退磁的时间，否则工件会因反向充磁而更难取下。R_P 用于调节退磁的电流。采用电磁吸盘的磨床还配有专用的交流退磁器，如图 7-7 所示，如果退磁不够彻底，可以使用退磁器退去剩磁，X2 是退磁器的电源插座。

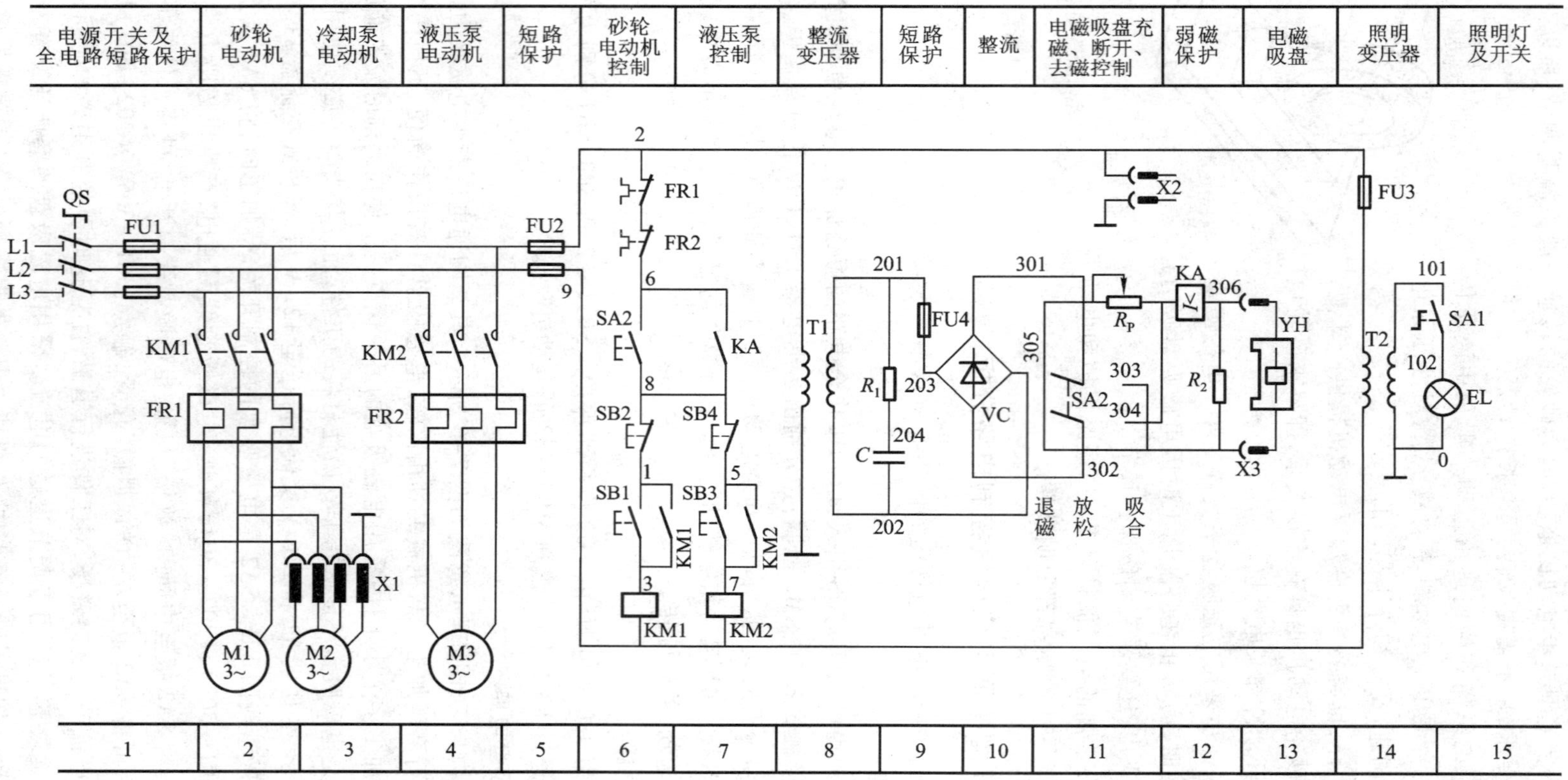

图 7-5　M7130 平面磨床电气原理图

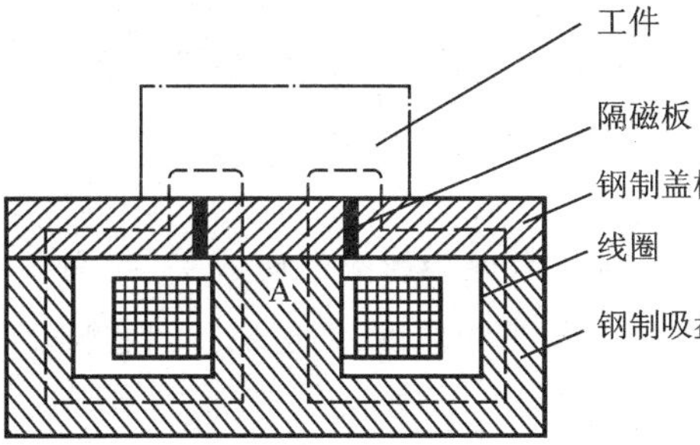

图 7-6　电磁吸盘结构与工作原理示意图

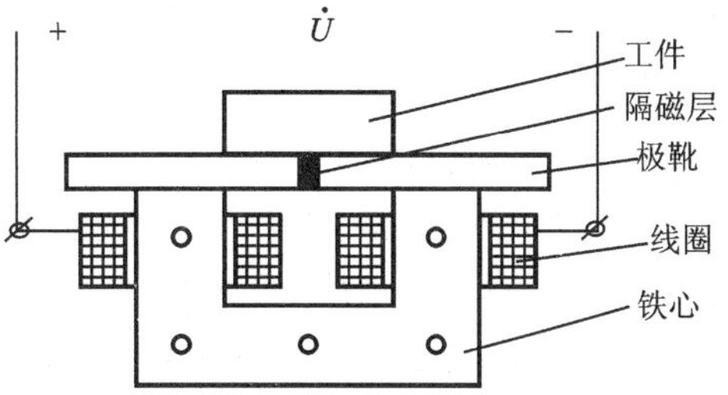

图 7-7　交流去磁器结构原理图

（四）电气保护环节

除常规的电路短路保护和电动机的过载保护之外，电磁吸盘电路还专门设有一些保护环节。

1. 电磁吸盘的弱磁保护

采用电磁吸盘来吸持工件有许多好处，但在进行磨削加工时一旦电磁吸力不足，就会造成工件飞出事故。因此在电磁吸盘线圈电路中串入欠电流继电器 KA 的线圈，KA 的动合触点与 SA2 的一对动合触点并联，串接在控制砂轮电动机 M1 的接触器 KM1 线圈支路中，SA2 的动合触点（6—8）只有在“退磁”挡才接通，而在“吸合”挡是断开的，这就保证了电磁吸盘在吸持工件时必须保证有足够的充磁电流，才能起动砂轮电动机 M1；在加工过程中一旦电流不足，欠电流继电器 KA 动作，能够及时地切断 KM1 线圈电路，使砂轮电动机 M1 停转，避免事故发生。如果不使用电磁吸盘，可以将其插头从插座 X3 上拔出，将 SA2 扳至“退磁”挡，此时 SA2 的触点（6—8）接通，不影响对各台电动机的操作。

2. 电磁吸盘线圈的过电压保护

电磁吸盘线圈的电感量较大，当 SA2 在各挡间转换时，线圈会产生很大的自感电动势，使线圈的绝缘和电器的触点损坏。因此在电磁吸盘线圈两端并联电阻器 R_2 作为放电回路。

3. 整流器的过电压保护

在整流变压器 T1 的二次侧并联由 R_1、C 组成的阻容吸收电路，用以吸收交流电路产生的过电压和在直流侧电路通断时产生的浪涌电压，对整流器进行过电压保护。

（五）照明电路

照明变压器 T2 将 380 V 交流电压降至 36 V 安全电压供给照明灯 EL，EL 的一端接地，SA1 为灯开关，由 FU3 提供照明电路的短路保护。

四、M7130 型平面磨床常见电气故障的诊断与检修

M7130 型平面磨床电路与其他机床电路的主要不同是电磁吸盘电路，在此主要分析电磁吸盘电路的故障。

（一）电磁吸盘没有吸力或吸力不足

如果电磁吸盘没有吸力，首先应检查电源，从整流变压器 T1 的一次侧到二次侧，再检查到整流器 VC 输出的直流电压是否正常；检查熔断器 FU1、FU2、FU4；检查 SA2 的触点、插头插座 X3 是否接触良好；检查欠电流继电器 KA 的线圈有无断路；一直检查到电磁吸盘线圈 YH 两端有无 110 V 直流电压。如果电压正常，电磁吸盘仍无吸力，则需要检查 YH 有无断线。如果是电磁吸

盘的吸力不足，则多半是工作电压低于额定值，如桥式整流电路的某一桥臂出现故障，使全波整流变成半波整流，VC 输出的直流电压下降了一半；也可能是 YH 线圈局部短路，使空载时 VC 输出电压正常，而接上 YH 后电压低于正常值 110 V。

（二）电磁吸盘退磁效果差

应检查退磁回路有无断开或元件损坏。如果退磁的电压过高也会影响退磁效果，应调节 R_2 使退磁电压一般为 5～10 V。此外，还应考虑是否有退磁操作不当的原因，如退磁时间过长。

（三）控制电路触点（6—8）的电器故障

平面磨床电路较容易产生的故障还有控制电路中由 SA2 和 KA 的动合触点并联的部分。如果 SA2 和 KA 的触点接触不良，使接点（6—8）间不能接通，则会造成 M1 和 M2 无法正常起动，平时应特别注意检查。

第三节　Z3050 摇臂钻床电气控制电路

钻床是一种用途广泛的孔加工机床。它主要是用钻头钻削精度要求不太高的孔，另外还可用来扩孔、铰孔、镗孔，以及刮平面、攻螺纹等。

钻床的结构形式很多，有立式钻床、卧式钻床、深孔钻床及多轴钻床等。摇臂钻床是一种立式钻床，它适用于单件或批量生产中带有多孔的大型零件的孔加工。本节以 Z3050 型摇臂钻床为例进行分析。

Z3050 型摇臂钻床的含义为

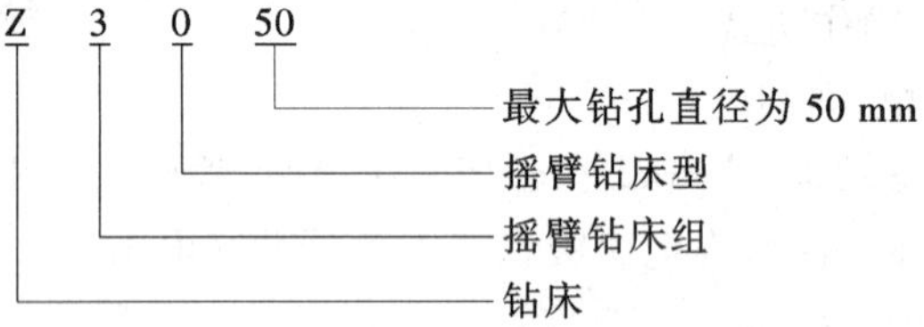

一、主要结构及运动形式

图 7-8 是 Z3050 摇臂钻床结构示意图。Z3050 摇臂钻床主要由底座、内立柱、外立柱、摇臂、主轴箱、工作台等组成。内立柱固定在底座上，在它外面套着空心的外立柱，外立柱可绕着内立柱回转一周，摇臂一端的套筒部分与外立柱滑动配合，借助于丝杠，摇臂可沿着外立柱上下移动，但两者不能做相对转动，所以摇臂将与外立柱一起相对内立柱回转。主轴箱是一个复合的部件，它具有主轴及主轴旋转部件和主轴进给的全部变速和操纵机构。主轴箱可沿着摇臂上的水平导轨做径向移动。当进行加工时，可利用特殊的夹紧机构将外立柱紧固在内立柱上，摇臂紧固在外立柱上，主轴箱紧固在摇臂导轨上，然后进行钻削加工。

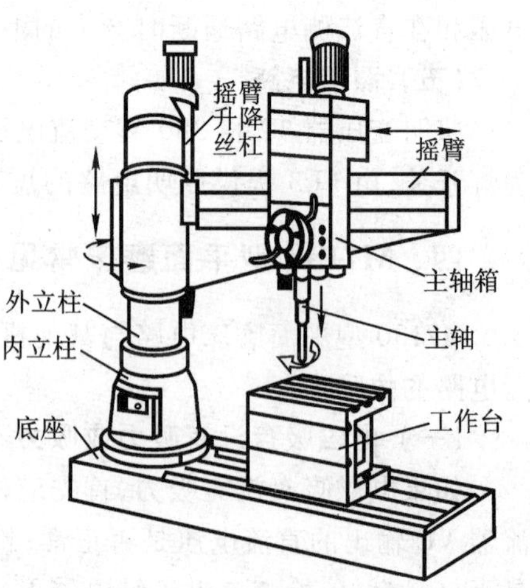

图 7-8　Z3050 摇臂钻床结构示意图

钻削加工时，主运动为主轴的旋转运动；进给运动为主轴的垂直移动；辅助运动为摇臂在外立柱上的升降运动、摇臂与外立柱一起沿内立柱的转动及主轴箱在摇臂上的水平移动。

二、摇臂钻床的电力拖动及控制要求

摇臂钻床是大型钻床，多台电动机拖动其对电力拖动及控制要求是：

① 由于摇臂钻床的运动部件较多，为简化传动装置，需使用多台电动机拖动，主轴电动机承担主钻削及进给任务，摇臂升降、夹紧放松和冷却泵各用一台电动机拖动。

② 为了适应多种加工方式的要求，主轴及进给应在较大范围内调速。但这些调速都是机械调速，用手柄操作变速箱调速，对电动机无任何调速要求。主轴变速机构与进给变速机构在一个变速箱内，由主轴电动机拖动。

③ 加工螺纹时要求主轴能正反转。摇臂钻床的正、反转一般用机械方法实现，电动机只需单方向旋转。

④ 摇臂升降由单独的一台电动机拖动，要求能实现正、反转。

⑤ 摇臂的夹紧与放松以及立柱的夹紧与放松由一台异步电动机配合液压装置来完成，要求这台电动机能正、反转。摇臂的回转和主轴箱的径向移动在中小型摇臂钻床上都采用手动。

⑥ 钻削加工时，为对刀具及工件进行冷却，需要一台冷却泵电动机拖动冷却泵输送冷却液。

⑦ 各部分电路之间有必要的保护和联锁。

三、电气控制电路分析

图 7-9 是 Z3050 型摇臂钻床的电气控制电路的主电路和控制电路图。

（一）主电路分析

Z3050 型摇臂钻床共有四台电动机，除冷却泵电动机采用开关直接起动外，其余三台异步电动机均采用接触器直接起动。

M1 是主轴电动机，由交流接触器 KM1 控制，只要求单方向旋转，主轴的正、反转由机械手柄操作。M1 装在主轴箱顶部，带动主轴及进给传动系统，热继电器 FR1 是过载保护元件。

M2 是摇臂升降电动机，装于主轴顶部，用接触器 KM2 和 KM3 控制正、反转。因为该电动机短时间工作，故不设过载保护电器。

M3 是液压油泵电动机，可以做正向转动和反向转动。正向旋转和反向旋转的起动与停止由接触器 KM4 和 KM5 控制。热继电器 FR2 是液压油泵电动机的过载保护电器。该电动机的主要作用是供给夹紧装置压力油、实现摇臂和立柱的夹紧与松开。

M4 是冷却泵电动机，功率很小，由开关直接起动和停止。

（二）控制电路分析

1. 主轴电动机 M1 的控制

在图 7-9 所示电路中，按起动按钮 SB2，则接触器 KM1 吸合并自锁，使主电动机 M1 起动运行，同时指示灯 HL3 亮。按停止按钮 SB1，则接触器 KM1 释放，使主电动机 M1 停止旋转，同时指示灯 HL3 熄灭。

2. 摇臂升降控制

（1）摇臂上升

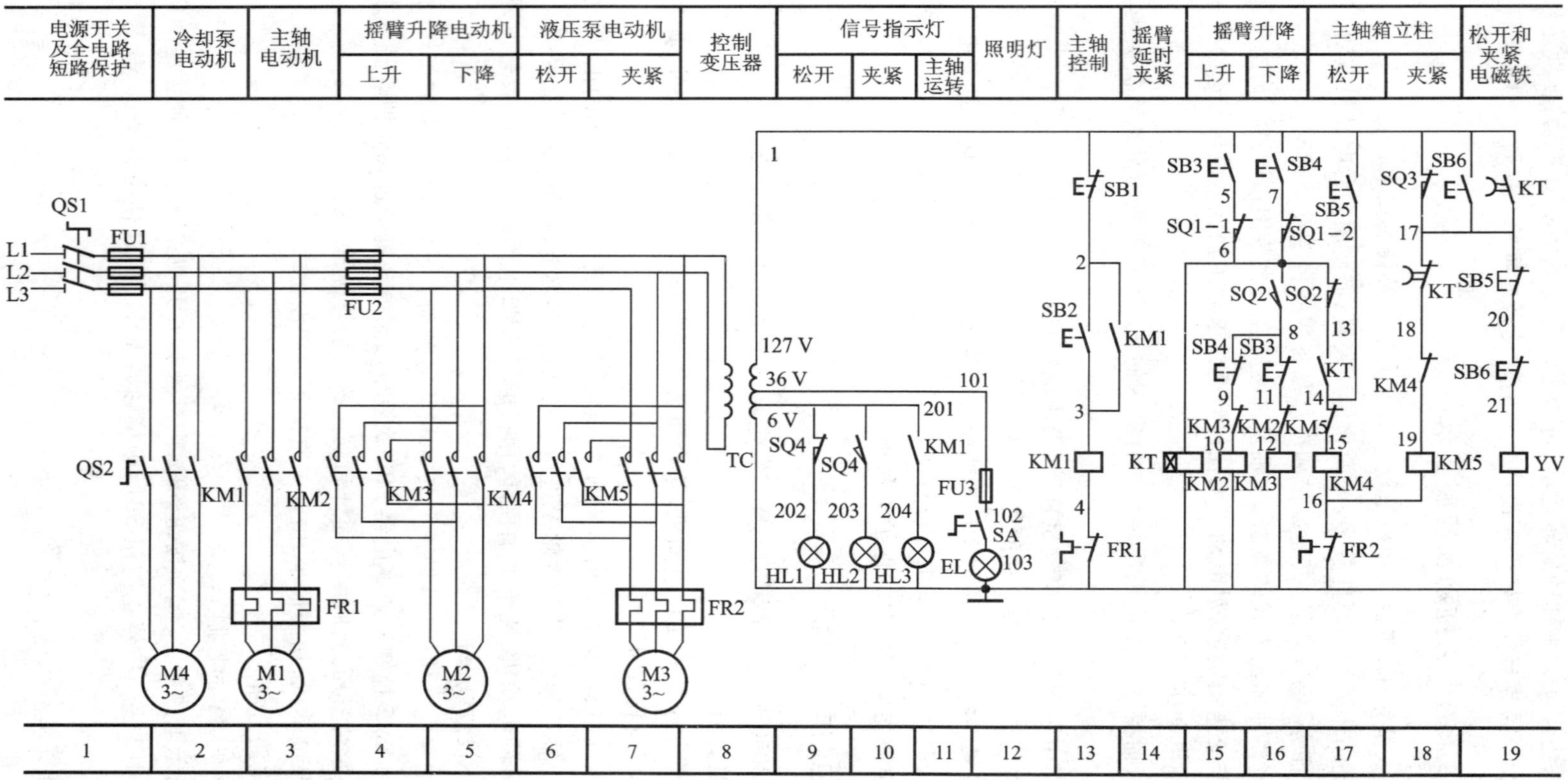

图 7-9　Z3050 型摇臂钻床的电气原理图

Z3050 型摇臂钻床摇臂的升降由 M2 拖动，SB3 和 SB4 分别为摇臂升、降的点动按钮（装在主轴箱的面板上，其安装位置如图 7-8 所示），由 SB3、SB4 和 KM2、KM3 组成具有双重互锁的 M2 正、反转点动控制电路。因为摇臂平时是夹紧在外立柱上的，所以在摇臂升降之前，先要把摇臂松开，再由 M2 驱动升降；摇臂升降到位后，再重新将它夹紧。而摇臂的松、紧是由液压系统完成的。在电磁阀 YV 线圈通电吸合的条件下，液压泵电动机 M3 正转，正向供出压力油进入摇臂的松开油腔，推动松开机构使摇臂松开，摇臂松开后，行程开关 SQ2 动作、SQ3 复位；若 M3 反转，则反向供出压力油进入摇臂的夹紧油腔，推动夹紧机构使摇臂夹紧，摇臂夹紧后，行程开关 SQ3 动作、SQ2 复位。由此可见，摇臂升降的电气控制是与松紧机构液压-机械系统（M3 与 YV）的控制配合进行的。下面以摇臂的上升为例，分析控制的全过程：

按住摇臂上升按钮 SB3→SB3 动断触点断开，切断 KM3 线圈支路；SB3 动合触点（1—5）闭合→时间继电器 KT 线圈通电→KT 动合触点（13—14）闭合，KM4 线圈通电，M3 正转；延时动合触点（1—17）闭合，电磁阀线圈 YV 通电，摇臂松开→行程开关 SQ2 动作→SQ2 动断触点（6—13）断开，KM4 线圈断电，M3 停转；SQ2 动合触点（6—8）闭合，KM2 线圈通电，M2 正转，摇臂上升→摇臂上升到位后松开 SB3→KM2 线圈断电，M2 停转；KT 线圈断电→延时 1 ~ 3 s，KT 动合触点（1—17）断开，YV 线圈通过 SQ3（1—17）→仍然通电；KT 动断触点（17—18）闭合，KM5 线圈通电，M3 反转，摇臂夹紧→摇臂夹紧后，压下行程开关 SQ3，SQ3 动断触点（1—17）断开，YV 线圈断电；KM5 线圈断电，M3 停转。

（2）摇臂下降

摇臂的下降由 SB4 控制 KM3→M2 反转来实现，其过程可自行分析。时间继电器 KT 的作用是在摇臂升降到位、M2 停转后，延时 1 ~ 3 s 再起动 M3 将摇臂夹紧，其延时时间视从 M2 停转到摇臂静止的时间长短而定。KT 为断电延时类型，在进行电路分析时应注意。

如上所述，摇臂松开由行程开关 SQ2 发出信号，而摇臂夹紧后由行程开关 SQ3 发出信号。如果夹紧机构的液压系统出现故障，摇臂夹不紧；或者因 SQ3 的位置安装不当，在摇臂已夹紧后 SQ3 仍不能动作，则 SQ3 的动断触点（1—17）长时间不能断开，使液压泵电动机 M3 出现长期过载，因此 M3 必须由热继电器 FR2 进行过载保护。

摇臂升降的限位保护由行程开关 SQ1 实现，SQ1 有两对动断触点：SQ1-1（5—6）实现上限位保护，SQ1-2（7—6）实现下限位保护。

3. 主轴箱和立柱松、紧的控制

主轴箱和立柱的松、紧是同时进行的，SB5 和 SB6 分别为松开与夹紧控制按钮，由它们点动控制 KM4、KM5→控制 M3 的正、反转，由于 SB5、SB6 的动断触点（17—20—21）串联在 YV 线圈支路中。所以在操作 SB5、SB6 使 M3 点动作的过程中，电磁阀 YV 线圈不吸合，液压泵供出的压力油进入主轴箱和立柱的松开、夹紧油腔，推动松、紧机构实现主轴箱和立柱的松开、夹紧。同时由行程开关 SQ4 控制指示灯发出信号：主轴箱和立柱夹紧时，SQ4 的动断触点（201—202）断开而动合触点（201—203）闭合，指示灯 HL1 灭、HL2 亮；反之，在松开时 SQ4 复位，HL1 亮而 HL2 灭。

（三）辅助电路

辅助电路包括照明和信号指示电路。照明电路的工作电压为安全电压 36 V，信号指示灯的工作电压为 6 V，均由控制变压器 TC 提供。

四、Z3050 型摇臂钻床常见电气故障的诊断与检修

Z3050 型摇臂钻床控制电路的独特之处，在于其摇臂升降及摇臂、立柱和主轴箱松开与夹紧的电路部分，下面主要分析这部分电路的常见故障：

（一）摇臂不能松开

摇臂作升降运动的前提是摇臂必须完全松开。摇臂和主轴箱、立柱的松、紧都是通过液压泵电动机 M3 的正、反转来实现的，因此先检查一下主轴箱和立柱的松、紧是否正常。如果正常，则说明故障不在两者的公共电路中，而在摇臂松开的专用电路上。如时间继电器 KT 的线圈有无断线，其动合触点（1—17）、（13—14）在闭合时是否接触良好，限位开关 SQ1 的触点 SQ1-1（5—6）、SQ1-2（7—6）有无接触不良，等等。

如果主轴箱和立柱的松开也不正常，则故障多发生在接触器 KM4 和液压泵电动机 M3 这部分电路上。如 KM4 线圈断线、主触点接触不良，KM5 的动断互锁触点（14—15）接触不良等。如果是 M3 或 FR2 出现故障，则摇臂、立柱和主轴箱既不能松开，也不能夹紧。

（二）摇臂不能升降

除前述摇臂不能松开的原因之外，可能的原因还有：

① 行程开关 SQ2 的动作不正常，这是导致摇臂不能升降最常见的故障。如 SQ2 的安装位置移动，使得摇臂松开后，SQ2 不能动作，或者是液压系统的故障导致摇臂放松不够，SQ2 也不会动作，摇臂就无法升降。SQ2 的位置应结合机械、液压系统进行调整，然后紧固。

② 摇臂升降电动机 M2、控制其正、反转的接触器 KM2、KM3 以及相关电路发生故障，也会造成摇臂不能升降。在排除了其他故障之后，应对此进行检查。

③ 如果摇臂是上升正常而不能下降，或是下降正常而不能上升，则应单独检查相关的电路及电器部件（如按钮开关、接触器、限位开关的有关触点等）。

（三）摇臂上升或下降到极限位置时，限位保护失灵

检查限位保护开关 SQ1，通常是 SQ1 损坏或是其安装位置移动。

（四）摇臂升降到位后夹不紧

如果摇臂升降到位后夹不紧（而不是不能夹紧），通常是行程开关 SQ3 的故障造成的。如果 SQ3 移位或安装位置不当，使 SQ3 在夹紧动作未完全结束就提前吸合，M3 提前停转，从而造成夹不紧。

（五）摇臂的松紧动作正常，但主轴箱和立柱的松、紧动作不正常

应检查：①控制按钮 SB5、SB6，其触点有无接触不良，或接线松动。②液压系统是否出现故障。

第四节　X62W 型万能铣床电气控制电路

铣床是一种用途十分广泛的金属切削机床，其使用范围仅次于车床。铣床可用于加工平面、斜面和沟槽；如果装上分度头，可以铣削直齿齿轮和螺旋面；如果装上圆工作台，还可以加工凸轮和弧形槽等（见图 7-10）。铣床的种类很多，主要有卧式铣床、立式铣床、龙门铣床、仿形铣床及各种专用铣床等，其中卧式铣床的主轴是水平的，而立式铣床的主轴是垂直的。常用的万能铣床

有 X62W 型卧式万能铣床和 X53K 型立式万能铣床，其电气控制电路经改进后两者通用，下面以 X62W 型万能铣床为例进行介绍。

X62W 型万能铣床型号的含义为

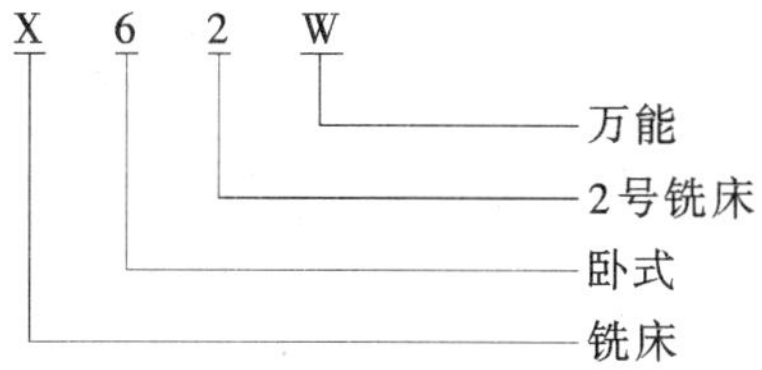

一、铣床的主要结构和运动形式

由于铣床的加工范围较广，运动形式较多，其结构也较为复杂。X62W 型万能铣床的结构示意图如图 7-10 所示。床身固定于底座上，用于安装和支承铣床的各部件，在床身内还装有主轴部件、主传动装置及其变速操纵机构等。床身顶部的导轨上装有悬梁，悬梁上装有刀杆支架。铣刀则装在刀杆上，刀杆的一端装在主轴上，另一端装在刀杆支架上。刀杆支架可以在悬梁上水平移动，悬梁又可以在床身顶部的水平导轨上水平移动，因此可以适应各种不同长度的刀杆。床身的前部有垂直导轨，升降台可以沿导轨上下移动，升降台内装有进给运动和快速移动的传动装置及其操纵机构等。在升降台的水平导轨上装有滑座，可以沿导轨作平行于主轴轴线方向的横向移动；工作台又经过回转盘装在滑座的水平导轨上，可以沿导轨作垂直于主轴轴线方向的纵向移动。这样，紧固在工作台上的工件，通过工作台、回转盘、滑座和升降台，可以在相互垂直的三个方向上实现进给或调整运动。在工作台与滑座之间的回转盘还可以使工作台左右转动 45°角，因此工作台在水平面上除了可以作横向和纵向进给外，还可以实现在不同角度的各个方向上的进给，用以铣削螺旋槽。

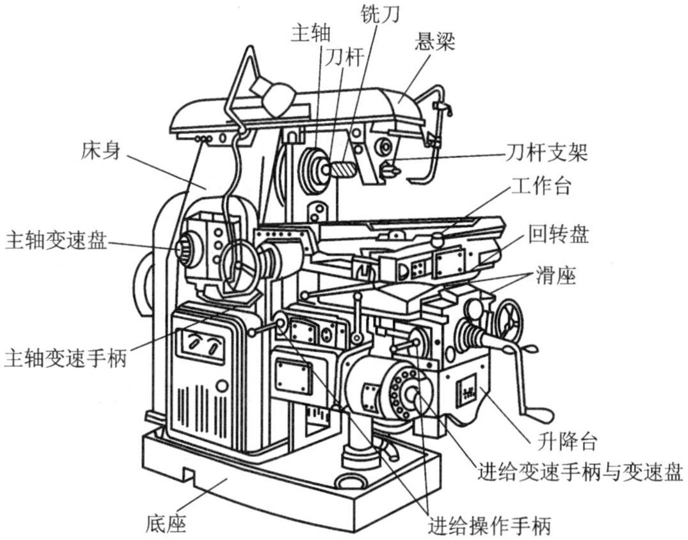

图 7-10　X62W 型万能铣床的结构示意图

由此可见，铣床的主运动是主轴带动刀杆和铣刀的旋转运动；进给运动包括工作台带动工件在水平的纵、横方向及垂直方向三个方向的运动;辅助运动则是工作台在三个方向的快速移动。图 7-11 为铣床几种主要的加工形式的主运动和进给运动示意图。

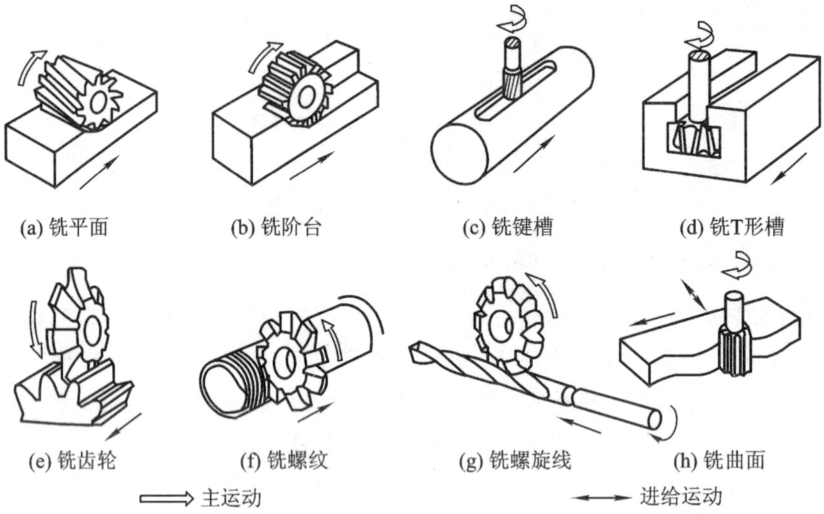

图 7-11　铣床几种主要的加工形式的主运动和进给运动示意图

二、铣床的电力拖动形式和控制要求

铣床的主运动和进给运动各由一台电动机拖动,这样铣床的电力拖动系统一般由三台电动机所组成:主轴电动机、进给电动机和冷却泵电动机。主轴电动机通过主轴变速箱驱动主轴旋转,并由齿轮变速箱变速,以适应铣削工艺对转速的要求,电动机则不需要调速。由于铣削分为顺铣和逆铣两种加工方式,分别使用顺铣刀和逆铣刀,所以要求主轴电动机能够正、反转,但只要求预先选定主轴电动机的转向,在加工过程中则不需要主轴反转。又由于铣削是多刃不连续的切削,负载不稳定,所以主轴上装有飞轮,以提高主轴旋转的均匀性,消除铣削加工时产生的振动,这样主轴传动系统的惯性较大,因此还要求主轴电动机在停机时有电气制动。进给电动机作为工作台进给运动及快速移动的动力,也要求能够正反转,以实现三个方向的正、反向进给运动;通过进给变速箱,可获得不同的进给速度。为了使主轴和进给传动系统在变速时齿轮能够顺利地啮合,要求主轴电动机和进给电动机在变速时能够稍微转动一下(称为变速冲动)。三台电动机之间还要求有联锁控制,即在主轴电动机起动之后另两台电动机才能起动运行。由此,铣床对电力拖动及其控制有以下要求:

① 铣床的主运动由一台笼型异步电动机拖动,直接起动,能够正、反转,并设有电气制动环节,能进行变速冲动。

② 工作台的进给运动和快速移动均由同一台笼型异步电动机拖动,直接起动,能够正、反转,也要求有变速冲动环节。

③ 冷却泵电动机只要求单向旋转。

④ 三台电动机之间有联锁控制,即主轴电动机起动之后,才能对其余两台电动机进行控制。

三、X62W 型万能铣床电气控制电路分析

X62W 型万能铣床的电气控制电路有多种,图 7-12 电路是经过改进的电路,为 X62W 型卧式和 X53K 型立式两种万能铣床所通用。

(一) 主电路

三相电源由电源引入开关 QS1 引入,FU1 作全电路的短路保护。主轴电动机 M1 的运行由接触器 KM1 控制,由换相开关 SA3 预选其转向。冷却泵电动机 M3 由 QS2 控制其单向旋转,但必须在 M1 起动运行之后才能运行。进给电动机 M2 由 KM3、KM4 实现正、反转控制。三台电动机分别由热继电器 FR1、FR2、FR3 提供过载保护。

(二) 控制电路

控制电路由控制变压器 TC1 提供 110 V 工作电压,FU4 提供变压器二次侧的短路保护。该电路的主轴制动、工作台常速进给和快速进给分别由控制电磁离合器 YC1、YC2、YC3 实现,电磁离合器需要的直流工作电压由整流变压器 TC2 降压后经桥式整流器 VC 提供,FU2、FU3 分别提供交直流侧的短路保护。

1. 主轴电动机 M1 的控制

M1 由交流接触器 KM1 控制,为操作方便,在机床的不同位置各安装了一套起动和停机按钮:SB2 和 SB6 装在床身上,SB1 和 SB5 装在升降台上。对 M1 的控制包括有主轴的起动、停机制动、换刀制动和变速冲动。

(1) 起动

在起动前先按照顺铣或逆铣的工艺要求,用组合开关 SA3 预先确定 M1 的转向。按下 SB1 或 SB2→KM1 线圈通电→M1 起动运行,同时 KM1 动合辅助触点(7—13)闭合,为 KM3、KM4 线圈支路接通做好准备。

(2) 停车与制动

按下 SB5 或 SB6→SB5 或 SB6 动断触点(3—5 或 1—3)断开→KM1 线圈断电,M1 停车→SB5 或 SB6 动合触点闭合(105—107)制动电磁离合器 YC1 线圈通电→M1 制动。

制动电磁离合器 YC1 装在主轴传动系统与 M1 转轴相连的第一根传动轴上,当 YC1 通电吸合时,将摩擦片压紧,对 M1 进行制动。停转时,应按住 SB5 或 SB6 直至主轴停转才能松开,一般主轴的制动时间不超过 0.5 s。

(3) 主轴的变速冲动

主轴的变速是通过改变齿轮的传动比实现的。在需要变速时,将变速手柄(见图 7-10)拉出,转动变速盘至所需的转速,然后再将变速手柄复位。在手柄复位的过程中,在瞬间压动了行程开关 SQ1,手柄复位后,SQ1 也随之复位。在 SQ1 动作的瞬间,SQ1 的动断触点(5—7)先断开其他支路,然后动合触点(1—9)闭合,点动控制 KM1,使 M1 产生瞬间的冲动,利于齿轮的啮合;如果点动一次齿轮还不能啮合,可重复进行上述动作。

(4) 主轴换刀控制

在上刀或换刀时,主轴应处于制动状态,以避免发生事故。只要将换刀制动开关 SA1 拨至“接通”位置,其动断触点 SA1-2(4—6)断开控制电路,保证在换刀时机床没有任何动作;其动合触点 SA1-1(105—107)接通 YC1,使主轴处于制动状态。换刀结束后,要记住将 SA1 扳回“断

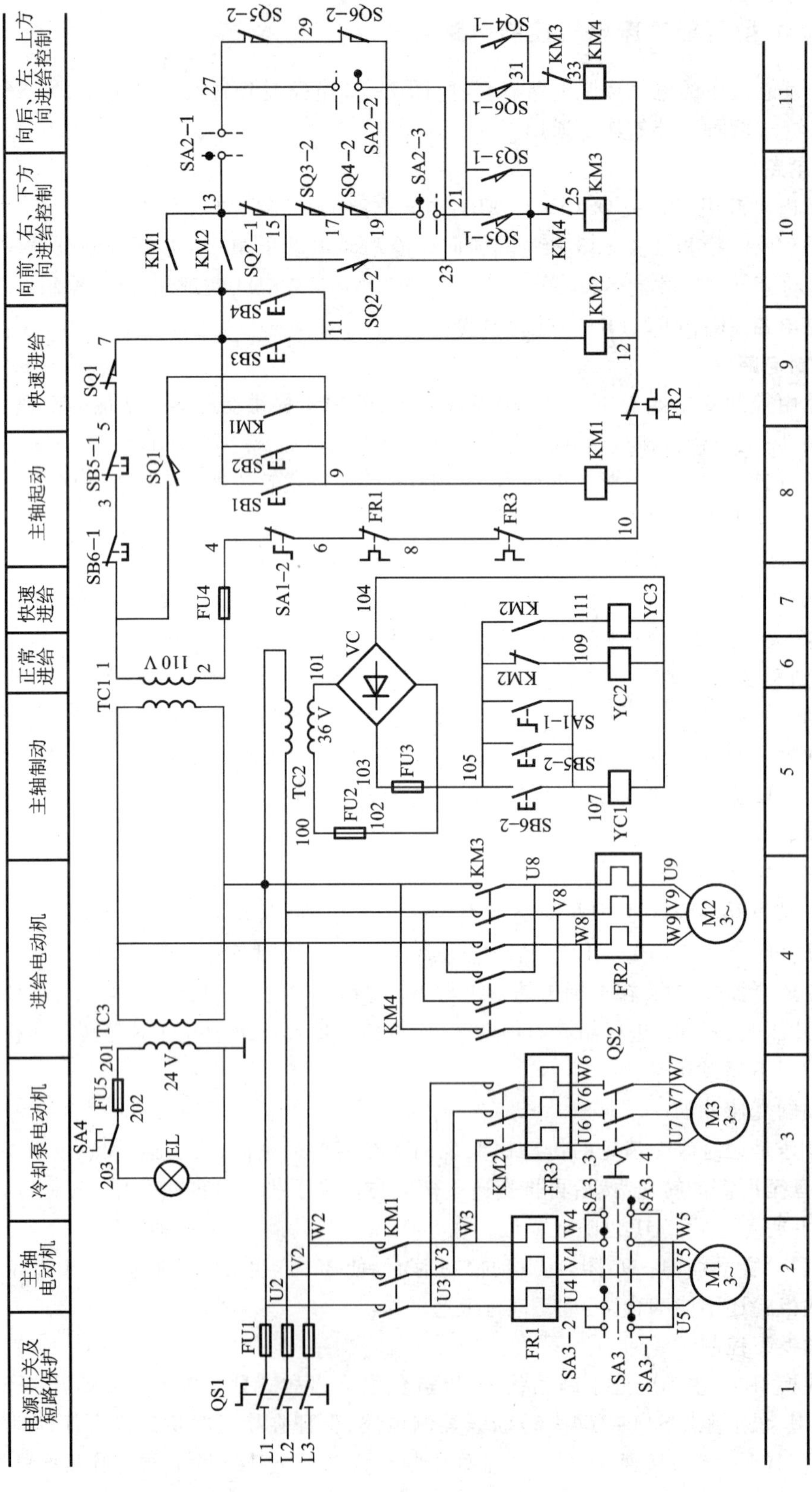

图 7-12　X62W 型万能铣床的电气控制电路

开”位置。

2. 进给运动控制

工作台的进给运动分为常速(工作)进给和快速进给,常速进给必须在 M1 起动运行后才能进行,而快速进给属于辅助运动,可以在 M1 不起动的情况下进行。工作台在六个方向上的进给运动是由机械操作手柄(见图 7-10)带动相关的行程开关 SQ3 ~ SQ6,通过控制接触器 KM3、KM4 来控制进给电动机 M2 正反转来实现的。行程开关 SQ5 和 SQ6 分别控制工作台的向右和向左运动,而 SQ3 和 SQ4 则分别控制工作台的向前、向下和向后、向上运动。

进给拖动系统使用的两个电磁离合器 YC2 和 YC3 都安装在进给传动链中的第四根传动轴上。当 YC2 吸合而 YC3 断开时,为常速进给;当 YC3 吸合而 YC2 断开时,为快速进给。

(1) 工作台的纵向进给运动

将纵向进给操作手柄扳向右边→行程开关 SQ5 动作→其动断触点 SQ5-2(27—29)先断开,动合触点 SQ5-1(21—23)后闭合→KM3 线圈通过(13—15—17—19—21—23—25)路径通电→M2 正转→工作台向右运动。

若将操作手柄扳向左边,则 SQ6 动作→KM4 线圈通电→M2 反转→工作台向左运动。

SA2 为圆工作台控制开关,此时应处于“断开”位置,其三组触点状态为:SA2-1、SA2-3接通,SA2-2 断开。

(2) 工作台的垂直与横向进给运动

工作台垂直与横向进给运动由一个十字形手柄操纵,十字形手柄有上、下、前、后和中间五个位置,将手柄扳至向“下”或“向上”位置时,分别压动行程开关 SQ3 或 SQ4,控制 M2 正转或反转,并通过机械传动机构使工作台分别向下和向上运动;而当手柄扳至“向前”或“向后”位置时,虽然同样是压动行程开关 SQ3 和 SQ4,但此时机械传动机构则使工作台分别向前和向后运动。当手柄在中间位置时,SQ3 和 SQ4 均不动作。下面就以向上运动的操作为例分析电路的工作情况,其余的可自行分析。

将十字形手柄扳至“向上”位置, SQ4 的动断触点 SQ4-2 先断开,动合触点 SQ4-1 后闭合→KM4 线圈经(13—27—29—19—21—31—33)路径通电→M2 反转→工作台向上运动。

(3) 进给变速冲动

与主轴变速时一样,进给变速时也需要使 M2 瞬间点动一下,使齿轮易于啮合。进给变速冲动由行程开关 SQ2 控制,在操纵进给变速手柄和变速盘(见图 7-10)时,瞬间压动了行程开关 SQ2,在 SQ2 通电的瞬间,其动断触点 SQ2-1(13—15)先断开而动合触点 SQ2-2(15—23)后闭合,使 KM3 线圈经(13—27—29—19—17—15—23—25)路径通电, M2 正向点动。由 KM3 的通电路径可见:只有在进给操作手柄均处于零位(即 SQ3 ~ SQ6 均不动作)时,才能进行进给变速冲动。

(4) 工作台快速进给的操作

要使工作台在六个方向上快速进给,在按常速进给的操作方法操纵进给控制手柄的同时,还要按下快速进给按钮开关 SB3 或 SB4(两地控制),使 KM2 线圈通电,其动断触点(105—109)切断 YC2 线圈支路,动合触点(105—111)接通 YC3 线圈支路,使机械传动机构改变传动比,实现快速进给。由于与 KM1 的动合触点(7—13)并联了 KM2 的一个动合触点,所以在 M1 不起动的情况下,也可以进行快速进给。

3. 圆工作台的控制

在需要加工弧形槽、弧形面和螺旋槽时，可以在工作台上加装圆工作台。圆工作台的回转运动也是由进给电动机 M2 拖动的。在使用圆工作台时，将控制开关 SA2 扳至“接通”的位置，此时 SA2-2 接通而 SA2-1、SA2-3 断开。在主轴电动机 M1 起动的同时，KM3 线圈经（13—15—17—19—29—27—23—25）的路径通电，使 M2 正转，带动圆工作台旋转运动（圆工作台只需要单向旋转）。由 KM3 线圈的通电路径可见，只要扳动工作台进给操作的任何一个手柄，SQ3 ~ SQ6 其中一个行程开关的动断触点断开，都会切断 KM3 线圈支路，使圆工作台停止运动，从而保证了工作台的进给运动和圆工作台的旋转运动不会同时进行。

（三）照明电路

照明灯 EL 由照明变压器 TC3 提供 24 V 的工作电压，SA4 为灯开关，FU5 提供短路保护。

四、X62W 型万能铣床常见电气故障的诊断与检修

X62W 型万能铣床电气控制电路较常见的故障主要是主轴电动机控制电路和工作台进给控制电路的故障。

（一）主轴电动机控制电路故障

1. M1 不能起动

与前面已分析过的机床的同类故障一样，可从电源、QS1、FU1、KM1 的主触点、FR1 到换相开关 SA3，从主电路到控制电路进行检查。因为 M1 的容量较大，应注意检查 KM1 的主触点、SA3 的触点有无被熔化，有无接触不良。

此外，如果主轴换刀制动开关 SA1 仍处在“换刀”位置，SA1-2 断开；或者 SA1 虽处于正常工作的位置，但 SA1-2 接触不良，使控制电源未接通，M1 也不能起动。

2. M1 停车时无制动

重点是检查电磁离合器 YC1，如 YC1 线圈有无断线、接点有无接触不良，整流电路有无故障，等等。此外还应检查控制按钮 SB5 和 SB6。

3. 主轴换刀时无制动

如果在 M1 停车时主轴的制动正常，而在换刀时制动不正常，从电路分析可知应重点检查制动控制开关 SA1。

4. 按下停车按钮后 M1 不停

故障的主要原因可能是：KM1 的主触点熔焊。如果在按下停车按钮后，KM1 不释放，则可断定故障是由 KM1 主触点熔焊引起的。应注意此时电磁离合器 YC1 正在对主轴起制动作用，会造成 M1 过载，并产生机械冲击。所以一旦出现这种情况，应马上松开停车按钮，进行检查，否则会很容易烧坏电动机。

5. 主轴变速时无瞬时冲动

由于主轴变速行程开关 SQ1 在频繁动作后，造成开关位置移动，甚至开关底座被撞碎或触点接触不良，都将造成主轴无变速时的瞬时冲动。

（二）工作台进给控制电路故障

铣床的工作台应能够进行前、后、左、右、上、下六个方向的常速和快速进给运动，其控制是由电气和机械系统配合进行的，所以在出现工作台进给运动的故障时，如果对机、电系统的部件逐

个进行检查,是难以尽快查出故障所在的。可依次进行其他方向的常速进给、快速进给、进给变速冲动和圆工作台的进给控制试验,来逐步缩小故障范围,分析故障原因,然后再在故障范围内逐个对电器元件、触点、接线和接点进行检查。在检查时,还应考虑机械磨损或移位使操纵失灵等非电气的故障原因。这部分电路的故障较多,下面仅以一些较典型的故障为例来进行分析。

1. 工作台不能纵向进给

此时应先对横向进给和垂直进给进行试验检查,如果正常,则说明进给电动机 M2、主电路、接触器 KM3、KM4 及与纵向进给相关的公共支路都正常,就应重点检查图 7-12 中的行程开关 SQ2-1、SQ3-2 及 SQ4-2,即接线端编号为 13—15—17—19 的支路,因为只要这三对动断触点之中有一对不能闭合、接触不良或者接线松脱,纵向进给就不能进行。同时,可检查进给变速冲动是否正常,如果也正常,则故障范围已缩小到在 SQ2-1 及 SQ5-1、SQ6-1 上了,一般情况下SQ5-1、SQ6-1 两个行程开关的动合触点同时发生故障的可能性较小,而 SQ2-1(13—15)由于在进给变速时,常常会因用力过猛而容易损坏,所以应先检查它。

2. 工作台不能向上进给

首先进行进给变速冲动试验,若进给变速冲动正常,则可排除与向上进给控制相关的支路 13—27—29—19 存在故障的可能性;再进行向左方向进给试验,若又正常,则又排除 19-21 和 31—33—12 支路存在故障的可能性。这样,故障点就已缩小到 SQ4-1(21—31)的范围内,例如,可能是在多次操作后,行程开关 SQ4 因安装螺钉松动而移位,造成操纵手柄虽已到位,但其触点 SQ4-1(21—31)仍不能闭合,因此工作台不能向上进给。

3. 工作台各个方向都不能进给

此时可先进行进给变速冲动和圆工作台的控制,如果都正常,则故障可能在圆工作台控制开关 SA2-3 及其接线(19—21)上;但若变速冲动也不能进行,则要检查接触器 KM3 能否吸合,如果 KM3 不能吸合,除了 KM3 本身的故障之外,还应检查控制电路中有关的电器部件、接点和接线,如接线端 2—4—6—8—10—12、7—13 等部分;若 KM3 能吸合,则应着重检查主电路,包括 M2 的接线及绕组有无故障。

4. 工作台不能快速进给

如果工作台的常速进给运行正常,仅不能快速进给,则应检查 SB3、SB4 和 KM2,如果这三个电器无故障,电磁离合器电路的电压也正常,则故障可能发生在 YC3 本身,常见的有 YC3 线圈损坏或机械卡死、离合器的动、静摩擦片间隙调整不当等。

(三)诊断与检修设备、仪表、材料和电气元件

① X62W 型万能铣床一台。

② 工具:测电笔、螺钉旋具、尖嘴钳、斜口钳、剥线钳、电工刀等。

③ 仪表:MF47 型万用表、5050 型兆欧表、T301-A 型钳形电流表。

④ 导线若干、绝缘胶布。

(四)诊断与检修注意事项

① 检修前要认真阅读电路图,熟练掌握各个控制环节的原理及作用,并认真仔细地观察教师的示范检修。

② 由于该类铣床的电气控制与机械结构的配合十分密切,因此,在判断故障时,应首先判明是机械故障还是电气故障。

③ 修复故障使铣床恢复正常时，要注意消除产生故障的根本原因，以避免发生相同的故障。

④ 停电要验电，待电检修时，必须有指导师傅在现场监护，以确保用电安全。

⑤ 工具和仪表使用要正常。

第五节　T68 型卧式镗床电气控制电路

镗床也是用于孔加工的机床，与钻床比较，镗床主要用于加工精确的孔和各孔间的距离要求较精确的零件，如一些箱体零件（机床主轴箱、变速箱等）。镗床的加工形式主要是用镗刀镗削在工件上已铸出或已粗钻的孔，除此之外，大部分镗床还可以进行铣削、钻孔、扩孔、铰孔等加工。

镗床的主要类型有卧式镗床、坐标镗床、金刚镗床和专用镗床等，其中以卧式镗床应用最广。本节介绍 T68 型卧式镗床的电气控制电路。

T68 型卧式镗床型号的含义为

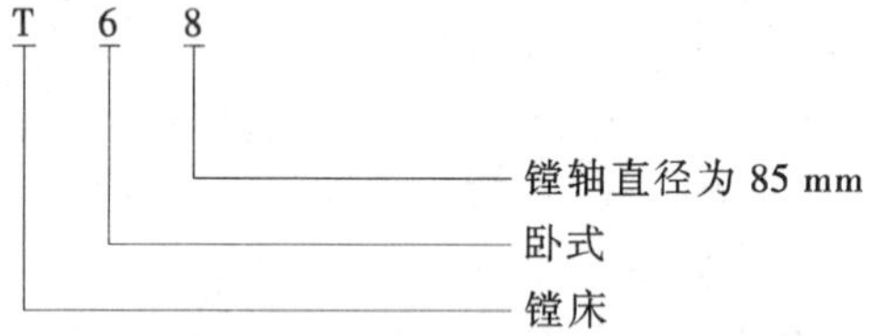

一、卧式镗床的主要结构和运动形式

卧式镗床的结构示意图如图 7-13 所示，前立柱固定安装在床身的右端，在它的垂直导轨上装有可上下移动的主轴箱。主轴箱中装有主轴部件、主运动和进给运动的变速传动机构和操纵

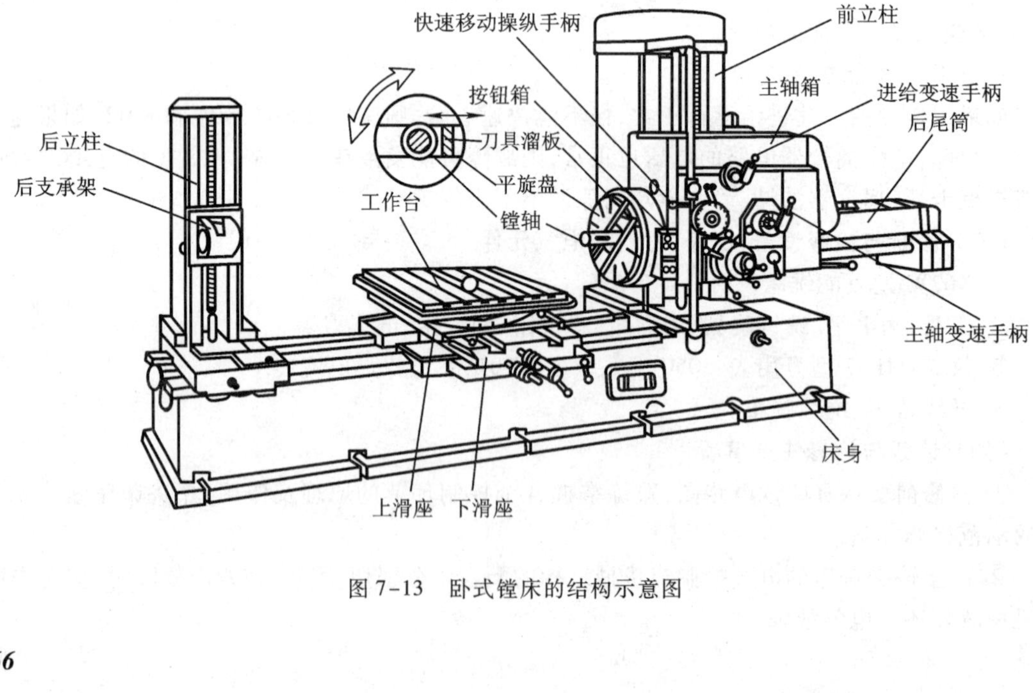

图 7-13　卧式镗床的结构示意图

机构等。在主轴箱的后部固定着后尾筒,里面装有镗轴的轴向进给机构。后立柱固定在床身的左端,装在后立柱垂直导轨上的后支承架用于支承长镗杆的悬伸端[参见图 7-14(b)],后支承架可沿垂直导轨与主轴箱同步升降,后立柱可沿床身的水平导轨左右移动,在不需要时也可以卸下。工件固定在工作台上,工作台部件装在床身的导轨上,由下滑座、上滑座和工作台三部分组成,下滑座可沿床身的水平导轨作纵向移动,上滑座可沿下滑座的导轨作横向移动,工作台则可在上滑座的环形导轨上绕垂直轴线转位,使工件在水平面内调整至一定的角度位置,以便能在一次安装中对互相平行或成一定角度的孔与平面进行加工。根据加工情况不同,刀具可以装在镗轴前端的锥孔中,或装在平旋盘(又称为"花盘")与径向刀具溜板上。加工时,镗轴旋转完成主运动,并且可以沿其轴线移动做轴向进给运动;平旋盘只能随镗轴旋转作主运动;装在平旋盘导轨上的径向刀具溜板除了随平旋盘一起旋转外,还可以沿着导轨移动作径向进给运动。

卧式镗床的典型加工方法如图 7-14 所示,图(a)为用装在镗轴上的悬伸刀杆镗孔,由镗轴的轴向移动进行纵向进给;图(b)为利用后支承架支承的长刀杆镗削同一轴线上的前后两孔,图(c)为用装在平旋盘上的悬伸刀杆镗削较大直径的孔,两者均由工作台的移动进行纵向进给;图(d)为用装在镗轴上的端铣刀铣削平面,由主轴箱完成垂直进给运动;图(e)、(f)为用装在平旋盘刀具溜板上的车刀车削内沟槽和端面,均由刀具溜板移动进行径向进给。

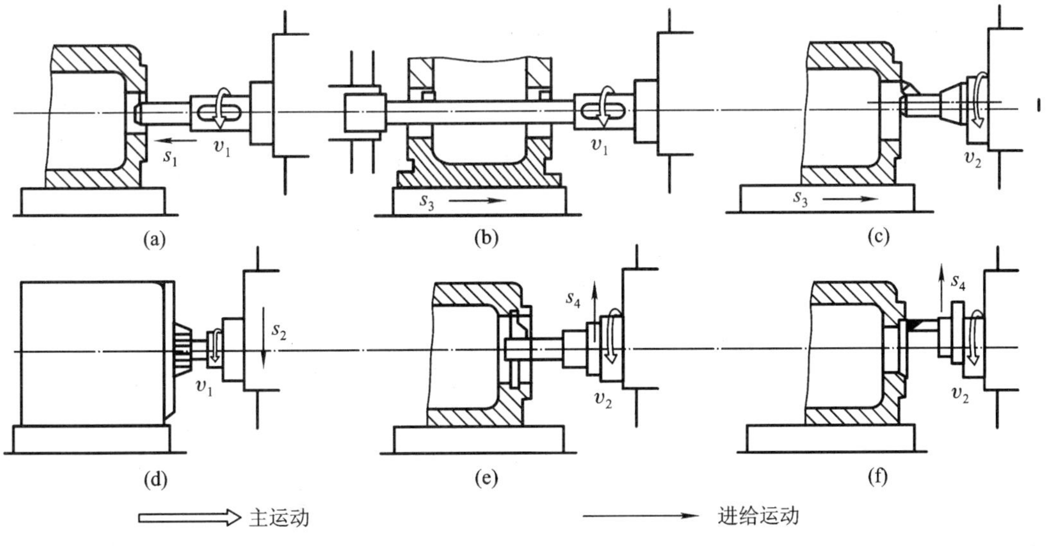

图 7-14　卧式镗床的主运动和进给运动示意图

因此,卧式镗床的运动形式是:主运动为镗轴和平旋盘的旋转运动。进给运动包括:

① 镗轴的轴向进给运动。

② 平旋盘上刀具溜板的径向进给运动。

③ 主轴箱的垂直进给运动。

④ 工作台的纵向和横向进给运动。

辅助运动包括:

① 主轴箱、工作台等的进给运动上的快速调位移动。

② 后立柱的纵向调位移动。

③ 后支承架与主轴箱的垂直调位移动。

④ 工作台的转位运动。

二、卧式镗床的电力拖动形式和控制要求

卧式镗床对电力拖动和控制的要求是：

① 卧式镗床的主运动和进给运动多用同一台异步电动机拖动。为了适应各种形式和各种工件的加工，要求镗床的主轴有较宽的调速范围，因此多采用由双速或三速笼型异步电动机拖动的滑移齿轮有级变速系统。采用双速或三速电动机拖动，可简化机械变速机构。目前，采用电力电子器件控制的异步电动机无级调速系统已在镗床上获得广泛应用。

② 镗床的主运动和进给运动都采用机械滑移齿轮变速，为有利于变速后齿轮的啮合，要求有变速冲动。

③ 要求主轴电动机能够正、反转；可以点动进行调整；并要求有电气制动，通常采用反接制动。

④ 卧式镗床的各进给运动部件要求能快速移动，一般由单独的快速进给电动机拖动。

三、T68 型卧式镗床电气控制电路分析

T68 型卧式镗床电气原理图如图 7-15 所示。

（一）主电路

T68 卧式镗床电气控制电路有两台电动机：一台是主轴电动机 M1，作为主轴旋转及常速进给的动力，同时还带动润滑油泵；另一台是快速进给电动机 M2，作为各进给运动的快速移动的动力。

M1 为双速电动机，由接触器 KM4、KM5 控制：低速时 KM4 吸合，M1 的定子绕组为三角形联结，$n_N = 1\ 460$ r/min；高速时 KM5 吸合，KM5 为两只接触器并联使用，定子绕组为双星形联结，$n_N = 2\ 880$ r/min。KM1、KM2 控制 M1 的正、反转。KV 为与 M1 同轴的速度继电器，在 M1 停车时，由 KV 控制进行反接制动。为了限制起、制动电流和减小机械冲击，M1 在制动、点动及主轴和进给的变速冲动时串入了限流电阻器 R，运行时由 KM3 短接。热继电器 FR 作 M1 的过载保护。

M2 为快速进给电动机，由 KM6、KM7 控制正、反转。由于 M2 是短时工作制，所以不需要用热继电器进行过载保护。

QS 为电源引入开关，FU1 提供全电路的短路保护，FU2 提供 M2 及控制电路的短路保护。

（二）控制电路

控制电路由控制变压器 TC 提供 110 V 工作电压，FU3 提供变压器二次侧的短路保护。控制电路包括 KM1 ~ KM7 七个交流接触器和 KA1、KA2 两个中间继电器，以及时间继电器 KT 共十个电器的线圈支路，该电路的主要功能是对主轴电动机 M1 进行控制。在起动 M1 之前，首先要选择好主轴的转速和进给量（在主轴和进给变速时，与之相关的行程开关 SQ3 ~ SQ6 的状态见表 7-3），并且调整好主轴箱和工作台的位置[在调整好后行程开关 SQ1、SQ2 的动断触点（1-2）均处于闭合接通状态]。

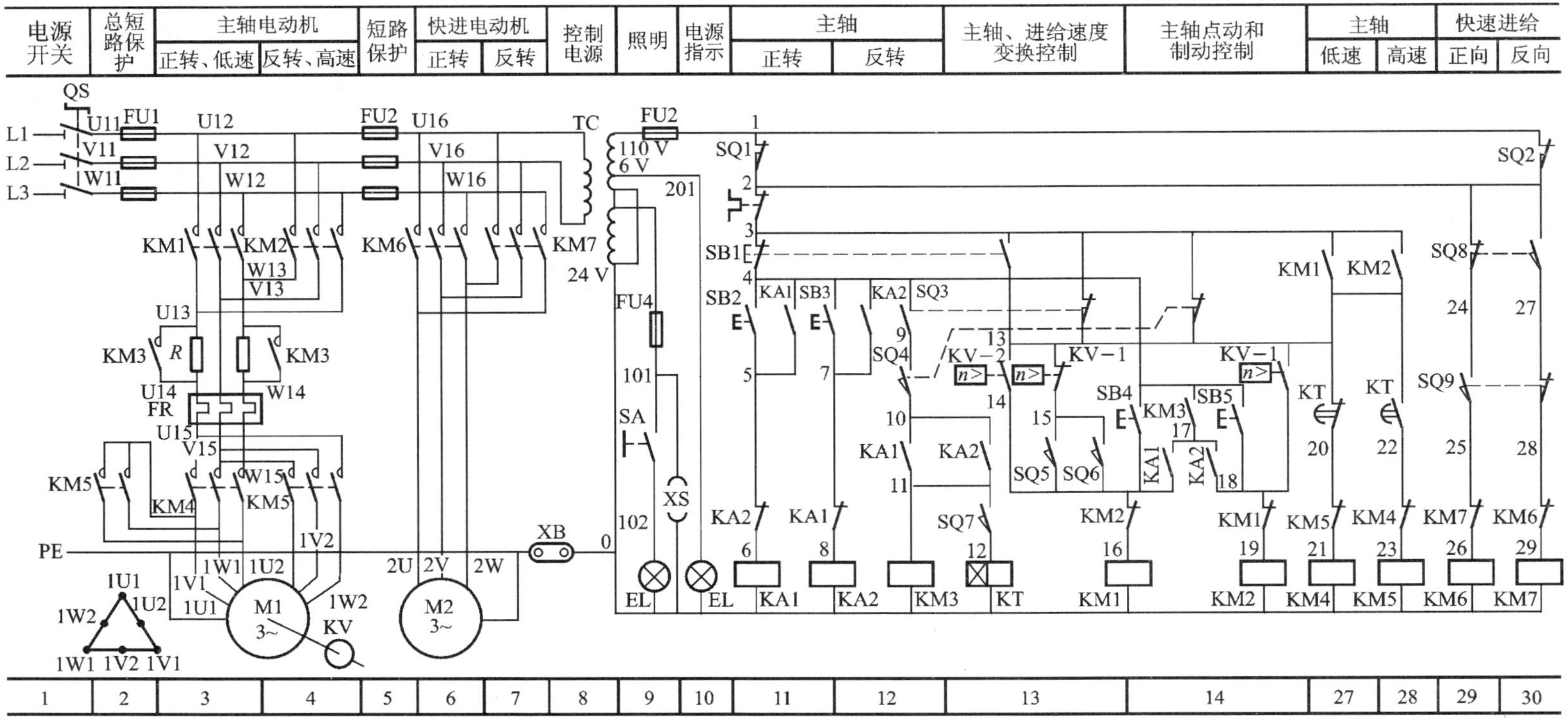

图 7-15　T68 型卧式镗床电气原理图

表 7-3 主轴和进给变速行程开关 SQ3 ~ SQ6 状态表

	相关行程开关的触点	①正常工作时	②变速时	③变速后手柄推不上时
主轴变速	SQ3(4—9)	+	-	-
	SQ3(3—13)	-	+	+
	SQ5(14—15)	-	-	+
进给变速	SQ4(9—10)	+	-	-
	SQ4(3—13)	-	+	+
	SQ6(14—15)	-	+	+

注:+表示接通;-表示断开。

1. M1 的正、反转控制

SB2、SB3 分别为 M1 正、反转起动按钮,下面以正转起动为例:

按下 SB2→KA1 线圈通电自锁→KA1 动合触点(10—11)闭合,KM3 线圈通电→KM3 主触点闭合短接电阻 R;KA1 另一对动合触点(14—17)闭合,与闭合的 KM3 动合辅助触点(4—17)使 KM1 线圈通电→KM1 主触点闭合;KM1 动合辅助触点(3—13)闭合,KM4 通电,电动机 M1 低速起动。

同理,在反转起动运行时,按下 SB3,相继通电的电器为:KA2→KM3→KM2→KM4。

2. M1 的高速运行控制

若按上述起动控制,M1 为低速运行,此时机床的主轴变速手柄置于“低速”位置,微动开关 SQ7 不吸合,由于 SQ7 动合触点(11—12)断开,时间继电器 KT 线圈不通电。要使 M1 高速运行,可将主轴变速手柄置于“高速”位置,SQ7 动作,其动合触点(11—12)闭合,这样在起动控制过程中 KT 与 KM3 同时通电吸合,经过 3 s 左右的延时后,KT 的动断触点(13—20)断开而动合触点(13—22)闭合,使 KM4 线圈断电而 KM5 通电,M1 为双星形(YY)联结高速运行。无论是当 M1 低速运行时还是在停车时,若将变速手柄由低速挡转至高速挡,M1 都是先低速起动或运行,再经 3 s 左右的延时后自动转换至高速运行。

3. M1 的停车制动

M1 采用反接制动,KV 为与 M1 同轴的反接制动控制用的速度继电器,它在控制电路中有三对触点:动合触点(13—18)在 M1 正转时动作,另一对动合触点(13—14)在反转时闭合,还有一对动断触点(13—15)提供变速冲动控制。当 M1 的转速达到约 120 r/min 以上时,KV 的触点动作;当转速降至 40 r/min 以下时,KV 的触点复位。下面以 M1 正转高速运行、按下停车按钮 SB1 停车制动为例进行分析:

按下 SB1→SB1 动断触点(3—4)先断开,先前得电的 KA1、KM3、KT、KM1 和 KM5 线圈相继断电→然后 SB1 动合触点(3—13)闭合,经 KV-1 使 KM2 线圈通电→KM4 通电→M1 三角 D 形联结串电阻反接制动→电动机转速迅速下降至 KV 的复位值→KV-1 动合触点断开,KM2 断电→KM2 动合触点断开,KM4 断电,制动结束。

如果是 M1 反转时进行制动,则由 KV-2 (13—14)闭合,控制 KM1、KM4 进行反接制动。

4. M1 的点动控制

SB4 和 SB5 分别为正、反转点动控制按钮。当需要进行点动调整时，可按下 SB4（或 SB5），使 KM1 线圈（或 KM2 线圈）通电，KM4 线圈也随之通电，由于此时 KA1、KA2、KM3、KT 线圈都没有通电，所以 M1 串入电阻低速转动。当松开 SB4（或 SB5）时，由于没有自锁作用，所以 M1 为点动运行。

5. 主轴的变速控制

主轴的各种转速是由变速操纵盘来调节变速传动系统而取得的。在主轴运转时，如果要变速，可不必停车。只要将主轴变速操纵盘的操作手柄拉出（如图 7-16 所示，将手柄拉至②的位置），与变速手柄有机械联系的行程开关 SQ3、SQ5 均复位（见表 7-3），此后的控制过程如下（以正转低速运行为例）：

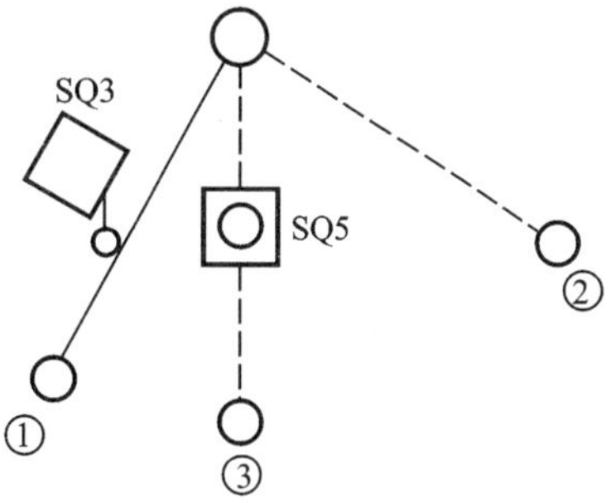

图 7-16　主轴变速手柄位置示意图

将变速手柄拉出→SQ3 复位→SQ3 动合触点断开→KM3 和 KT 都断电→KM1 断电→KM4 断电，M1 断电后由于惯性继续旋转。

SQ3 动断触点（3—13）后闭合，由于此时转速较高，故 KV-1 动合触点为闭合状态→KM2 线圈通电→KM4 通电，电动机 D 形联结进行制动，转速很快下降到 KV 的复位值→KV-1 动合触点断开，KM2、KM4 断电，断开 M1 反向电源，制动结束。

转动变速盘进行变速，变速后将手柄推回→SQ3 动作→SQ3 动断触点（3—13）断开；动合触点（4—9）闭合，KM1、KM3、KM4 重新通电，M1 重新起动。

由以上分析可知，如果变速前主电动机处于停转状态，那么变速后主电动机也处于停转状态。若变速前主电动机处于正向低速（D 形联结）状态运转，由于中间继电器仍然保持通电状态，变速后主电动机仍处于 D 形联结下运转。同样道理，如果变速前电动机处于高速（YY）正转状态，那么变速后，主电动机仍先连接成 D 形，再经 3 s 左右的延时，才进入 YY 联结高速运转状态。

6. 主轴的变速冲动

SQ5 为变速冲动行程开关，由表 7-3 可见，在不进行变速时，SQ5 的动合触点（14—15）是断开的；在变速时，如果齿轮未啮合好，变速手柄就合不上，即在图 7-16 中处于③的位置，则 SQ5 被压合→SQ5 的动合触点（14—15）闭合→KM1 由（13—15—14—16）支路通电→KM4 线圈支路也通电→M1 低速串电阻起动→当 M1 的转速升至 120 r/min 时→KV 动作，其动断触点（13—15）断开→KM1、KM4 线圈支路断电→KV-1 动合触点闭合→KM2 通电→ KM4 通电，M1 进行反接制动，转速下降→当 M1 的转速降至 KV 复位值时，KV 复位，其动合触点断开，M1 断开制动电源；动断触点（13—15）又闭合→KM1、KM4 线圈支路再次通电→M1 转速再次上升……这样使 M1 的转速在 KV 复位值和动作值之间反复升降，进行连续低速冲动，直至齿轮啮合好以后，方能将手柄推合至图 7-16 中①的位置，使 SQ3 被压合，而 SQ5 复位，变速冲动才告结束。

7. 进给变速控制

与上述主轴变速控制的过程基本相同，只是在进给变速控制时，拉动的是进给变速手柄，动作的行程开关是 SQ4 和 SQ6。

8. 快速移动电动机 M2 的控制

为缩短辅助时间，提高生产效率，由快速移动电动机 M2 经传动机构拖动镗头架和工作台作各种快速移动。运动部件及运动方向的预选由装在工作台前方的操作手柄进行，而控制则是由镗头架的快速操作手柄进行。当扳动快速操作手柄时，将压合行程开关 SQ8 或 SQ9，接触器 KM6 或 KM7 通电，实现 M2 快速正转或快速反转。电动机带动相应的传动机构拖动预选的运动部件快速移动。将快速移动手柄扳回原位时，行程开关 SQ5 或 SQ6 不再受压，KM6 或 KM7 断电，电动机 M2 停转，快速移动结束。

9. 联锁保护

为了防止工作台及主轴箱与主轴同时进给，将行程开关 SQ1 和 SQ2 的动断触点并联接在控制电路(1—2)中。当工作台及主轴箱进给手柄在进给位置时，SQ1 的触点断开；而当主轴的进给手柄在进给位置时，SQ2 的触点断开。如果两个手柄都处在进给位置，则 SQ1、SQ2 的触点都断开，机床不能工作。

(三) 照明电路和指示灯电路

由变压器 TC 提供 24 V 安全电压供给照明灯 EL，EL 的一端接地，SA 为灯开关，由 FU4 提供照明电路的短路保护。XS 为 24 V 电源插座。HL 为 6 V 的电源指示灯。

四、T68 型卧式镗床常见电气故障的诊断与检修

镗床常见电气故障的诊断与检修与铣床大致相同，但由于镗床的机电联锁较多，且采用双速电动机，所以会有一些特有的故障，现举例分析如下：

(一) 主轴的转速与标牌的指示不符

这种故障一般有两种现象：第一种是主轴的实际转速比标牌指示转数增加一倍或减少一半，第二种是 M1 只有高速或只有低速。前者大多是由于安装调整不当而引起的。T68 型镗床有 18 种转速，是由双速电动机和机械滑移齿轮联合调速来实现的。第 1，2，4，6，8，…挡是由电动机以低速运行驱动的，而 3，5，7，9，…挡是由电动机以高速运行来驱动的。由以上分析可知，M1 的高低速转换是靠主轴变速手柄推动微动开关 SQ7，由 SQ7 的动合触点(11—12)通、断来实现的。如果安装调整不当，使 SQ7 的动作恰好相反，则会发生第一种故障。而产生第二种故障的主要原因是 SQ7 损坏(或安装位置移动)：如果 SQ7 的动合触点(11—12)总是接通，则 M1 只有高速；如果总是断开，则 M1 只有低速。此外，KT 的损坏(如线圈烧断、触点不动作等)，也会造成此类故障发生。

(二) M1 能低速起动，但置“高速”挡时，不能高速运行而自动停机

M1 能低速起动，说明接触器 KM3、KM1、KM4 工作正常；而低速起动后不能换成高速运行且自动停机，又说明时间继电器 KT 是工作的，其动断触点(13—20)能切断 KM4 线圈支路，而动合触点(13—22)不能接通 KM5 线圈支路。因此，应重点检查 KT 的动合触点(13—22)；此外，还应检查 KM4 的互锁动断触点(22—23)。按此思路，接下去还应检查 KM5 有无故障。

(三) M1 不能进行正反转点动、制动及变速冲动控制

其原因往往是上述各种控制功能的公共电路部分出现故障，如果伴随着不能低速运行，则故障可能出在控制电路 13—20—21—0 支路中有断开点。否则，故障可能出在主电路的制动电阻 *R* 及引线上有断开点。如果主电路仅断开一相电源，电动机还会伴有断相运行时发出的“嗡嗡”声。

本章小结

本章分析了几种常用的机床的电气控制，对各种机床的运动形式、电力拖动与控制要求、电气控制电路进行了分析。并针对机床的故障现象结合机械、电气进行了剖析。机床的运动形式一般较多，电气控制电路较复杂。而不管多复杂的线路总是由基本控制环节构成的，在分析机床的电气控制时，应对机床的基本结构、运动形式、工艺要求等有全面的了解。

分析机床的电气控制电路时，应先分析主电路，掌握各电动机的作用、起动方法、调速方法、制动方法以及各电动机的保护，并应注意各电动机控制的运动形式之间的相互关系，如主电动机和冷却泵电动机之间的顺序；主运动和进给运动之间的顺序；各进给方向之间的联锁关系。分析控制电路时，应分析每一个控制环节对应的电动机，注意机械和电气的联动，各环节之间的互锁和保护。

不同的机床有各自的特点，本章介绍几个常用的机床的电气控制电路，通过对它们的掌握，应能在以后的学习、应用中做到举一反三。

思考题与习题

7.1　金属切削机床的机械运动分为哪几类？分别为什么运动？

7.2　在各机床控制电路中，为什么冷却泵电动机一般都受主电动机的联锁控制，在主电机起动后才能起动，一旦主电动机停转，冷却泵电动机也同步停转？

7.3　试述 CA6140 型车床主轴电动机的控制特点及该车床常见电气故障诊断与检修方法。

7.4　磨床采用电磁吸盘来夹持工件有什么好处？M7130 型平面磨床控制电路具有哪些保护环节？

7.5　X62W 型铣床进给变速能否在运行中进行，为什么？

7.6　T68 型镗床与 X62W 型铣床的变速冲动有什么不同，T68 型镗床在进给时能否变速？

7.7　在图 7-6 电路中，将 KA 与 SA2 的动合触点并联（接线端编号 6—8），其作用是什么？

7.8　Z3050 摇臂钻床的摇臂升降电动机 M2、冷却泵电动机 M4 都不需要用热继电器进行过载保护，分别是由于 M2 ________，M4 ________。

A. 容量太小　　B. 不会过载　　C. 是短时工作制

7.9　M7130 型平面磨床控制电路中电阻 R_1、R_2、R_3 的作用分别是________、________、________。

A. 限制退磁电流　　B. 电磁吸盘线圈的过电压保护　　C. 整流器的过电压保护

7.10　X62W 型万能铣床的主轴采用________制动，T68 型卧式镗床的主轴采用________制动。

A. 反接　　B. 能耗　　C. 电磁离合器

7.11　若 X62W 型万能铣床的主轴未起动，则工作台________。

A. 不能有任何进给　　B. 可以进给　　C. 可以快速进给

7.12　T68 型卧式镗床的主轴电动机 M1 是一台双速异步电动机，低速时定子绕组为________联结，高速时定子绕组为________联结。

A. 三角形　　B. 星形　　C. 双星形

7.13　判断题：

（1）磨床的电磁吸盘可以使用直流电，也可以使用交流电。（　　）

（2）铣床在铣削加工过程中不需要主轴反转。（　　）

(3) T68 型卧式镗床主电路中电阻器的作用是限制起动电流。(　　)

(4) T68 型卧式镗床控制电路中速度继电器 KV 的动断触点(13—15)是提供反接制动控制的。(　　)

7.14　画出 X62W 型万能铣床工作台进给的控制电路。

7.15　X62W 型万能铣床控制电路有哪四种联锁保护作用?

7.16　M7130 型平面磨床的电磁吸盘没有吸力或吸力不足,试分析可能的原因。

7.17　Z3050 型摇臂钻床的摇臂上升、下降动作相反,试由电气控制电路分析其故障的原因。

7.18　X62W 型万能铣床,如果出现以下故障,可能的原因有哪些? 应如何分别处理?

(1) 主轴正、反转运行都很正常,但要停转时,按下停止按钮,主轴不停;

(2) 工作台向右、向左、向前、向下,进给都正常,但不能向上、向后进给;

(3) 工作台垂直与横向进给都正常,但无纵向进给。

7.19　T68 型卧式镗床能低速起动,但不能高速运行,试分析故障的原因。

7.20　试设计一台机床的电气控制电路,该机床共有三台三相笼型异步电动机:主轴电动机 M1、润滑泵电动机 M2、冷却泵电动机 M3。设计要求如下:

(1) M1 直接起动,单向旋转,不需要电气调速,采用能耗制动;并可点动试车;

(2) M1 必须在 M2 工作 3 min 之后才能起动;

(3) M2、M3 共用一只接触器控制,如不需要 M3 工作,可用转换开关 SA 切断;

(4) 具有必要的保护环节;

(5) 装有机床工作照明灯一盏,电压为 36 V;电网电压及控制电路电压均为 380 V。

第八章

桥式起重机的电气控制

学习目标

- 熟悉桥式起重机的基本结构、运动形式、主要技术参数及对电力拖动的要求。
- 掌握凸轮控制器控制的线路的组成、工作原理及保护环节。
- 了解 PQR10B 型主令控制器控制电路的基本工作原理及联锁和保护。
- 熟悉桥式起重机常用的保护方法，会分析 10 t 交流桥式起重机控制电路原理。

第一节　桥式起重机概述

[案例]　三峡 1 200/125 t 桥式起重机是世界上单钩起重量最大的起重机，其主要用途是吊装发电机组的转子（直径 18.4 m、重量 1 900 t）、定子等大型关键部件。

起重机是一种用来起重与空中搬运重物的机械设备，广泛应用于工矿企业、车站、港口、仓库、建筑工地等部门。它对减轻工人劳动强度、提高劳动生产率、促进生产过程机械化起着重要作用，是现代化生产中不可缺少的工具。起重机包括桥式、门式、梁氏和旋转式等多种，其中以桥式起重机的应用最广。桥式类起重机又分为通用桥式起重机、冶金专用起重机、龙门起重机与缆索起重机等。

通用桥式起重机是机械制造工业中最广泛使用的起重机械，又称“天车”或“行车”，它是一种横架在固定跨间上空用来吊运各种物件的设备。图 8-1 为某厂房 200/1 250 t 单梁桥式起重机安装图。桥式起重机按起吊装置不同，可分为吊钩桥式起重机、电磁盘桥式起重机和抓斗桥式起重机。其中尤以吊钩桥式起重机应用最广。本章以吊钩桥式起重机的电气设备进行讨论与分析，另外两种仅起吊装置不同，而结构、电气控制均与吊钩桥式起重机相同。

一、桥式起重机的主要结构和运动形式

图 8-2 为桥式起重机的结构示意图（横截面图），它一般由桥架（又称大车）、大车移行机构、装有提升机构的小车、操纵室、小车导电装置（辅助滑线）、起重机总电源导电装置（主滑

图 8-1　200/1 250 t 单梁桥式起重机安装图

线）等部分组成。

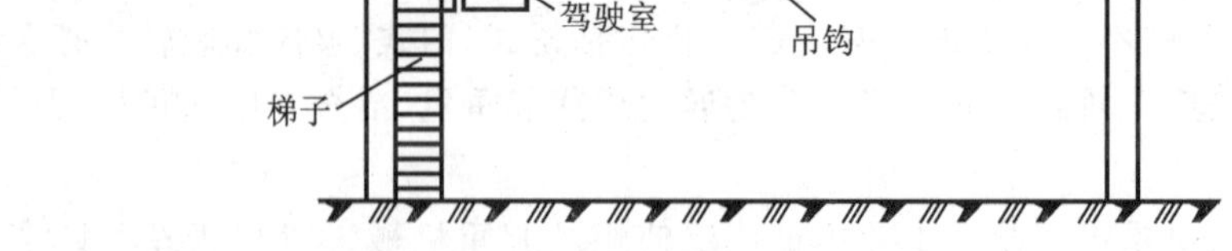

图 8-2　桥式起重机的结构示意图

（一）桥架

桥架是桥式起重机的基本构件，它由主梁、端梁、走台等部分组成。主梁跨架在跨间的上空，有箱型、桁架、腹板、圆管等结构形式。主梁两端连有端梁，在两主梁外侧安有走台，设有安全栏杆。在一侧的走台上装有大车移行机构，在另一侧走台上装有往小车电气设备供电的装置，即辅助滑线。在主梁上方铺有导轨，供小车移动。整个桥式起重机在大车移行机构拖动下，沿车间长度方向的导轨移动。

（二）大车移行机构

大车移行机构由大车驱动电动机、传动轴、联轴节、减速器、车轮及制动器等部件构成。安装方式有集中驱动与分别驱动两种。集中驱动是由一台电动机经减速机构驱动两个主动轮；而分别驱动则由两台电动机分别驱动两个主动轮。后者自重轻，安装调试方便，实践证明使用效果良好。目前我国生产的桥式起重机大多采用分别驱动。

（三）小车

小车安放在桥架导轨上，可顺车间宽度方向移动。小车主要由小车架以及其上的小车移行机构和提升机构等组成。

小车移行机构由小车电动机、制动器、联轴节、减速器及车轮等组成。小车电动机经减速器驱动小车主动轮，拖动小车沿导轨移动，由于小车主动轮相距较近，故由一台电动机驱动。

（四）提升机构

提升机构由提升电动机、减速器、卷筒、制动器、吊钩等组成。提升电动机经联轴节、制动轮与减速器连接，减速器的输出轴与缠绕钢丝绳的卷筒相连接，钢丝绳的另一端装有吊钩，当卷筒转动时，吊钩就随钢丝绳在卷筒上的缠绕或放开而上升与下降。图 8-3 为小车与提升机构示意图。对于起重量在 15 t 及以上的起重机，备有两套提升机构，即主钩与副钩。

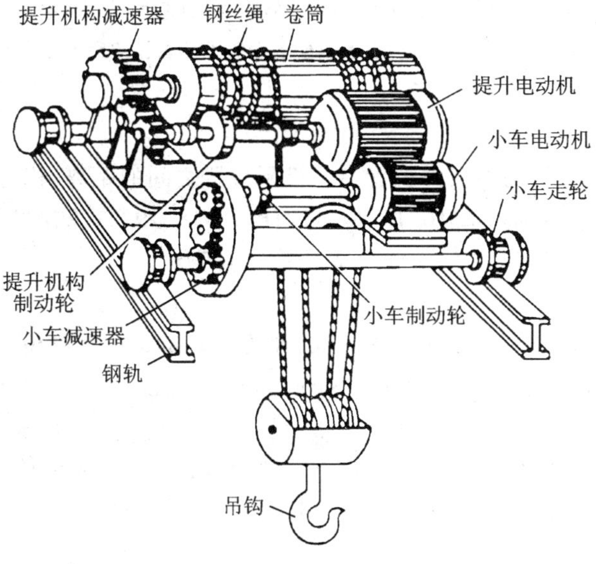

图 8-3　小车与提升机构示意图

（五）操纵室

操纵室是操纵起重机的吊舱，又称驾驶室。操纵室内有大、小车移行机构控制装置、提升机构控制装置以及起重机的保护装置等。操纵室一般固定在主梁的一端，也有少数装在小车下方随小车移动的。操纵室上方开有通向走台的舱口，供检修大车与小车机械及电气设备时人员上下用。

由上可知，桥式起重机的运动形式有三种：

① 起重机由大车电动机驱动沿车间两边的轨道作纵向前后运动。

② 小车及提升机构由小车电动机驱动沿桥架上的轨道作横向左右运动。

③ 在升降重物时由起重电动机驱动作垂直上下运动(见图 8-2)。

这样桥式起重机就可实现重物在垂直、横向、纵向三个方向的运动,把重物移至车间任一位置,完成车间内的起重运输任务。

二、桥式起重机主要技术参数

桥式起重机的主要技术参数有:起重量、跨度、提升高度、运行速度、提升速度、通电持续率、工作类别等。

(一) 起重量

起重量又称额定起重量,是指起重机实际允许起吊的最大负荷量,以 t(吨)为单位。国产的桥式起重机系列其起重量有 5、10(单钩)、15/3、20/5、30/5、50/10、75/20、100/20、125/20、150/30、200/30、250/30 t(双钩)等多种。数字的分子为主钩起重量,分母为副钩起重量。

桥式起重机按照起重量可分为三个等级,即 5 ~ 10 t 为小型,10 ~ 50 t 为中型,50 t 以上为重型起重机。

(二) 跨度

起重机主梁两端车轮中心线间的距离,即大车轨道中心线间的距离称为跨度,以 m(米)为单位。国产桥式起重机的跨度有 10.5、13.5、16.5、19.5、22.5、25.5、28.5、31.5 m 等,每 3 m 为一个等级。

(三) 提升高度

起重机吊具或抓取装置的上极限位置与下极限位置之间的距离,称为起重机的提升高度,以 m 为单位。常用的提升高度有 12、16、12/14、12/18、16/18、19/21、20/22、21/23、22/26、24/26 m 等几种。其中分子为主钩提升高度,分母为副钩提升高度。

(四) 运行速度

运行机构在拖动电动机额定转速下运行的速度,以 m/min 为单位。小车运行速度一般为 40 ~ 60 m/min,大车运行速度一般为 100 ~ 135 m/min。

(五) 提升速度

提升机构的提升电动机以额定转速取物上升的速度,以 m/min 为单位。一般提升速度不超过 30 m/min,依货物性质、重量、提升要求来决定。

(六) 通电持续率

由于桥式起重机为断续工作,其工作的繁重程度用通电持续率 *FC%* 表示。通电持续率为工作时间与周期时间之比,一般一个周期通常定为 10 min。标准的通电持续率规定为 15%、25%、40%、60% 四种。

(七) 工作类型

起重机按其载荷率和工作繁忙程度可分为轻级、中级、重级和特重级四种工作类型。

① 轻级:工作速度低,使用次数少,满载机会少,通电持续率为 15%。用于不需紧张及繁重工作的场所,如在水电站、发电厂中用作安装检修用的起重机。

② 中级:经常在不同载荷下工作,速度中等,工作不太繁重,通电持续率为 25%,如一般机械加工车间和装配车间用的起重机。

③ 重级：工作繁重，经常在重载荷下工作，通电持续率为40%，如冶金和铸造车间内使用的起重机。

④ 特重级：经常起吊额定负荷，工作特别繁忙，通电持续率为60%，如冶金专用的桥式起重机。

起重量、运行速度和工作类型是桥式起重机最重要的三个参数。

三、桥式起重机对电力拖动的要求

桥式起重机的工作条件比较差，由于安装在车门（仓库、码头、货场）的上部，有的还是露天安装，因此往往处在高温、高湿度、易受风雨侵蚀或多粉尘的环境；同时，还经常处于频繁的起动、制动、反转状态，要承受较大的过载和机械冲击。因此，对桥式起重机的电力拖动和电气控制有以下特殊的要求：

（一）对起重电动机的要求

1. 起重电动机为重复短时工作制

所谓"重复短时工作制"，即 FC 介于25%～40%。重复短时工作制的特点是电动机较频繁地通、断电，经常处于起动、制动和反转状态，而且负载不规律，时轻时重，因此受过载和机械冲击较大；同时，由于工作时间较短，其温升要比长期工作制的电动机低（在同样的功率下），允许过载运行。因此，要求电动机有较强的过载能力。

2. 有较大的起动转矩

起重电动机往往是带负载起动，因此要求有较好的起动性能，即起动转矩大，起动电流小。

3. 能进行电气调速

由于起重机对重物停放的准确性要求较高，在起吊和下降重物时要进行调速，但是起重机的调速大多数是在运行过程中进行，而且变换次数较多，所以不宜采用机械调速，而应采用电气调速。因此，起重电动机多采用绕线转子异步电动机，且采用转子电路串电阻的方法起动和调速。

4. 能适应较恶劣的工作环境和机械冲击

电动机应采用封闭式，要求有坚固的机械结构，采用较高的耐热绝缘等级。

根据以上要求，专门设计了起重用的交流异步电动机，型号为YZR（绕线型）和YZ（笼型）系列，这类电动机具有过载能力强、起动性能好、机械强度大和机械特性较软的特点，能够适应起重机工作的要求。起重电动机在铭牌上标出的功率均为 $FC=25\%$ 时的输出功率。

（二）电力拖动系统的构成及电气控制要求

桥式起重机的电力拖动系统由三至五台电动机所组成：

① 小车驱动电动机一台。

② 大车驱动电动机一至两台：大车如果采用集中驱动，则只有一台大车电动机；如果采用分别驱动，则由两台相同的电动机分别驱动左、右两边的主动轮。

③ 起重电动机一至两台：单钩的小型起重机只有一台起重电动机；对于15 t以上的中型和重型起重机，则有两台（主钩和副钩）起重电动机。

桥式起重机电力拖动及其控制的主要要求是：

① 空钩能够快速升降，以减少辅助工时；轻载时的提升速度应大于额定负载时的提升速度。

② 有一定的调速范围,普通的起重机调速范围(高低速之比)一般为3∶1,要求较高的则要达到(5～10)∶1。

③ 有适当的低速区,在刚开始提升重物或重物下降至接近预定位置时,都应低速运行。因此要求在30%额定速度内分成若干低速挡以供选择。同时要求由高速向低速过渡时应逐级减速以保持稳定运行。

④ 提升的第一挡为预备挡,用以消除传动系统中的齿轮间隙,并将钢丝绳张紧,以避免过大的机械冲击。预备级的起动转矩一般限制在额定转矩的50%以下。

⑤ 起重电动机负载的特点是位能性反抗力矩(即负载转矩的方向并不随电动机的转向而改变),因此要求在下放重物时起重电动机可工作在电动机状态、反接制动或再生发电制动状态,以满足对不同下降速度的要求(详见后面对起重机控制电路的分析)。

⑥ 为确保安全,要求采用电气和机械双重制动,既可减轻机械抱闸的负担,又可防止因突然断电而使重物自由下落造成事故。

⑦ 要求有完备的电气保护与联锁环节,例如:要有短时过载的保护措施,由于热继电器的热惯性较大,因此起重机电路多采用过流继电器作过载保护;要有零压保护;行程终端限位保护等等。

以上要求都集中反映在对提升机构的拖动及其控制上,桥式起重机对大车、小车驱动电动机一般没有特殊的要求,只是要求有一定的调速范围、采用制动停车,并有适当的保护。

桥式起重机的控制设备已经系列化和标准化,已有定型产品。下面将介绍桥式起重机的控制设备和控制电路原理。

第二节 凸轮控制器及其控制电路

一、凸轮控制器的结构

凸轮控制器是一种大型手动控制电器,是起重机上重要的电气操作设备之一,用以直接操作与控制电动机的正反转、调速、起动与停止。

应用凸轮控制器控制电动机控制电路简单,维修方便,广泛用于中小型起重机的平移机构和小型起重机提升机构的控制中。

图8-4为凸轮控制器结构示意图。凸轮控制器从外部看,由机械结构、电气结构、防护结构等三部分组成。其中手轮、转轴、凸轮、杠杆、弹簧、定位棘轮为机械结构。触点、接线柱和接线板等为电气结构。而上下盖板、外罩及灭弧罩等为防护结构。

当转轴在手轮扳动下转动时,固定在轴上的凸轮同轴一起转动,当凸轮的凸起部位顶住滚子时,便将动触点与静触点分开;当转轴带动凸轮转动到凸轮凹处与滚子相对时,动触点在弹簧作用下,使动静触点紧密接触,从而实现触点接通与断开的目的。

在方轴上可以叠装不同形状的凸轮块,以使一系列动触点按预先安排的顺序接通与断开。将这些触点接到电动机电路中,便可实现控制电动机的目的。

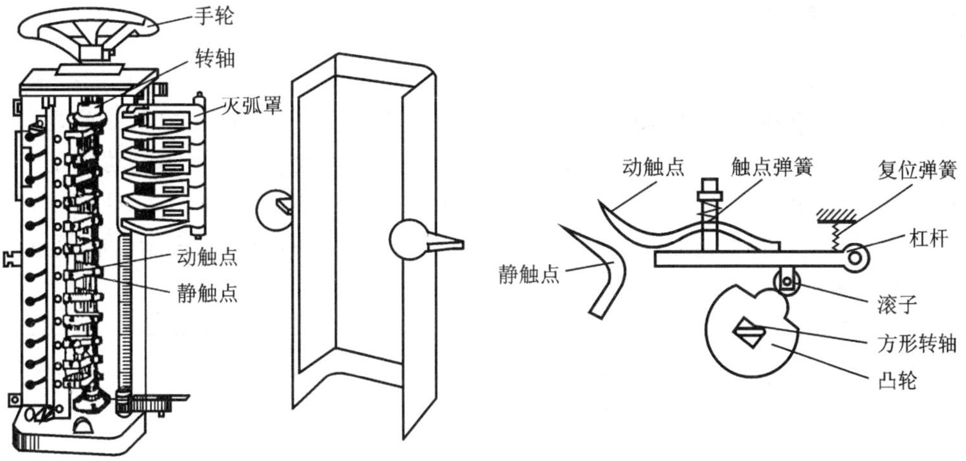

(a) 结构外形图　　(b) 动作原理示意图

图 8-4　凸轮控制器结构示意图

二、凸轮控制器的型号与主要技术参数

常用的国产凸轮控制器有 KT10、KT12、KT14、KT16 等系列，以及 KTJ1-50/1、KTJ1-50/5、KTJ1-80/1 等型号。凸轮控制器的型号及意义为：

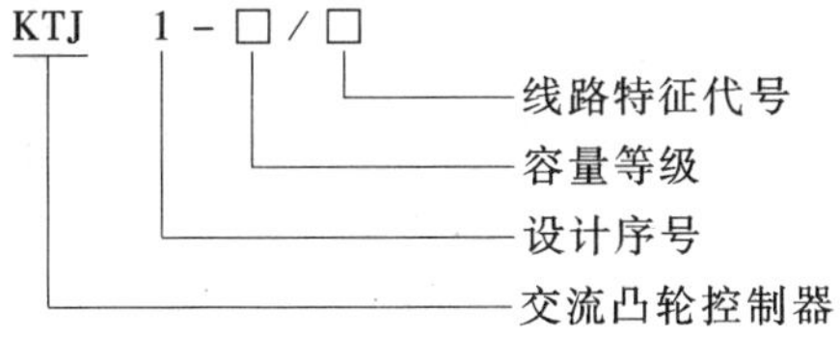

凸轮控制器按重复短时工作制设计，其 $FC=25\%$。KT14 系列凸轮控制器的主要技术参数见表 8-1，其中 KT14-25J/1、KT14-60J/1 型可用于同时控制两台绕线转子三相异步电动机，并带有控制定子电路的触点；KT14-25J/3 型可用于控制一台笼型三相异步电动机的正反转；KT14-60J/4型可用于同时控制两台绕线转子三相异步电动机，定子电路由接触器控制。

表 8-1　KT14 系列凸轮控制器的主要技术参数

<table>
<tr><th rowspan="2">型　　号</th><th rowspan="2">额定电压/V</th><th rowspan="2">额定电流/A</th><th colspan="2">工作位置</th><th rowspan="2">FC=25%时所控制的电动机最大功率/kW</th><th rowspan="2">额定操作频率/(次/h)</th><th rowspan="2">最大工作周期/min</th></tr>
<tr><th>右旋</th><th>左旋</th></tr>
<tr><td>KT14-25J/1</td><td rowspan="6">380</td><td rowspan="3">25</td><td>5</td><td>5</td><td>11.5</td><td rowspan="6">600</td><td rowspan="6">10</td></tr>
<tr><td>KT14-25J/2</td><td>5</td><td>5</td><td>26.3</td></tr>
<tr><td>KT14-25J/3</td><td>1</td><td>1</td><td>8</td></tr>
<tr><td>KT14-60J/1</td><td rowspan="3">60</td><td>5</td><td>5</td><td>32</td></tr>
<tr><td>KT14-60J/2</td><td>5</td><td>5</td><td>216</td></tr>
<tr><td>KT14-60J/4</td><td>5</td><td>5</td><td>225</td></tr>
</table>

三、凸轮控制器控制的电路

图 8-5 所示为采用凸轮控制器控制的 10 t 桥式起重机小车控制电路。凸轮控制器控制电路的特点是原理图以其圆柱表面的展开图来表示。由图 8-5 可见,凸轮控制器有编号为 1～12 的 12 对触点,以竖画的细实线表示;而凸轮控制器的操作手轮右旋(控制电动机正转)和左旋(控制电动机反转)各有 5 个挡位,加上一个中间位置(称为“零位”)共有 11 个挡位,用横画的细虚线表示;每对触点在各挡位是否接通,则以在横竖线交点处的黑圆点表示。有黑点的表示接通,无黑点的则表示断开。

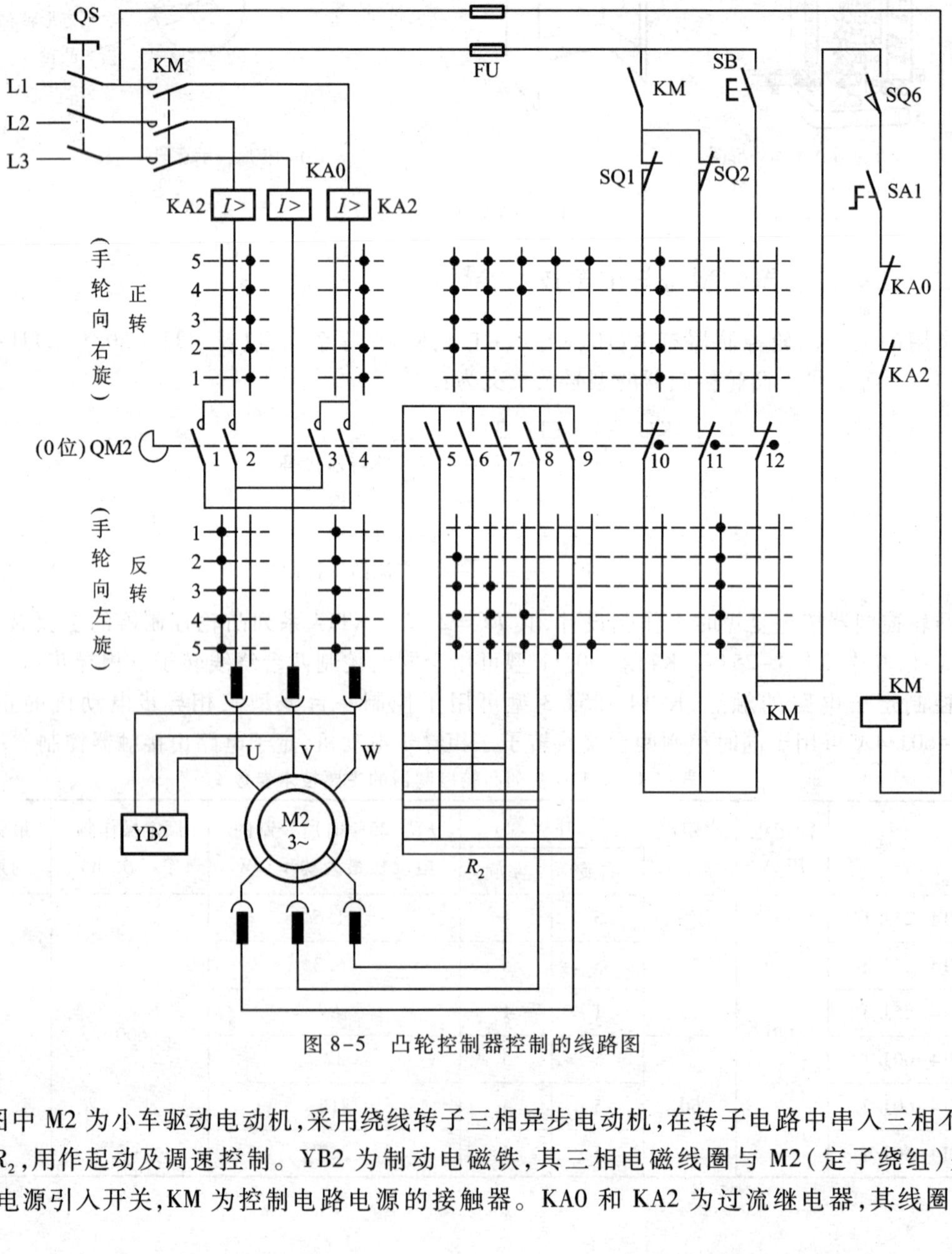

图 8-5　凸轮控制器控制的线路图

图中 M2 为小车驱动电动机,采用绕线转子三相异步电动机,在转子电路中串入三相不对称电阻 R_2,用作起动及调速控制。YB2 为制动电磁铁,其三相电磁线圈与 M2(定子绕组)并联。QS 为电源引入开关,KM 为控制电路电源的接触器。KA0 和 KA2 为过流继电器,其线圈(KA0

为单线圈，KA2 为双线圈）串联在 M2 的三相定子电路中，而其动断触点则串联在 KM 的线圈支路中。

（一）电动机定子电路

在每次操作之前，应先将凸轮控制器 QM2 置于零位，由图可见 QM2 的触点 10、11、12 在零位接通；然后合上电源开关 QS，按下起动按钮 SB，接触器 KM 线圈通过 QM2 的触点 12 通电，KM 的三对主触点闭合，接通电动机 M2 的电源，然后可以用 QM2 操纵 M2 的运行。QM2 的触点 10、11 与 KM 的动合触点一起构成正转和反转时的自锁电路。

凸轮控制器 QM2 的触点 1～4 控制 M2 的正、反转，由图可见触点 2、4 在 QM2 右旋的五挡均接通，M2 正转；而左旋五挡则是触点 1、3 接通，按电源的相序 M2 为反转；在零位时 4 对触点均断开。

（二）电动机转子电路

凸轮控制器 QM2 的触点 5～9 用以控制 M2 转子外接电阻 R_2，以实现对 M2 起动和转速的调节。由图可见这五对触点在中间零位均断开，而在左、右旋各五挡的通断情况是完全对称的：在（左、右旋）第一挡触点 5～9 均断开，三相不对称电阻 R_2 全部串入 M2 的转子电路，此时 M2 的机械特性最软（图 8-6 中的曲线 1）；置第二、三、四挡时触点 5、6、7 依次接通，将 R_2 逐级不对称地切除，对应的机械特性曲线为图8-6中的曲线 2、3、4，可见电动机的转速逐渐升高；当置第五挡时触点 5～9 全部接通，R_2 全部被切除，M2 运行在自然特性曲线 5 上。

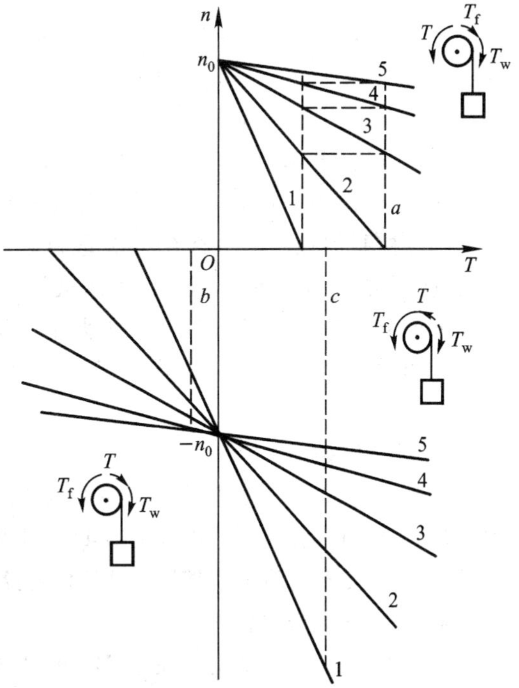

图 8-6　凸轮控制器控制提升电动机机械特性

由以上分析可见，用凸轮控制器控制小车及大车的移行，凸轮控制器是用触点 1～9 控制电动机的正、反转起动，在起动过程中逐段切断转子电阻，以调节电动机的起动转矩和转速。从第一挡到第五挡电阻逐渐减小至全部切除，转速逐渐升高。该电路如果用于控制起重机吊钩的升降，则升、降的控制操作不同。

1. 提升重物

此时起重电动机为正转（凸轮控制器右旋），对应为图 8-6 中第Ⅰ象限的五条曲线。第一挡（曲线 1）的起动转矩很小，是作为预备级，用于消除传动齿轮的间隙并张紧钢丝绳；在二至五挡提升速度逐渐提高（见图 8-6 第Ⅰ象限中的垂直虚线 *a*）。

2. 轻载下放重物

此时起重电动机为反转（凸轮控制器左旋），对应为图 8-6 中第Ⅲ象限的五条曲线。因为下放的重物较轻，其重力矩 T_w 不足以克服摩擦转矩 T_f，则电动机工作在反转电动机状态，电动机的电磁转矩 T 与 T_w 方向一致迫使重物下降（$T_w+T>T_f$），在不同的挡位可获得不同的下降速度（见图中第Ⅲ象限中的垂直虚线 *b*）。

3. 重载下放重物

此时起重电动机仍然反转，但由于负载较重，其重力矩 T_w 与电动机电磁转矩 T 方向一致而使电动机加速，当电动机的转速大于同步转速 n_0 时，电动机进入再生发电制动工作状态，其机械特性曲线为图 8-6 第Ⅲ象限第 5 条曲线在第Ⅳ象限的延伸，T 与 T_w 方向相反而成为制动转矩。由图可见在第Ⅳ象限的曲线 1、2、3 比较陡直，因此在操作时应将凸轮控制器的手轮从零位迅速扳至第五挡，中间不允许停留，在往回操作时也一样，应从第五挡快速扳回零位，以免引起重物高速下降而造成事故（见图中第Ⅳ象限中的垂直虚线 c）。

由此可见，在下放重物时，不论是重载还是轻载，该电路都难以控制低速下降。因此在下降操作中如需要较准确的定位时，可采用点动操作的方式，即将控制器的手轮在下降（反转）第一挡与零位之间来回扳动以点动起重电动机，再配合制动器便能实现较准确的定位。

（三）保护电路

图 8-5 电路有欠压、零压、零位、过流、行程终端限位保护和安全保护共六种保护功能。

1. 欠压保护

接触器 KM 本身具有欠电压保护的功能，当电源电压不足时（低于额定电压的 85%），KM 因电磁吸力不足而复位，其动合主触点和自锁触点都断开，从而切断电源。

2. 零压保护与零位保护

采用按钮 SB 起动，SB 动合触点与 KM 的自锁动合触点相并联的电路，都具有零压（失压）保护功能，在操作中一旦断电，必须再次按下 SB 才能重新接通电源。在此基础上，由图 8-5 可见，采用凸轮控制器控制的电路在每次重新起动时，还必须将凸轮控制器旋回中间的零位，使触点 12 接通，才能够按下 SB 接通电源，这就防止在控制器还置于左右旋的某一挡位、电动机转子电路串入的电阻较小的情况下起动电动机，造成较大的起动转矩和电流冲击，甚至造成事故。这一保护作用称为“零位保护”。触点 12 只有在零位才接通，而其他十个挡位均断开，称为零位保护触点。

3. 过流保护

如上所述，起重机的控制电路往往采用过流继电器作过流（包括短路、过载）保护，过流继电器 KA0、KA2 的动断触点串联在 KM 线圈支路中，一旦出现过电流便切断 KM，从而切断电源。此外，KM 的线圈支路采用熔断器 FU 作短路保护。

4. 行程终端限位保护

行程开关 SQ1、SQ2 分别提供 M2 正、反转（如 M2 驱动小车，则分别为小车的右行和左行）的行程终端限位保护，其动断触点分别串联在 KM 的自锁支路中。以小车右行为例分析保护过程：将 QM2 右旋→M2 正转→小车右行→若行至行程终端还不停下→碰 SQ1→SQ1 动断触点断开→KM 线圈支路断电→切断电源；此时只能将 QM2 旋回零位→重新按下 SB→KM 线圈支路通电（并通过 QM2 的触点 11 及 SQ2 的动断触点自锁）→重新接通电源→将 QM2 左旋→M2 反转→小车左行，退出右行的行程终端位置。

5. 安全保护

在 KM 的线圈支路中，还串入了舱口安全开关 SQ6 和事故紧急开关 SA1。在平时，应关好驾驶舱门，使 SQ6 被压下（保证桥架上无人），才能操纵起重机运行；一旦发生事故或出现紧急情况，可断开 SA1 紧急停车。

第三节　主令控制器的控制电路

主令控制器的控制电路是利用主令控制器发出动作指令，使磁力控制屏中各相应接触器动作来换接电路，控制起升机构电动机按与之相应的运行状态来完成各种起重吊运工作，由于主令控制器与磁力控制屏组成的控制电路较复杂，使用元件多，成本高，故一般在下列情况下才采用：

① 拖动电动机容量大，凸轮控制器容量不够。

② 操作频率高，每小时通断次数接近或超过 600 次。

③ 起重机工作繁重，操作频繁，要求减轻司机劳动强度、要求电气设备具有较高寿命。

④ 起重机要求有较好的调速、点动等运行性能。

图 8-7 为提升机构 PQR10B 型主令控制电气原理图。该电路采用 LKI-12/90 型主令控制器操作。该控制器有 12 对触点，在提升与下降时各有 6 个工作位置，通过控制器操作手柄置于不同工作位置，使 12 对触点相应闭合或断开，进而控制电动机定子电路与转子电路接触器，实现电动机工作状态的改变，使物品获得上升与下降的不同速度。由于主令控制器为手动操作，所以电动机工作状态的变换由操作者掌握。

图 8-7 中正、反转接触器 KM1、KM2 用以换接电动机定子电源相序，实现电动机正、反转。制动接触器 KM3 控制电动机三相电磁铁 YB。在电动机转子电路中设有 7 段对称连接的转子电阻，其中前两段 R_1、R_2 为反接制动电阻，分别由反接制动接触器 KM4、KM5 控制；后 4 段 R_3 ~ R_6 为起动加速电阻，由加速接触器 KM6 ~ KM9 控制；最后一段 R_7 为固定接入的软化特性用电阻。当主令控制器手柄处于不同控制挡位时，获得相应的机械特性，如图 8-8 所示。

主令控制器 SA 手柄置于“0”位，合上开关 QS1、QS2，此时零电压继电器 KA3 线圈通电并自锁，实现零压保护，并为起动做准备。

一、提升重物的控制

控制器提升控制共有 6 个挡位，在提升各挡位上，触点 SA3、SA4、SA6 与 SA7 都闭合，于是将上升行程开关 SQ 接入，实现上升限位保护；接触器 KM3、KM1、KM4 始终通电吸合，于是电磁抱闸松开，短接 R_1 电阻，电动机按提升相序接通电源，产生提升方向电磁转矩，在上升“1”位起动转矩小，作为消除齿轮间隙的预备起动级。

当主令控制器手柄依次扳到上升“2”位至上升“6”位时，控制器触点 SA8 ~ SA12 依次相继闭合，接触器 KM5 ~ KM9 依次通电吸合，将 R_2 ~ R_6 各段转子电阻逐级短接，于是获得图 8-8 中第 I 象限中的第 1 至第 6 条机械特性。可根据各类负载进行起升操作。

二、下降重物的控制

主令控制器在下降控制时也有 6 个挡位，但在前 3 个挡位，正转接触器 KM1 通电吸合，电动机仍以提升相序接线，产生向上的电磁转矩。只有在下降后 3 个挡位，反转接触器 KM2 才通电吸合，电动机产生向下的电磁转矩。所以，前 3 个挡位为倒拉反接制动下降，而后 3 个挡位为强力下降。

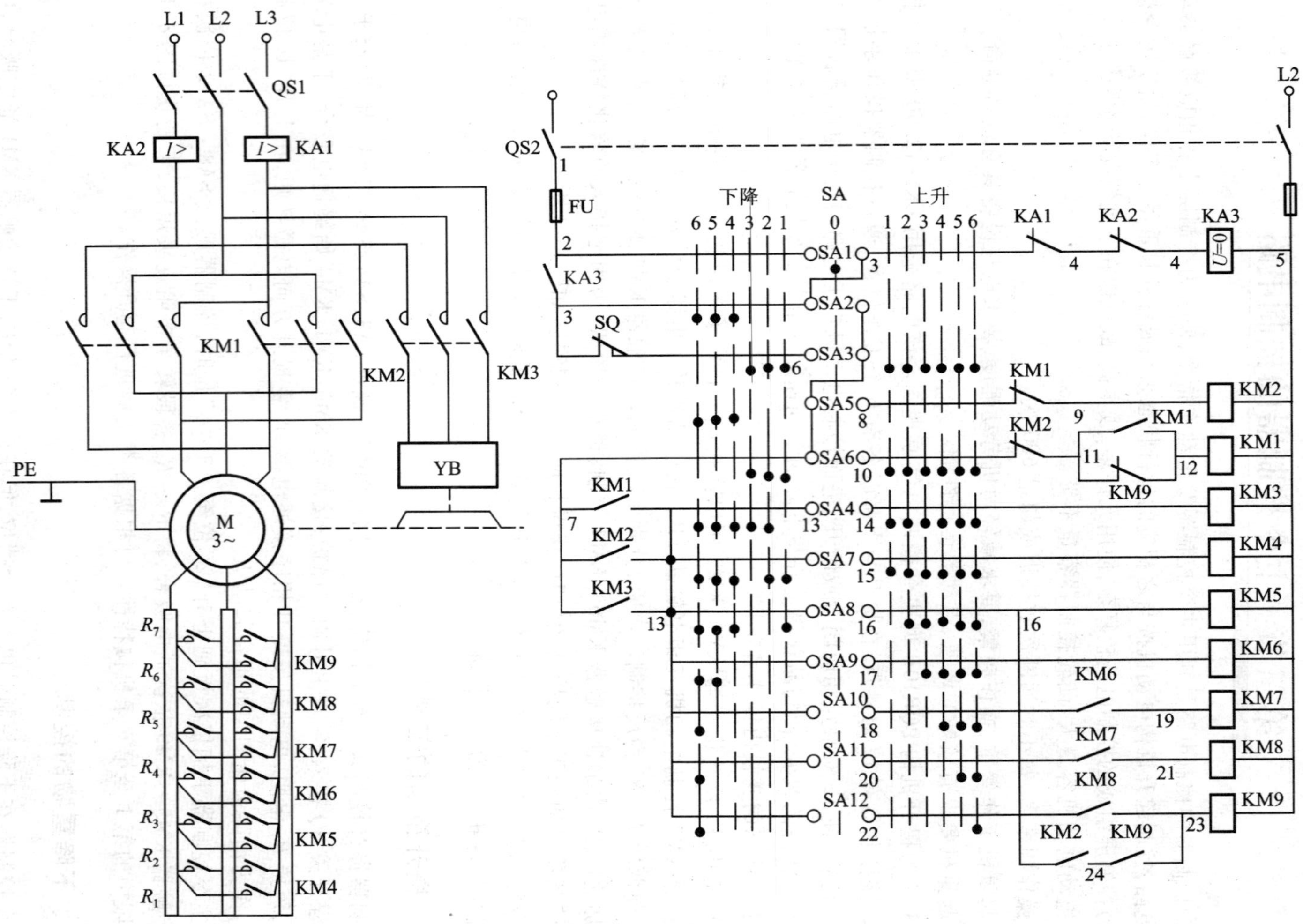

图 8-7　提升机构 PQR10B 型主令控制电气原理图

下降“1”为预备挡，此时控制器触点 SA4 断开，KM3 断电释放，制动器未松开；触点 SA6、SA7、SA8 闭合，接触器 KM4、KM5、KM1 通电吸合，电动机转子短接两段电阻 R_1、R_2，定子按提升相序接通电源，但此时由于制动器未打开，故电动机并不起动旋转。该挡位是为适应提升机构由上升变换到下降工作，消除因机械传动间隙对机构的冲击而设的。所以此挡不能停顿，必须迅速通过该挡，以防由于电动机在制动状态下时间过长而烧毁电动机。

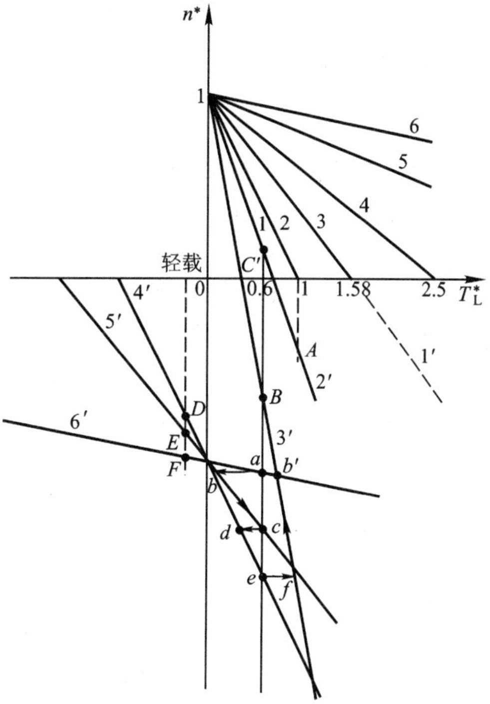

图 8-8　PQR10B 型主令控制器控制电动机机械特性

下降“2”挡是为重载低速下放而设的。此时控制器触点 SA6、SA4、SA7 闭合，接触器 KM1、KM3、KM4 通电吸合，制动器打开，电动机转于串入电阻 $R_2 \sim R_7$，定子按起升相序接线，在重载时获得倒拉反接制动低速下放。如图 8-8 中，在 $T_L^* = 1$ 时，电动机起动转矩标幺值为 0.67，所以控制器手柄置于下降“2”挡位时，将稳定运行在 A 点上，低速下放置物。

下降“3”挡是为中型载荷低速下放而设的。在该挡位时，控制器触点 SA6、SA4 闭合，接触器 KM1、KM3 通电吸合，此时电动机转子串入全部电阻，制动器松开，电动机定子按提升相序接线，但由于电动机此时起动转矩标幺值为 0.33，当 $T_L^* = 0.6$ 时，在中型载荷作用下电动机按下降方向运转，获得倒拉反接制动下降，如图 8-8 中，电动机稳定工作在 B 点。

在以上制动下降的 3 个挡位，控制器触点 SA3 始终闭合，将上升行程开关 SQ 接入，其目的在于对吊物重量估计不准，如将中型载荷误认为重型载荷而将控制器手柄置于下降“2”挡位时，将发生重物不但不下降反而上升而运行在图 8-8 中的 C' 点，按 $n_{C'}^*$ 速度上升，起上升限位作用。另外，在下降“2”与“3”挡位时还应注意，对于 $T_L^* < 0.3$ 时，不应将控制器手柄在此停留。因为此时电动机起动转矩都大于 T_L^*，将出现不但不下降反而上升的现象。

控制器手柄在下降“4”、“5”、“6”挡位时为强力下降。此时，控制器触点 SA2、SA5、SA4、SA7 与 SA8 始终闭合。接触器 KM2、KM3、KM4、KM5 通电吸合，制动器打开，电动机定子按下降相序接线，转子短接两段电阻 R_1、R_2 起动旋转，电动机工作在反转电动状态。此时重力负载转矩小于摩擦转矩，不能下降，必须强使它下放。当控制器手柄扳至下降“5”挡位时，触点 SA9 闭合，接触器 KM6 通电吸合，短接电阻 R_3，电动机转速升高；当控制器手柄扳至下降“6”挡位时，触点 SA10、SA11、SA12 都闭合，接触器 KM7、KM8、KM9 通电吸合，电动机转子只串入一段常串电阻 R_7 运行，获得如图 8-8 低于同步转速的下放速度。

三、电路的联锁与保护

该电路主令控制器有 6 个工作挡位，对于不同载荷可实现强力下降或制动下降，但往往对载荷重量难以估计准确，容易出现一些事故，为此设有如下联锁与保护环节。

① 由强力下降过渡到倒拉反接制动下降，避免重载时高速的保护。对于轻型载荷，允许将控制器手柄置于下降“4”、“5”、“6”挡位进行强力下降。若此时重物并不是轻型载荷，由于司机估计失误，将控制器手柄扳在下降“6”挡位，此时电动机在重力转矩与电磁转矩共同作用下，运行在再生制动状态。如图 8-8 所示，当 $T_L^*=0.6$ 时，电动机工作在 a 点。为此，应将控制器手柄从下降“6”位扳回至下降“3”位，在这过程中，工作点将由 a—b—c—d—e—f—B，最终在 B 点以低速稳定下降。为避免中间的高速，在控制器手柄由下降“6”扳回至下降“3”时，应躲开下“5”、下“4”两条特性。为此，在控制电路中将触点 KM2（16—24）、KM9（24—23）串联后接在控制器触点 SA8 与接触器 KM9 线圈之间，当控制器手柄由下降“6”扳回至下降“3”或下降“2”挡时，接触器 KM9 仍保持通电吸合状态，转子中始终串入常串电阻 R_7，电动机仍运行在特性 6′上，由 a 点经 b'点平稳过渡到 B 点，不致产生高速下降。在该环节中串入触点 KM2（16—24）是为了当起升电动机正转接线时，该触点断开，使 KM9 不能形成自锁电路，从而使该保护环节在提升时不起作用。

② 确保反接制动电阻串入情况下进行制动下降的环节。当控制器手柄由下降“4”扳到下降“3”时，触点 SA5 断开，SA6 闭合，接触器 KM2 断电释放，而 KM1 通电吸合，电动机处于反接制动状态，为避免反接时过大的冲击电流，应使接触器 KM9 断电释放，以便接入反接电阻，且只有在 KM9 断电后才使 KM1 吸合。为此，一方面在控制器触点闭合顺序上保证在 SA8 断开后，SA6 才闭合；另一方面增设了 KM1（11—12）与 KM9（11—12）动断触点相并联的联锁触点。这就保证在 KM9 断电释放后 KM1 才能通电并自锁工作。此环节还可防止由于 KM9 主触点因电流过大而发生熔焊使触点分不开、将转子电阻 $R_1 \sim R_6$ 短接，只剩下常串电阻 R_7，此时若将控制器手柄扳于提升挡位将造成转子只串 R_7 发生直接起动事故。

③ 在制动下降挡位与强力下降挡位相互转换时断开机械制动的环节。在控制器下降“3”挡位与下降“4”挡位转换时，接触器 KM1、KM2 之间设有电气互锁，在这换接过程中，必有一瞬间其两个接触器均处于断电状态，将使制动接触器 KM3 断电释放，造成电动机在高速下进行机械制动。为此，在 KM3 线圈电路中设有 KM1、KM2、KM3 三对触点构成的并联电路。这样，由 KM3 实现自锁，确保在 KM1、KM2 换接过程中，KM3 始终通电，避免了发生换接时的机械制动。

④ 顺序联锁保护环节。在加速接触器 KM6、KM7、KM8、KM9 线圈电路中串接了前一级加速接触器的辅助动合触点，确保转子电阻 $R_3 \sim R_6$ 按顺序依次短接，实现特性平滑过渡，电动机转速逐级提高。

⑤ 完善的保护。由过电流继电器 KA1、KA2 实现过电流保护；零电压继电器 KA3 与主令控制器 SA 实现零电压保护与零位保护；行程开关 SQ 实现上升的限位保护等。

第四节　起重机的电气保护设备

起重机电气控制一般具有下列保护与联锁环节：电动机过载保护；短路电流保护；失压欠压保护；控制器的零位保护；行程开关的限位保护；舱盖、栏杆安全开关及紧急断电保护等。另外，起重机有关机构安装各类可靠灵敏的安全装置，常用的有缓冲器、起升高度限位器、载荷限制器及称量装置，等等。

一、交流起重机保护箱

采用凸轮控制器控制的交流桥式起重机，广泛使用保护箱。保护箱由刀开关、接触器、过电流继电器等组成，用于控制和保护起重机，实现电动机过流保护、失压保护以及零位限位保护。

二、制动器与制动电磁铁

制动器是保证起重机安全、正常工作的重要部件。在桥式起重机上常用块式制动器，它是一种简单、可靠的制动器。块式制动器又可分为短行程、长行程和液压推杆块式制动器。短行程和长行程制动器，其基本结构和工作原理可参考有关书籍。短行程的制动器多使用单相电源，长行程的制动器多使用三相电源。长行程制动器由于其杠杆具有较长的力臂，因此有较大的制动力矩，而短行程制动器的制动力相对较小。它们都有动作时冲击力大的缺点，需经常维护和检修。

制动电磁铁的型号及意义为

M Z D 1 □

- □ —— 制动轮直径(单位为 mm)
- 1 —— 设计序号
- D —— 单相(三相为 S)
- Z —— 制动
- M —— 电磁铁

为了克服电磁块式制动器冲击力大的缺点，采用了液压推杆块式制动器。它们的区别在于它的松闸动力依靠液压推动器中的推杆的上下运动，再通过三角形杠杆牵动斜拉杆完成制动，它是一种新型的长行程制动器。

液压推动器由驱动电动机和离心泵组成。通电时，电动机带动叶轮旋转，在活塞内产生压力，迫使活塞迅速上升，固定在活塞上的垂直推杆及三角形板同时上升，克服主弹簧作用力，并经杠杆作用将制动瓦松开。当断电时，叶轮减速并停止，活塞在主弹簧及自重作用下迅速下降，使油重新流入活塞上部，通过杠杆将制动瓦紧抱在制动轮上，实现制动。液压推杆块式制动器的优点是工作平稳，无噪声；允许每小时接电次数可达 720 次，使用寿命长。缺点是合闸较慢，容易发生漏油。适于运行机构上使用。图 8-9 为液压推杆式制动器结构简图。

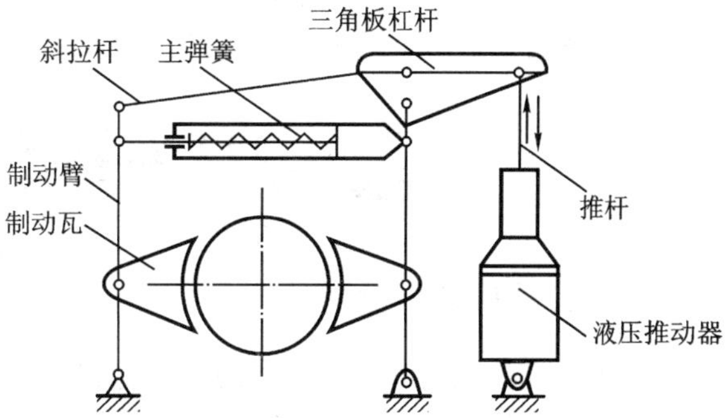

图 8-9　液压推杆式制动器结构简图

三、其他安全装置

(一) 缓冲器

用来吸收大车或小车运行到终点与轨端挡板相撞(或两台起重机相撞)的能量，达到减缓冲击的目的。在桥式起重机上常用的有橡胶缓冲器、弹簧缓冲器、液压缓冲器和聚酯发泡塑料缓冲器等。其中,弹簧缓冲器使用较多。近年来,越来越多地采用聚酯发泡塑料缓冲器和液压缓冲器。

(二)起升高度限位器

由于司机操作失误或其他原因引起的吊钩过卷扬,从而可能拉断起升钢丝绳、使钢丝绳固定端板开裂脱落或挤碎滑轮等造成吊钩与重物一起下落的重大事故,为此起重机必须装有起升高度限位器,当吊钩起升到一定高度时能自动切断电动机电源而停止起升。常用的有压绳式限位器、螺杆式限位器与重锤式限位器。

压绳式限位器是将起升钢丝绳通过小滑轮槽卷绕到卷筒上,小滑轮套在光杆上,随着卷筒上钢丝绳卷上与放下,带动小滑轮在光杆上左右移动,在光杆两端装有行程开关。当起升(或下降)到极限位置时,小滑轮碰压起升(或下降)限位开关,使电动机断电停止工作。

螺杆式限位器由固定光杆、螺杆、移动螺母和限位开关等组成。安装时,限位器左端的方头套装在起升卷筒的轴端方孔内,卷筒卷动时使移动螺母在固定光杆上左右移动,当起升到一定高度时,调整螺栓碰压限位开关的推杆,使触点动作,切断电源,电动机停止工作。

重锤式限位器是由一个具有带平衡锤的杠杆式活动臂的限位开关,当吊钩升至最高位置时,吊钩上的碰杆将平衡锤托起杠杆式活动臂转过一个角度,使限位开关触点动作,切断电源,电动机停止工作。

(三)载荷限制器及称量装置

载荷限制器是控制起重机起吊极限载荷的一种安全装置。称量装置是用来显示起重机起吊物品具体重量数字的装置,简称电子秤。目前在桥式起重机上应用越来越广泛。

电子秤主要由载荷传感器、电子放大器和数字显示装置等组成。载荷传感器的作用是将物品重量的变化直接转换为电量的变化,并由数字显示装置显示出来。

载荷传感器的安装位置根据不同场合来决定。可安装在起重小车的定滑轮支架上,起重小车起升卷筒轴支承座上或起重小车的吊钩和钢丝绳之间。

第五节　10 t 交流桥式起重机控制电路分析

一、起重机的供电特点

交流桥式起重机电源由公共的交流电网供电,由于起重机的工作是经常移动的,因此其与电源之间不能采用固定连接方式,对于小型起重机供电方式采用软电缆供电,随着大车或小车的移动,供电电缆随之伸展和叠卷。对于一般桥式起重机常用滑线和电刷供电。三相交流电源接到沿车间长度方向架设的三根主滑线上,再通过电刷引到起重机的电气设备上,首先进入驾驶室中的保护盘上的总电源开关,然后再向起重机各电气设备供电。对于小车及车上的提升机构等电气设备,则经位于桥架另一侧的辅助滑线来供电。

滑线通常用角钢、圆钢、V 形钢轨来制成。当电流值很大或滑线太长时,为减少滑线电压降,常将角钢与铝排逐断并联,以减少电阻值。在交流系统中,圆钢滑线因趋肤效应的影响,只适用于短线路或小电流的供电线路。

二、电路构成

10 t 交流桥式起重机控制电路原理图如图 8-10 所示。10 t 桥式起重机只有一个吊钩，但大车采用分别驱动，所以共用了四台绕线转子异步电动机拖动。起重电动机 M1、小车驱动电动机 M2、大车驱动电动机 M3 和 M4；分别由三只凸轮控制器控制：QM1 控制 M1、QM2 控制 M2、QM3 同步控制 M3 与 M4；$R_1 \sim R_4$ 分别为四台电动机转子电路串入的调速电阻器；YB1 ~ YB4 则分别为四台电动机的制动电磁铁。三相电源由 QS1 引入，并由接触器 KM 控制。过流继电器 KA0 ~ KA4 提供过电流保护，其中 KA1 ~ KA4 为双线圈式，分别保护 M1、M2、M3 与 M4；KA0 为单线圈式，单独串联在主电路的一相电源线中，作总电路的过电流保护。

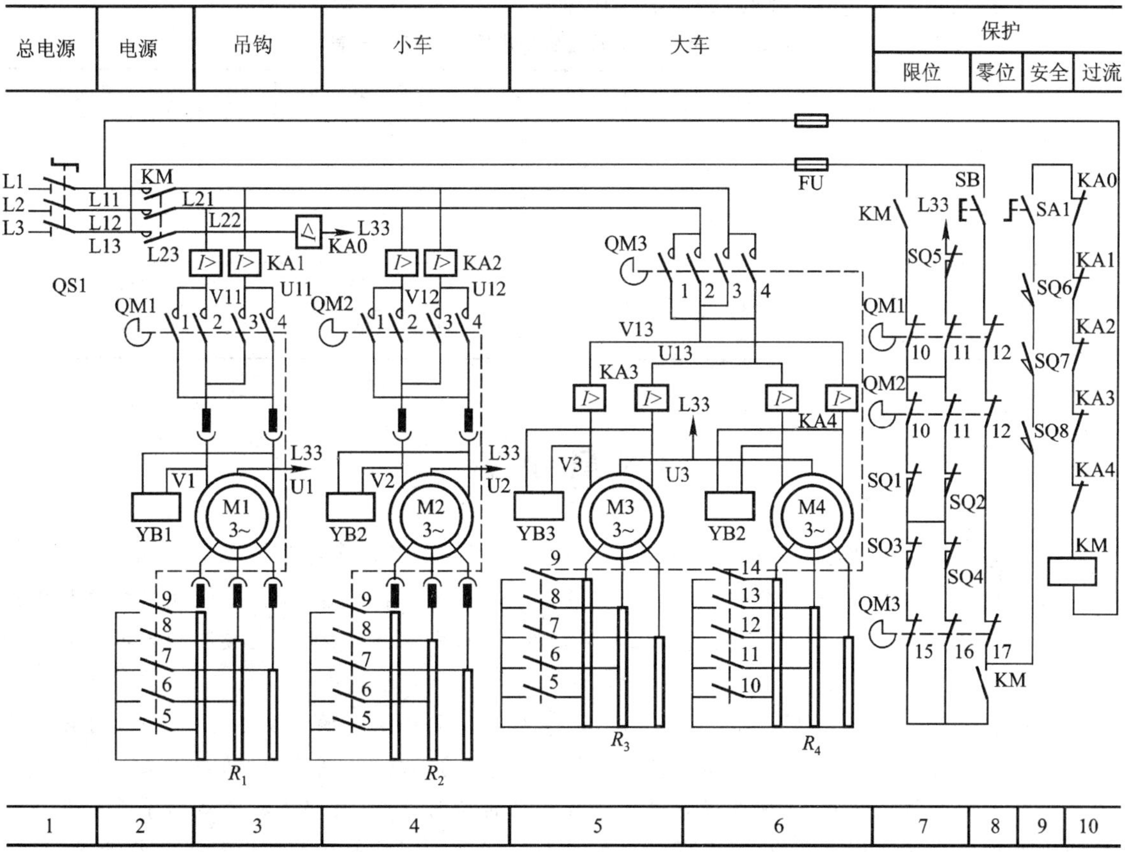

图 8-10　10 t 交流桥式起重机控制电路原理图

该电路的控制原理已在前面分析介绍过，不同的是凸轮控制器 QM3 共有 17 对触点，比 QM1、QM2 多了 5 对触点，用于控制另一台电动机的转子电路，因此可以同步控制两台绕线转子异步电动机。下面主要介绍该电路的保护电路部分。

三、保护电路

保护电路主要是 KM 的线圈支路，位于图 8-10 中 7 ~ 10 区。与图 8-5 电路一样，该电路具有欠压、零压、零位、过流、行程终端限位保护和安全保护共六种保护功能。所不同的是图 8-10 电路需保护四台电动机,因此在 KM 的线圈支路中串联的触点较多一些。KA0 ~ KA4 为五只过流继电器的动断触点; SA1 仍是事故紧急开关;SQ6 是舱口安全开关,SQ7 和 SQ8 是横梁栏杆门的安全开关,平时驾驶舱门和横梁栏杆门都应关好,将 SQ6、SQ7、SQ8 都压合;若有人进入桥架进行检修时,这些门开关就被打开,即使按下 SB 也不能使 KM 线圈支路通电;与起动按钮 SB 相串联的是三只凸轮控制器的零位保护触点:QM1、QM2 的触点 12 和 QM3 触点 17。与图 8-5 的电路有较大区别的是限位保护电路(位于图 8-10 中 7 区),因为三只凸轮控制器分别控制吊钩、小车和大车作垂直、横向和纵向共六个方向的运动,除吊钩下降不需要提供限位保护之外,其余五个方向都需要提供行程终端限位保护,相应的行程开关和凸轮控制器的动断触点均串入 KM 的自锁触点支路之中,各电器(触点)的保护作用见表 8-2。

表 8-2　行程终端限位保护电器及触点一览表

运行方向		驱动电动机	凸轮控制器及保护触点		限位保护行程开关
吊钩	向上	M1	QM1	11	SQ5
小车	右行	M2	QM2	10	SQ1
	左行			11	SQ2
大车	前行	M3、M4	QM3	15	SQ3
	后行			16	SQ4

本章小结

桥式起重机是一种应用十分普遍的生产机械。本章分析了桥式起重机的结构、运动形式、常用技术参数、电力拖动特点以及起重机升降重物时电动机的工作状态,分析了提升机构电动机视负载大小不同,提升与下放的不同,电动机将运行在电动、发电制动、倒拉反接制动等不同的工作状态。

凸轮控制器是一种大型手动控制电器,是起重机上重要的电气操作设备之一,用以直接操作与控制起重机的大车、小车的移行机构,提升副钩电动机的正反转、调速、起动与停止。本章对凸轮控制器控制电路的结构、原理及保护进行了详尽的讨论与分析,对起重机绕线转子异步电动机转子串电阻的作用进行了介绍;对 PQR10B 型主令控制器控制的电气原理进行了详细分析。

同时对桥式起重机中的各种保护装置,如交流起重机保护箱、制动器和制动电磁铁及缓冲器等进行了介绍,最后系统分析了 10 t 交流桥式起重机控制电路的结构组成和工作原理。

思考题与习题

8.1　桥式起重机的结构主要由哪几部分所组成?桥式起重机有哪几种运动方式?

8.2　桥式起重机电力拖动系统由哪几台电动机组成?

8.3　起重电动机的运行工作有什么特点?对起重电动机的拖动和控制有什么要求?

8.4 起重电动机为什么要采用电气和机械双重制动?

8.5 试分析起重机下放重物时电动机的工作状态,并画出机械特性。

8.6 凸轮控制器控制电路原理图是如何表示其触点状态的?

8.7 凸轮控制器的12对触点的用途分别是什么?

8.8 凸轮控制器控制电路的零位保护与零压保护,两者有什么异同?

8.9 试分析图8-5所示凸轮控制器控制电路的工作原理。

8.10 起重机上电动机为何不采用热继电器做过流保护?

8.11 试分析图8-7所示PQR10B型主令控制器控制下降"3"挡工作的过程。

8.12 在图8-5电路中,如果小车右行至行程终端位置,使SQ1动作而停车,此时应如何操作使小车退出右行的终端位置?如果在匆忙中操作出错,又将QM2右旋,小车还会向右运动吗?为什么?

8.13 如果在下放重物时,因重物较重而出现超速下降,此时应如何操作?

8.14 为什么过流继电器KI0的线圈单独串联在三相电源其中一相的电路中?

8.15 试分析下述故障:

(1)如果凸轮控制器的触点10、11、12在零位不能接通,分别会出现什么问题?

(2)如果起重机能向上、下、左、右、后运动,但在操作向前运动时,接触器KM就释放了,是什么原因?

第九章

交流电梯的电气控制

学习目标

- 掌握交流电梯的基本结构、分类和基本参数。理解交流电梯的机械系统和安全保护系统。
- 掌握分析交流电梯的电气控制电路的方法。
- 掌握交流电梯的安装与维护知识。
- 学会判断电梯电气控制系统常见故障分析及处理方法。

电梯是服务于规定楼层的固定式提升设备,包括一个轿厢,轿厢的尺寸与结构形式可使乘客方便地进出,轿厢在两根垂直的或与垂直方向成倾斜角小于15°的刚性导轨之间运行。因此,电梯是为高层建筑运输服务的装备,它具有运送速度快、安全性高、操作简单的优点。

第一节　电梯的基本结构、分类和基本参数

一、电梯的基本结构与工作原理

电梯是一种起重运输设备,主要由机房、曳引机、轿厢、对重以及安全保护设备等组成,如图9-1所示。电梯的轿厢在电梯井道中上、下运行。井道上方设有机房,其内有曳引机和电梯电气控制柜。

曳引机是通过交流电动机或直流电动机拖动,由曳引钢丝绳和曳引轮之内的摩擦力(曳引力),驱动轿厢和对重装置运行。目的是为了曳引机上装的电磁式制动器能提高电梯的安全可靠性和平层准确度。

轿厢是运送乘客或货物的装置。对重装置用来对轿厢起平衡作用。轿门设在轿厢靠近厅门的一侧,使司乘人员和货物出入。厅门和轿门都是供司机、乘用人员和货物出入,轿、厅设有开关门系统。

电梯的安全保护最为重要,主要组成有限位开关、上下行限位开关、极限开关、轿顶安全栅栏、安全窗、底坑防护栅栏、限速器、安全钳和缓冲器等。安全钢丝绳由限速器带动,当轿厢速度达到额定速度115% ~140%,限速器动作,用安全钳把轿厢卡在导轨上,同时切断控制电源,曳引电动机停止运转。缓冲器设在底坑的地面上,用于缓冲轿厢或对重装置撞向坑底时的动能,使

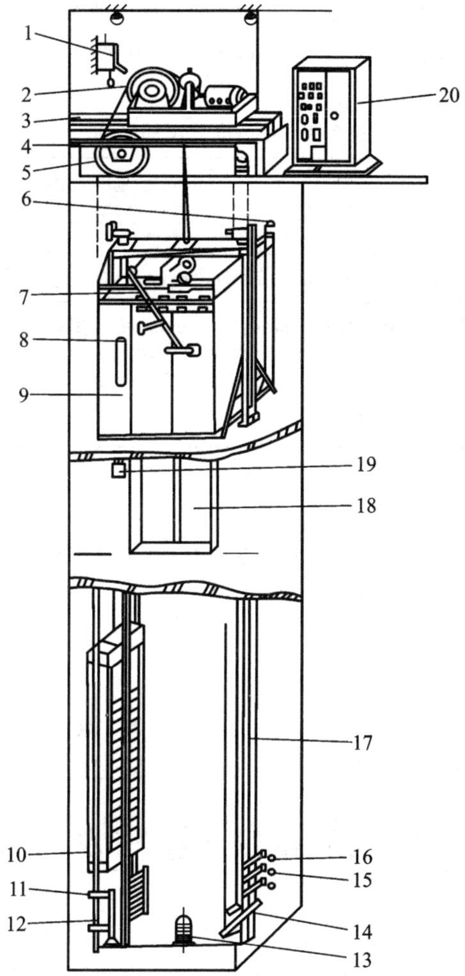

图 9-1 电梯基本结构示意图

1—极限开关；2—曳引机；3—承重梁；4—限速器；5—导向轮；6—换速平层感应器；7—开门机；8—操纵箱；9—轿厢；10—对重装置；11—防护栅栏；12—对重导轨；13—缓冲器；14—限速器涨紧装置；15—基站厅外开关门开关；16—限位开关；17—轿厢导轨；18—厅门；19—招呼按钮厢；20—控制柜

其能安全减速并可靠的停止在坑底的位置。

按电梯构件在电梯中所起的作用，电梯可分为驱动部分、运动部分、安全设施部分、控制操作部分和信号指示等五部分。

控制操作部分包括控制柜、操纵箱、换速平层感应器和开门机等，这是电梯的控制中心。

信号指示部分指轿内指层灯和厅外指层灯等，用来指示电梯运行方向、电梯所在层位的指示和厅外乘客呼梯情况显示等。

二、电梯的分类

（一）按用途分类

乘客电梯（代号：TK）、载货电梯（代号：TH）、客货（两用）电梯（代号：TL）、病床电梯（代号：

TB)、住宅电梯(代号:TZ)、杂物电梯(服务电梯)(代号:TW)、船用电梯(代号:TC)、观光电梯(代号:TG)、车辆电梯(汽车用电梯)(代号:TQ)和其他电梯。

(二) 按运行速度分类(见表 9-1)

表 9-1　按速度分类的电梯

名称	额定速度范围
1. 超高速电梯	3 ~ 10 m/s 或更高的电梯,通常用于超高层建筑物内
2. 高速电梯(甲类梯)	2 ~ 3 m/s 的电梯,如 2 m/s、2.5 m/s、3 m/s 等,通常用在 16 层以上的建筑物内
3. 快速电梯(乙类梯)	1 ~ 2 m/s 的电梯,如 1.5 m/s、1.75 m/s,通常用在 10 层以上的建筑物内
4. 低速电梯(丙类梯)	1 m/s 及以下的电梯,如 0.25 m/s、0.5 m/s、0.75 m/s、1 m/s 等,通常用在 10 层以下的建筑物或客货两用电梯或货梯

(三) 按拖动方式分类

直流电梯(代号:Z)、交流电梯(代号:J)、液压电梯(代号:Y)、齿轮齿条电梯、螺杆式电梯和直线电机驱动电梯。

三、电梯的主要参数

电梯的主要参数有:额定载重量、轿厢尺寸、额定速度、拖动方式、控制方式、停层站数、提升高度、轿门形式、开门方向、顶层高度、底坑深度、井道高度与井道尺寸等。

第二节　电梯的机械系统与安全保护系统

电梯分为机械系统和电气系统两部分。其机械系统是由曳引系统、轿厢和对重装置、导向系统、厅轿门和开关门系统、机械安全保护系统等组成;其电气系统则主要由装设在机房内的控制柜、轿厢内的操纵箱以及安装在机房、井道、厅道、厅门、轿厢顶和底坑中的一些电气元件构成。

一、机械系统

(一) 曳引系统

曳引系统是指曳引机、导向轮、曳引钢丝绳等部分。曳引机是电梯的主拖动机械,使电梯的轿厢和对重装置作上、下运动。高速电梯采用的是无齿曳引机,而各种客、货梯和杂物电梯运行速度 $v \leqslant 2.0$ m/s 时,则广泛采用有齿轮曳引机。

有齿轮曳引机是由曳引电动机、电磁制动器、减速器、曳引轮等组成。而曳引电动机是拖动电梯上下运行的动力,运行时处于频繁的起动、制动、反转,而且负载变化大,且经常工作在重复短时状态、电动状态、再生发电制动状态。因此电梯用曳引电动机是专用的电动机,分别是 YH 系列高转差率三相单速异步电动机,YTD 系列三相双速笼型异步电动机以及 ZTD 直流电动机及 ZTDD 直流低速电动机等。

一般在电梯曳引机上采用电磁式制动器,当曳引电动机通电时,电磁制动器电磁线圈也通电吸合,带动制动臂克服制动弹簧力,可使制动闸瓦张开,与制动轮脱离,使曳引电动机在无制动力下运行。当曳引电动机断电时，电磁制动器电磁线圈也断电释放，使制动瓦在制动弹簧的作用下，将制动轮抱紧，曳引电动机会迅速制动停车。

减速器采用蜗轮蜗杆传动，而曳引电动机是通过联轴器与蜗杆连接，使蜗轮与曳引绳轮同装在一根轴上。这样，曳引电动机的正、反转是通过蜗杆驱动蜗轮而带动绳轮作正、反方向旋转，进而带动轿厢的上、下移动。

（二）轿厢和对重装置

轿厢是运送乘客或货物的装置，在轿厢导轨上做上下运行。对重装置是通过曳引绳经曳引轮与轿厢的连接，起到与轿厢平衡作用。

（三）导向系统

电梯的导向系统包括轿厢导向系统和对重导向系统。它们一般是由导轨、导轨架和导靴三部分组成。

导轨一般分为轿厢导轨和对重导轨，采用T形导轨。导轨架是将导轨固定在井道内墙臂上的构件。而导靴是安装在轿厢架与对重架上，以确保轿厢和对重装置沿其导轨上下运行的装置。

（四）厅轿门和开关门系统

电梯的门有轿门和厅门。一般轿厢门设在轿厢靠近厅门的一侧，而厅门是设在通向井道的入口处。

轿门上应装有“安全触报”装置，这种装置在关门过程中，轿门的运行方向上，应比轿门超前伸出一定距离。当装置超前伸出轿门部分碰压进入轿厢的乘客或物品时，装置上的微动开关开始动作，立即切断电梯的关门电路进而接通开门电路，使门立即开启，避免挤伤乘客并保证轿门的安全关闭。

轿门是由安装在轿厢顶上的自动开关门机构带动，而厅门又由轿门带动。为了保证安全，电梯必须在轿门与厅门完全关闭后方能起动运行。所以，必须在厅门内侧装有电气机械联锁的自动门锁，用来检测电梯门是否完全关闭。在门完全关闭后，机械上将门锁紧。电气上接通门电联锁电路，在门锁电路接通后方能起动电梯。

电梯轿厅门的开启与关闭，一般有手动开关门与自动开关门两种方式。而自动开关机构是以直流电动机为动力，经减速机构再带动拨动轿门，轿门再带动厅门，以实现厅、轿门的同步开启与关闭。

自动开关门的机构，在开关门过程中，其速度是变化的，且关门平均速度应低于开门平均速度。开关门速度变化过程是：

开门：低速起动运行→加速至全速运行→减速运行→停机按惯性运行至使门全开。

关门：全速起动运行→第一级减速运行→第二级减速运行→停机按惯性运行至使门全闭。

门在开关过程中速度的变化，是由改变开关门直流电动机电枢电压来实现的，而电枢电压的改变是由开、关门减速开关来控制。开关门的停止是由开关限位开关来控制。

二、安全保护系统

电梯是高层建筑物不可缺少的垂直运输工具，长时期频繁地载人（或载货）在空间上上下下的运行，必须有足够的安全性。为了确保在运行中的安全，电梯在设计时设置了多种的机械安全装置和电气安全装置，这些装置共同组成了电梯安全保护系统。现代电梯都设有完善的安全保护系统，以防止任何不安全的情况发生。

（一）电梯可能发生的事故隐患和故障

1. 轿厢失控、超速运行

由于电磁制动器失灵，减速器中的蜗轮、蜗杆的轮齿、轴、销、键等折断以及曳引绳在曳引轮严重打滑等情况发生，那么正常的制动手段已无法使电梯停止运动，使轿厢失去控制，造成运行速度超过极限速度，即额定速度的115%。

2. 终端越位

由于平层控制电路出现故障，轿厢运行到顶层端站或底层端站时，不停而继续运行或超出正常的平层位置。

3. 冲顶或蹾坑

当上终端限位装置失灵等，造成电梯冲向井道顶部，称为冲顶；当下终端限位装置失灵或电梯失控，造成电梯轿厢跌落井道底坑，称为蹾坑。

4. 不安全运行

由于限速器失效、选层器失灵、层门、轿门不能关闭或关闭不严或超载、电动机断相、错相等状态下运行。

5. 非正常停止

由于控制电路出现故障，安全钳误动作或电梯停电等原因，都会造成在运行中的电梯突然停止。

6. 关门障碍

电梯在关门时，受到人或物体的阻碍，使门无法关闭。

（二）电梯安全保护系统的基本组成

① 超速（失控）保护装置——限速器、安全钳。

② 超越上下极限工作位置的保护装置——包括强迫减速开关、终端限位开关、终端极限开关来达到强迫换速、切断控制电路、切断动力电源三级保护。

③ 撞底（与冲顶）保护装置——缓冲器。

④ 层门门锁与轿门电气联锁装置——确保门不关闭，电梯不能运行。

⑤ 门的安全保护装置——层门、轿门设置门光电装置、门电子检测装置、门安全触板等。

⑥ 电梯不安全运行防止系统——如轿厢超载装置、限速器断绳开关、选层器断带开关等。

⑦ 不正常状态处理系统——机房曳引机的手动盘车，自备发电机以及轿厢安全窗、轿门手动开门设备等；

⑧ 供电系统断相、错相保护装置——相序保护继电器等。

⑨ 停电或电气系统发生故障时，轿厢慢速移动装置。

⑩ 报警装置——轿厢内与外联系的警铃、电话等。

综上所述，电梯安全保护系统中设置的安全保护装置，一般由机械安全装置和电气安全装置两大部分组成，但是有一些机械安全装置往往也需要电气方面的配合和联锁装置才能实现其动作的可靠性。

（三）机械安全保护装置

电梯的机械安全保护系统，有先前已讲过的电磁制动器、自动门锁机械和安全触板装置外，还应有轿顶安全窗、轿顶安全栅栏、底坑防护栅栏、限速器、安全钳和缓冲器等。

1. 轿顶安全窗

设在轿厢顶部向外开启的封闭窗。便于发生事故或故障时，司机或检修人员能方便上轿检修井道内的设备，在必要时乘梯人员也可以由此安全撤离轿厢。窗上装有安全窗开关，当安全窗打开时，开关触点方断开，使控制电路断开电源，电梯无法开动。

2. 轿顶安全栅栏

由于轿顶时有检修人员去保养和检修，为了确保电梯维护人员安全，必须在轿顶装设了安全防护栅栏。

3. 底坑防护栅栏

在底坑内，轿厢与对重正下方的范围内应设有安全防护栏，并设有底坑安全开关，在无人进入底坑时，防护栅栏、底坑开关触点才会合上，控制电路通电，这时电梯方可启动。

4. 限速器与安全钳

在轿厢运行速度达到额定运行速度的115% ~140%时，限速器开关动作，其动断触点打开，控制电路的电源切断，曳引电动机停车制动。同时，限速器通过连杆机构使安全钳动作，将轿厢夹持在轿厢导轨上，这时安全钳开关动作，其动断触点断开，切断控制电路电源。

5. 缓冲器

对电梯轿厢冲顶或蹾坑时起缓冲作用，在底坑内轿厢正下方设置了两个缓冲器，并在对重下方设置了一个缓冲器。对于低速电梯采用弹簧缓冲器，对快速与高速电梯采用液压缓冲器。

（四）电气安全保护系统

电气安全保护系统由门开关保护，上行与下行限位保护、终端极限保护、超载保护和报警装置等组成。

1. 门开关保护

在轿厢门及各层厅门的关门终端处都设有行程开关，并将这些开关的动合触点均串联在控制电路中，只有当这些门全部关闭后控制电路才能接通电源，曳引电动机才能起动，电梯才能运行。

2. 电梯终端超越保护装置

该装置是由强迫减速开关、终端限位开关和极限开关组成。图9-2为电梯终端超越保护开关位置图。

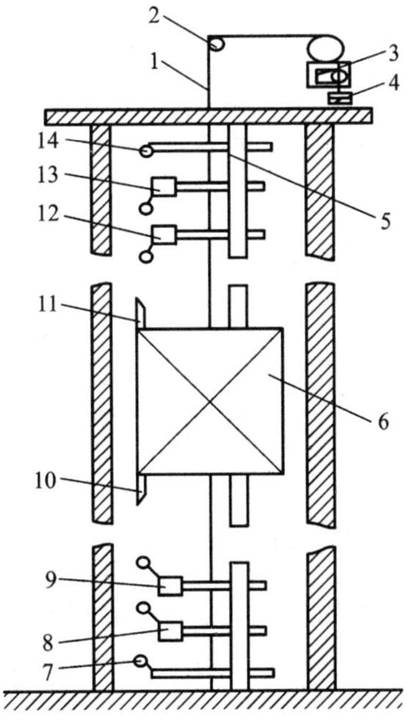

图9-2　电梯终端超越保护开关位置图

1—钢丝绳；2—导轮；3—终端极限开关；4—张紧配重；5—导轨；6—轿厢；7—极限开关下碰轮；8—下限位开关；9—下强迫减速开关；10—下开关打板；11—上开关打板；12—上强迫减速开关；13—上限位开关；14—极限开关上碰轮

（1）强迫减速开关

由上强迫减速开关和下强迫减速开关组成，安装在井道的顶部和底部，对应的撞板分别安装在轿厢的顶部和底部。当电梯失控时，而轿厢已到顶层或底层楼层时仍不减速停车，撞板会压下相应的减速开关，相应的触点断开，至使控制电路断电，曳引电动机抱闸制动停车。

(2) 终端限位开关

由上终端限位开关和下终端限位开关组成，见图 9-2 中的 8 与 13。当强迫减速开关失灵，未能使电梯减速停驶，轿厢越出顶层或底层位置后，这时撞板会使上限位开关或下限位开关动作，从而迫使电梯停止运行。

终端限位开关动作迫使电梯停驶后，电梯仍能应答层楼呼梯的信号，向相反方向继续运行。

(3) 终端极限开关

由极限开关上碰轮、下碰轮、铁壳开关和传动钢丝绳等组成。钢丝绳一端绕在机房内的铁壳开关闸柄的驱动轮上，另一端与上、下碰轮架相接。

在电梯失控时，经过强迫减速开关，终端限位开关，仍未使轿厢减速停驶，这时轿厢上的打板与碰轮相碰，经杠杆牵动与铁壳开关相连的钢丝绳运动，与重锤相配合，带动铁壳开关动作，切断主电路电源，迫使轿厢停止运动，以防止轿厢冲顶或蹾坑。

3. 超载保护装置

超载保护装置将在载重超额定载荷的 110% 时动作，并由超载开关切断电梯控制电路，迫使电梯不能起动。对于集选电梯，当载重量达到额定负载的 80% ~90% 时，便会接通电梯直驶电路，而运行中的电梯将不应答厅外呼梯信号，直驶预定楼层。

第三节　电梯的主要电器部件

电梯的电气控制设备一般是由操纵箱、指层灯箱、召唤按钮箱、轿顶检修箱、选层器、换速平层器、自动开关门装置、控制柜、超速保护和上下限位保护等部件组成。

一、操纵箱

操纵箱位于轿厢内，是司机、乘客控制电梯运行的指令装置。其上配有控制电梯的基本控制按钮，选择电梯工作状态的钥匙开关、急停按钮、应急按钮、点动开关按钮、轿内照明灯开关、电风扇开关、蜂鸣器、选层按钮、厅外呼梯人员所在位置指示灯和厅外呼梯人员要求前往方向信号灯等。

二、指层灯箱

指层灯箱上一般会装有电梯上运行方向灯和下运行方向灯，以及电梯各层楼指示灯。

指层灯箱有厅外指示灯箱，它设置在各层楼厅的上方，是用来给乘梯人员提供电梯运行方向和电梯运行所在位置的指示。

对于轿厢门为封闭门的电梯，轿厢内的轿门上方也应设置指层灯箱，用来给轿厢内的乘客显示轿厢的运行方向和轿厢所在层楼位置。这种指层灯箱称轿内指层灯箱，他的结构与厅外指层灯箱相同。

三、召唤按钮箱

召唤按钮箱装设在电梯各停靠站厅门的外侧，是为厅外乘梯人员召唤电梯用。

对于电梯的上端站，召唤按钮箱应装设一只下行召唤按钮。对于电梯的下端站，其召唤按钮箱应装设一只上行召唤按钮，若下端站又作为基站时，召唤箱上应加装一只厅外控制自动开关门的钥匙开关。但对于中间层站，其召唤按钮箱上则应只装设一只上行召唤按钮和一只下行召唤按钮。

四、轿顶检修箱

轿顶检修箱位于轿厢顶，检修箱上应装设有控制电梯慢上、慢下的按钮、点动开关门的按钮、急速按钮、轿顶检修转换开关和轿顶检修灯及其开关等。以供检修人员安全、可靠、方便地检修电梯用。

五、平层装置

平层是轿厢在接近停靠站时，使轿厢地坎与层门地坎达到同一平面的动作。使轿厢地坎与层门地坎自动准确平层的装置为平层装置。电梯一般采用由轿厢导轨上装设的隔磁板和在轿厢顶上装设的平层感应器组成的平层装置。

1. 平层感应器

由干簧管和永久磁铁组成，图 9-3 为平层感应器结构原理图。干簧管是由三片铁镍合金片组成一对动断触点、一对动合触点，并将其密封在玻璃管内组成。图(a)为未放入永久磁铁时，干簧管内的触点处于原始闭合与断开状态。图(b)为当永久磁铁放入感应器后，在磁场作用下，干簧管的动合触点闭合，动断触点断开，这种情况相当于电磁继电器通电动作。图(c)为当隔磁板插入永久磁铁与干簧管之间时，由于永久磁铁产生的磁场被隔磁铁板旁路，使干簧管的动触点失去外力作用，恢复到触点的动断与动合的初始状态，这种情况相当于电磁继电器的断电释放状态。

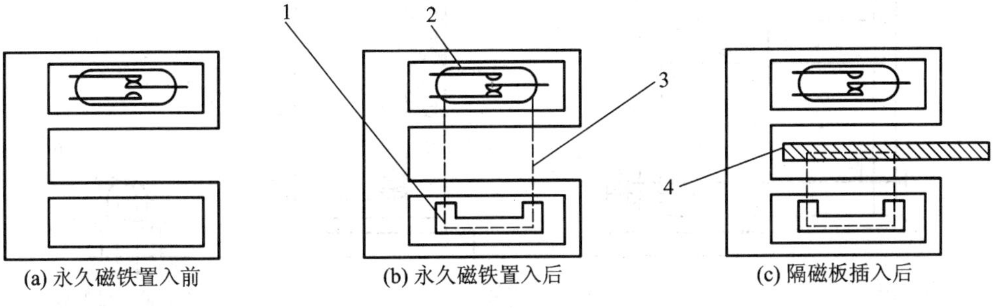

图 9-3　平层感应器结构原理图

1—永久磁铁；2—干簧管；3—磁力线；4—隔磁板

2. 平层装置的动作原理

平层装置分为具有平层功能的平层器、具有提前开门功能的平层器与具有自动平层功能的平层器。下面将以具有自动平层功能的平层器为例说明其平层动作的原理。

在轿厢顶设置了三个垂直安放的干簧感应器，其由上至下分别为上平层感应器、门区感应器与下平层感应器，上下相距约 500 mm 左右。轿厢导轨上，在每一层站井道内分别装有一块长约 600 mm 的平层隔磁铁板。当电梯轿厢上行，接近预选的层楼时，电梯将由快速变为慢速运行，而当轿厢顶上的上平层感应器进入该层站的平层隔磁板后，致使本已慢速运行的电梯进一步减速；轿厢仍上行；当门区感应器进入隔磁板时，电路会准备延时断电；而当下平层感应器进入隔磁板时，电梯就停止，这样就实现安全平层。但若电梯因某种原因超过平层位置时，上平层感应器离开了隔磁板，将会使相应的继电器动作，电梯反向平层，以达到较好的平层精度。

六、选层器

当选层器放置在机房内，它可能模拟电梯运行状态，并发出显示轿厢位置信号、根据内外指令登记信号确定电梯运行方向，自动消除厅外的召唤记忆指示灯信号及轿内的指令登记信号，在到达预定停靠站前向控制系统发出的减速和提前开门信号，现在有些选层器还能发出到站平层停靠信号。目前，多采用的是机械选层器，如图 9-4 所示。选层图内有一组与电梯层站数相同的固定板，在其上装有电触点，用来模拟各层站。还有与轿厢同步运动的滑动板，在其上装有电触点用来模拟轿厢的运动，当电梯上下运动时，带动钢带运动，钢带牙轮带动链条，经减速箱又经链条传动和带动选层器上的动滑板运动，这样把轿厢运动模拟到动滑板上。根据运动情况，动滑板与选层器机架上的层站固定板接触和离开，以完成触点的接通与断开，起到了电气开关作用，进而发出各种信号。

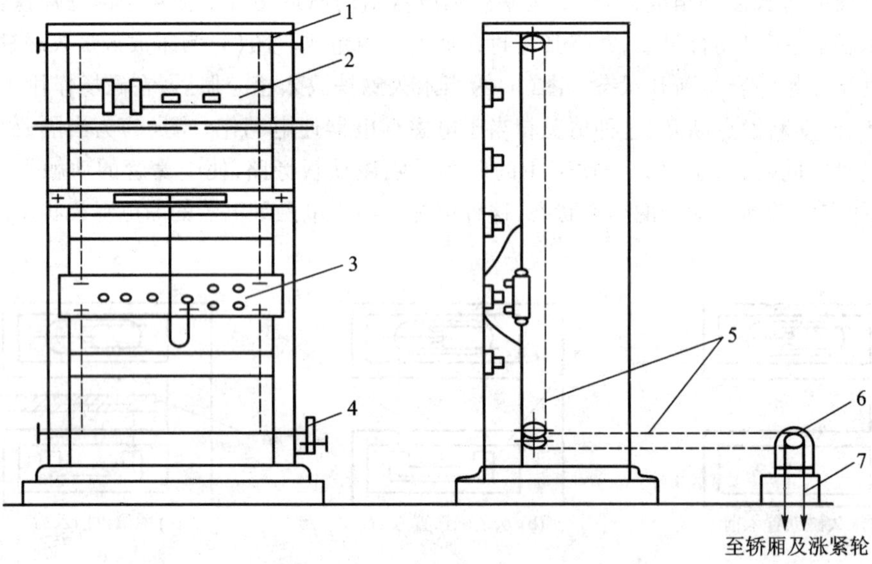

图 9-4　选层器

1—机架；2—层站固定板；3—动滑板；4—减速箱；5—传动链条；6—钢带牙轮；7—冲孔钢带

七、控制柜

控制柜装设在机房内，是电梯电气控制系统实现各种性能的控制中心。其内装有起控制作用和执行作用的各种电气元件。它还通过专用线槽与机房内、井道中以及厅门外的电气设备连接，并通过随梯的电缆和轿厢的电气设备相连接。

一般电梯主电路控制电气元件都安装在一个控制柜中，其他控制电路元件安装在一个柜中；

对于电阻起制动交流双速电梯,其制动电阻也安装在一个柜中。

八、限位开关与极限开关装置

电梯的上、下端站,设置了限制电梯运行区域的限位开关。在交流电梯中,若限位开关失灵,或其他原因造成的轿厢超越端站楼面 100 ~ 150 mm 距离时,切断电梯主电源的安全装置为极限开关装置。相关内容请查阅上节。

第四节　电梯电气控制的基本环节

电梯电气控制的电路是由轿内外指令电路、定向选层电路、起动电路、运行电路、平层电路、减速停止电路、开关门电路及安全保护电路等部分组成,这些电路之间的关系如图 9-5 所示。电梯的各种控制和运行方式均是由这些基本环节构成的。而采用继电器逻辑组成的电路,具有原理简单、直观和便于维修的特点,因此,被国内大多数电梯生产厂所采用。

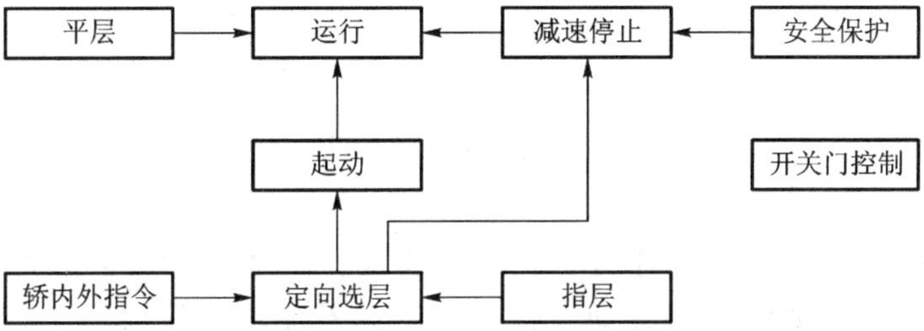

图 9-5　电梯电气控制的基本环节

一、轿内指令电路

在轿厢内的操纵箱上,对应每一层都设有一个带灯按钮,称为内指令按钮。若电梯不在第 i 层停靠时,层楼继电器 KA4i 动作,登记记忆的指令被消号,轿内的指令电路如图 9-6 所示。图(a)为一般轿内的指令电路,采用层楼继电器 KA4i 消号;图(b)为采用选层器上的消号触点以实现消号的电路。而当电梯按指令到达并停靠在第 i 层时,选层器上的消号动触点 XDd 会接通第 i 个静触点 XDi,使内指令继电器 KA3i 线圈被旁路,而断电释放,从而实现消号。图中 Ri 为消号电阻。

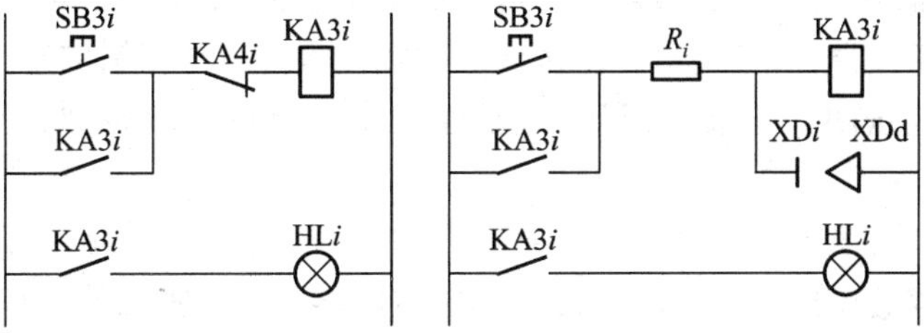

(a) 采用层楼继电器消号　　(b) 采用选层器上的消号触点消号

图 9-6　轿内指令电器

二、厅召唤电路

厅召唤电路如图 9-7 所示。

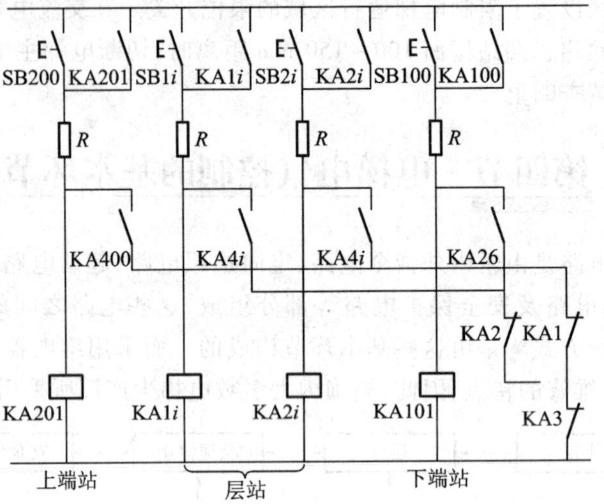

图 9-7 厅召唤电路

第 i 层楼召唤按钮箱上的上行呼梯按钮 SB1i 被压下时，上呼指令被记忆。在电梯按指令运行至第 i 层停靠时，楼层继电器 KA4i 动合触点闭合，电梯是上行的，而上行继电器 KA1 的动断触点是断开的，下行继电器 KA2 的动断触点闭合，在 KA4i 的闭合使继电器 KA1i 线圈被短路而释放，将登记取消。下呼梯按钮被按下的过程与此相同。而上(下)行继电器 KA1(KA2)的作用是当厅外有上行或下行多个呼梯指令时，电梯上行逐个执行指令并逐个消号，而下呼梯指令将不被消号，当电梯执行完上呼指令后再逐个执行下呼梯指令。KA3 为直驶继电器触点，若司机不想在第 i 层停靠，可令 KA3 触点断开，电梯在第 i 层没有停站，与此同时第 i 层指令登记又不被消号。SB200、SB100 为上、下端的呼梯的指令按钮，SB2i 为下行呼梯的按钮，KA26 为基站继电器，KA400 为上端站层楼的继电器。

三、指层电路

对于带有选层器的电梯，指层通常是由选层器上的触点接通层楼指层信号灯来实现的。对于没有选层器的电梯，层楼信号是由装在轿厢上的隔磁板插入某楼层的感应器中时，感应器中的干簧继电器的动断触点闭合接通指层灯，或是经过中间继电器来接通指层灯。指层电路如图 9-8所示。

一般情况下要求指层不间断，即上一层楼指示灯熄灭，下一层楼指层灯即亮。而这种层间信号的连续获得是由双数层继电器 KA30 和单数层继电器 KA31 实现的。如图 9-9 所示，电梯在一楼时选层器上的触点事 DDd 接通继电器 KA601，KA601 动合触点闭合使 KA31 动作并自锁，电梯离开一楼未到达二楼时，一楼指层灯不灭。当电梯到达二楼时，DDd 动触点接通继电器 KA602，KA602 动合触点闭合使 KA30 吸合并自锁，与此同时切断 KA31 及 KA601 线圈电路使它

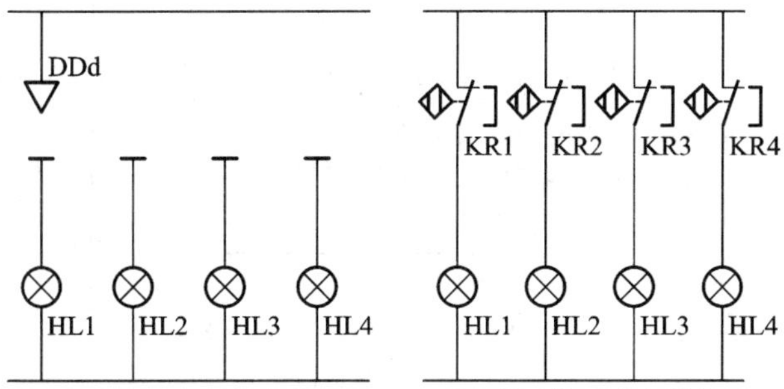

(a) 利用选层器触点指层　　(b) 利用楼层感应器指层

图 9-8　指层电路

们释放，这时一楼指层灯熄灭，二楼指层灯亮。电梯继续上行的过程将依此类推。电梯下行的指层过程也相似。KA1、KA2 为电梯上、下行继电器触点，表示电梯的行驶方向。

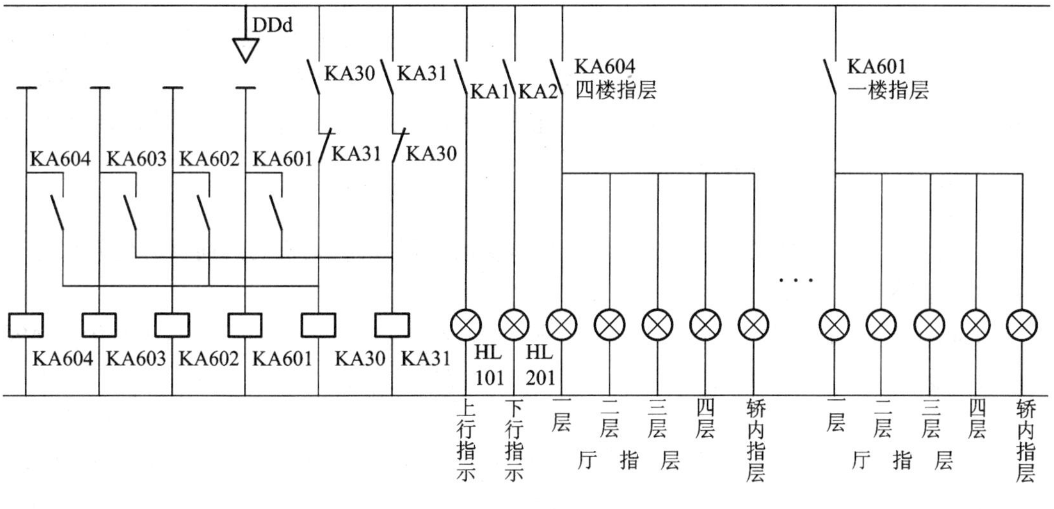

图 9-9　层间连续指层电路

四、定向选层电路

层楼信号不仅用于指层，还用于电梯的定向选层，电梯定向选层电路如图 9-10 所示。图中 KA301 ~ KA305 是内指令继电器触点，而 KA401 ~ KA405 是层楼继电器触点，SB601、SB602 是司机手动选择电梯的上、下行按钮，KA1、KA2 是电梯的上、下方向选择继电器，KA41、KA42 是手动选向继电器，KA91 ~ KA95 为电梯到达楼层换速点时动作的换速继电器，KA9 是换速继电器，KA28 是不消除换速继电器触点。其电路作用如下：

1. 自动选向

若电梯停在二楼，KA402 通电吸合，其动断触点会断开，当三楼有呼梯信号时，KA303 触点闭合，使 KA1 继电器线圈通电吸合，电梯选择上行方向。假如此时一、四、五楼有呼梯信号时，

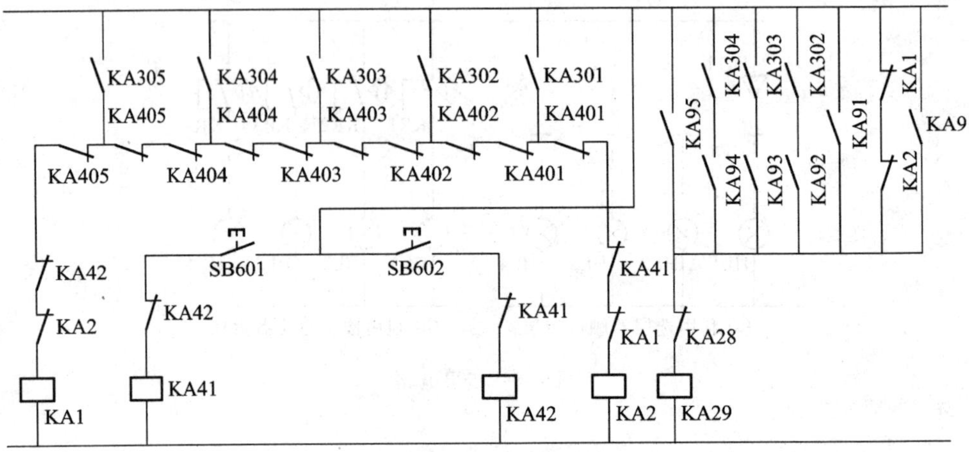

图 9-10　定向选层电路

KA301、KA304、KA305 触点都闭合,因电梯已处于上行状态,电梯在到达三楼时 KA304、KA305 维持了 KA1 的吸合,因而,电梯将从三楼继续上行,执行四楼、五楼的呼梯指令。在 KA305 指令完成后,继电器 KA1 继电释放,一楼已登记的指令 KA301 使继电器 KA2 通电吸合,电梯将选择下行方向,去执行一楼的呼梯指令。

2. 司机选向

司机可以通过按钮 SB601、SB602 手动选择电梯的运行方向,司机的选向具有优先权。

3. 顺向依次选层

若电梯在二、三、四楼均有呼梯指令时,电梯会上行,先停靠在三楼,此时是 KA303、KA93 通电吸合使 KA9 吸合换速停层,然后上行停滞不前停靠在四楼。

4. 无方向换速

电梯在运行过程中,由于人为或其他原因使 KA301 ~ KA305 的触头全都断开,则电梯将立即进入换速状态,并在运行方向上选择最近的楼层平层停靠。

五、开关门控制电路

电梯开关门控制电路如图 9-11 所示。

电路设置了厅、轿门开关联锁,只有当各厅门、轿门都关好,相应行程开关 SQ1 ~ SQn 触点都闭合,门锁继电器 KA3 通电吸合后,才允许电梯运行。

当电梯到站时,换速继电器 KA9 通电吸合,并保持到开门,电源经层楼继电器 KA401、KA402 触点(已闭合)和 KA9 触点使继电器 KA23 通电吸合,电梯停稳后运行继电器 KA8 断电释放,其动断触点闭合,开门继电器 KA4 通电吸合,电梯开门。开门限位开关 SQ506 碰压后 KA4 断电释放,开门过程结束。

若没有司机,KA12 触点是闭合的,电梯开门后经 3 ~ 10 s,开门延时继电器 KT4 触点闭合,使关门继电器 KA5 通电吸合,电梯自动关门,当压下关门限位开关 SQ505 时,KA5 断电释放,关门结束。

若有司机,KA12 触点是断开的,延时自动关门不起作用,此时关门工作台由司机按下关门

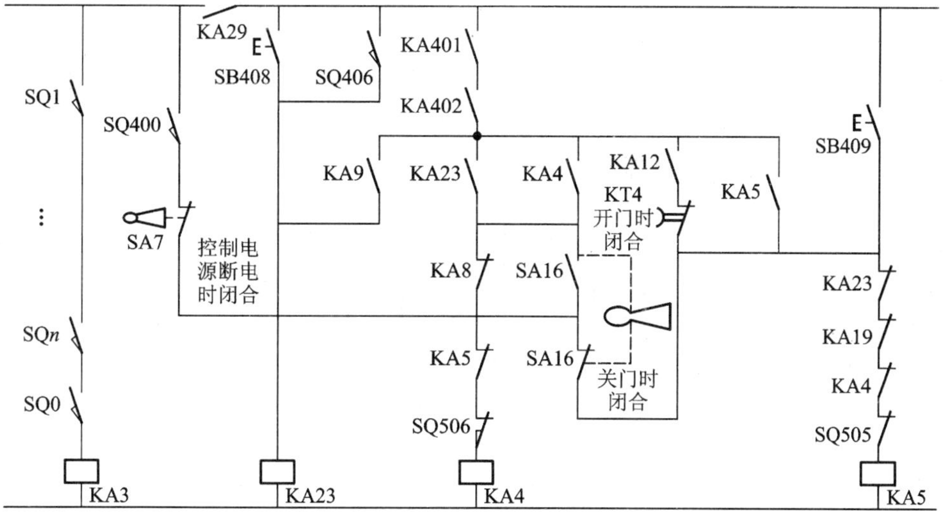

图 9-11　电梯开关门控制电路

按钮 SB409 关门。即使无司机,乘客也可按下关门按钮 SB409 来关门,无需等延时自动关门。按钮 SB408 用于手动开门,在电梯关门的过程中,如果按下开门按钮 SB408,则继电器 KA23 通是吸合,其动断触点断开,切断关门继电器 KA5 电路,其动断触点闭合,接通开门继电器 KA4,则电梯停止关门而改为开门。此外,在关门过程中,如果轿门安全触板被乘客或物品碰撞,开关 SQ406 触点闭合,作用与开门按钮 SB408 相同,使电梯门重新打开,防止挤夹乘客与物品。

KA8 为运行继电器,当电梯运行时 KA8 线圈通电吸合,其动断触点断开,断开开门继电器 KA4 线圈电路,电梯不能开门。KA19 为超载继电器,当电梯超载时,其动断触点打开,切断关门继电器 KA5 电路,电梯不能关门,门锁继电器 KA3 断电释放,电梯无法运行。

在电梯停用时,应将电梯开到基站,基站井道内厅外开门行程开关 SQ400 压下,其动合触点闭合,通过轿内钥匙开关 SA7 切断控制电源,使电压继电器 KA29 线圈断电释放,其动合触点打开,控制电源断电。而 SA7 另一个触点闭合,接通停用线路,走出轿厢,在基站厅门召唤箱上用钥匙开关 SA16 使关门继电器 KA5 通电吸合,将轿门与基站厅门关闭。

电梯再次启用时,司机在基站厅外召唤箱上用钥匙开关 SA16 使开门继电器 KA4 通电吸合,基站厅门与轿门开启,司机进入轿厢,在轿内用钥匙开关 SA7 切断停用线路,接通电压继电器 KA29 线圈电路,KA29 通电吸合,其动合触点闭合,接通控制电路电源,电梯便可操作运行。

第五节　电梯电气设备的安装、调整、维护和保养

一、电梯电气设备的安装

电梯电气部分是电梯的动力传输和控制的通道。在电气安装前,相关技术人员要认真阅读随机技术文件,清楚地了解电梯的型号、规格、主要参数、电气原理图及电气安装接线图,掌握各电路工作原理,熟知电路走向;根据电气原理图和电气安装接线图,将主要电气部件、主要导线管

槽布置好，再进行布线和接线工作。安装完毕，经检查无误后，方可通电试验。

1. 控制柜和井道分接线箱的安装

电梯的电气外部接线示意图如图 9-12 所示。导线常采用电线槽、金属软管和电线管三种方式混合敷设。主干线通常采用电线槽或金属软管，在厅门两侧的井道壁各敷设一路。金属软管通常用来敷设主干线槽至各电器部件的导线。

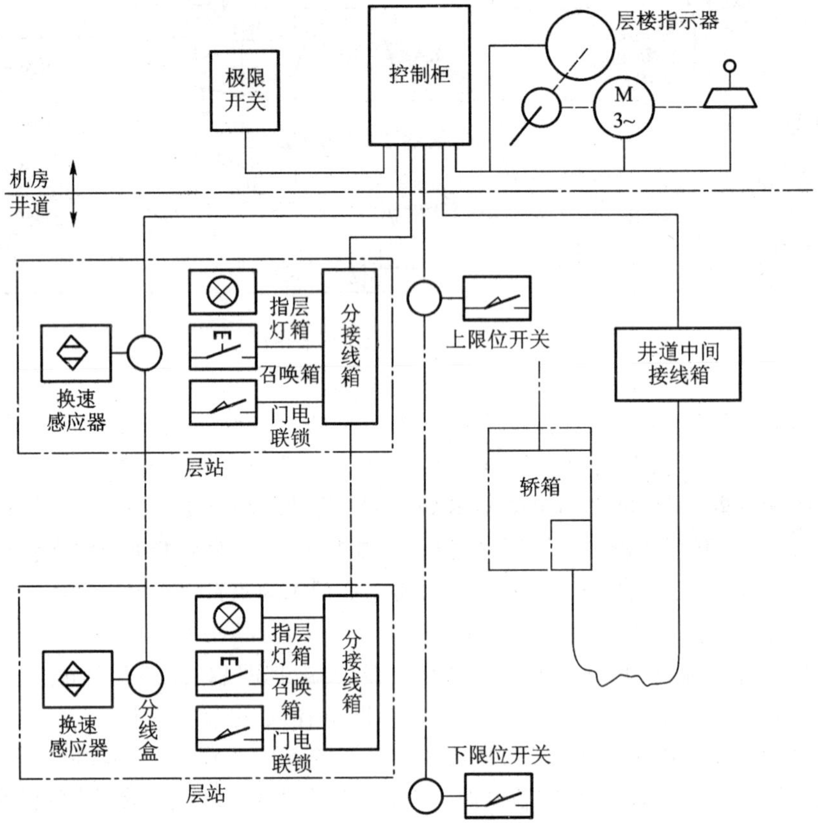

图 9-12　电梯的电气外部接线示意图

控制柜跟随曳引机，一般位于井道上方的机房内，控制柜周围应留有较大的空间，便于操作和维修和电线管路的敷设。

井道中间接线箱系控制柜与轿厢电气设备连接的中间接线处，其安装在井道高度 1/2 往上 1m 左右处。若电梯厂家把控制柜引至轿厢的导线全采用电梯软电缆，则中间接线箱可省去。

2. 分接线箱安装和敷设电线槽或电线管

控制柜至极限开关、曳引电动机、制动器线圈、层楼指示器或选层器、限位开关、干簧管感应器、井道中间接线箱、井道内各层站分接线箱，各层站分接线箱至各层站召唤箱、指层灯箱、厅门电联锁等电气设备均需敷设电线槽或电线管。

3. 极限开关、限位开关、端站强迫减速装置的安装

极限开关采用改制的铁壳开关，铁壳开关一般放置在机房入口附近，距地面 1.3 ~ 1.5m 处，

铁壳开关和滚轮组同装在井道内两端站轿厢导轨的一个方位上，各滚轮外缘应在同一垂直线上，确保打板碰撞时灵活可靠地动作。当轿厢超越两端站楼面极限距离时，固定在轿厢架立梁上的打板碰打上、下滚轮组的滚轮，通过钢丝绳将铁壳开关的刀闸拉开，从而切断电梯的总电源。

限位开关包括上行减速开关、上形限位开关、下行减速开关、下行限位开关和极限开关的上下滚轮组，同装在井道内两端站轿厢导轨的一个方位上。

4. 层楼指示器、选层器的安装

层楼指示器用于货、病梯电气控制中，选层器用于客梯中，一般安装在机房内。层楼指示器和选层器的调校工作，应在电梯安装工作基本结束，电梯在慢行运行状态下进行。

5. 召唤箱、指层灯箱、干簧管感应平层装置的安装

各层站的召唤箱和指层灯箱安装在各层站厅门外。召唤箱装在厅门右侧，距离门框大约200 ~ 300 mm，距离地面1 300 mm处。指层灯箱装在厅门正上方距离门框250 ~ 300 mm处。其面板应垂直水平，凸出墙壁2 ~ 3 mm。

干簧管感应器广泛用于电梯控制系统。可以安装在轿厢顶上的上、下平层感应器和开门感应器，也可安装在每层站井道导轨上停层感应器。干簧管感应器的安装，有如下技术要求：

① 干簧管感应器中干簧管的中心，应对应永久磁铁的中心。用铁板插入检查动作是否可靠，不应有误动作。

② 干簧管感应器与隔磁铁板应固定牢靠，不因电梯运行而发生摩擦，更不能碰撞。

③ 隔磁铁板应垂直、平正，插入时间隙尽量一致，且铁板上下、左右应可调。

④ 平层干簧管感应器，在电梯平层于每层楼面地坎时，上下平层感应器，离隔磁铁板中间位置一致，其偏差不大于3 mm。门区感应器应装于隔磁铁板的中间位置，其偏差不大于2 mm。

6. 固定电缆架、挂扎软电缆和配接线

固定和支撑软电缆的电缆架有井道电缆架和轿底电缆架各一个。井道电缆架固定在井道中间接线箱下500 ~ 700 mm处的井道墙壁上，轿底电缆架固定在轿底。

软电缆长度应符合要求，牢固地悬挂在井臂和轿底的电缆架上，确保电梯运行过程中运动自如，不得碰挂其他物件。

由于配接线是电气安装的重要内容，因此在配线前应根据电气原理图和电气安装接线图，认真核对各路段必须穿入的信号，导线的规格、数量及长度。截好后应在导线的两端套上线号并核对无误。电线管管口、线槽导线出口应作护口处理，防止穿线时损坏导线绝缘层。配接线时应按路、段进行，每一段配接先后都应检查确保无误，以免接错损坏设备的金属或给调试工作造成困难。

7. 电气控制系统的保护接地和接零

保护接地是把电气设备的金属外壳、框架用接地装置与大地可靠的连接，适用于电源中性不接地的低压电气系统。保护接零是将电气设备的金属外壳、框架等与中性线相连接，它适用于电源中性点接地的低压系统。电梯的电气设备，必须作接地保护，且接地电阻不得大于4 Ω。采用保护接地的电气设备不用再作保护接零。

二、电梯电气控制的调整

1. 起动加速的调整

为使乘梯舒适，电梯在起动和制动过程中，速度变化要适当。若起动迟缓可适当减少快速绕

组起动电阻，必要时可减少起动电抗器的匝数。如起动过快，可适当增加起动电阻和起动电抗器匝数。

快速加速延时继电器 KT1 出厂时整定在 2.5～3.0 s。实际调整时，应将 KT1 延时调得充分长，使电梯在满载上行起动过程基本完结时延时才结束。

2. 停层减速的调整

停层减速调整可按电梯实际运行情况，在 KT2、KT3、KT4 时间继电器延时整定为 1.0 s、0.5 s、0.4 s 基础上进行。以使电梯在空载、满载、上下运行减速有最佳的舒适感。

3. 自动平层的调整

在轿厢架上部装有上平层感应器 KR6，开门控制感应器 KR8、下平层感应器 KR7，它们装在一个垂直的板架上，KR6 在上部，KR8 在正中，KR7 在下部。KR6 与 KR7 之间距离可调，初调时可取 500 mm。在每个层站的井道内分别装有长度为 600 mm 的平层隔磁铁板。当轿厢停靠在某层站时，平层铁板应插入全部三个干簧管感应器的空隙中。

电梯调试时，无论是空载上行还是满载下行，轿厢在减速平层时都不应有超越楼层现象。交流双速电梯速度应为 1 m/s 时平层准确度允差值为±30 mm。为校正向上平层准确度可调节 KR7 的上下位置。为校正向下平层准确度，可调节 KR6 的上下位置。

4. 终端保护的调整

电梯在上、下端站为防止电气失灵造成冲顶或礅底事故发生，设置了上、下行强迫减速开关 SQ16、SQ17 和上、下行行程开关 SQ18、SQ19 以及极限开关 QS1。

强迫减速点可按略大于层楼干簧管感应器的减速点进行调整。下行行程开关 SQ19 应调整在轿厢低于底站 50～100 mm 内动作。

极限开关为轿厢超越端站楼面 300 mm 时动作，切断电梯主电路电源。

三、电梯电气设备的维护和保养

1. 机房进线配电盘的维护和保养

① 经常用皮老虎吹除配电盘上的灰尘。

② 铁壳开关的合上或分离，必须先检查铁壳上的机械连锁装置是否损坏，以防止在铁壳盖打开的情况下操作其合上或分离手柄，造成人身伤害事故。

③ 闸刀开关的刀片经常使用后会出现灼痕，灼痕严重时会影响接触效果，此时应更换闸刀开关。

④ 如采用自动空气开关，当电路产生短路时，电磁脱扣器自动脱扣进行短路保护，这时不可再合上绿色按钮（合钮），应待故障排除后再合上合钮。

⑤ 装有电压表、电流表的配电盘。应经常监视其电压、电流值。其值不应大于额定值否则应切断电源，查清原因。

2. 控制屏的维护和保养

控制屏是电梯电气设备的中心环节，其中如发生任何一些小的故障，都将影响电梯的正常运行。在控制屏中装有全部起动和控制的继电-接触器件，以及电阻、电容、热继电器、变压器、硒整流器等。在直流电梯中除了上述之外，控制屏上还装有电压和电流表等，在计算机控制的电梯中，还大量应用了集成电路及数字，发光二极管显示装置等。

① 断开电源,看控制屏的机架是否有可靠的接地,并使接触地电阻不大于 4 Ω。

② 当检验控制屏工作的正确性时,应在曳引电动机断电情况下进行,而在维修电磁开关(接触器和继电器)时应将电源开关断开。

③ 控制屏上有下列不同性质的电压:直流 110 V 控制电路:交流单相 220 V 控制电路和三相交流 380 V 的主电路等,检查控制屏的控制程序正确无误。

④ 控制屏上的全部电磁开关,应动作灵活可靠,无显著的噪声,连接线结头和接线柱应无松动现象,动触头连接结头处钢丝应无断裂现象。

用软刷或吹风消除屏板插件和全部电磁开关零件的积尘,检查电磁开关触头的状态、接触的情况、线圈外表的绝缘以及机械联锁动作的可靠性。

⑤ 更换熔断丝时,应使熔断电流与该同路的电流相匹配,对一般控制电路熔断丝的额定电流应与同路电源额定电流相一致,对电动机回路熔断丝的额定电源应为该电动机额电流的 2.5 ~3倍。

在检查熔断器的工作情况,螺旋式熔断器的熔断管上小红点如脱落,表示熔丝已熔断,应调换熔断器。

3. 选层器电气开关的检查与保养

① 装在各层固定板上的对应触头,碰头后在同一铅垂线上,误差不大于 0.3 mm。它们的重叠尺寸为 1.75±0.3 mm。

② 选层器触头接触可靠,弹性触头的压缩裕度,可调整触头动作时间。消除触头表面积垢,烧蚀地方微锉平滑,严重时应予更换。

③ 越程开关应灵活可靠,每年进行一次越程试验,试其能否可靠地断开主电源,迫使电梯停止运行,其转动部分可用钙基润滑脂。

④ 每月检查一次轿顶上,井道内感应开关、行程开关等电气装置,要求各楼层的感应开关动作灵敏度一致,限位开关的通断可靠及时,当发现感应器和行程开关不能正常工作时,应检查并更换元件。

⑤ 各开关应灵敏可靠,每月检查一次,去除表面尘垢,核实触头接触的可靠调整触头压缩裕度,清除触头表面的积垢,烧蚀处应用细目锉刀锉平滑,严重时需更换。

4. 安全保护开关的检查与保养

① 每月对各安全保护开关作一次检查和试验,拭去表面尘垢,核实触头接触的可靠性和触头的压力和压缩裕度;清除触头表面的积尘,修平烧蚀处,严重时应调换新触头。

② 限位开关、极限开关应灵敏可靠,每月作一次越程试验,观察其能否及时可靠地断开主电源;铁壳开关刀片接触是否良好,接线是否松动,有无过热、变色;检查熔丝熔值是否相符。

③ 检查安全钳开关、胀绳开关、钢带轮开关、底坑、轿顶各开关工作是否正常,清扫积尘;检查底坑有无积水,潮湿电气部分。

第六节　电梯电气控制系统的常见故障及分析

电梯主要是由机械、拖动电路、电气控制部分组成。拖动系统也可以属于电气系统,因而电梯故障可以分为机械故障和电气故障。在电梯故障中,电气故障约占故障总数的 85% ~90%,

造成电气故障主要是电气元件质量和维护保养质量问题。

电气控制系统故障主要有以下几个方面：自动开关门机构及门联锁电路的故障；电气元件引起的故障；继电器、接触器、开关等元件触点断路或短路引起的故障。常见的电梯电气控制系统常见故障及排除方法列表如表 9–2 所示。

表 9–2 电梯电气控制系统常见故障及排除方法

故障现象	可能原因	检查排除
1. 按下选层按钮，没有信号	① 按钮接触不良或损坏	修复或更换
	② 信号灯接触不良或损坏	
	③ 选层继电器失灵或触头接触不良	
	④ 线路接线松脱或断线	检查排除
2. 有选层信号，但方向灯不亮	① 信号灯接触不良或损坏	修复或更换
	② 选层器触头接触不良	修复或更换
	③ 上、下行方向继电器回路电路故障或元件故障	检查排除或更换元件
3. 按下关门按钮，门不关	① 按钮损坏或触头接触不良	检修或更换
	② 关门限位开关未复位	
	③ 关门继电器线圈所串继电器、开关触点接触不良	检修
	④ 门电动机或其他电路故障	
	⑤ 提前开门的开门感应器触头接触不良	
	⑥ 平层器开门动、静滑块接触不良或未接触	
4. 电梯不能自动定向	① 定向电路中上或下方向继电器所串触点有的接触不良	用万用表检查后修复
	② 定向电路二极管损坏	用万用表查出损坏的二极管，更换
5. 电梯在行驶中突然停车	① 电网供电事故	查找出原因，个别换保险丝或重新合上开关
	② 总开关熔断器熔体断开或开关跳闸	
	③ 门锁开关断开	检修或更换
	④ 控制电路熔断器熔体断开	检修或更换元件
	⑤ 平层感应器干簧管触点烧死引起换速停车	
	⑥ 快速继电器、接触器元件或电路故障	

本章小结

本章以交流双速信号控制电梯为内容，从电梯电气控制基本环节入手，分析了电梯电气控制的工作原理；机械和电气安全保护环节；以及电梯电压电气安装和调整的有关知识。以期达到正确使用电梯,培养分析电梯电气控制常见故障的能力。

电梯是一种比较复杂的机、电综合控制设备,其电气设备具有分散性,要求具有极高的安全可靠性。所以电梯在机械上具有电磁制动器、自动门锁装置、安全触板装置、轿顶安全窗、轿顶安全栅栏、底坑防护栅栏、限速器、安全钳和缓冲器等机械安全保护系统。在电气上还有门开关保护、电梯终端超越保护、超载保护等装置,以保证电梯安全可靠的运行。

由于电梯控制方式各异,控制电路及功能也各异,但其基本控制环节诸如轿内外指令电路、定向选层电路、起动电路、运行电路、平层电路、减速停止电路、开关门电路及安全保护电路等基本雷同。此外电梯的主要电器部件,诸如操纵箱、控制柜、选层器、换速平层器、自动开关门装置、指层灯箱、召唤按钮器、超速、限位保护以及轿顶检修箱等也皆相同。只有不断实践,才能对电梯的电气控制进一步掌握,进而学会运行维护和修理。

思考题与习题

9.1 电梯的控制方式有哪几种?

9.2 电梯具有哪些机械安全保护系统和装置?

9.3 电梯具有哪些电气安全保护装置?

9.4 电梯的主要电器部件是指哪些?它们的作用各是什么?

9.5 电梯电气控制电路是由哪些基本控制环节组成?它们的相互关系是怎样的?

9.6 厅外有人召唤电梯,电梯是如何应答的?

9.7 电梯是如何实现定向选层的?

9.8 电梯停车前,速度是如何减下来的?

9.9 电梯是如何实现平层控制的?

9.10 安装、维护和保养电梯设备时需注意哪些事项?

附　　录

附录 A　直流电动机的常见故障分析

表 A-1　直流电动机的常见故障分析及处理方法

故障现象	故障产生原因分析	处理方法
电刷下火花过大	电刷与换向器接触不良	研磨电刷，并在轻载下运行 0.5 ~ 1 h
	刷盒松动或装置不正	紧固或纠正刷盒装置
	电刷与刷盒配合不当	不能过紧或过松，略微磨小电刷尺寸或更换新电刷
	电刷压力不当或不匀	适当调整弹簧压力，使电刷压力保持在 1.47 ~ 2.45 N/mm
	电刷位置不在中性线上	把刷杆座调整到原有记号的位置或参考换向片位置重新调整刷杆距离
	电刷磨损过短或型号、尺寸不符	更换电刷
	换向器表面不光洁、不圆或有污垢	清洁、研磨或加工换向器表面
	换向片间云母凸出	重新更换云母并研磨或加工
	过载	恢复正常负载
	电动机底脚螺钉松动发生振动	紧固底脚螺钉
	换向极绕组短路	查找短路部位，进行修复
	换向极绕组接反	检查换向极的极性，加以纠正
	电枢绕组短路或电枢绕组与换向片脱焊	检查断路或脱焊的部位，进行修复
	电枢绕组短路或换向器短路	检查短路的部位，进行修复
	电枢绕组中有部分接反	检查电枢绕组接线，加以纠正
	电枢平衡没校好	电枢重校平衡
不能起动	过载	减小负载
	接线板接线接错	检查接线，加以纠正
	电刷接触不良或换向器表面不清洁	研磨电刷或调整压力，清理换向器表面及片间云母
	电刷位置移动	重新校正中性线位置
	主磁极绕组断路	检查断路的部位，进行修复
	轴承损毁或有异物	清除异物或更换轴承

续表

故障现象	故障产生原因分析	处理方法
转速不正常	电刷不在正常位置	调整刷杆座位置,可逆转的电动机应使其在中性线上
	电枢或主磁极绕组短路	检查断路的部位,进行修复
	串励主磁极绕组接反	检查主磁极绕组接线,加以纠正
	并励主磁极绕组断线或接反	检查断线部位与接线,加以纠正
温度过高	电源电压高于额定值	降低电源电压到额定值
	电动机超载	降低负载或换一台容量较大的电动机
	绕组有短路或接地故障	检查故障部位后按故障情况处理
	电动机的通风散热情况不好	检查环境温度是否过高,风扇是否脱落,风扇旋转方向是否正确,电机内部通风道是否被阻塞
电动机振荡	串励绕组或换向极绕组接反	改正接线
	电刷未在中性线上	调整电刷在中性线上
	励磁电流太小或励磁电路有断路	增加励磁电流或检查励磁电路中有无断路
	电动机电源电压波动	检查电枢电压
轴承过热	轴承损坏或有异物	更换轴承或清除异物
	润滑脂过多或过少,型号选用不当或质量差	调整或更换润滑脂
	轴承装配不良	检查轴承与转轴、转轴与端盖的配合情况,进行调整或修复
外壳带电	接地不良	查找原因,并采取相应的措施
	绕组绝缘老化或损坏	查找绝缘老化或损坏部位,进行修复,并处理绝缘

附录B　三相异步电动机的常见故障分析

一、定子绕组故障及排除

定子绕组的常见故障有:绕组断路、绕组接地(碰壳或漏电)和绕组短路。

(一)断路故障的排除

断路故障多数发生在电动机绕组的端部,各绕组元件的接线头,或是电动机引出线端等处附近。故障的原因是:绕组受外力的作用而断裂;接头线焊接不良而松脱;绕组短路或电流过大,绕组过热而烧断。

查出绕组断路之处后再进行修理。如果绕组断路处在铁心槽的外部,可理清导线端头,将断裂的导线连接焊牢,并包好绝缘。如系引出线断裂就更换引出线。如绕组断裂处在铁心槽内的个别线圈,可用穿绕修补的方法更换个别线圈。

（二）接地和绝缘不良的修理

电动机绕组接地，俗称“碰壳”。引起绕组接地的主要原因是：电动机长期不使用，周围环境潮湿，或电动机受雨淋日晒，或长期过载运行，有害气体的侵蚀等，使绕组绝缘性能降低，绝缘电阻下降；金属异物掉进绕组内部，损坏绝缘；有时电动机在重绕定子绕组时，损伤了绝缘，使导线与铁心相碰等。

绕组接地后，会造成绕组过流发热，从而造成绕组匝间短路。绕组通电后，电动机外壳带电，容易造成人身触电事故。绕组通地故障，必须及时检查修理。

查出绕组接地点和绝缘不良之处后，应按规程处理。如果测定是绕组受潮，可将电动机两边端盖拆除，放在烘箱内烘培，烘到其绝缘电阻达到要求后，再加浇一层绝缘漆，然后再烘干防止回潮。也可采用红外线灯泡干燥，或在定子绕组中通以 0.6 倍的额定电流的单项交流电来加热，低压交流电源可用降压变压器或电焊机来提供。

如果测定是绕组接地或碰相，则要分别情况进行修理。新嵌线电动机接地点，往往发生在下线圈伸出铁心末端处（即槽口），因为在嵌线时不慎，极易损坏槽口处的线圈绝缘，可用绝缘纸或竹片垫入线圈与铁心槽口之间。如果接地点发生在端部，可用绝缘带包扎，再涂上自干绝缘漆。如果发现槽内导线绝缘损坏而接地，须更换绕组，或采用线圈绕组修补的方法更换接地线圈。

（三）短路故障的排除

绕组短路故障的原因，主要是电动机电流过大，电源电压过高，机械损伤，重新嵌绕时碰伤绝缘，绝缘老化脆裂等。绕组短路的情况由绕组匝间短路，及相组间短路，相间短路等最容易短路的地方是同级同相的两相邻线圈之间，上、下层之间的线圈间，以及线圈的槽外部分。如果能明显看出短路点，可用竹稧插入两线圈间，把这两线圈的槽外部分分开，垫上绝缘。如果短路点发生在槽内，要将该槽绕组加热软化后，翻出受损绕组，换上新的绝缘层，将导线绝缘损伤的部位用薄的绝缘带包好，重新嵌入槽内，再进行绝缘处理。如果个别线圈短路，可用前述穿绕修补法，调换个别短路线圈。如果短路较严重，或重新绝缘的导线无法嵌进槽内，或者无法进行穿绕修补，那就必须拆下重绕。

二、转子故障及排除

（一）笼型转子故障的排除

笼型转子的常见故障是断条（即笼条断裂），断条后，电动机虽然能空载运转，但一加负载，转速就会降低，这时如测量定子三相绕组电流，就会发现电流表指针来回摆动。

如果铜条在槽外明显处脱焊，可用锉刀清理后用磷铜焊料焊接。如果槽内铜条断裂，若数量不多，可以在断条两端短路环（端环）上开一个缺口，然后用凿子把断裂的铜条凿下去，换上新铜条。如铸铝转子有断条故障，要将转子槽内铸铝全部取出更换。

若要将铸铝转子改为铜条转子，由于铜导电性比铝好，一般铜条的截面面积只是槽面积的 70% 就可以了，如果铜条截面积用的过大，会造成起动转矩小而起动电流增大等情况。铜条取窄长截面以顶满槽顶及槽底。

（二）绕线转子故障的排除

绕线转子绕组的结构、嵌绕等，都与定子绕组相同。

在进行绕组修理时，对于一般中、小型绕线转子电动机的转子绕组导线，多数采用圆铜线

(漆包线,或单纱、双纱漆包线),绕组线圈形式有叠绕式和单层同心式,绕组的嵌绕工艺可参考定子绕组的嵌绕工艺。对于较大容量的绕线转子电动机的转子绕组导线采用扁铜线或裸铜条,线圈的形式一般是单匝波形线圈,由两个元件构成,在扁铜线和裸铜条外面用绝缘带半叠包一层,嵌好后连接成绕组。其槽绝缘和定子绝缘基本相同,但考虑到转动部分绝缘容易损坏,故一般要比定子槽绝缘加强些。绕线式转子嵌入绕组后,其两端不能高出转子的铁心。绕组伸出槽外的端部要用纱带包好。

由于转子在高速下旋转,其绕组端部会产生很大的离心力,所以转子绕组经过修理或全部更换以后,必须在绕组的两个端部用钢丝打箍。打箍工作可以在车床上进行,或用木制的简易机械来进行。

绕线转子绕组修理后,要经过浸漆与烘干处理,浸漆时,应注意不要使绝缘漆沾染到转子的滑环部分。修好的转子要校准平衡,以免在运转中发生振动。

对三相异步电动机的常见故障及处理方法,可参见表 B-1。

表 B-1　三相异步电动机的常见故障及处理方法

故障现象	可能的原因	处理方法
不能起动	定子或转子绕组短路	查找短路部位,进行修复
	定子绕组相间短路、接地或接线错误	查找短路、接地部位,进行修复
	绕线转子电动机起动误操作	检查滑环短路装置及起动变阻器的位置。在起动时应串接变阻器
	过电流继电器调的太小	适当调高
	老式起动开关油杯缺油	加新油至油面线
	负载过大或转动机机械被卡住	换用较大容量电动机或减轻负载;如传动机械被卡住,应检查机械部分,消除障碍
	轴承磨损严重,造成气隙不均,通电后定、转子吸住不动	检查轴承,更换轴承
	槽配合不当	将转子外圆适当车小或选择适当定子线圈跨距;重换转子,槽配合应符合要求
	熔体熔断	检查熔体是否熔断可采用检验灯法。检查时不必将熔体取下,只要把检验灯跨接于熔体的两端
	轴承损坏	当轴承损坏时,可能使定子、转子铁心相擦而导致电动机运转时发出嚓嚓的异常声音。如果轴承严重损坏,会使定子铁心卡住转子而导致电动机不能转动。要检查轴承是否损坏,只需上下移动转轴,若转轴松动了,则应更换新轴承
	笼型转子铜条松动	若转子铜条松动,电动机运转时有异常的声音,有时铜条与短环之间可能会看到火花的出现,而且不能带动负载。此时可采用撒铁粉法来寻找出开路的铜条

故障现象	可能的原因	处理方法
电动机带负载运行时转速低于额定值	笼型转子断条	对应检查处理
	绕线转子一相断路	用校验灯、万用表等检查断路处,排除故障
	绕线转子电动机起动变阻器接触不良	修理变阻器接触点
	绕线转子电动机的电刷与滑环接触不良	调整电刷压力及改善电刷与滑环接触面
	负载过大	换用较大容量电动机或减轻负载
电动机空载或负载运行时输入电流发生周期性变化	绕线转子电动机一相电刷接触不良	调整电刷压力及改善电刷与滑环接触面
	绕线转子电动机的滑环短路装置接触不良	修理或更换短路装置
	笼型转子断条	对应检查处理
	绕线转子一相断路	用检验灯、万用表等检查断路处,排除故障
电动机外壳带电	电动机绕组受潮、绝缘老化或引出线与接线盒碰壳	对电动机绕组进行干燥处理,绝缘严重老化者则更换绕组,连接好接地线
	铁心槽内有未清理掉的铁屑,导线嵌入后即通地或嵌线时槽绝缘受机械损伤	找出接地线圈后,进行局部修理
	绕组端部太长碰机壳	将绕组端部刷一层绝缘漆,垫上绝缘纸
	铁心槽两端的槽口绝缘损坏	细心扳动绕组端部,耐心找出绝缘损坏处,将绕组加热撬开,垫上绝缘纸,再涂上漆
电动机运转时声音不正常	定子与转子相擦	锉去定、转子硅钢片突出部分
	电动机缺相运转,有嗡嗡声	轴承如松动(走外圆或走内圆),可采取镶套办法,或更换端盖,或更换转轴
	转子风叶碰壳	检查熔体及开关接触点,排除故障
	转子擦绝缘纸	修剪绝缘纸
	轴承严重缺油	清洗轴承,加新润滑油
	轴承损坏	更换轴承
电动机振动	转子不平衡	校动平衡
	皮带盘不平衡	校静平衡
	皮带盘轴孔偏心	车正或嵌套
	轴头弯曲	校直或更换转轴。弯曲不严重时,可车去 1 ~ 2 mm,然后配上套筒(热套)
	转子内断线(拉开电源,振动立即消失)	用短路测试器检查
	气隙不均,产生单边磁拉力	测量气隙,校正气隙使其均匀

续表

故障现象	可能的原因	处理方法
轴承过热	轴承损坏	更换轴承
	轴承与轴配合过松或过紧	过松时转轴镶套;过紧时重新加工到标准尺寸
	轴承与端盖配合过松或过紧	过松时端盖嵌套;过紧时重新加工到标准尺寸
	滑动轴承油环轧煞或转动缓慢	查明轧煞处,修理或更换油环。若系油质过厚应更换较薄的润滑油
	润滑油过多、过少或油质不好	加油或换油
	电动机两侧端盖或轴承盖未装平	将端盖或轴承盖止口装紧装平、旋紧螺钉
	转子不平衡	校动平衡
电动机温升过高或冒烟	电动机风道阻塞	清除风道油垢及灰尘
	定子绕组短路或接地	拆开电动机,抽出转子,用电桥测量各相绕组或各线圈组的直流电阻,或用兆欧表测量对机壳的绝缘电阻,局部或全部更换线圈
	电源电压过高或过低	用电压表、万用表检查电动机输入端电源电压,并调整电压
	绕组内部有线圈接反	检查每相电流、也可以检查每相电流的极性,查出接反的线圈并改正
	定、转子之间气隙太大或定子绕组匝数过少	检查空载电流或测气隙,重新嵌线,适当增加定子匝数
	正、反转太频繁或起动次数太多	应作适当的减少
	定、转子相擦	轴承如有走外圆或走内圆,采取镶套办法;轴承松动,须换新轴承;若轴弯应给以校正
	笼型转子断条或绕线型转子绕组接线松脱	对应检查处理
绕线转子滑环火花过大	电刷牌号及尺寸不合适	更换合适电刷
	滑环表面有污垢杂物	擦静表面污垢,用0号纱布磨光,滑环伤痕严重时应车一刀
	电刷压力太小	调整电刷压力
	电刷在刷握内卡住	磨小电刷
空载电流三相严重不平衡	重绕定子绕组后三相匝数不相等	重绕定子绕组
	定子绕组内部接线有错误	检查每相极性,纠正接线

续表

故障现象	可能的原因	处理方法
电动机空载电流偏大	电动机本身气隙较大	用内外径千分尺测量定子内径和转子外径
	定子绕组匝数未绕够	重绕定子绕组，增加匝数
	电动机装配不当，转子转动不灵活	用手试转电动机，若轴向位移过多，即轴承没有装紧，可用木块垫上敲打即可；若端盖螺钉没有平衡上紧，可放松螺钉试转校正
	电动机定子绕组是星形联结误接成三角形联结	对照铭牌纠正接线
	润滑脂干固	重换润滑脂
绝缘电阻降低	潮气侵入或雨水滴入电机内	用兆欧表检查后，进行烘干处理
	绕组上灰尘污垢太多	清除灰尘及油垢后，浸漆处理
	引出线或接线盒接头的绝缘即将损坏	重新包扎引出线或接线头
	电机过热后绝缘老化	7 kW 以下电动机可重新浸漆处理

附录 C　电力拖动系统中电动机的选择

在设计电力拖动系统时，电动机的选择是一项重要的内容。电动机的选择主要是指电动机的额定功率、额定电压、额定转速、种类及形式等项目的选择。

选择电动机的原则，一是要满足生产机械负载的要求，二是从经济上看应该是最合理的，因此，电动机的额定功率的选择是非常重要的。如果功率选得过大，电动机的容量得不到充分利用，电动机经常处于轻载运行，效率过低，运行费用就高；反之，如果功率选得过低，电动机将过载运行，长期过载运行，电动机的寿命将缩短，因此，电动机功率选得过大或过小都是不经济的。

额定功率的选择，要根据电动机的发热、过载能力和起动能力三方面来考虑，其中以发热问题最为重要。

一、电动机的发热和冷却

电动机负载运行时，因产生损耗而发热，由于电动机内部热量的不断产生，电动机本身的温度就要升高，最高将超过周围环境的温度，电动机温度比环境温度高出的数值，称为电动机的温升。一旦有了温升，电动机就要向周围散热，温升越高，散热越快，当电动机在单位时间内产生的热量等于散去的热量时电动机的温度将不再增加，而保持着一个稳定不变的温升值，称为稳定温升，此时电动机处于发热与散热的动平衡状态。

电动机从开始发热到热平衡状态的过程称为发热的过渡过程，在此过程中，电动机的温升τ随时间 t 的变化规律，即温升τ的瞬态过程表达式，经推导得

$$\tau=\tau_0 e^{-\frac{t}{T}}+\tau_s(1-e^{-\frac{t}{T}}) \qquad (C-1)$$

式中，τ_0、τ_s 分为电动机发热过程的起始温升和稳定温升，T 为电动机的发热时间常数。若发热过程开始时，电动机的温度与周围介质的温度相等，则$\tau_0=0$，这时的温升表达式为

$$\tau=\tau_s(1-e^{-\frac{t}{T}}) \qquad (C-2)$$

式（C-1）、式（C-2）对应的温升曲线，如图 C-1 所示。

由图 C-1 可见，电动机的温升是按指数规律变化的。温升变化和快慢与时间常数 T 有关，理论上，$t\to\infty$ 时才能达到稳定温升τ_s，实际上当 $t=(3\sim4)T$ 时已接近τ_s。对于小容量电动机 $T=20\sim30$ min；对于大容量电动机 $T=2\sim3$ h。

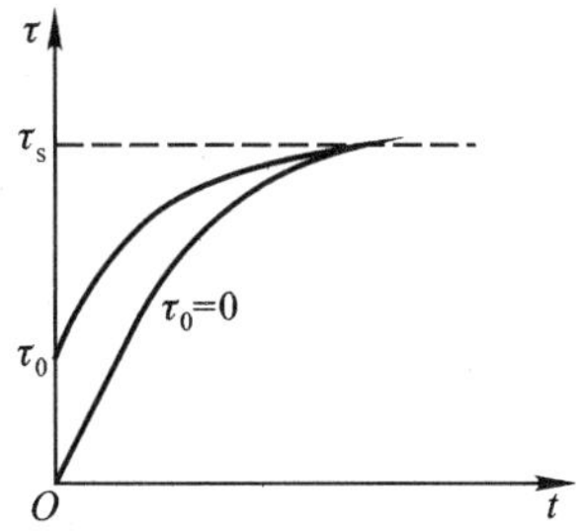

图 C-1　电动机发热过程温升曲线

温升的变化规律可以解释如下：发热开始时，由于温升小，散发出去的热量较少，大部分热量被电动机吸收，因而温升增长得快；其后，随着温升的增高，散发的热量不断增多，而电动机产生的热量因负载不变而不变，则电动机吸收的热量不断减少，温升曲线趋于平缓；最后，当发热量与散热量相等时，电动机的温升不再升高而达到了稳定值。

由式（C-1）、（C-2）可见，当 $t\to\infty$ 时，$\tau=\tau_s$ 说明当负载一定时，电动机产生的热量是一定的，稳定温升也是一定的，它与起始温升是无关的，这一点从图 C-1 也可以看出来。

当电动机的负载减小或电动机断电停止工作时，电动机的温度便开始下降，冷却过程开始。冷却过程的温升变化曲线与发热过程在形式上是相同的，可以表示为

$$\tau=\tau_0' e^{-\frac{t}{T'}}+\tau_s'(1-e^{-\frac{t}{T'}}) \qquad (C-3)$$

式中，τ_0' 为冷却开始时的温升；τ_s'为冷却后的稳定温升，显然$\tau_s'<\tau_0'$；T' 为冷却时间常数，一般 $T'>T$。

当电动机断电时，电动机不再发热，于是$\tau_s'=0$，式（C-3）变为

$$\tau=\tau_0' e^{-\frac{t}{T'}} \qquad (C-4)$$

对应式（C-3）、（C-4），两条冷却时的温升变化曲线如图 C-2 所示，显然冷却过程的温升曲线也是按指数规律变化。

电动机运行时，由于损耗产生热量，使电动机的温度升高。电动机容许达到的最高温度是由电动机使用绝缘材料的耐热程度决定的，绝缘材料的耐热程度称为绝缘等级。不同的绝缘材料，其最高容许温度是不同的，电动机中常用的绝缘材料分为五等级见表 C-1，其中的最高允许温升值是按环境温度为 40 ℃计算出来的。

目前我国生产的电机多采用 E 级和 B 级绝缘，发展趋势是采用 F 级和 H 级绝缘，这样可以在一定的输出功率下，减轻电动机的重量、缩小电机的体积。

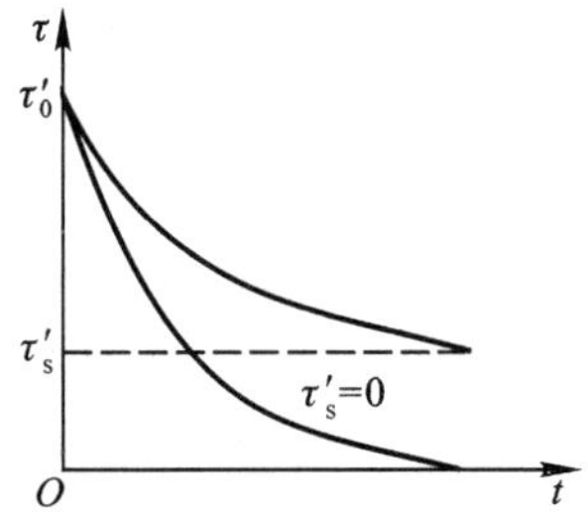

图 C-2　电动机冷却过程温升曲线

表 C-1　电动机中常用的绝缘材料

等级	绝缘材料	最高允许温度/℃	最高允许温升/℃
A	经过浸渍处理的棉、丝、纸板、木材等，普通绝缘漆	105	65
E	环氧树脂，聚酯薄膜，青壳纸，三醋酸纤维薄膜，高强度绝缘漆	120	80
B	用提高了耐热性能的有机漆作粘合剂的云母、石棉和玻璃纤维组合物	130	90
F	用耐热优良的环氧树脂粘合或浸渍的云母、石棉和玻璃纤维组合物	155	115
H	用硅有机树脂粘合或浸渍的云母、石棉和玻璃纤维组合物，硅有机橡胶	180	140

电动机的使用寿命主要是由它的绝缘材料决定的，当电动机的工作温度不超过其绝缘材料的最高允许温度时，绝缘材料的使用寿命可达 20 年左右，若超过最高允许温度，则绝缘材料的使用寿命将大大缩短，一般是每超过 8 ℃，寿命减少一半。

由此可见，绝缘材料的最高允许温度是一台电动机带负载能力的限度，而电动机的额定功率正是这个限度的具体体现。事实上，电动机的额定功率是指在环境温度为 40 ℃、电动机长期连续工作，其温度不超过绝缘材料最高允许温度时的最大输出功率。

上述环境温度 40 ℃是我国标准规定的标准环境温度。如果实际环境温度低于 40 ℃，则电动机可以在稍大于额定功率下运行；反之，电动机必须在小于额定功率下运行。总之，是要保证电动机和工作温度不要超过其绝缘材料和极限温度。

二、电动机的工作制分类

电动机工作时，其温升的高低不仅与负载的大小有关，而且还与负载的持续时间有关。同一台电动机，如果工作时间的长短不同，则它的温升也不同，或者说，它能够承担负载功率的大小也不同。为了适应不同负载的需要，按负载持续时间的不同，国家标准把电动机分成三种工作方式或称三种工作制，细分为八类，用 S1、S2、…、S8 来表示。

1. 连续工作制(S1)

连续工作制的电动机，其工作时间 $t_w>(3\sim4)T$，可达几小时或几十小时，其温升可以达到稳定值，所以也称为长期工作制。它的功率负载图 $P=f(t)$ 及温升曲线 $\tau=f(t)$，如图 C-3 所示。属于此类工作制的生产机械有水泵、通风机、造纸机和纺织机等。

2. 短时工作制(S2)

短时工作制的电动机，其工作时间很短，$t_w<(3\sim4)T$，在工作时间内，温升达不到稳定值。但它的停机时间 t_0 却很长，$t_0>(3\sim4)T'$，停机时电动机的温度足以降至周围环境的温度，即温升降至零。其功率负载图和温升曲线，如图 C-4 所示。属于此类工作制的生产机械有水闸闸门、吊车、车床的夹紧装置等。我国短时工作制电动机的标准工作时间有 15 min、30 min、60 min、

90 min四种。

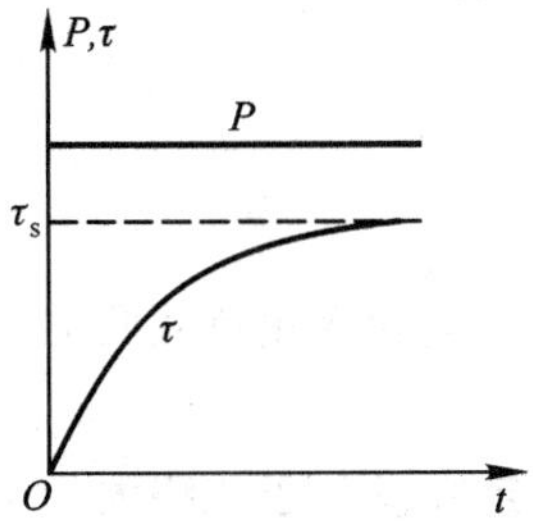

图 C-3　连续工作制的功率负载图及温升曲线

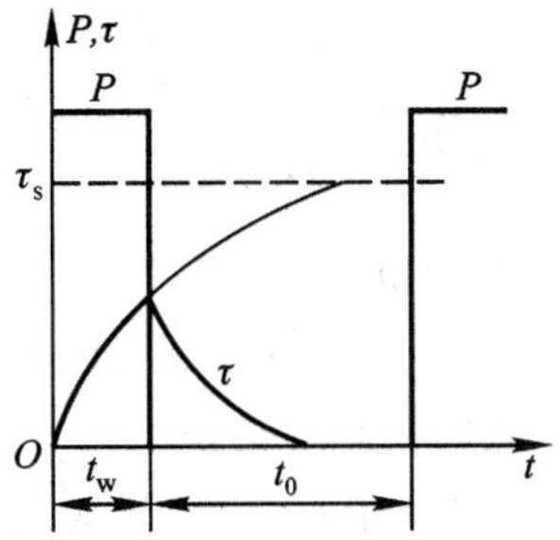

图 C-4　短时工作制的功率负载图及温升曲线

3. 断续周期工作制

电动机按一系列相同的工作周期运行，在一个周期内，工作时间 $t_w<(3\sim4)T$，停歇时间 $t_0<(3\sim4)T'$。因而，工作时温升达不到稳定值，停歇时温升也降不到零。按国家标准规定，每个工作周期 $t_c=t_w+t_0\leqslant10$ min，所以这种工作制也称为重复短时工作制。

根据一个周期内电动机运行状态的不同，断续周期工作制可分为六类（详见国家标准 GB 755—81）：

断续周期工作制（S3）；

包括起动的断续周期工作制（S4）；

包括电制动的断续周期工作制（S5）；

连续周期工作制（S6）；

包括电制动的连续周期工作制（S7）；

包括负载与转速相应变化的连续周期工作制（S8）。

断续周期工作制的电动机，其温升经过若干个周期后，将在某一范围内上下波动。图 C-5 为断续周期工作制（S3）的功率负载图及温升曲线。属于此类工作制的生产机械有起重机、电梯和某些自动机床的工作机构等。

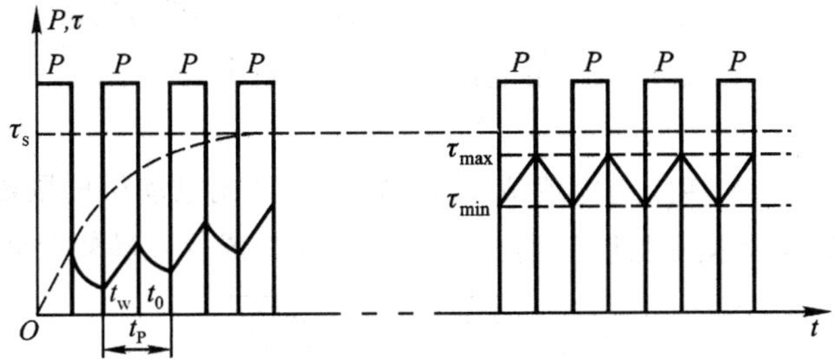

图 C-5　断续周期工作制的功率负载图及温升曲线

在断续周期工作制中，工作时间与周期之比称为负载持续率，也称暂载率，用 $FC\%$ 表示。

$$FC\%=\frac{t_w}{t_w+t_0}\times100\% \qquad (C-5)$$

我国规定的标准负载持续率有15%、25%、40%、60%四种。断续周期工作制电动机因起动频繁，要求过载能力强、飞轮矩小、机械强度好，所以需要专门设计。

三、电动机容量的选择方法

（一）连续工作制电动机容量的选择

连续工作制的负载，按其大小是否变化可分为常值负载和变化负载两类。

1. 常值负载下电动机容量的选择

这时电动机容量的选择非常简单，只要选择一台额定容量等于或略大于负载容量、转速又合适的电动机即可，不需要进行发热校验。

2. 变化负载下电动机容量的选择

图 C-6 为一变化负载的功率图（图中只画出了生产过程的一个周期），自动车床在加工各道工序时，主轴电动机的负载就属这一类。当电动机拖动这类生产机械工作时，因为负载周期性变化，所以电动机的温升也必然呈周期性波动。温升波动的最大值将低于最大负载（如图 C-6 中 P_1）时的稳定温升，而高于最小负载（如图 C-6 中 P_2）时的稳定温升。这样，如按最大负载功率选择电动机的容量，则电动机就不能得到充分利用；而按最小负载功率选择电动机容量，则电动机必将过载，其温升将超过允许值。因此，电动机的容量应选在最大负载与最小负载之间。如果选择得合适，既可使电动机得到充分利用，又可使电动机的温升不超过允许值，通常可采用以下方法进行选择。

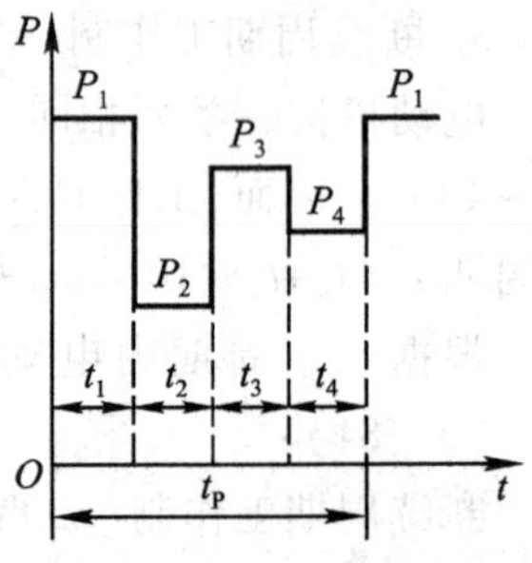

图 C-6 变化负载的功率图

1. 等效电流法

等效电流法的基本思想是用一个不变的电流 I_{eq} 来等效实际上变化的负载电流，要求在同一个周期内，等效电流 I_{eq} 与实际变化的负载电流所产生的损耗相等。假定电动机的铁损耗与绕组电阻不变，则损耗只与电流的平方成正比，由此可得等效电流为

$$I_{eq}=\sqrt{\frac{I_1^2t_1+I_2^2t_2+\cdots+I_n^2t_n}{t_1+t_2+\cdots+t_n}} \tag{C-6}$$

式中，t_n 为对应负载电流 I_n 时的工作时间。求出 I_{eq} 后，则选用电动机的额定电流 I_N 应大于或等于 I_{eq}。采用等效电流法时，必须先求出用电流表示的负载图。

2. 等效转矩法

如果电动机在运行时，其转矩与电流成正比（如他励直流电动机的励磁保持不变、异步电动机的功率因数和气隙磁通保持不变时），则式（C-6）可改写成等效转矩公式

$$T_{eq}=\sqrt{\frac{T_1^2t_1+T_2^2t_2+\cdots+T_n^2t_n}{t_1+t_2+\cdots+t_n}} \tag{C-7}$$

此时，选用电动机的额定转矩 T_N 应大于或等于 T_{eq}，当然，这时应先求出用转矩表示的负载图。

3. 等效功率法

如果电动机运行时，其转速保持不变，则功率与转矩成正比，于是由式（C-7）可得等效功率为

$$P_{eq}=\sqrt{\frac{P_1^2t_1+P_2^2t_2+\cdots+P_n^2t_n}{t_1+t_2+\cdots+t_n}} \tag{C-8}$$

此时，选用电动机的功率 P_N 大于或等于 P_{eq} 即可。

必须注意的是用等效法选择电动机的容量时，要根据最大负载来校验电动机的过载能力是否符合要求，如果过载能力不能满足，应当按过载能力来选择较大容量的电机。

（二）短时工作制电动机容量的选择

1. 直接选用短时工作制的电动机

我国电机制造行业专门设计制造一种专供短时工作制使用的电动机，其工作时间分为 15 min、30 min、60 min、90 min 四种，每一种有不同的功率和转速。因此可以按生产机械的功率、工作时间及转速的要求，由产品目录中直接选用不同规格的电动机。

如果短时负载是变动的，也可采用等效法选择电动机，此时等效电流为

$$I_{eq}=\sqrt{\frac{I_1^2t_1+I_2^2t_2+\cdots+I_n^2t_n}{at_1+at_2+\cdots+at_n+\beta t_0}} \tag{C-9}$$

式中，I_1、t_1 为起动电流和起动时间；I_n、t_n 为制动电流和制动时间；t_0 为停转时间；α、β 为考虑对自扇冷电动机在起动、制动和停转期间因散热条件变坏而采用的系数，对于直流电动机 $\alpha=0.75$，$\beta=0.5$；对于异步电动机 $\alpha=0.5$，$\beta=0.25$。

采用等效法时，也必须注意对选用的电动机进行过载能力的校核。

2. 选用断续周期工作制的电动机

在没有合适的短时工作制的电动机时，也可采用断续周期工作制的电动机来代替。短时工作制电动机的工作时间 t_w 与断续周期工作制电动机的负载持续率 $FC\%$ 之间的对应关系，见表 C-2。

表 C-2 t_w 与 $FC\%$ 的对应关系

t_w/min	30	60	90
$FC\%$	15%	25%	40%

（三）断续周期工作制电动机容量的选择

可以根据生产机械的负载持续率、功率及转速，从产品目录中直接选择合适的断续周期工作制的电动机。但是，国家标准规定该种电动机的负载持续率 $FC\%$ 只有四种，因此常常会出现生产机械的负载持续率 $FC\%$ 与标准负载持续率 $FC\%$ 相差较大的情况，在这种情况下，应当把实际负载功率 P_x 按下式换算成与相邻的标准负载持续率 $FC\%$ 下的功率 P

$$P=P_x\sqrt{\frac{FC_x\%}{FC\%}} \tag{C-10}$$

根据上式中的标准负载持续率 $FC\%$ 和功率 P 即可选择合适的电动机。

当 $FC\%<10\%$ 时，可按短时工作制选择电动机；当 $FC\%>70\%$ 时，可按连续工作制选择电动机。

（四）统计法和类比法

前面介绍了选择电动机功率的基本原理和方法，它对各种生产机械普遍适用。但是这种方法在实用中会遇到一些困难，一是它的计算比较繁杂；二是电动机和生产机械的负载图难以精确

地绘制。为此,人们在工程实践中总结出了一些常见生产机械选择电动机容量的实用法,即统计法和类比法。

1. 统计法

统计法就是对各种生产机械的拖动电动机进行统计分析,找出电动机容量与生产机械主要参数之间的关系。用经验公式作为选择电动机容量的主要依据。以机床为例,主拖动电动机容量与机床主要参数之间的关系如下:

(1)卧式车床

$$P=36.5D^{1.54}(\mathrm{kW})$$

式中,D 为加工工件的最大直径(m)。

(2)立式车床

$$P=20D^{0.88}(\mathrm{kW})$$

式中,D 为加工工件的最大直径(m)。

(3)摇臂钻床

$$P=0.064\,6D^{1.19}(\mathrm{kW})$$

式中,D 为最大钻孔直径(mm)。

(4)外圆磨床

$$P=0.1KB(\mathrm{kW})$$

式中,B 为砂轮宽度(mm);K 为考虑砂轮主轴采用不同轴承时的系数,对于滚动轴承 $K=0.8\sim1.1$,对于滑动轴承 $K=1.0\sim1.3$。

(5)卧式镗床

$$P=0.004\,6D^{1.7}(\mathrm{kW})$$

式中,D 为镗杆直径(mm)。

(6)龙门刨床

$$P=B^{1.19}/166(\mathrm{kW})$$

式中,B 为工作台宽度(mm)。

根据以上各式计算出的功率可选取电动机的容量。

2. 类比法

通过对长期运行考验的同类生产机械所采用的电动机容量进行调查,然后对生产机械的主要参数和工作条件进行类比,从而可确定新的生产机械拖动电动机的容量,这就是所谓的类比法。

四、电动机种类、形式、电压、转速的选择

选择电动机时,除了正确地选择功率外,还要根据生产机械的要求及工作环境等,正确地选择电动机的种类、形式、电压和转速。

1. 电动机种类的选择

电动机的种类分为直流电动机和交流电动机两大类。直流电动机又分为他励、并励、串励电动机等。交流电动机又分为笼型、绕线转子异步电动机以及同步电动机等。电动机种类的选择主要是从生产机械对调速性能的要求来考虑,例如,对于调速范围、调速精度、调速的平滑性、低

速运转状态等性能的要求来考虑。

凡是不需要调速的拖动系统，总是考虑采用交流拖动，特别是采用笼型异步电动机拖动。长期工作、不需要调速且容量相当大的生产机械，如空气压缩机、球磨机等，往往采用同步电动机拖动，因为它能改善电网的功率因数。

如果拖动系统的调速范围不广，调速级数少，且不需在低速下长期工作，可以考虑采用交流绕线转子异步电动机或变极调速电动机。因为目前应用的交流调速拖动，大部分由于低速运行时能量损耗大（如串级调速、电磁调速电动机），故一般均不宜在低速下作长期运行。

对于调速范围宽、调速平滑性要求较高的场合，通常采用直流电动机拖动，或者采用近年来发展的交流变频调速电动机拖动。

2. 电动机形式的选择

各种生产机械的工作环境差异很大，电动机与工作机械也有各种不同的连接方式，所以应当根据具体的生产机械类型、工作环境等特点，来确定电动机的结构形式，如直立、卧式、开启式、封闭式、防滴式、防爆式等。

3. 电动机额定电压的选择

电动机额定电压的选择，一般是由工厂或车间的供电条件所决定。我国一般标准是交流电压为三相 380 V，直流电压为 220 V。大容量的交流电动机通常设计成高压供电，如 3 kV，6 kV或 10 kV 电网供电，此时电动机应选额定电压 3 kV，6 kV 或 10 kV 的高压电动机。

采用大容量直流电动机时，为了减小电枢电流，可以考虑用额定电压为 440 V 的电动机。

4. 电动机额定转速的选择

电动机额定转速的选择关系到电力拖动系统的经济性和生产机械的效率。其选择的原则通常是根据初投资和维护费用的大小来决定。在频繁起动、制动或反向的拖动系统中，还应根据电动机瞬态过程时间最短、能量损耗最小来选择适当的额定转速。

附录 D　低压电器产品型号编制方法

我国的低压电器产品型号适用于下列 12 大类产品：刀开关和转换开关、熔断器、断路器、控制器、接触器、起动器、控制继电器、主令电器、电阻器、变阻器、调整器、电磁铁。

低压电器产品型号组成形式及含义如下：

1 2 3 4 5 / 6 7

- 7 —— 特殊环境条件派生代号（用汉语拼音字母表示，见表 D－3）
- 6 —— 辅助规格代号（用数字表示，位数不限）
- 5 —— 通用派生代号（用汉语拼音字母表示，见表 D－2）
- 4 —— 基本规格代号（用数字表示，位数不限）
- 3 —— 特殊派生代号（用汉语拼音字母表示，表示全系列在特殊情况下变化的特征，一般不用）
- 2 —— 设计代号（用数字表示，位数不限，其中两位及两位以上的首位数字为“9”者表示船用；“8”表示防爆用；“7”表示纺织用；“6”表示农业用；“5”表示化工用）
- 1 —— 类组代号（用字母表示，最多三个，见表 D－1）

低压电器产品型号类组代号见表 D-1。

表 D-1 低压电器产品型号类组代号

代号	名称	A	B	C	D	G	H	J	K	L	M	P	Q	R	S	T	U	W	X	Y	Z
H	刀开关和转换开关				隔离器	熔断器式隔离器	封闭式负荷开关		开启式负荷开关					熔断式刀开关	转换隔离器					其他	组合开关
R	熔断器			插入			汇流排式			螺旋式	密封管式				快速	有填料管式			限流	其他	自复
D	断路器									照明	灭磁				快速			框架式	限流	其他	塑料外壳式
K	控制器					鼓形						平面				凸轮				其他	
C	接触器					高压		交流				中频			时间					其他	直流
Q	起动器	按钮式		磁力				减压							手动		油浸		星三角	其他	综合
J	控制继电器									电流				热	时间	通用		温度		其他	中间
L	主令电器	按钮							主令控制器						主令开关	足踏开关	旋钮	万能转换开关	行程开关	其他	
Z	电阻器		板形元件	冲片元件		管形元件									烧结元件	铸铁元件			电阻器		
B	变阻器			旋臂式						励磁		频敏	起动		石墨	起动调速	油浸起动	液体起动	滑线式	其他	
T	调整器				电压																

续表

代号	名称	A	B	C	D	G	H	J	K	L	M	P	Q	R	S	T	U	W	X	Y	Z
M	电磁铁												牵引					起重			制动
A	其他		保护器	插销	灯		接线盒			电铃											

低压电器产品型号通用派生代号见表 D-2。

表 D-2　低压电器产品型号通用派生代号

派生字母	代表意义
A、B、C、D、…	结构设计稍有改进或变化
J	交流，防溅式
Z	直流，自动复位，防振，重任务
W	无灭弧装置
N	可逆，逆向
S	有锁住机构，手动复位，防水式，三相，三个电源，双线圈
P	电磁复位，防滴式，单相，两个电源，电压的，电动机操作
K	开启式
H	保护式，带缓冲装置
M	密封式，灭磁，母线式
Q	防尘式，手车式，柜式
L	电流的，漏电保护，单独安装式
F	高返回，带分励脱扣，纵缝灭弧结构式，防护盖式

特殊环境条件派生代号见表 D-3。

表 D-3　特殊环境条件派生代号

派生字母	说明	备注
T	按湿热带临时措施	此项派生代号加注在产品全型号后
TH	湿热带型	
TA	干热带型	
G	高原	
H	船用	
Y	化工防腐用	

附录E　电气图形符号和基本文字符号

名　　称	图形符号	文字符号
直流电		
交流电		
具有交流分量的整流电流		
正、负极性	+　−	
连线/连接		
三根导线	 或 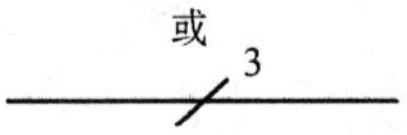	
T型连接	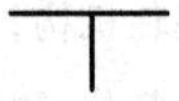 或 	
导线的双重连接	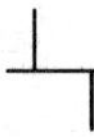 或 	
端子		
端子板	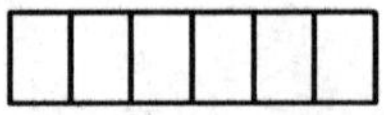	XT
阴接触件(插座)	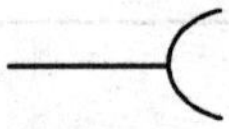	XS
阳接触件(插头)		XP
电阻器		R
可调电阻器	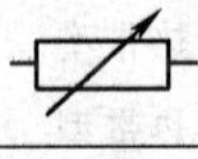	R
带滑动触点的电位器	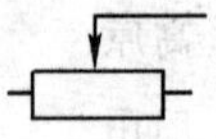	RP
电容器		C

续表

名　　称	图形符号	文字符号
极性电容器	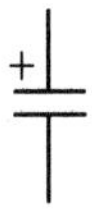	C
可调电容器		C
电感器、线圈、绕组、扼流圈		L
带磁芯的电感器	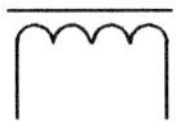	L
带固定抽头的电感器		L
半导体二极管		VD
发光二极管		VD
单向击穿二极管 齐纳二极管		VZ
双向击穿二极管		VD
双向二极管		VD
无指定形式的三极晶体闸流管		VT
反向阻断三极晶体闸流管		VT
PNP 型半导体管		V
具有 P 型双基极的单结半导体管		V
N 型沟道结型场效应半导体管	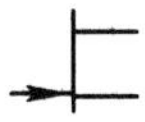	V
三角形联结的三相绕组		
星形联结的三相绕组		
中性点引出的星形联结的三相绕组		

续表

名　称	图形符号	文字符号
直线电动机	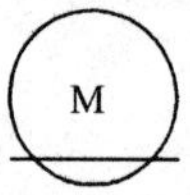	M
步进电动机	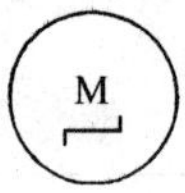	M
直流串励电动机	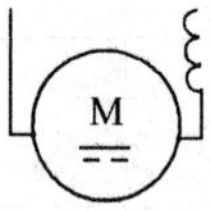	M
直流并励电动机		M
单相串励电动机		M
三相笼型感应电动机	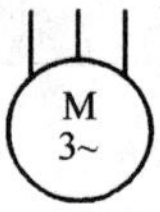	M 3 ~
三相绕线转子感应电动机		M 3 ~
双绕组变压器	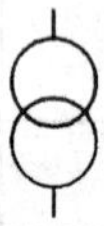 或 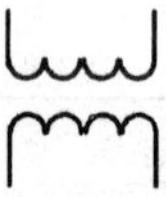	T
单相自耦变压器	 或 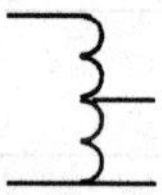	T
扼流圈、电抗器		L
电流互感器、脉冲变压器	 或 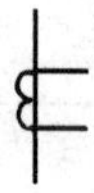	TA
绕组间有屏蔽的双绕组单相变压器	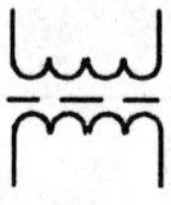	T

续表

名　　称	图形符号	文字符号
三相自耦变压器的星形联结		T
电压互感器		TV
动合(常开)触点	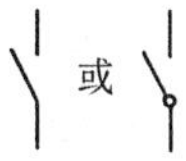	Q
动断(常闭)触点		Q
当操作器件被吸合时延时闭合的动合触点		KT
当操作器件被释放时延时断开的动合触点	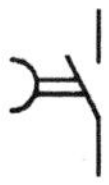	KT
当操作器件被吸合时延时断开的动断触点		KT
当操作器件被释放时延时闭合的动断触点		KT
当操作器件被吸合时延时闭合、释放时延时断开的动合触点		KT
手动操作开关	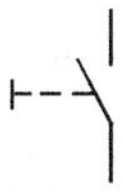	SA
具有动合触点且自动复位的按钮开关	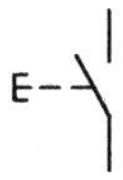	SB
具有动合触点但无自动复位的旋转开关		SA
位置开关动合触点		SQ

名　　称	图形符号	文字符号
位置开关动断触点		SQ
接触器的主动合触点		KM
接触器的主动断触点		KM
断路器		QF
隔离开关		QS
具有中间断开位置的双向隔离开关	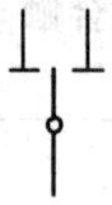	QS
负荷开关		QS
热继电器动断触点	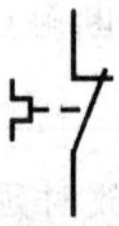	FR
操作器件一般符号 继电器线圈一般符号	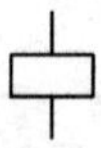	KA
缓慢释放继电器线圈	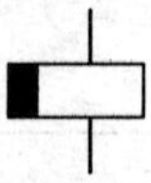	KT
缓慢吸合继电器线圈	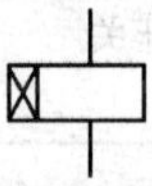	KT
缓吸和缓放继电器线圈	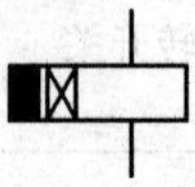	KT
热继电器的驱动器件	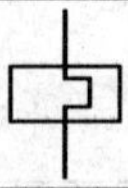	FR

续表

名　　称	图形符号	文字符号
零电压继电器	$U=0$	KA
过流继电器	$I>$	KA
欠压继电器	$U<$	KA
接近传感器		SQ
接近开关动合触点		SQ
接近开关动断触点		SQ
熔断器	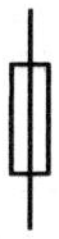	FU
灯、信号灯		HL
电喇叭	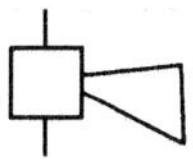	HA
电铃		HA
报警器		HA
蜂鸣器		HA
电磁离合器	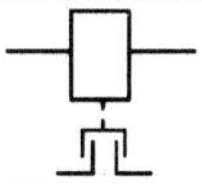	YC
电磁阀	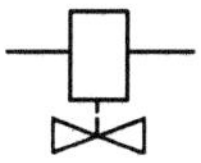	YV
电磁制动器	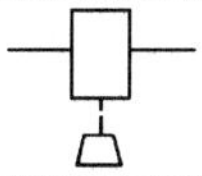	YB

附录F 实验实训内容及课时安排

类别	序号	内容	课时	备注
基础型实验	1	直流电动机起动、反转、调速	2	
	2	单相变压器变比、极性和空载、短路试验	2	空载、短路实验只要求掌握方法,不要求计算
	3	三相异步电动机起动、反转与制动试验	2	
	4	继电器返回系数及动作值整定	2	
	5	三相异步电动机正、反转控制	2	
	6	直流测速发电机的特性测定	2	
提高型实验	7	三相变压器联结组别	2	
	8	三相异步电动机负载特性实验	2	
	9	单相异步电动机绕组判别、反转及调速实验	2	
	10	三相异步电动机正、反向星-三角降压起动控制实验	2	
	11	三相异步电动机制动控制实验	2	
综合型实验	12	凸轮控制器控制的绕线转子异步电动机电路	2	
	13	机床电气控制电路实验	4	

参 考 文 献

[1] 许晓峰. 电机与拖动[M]. 北京:高等教育出版社,2000.

[2] 牛维扬. 电机应用技术基础[M]. 北京:高等教育出版社,2001.

[3] 谭维瑜. 电机与电气控制[M]. 北京:机械工业出版社,2004.

[4] 吴裕隆. 电机及电力拖动[M]. 北京:冶金工业出版社,2000.

[5] 劳动部培训司. 电机原理与维修[M]. 北京:中国劳动出版社,2002.

[6] 历文健. 电动机常见故障检修[M]. 北京:机械工业出版社,2003 .

[7] 周定颐. 电机及电力拖动基础[M]. 北京:机械工业出版社,1998.

[8] 陈隆昌,阎志安. 控制电机[M]. 西安:西安电子科技大学出版社,2000.

[9] 吴浩烈. 电机与电力拖动[M]. 重庆:重庆大学出版社,2004.

[10] 杨渝钦. 控制电机[M]. 北京: 机械工业出版社,1990.

[11] 方承远. 电气控制技术[M]. 北京:机械工业出版社,1990.

[12] 程明. 微特电机及系统[M]. 北京:中国电力出版社,2004.

[13] 许缪. 工厂电气控制设备[M]. 北京:机械工业出版社,1999.

[14] 邵群涛. 电机及拖动基础[M]. 北京:机械工业出版社,2004.

[15] 电气简图用图形符号标准汇编[M]. 北京:中国电力出版社、中国标准出版社,2001.

[16] 王晋生. 新标准电气制图[M]. 北京:中国电力出版社,2002.

[17] 赵明,许缪. 工厂电气控制设备[M]. 北京:机械工业出版社,2004.

[18] 何焕山. 工厂电气控制设备[M]. 北京:高等教育出版社,2004.

[19] 张勇. 电机拖动与控制[M]. 北京:机械工业出版社,2001.

[20] 肖耀南. 电气运行与控制[M]. 北京:高等教育出版社,2004.

[21] 刘子林. 电机与电气控制[M]. 北京:电子工业出版社,2003.

[22] 赵承荻,黄旭. 电机与电气控制技术[M]. 北京:高等教育出版社,2003.

[23] 李乃夫. 电机与控制[M]. 北京:高等教育出版社,2001.

[24] 赵承荻. 电机及应用[M]. 北京:高等教育出版社,2003.

[25] 李益民,刘小春. 电机与电气控制技术[M]. 北京:高等教育出版社,2006.

[26] 李益民,张龙. 机电设备控制技术[M]. 成都:西南交通大学出版社,2007.

[27] 李伟. 电气控制与 PLC[M]. 北京:北京大学出版社,2009.